KB037221

원예취미 시리즈 31
웰·빙·취·미·국·화
국화총서
강창학 엮음
OS

머릿말

취미국화 교양지 [국화총서]를 여러 동호인들에게 펼쳐 보여 드립니다.
그동안 집필 해 온 아래와 같은 국화교양지 『국화재배와 실습』『국화재배』『취미국화』『국화나라』『국화세상』『국화소리』 등 6권의 국화 교양지 중에서, 예날 것은 배제하고, 2014년 현재, 새로운 재배요령으로 업데이트하고, 새로운 작품의 개념과 디자인을 추가하여,『국화총서』라는 책 이름을 붙였습니다.

취미국화 재배에는 원칙이 없습니다. 법칙도 없습니다.
저마다의 안목이 다르고, 저마다의 화훼정서가 다르기 때문에 각자 재배자의 새로운 구상을 표출하면 그것이 또 하나의 명작 연출입니다.

외국작품을 따라하는 세대는 이미 지나간지가 오래되었습니다.
이제는 우리 신진 동호인들의 우리작품과 하국식 요령이 더 우세하고 인기가 더 높습니다.

현세 우리의 새로운 요령과 디자인의 정보자료를 아래의 동호인들이 협조해 주셨습니다

진주 농업기술센터 : 김선희님 : 중국쑥과 대국접목의 다륜대작(164쪽)
중국쑥 접목 대현애(168쪽), 중국쑥 접목 입새형 다륜대작(171쪽)
소나기 오영석님 : 중국쑥 접목 대국 25간작 소품(174쪽)
국화숙 고순애님 : 중국쑥과 현애국 접목 수양버들형 하수작(178쪽)
전주 정광량님 : 화단국 재배(226쪽)
홍성 사랑해 조권영님 : 잎새형 목간작(224쪽). 소국삽화 소품(230쪽),
석부 연근작 만들기(295쪽)
인천 뜨락원 가을뜨락 권갑선님 : 소국분재 이끼 올리기(253쪽)
화훼 요양원 모숙희님 : 노지재배(252쪽)
인천 뜨락원 윤흥식님 : 석부작 만들기(281쪽)
심국회 국성 한원식님 : 석부 고간작 만들기(290쪽)
By캠프 부르스 김순조님 : 수반석부 만들기(292쪽)

이상 10분 동호인님들의 정보자료 제공과 익명의 3분 동호인님들의 부분적인 새로운 자료를 제공해 주셔서『국화총서』교양지가 더욱 빛나게 되었음을 기쁘게 생각합니다.

2014년 4월 1일

---저자 강창학---

국향에 취하여서

국화 기르기가 또 한번 끝났습니다.
한번 시작하면 일 년이요.
한번 실패하면
또 일 년이 지나갑니다.
이렇게 국화 기르기를 한번 한번 거듭하다 보면
세월이 훨~훨 지나가 버립니다.

국화에 반하면 일 년이요,
국화를 이해하면 이 년이며,
국화꽃을 알게 되면 삼 년입니다.

국화꽃을 사랑하면 오 년이며
국화 없이 못 살면 10년이요
국화와 더불어 살면 인생이 순식간에 파동 쳐 갑니다.

국화는 거짓이 없습니다.
사랑을 받으면 방긋이 웃어줍니다
국화는 배신하지 않습니다.
가을이면,
님에게 향기로운 자태로
화알짝 피어 사랑의 보답을 합니다.
온 누리가 영하의 된서리에 고개를 숙였지만,
국화는 더욱 산뜻하게 고고히 서서,
서릿눈을 반짝이며
님을 바라봅니다.

--저자 : 강창학--

차 례

제1장 국화입문

1. 취미국화 350품종 꽃사진

가나다 順

가인(佳人)
간관. 흰색. 중간 키. 11월 3일 만개.

가 전
후물. 설백색. 중간 키. 11월 5일경 만개.

개룡경의궁(開龍京의宮)
간관. 적백양색. 중간키. 11월 3일경 만개.

개운(開運)
후주. 농적색. 작은 키. 11월 3일경 만개.

겸육향국(兼六香菊)
후물. 진분홍색. 중간키. 11월 3일경 만개.

경복(慶福)
후주. 백색. 중간키. 11월5일경 만개.

경성(景星)
후물. 농황색. 큰키. 11월 5일경 만개.

계승(繼承)
후물. 백색. 중간키. 11월 5일경 만개.

광영(光榮)
세관. 농황색. 작은키. 11월 5일경 만개.

구주(九州)
후물. 농황색. 중간키. 11월 1일경 만개.

국배(菊杯)
후주. 진분홍. 큰키. 11월 7일경 만개.

국화도(菊花島)
후물. 순백색. 작은키. 11월 1일경 만개.

국화의 마음
후물. 백색. 큰키. 11월 1일경 만개.

국화의 모
후물. 연홍색. 작은키. 11월 3일경 만개.

국화의 풍
태관. 농적색. 큰키. 11월 1일경 만개.

국화의 행
후주. 적색 중간키. 11월 1일경 만개.

군임(君臨)
후물. 순백색. 중간키. 11월 3일경 만개.

귀부인(貴婦人)
세관. 농적색. 중간키. 11월 3일경 만개.

금강임(金降臨)
후물. 황색. 큰키. 11월 5일경 만개.

금광명(金光明)
후물. 황색. 큰키. 11월 5일경 만개.

금산(金山)
후물. 황색. 중간키. 11월 3일경 만개.

당당(堂堂)
후주. 백색. 중간키. 11월 3일경 만개.

대성인(大聖人)
후주. 황색. 중간키. 11월 3일경 만개.

대어소(大御所)
후물. 연분홍. 큰키. 11월 3일경 만개.

대영산(大榮山)
후물. 황금색. 중간키. 11월 3일경 만개.

대유(大由)
후주. 분홍색. 작은키. 11월 3일경 만개.

대자연(大自然)
후주. 농황색. 큰키. 11월 3일경 만개.

대전(大典)
후물. 농황색. 큰키. 11월 3일경 만개.

대지(大地)
후주. 순백색. 중간키. 11월 3일경 만개.

대하(大河)
간관. 흰색. 작은키. 11월 5일경 만개.

대화로(大和路)
태관. 붉은색. 작은키. 11월 1일경 만개.

동광(東光)
후물. 황색. 중간키. 11월 3일 만개.

동지(同志)
후물. 순백색. 큰키. 11월 1일경 만개.

래복(來福)
후주. 농적색. 큰키. 11월 3일경 만개.

만수(萬壽)
후물. 순황색. 중간키. 11월 3일경 만개.

만천(滿天)
후물. 적색. 작은키. 11월 5일경 만개.

망해(望海)
후물. 황색. 큰키. 11월 5일경 만개.

몽성(夢星)
간관. 황색. 중긴키. 11월 3일일경 만개.

몽일기(夢日記)
후물. 복숭아색. 작은키. 11월 5일경 만개.

무용(武勇)
후물. 농황색. 중간키. 11월 2일경 만개.

문주(文珠)
세관. 분홍색. 큰키. 11월3일경 만개.

美濃의錦
미농. 금색. 작은키. 11월 1일경 만개.

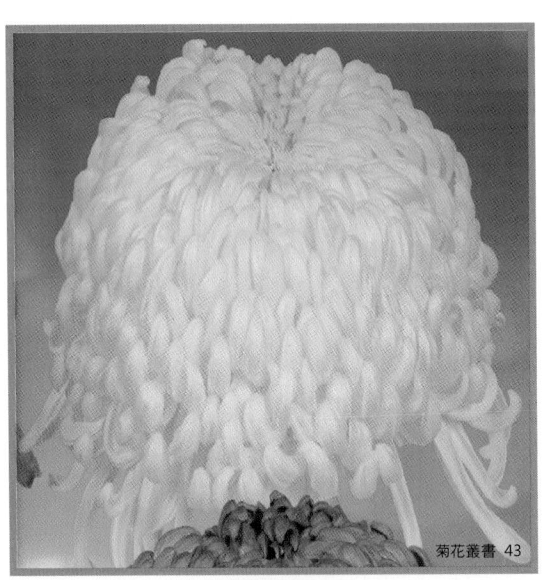

미생(彌生)
후주. 황색. 중간키. 11월 3일경 만개.

백삼관(白三冠)
후주. 백색. 큰키. 11월 7일경 만개.

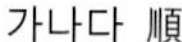

백수(白壽)
후물. 백색. 중간키. 11월 5일경 만개.

백화(白樺)
세관. 백색. 중간키. 11월 3일경 만개.

번영(繁榮)
후물. 분홍색.큰키. 11월 7일경 만개.

본환(本丸)
후물. 금황색. 중간키. 11월 5일경 만개.

富山의雲
대국국. 백색. 큰키. 11월 3일경 만개.

부수(富水)
간관. 농황색. 중간키. 11월 3일경 만개.

부홍(富紅)
후물. 분홍색. 작은키. 11월 3일경 만개.

북기행(北紀行)
세관. 백색. 큰키. 11월 3일경 만개.

산진파(山津波)
태관. 백색. 중간키. 11월 3일경 만개.

서도(西都)
후물. 桃色. 중간키. 11월 2일경 만개.

서상(瑞祥)
후주. 백색. 중간키. 11월 3일경 만개.

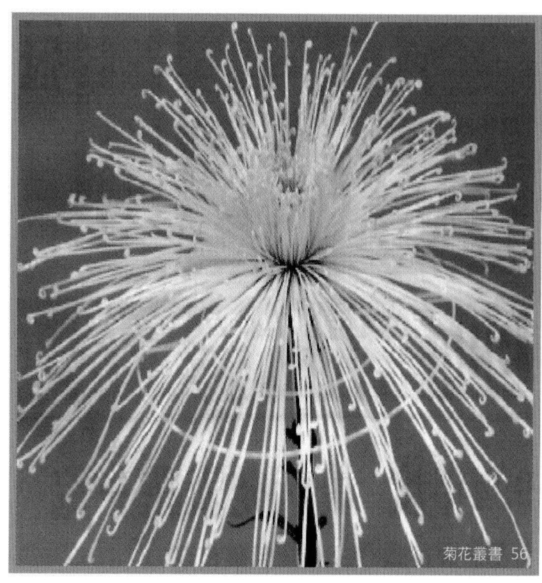

성검(聖劍)
세관. 백색. 큰키. 11월 3일경 만개.

성광호접(聖光胡蝶)
세관. 주황색. 중간키. 11월 3일경 만개.

세력(勢力)
후주. 설백색. 중간키. 11월 1일경 만개.

숙녀(淑女)
세관. 백색. 중간키. 11월 3일경 만개.

시집(詩集)
세관. 순백색. 중간키. 11월 1일경 만개.

신역(新曆)
세관. 황색. 중간키. 11월 3일경 만개.

신화(神話)
후주. 농황색. 큰키. 11월 7일경 만개.

신희(辛姬)
간관. 적색. 중간키. 11월 3일경 만개.

심초(深草)
세관. 순백색. 작은키. 11월3일경 만개.

쌍학(雙鶴)
후물.설백색. 큰키. 11월 5일경 만개.

안의육가(岸의六歌)
세관. 적색. 중간키. 11월 3일경 만개.

애낭(愛娘)
후주. 앵두색. 중간키. 11월 6일경 만개.

양상(洋上)
세관. 적색. 작은키. 11월 3일경 만개.

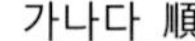

어대(御代)
후주. 백색. 큰키. 11월 1일경 만개.

여심(旅心)
세관.분홍색.중간키.11월 1일경 만개.

여정(旅情)
세관. 순황색. 중간키. 11월 3일경 만개.

영진(榮進)
후주. 농황색. 중간키. 11월 5일경 만개.

오색(五色)
간관. 적금색. 작은키. 11월 3일경 만개.

왕성(王城)
후주. 농황색. 중간키. 11월 5일경 만개.

원류(原流)
후물. 황금색. 큰키. 11월 6일경 만개.

월산(越山)
후물. 백색. 큰키. 11월 3일경 만개.

월천자(月天子)
후물. 농황색. 중간키. 11월 7일경 만개.

일번화(一番花)
후주. 순백색. 큰키. 10월 30일경 만개.

정화(頂花)
태관. 분홍색. 큰키. 11월 1일경 만개.

우근(右近)
후물. 황색. 큰키. 11월 3일경 만개.

제패(制覇)
후물. 농적색. 중간키. 11월 2일경 만개.

주하(朱夏)
후물. 농적색. 큰키. 11월 7일경 만개.

천망(千望)
후주. 적색. 작은키. 11월 5일경 만개.

천사(天賜)
후물. 농황색. 중간키. 11월 1일경 만개.

천용(天龍)
간관. 순백색. 중간키. 11월 1일경 만개.

추일화(秋日和)
세관. 황금색. 중간키. 11월3일경만개.

축승(祝勝)
후주. 명적색. 큰키. 11월 8일경 만개.

춘경(春景)
후물. 연분홍색. 중간키. 11월 5일경 만개.

태평(泰平)
후물. 미금색. 큰키. 11월 3일경 만개.

팔상(八翔)
후물. 백색. 중간키. 11월 1일경 만개.

풍운(風雲)
후물. 복숭아색. 작은키. 11월 8일 만개.

풍화(風花)
세관. 백색. 큰키. 11월 3일경 만개.

화(和)
후물. 담도색. 중간키. 11월 1일경 만개.

화방국(樺芳菊)
후주. 적금색. 큰키. 11월 3일경 만개.

화인(華人)
간관. 붉은색. 중간키. 11월 3일경 만개.

화자(花紫)
후주. 적색. 중간종. 11월 8일경 만개.

가주(歌州)
태관. 분홍색. 중간키. 11월 1일경 만개.

겸육담국(兼六淡菊)
후물. 도색. 작은키. 11월 3일경 만개.

겸육백국(兼六白菊)
후물. 백색. 작은키. 11월 3일경 만개.

고봉(高峰)
세관. 백색. 중간키. 11월 3일경 만개.

공명(共鳴)
세관. 백색. 큰키. 11월 1일경 만개.

광귀(光貴)
후물. 농황색. 작은키. 11월 3일경 만개.

광명(光明)
후물. 백색. 큰키. 11월 1일경 만개.

菊花의 力
대태관. 백색. 큰키. 11월 3일경 만개.

菊花의 美
후물. 농황색. 큰키. 11월 3일경 만개.

대두(大杜)
후물. 적금색. 작은키. 11월 1일경 만개.

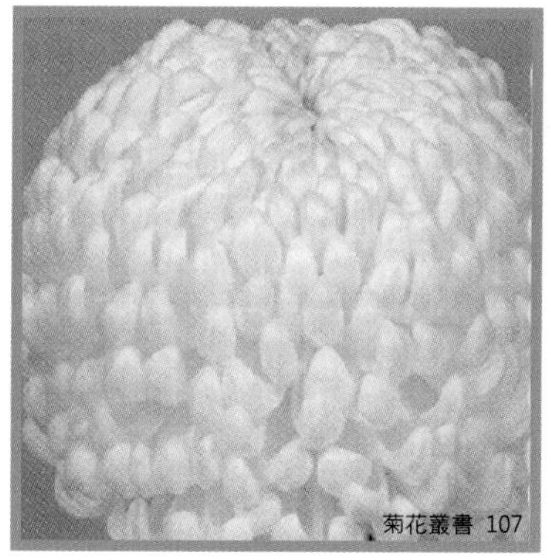

대조(大鳥)
후물. 순백색. 큰키. 11월 1일경 만개.

동양(東洋)
후물. 순백색. 큰키. 11월 1일경만개.

매리(梅里)
세관. 적색. 중간키. 11월 1일경 만개.

명경(明鏡)
세관. 백색. 중간키. 11월 3일경 만개.

명성(名聲)
간관. 백색. 작은키. 11월 1일경 만개.

명성(明星)
세관. 농황색. 작은키. 11월 1일경 만개.

모정(母情)
후물. 적색. 중간키. 11월 3일경 만개.

목계(木鷄)
후주. 백색. 중간키. 11월 8일경 만개.

목초(木草)
후물. 농황색. 큰키. 11월 3일경 만개.

무장(武將)
후주. 백색. 큰키. 11월 3일경 만개.

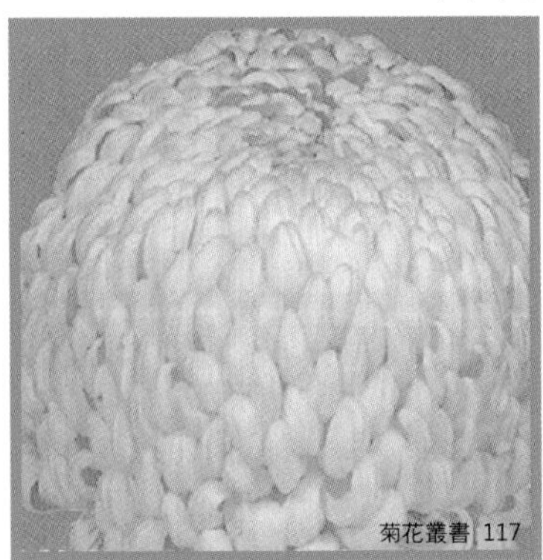

발전(發展)
후물. 황색. 큰키. 11월 1일경 만개.

방례(芳醴)
태관. 황색. 중간키. 10월 30일경 만개.

백마(白馬)
후주. 백색. 중간키. 11월 1일 만개.

백삼관(白三冠)
후주. 백색. 중간키. 11월 3일경 만개.

부국(富菊)
후물. 농황색. 큰키. 11월 3일 만개.

소문(笑門)
후주. 적색. 작은키. 11월 3일경 만개.

수연(水煙)
세광. 백색. 작은키. 11월3일경 만개.

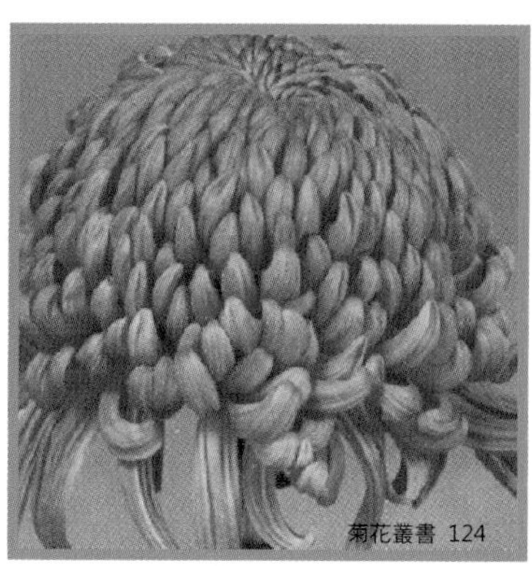

신세기(新世紀)
후주. 농적색. 작은키. 11월8일경 만개.

십육야(十六夜)
간관. 황색. 중간키. 11월3일경 만개.

안태(安泰)
후물. 적색. 중간키. 11월 3일경 만개.

애염(愛染)
세관. 주황색. 중간키. 11월 1일경 만개.

어래광(御來光)
후물. 황색. 중간키. 11월 3일경 만개.

여정(旅程)
세관. 황색. 큰키. 11월 3일경 만개.

연가(戀歌)
세관. 분홍. 중간키. 11월 3일경 만개.

예가(醴歌)
후물. 적색. 중간키. 11월 3일경 만개.

옥전(玉殿)
후물. 백색. 큰키. 11월 3일경 만개.

우아(優雅)
후주. 앵두색. 작은키. 11월 1일경 만개.

우작(羽雀)
세관. 황색. 중간키. 11월 1일경 만개.

우정(雨情)
세관. 적색. 중간키. 11월 3일경 만개.

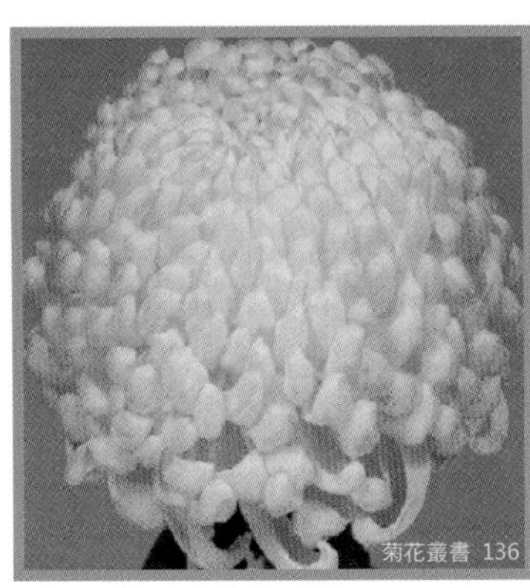

위풍(威風)
후물. 황색. 큰키. 11월 1일경 만개.

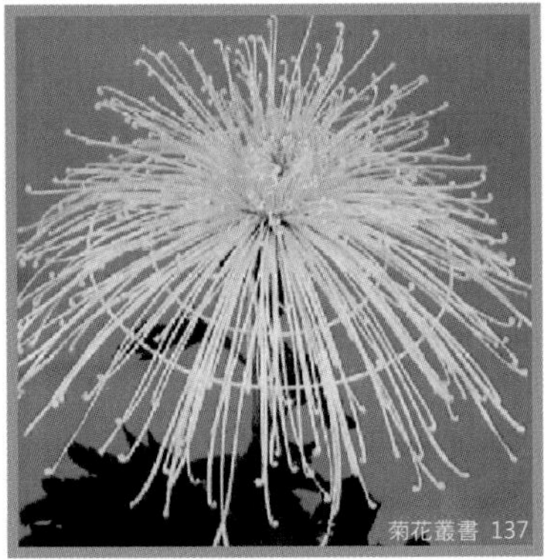

은적(銀笛)
세관. 백색. 작은키. 11월 1일경 만개.

자수(紫水)
태관. 적색. 중간키. 11월 3일경 만개.

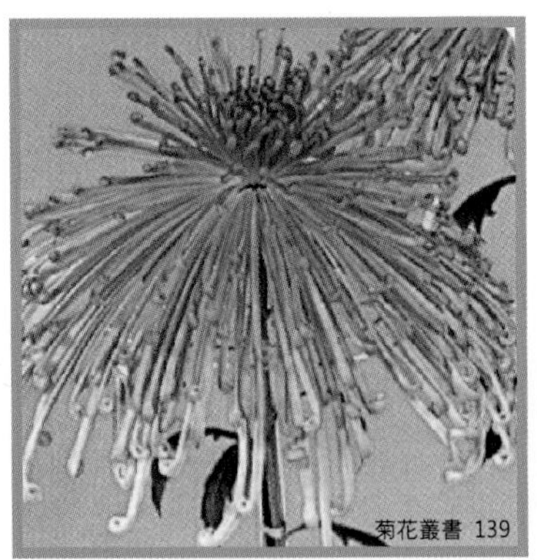

정열(情熱)
태관. 농적. 중간키. 11월 3일경 만개.

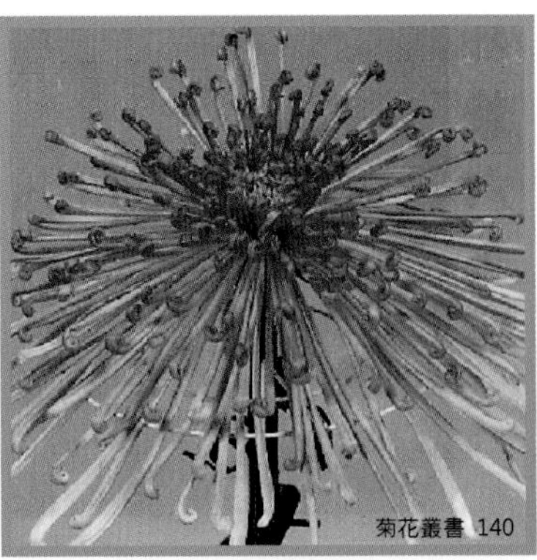

정화(頂花)
태관. 분홍. 큰키. 11월 1일 만개.

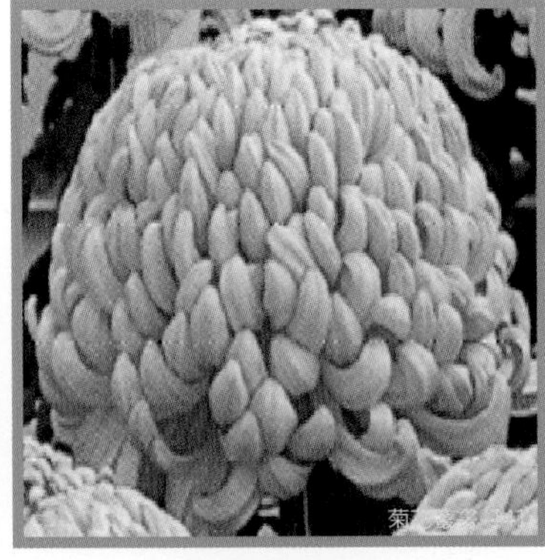

조사(照射)
후물. 분홍. 중간키. 11월 1일경 만개.

조산(照山)
후주. 연분홍. 큰키. 11월 1일경 만개.

조양(朝陽)
후물. 분홍색. 큰키. 11월 3일경 만개.

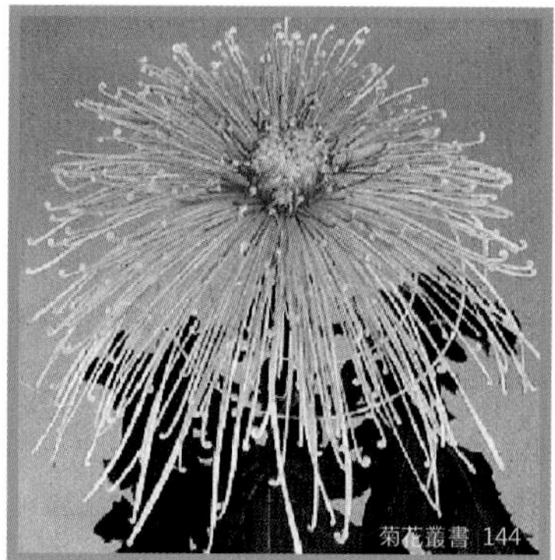

주춘(朱春)
간관. 연분홍. 작은키. 11월 3일경 만개.

천본여(千本汝)
태관. 분홍색. 작은키. 11월 3일경 만개.

天香妙
세관. 백색. 작은키. 11월 1일경 만개.

천향제(天香際)
세관. 황금색. 중간키. 11월 8일경 만개.

천의천(天의川)
세관. 백색. 중간키. 11월 3일경 만개.

청풍(淸風)
태관. 백색. 중간키. 11월 3일경 만개.

춘파(春波)
세관. 적색. 작은키. 11월 3일경 만개.

평화(平和)
세관. 앵두색. 중간키. 11월 1일경 만개.

홍자(紅姿)
간관. 복숭아색. 중간키. 11월 3일경 만개.

화명리(花明里)
세관. 적색. 큰키. 11월 1일경 만개.

화사(華篩)
태관. 적금색. 중간키. 11월 1일경 만개.

화영(花影)
태관. 적색. 중간키. 11월 3일경 만개.

화용(火龍)
태관. 적색. 중간키. 10월 30일경 만개.

화몽(花夢)
태관. 황금색. 중간키. 11월 3일경 만개.

황홍(黃虹)
간관. 농황색. 중간키. 11월 3일경 만개.

흥복(興福)
후물. 농적색. 큰키. 11월 8일경 만개.

가내(加柰)
후주. 연분홍. 작은키. 11/3.

갈채(喝采)
후물. 적색. 작은키. 11/1.

초몽(初夢)
후물. 분홍색. 큰키. 11/1.

강릉(康陵)
후물. 백색. 중간키. 11/3.

강림(降臨)
후주. 백색. 큰키. 11/8.

개운산(開運山)
후주. 농적색. 작은키. 11/3.

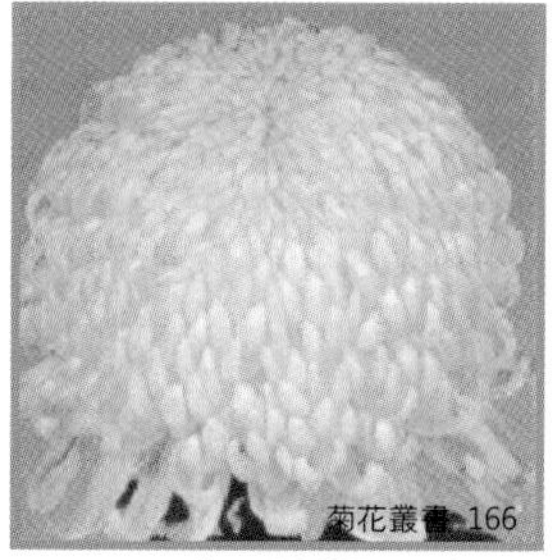

개조(開祖)
후물. 농황색. 중간키. 11/8.

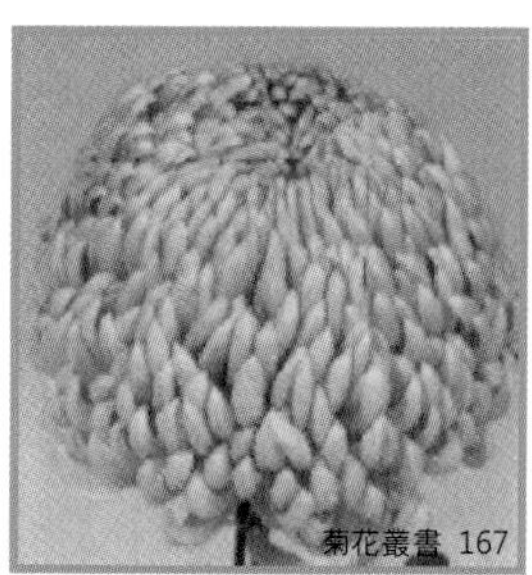

건국(建國)
후물. 적색. 중간키. 11/3.

건배(乾杯)
후주. 황색. 중간키. 11/3.

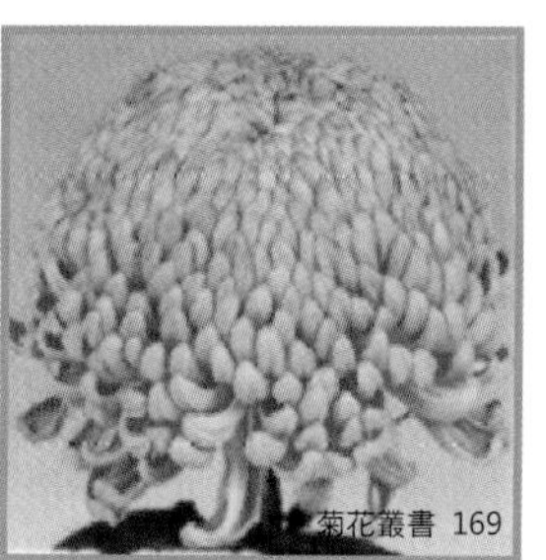

고덕(高德)
후물. 황금색. 큰키. 11/8.

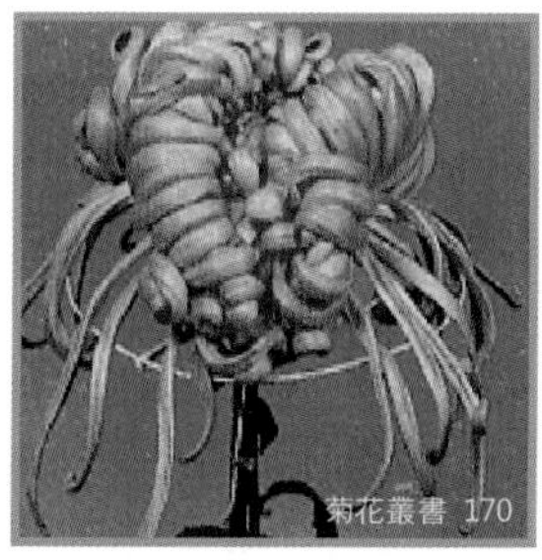

고하적운(古河積雲)
대국. 분홍색. 큰키. 11/3.

청랑(晴朗)
대태관. 백색. 중간키. 11/1.

국사(國士)
후주. 놀황색. 중간키. 11/3.

請見의露
세관. 백색. 중간키. 11/3.

菊花의星
후물. 황색. 큰키. 11/8.

菊花의義
후주. 백색. 큰키. 11/7.

菊花의証
후물. 황색. 중간키. 11/3.

菊花의礎
후물. 농황색. 작읁키. 11/3.

菊花의海
후물. 백색. 작은키. 11/1.

天香의 睛
세관. 백색. 중간키. 11/3.

극성(極星)
후물. 황색. 중간키. 11/3.

금대두(金大杜)
후물. 황색. 작은키. 11/1.

금파(錦波)
대귂. 황색. 중간키. 11/3.

기원(起源)
후물. 황색. 중간키. 11/7.

길조(吉兆)
후물. 농황색. 큰키. 11/1.

녹림(綠林)
후물. 황색. 큰키. 11/3.

농희(濃嬉)
후주. 적금색. 중간키. 11/1.

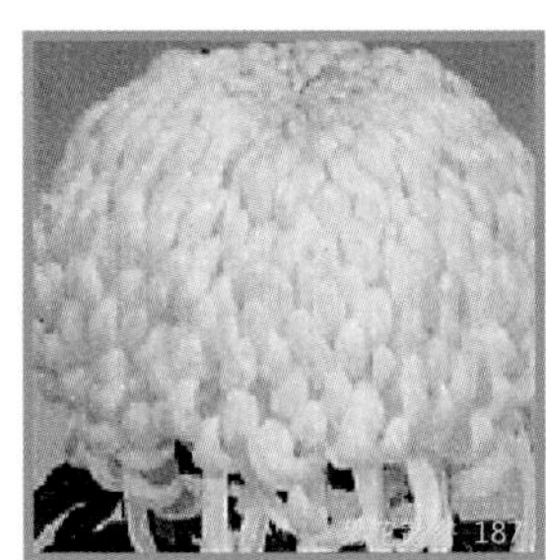

단무(丹舞)
후주. 백색. 작은키. 11/3.

천수(天授)
후물. 백색. 작은키. 11/3.

대관(大觀)
후물. 농적색. 작은키. 11/3.

대납언(大納言)
후물. 농황색. 중간키. 11/1.

대만월(大滿月)
후주. 농황. 중간키. 11/3.

대방천세(大芳千歲)
후물. 연분홍. 중간키. 11/3.

천공(泉孔)
후물. 분홍색. 큰키 11/3.

대상(大賞)
후주. 백색. 중간키. 11/3.

대오(大奧)
후물. 분홍. 큰키. 11/1.

대치(大治)
후물. 황색. 작은키. 11/7.

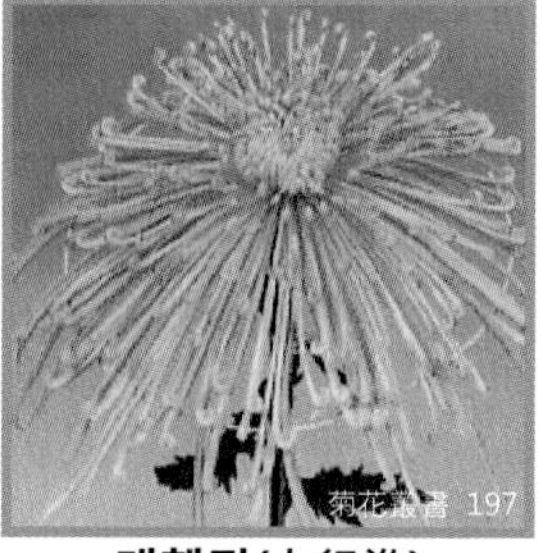

대행진(大行進)
간관. 황금색. 중간키. 11/1.

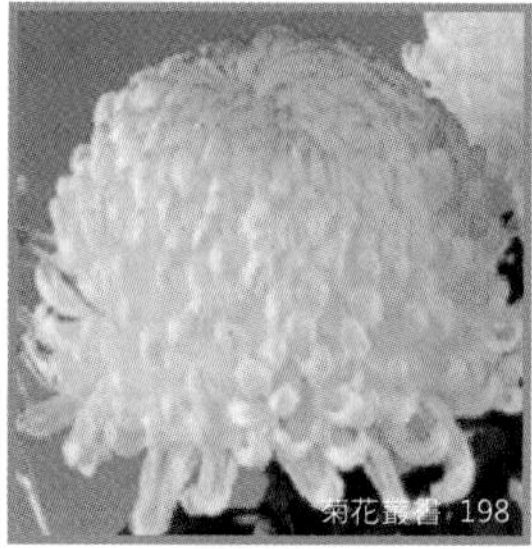

제왕(帝王)
후물. 농황. 큰키. 11/3.

대황하(大黃河)
간관. 황색. 중가키. 11/1.

두령(頭領)
후주. 분홍색. 큰키. 11/1.

령음(鈴音)
세관. 황색. 작은키. 11/1.

뢰음(瀨音)
간관. 적금색. 작은키. 11/3.

만세(万世)
후주. 백색. 큰키. 11/3.

미소(微笑)
간관. 적색. 큰키. 11/3.

방국(芳菊)
후주. 적색. 중간키. 11/1.

백금(白金)
후물. 순백색. 중간키. 11/1.

백도(白刀)
세관. 백색. 중간키. 11/3.

백려(白麗)
후주. 순백색. 중간키. 1/8.

백마(白馬)
후주. 배개색. 중간키. 11/3.

백방국(白芳菊)
후주. 백색. 큰키. 11/1.

백억(百億)
후주. 황색. 작은키.11/3.

번옹(繁翁)
후물. 분홍색. 큰키. 11/1.

변천(弁天)
후주. 분홍색. 큰키. 11/7.

보월(寶月)
후물. 연노랑. 작은키. 11/3.

복덕(福德)
후물. 적색. 중간키. 11/5.

天女의 袖
간관. 진분홍. 중간키. 11/1.

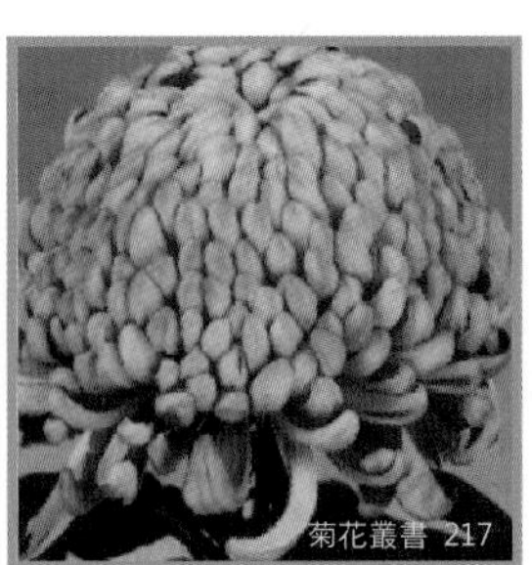

봉축(峰祝)
후물. 적색. 중간키. 11/3.

富山의 雲
대국. 백색. 큰키. 11/3.

비천(飛天)
후물. 순백색. 큰키. 11/1.

산천(山川)
세관. 설백색. 중간키. 11/3.

삼경(三景)
극태관. 적금색. 중간키. 11/1.

삼관(三冠)
후물. 농적색. 큰키. 11/3.

삼운(三雲)
후물. 분홍색. 중간키. 11/3.

상승(上昇)
후주. 백색. 작은키. 11/1.

삼자매(三姉妹)
후주. 적색. 큰키. 11/3.

상징(象徵)
후주. 순백색. 큰키. 11/3.

성광홍추(聖光紅秋)
후물. 주홍색. 중간키, 11/3.

설교(雪橋)
세광. 설백색. 큰키. 11/3.

서운(西雲)
후물. 황색. 중간키. 11/3.

유경(遊景)
세관. 분홍. 중간키. 11/3

소주(蘇州)
후주. 적금색. 중간키. 11/3.

월견교(月見橋)
간관. 연분홍. 중간키. 11/3.

팔방산(八方山)
후주. 백색. 중간키. 11/3.

승계(勝系)
후물. 적금색. 큰키. 11/3.

양귀비(楊貴妃)
간관. 농적색 .중간키. 11/3.

시대(時代)
후물. 농황색. 중간키. 11/3.

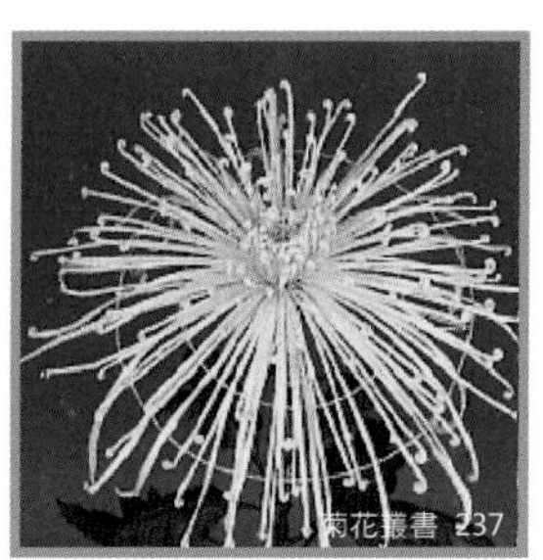

추령(秋鈴)
간관. 농황색. 큰키. 11/1.

자주(紫舟)
후물. 농적. 큰키. 11/1.

岸의虹
간관. 미금색. 중간키. 11/1.

회권(檜券)
강호국. 주적색. 큰키. 11/1.

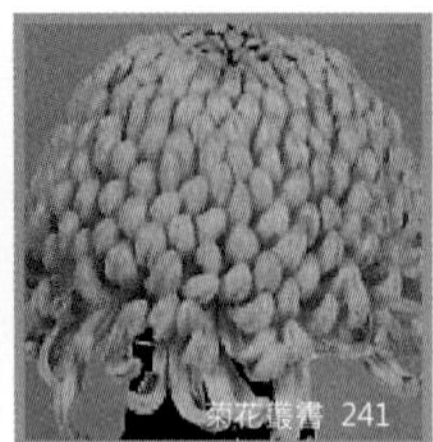

황제(皇帝)
후주. 금황색. 큰키. 11/3.

제국(帝國)
일문자. 농적색. 큰키. 11/3.

검무(劍舞)
후주. 백색. 큰키. 11/1.

국보(國寶)
후주. 백색. 큰키. 11/1.

청량전(淸凉殿)
일문자. 복숭아색. 중간키.

瀨田의月
강호국. 농황색. 작은키.

菊花의 壽
후물. 황금색.작은키. 11/1.

華嚴의 龍
대국. 황색. 큰키. 11/3.

태평(泰平)
후물. 미금색. 큰키. 11/3.

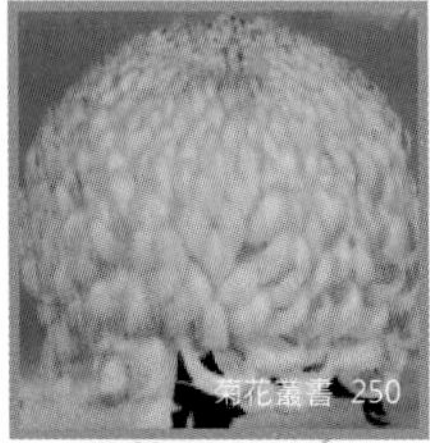

금창운(金創雲)
후물. 황색./ 중간키. 11/3.

南十字星
일문자국. 적색. 큰키. 11/3.

낭만(狼漫)
후물. 분홍색. 작은키. 11/3.

다인(茶人)
강호국. 백색 중간키.11/1.

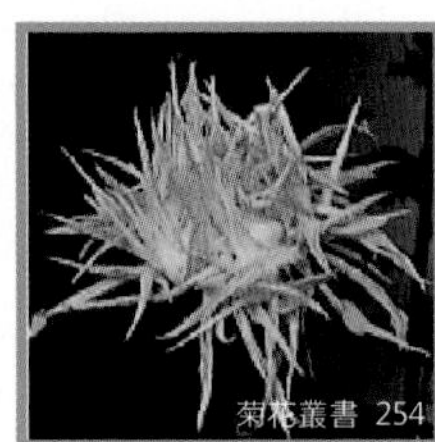

황팔장(黃八丈)
강호국. 연노랑. 중간키.

청산운용(淸山雲龍)
대국. 백색. 중간키.11/3.

대우주(大宇宙)
후물. 농황색.작은키.11/3.

항남홍용(港南紅龍)
대국. 분홍색. 중간키 11/3.

홍어전(紅御殿)
일문자. 농적. 중간키 11/3.

瀨田의秋
강호국. 주황색.중간키. 11/3.

탄정(彈正)
후주. 적금색. 큰키. 11/3.

모나리자
일무자국. 백색.중간키.

美濃의 錦
미농국. 주황색. 작은키. 11/1.

백구(白駒)
강호국. 백색. 중간키. 11/1

황암회(黃庵誨)
미농국. 황색. 중간키. 11/3.

백선(百選)
후물. 적색. 큰키. 11/3.

백원록(白元祿)
후물 .백색. 작은키. 11/3.

평성(平成)
후주. 담황색.중간키.11/3.

예천(醴泉)
대괵. 백색. 중간키. 11/3.

황상징(黃象徵)
후물. 연노랑. 큰키. 11/1.

사자(獅子)
후물. 백색. 중간키. 11/1.

신락(神樂)
강호국.금황색.중간키.11/3

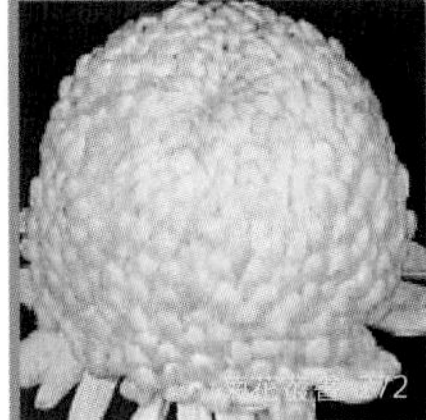
송학(松鶴)
후주. 백색. 중간키. 11/3.

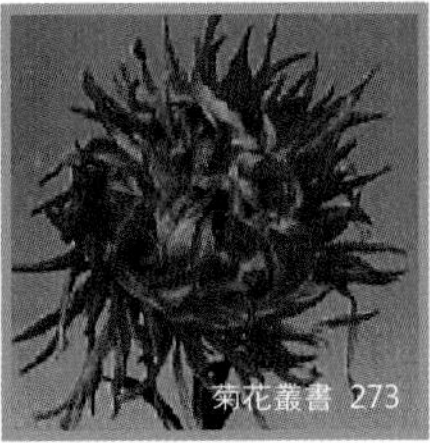

숙일본(宿一本)
강호국. 농적색. 큰키. 11/1.

황무(黃舞)
후주. 황색. 큰키. 11/3.

자운전(紫雲殿)
대괵국. 자주색. 중간키.

신세계(新世界)
후물. 농황색. 큰키. 11/3.

신옥광원(新玉光院)
일문자. 적금색. 중간키. 11/1

천왕산(天王山)
후물. 백색. 작은키. 11/3.

풍년(豊年)
후물. 황화 .큰키. 11/3.

월광(越光)
후물. 황색. 중간키.11/1.

옥광원(玉光院)
일문자. 연홍색. 중간키. 11/1.

중천(仲天)
후물. 농황색. 작은키. 11/7.

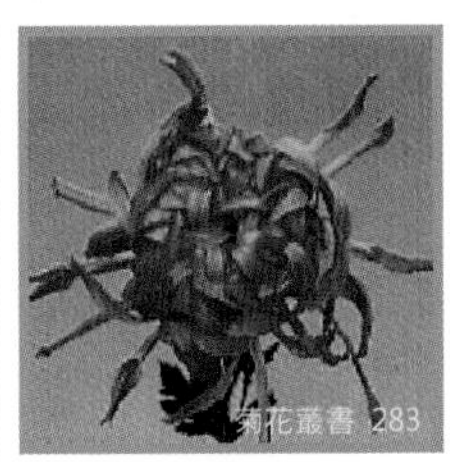

보귀(寶貴)
강호국. 연홍색중간키.11/3.

청광(青光)
후물. 농황색. 중간키 11/1.

임원자옥(荏原紫玉)
강호국. 자주색. 중간키.

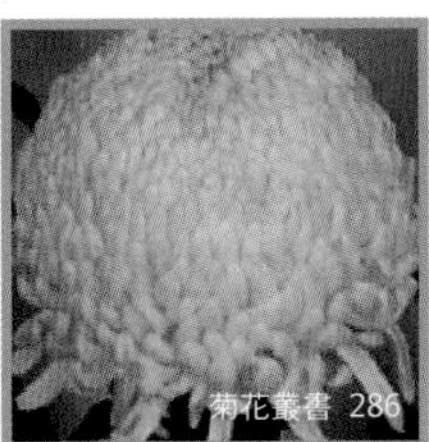

적복(積福)
후주. 농황색. 중간키.

신세계(新世界)
일문자. 적금색. 중간키. 11/3.

정흥대신(精興大臣)
후물. 황색. 작은키. 11/3.

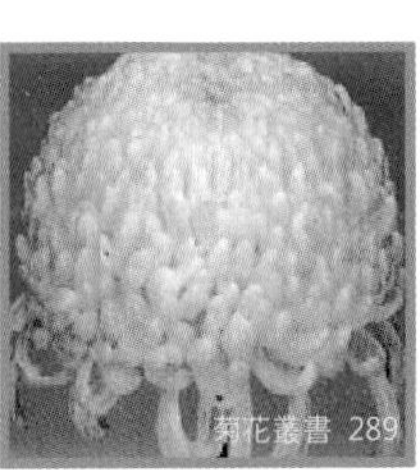

전당(殿堂)
후주. 백색. 큰키. 11/3.

현애국(懸崖菊). 분재국(盆菊)

현애국 : 국의5월

분재국 : 노락(老樂)

현애국 : 두견(杜鵑)

현애국 : 미광(美光)

분재국 : 밤안개

현애국 : 백광(白光)

분재국 : 백조(白朝)

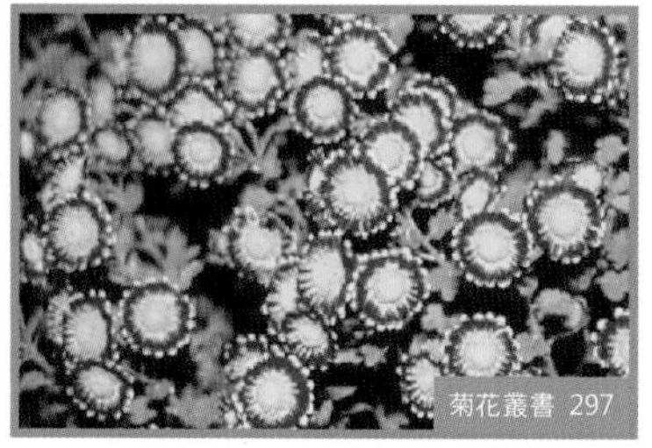

현애국 : 보환(寶丸)

현애국 : 산단운(山端雲)

현애국 : 석영(夕暎)

현애국 : 소매환(小梅丸)

현애국 : 松의 雪

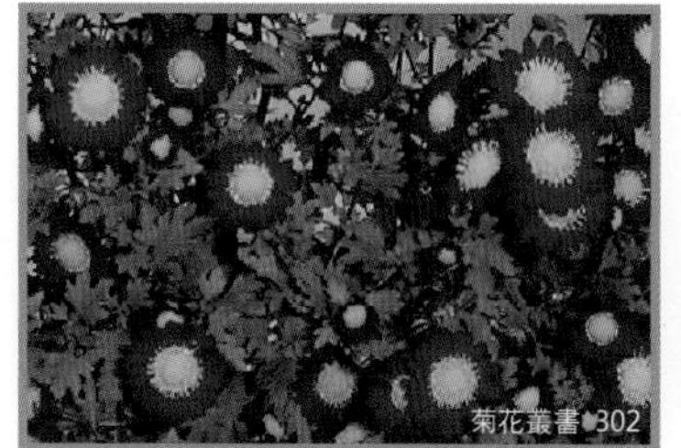

분재국 : 辻의 柳

절화국 : 안의조해

분재국 : 앵의

현애국 : 어기(御旗)

현애국 : 玉盃

절화국 : 제우스

현애국 : 조인(釣人)

현애국 : 좌보희(佐寶姬)

현애국 : 주작(朱雀)

현애국 : 天女의 舞

현애국 : 祝福

현애국 : 파어전(巴御前)

현애국:판신의예(阪神의譽)

현애국:판신의휘(阪神의揮)

현애국:하남의 정

현애국 : 홍실

현애국 : 화차루(花車樓)

현애 : 효은

현애국: 금(琴)

분재국:잔디

분재국:금황

분재국 : 老松

분재국 : 란열

현애국:무빙(霧氷)

분재국:백호(白虎)

분재국:伐의譽

분재국:北斗의 松

현애국:山陽丸

분재국:서(曙)

절화국:성자국

분재국:소정효(小町曉)

현애국:소조노리

현애국:염(炎)

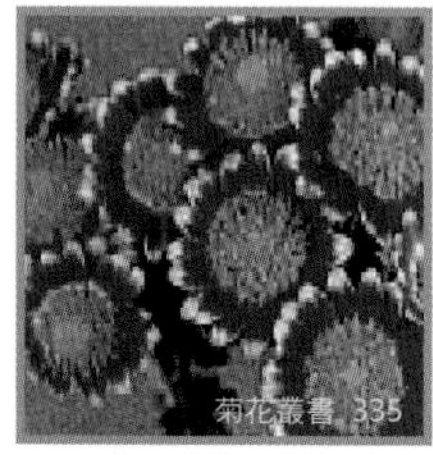

현애국: 을여(乙女)

분재국:조용(朝龍)

현애국:진사(進士)

분재국 : 千石의美

분재국:千石舟

분재국:풍송(風松)

분재국:紅茶瑪

현애국:홍소문

현애국:황대신(黃大臣)

분재국:황호(黃虎)

2. 국화작품 사진 감상

복조작(福助作)

래복(來福)
후주. 농적색. 큰키. 11/3.

菊花의 壽
후물. 황금색. 작은키.11/1.

복덕(福德)
후물.적색.중간키.11/3.

국보(國寶)
후주. 백색. 큰키. 11/1.

성광조희
간관. 복숭아색. 중간키.11/3.

천여의시
간관. 백색. 큰키. 11/1.

양상(洋上)
간관. 적색. 작은키. 11/3.

향국(香菊)
후물. 분홍색. 중간키.11/3.

岸의 虹
간관. 금황색. 중간키. 11/1.

一文字菊 복조화단

管物 복조화단

厚物 복조화단

달마작(達磨作)

남작(男爵)
후주. 황색. 중간키. 11/3.

금국보(錦國寶)
후주. 연노랑. 큰키. 11/1.

향국(香菊)
후물. 분홍색. 중간키. 11/3.

겸육백국(兼六白菊)
후주.백색. 작은키. 11/3.

명월(名月)
후물. 황색.중간키. 11/3.

칠보(七寶)
후물. 황색. 중간키.11/1.

조희(鳥嬉)
간관. 복숭아색. 중간키. 11/3.

대배(大盃)
후물. 황색. 큰키. 11/3.

정열(情熱)
태관. 농적색. 중간키. 11/3.

삼간작(三桿作)

화변(花弁)
간관. 적금색. 큰키. 11/1.

광명(光明)
후물. 백색. 큰키. 11/1.

우근(右近)
후물. 황색. 큰키. 11/3.

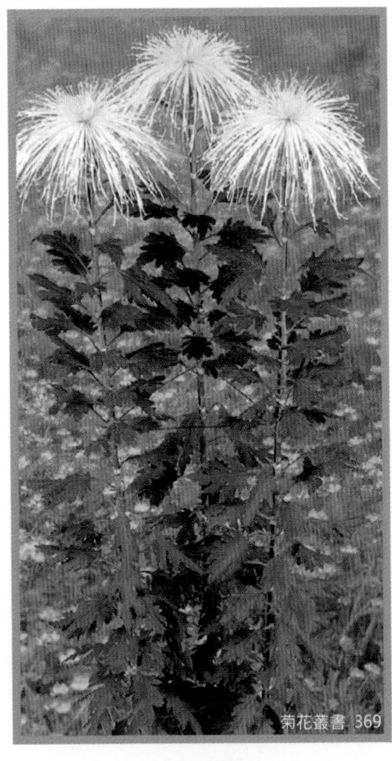

숙여(淑女)
세관. 백색. 중간키.11/3.

추봉(秋峰)
간관. 황색. 중간키. 11/3.

국보(國寶)
후주. 백색. 큰키. 11/1.

만수(萬壽)
후물. 황색. 중간키. 11/3.

天女의 舞
태관. 도색. 중간키.11/3.

天女의名所
세관. 농황색. 중간키. 11/3.

번영(繁榮)
후물. 분홍색. 큰키 11/3.

개운(開運)
후주. 농적색. 작은키. 11/3.

天女의 詩
세관. 백색. 큰키. 11/1.

곡수(曲水)
간관. 황금색. 큰키. 11/3.

안의 황홍(岸의黃虹)
간관. 농황색. 중간키. 11/3.

향국(香菊)
후물. 분홍색. 중간키. 11/3.

天女의 松
간관. 황금색. 중간키. 11/1.

新玉光院
일문자. 주홍색. 큰키. 11/3.

동낭(東娘)
간관. 적금색. 큰키. 11/3.

다간작(多桿作)

6간작 菊花叢書 384

12간작 菊花叢書 385

7간작 菊花叢書 386

13간작 菊花叢書 387

9간작 菊花叢書 388

19간작 菊花叢書 389

현애(懸崖)

菊花叢書 390

菊花叢書 391

菊花叢書 392

菊花叢書 393

菊花叢書 394

菊花叢書 395

다륜작 모델

Tokyo Japan / 菊花叢書 396

영주 김주섭/菊花叢書 397

전북익산/菊花叢書 398

Tokyo Japan/菊花叢書 399

경남마산/菊花叢書 400

경기일산/菊花叢書 401

에버랜드/菊花叢書 402

영주 박경혜/菊花叢書 403

경남진주/菊花叢書 404

경남마산/菊花叢書 405

경남마산/菊花叢書 406

영주 김주섭/菊花叢書 407

모둠화단

무역회관/菊花叢書 408

무역회관/菊花叢書 409

무역회관/菊花叢書 410

경남마산/菊花叢書 411

전북익산/菊花叢書 412

경북영주/菊花叢書 413

2007/10/20
COEX/菊花叢書 414

2008/10/16
COEX/菊花叢書 415

전북익산菊花叢書 416

2007/10/20
COEX/菊花叢書 417

무역회관
COEX/菊花叢書 418

무역회관
COEX/菊花叢書 419
2007/10/20

평면 조형물

2005 10 20
경기일산/菊花叢書 420

2007/10/20
COEX/菊花叢書 421

인천대공원/菊花叢書 422

인천대공원/菊花叢書 423

전북익산/菊花叢書 424

COEX/菊花叢書 425

Dream Park/菊花叢書 426

인천대공원/菊花叢書 427

충남보령/菊花叢書 428

전북익산/菊花叢書 429

경기일산/菊花叢書 430

경북봉화/菊花叢書 431

입체 조형물

2008/10/31
전남함평/菊花叢書 432

남진주/菊花叢書433

경기일산/菊花叢書 434

대구수목원/菊花叢書 435

전북익산/菊花叢書 436

경남마산/菊花叢書 437

Dream Park/菊花叢書 438

경북 영주/菊花叢書 439

일산 호수공원菊花叢書 440

일산 호수공원菊花叢書 441

경남진주/菊花叢書 442

Dream Park/菊花叢書 443

건축형 조형물

Tokyo Japan/菊花叢書 444

Dream Park/菊花叢書 445

인천대공원/菊花叢書 446

경남마산/菊花叢書 447

COEX/菊花叢書 448

COEX/菊花叢書 449

동물형 조형물

Dream Park/菊花叢書 450

경남진주/菊花叢書 451

Dream Park/菊花叢書 452

인천재공원/菊花叢書 453

대구수목원/菊花叢書 454

경남진주/菊花叢書 455

Tokyo Japan/菊花叢書 456

Dream Park/菊花叢書 457

Dream Park/菊花叢書 458

전남함평/菊花叢書 459

인천대공원/菊花叢書 460

전남함평/菊花叢書 461

인천대공원/菊花叢書 462

서울대공원/菊花叢書 463

Dream Park/菊花叢書 464

Dream Park/菊花叢書 465

전남함평/菊花叢書 466

Dream Park/菊花叢書 467

아취 조형물

2008/07/21
Dream Park/菊花叢書 468

2008/10/03
Dream Park/菊花叢書 469

2008/07/21
Dream Park/菊花叢書 470

경남마산/菊花叢書 471

2005 10 20
일산 호수공원/菊花叢書 472

Dream Park/菊花叢書 473

경남마산/菊花叢書 474

대구수목원/菊花叢書 475

경남마산/菊花叢書 476

경남마산/菊花叢書 477

경남진주/菊花叢書 478

경남울산/菊花叢書 479

소국 분재화단

Tokyo Japan/菊花叢書 480

Tokyo Japan/菊花叢書 481

Tokyo Japan/菊花叢書 482

Tokyo Japan/菊花叢書 483

Tokyo Japan/菊花叢書 484

Tokyo Japan/菊花叢書 485

천송이 화단

경남마산/菊花叢書 486

Tokyo Japan/菊花叢書 487

Tokyo Japan/菊花叢書 488

Tokyo Japan/菊花叢書 489

Tokyo Japan/菊花叢書 490

Tokyo Japan/菊花叢書 491

원화단

경남마산/菊花叢書 492

전남고창/菊花叢書 493

전남고창/菊花叢書 494

경남마산/菊花叢書 495

인천매립지/菊花叢書 496

전북익산/菊花叢書 497

목간작

경남진주/菊花叢書 498

전북익산/菊花叢書 499

홍성 조권영/菊花叢書 500

대구수목원/菊花叢書 501

전남함평/菊花叢書 502

인천매립지/菊花叢書 503

제2장 대국입국

1. 꽃후 모종관리

(1) 개화 모주의 관리(꽃 후의 손질)

① 가을 전시장에서 꽃이 만개했을 때, 꽃이 크고, 잎이 넓고, 줄기가 굵고, 꽃 색깔이 영롱한 포기를 선택하여 구입합니다.

② 꽃이 진 후에, 동지싹①이 나온 포기는, 줄기를 10~12cm 정도에서 또는 잎을 3~4장 남기고 자르면, 동지싹의 발생과 발육을 촉진됩니다.

③ 동지싹이 없는 그루는, 꽃이 지기 전에 키의 반을 자르고 관리하면, 12월중에 동지싹이 움터 나옵니다.

(2) 동지싹 월동관리

① 병 없는 포기를 선택하여 동지싹을 받습니다. 어미묘에서 병들고 허약한 포기는 아깝게 생각하지 말고 소각 합니다

② 동지싹을 갈라내어, 같은 품종을 5호 화분에 3~5싹씩 옮겨 심고, 온실이나 온상에서 월동합니다.

③ 12월 말부터 0~4℃ 내외로 얼지 않고 자라지 않도록 겨울잠을 재웁니다.

④ 특작이 아니면 입국은 겨울동안 자라서는 않됩니다.

⑤ 입국은 3월 초순에 따뜻한 곳에 내어 놓아 겨울잠을 깨우고, 엷은 물비료를 관수하거나, 건조비료②는 1~2찻숟갈을 뿌리에 닿지 않게 화분 가장자리에 줍니다.

⑥ 3월 초순부터 자라기 시작하면, 7호분으로 옮겨 심고, 잎이 8장쯤 될 때부터 순치기를 하여서, 삽수 받을 준비를 합니다.

⑦ 대개 삽목(揷木) 한 달 전에 마지막 순치기를 합니다. 품종과 용도에 따라서 다소 날자의 차이가 있지만, 삽수 채취일까지 국화순이 최소한 15~20cm 이상 자랄 수 있는 기회를 주면 됩니다.

⑧ 다음의 사진 504는 4월초에 7호 화분에서 자라고 있는 포기인데, 이 포기와 같이 줄기가 굵고 마디가 짧은 포기는 단간종(短幹種)③입니다.

⑨ 아래의 사진 505와 같이, 줄기가 날신하고 마디가 간격이 긴 것은 장간종(長桿種)④입니다.

표 506. **삽수 채취 일정**	
4월1일	다간작.
5월1일	3간작. 9간작. 12간작. 19간작.
6월1일	달마작.
7월1일	복조작

⑩ 삽수채취는 위의 표 506의 일정대로 하면 됩니다. 국화꽃의 만개일은 10월 하순으로 정해져 있습니다.

⑪ 일찍 시작한다고 꽃이 일찍 피는 것은 아닙니다. 인력과 시간의 낭비이고, 국화 줄기가 조기에 목질화 되어 작품 만들기에 지장이 있습니다.

※참조 ①동지싹:415쪽 28번. ②건조비료:351쪽. ③단간종:413쪽 16번. ④장간종:421쪽 71번,

2. 삽목 전 처리

(1) 모주(母株) 기르기

① 지난 겨울동안 동지싹을 보관했다가, 봄부터 엷은 물비료를 주면서 모종을 기릅니다.

② 모종이 10잎마디 정도 자랐을 때 1차 적심을 하고, 마디마다 올라오는 가지를 모두 받아서, 4월 중순까지 가지의 길이가 15~20cm가 되도록 길게 길러 올립니다.

(2) 삽수(揷穗) 채취

① 꺾꽂이 하려고 잘라 놓은 줄기를, 수목에서는 삽수(揷樹)라 하고, 국화와 같은 초질성에서는 삽수(揷穗)라고 표기합니다.

② 4월중에 아래의 사진 507과 같이 모종의 길이가 15~20cm 되는 국화가지들을 채취합니다.

菊花叢書 507

③ 처음에는 아래의 사진 508과 같이, 삽수를 7cm 정도 길이로 잘라서 모읍니다.

菊花叢書 508

④ 모주에서 세력이 너무 월등한 것은 그 줄기를 잘라보면, 아래의 사진 509와 같이 속에 바람이 들고 목질화(木質化) 되어서 사용할 수 없습니다.

菊花叢書 509

⑤ 때문에 삽수를 채취할 때는, 같은 그룹에서 세력이 너무 강한 것과 약한 것은 버리고, 평균적으로 세력이 비등한 줄기들만 채취합니다.

⑥ 아래의 사진 510과 같이, 원순(原筍)을 포함하여 위쪽의 연한 초질성(草質性)부분을 채취합니다. 이것을 취미국화 분야에서는 **천수삽(天穗揷)**이라고 하며, 다른 분야에서는 녹지삽(綠枝揷:Soft cutting)이라고 합니다. 이 원순 속에 국화의 기본 인자가 포함되어 있으며, 초질부가 새 세포이기 때문에 생동력이 좋아서 발근이 15~20일로

菊花叢書 510

조금 빠릅니다. 다만 세포조직이 연해서 곰팡이균에 대한 저항력이 약한 것이 약점입니다.

⑦ 옛날 초기에는 모종이 모자라서, 아래의 사진 511과 같이 윗부분 천수삽을 채취한 후에, 아래에 남은 목질화된 부분도 채취했습니다. 이것을 취미국화에서는 **경수삽(頸穗揷)**이라고 하며, 다른 분야에서는 숙지삽(熟枝揷:Woody cutting)이라고도 합니다.

菊花叢書 511

이 경수삽은 목질화 된 부분이기 때문에, 질병에 대한 저항력은 강하지만, 발근이 25~30일로 조금 늦고, 꽃이 약간 퇴화되어 조금 작고 색깔이 못합니다. 이러한 이유로 근래에는 작품용으로는 사용하지 않습니다.

(3) 삽수 다듬기

① 아래의 그림 512와 같이, 수목(樹木) 분야의 삽수(揷樹)는 끝을 빗겨서 자르지만,

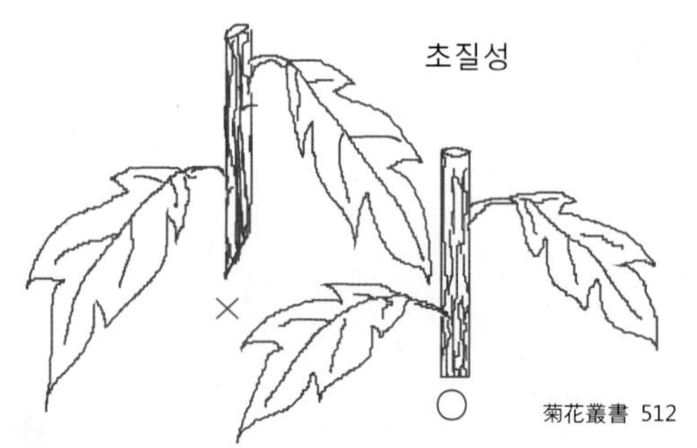

菊花叢書 512

초질성인 국화의 삽수(揷穗)는 끝을 빗겨 자르면 부식될 우려가 있어서 평편하게 자릅니다.

② 천수삽을 자를 때, 아래의 사진 513과 같이, 잎마디 중간 부분을 자른 삽수는, 발근이 늦으며 끝이 잘 부식됩니다.

또한 가을에 동지싹이 나오지 않아 무성생식기간이 생략 되고, 1년 초로서 생을 끝내는 예가 많습니다.

菊花叢書 513

③ 아래의 사진 514와 같이, 잎 마디 바로 아래, 즉 잎자루 기부(基部)① 의 바로 아래를 자르면, 세포조직이 밀착되어 있어서 근권부(根圈部:callus:뿌리뭉치)② 생성이 빠르고 발근도 빠르며, 토양균에 대한 저항력이 강하며, 동지싹도 많이 움터 나옵니다.

菊花叢書 514

※ 참조:①기부(基部):기초가 되는 부분. ②근권부(根圈部):뿌리바탕.

④ 아래의 사진 515와 같이, 비가 올 때나 물을 줄 때, 흙탕물이 튀어 올라 토양균에 감염되어 흑반병(黑斑病)[①] 또는 갈반병(褐斑病)[②] 백수병(白銹病:흰녹병)[③] 등이 발생합니다. 이 위로 확산되는 경로를 차단하기 위하여, 접지면(接地面)에 가까운 아랫잎을 모두 따 냅니다.

菊花叢書 515

⑤ 다음은 아래의 사진 516과 같이, 삽수의 건조피해를 예상하여, 너무 넓은 잎은 제거하거나, 잎 넓이의 반을 잘라냅니다.

菊花叢書 516

⑥ 다음은 삽수를 일정한 규격으로 다듬습니다.

대국은 순을 포함하여, 5cm 길이로 다듬고, 중륜국 절화국 등의 연결포트에 심을 모종은 4cm 길이로 다듬고, 소국현애와 소국분재 등의 모종은 3cm 길이로 자릅니다.

이때의 수치는 꼭 지키라는 수학적인 수치가 아닙니다. 예를들면 대국에서 5cm 길이로 자르라는 것은, 아래의 사진 517과 같이 5cm內外로 아래위를 살펴보고 기부(基部) 바로 밑을 자르라는 뜻입니다.

菊花叢書 517

(4) 물올림

① 아래의 사진 518과 같이 깨끗한 컵에 맑은 물을 채웁니다. 식물 활력제나 식물 성장 홀르몬제를 소정의 규격대로 희석하여 넣으면 더 좋습니다. 여기에 삽수를 바로 세워 담급니다. 이것을 [물올림]이라고 합니다.

② 석양(夕陽)때 담그어서 다음날 아침까지 약 10시간 정도 하룻밤 물올림 합니다.

③ 물 올림한 삽수는 삽목상에서의 몸살이 거의 없으며, 삽목상에서의 기타 곰팡이균의 질병에 대한 저항력이 높습니다.

④ 물올림 하지 않았는 삽수는 몸살이 심하고, 질병에 저항력이 약합니다.

菊花叢書 518

※참조 ①흙반병:370쪽. ②갈반병:370쪽. ③백수병:369쪽.

⑤ 다듬은 삽수는 아래의 519와 같이 컵에 국화품종 이름표를 붙이고, 같은 국화는 같은 컵에 모아서 바르게 세워서 물올림 합니다.

菊花叢書 519

⑥ 이렇게 손질한 삽수를 시원하게 어둡게 10시간 정도 물올림하면, 아래의 사진 520과 같이 선도 높은 바른 자세의 삽수를 얻을 수 있습니다.

菊花叢書 520

⑦ 만약, 아래의 사진 521과 같이 대국을 소국 물올림 하듯이 눕혀서 침지(浸漬)하고

菊花叢書 521

시간이 너무 오래 지체되면, 대국은 삽수길이가 길기 때문에 순(筍)이 일어서서, 아래의 사진 522와 같이 꼬부라진 삽수가 됩니다. 이 꼬부라진 삽수는 펴면 부러지고 원상복구가 않되는 패묘입니다.

菊花叢書 522

⑧ 이와 같이 물올림 한 삽수는 대기 중에서 한 시간 정도는 시들지 않습니다. 삽목상에서의 질병도 별로 없으며, 선도가 높고 발근이 빠릅니다.

⑨ 물올림을 하지 않았는 삽수는, 대기중에서 10분정도면 시들어 버립니다. 삽목상에서 몸살이 심하며, 질병이 잦고, 발근이 늦습니다.

표 523 : **한국의 평균 삽목 예정일**

작품명	재배기간	삽목 예정일
다간작	180일	4월 초순
3간작	150일	5월 초순
달마작	120일	6월 초순
복조작	100일	7월 초순

⑩ 이렇게 물올림 한 삽수를 위의 표 523과 같이, 다간작(多幹作)은 4월 초순에 삽목하고, 삼간작과 9간작 12간작은 5월 중순에 삽목하고, 달마작은 6월 초순에 삽목하며, 복조작은 7월 초순에 삽목합니다.

3. 대국 삽목

(1) 삽목 전처리 요약

① 모주(母株)에서 아래의 사진 524와 같이, 국화의 가지가 15~20cm 정도 자라면, 7cm 정도의 넉넉한 길이로 가위로 잘라서 채취합니다.

菊花叢書 524

② 다음은 우량한 규격모종을 얻기 위하여, 아래의 사진 525와 같이, 막대를 5cm 길이로 자릅니다. 이 막대로 5cm의 규격삽수 다듬기의 잣대로 이용합니다.

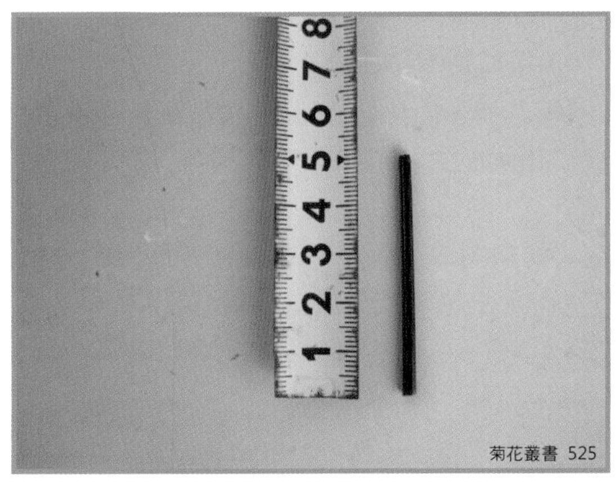

菊花叢書 525

③ 다음은 앞에서 채취해둔 7cm 내외의 국화삽수를 규격삽수로 다듬습니다.

④ 잣대를 삽수 원순 높이에 대고, 다음의 사진 526과 같이 5cm 점에서, 미달되거나 넘더라도 줄기와 잎자루가 만나는 기부(基部) 아래를 자릅니다.

菊花叢書 526

⑤ 아래의 사진 527은 규격삽수로 다듬은 모델입니다. 5cm정도의 길이로 기부(基部) 아래를 잘랐습니다. 접지면에 가까운 아랫 잎들은 모두 잘라내었습니다. 너무 넓은 잎은 반 이상을 잘라서 엽면적(葉面積)을 줄였습니다.

菊花叢書 527

⑥ 컵에 품종명찰을 부착하고, 삽수를 바르게 세워놓고, 물을 채워 물올림 합니다.

菊花叢書 528

(2) 삽목상(揷木床)

㈎ 스티로폼(Styrofoam) 상자

① 이른 봄 2월 3월의 저온삽목(低溫揷木)에는 스티로폼(Styrofoam) 상자를 사용합니다.

② 스티로폼 상자는 아래의 그림 529와 같이, 청과류 상회에서 버리는 과일포장 상자를 얻어서 폐품을 재활용합니다. 바닥에 배수구멍을 몇 개 뚫고 모래를 충전하여 삽목상으로 이용합니다.

③ 이 스티로폼 상자는 발포성으로 방한보온(防寒保溫)작용이 강하여, 이른 봄 2월 3월의 삽목에 많이 이용합니다.

菊花叢書 529

④ 특히 쌀쌀한 계절의 대국특작과 소국분재 등의 저온삽목(低溫揷木)에는 스티로폼 상자를 능가할 삽목상자는 없습니다.

㈏ 프라스틱 삽목상자

① 5월 6월 7월 8월의 고온삽목(高溫揷木)에는 아래의 사진 530과 같은 통기가

菊花叢書 530

잘되고 시원한 플라스틱(Plastic) 상자를 이용합니다.

② 고온다습(高溫多濕)한 계절에는 스티로폼(Styrofoam)상자를 사용하지 않습니다.

㈐ 연결포트

① 근래에는 재배자의 요령(要領)에 따라 연결포트를 많이 사용합니다.

② 아래에 소개한 531 사진은 25구의 제일 소규모의 연결포트입니다. 필요에 따라 100구 內外의 큰 포트도 있습니다.

菊花叢書 531

(3) 삽목용토(揷木用土)

㈎ 마사토(磨砂土)

① 아래의 사진 532는 마사토입니다. 보수력(保水力)이 있고, 통기성이 좋아서 많이 사용하고 있습니다.

② 아래의 샘플 마사토는 소립(小粒) 쌀알굵기의 알갱이입니다. 이보다 더 부드러운 미립(微粒)은 사용하지 않습니다.

菊花叢書 532

㈏ **질석(蛭石: Vermiculite)**

① 질석은 대립(大粒)을 사용합니다. 아래의 사진 533의 질석은 함수력(含水力)이 강하고, 통기가 원활하며, 발포성으로 방한보온(防寒保溫) 작용도 있습니다.

② 위와 같은 성상으로 2월 3월의 저온삽목(低溫揷木)에 많이 이용합니다.

③ 그러나 5월 6월 7월 8월의 고온삽목에는 적합하지 않습니다. 함수력과 보온작용으로 고온다습한 계절에는 도리혀 곰팡균의 온상(溫床)이 되어, 접지면에서 묽음병의 발생으로 순식간에 삽목상 전체로 확산되는 예가 가끔 있습니다.

④ 때문에 질석은 고온삽목에는 사용하지 않으며, 재활용은 할 수 없습니다.

菊花叢書 533

㈐ **상토(床土)**

① 아래의 사진과 같은 534 상토는 모판 전용으로 만든 인조토양 입니다.

② 상토의 산도(酸度)는 ph 5.5~6.5이며, 국화의 생육산도는 Ph 6.2~6.8 이기 때문에 산도가 맞지 않아서 국화 성장기에는 사용하지 않고, 삽목상(揷木床)에 한해서 사용합니다. 재활용은 결과가 좋지 않습니다.

菊花叢書 534

③ 상토는 함수력(含水力)이 좋으며, 이온과 미량 요소를 함유하고 있습니다. 2월 3월의 저온삽목(低溫揷木)에는 결과가 좋지만, 6월 7월 8월의 고온삽목(高溫揷木)에는 상토가 도리어 곰팡이균이 자라는 배지(培地)가되어 순마름병 잎마름병 뿌리썩음병 등이 급습하여 예후가 좋지 않습니다. 때문에 상토(床土)는 고온다습(高溫多濕) 기에는 사용하지 않습니다.

(4) 모래삽목

① 강상류의 왕모래가 제일 좋습니다. 강모래는 자연재료입니다. 깨끗하고 병이 없으며, 세척하여 재활용할 수 있습니다.

② 아래의 사진 535는 촬영당시 왕모래가 없어서 보통 강모래입니다. 보통 강모래도 쌀알 굵기의 알갱이 정도의 소립(小粒)이면 충분합니다. 미세한 미립(微粒)은 좋지 않습니다.

菊花叢書 535

③ 위의 사진 535와 같이, 강모래를 깨끗이 세척한 후, 삽목상자에 7cm 정도 두께로 충전하고 물을 골고루 뿌려서 모래를 차분히 가라앉힙니다.

④ 더 잘하려면 2000배의 살균제(예, 벤레이트①, 톱신엠②) 액를 물뿌리개로 골고루 뿌려서 한 두 시간 모래를 가라앉히면, 삽목상에서의 방역에 크게 도움이 됩니다.

※참조 ①벤레이트:380쪽 14번. ②톱신엠:381쪽 20번.

⑤ 다음은 아래의 사진 536과 같이, 5cm 간격으로 가로세로 줄을 그어놓습니다. 줄의 접점이 삽수를 심을 정위치 입니다.

菊花叢書 536

⑥ 다음은 위의 사진 536에서, 막대의 아래쪽에 3cm 눈금을 그리고, 아래의 사진 537과 같이 5cm 간격으로 3cm 깊이로 구멍을 냅니다.

⑦ 아래의 사진 537에서, 5cm 길이의 삽수를 모래속에 3cm 깊이로 꽂습니다. 즉 삽수 길이의 반 이상을 모래에 묻어야 결과가 좋다는 뜻입니다.

菊花叢書 537

⑧ 삽수는 뿌리가 없는 상태에서 삼투압

菊花叢書 538

에 의하여 수분을 흡수합니다. 현재 삽수끝과 모래 사이에는 틈이 있어서 삼투압이 작용을 못합니다. 때문에 앞의 사진 538과 같이 양손 4손가락으로 삽수끝을 살짝 눌러서 삽수 끝과 모래의 간격을 밀착시켜 삼투압을 활성화 시킵니다. 이 작업을 매번 할 때마다 실행하는 습성화해야 합니다.

(5) 발근소 삽목

① 이상기온이나 고온환경으로 인한 애로(隘路:Erro)가 염려될 때는 발근소[①] 삽목을 합니다.

菊花叢書 539

② 발근소는 『포콘루틴 파우더』라는 이름으로 국산제품이 시판되고 있습니다. 곰팡이류의 세균 살균력이 강하고, 근권부(根圈部:callus)의 생성을 촉진하여 뿌리내림을 앞당깁니다.

③ 위의 사진 539와 같이, 삽수 끝에 물을 적시고, 발근소 분말을 묻혀서, 아래의 사진 540과 같이 3cm 깊이로 모래에 꽂습니다.

菊花叢書 540

※참조 ①발근소:415쪽 33번.

④ 여기서도 아래의 사진 541과 같이, 양손 4손가락으로 삽수끝을 살짝 눌러서 삽수끝과 모래의 간격을 밀착시켜 줍니다.

菊花叢書 541

(6) 경단삽목(瓊團揷木)

① 경단삽목은 삽목이 잘 않되는 희귀품종 삽목에 이용하는 방법입니다.

② 아래의 사진 542와 같이, 점성(黏性)이 강한 황토분말을 되게 반죽해서, 굵은 콩알크기로 경단을 만들어 삽수 끝에 붙입니다.

菊花叢書 542

③ 삽목상에서 이 경단을 단 삽수를 일반삽수와 같이 그대로 모래에 꽂는다면 경단이 떨어집니다.

그래서 다음의 사진 543과 같이 모래를 파고 경단부분을 묻어줍니다.

菊花叢書 543

(7) 마무리 작업

① 2월 3월의 저온삽목(低溫揷木)에는 아래의 사진 544와 같이, 삽수의 간격을 3cm 정도로 총총 심어도 발근이 잘되고 잘 자랍니다.

菊花叢書 544

② 6월 7월 8월의 고온삽목에는 아래의 사진 545와 같이, 삽수의 간격을 5cm 이상으로 넉넉하게 심어서 통기가 잘되고 시원하게 해야 합니다. 만약, 고온다습한 계절에도 삽수를 총총 심는다면, 통기가 잘 않되어 잎마름병이나 순마름병이 급습합니다.

菊花叢書 545

③ 삽목이 다 끝났으면 아래의 사진 546과 같이, 고운 물뿌리개로 물을 푹 관수합니다.

④ 이후, 2주간은 50% 한랭사(寒冷絲)[①]로 차양(遮陽)[②]관리합니다.

菊花叢書 546

⑤ 삽목 2~3일후, 아래의 도표 547과 같이, 2000배 희석한 살균제와 살충제 혼합액으로 잎과 줄기에 물이 약간 흐를 정도로 분무하여 방역을 합니다.

547. **국화 기본 방제액**		
구분	제1방제액	제2방제액
①살균제	벤레이트수화제	톱신엠 수화제
②살충제	코니도 수화제	앙상블 수화제

(8) 일차가식

① 삽목 4주후, 아래의 사진 548과 같이, 뿌리가 내린 것부터 3호 포트에 옮겨 심습니다. 이때까지 발근이 되지 않은 포기는 예후가 좋지 않습니다. 버립니다.

菊花叢書 548

② 1차 가식할 때, 포트에 인조 토양인 상토(床土)[③]나 질석(蛭石)[④]을 배합하면 좋지 않습니다.

③ 아래의 국화생육 산도표 549와 같이, 상토의 산도(酸度)는 ph5.5~6.5입니다. 국화의 생육산도는 ph6.2~6.8입니다.

④ 따라서 아래의 생육산도 표를 살펴보면, 국화는 육묘기에는 상토에 적응하지만, 성장기에는 산도(酸度)가 맞지 않아서 적응하지 못합니다.

국화생육산도

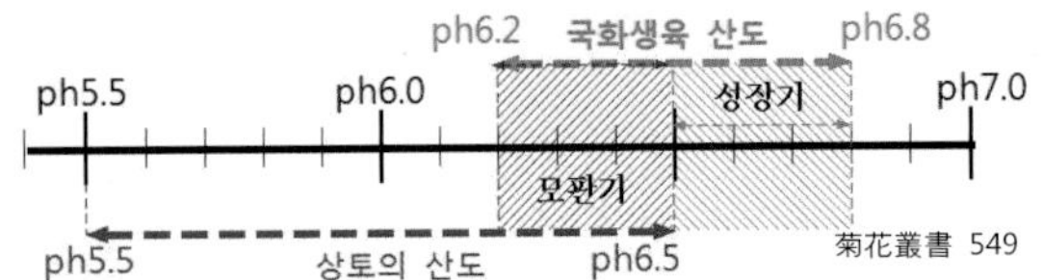

菊花叢書 549

⑤ 좋은 국화를 기르려면, 아래의 화분용 배양토 배합표 550에서 소분용 배양토 배합을 참조해서 사용하면 우수한 결과를 얻을 수 있습니다.

550. **화분용 배양토 배합**		
	소분용	정식용
발효건조비료	10%	20%
밭흙(황사밭흙)	40%	35%
모래(강모래.마사토.중립)	40%	35%
훈탄(숯가루)	10%	10%

(9) 참조

① 위의 도표에서 발효건조비료[⑤]는 3대 요소인 질소 인산 칼리의 성분입니다.

② 밭흙과 모래는 배수의 목적뿐 입니다.

③ 훈탄은 숯가루입니다. 배양토의 산성화를 방지합니다.

④ 위와 같이, 3대 요소와 배수와 배양토 중화 등, 3가지 목적 외에는 첨가하면 좋지 않습니다.

~~~~~~

※참조/①한랭사:320쪽. ②차양:423쪽 94. ③상토:417쪽 42. ④질석:423쪽 92. ⑤발효건조비료:351쪽.
~~~~~~

4. 삼간작 기르기

(1) 삼간작이란?

① 삼간작의 주제는 아래의 사진 551과 같이, 거대륜의 3송이 꽃입니다. 이것이 키 포인트(Key Point)입니다.

② 삼간작(三幹作)은 줄기 간(幹)이라고, 3줄기를 기르는 것이라고 하지만, 3송이의 큰 꽃을 받치기 위한 줄기, 즉 지탱하기 위한 3개의 지주대에 지나지 않습니다.

국화총서 551

③아래의 사진 552와 553은 삼간작 작품의 기초 모델입니다. 꽃송이가 아래의 화분보다 크다는 감을 느끼게 합니다.

국화총서 552 국화총서 553

(2) 삼간작의 규격

① 삼간작의 마지막 정식 화분을 9호분으로 통일합니다.

② 화분의 접지선(接地線) 10cm 정도 위에서 정3방향 3분지(分枝)를 합니다.

③ 국화가지를 굽힘점에서 바르게 세워 1m 이상 길게 길러 올립니다. 이때 옆에서 국화가지를 끌어오면, 정품 삼간작이 아닙니다.

④ 꽃의 크기는 아래에 정식한 9호 화분과 같거나 크게 거대륜으로 피웁니다.

(3) 삽목(揷木)

① 삼간작의 키는 용도에 따라 4종으로 기릅니다. 1m. 120cm. 140cm. 160cm. 크기 기릅니다.

菊花叢書 554

② 키가 큰 것은 5월 초에 삽목하고, 중간크기는 5월 중순에 삽목하며, 작은키는 5월 하순에 삽목합니다.

③ 이 삽목 일정은 장간종(長幹種) 중간종(中幹種) 단간종(短幹種) 등의 국화의 품종에 따라 조금씩 다르기 때문에, 재배자의 요령(要領)으로 일정을 조정합니다.

(4) 일차가식(一次假植)

① 삽목 4주 후부터 뿌리가 내린 포기만 골라서 3호 포트에 옮겨 심습니다. 이때까지 발근이 미진한 것은 가망이 없습니다. 버립니다.

② 아래의 사진 555와 같이, 촉촉한 배양토를 포트에 반쯤 채우고, 그 위에 삽수의 뿌리를 활짝 펼쳐놓습니다.

菊花叢書 555

③ 다시 아래의 사진 556과 같이, 포트 언저리에서 1cm 아래까지 촉촉한 새 포트용 배양토를 손으로 뿌려서 채웁니다.

④ 포트의 흙은 다지면 배수가 되지 않아서 모종이 자라지 않습니다. 포트를 들어서 땅에 한두 번 톡톡 놓으면 모두가 제자리로 들어갑니다. 더 이상 잔손질하면 않됩니다.

菊花叢書 556

(5) 포트용 배양토

① 삽목상에서 포트로 일차가식할 때, 상토(床土)①를 사용하지 않습니다.

② 상토는 국화전용 재료가 아닙니다. 일반 원예농사의 묘판용으로 만든 인조 임시 토양입니다.

③ 다음의 도표 557에서, 상토의 산도(酸度)는 ph5.5~6.5입니다. 국화의 생육산도는 ph6.2~6.8입니다.

④ 아래의 국화생육 산도표 557을 세밀히 살펴보면, 중간에 ph6.2~6.5 도표는 겹쳐저 공유되고 있습니다. 이 부분이 국화유묘가 상토에 적응하는 기간입니다.

⑤ 그 오른쪽의 ph6.5~6.8은 국화의 성장기입니다. 산도가 다르기 때문에 국화 성장기에는 상토에 적응되지 않습니다.

국화생육산도

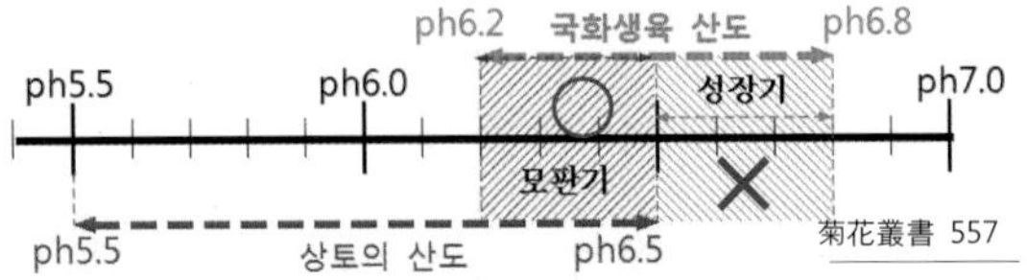

菊花叢書 557

⑥ 위와 같은 이유로 상토(床土)는 삽목상(揷木床)에서만 사용하고, 일차가식 포트에서 부터는 아래의 도표 558 포트용 배양토의 배합 비율을 참조하여 이용하시기를 권장합니다.

558. **국화 포트용 배양토**		
재료	배합율	용도와 목적
발효건조비료	10%	3대요소
밭흙(황사밭흙)	40%	뿌리 활착과 배수
모래(강모래.마사토.중립)	40%	
훈탄(숯가루)	10%	산성화 방지

(6) 일차적심(순지르기)

① 일차적심은 아래의 사진 559와 같이, 국화줄기의 잎마디가 10마디 정도 생겼을

菊花叢書 559

※참조 ①상토(床土):417쪽 42번.

때 적심을 해야 확실한 3분지 모종을 얻을 수 있습니다.

② 그래도 아래의 사진 560에서 보면, 정아우세(頂芽優勢)[①] 또는 정순우선(頂筍優先)의 현상에 의하여, 위쪽의 마디에서는 새싹이 움터 나오지만, 아래의 3~4마디에는 새싹이 나오지 않습니다.

대국은 아래쪽 3~4마디는
싹이 나오지 않음.
菊花叢書 560

(7) 2차 가식

① 포트에서의 국화모종 관리기간은 평균 2주 정도입니다. 그 이상 지체하면 모종은 퇴화됩니다.

② 3간작의 2차가식은 늦어도 6월 10일까지는 끝내야 좋습니다.

③ 아래의 사진 561과 같이, 흙덩이가 깨트려지지 않도록 포트만 빼내고, 5호분에 넣은 다음, 이번에는 정식용 새 배양토[②]를 채워 넣습니다.

새배양토
국화총서 561

④ 이때 오래된 배양토는 질소분이 휘발되여, 3대요소의 순열이 바뀌어서 성장에 장애가 올 수도 있기 때문에, 새 배양토 사용을 권장합니다.

⑤ 2차가식 후 뿌리가 활착하면, 1000:1의 질소우선 액비를 주 1~2회 웃거름으로 관수시비하면, 아래의 사진 562와 같이, 마디마다 곁가지들이 올라옵니다.

菊花叢書 562

⑥ 기르면서, 아래의 사진 563과 같이, 세력이 비슷한 3가지만 선택하고, 나머지는 제거합니다.

菊花叢書 563

(8) 정지(整枝)[③]

① 6월 중순경부터 국화의 가지를 정리하고 기초자세를 잡아주어야 합니다.

※참조 ①정아우세(頂芽優勢):422쪽 84번. ②정식용배양토: 326쪽(2). ③정지(整枝):422쪽 86번

② 가지 정리할 때는 철사를 굽혀서 여러 형태의 철사걸이를 만들어서 사용할 수 있지만, 삼간작의 기초자세 잡기에는 아래의 사진 564의 3방향 유인구가 제일 반듯하고 정확하게 됩니다.

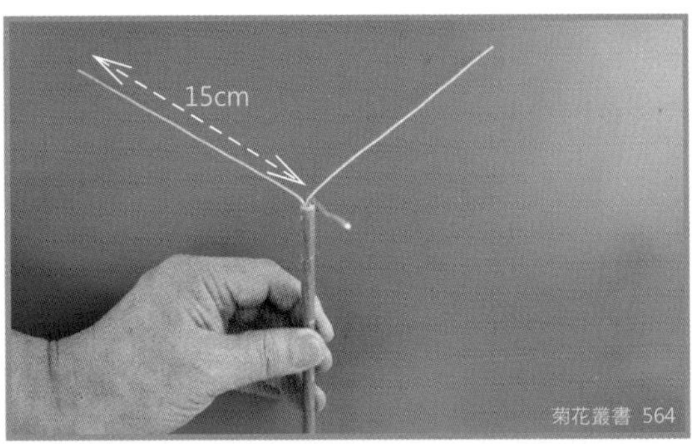

菊花叢書 564

③ 갈대나 대나무 막대에 12번 철사 3가닥을 꽂은 것입니다. 철사의 길이는 15cm 이상으로 하고, 자루는 화분바닥에 닿도록 충분히 길게 여유를 두어서, 필요에 따라 잘라서 사용합니다.

④ 다음은 아래의 사진 565 같이, 3방향 유인구를 모종줄기에 붙여서 화분바닥에 닿도록 깊이 꽂고, 모종의 밑둥을 유인구 자루에 고정합니다.

菊花叢書 565

⑤ 위의 565 사진에서, 국화모종이 서있는 자연상태에서, 국화줄기와 철사가 닿는 접점에 묶음끈으로 고정합니다. 3줄기 모두 같은 작업을 합니다.

⑥ 다음은 아래의 사진 566과 같이, 지주대 3개를 준비하고, 정3방향으로 화분벽에 붙여서 바닥에 닿도록 깊이 꽂습니다.

菊花叢書 566

⑦ 다음은 3개의 유인구 철사를 지주대에 고정하고, 국화 3가지를 유인구 철사에 안전하게 눕혀서 고정합니다.

⑧ 그대로 두고 시일이 지나면, 아래의 사진 567과 같이, 국화가지가 자라서 자연히 일어섭니다.

⑨ 이때에 3방향 유인구를 제거합니다.

菊花叢書 567

(9) 정식(定植:아주심기)

① 정식은 늦어도 6월 30일 안으로 끝내야 합니다. 그래야 7월 1달동안 줄기를 1m 이상 기르고, 8월의 화아분화①를 받을 수 있습니다.

※참조 ①화아분화(花芽分花):꽃망울 생성

② 5호 화분을 빼내고, 아래의 사진 568과 같이 뿌리덩이가 깨어지지 않도록 조심해서 9호분에 플러그(Plug)①채로 넣습니다.

③ 8월이면 화분에 뿌리가 꽉차서 국화가 자라지 않는 뿌리막힘 현상②이 옵니다. 이를 예방하기 위하여, 아래의 사진 568에서 가름대③ 3개를 정3방향으로 설치하여 배양토를 증토할 예비공간을 확보합니다.

菊花叢書 568

569. 화분용 배양토의 배합 비율			
	포트용	정식용	용도와 목적
발효건조비료	10%	20%	3대 요소
밭흙(황사밭흙)	40%	35%	뿌리 활착과 배수
모래(마사토 강모래)	40%	35%	
훈탄(숯가루)	10%	10%	산성화 방지

④ 다음은 그 옆 공간에, 위의 표 569와 같이, 거름 20% 以下의 정식용 새 배양토로 채워 넣습니다.

⑥ 처음부터 거름을 많이 배합하면 화분흙이 산성화되어 후기 생육이 좋지 않습니다. 기르면서 부족한 거름은 다음의 570표의 Ⓑ웃거름을 주면 됩니다.

⑦ 만약, 오래된 배양토를 쓴다면, 배양토가 부패 되었을 수도 있지만, 그 보다도 질소분이 희발하여 질소 함량이 줄어들게 되면, 다음의 도표 570의 Ⓐ밑거름과 같은 3대 요소의 순열과 비율이 변경되어 국화의 성장에 장애가 옵니다.

570. 3대요소의 순열과 비율					
	질소	인산	칼리	고토	붕소
Ⓐ밑거름	20	10	11	+1	+0.1
Ⓑ웃거름	39	0	2	+1	+0.2
Ⓒ결실용	20 (0)	17	17		
※숫자는 보지 말고 비율과 순서가 중요합니다.					

⑽ 정좌(正坐)④

① 정식이 끝나고 손질 후, 위에서 내려다 보았을 때, 아래의 사진 571과 같이, 정3방향으로 반듯하게 분지(分枝) 유인되어 있어야 작품의 자세가 반듯하게 됩니다.

菊花叢書 571

② 8월이면 삼간작은 화분이 작아서 뿌리가 화분에 꽉 찹니다. 이것을 뿌리막힘 현상⑤이라고 합니다. 이를 방지하기 위하여 가름대를 빼내고, 그 공간에 새 정식용 배양토를 채웁니다.

③ 아래의 사진 572는 8월 하순경입니다. 국화의 키가 화분바닥에서 국화순까지 120cm 정도 됩니다.

菊花叢書 572

※참조 ①플러그:425쪽 (110). ②뿌리막힘현상:313쪽. ③가름대:312쪽.

⑾ B-9과 지주대 교채

① 10월 초순, 아래의 사진 573과 같이, 꽃망울의 껍질이 벗어집니다. 이때부터 약 2주간 꽃목이 더 자라 오릅니다.

菊花叢書 573

② 꽃망울이 벌어질 무렵에 지주대를 꽃대와 붙여서 고정한다면, 후에 꽃이 피면서 지주대에 눌려서 기형으로 개화합니다.

③ 때문에 꽃목의 자람이 정지할 때까지, 위의 사진 573과 같이, 넘어가지 않을 정도로만 임시 지주대에 기대어 보호관리 합니다.

④ 근래에는 삼간작에 B-9[①]을 사용하지 않습니다. 비나인의 기전은 국화의 표피에 흡수되어 껍질을 딱딱하게 굳게 하여서 줄기를 자라지 못하게 합니다.

⑤ 삼간작의 주제는 거대륜의 꽃입니다. 만약, 비나인을 분무 한다면 꽃이 조금 작아지고 꽃망울 벌어짐이 늦어지기 때문에 사용하지 않습니다.

⑥ 대국입국 삼간작(三幹作)에서는 위의 사진 573과 같이, 국화 줄기가 자라 오르면서 국화잎이 점점 작아지다가 마지막에는 잎이 없어지고 꽃망울이 맺히는 자연개화를 유도합니다. 이렇게 해야 꽃을 최대한으로 굵게 피울 수 있고 자연의 미가 나타난다고 합니다.

⑦ 혹, 비나인을 붓으로 꽃목 바르기를 하는 동호인도 있지만, 그래도 꽃의 크기에 약간의 영향이 간다고 합니다. 비나인 꽃목 바르기는 키를 작게 기르는 복조 달마작에서는 유리하지만, 키를 크게 하고 꽃을 굵게 기르는 삼간작에서는 불리합니다.

⑧ 10월 중순, 꽃이 ⅓쯤 피면 꽃목의 자람이 정지합니다. 이때 아래의 사진 574와 같이, 새 지주대를 교채하고, 꽃목 높이에 꼭 맞도록 지주대를 자릅니다.

菊花叢書 574

⑨ 다음은 아래의 사진 575와 같이, 지주대를 꽃목에 꼭 맞도록 고정합니다.

菊花叢書 575

⑩ 지주대를 꽃목에 고정할 때, 묶음끈을 너무 바짝 매면, 수관이 압착되어서 수액의 오르내림에 영향을 주어서, 꽃잎의 자람과 꽃색깔에 좋지않는 결과가 올 수 있다고 합니다. 때문에 움직이지 않을 정도로만 느슨하게 고정합니다.

~~~~~~~~~~~~~~~~~~~~~~~~~~~~~~

※참조 ①B-9(비나인):416쪽39. 395쪽84.
~~~~~~~~~~~~~~~~~~~~~~~~~~~~~~

⑿ 꽃 받침대 달기

① 국화꽃은 위로 피어오르는 것이 아니고, 아래로 피어내리기 때문에, 아래의 사진 576과 같이 꽃받침대를 꽃목에서 3cm 정도 아래에 부착합니다.

② 만약 꽃바침대를 꽃목에 부착한다면, 꽃의 피어내리는 방향을 방해했기 때문에 꽃이 납작하게 개화합니다.

정흥우근(精興右近). 厚物. 黃色. 長幹種. 中滿

菊花叢書 576

③ 아래의 사진 577은, 꽃 받침대를 3cm 아래에 달고 5일 후, 10월 20일경에 꽃이 아래로 피어 내려서 꽃 받침대(윤대:輪臺)[①] 에 얹어있는 과정이 보입니다.

정흥우근(精興右近). 厚物. 黃色. 長幹種. 中滿

菊花叢書 577

④ 사진 578은 꽃잎이 계속 드리워 내려서, 비늘같이 차곡차곡 싸이고 있습니다.

정흥우근(精興右近). 厚物. 黃色. 長幹種. 中滿/菊花叢書 578

⑤ 또 다시 5일후 10월 30일경, 아래의 사진 579는 완전한 자세로 만개 하였습니다. 이 모양이 대국의 본연의 모델입니다.

정흥우근(精興右近). 厚物. 黃色. 長幹種. 中滿/菊花叢書 579

⑥ 긴 과정을 거쳐서 삼간작 작품이 표출되었습니다. 9호 화분 접지면 10cm 높이에서 정3분지하여, 수직으로 자라 올라서, 1m 이상의 높이에 직경25cm 이상의 거대륜 3송이를 피웁니다.

~~~~~~~~~~~~~~~~~~~~~~~~

※참조/①꽃받침대(윤대):315쪽.
~~~~~~~~~~~~~~~~~~~~~~~~

5. 삼간작 12모둠 화단

(1) 12모둠 화단

① 입국 12모둠화단은, 입국 삼간작의 집합으로 이루어진 입국 삼간작의 극치(極致)입니다.

② 아래의 사진 580과 같이, 입국 삼간작 12개의 화분을 가로 2m. 세로 2m. 안에 배열하고, 꽃송이 높이의 조절과 붉은색 노랑색 흰색 꽃의 배색으로 입국 삼간작 화단을 조성하는 것입니다.

1996년 10월 강창학 작 / 菊花叢書 580

(2) 삼간작 만들기

① 삼간작 정식화분은 9호(내경:27cm) 화분으로 통일합니다.

② 삼간작의 꽃은 화분보다 더 큰 꽃을 피워서, 3송이를 정 3방향으로 배분합니다.

③ 아래의 사진 581과 같이, 중간의 꽃송이를 편의상 [天]이라고 부르고, 왼쪽 꽃송이를 [地]라고 부르며, 오른쪽 꽃송이를 [人]이라 부릅니다. 입국 삼간작에서만 통하는 국화용어입니다.

菊花叢書 581

④ 단일작품으로 연출하는 입국 삼간작은, 天과 地와 人의 꽃송이 높이를 같게 합니다.

⑤ 모둠 화단용으로 사용할 삼간작은 3송이의 높이를 같게하면, 중간의 [天]송이는 [地]와 [人]송이에 가려서 앞에서 보이지 않습니다.

⑥ 때문에 모둠 화단용 삼간작은 모든 꽃송이가 앞에서 보여야하기 때문에, [天]송이를 [地]와 [人]송이보다, 꽃송이 두께만큼 한단 높게 기릅니다.

(3) 화단조성 요령

① 아래의 사진 582와 같이, 입국 삼간작 화분 12개를 가로 2m 세로2m 공간에, 앞에서부터 뒤로 3줄로 배열합니다.

菊花叢書 582

② 위의 사진 582에서, 제일 앞줄 6개의 꽃송이가, 가로 2m 안에서 간격이 꼭 같도록 배열하고, 뒤로 2m 안에 4화분의 꽃송이 간격이 꼭 같도록 조정합니다.

③ 꽃송이의 색상은 붉은색 노랑색 흰색 등 3가지 색깔을 요령껏 배색합니다.

④ 삼간작을 규격에 맞추어 기르기가 상당히 힘들고 어렵습니다. 화단 조성은 쉽습

니다. 다 길러놓은 화분을 지정 위치에 옮겨놓고 진열만 하면 됩니다.

⑤ 아래의 그림 583과 같이, 160cm의 키 큰 국화를 뒷자리에 세우고, 작업은 뒤에서부터 앞으로 작업해 내려옵니다.

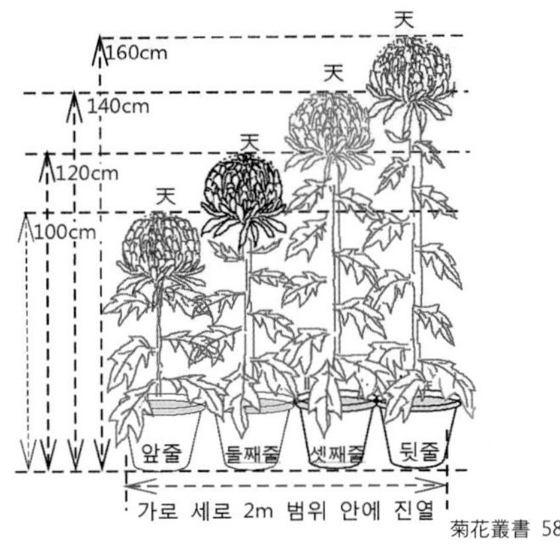

菊花叢書 583

⑥ 실재로 아래의 사진 584와 같이 진열해 봅니다. 아래의 사진에서 꽃이 점점 작게 보이는 것은, 1장의 사진을 점점 작게 줄였기 때문입니다. 실재로는 꽃의 크기는 같고, 높이만 점차적으로 줄입니다.

菊花叢書 584

⑦ 제일 앞줄 1m높이의 화분은 키를 줄이려고 B-9을 사용하는 예도 있습니다. 그러나 비나인을 분무하면 꽃송이가 조금 작아지기 때문에 이 작품에서는 B-9을 사용하지않고 자연개화를 시킵니다.

⑧ 국화 키의 높낮이 조정은, 앞의 키가 작은 포기는 단간종(短幹種)종을 선택하고, 중간의 보통 포기는 중간종(中幹種)을 선택하며, 뒤쪽의 키 큰 포기는 장간종(長幹種) 품종을 선택합니다.

⑨ 또는 삽목일정으로 키를 조절하기도 합니다. 키 큰 포기는 4월 중순에, 중간포기는 5월 초순에, 키가 작은 포기는 5월 하순경에 삽목하여 키를 조정합니다.

(4) 화단조성의 실재

㈎ 뒷줄 작업

① 아래의 사진 585와 같이, [天]의 높이가 160cm, [地]와 [人]의 높이가 150cm의 뒷줄 장간종 국화를, 왼쪽에서부터 붉은색 흰색 노랑색 순서로 놓습니다.

菊花叢書 585

② 뒷줄 장간종 포기에서, 흰색과 노랑색은 160cm까지 잘 자랍니다.

③ 붉은색 장간종 포기는 160cm까지 기르기가 힘듭니다. 비료에도 다른색깔 포기보다 약합니다. 잘 크지 않는다고 비료를 자주 시비하면 도리어 실패합니다.

㈏ 셋째줄 작업

① 아래의 사진 586과 같이, 꽃송이 [天]

菊花叢書 586

의 높이가 140cm이고, [地]와 [人]의 높이가 133cm인 삼간작 포기를 뒷줄 앞에 옮겨 놓습니다.

② 왼쪽에서부터 노랑색 붉은색 흰색 순서로 놓습니다.

㈐ 둘째 줄 작업

① 아래의 사진 587과 같이, [天]송이의 높이가 120cm이고, [地]와 [人]송이 높이가 114cm인 삼간작 포기를 앞줄에 옮겨 놓습니다.

② 왼쪽에서부터 흰색 노랑색 붉은색순서로 배열합니다.

菊花叢書 587

㈑ 앞줄 작업

① 다음의 사진 588과 같이, [天]의 송이키가 100cm이고, [地]와 [人]의 꽃송이 높이가 95cm인 삼간작 화분을 제일 앞줄에 옮겨 놓습니다.

② 가로 2m 세로 2m의 공간에 12화분을 배열합니다. 이때 관람객의 시선이 앞줄에 제일 먼저 와 닿기 때문에, 앞줄에 신경을 씁니다.

③ 꽃이 크고 자세가 반듯하고, 잎이 넓고 선도(鮮度)가 높게, 화분도 깨끗하게 손질합니다.

菊花叢書 588

(5) 꽃송이 높이와 간격조정

① 아래의 589, 12모둠화단 규격표와 같이, 앞줄에서 뒷줄까지 4단계로 높이 차이를 두었습니다.

② 삼간작의 같은 포기에서도, [天]과 [地] [人]의 높이 차이를 두었습니다.

589. **12모둠화단 규격표**

위치	天의키	地人의키	차이
뒷줄	160cm	150cm	10cm
3째줄	140cm	133cm	7cm
2째줄	120cm	114cm	6cm
앞줄	100cm	95cm	5cm

③ 이것은 신장 160cm인 관람객이 아래의 590의 작품 앞에 섰을 때, 각각의 꽃송

菊花叢書 590

이가 같은 간격으로 보이는, 관람객의 시선의 각도에서 산출된 수치입니다.

(6) 꽃송이 색상 배열

① 관람객이 아래의 591 작품 앞에 섰을 때, 시선이 제일 오래 머무는 곳이 화면의 중심부분입니다.

② 재배자가 좋아하는 색상이나 강조하고 싶은 색깔의 국화를 화면의 중앙에 배열합니다.

㈎ 흰색 중심선

① 만약, 재배자가 흰색을 좋아한다거나 흰색을 작품에서 강조하려고 한다면,

② 아래의 사진 591과 같이, 뒷줄 왼쪽에 흰색 국화를 놓고, 오른쪽 아래로 경사지게 배분하고,

③ 상하좌우로 같은 색깔의 꽃송이가 놓이지 않게 배색하면, 배색표를 볼 필요없이 아래의 591과 같이 저절로 됩니다.

12 모둠화단 흰색 주제 배색도			
뒷줄	흰색	붉은색	노랑색
3째줄	노랑색	흰색	붉은색
2째줄	붉은색	노랑색	흰색
앞줄	흰색	붉은색	노랑색

㈏ 황색 중심선

① 만약, 재배자가 노랑색을 좋아한다거나 황색을 작품에서 강조하려고 한다면,

② 아래의 사진 592와 같이, 뒷줄 왼쪽에 황색 국화를 놓고, 오른쪽 아래로 경사지게 배분하고, 상하좌우로 같은 색깔이 중복되지 않게 배색하면, 저절로 아래의 작품 592과 같이 됩니다.

12 모둠화단 황색 주제 배색도			
뒷줄	노랑색	붉은색	흰색
3째줄	흰색	노랑색	붉은색
2째줄	붉은색	흰색	노랑색
앞줄	노랑색	붉은색	흰색

(7) 품종배치

아래의 593 작품과 같이, 12화분 12품종으로 배분배색 한다면, 더욱 돋보이는 찬사를 받는 작품이 됩니다.

국화래복	국화어대	정흥우근
국화장군	국화태양	국화청남
국화설립	국화만수	국화재페
국화개운	국화월산	국화황호

6. 복조작 만들기

(1) 복조 국화의 유래

복조(福助)란 복(福)을 준다는, 키가 나지 막하고 머리가 큰, 일본 전통 민속인형의 이름을 따온 것이라고 합니다.

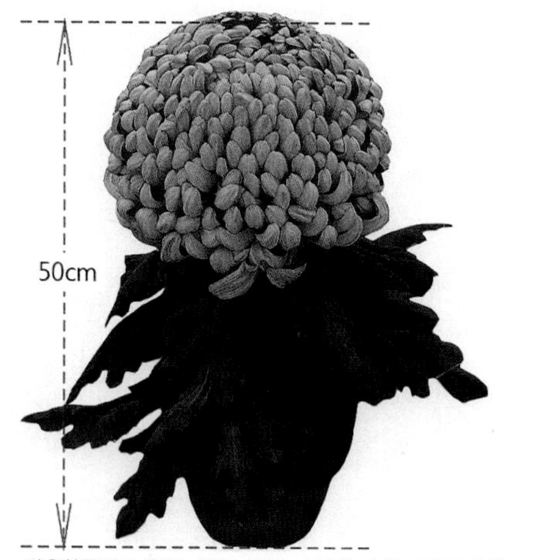

겸육향국(兼六香菊). 厚物. 粉紅. 中幹種. 中滿 / 菊花叢書 594

(2) 복조 국화의 규격

복조국화는 삽목에서부터 100일동안 길러서 10월에 꽃을 피우는 작품입니다.

① 꽃송이가 화분보다 커야 합니다.

② 아랫잎이 화분을 덮어야 합니다.

③ 화분은 5호분으로 고정합니다.

④ 바닥에서 화정까지 50cm 以下 높이.

(3) 품종선정

① 꽃송이가 크고 색깔이 영롱한 품종.

② 줄기가 굵고 잎이 넓은 품종.

③ 꽃이 빨리 피는 조생종.

④ B-9과 광반응이 예민한 품종.

(4) 모주(母株) 기르기

① 4~5월에 삽목한 모종을 노지(露地)에 심습니다. 노지가 없는 동호인은 큰 화분에 심습니다.

② 모주를 적심해서 3~5분지(分枝)해서, 곁가지가 5cm 정도 자라면, B-9①. 700배액을 순에 분무해서 곁가지를 굵게 합니다.

③ 삽목 1주 전에 비나인 600배액을 순끝에 뿌려서 도장(徒長)②을 방지합니다.

④ 줄기가 굵어야 거대륜이 개화합니다. 모주를 성심것 길러서 굵은 삽수를 만들어서, 삽목에서부터 굵고 튼튼한 삽수로 시작해야 우람한 꽃을 피울 수가 있습니다.

⑤ 모주를 기르지 않았는 보통 삽수로는, 복조재배 기간이 짧아서, 굴고 튼튼하게 기를 기간이 부족합니다.

(5) 삽수 다듬기

① 아래의 사진 595와 같이, 채취한 국화 가지의 순을 포함한 삽수줄기와 국화잎자루와 만나는 기부(基部)③ 아래를 5cm 內外로 잘라서 천수삽(天穗插)④을 받습니다.

② 다음의 사진 596과 같이, 비가 올 때나 물을 줄 때, 흙탕물이 튀어 올라 토양균에 감염되어 흑반병(黑斑病)⑤ 또는 갈반병(褐斑病)⑥ 백수병(白銹病:흰녹병)⑦ 등이 발생하여, 위로 확산되는 경로를 차단하기 위하여, 접지면(接地面)에 가까운 아래 잎을 모두 따 냅니다.

※참조 ①B-9(비나인):416쪽39. 395쪽84. ②도장(徒長):414쪽25. ③기부(基部):기초가 되는 부분. ④천수삽:423쪽97. ⑤흑반병:370쪽. ⑥갈반병:370쪽. ⑦백수병:369쪽13.

접지면에 가까운 아랫잎은 모두 따냄.
菊花叢書 596

③ 다음은 아래의 사진 597과 같이, 삽수의 건조피해를 예상하여, 너무 넓은 잎은 제거하거나, 잎 넓이의 반을 잘라 내어서 간략한 삽수로 다듬었습니다.

菊花叢書 597

(6) 삽수 물올림

① 다듬은 삽수를 삽목 준비하는 동안 다음의 사진 598과 같이, 맑은 물에 한 두 시간 담구어 물올림을 합니다.

菊花叢書 598

② 이 물은 사람이 마실 수 있는 청량수라야 합니다. 복조를 삽목할 때는 고온다습(高溫多濕)한 계절이어서, 이 물로 인하여 삽목상에서 병균이 급습하여 패묘가 되는 예가 종종 있습니다.

③ 때문에 물올림할 때 2000배 이상의 살균제 용액에 1~2시간 침지(浸漬) 물올림을 하면 고온기의 삽목에 도움이 됩니다.

(7) 삽목

① 복조작은 7월 1일을 기준으로 삽목합니다. 이때는 고온다습(高溫多濕)한 계절이어서 삽목이 어렵습니다.

POKON
rooting powder
菊花叢書 599

② 복조와 같은 고온기의 삽목용토는, 강모래나 마사토가 안전합니다.

③ 상토(床土)[①]나 질석(蛭石)[②] 등과 같이 함수력(含水力)이 좋고 미량 요소가 포함되어 있는 인조토양을 고온기에 삽목용토로 사용하면, 도리혀 토양균의 온상(溫床)이나 배지(培地) 역활을 해서, 삽목상에서 순마름 입고병 뿌리썩음병 묽음병 등의 토양균병들이 발생하여, 손쓸 틈 없이 전 삽목상에 확산되어 패묘가 되는 예가 잦습니다.

④ 삽목이 끝나면 다음의 사진 600과 같이 물을 푹 뿌려 줍니다.

물을 주고나면 넘어진 삽수가 있습니다. 이 쓸어진 삽수를 그대로 두면 꼬부라진 삽수가 되어서 패묘가 됩니다.

~~~~~~~~~~~~~~~~~~~~~~~~~~~~~~
※참조 ①상토:417쪽42. ②질석:423쪽92.
~~~~~~~~~~~~~~~~~~~~~~~~~~~~~~

물을 한꺼번에 주지말고 고운 물줄기 팁의 물뿌리개로 처음에는 촉촉할 정도로만 조금 뿌려서 축인 다음에, 한 두 시간 후에 한 번 더 삽수가 넘어지지 않도록 조심해서 물을 뿌려서 차분히 가라앉힙니다.

菊花叢書 600

(8) 방역

① 복조작의 삽목계절은 삼복(三伏) 더위어서 조금만 관리를 소홀(疎忽)히 하면, 토양병균들이 급습합니다.

② 때문에, 삽목 3일 이내에, 살균제와 살충제를 혼합한 국화기본 방제액[①]으로, 국화잎의 앞면과 뒷면에 물이 약간 흐를 정도로 촉촉이 분무하여 방역을 합니다.

(9) 1차가식

① 삽목 3~4주 후, 발근된 것부터 골라서, 다음의 사진 601과 같이 3호 포트에

菊花叢書 601

임시로 옮겨 심습니다.

② 삽목 4주후까지도 발근이 미진한 포기는 가망이 없습니다. 버립니다.

③ 1차가식 할 때는 삽목용토는 무엇이던 간에 모두 털어내고, 아래의 표 602와 같은 포트용 배양토를 채워 넣습니다.

602. **국화 포트용 배양토**		
재료	배합율	용도와 목적
발효건조비료	10%	3대요소
밭흙(황사밭흙)	40%	뿌리 활착과 배수
모래(강모래.마사토.중립)	40%	
훈탄(숯가루)	10%	산성화 방지

④ 가식 후, 2~3일 이내에 살충제와 살균제 혼합액을, 잎의 앞뒷면과 줄기에 물이 약간 흐를 정도로 분무하여 방역을 하고, 처음 1주간은 50% 한랭사(寒冷紗)[②]로 차양(遮陽)[③]관리 합니다.

⑤ 옮겨심고 1주후, 성장활력이 붙으면, B-9 500배 희석액을 싹 끝에 뿌립니다.

⑥ 비나인 살포일을 제외한 전후 모든 날에는 엽면시비(葉面施肥)[④] 합니다.

(10) 정식

① 8월 초순경에, 포트에 뿌리가 꽉 찬 것부터 골라서, 아래의 603과 같은 정식용 배양토를 배합하여 다음의 사진 604와 같이 5호분에 정식합니다.

603. **화분용 배양토의 배합 비율**			
	포트용	정식용	용도와 목적
발효건조비료	10%	20%	3대 요소
밭흙(황사밭흙)	40%	35%	뿌리 활착과 배수
모래(마사토 강모래)	40%	35%	
훈탄(숯가루)	10%	10%	산성화 방지

② 낙엽등의 재료는 건조비료의 발효과정에서 모두 처리되었기 때문에, 여기서는 낙엽등을 중복 사용하지 말고, 3대요소와 배수와 산성화 방지를 주로 배합 합니다.

※참조 ①국화기본방제액:322쪽. ②한랭사:320쪽. ③차양(遮陽):423쪽94. ④엽면시비:420쪽61.

(11) 추비(追肥)

후물(厚物) 후주(厚朱) 계통 대국

① 정식 2주 후, 뿌리가 활착하고 거름이 모자라면, 발효된 건조비료 1차숫갈(10ml)씩 화분위에 2~3곳에 묻어 줍니다.

② 건조비료가 준비되지 않았으면, 주 1회 질소 우선인 액비를 1000배로 희석하여, 잎과 줄기를 적시면서 뿌리에까지 푹 관수시비 합니다.

관물(管物 : 실국화)

① 실국화는 정식할 때 배양토에 발효된 건조비료를 기본으로 배합했습니다. 이후부터는 건조비료를 추비하지 않습니다.

② 주 1회 질소 우선인 액비를 엽면시비(葉面施肥)를 합니다.

③ 식물 활력제나 식물 호르몬제는 월 1회 줄 수 있습니다.

④ 실국화는 비료를 많이 주면, 꽃실이 기형으로 피어내리거나 꽃의 색깔이 밝지 않고 어둡게 개화합니다.

(12) 증토(增土)

8월 이후에, 윗흙 표면으로 뿌리가 올라오면, 뿌리막힘이 왔다는 증후입니다. 이때 새 배양토를 덮어줍니다.

(13) 꽃비료(花肥)

꽃거름은 10월 중순부터 꽃잎이 4~5장 피었을 때, 속효성 저질소 고인산 고칼륨의 물비료를 주면, 색깔이 영롱한 거대륜이 개화합니다.

(14) 비나인(B-9)

① B-9은 국화 표피에 흡수되어서 껍질을 딱딱하게 굳게 하여서 국화 줄기의 자람을 억제합니다.

② 복조작의 주제(Object)는 거대륜의 꽃송이 입니다. 키가 작은 것은 부제(Subject)입니다. B-9을 분무하여 국화의 키를 작게 하면, 꽃송이도 비례적으로 작아진다는 것을 알고, 아래의 표 605와 같은 작업을 진행합니다.

605. **복조작 B-9 사용 일정**

시기	희석 배율
모주 적심후/5cm	700배
삽목 1주전	600배
가식 1주후	500배
정식 1주후	400배
8월 15일 전	300배

③ 뿌리가 활착하고 성장활력이 붙을 때, B-9. 400배 희석액을 꼭대기 순(荀)에만 뿌려서 성장을 중단시킵니다.

④ 다시 엽면시비(葉面施肥)를 하여서, 자라기 시작하여 한 두 잎마디가 생기면, 또 B-9.으로 성장을 중단시키고,

⑤ 이렇게 자라고 멈추고, 자라고 멈추고, 성장과 억제의 주기를 반복하여, 짧은 10~12잎 마디가 생성되도록 유도합니다.

⑥ 지방마다 조금씩 차이는 있지만, 평균적으로 8월 15일부터 꽃망울 생성충동을 받기 시작하여, 8월 20일부터는 화아분화가 일어나기 때문에, 큰꽃을 주제로 하는 대국에서는 이때부터 B-9을 분무하지 않습니다.

⒂ B-9 꽃목 바르기

① 9월부터 꽃망울이 맺힙니다. 이 꽃망울에 비나인이 묻으면, 꽃망울 벌어짐이 늦고, 실국화에서는 두터워진 꽃껍질을 꽃실이 잘 빠져 나오지 못하여 기형개화를 하는 예가 많습니다. 대국 전체적으로 보아서 평균적으로 꽃의 크기가 조금 작아집니다.

② 때문에 B-9이 꽃망울에 묻지 않도록 붓으로 2~3일 간격으로 꽃목에 비나인을 바릅니다. 실국화에서 꽃목에 융털이 많아서 바르지 못할 때는, 손으로 꽃목을 문지른 후에 비나인을 바릅니다.

⒃ 꽃망울 관리

꽃망울이 피기 전까지는 아래의 사진 606과 같이 일향성(日向性)으로 해를 따릅니다. 그대로 두면 한쪽으로 기울어져서 굳어버립니다. 때문에 2일에 한 번씩 화분 돌리기를 해 주면 안전합니다.

菊花叢書 606

⒄ 꽃받침대 달기

① 복조작은 큰 꽃송이가 주제이기 때문에 지금부터가 중요합니다. 아래의 그림 607과 같이, 벌어지기 직전의 꽃망울이면, 비나인 목바르기를 했기 때문에 꽃목이 더 자라지 않습니다. 이때 꽃목에서 3cm 아래에 꽃받침대를 부착합니다.

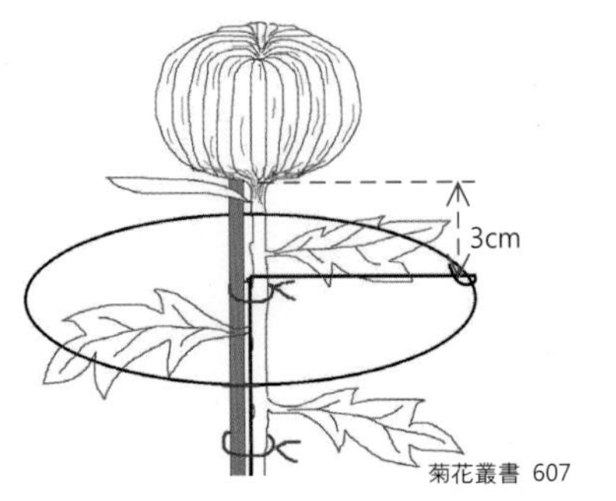

菊花叢書 607

② 꽃이 피기 시작하면, 국화꽃이 위로 피어오르는 것이 아니고, 아래의 사진 608과 같이, 꽃잎이 자라서 아래로 드리워 내려서 3cm 아래의 부착한 꽃받침대 위에 얹혀있는 것이 보입니다.

菊花叢書 608

③ 다시 5일후에 보면, 아래의 사진 609에서 계속 아래로 드리워 내려서 비늘같이 차곡차곡 싸이는 개화과정이 보입니다.

④ 복조작은 큰꽃송이가 주제이기 때문에 마지막에는 꽃송이 다듬기에 정성을 들여야 합니다.

菊花叢書 609

⒅ 중요점 요약

(a) 초장은 화분을 포함하여 50cm 以下로 합니다.

① 50cm 以下로 한다고 해서 50cm를 꽉 채워서 만들면, 복조도 아니고 입국도 아니고 보기가 좀 엉성합니다.

② 50cm는 최대한의 허용 한계선입니다. 실제적 키는 40cm 以下로 하면 제일 보기가 좋다고 합니다.

(b) 정식 화분은 5호분으로 통일한다.

① 정식 화분을 5호분으로 고정하기는 초심자로서는 정말 어렵습니다. 그래서 6호 화분 7호 화분으로 하는 동호인도 있습니다. 이렇게 하면 기르기도 쉽고 국화도 잘 자라지만, 화분보다 꽃송이를 더 크게 하려면 키를 더 키워야 하는 난점이 있습니다.

② 3호 포트에서 충분히 길러서 5호분으로 정식하면 5호분으로 고정이 쉽습니다.

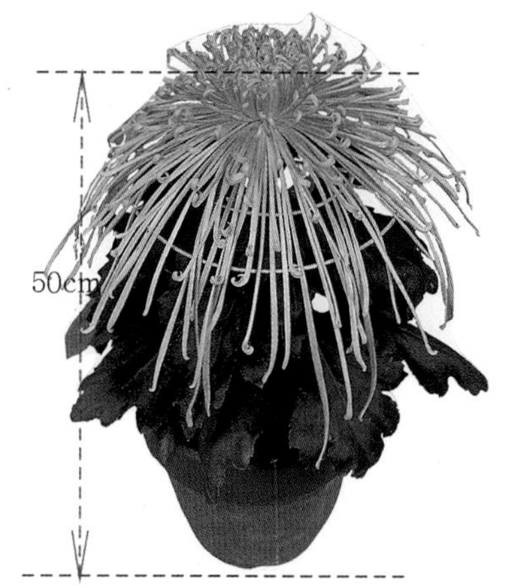

안의홍(岸의虹). 間管. 濃黃. 中幹種. 中滿 / 菊花叢書 610

(c) 꽃송이가 화분보다 커야 합니다.

① 정식화분을 6호분이나 7호분으로 하면, 키를 크게 키우지 않는 한, 화분보다 큰 꽃송이 만들기는 어렵습니다.

② 5호 화분으로 하고 키를 조금 작게 기른다면, 위의 사진 610과 같이 아랫잎이 화분을 덮고, 꽃송이가 화분보다 크게 보이도록 할 수 있습니다.

Memo :

7. 달마작(達磨作) 만들기

머리말

① 달마작은 복조작과 거의 같습니다. 복조작은 한송이의 꽃을 피우고, 달마작은 세송이의 꽃을 피우는 것이 다를 뿐입니다.

② 입국 삼간작과도 비슷합니다. 3분지 3송이의 꽃을 피우는 것이 같습니다. 다만 달마작은 소품(小品)으로 만든다는 점이 다릅니다.

③ 때문에 복조작이나 입국 삼간작을 만들어 보신 동호인은 쉽게 접근할 수 있습니다.

菊花叢書 611

(1) 달마 국화의 유래

달마대사(達磨大師)가 좌선(坐禪)하는, 키가 나지막하고 통통한 앉은 모습을 국화꽃으로 묘사한 것입니다.

(2) 달마의 규격

① 정식화분은 7호분으로 고정합니다.

② 3송이를 정삼방향으로 피웁니다.

③ 화분바닥에서 화정까지 60cm 以下.

(3) 품종선정

① 꽃이 크고 색깔이 영롱한 품종

② 줄기가 굵고 잎이 넓은 품종

③ 꽃이 빨리피는 조생종

④ 광반응과 B-9에 예민한 품종

(4) 모종

① 달마작은 6월초에 삽목하고, 6월 말일 안으로 4호 포트에 1차가식을 합니다.

菊花叢書 612

② 가식할 3호 포트의 배양토는 아래의 표 613과 같은 포트용 배양토를 배합하여 사용할 것을 권장합니다.

③ 가식소분에서 부터는 상토(床土)나 질석(蛭石) 같은 인조 삽목용토의 배합은 바람직하지 않습니다.

613. **화분용 배양토의 배합 비율**

	포트용	정식용	용도와 목적
발효건조비료	10%	20%	3대 요소
밭흙(황사밭흙)	40%	35%	뿌리 활착과 배수
모래(마사토 강모래)	40%	35%	
훈탄(숯가루)	10%	10%	산성화 방지

(5) 적심(순지르기)

① 달마작은 소품이기 때문에 낮은 적심을 해야 합니다. 다음의 사진 614와 같은 모종에서 싹이 움터 나올 가망성이 있는 5마디 이상을 확보해야 합니다.

② 보통 12cm 정도 높이나, 10 잎마디 높이에서 적심합니다.

菊花叢書 614

③ 포트에서 2주정도 관리한 다음, 5호 분으로 2차가식 합니다.

④ 질소우선 액비를 1000배로 희석하여, 잎과 줄기를 적시면서 뿌리에까지 주 1~2회 관수시비하면, 아래의 사진 615와 같이 마디마다 곁싹이 움터 나옵니다.

菊花叢書 615

⑤ 이 곁싹 중에서, 다음의 사진 616과 같이, 세력이 너무 강한 것과 너무 약한 것은 제거하고, 세력이 비등한 3개의 가지만 받아서 이용합니다.

⑥ 이 3가지를 5호 화분에서 15cm 이상 길게 기릅니다.

菊花叢書 616

(6) 정식

① 3가지가 15cm 이상 충분히 자라면, 7호 화분으로 정식합니다.

② 달마작은 늦어도 7월 10일까지는 정식을 해야 결과가 좋습니다.

③ 아래의 사진 617과 같이 지주대를 화분 중간에 바닥에 닿도록 깊이 꽂고, 모종의 밑둥을 지주대에 고정합니다.

菊花叢書 617

④ 배양토는 발효건조비료 20% 이하로 배합한 새 배양토로 시작합니다. 처음부터 거름을 진하게 배합하면, 배양토가 산성화되어 후기생육에 좋지 않습니다. 기르면서 부족한 것은 웃비료를 주면 됩니다.

(7) 정지(整枝)

① 다음의 사진 618과 같은 칼라타이(Color Tie: 화훼용 묶음끈)를 준비합니다.

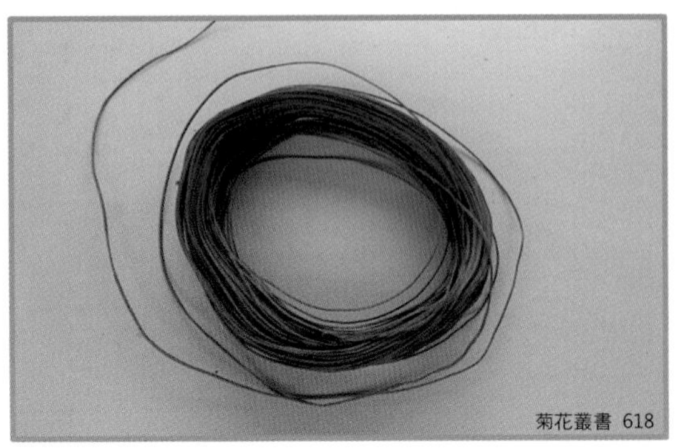
菊花叢書 618

② 이 묶음끈으로 아래의 사진 619에서 모종의 3분지점 조금위의 지주대에 칼라타이를 단단히 묶은다음, 옆가지로 건너서 라선감기로 감아올립니다.

菊花叢書 619

③ 다음은 아래의 사진 620과 같이, 지주대를 화분벽에 붙여서 바닥에 닿도록 깊이 꽂아 세웁니다.

菊花叢書 620

④ 다음은 아래의 사진 621과 같이, 라선감기를 한 가지를, 우측 아래로 수평 가까이 유인해 내리고, 지주대와의 접점에서 느슨히 임시로 고정합니다.

⑤ 이렇게 가지를 내려도, 분지점에서 안전대 감기를 했기 때문에 가지가 찢어지지 않습니다.

菊花叢書 621

⑥ 다음은 아래의 사진 622와 같이, 지주대와의 접점에서 둔각으로 위로 감아올려, 지주대에 임시로 한 두 곳 묶음끈으로 고정합니다.

菊花叢書 622

⑦ 같은 방법으로 3갈래의 가지 모두 다라선감기 작업을 하면, 아래의 사진 623과 같이 됩니다.

菊花叢書 623

⑧ 그대로 며칠두면, 굳어서 이 형태로 고정됩니다. 이때 아래의 사진 624와 같이, 묶음끈을 모두 풀고, 그대로 지주대에 고정합니다.

⑨ 다음은 실수로 지주대의 벌어짐으로 인한, 3분지점의 찢어짐을 방지하기 위하여, 지주대 위쪽으로 묶음끈으로 안전띠를 묶습니다.

⑩ 아래의 사진 624의 사진이 달마작의 기본자세(正坐)입니다.

菊花叢書 624

(8) 정좌(正坐)

① 아래의 사진 625와 같이, 위에서 내려 보았을 때, 3분지가 정삼각 방향이라야 정좌가 잘된 작품입니다.

菊花叢書 625

② 아래의 사진 626과 같이, 3줄기의 굽힘점은 3분지점 보다 약간 높아야 보기가 좋습니다. 이렇게 하려면 접지선에서 굽힘점까지 높이를 10cm로 다듬어야 합니다.

③ 접지선에서 화분 언저리까지는 3cm. 화분 언저리에서 분지접까지 3cm 정도로 다듬으면, 반듯한 정좌가 됩니다.

菊花叢書 626

④ 여기까지는 비료를 주었지만, 지금부터는 비나인 처리를 합니다.

⑼ 비나인(B-9)

① 달마작은 처음부터 비료를 주어서 속성(速成)으로 기르다가, 3분지 정좌 후에, 비나인 400배액을 싹 끝에 분무합니다.

627 **달마작 비료 B-9 사용표**	
시기	희석 배율
5호 중분	비료
7호 정식	비료
3분지 정좌후	400배 B-9
8월 15일 전	300배 B-9

② 다음은 8월 15일의 화아분화 충동을 받기 직전에, 비나인 300배액을 마지막으로 뿌려 줍니다.

③ 9월에는 꽃망울이 맺힙니다. 꽃망울에 비나인이 묻으면 꽃껍질과 꽃받침 바탕이 굳어서, 꽃망울 벌어짐이 늦고, 꽃송이의 굵기가 조금 작아집니다.

④ 때문에 큰 꽃송이를 주제로하는 대국에서는 꽃망울이 맺히면, B-9을 분무하지 않고, 붓으로 꽃목에 비나인을 바릅니다.

⑽ 꽃받침대(輪臺) 달기

① 10월에 꽃망울이 피기 시작합니다. 아래의 사진 628에서, 꽃이 위로 피어오르는 것 같이 보이지만, 실재로는 꽃잎이 아래로 드리워 내리면서 꽃이 핍니다.

② 때문에 국화꽃의 피어 내리는 방향을 방해하지 않으려고, 꽃목에서부터 3cm 아래에 꽃받침대를 부착합니다.

③ 5일 후에 보면, 아래의 사진 629에서, 꽃잎이 아래로 드리워 내려서 윤대(輪臺) 위에 얹혀있는 것이 보입니다.

④ 꽃받침대를 높이 달면 꽃이 납작하게 꽃송이가 작아집니다. 윤대(輪臺)를 꽃목에서 3cm 정도 아래로 내려 달면, 꽃이 둥글고 큰 거대륜이 개화합니다.

⑤ 다시 5일 후, 10월 25일 경이 아래의 사진 630에서, 꽃잎이 계속 드리워 내려서 비늘같이 차곡차곡 쌓이는 과정을 보이고 있습니다.

⑥ 10월 30일. 아래의 631 꽃은 정상적인 시일에 만개했습니다. 이 모양이 대국 본연의 자태입니다. 대국을 기르면 마지막까지 성심을 다해서 이와 같이 반듯한 꽃을 피워야 합니다.

정흥우근(精興右近) 菊花叢書 631

⑦ 아래의 사진 632 작품은 꽃송이도 정상적으로 만들었으며, 3분지도 잘되었고 아랫잎이 떨어진 것이 험이지만, 정좌의 모델 작품입니다.

菊花叢書 632

⑧ 아래의 작품 619 국화황기(國華惶き). 국화월광(國華越光)은 달마작의 명품입니다 달마의 기본자세도 중요하지만, 보다 더 중요한 것은 꽃송이의 자태(姿態)입니다.

菊花叢書 633

⑨ 처음부터 여기까지 읽어 왔으면, 이제는 평가할 수 있어야 바른 작품을 만들 수 있습니다.

⑩ 아래의 634 작품은 겸육향국(兼六香菊) 달마작입니다. 꽃이 납작하고 작아졌습니다. 무엇이 잘못 되었을 가요?

답은 간단합니다. 꽃받침대(輪臺)를 높이 달았기 때문입니다.

겸육향국(兼六香菊).厚物.粉紅.中幹.中満 菊花叢書 634

8. 입국 9간작 만들기

(1) 모종

① 입국 9간작의 모종은 보통 5월 1~5일에 삽목합니다.

② 4월에 삽목하는 예도 있지만, 일찍 삽목한다고 일찍 꽃이 피는 것은 아닙니다. 가을 대국은 일장(日長)과 기온(氣溫)의 영향을 받아서, 평균적으로 10월 30일 이후에 만개합니다. 너무 일찍 삽목하면 인력과 시간의 낭비이며 국화가지가 조기에 목질화(木質化)되어 좋지 않습니다.

③ 삽목 3~4주 후, 뿌리가 잘 내린 모종부터 아래의 사진 635와 같이, 3호 포트로 1차가식 합니다. 이때까지 부리내림이 미진한 포기는 가망이 없습니다. 버립니다.

菊花叢書 635

(2) 일자가식

① 대국은 삽목상에서 일차가식하는 포트에서부터 성장기가 시작되기 때문에, 삽목용토인 상토(床土)나 질석(蛭石)을 배합하면 후기 생육에 장애가 옵니다.

636. **화분용 배양토의 배합 비율**			
	포트용	정식용	용도와 목적
발효건조비료	10%	20%	3대 요소
밭흙(황사밭흙)	40%	35%	뿌리 활착과 배수
모래(마사토 강모래)	40%	35%	
훈탄(숯가루)	10%	10%	산성화 방지

② 포트에서 부터는 위의 표 636의 포트용 배양토 배합을 참조하여 활용하기를 권장합니다.

(3) 일차 적심

① 아래의 사진 637과 같이, 국화줄기에 잎마디가 10마디 정도 생성되었을 때 1차 적심 합니다. 보통 6월 10일경에 첫 번째 순지르기를 합니다.

② 포트에서의 모종이 2주가 넘으면 서서히 퇴화되기 시작하기 때문에 조금 더 큰 화분으로 옮겨 심어야 좋습니다.

菊花叢書 637

(4) 2차가식

① 늦어도 6월 10일까지는 7호분으로 2차가식이 끝나야 합니다.

② 표 636의 정식용 배양토를 배합한 새 배양토를 사용합니다.

③ 2차가식 후, 활착한 다음에 1000배의 액비를 주1~2회 관수시비하여 곁가지 발생을 충동합니다.

④ 2주 전후에 아래의 그림 638과 같이, 마디마다 곁가지들이 많이 움터 나옵니다.

菊花叢書 638

⑤ 여러개의 곁가지 중에서, 세력이 제일 강한 가지와 제일 약한 가지를 제거하고, 아래의 사진 639와 같이, 세력이 비등한 3 가지만 선택하여 기릅니다.

菊花叢書 639

(5) 가지유인 준비

① 3가지가 15cm정도 자라면, 3지 유인 준비를 합니다.

② 아래의 사진 640과 같이 지주대를 화분 중심에서 바닥에 닿도록 깊이 꽂습니다.

③ 지주대와 모종의 밑둥을 작업할 동안 움직이지 않도록 묶음끈으로 고정합니다.

菊花叢書 640

④ 다음의 사진 641과 같이, 작업할 때, 3분지점이 찢어지지 않도록 분지점에서 지주대와 국화줄기 사이를 묶음끈으로 [8자형 묶음]을 합니다.

菊花叢書 641

(6) 가지유인

① 다음은 아래의 사진 642와 같이, 유인고리를 좌측 국화가지에 걸어서, 수평 가까이 유인해 내립니다.

菊花叢書 642

③ 같은 방법으로 아래의 사진 643에서 3枝 모두 다 정3방향으로 펼쳐서, 유인고리를 걸어 아래로 수평선 가까이 유인해 내려 고정합니다.

菊花叢書 643

(7) 2차적심

① 6월 중순경에, 아래의 사진 644와 같이, 유인된 가지를 7호분 가장자리 선에 맞추어 3枝 모두 2차 순지르기를 합니다.

② 화분 중심의 3분지점에서 3가지의 적심점까지의 거리가 같아야 후에 작품의 자세가 반듯합니다.

③ 만약, 한 가지라도 조금 짧다든가 조금 길게 적심하면, 작품의 마지막 자세가 바르지 않습니다.

④ 3枝 적심이 끝나면, 질소 우선인 물비료를 1000배로 희석하여, 주 1~2회 관수시 비하여 측지 발생을 충동합니다.

菊花叢書 644

⑤ 2주 정도 지나면, 마디마다 새순이 나옵니다. 이 순 중에서 아래의 사진 645와 같이, 세력이 비슷한 곁가지를 한줄기에 3개씩, 모두 9개의 가지를 확보해서 길게 기릅니다.

菊花叢書 645

(8) 정식

① 확보된 가지가 충분히 자라면, 늦어도 7월 중순까지 10호(내경30cm) 화분에 정식합니다.

② 아래의 그림 646은 9간작의 꽃송이 배열도 입니다. 이 자리에 지주대를 세우고, 이 지주대를 따라 국화줄기가 자라 오르고, 줄기위에 꽃이 핍니다.

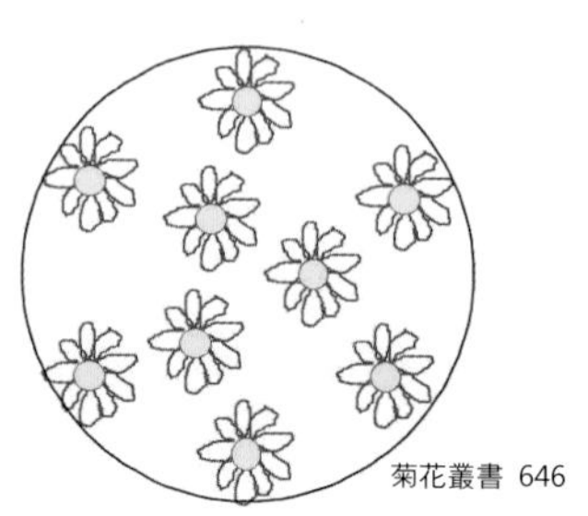
菊花叢書 646

③ 위의 그림 646과 같이, 화분중앙에 정3방향으로 지주대 3개를 세우고, 가까이 있는 국화줄기를 지주대에 고정합니다.

④ 다음은 화분 가장자리를 따라 정6방향으로 6대의 지주대를 세우고, 가까이 있는 국화줄기를 6개의 지주대에 각각 고정합니다. 지금부터는 지주대를 따라 길러 올리기만 하면 됩니다.

菊花叢書 647

⑤ 위의 사진 647은 위에서 본 화분입니다. 지주대를 따라 국화줄기가 자라 오르고 있습니다.

⑥ 아래의 사진 648은 옆에서 본 화분입니다. 지금부터는 꽃이 필 때까지 지주대를 따라 곧게 길러 올리기만 하면 됩니다.

⑦ <u>이때, 국화줄기를 사방에서 끌어 오는 것은 입국의 정품이 아닙니다.</u>

菊花叢書 648

(9) 꽃송이 만들기

㈎ 지주대 교채

① 입국에서는 꽃송이 다듬기가 키포인트(Key Point)입니다. 꽃송이를 얼마나 크게 피우느냐, 꽃송이의 자태가 얼마나 반듯하고, 색깔이 얼마나 영롱한가에 따라서 작품의 우열이 가려지는 것입니다.

菊花叢書 649

② 꽃망울이 맺히고 나서, 지주대를 너무 일찍 세워서 고정하고 방치하면, 위의 사진 649와 같이 꽃이 피면서 지주대에 눌려서 기형으로 개화합니다. 이런 꽃은 원형복구가 않되는 패국입니다.

③ 너무 성급하게 하지 말고, 아래의 사진 650과 같이 꽃목의 자람이 멈출 때까지 임시 지주대에 느슨히 고정하여 보호관리 합니다.

④ 또 전에는 긴 꽃목이 보기 싫어서 B-9을 분무(噴霧)하여 꽃목이 자라지 못하도록 했었습니다.

⑤ 그러나 근래에는 입국에서 B-9을 뿌리면 꽃송이가 조금 작아지기 때문에 사용하지 않고 자연개화를 시키고 있습니다.

菊花叢書 650

⑥ 위의 사진 650에서, 꽃목이 자라 오르면서, 국화잎이 점점 작아지다가, 잎이 없어지면서 꽃망울이 맺히고 꽃이 피는 이런 자연개화가 꽃이 더 크고 더 보기가 좋습니다.

⑦ 10월 중순이면, 아래의 사진 651과

菊花叢書 651

같이 꽃이 ⅓정도 피면 꽃목이 더 이상 자라지 않습니다. 이때 임시 지주대를 빼내고 새 지주대로 교체합니다.

⑧ 아래의 사진 652와 같이 지주대를 꽃목의 높이와 같도록 자르고, 꽃목과 지주대가 꽃 맞도록 조정하여 묶음끈으로 고정합니다.

菊花叢書 652

⑨ 이때에, 위의 사진 652와 같이, 묶음끈으로 꽃목을 너무 바짝 매면 수관이 압박되어 수액의 오르내림에 장애를 받아서, 꽃잎의 자람이나 꽃의 색상에 좋지 않은 결과를 초래할 수도 있습니다.

菊花叢書 653

⑩ 따라서 위의 사진 653과 같이, 꽃목과 지주대가 분리되지 않을 정도로만 헐겁게 묶어 놓습니다.

㈏ 꽃 높이 조정

① 9간작에서 위와 같이 손질한 9개의 꽃송이 높이가 지그재그로 조금씩 다릅니다. 이 높이를 모두 같도록 조정합니다.

菊花叢書 654

② 9개의 국화꽃가지 중에서, 키가 제일 낮은 국화꽃가지의 높이를 기준으로, 9개의 지주대를 꼭 같은 높이로 지주대의 윗부분을 자릅니다.

③ 다음은 위의 사진 654와 같이, 국화꽃가지를 아래위로 움직여서, 꽃목과 지주대의 끝을 꼭 맞게 조정하고 묶음끈으로 고정합니다. 이렇게 작업하면 9간작의 9꽃송이의 높이가 가지런하게 같아집니다.

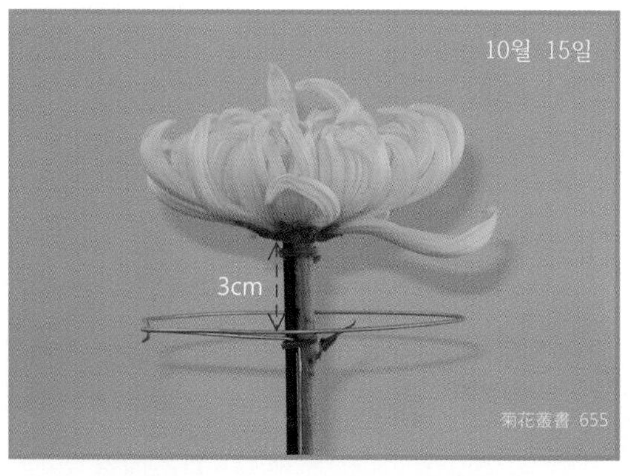

菊花叢書 655

㈐ 윤대달기

① 위의 사진 655에서 꽃이 위로 피어오르는 것 같이 보이지만, 실재로는 꽃잎이

드리워 내려서 국화꽃이 개화합니다.

② 때문에, 아래의 그림 656과 같이 10월 15일경, 꽃목에서부터 3cm 정도 아래에 윤대(輪臺:꽃받침대)를 부착합니다.

菊花叢書 656

③ 윤대를 달고 5일후 10월 20경에 보면, 위의 사진 656에서 꽃잎이 아래로 드리워 내려서 꽃받침대 위에 얹혀있는 것을 볼 수 있습니다.

④ 꽃받침대를 높이 달면, 국화꽃이 납작해지고 보기 싫으며 꽃이 작아집니다.

⑤ 윤대를 꽃목에서부터 3cm 정도 아래에 부착하면, 꽃잎이 아래로 드리워지면서 거대륜의 우람한 국화꽃이 피어납니다.

⑥ 아래의 사진 657, 꽃이 만개했습니다. 사람들이 보기싫다고 하는 긴 꽃대가 드리

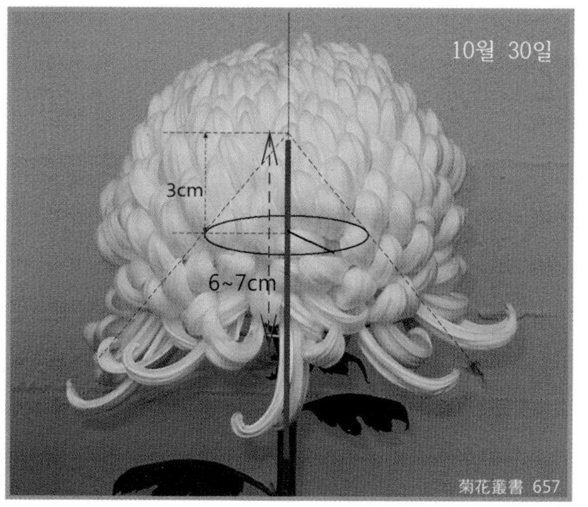

菊花叢書 657

워 내린 꽃잎에 가려서 보이지 않습니다.

⑦ 이 657 꽃이 대국 정흥우근(精興右近)의 정상적인 계절의 자연개화입니다. 이 모양이 대국 본연의 자태(姿態)입니다.

菊花叢書 658

⑧ 위의 사진 658은 9송이 9간작 10호 화분입니다. 화분바닥에서 화정(花頂)까지 120cm 內外가 적당하다고 합니다.

菊花叢書 659

⑨ 위의 작품 659는 화분 가장자리로 정6각형 6송이, 중앙에 정3방향 3송이, 9간작 9송이가 반듯하고 우람하게 거대륜으로 피었습니다.

9. 입국 12간작 소품

머리말

① 이때까지 우리는 일정한 테두리 안에서 입국 12간작을 오래동안 많이 만들어 왔습니다.

② 오늘은 아래의 사진 660과 같은 새로운 개념의 입국 12간작 만드는 요령을 소개하겠습니다.

정흥우근(精興右近). 厚物. 黃色. 長幹種. 中滿 / 菊花叢書 660

(1) 모종

입국 12간작 모종은 보통 4월 중순에 삽목합니다. 오늘의 작품은 5월 1일에 삽목한 모종으로 만들어 보겠습니다.

(2) 일차가식

아래의 사진 661과 같이, 삽목 2~3주 후,

菊花叢書 661

뿌리내림이 잘된 포기만 3호 포트에 포트용배양토[①]로 1차 가식합니다.

(3) 일차적심

모종이 활착하여 줄기에 10 잎마디 정도 생성되면 아래의 사진 662와 같이 1차적심을 합니다.

菊花叢書 662

(4) 2차가식

① 포트에서 모종을 2주 이상 관리하면 상태가 좋지 않게 되기 때문에, 2주정도 되면 조금 더 큰 화분으로 옮겨 심습니다.

② 늦어도 6월 10일까지는 새 배양토로 5호 화분에 옮겨 심어야 합니다.

菊花叢書 663

③ 1000배의 질소우선 액비를 주 1~2회 관수시비[②]하여 곁가지를 받아서, 그 중에서 세력이 비등한 4개의 곁가지를 선택하여 위의 사진 663과 같이 길게 기릅니다.

※참조 ①포트용배양토:325쪽7-⑾. ②관수시비(灌水施肥):412쪽8.

(5) 2차적심

① 4개의 가지가 15cm 정도 자랐으면, 아래의 사진 664와 같이, 정4방향 수평으로 유인해서 고정하고, 그 끝을 2차 적심합니다.

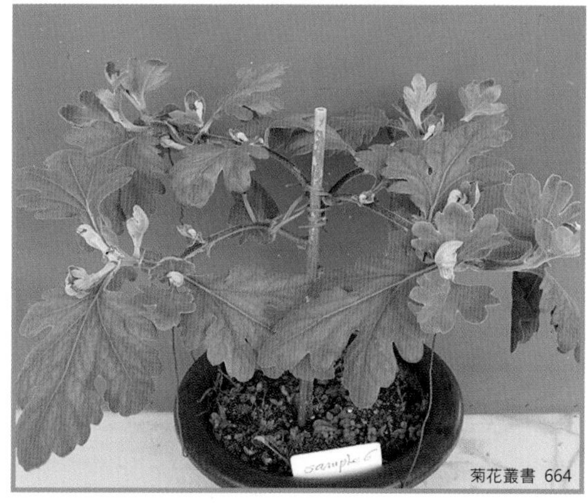
菊花叢書 664

② 질소우선인 물비료를 1000배로 희석하여, 주 1~2회 관수시비(灌水施肥)하여, 곁가지 발생 충동을 합니다.

③ 이렇게 얻은 여러개의 새싹들 중에서, 세력이 비등한 새싹을, 1가지에서 3싹씩, 12싹 이상을 확보하여 길게 기릅니다.

(6) 정식

① 확보한 12개의 가지가 길게 자랐으면, 늦어도 6월 30일까지, 아래의 사진 665와

菊花叢書 665

같이 12호분에 정식을 합니다.

② 기존(既存)에 있던 지주대는 모두 빼냅니다. 화분 가장자리를 따라서 정8방향으로 8개의 지주대를 세웁니다. 화분 중간에는 정4방향으로 4개의 지주대를 세웁니다. 합계 12개의 지주대를 세웁니다.

③ 이 12개의 지주대에, 이미 확보해둔 12개의 국화가지들을 유인하여 고정합니다.

(7) 새로운 12간작

지금까지 위와 같은 12간작을 만들어 왔습니다. 실재로 12간작을 만들어보면, 뿌리 자체로 보아서는 10호 화분으로 충분합니다. 근간에는 정식 화분을 10호분으로 줄여서 다음과 같이 새로운 기법으로 작품을 만들고 있습니다. 이 작품이 기존의 작품들보다 더 아담하고 인기가 있으며 부가가치가 높습니다.

㈎ 꽃틀설치

10호 화분에 정식합니다. 여기서부터 시작합니다.

① 아래의 그림 666은 12간작의 12꽃송이의 꽃자리입니다. 이 배열이 제일 수려한 디자인(design)이라고 합니다.

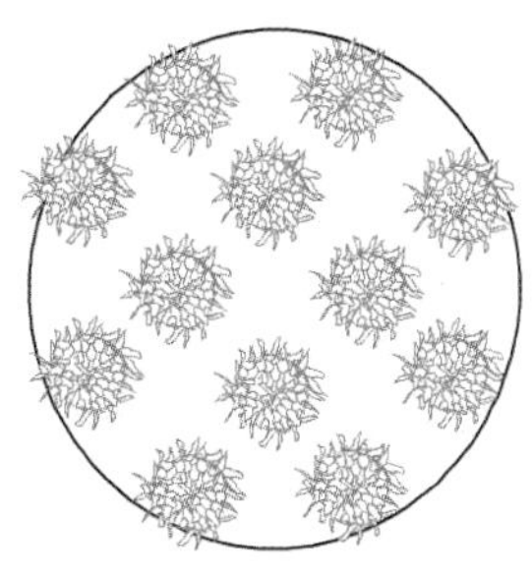
꽃 12송이 배열도 菊花叢書 666

② 국화의 품종에 따라 꽃송이의 크기도 모두 다릅니다. 평균적으로 12송이의 배열도 둘레를 50~60cm로, 다음의 사진 667과 같이, 8번 철사로 둥근테를 만듭니다.

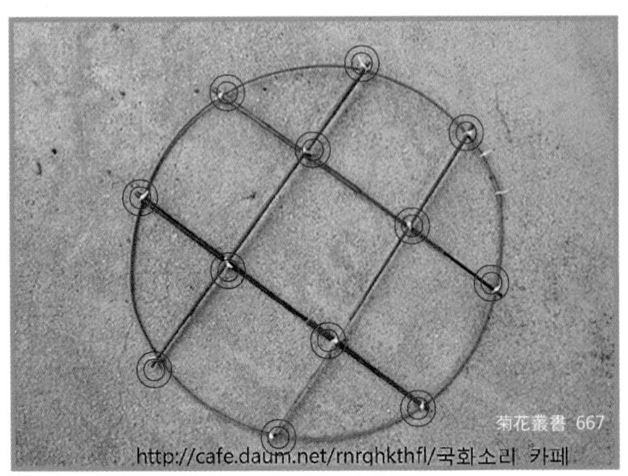

③ 위의 그림에서 4개의 막대기를 걸쳐서, 막대기와 겹치는 12지점이 12개의 지주대와 12국화 줄기가 설자리입니다.

④ 다음은 아래의 사진 668과 같이 정식 화분 가장자리에 4개의 튼튼한 지주대를 화분벽에 기대어 정사각방향으로 세웁니다.

⑤ 이 지주대를 기반으로, 화분언저리에서 15cm 위에, 준비된 꽃테를 설치하고, 선택된 12개의 국화가지를 정위치 가까이로 유인고정 합니다.

⑥ 짧은 꽃가지를 정위치에 꼭 맞게 하려다가 가지가 부러지는 낭패(狼狽)를 당하는 예가 많습니다. 대강대강(大綱) 근처까지만 유인해 놓으면, 자라면서 바로 섭니다.

⑦ 국화줄기가 더 자라면, 다음의 사진 669와 같이, 아래 꽃테에서 15cm 위에 같은 꽃테를 하나 더 설치합니다.

⑧ 다음은 아래의 사진 670과 같이 12개의 지주대를 아랫테에서 시작하여 윗테를 걸쳐서 위로 수직으로 세워서 고정합니다.

⑨ 아래의 사진 671에서 위에서 보면 아래의 분지점에서부터, 12개의 국화 줄기가 12개의 지주대를 따라 정위치에서 자라 올라오는 상태가 보입니다.

㈏ 방역

① 아래의 사진 672는 8월 1일 현재 상태입니다. 8월은 고온다습(高溫多濕)한 계절이어서, 곰팡이 병들이 창궐(猖獗)합니다. 살균제 살충제 액을 2000배 희석 혼합하여 국화 기본방제액①을 만들어서 분무합니다.

② 이러한 좋은 작품을 만들 때는, 선도가 높고 활력차게 잘 자랄 때 방역을 해야 합니다. 병든 후에 약제를 분무하면 병은 고칠 수 있어도, 상흔은 없어지지 않기 때문에, 작품으로서의 가치는 떨어집니다.

菊花叢書 672

㈐ 비나인(B-9)②

① 9월이면 꽃망울이 출뢰합니다. 이때 대다수의 동호인은 B-9을 분무 합니다.

② 긴 꽃대가 보기 싫어서 꽃대가 자라지 못하도록 비나인을 분무하여 왔습니다.

菊花叢書 673
http://cafe.daum.net/rnrghkthfl/국화소리 카페

③ B-9이 꽃망울에 묻으면, 꽃망울 벌어짐이 조금 늦고, 꽃송이도 조금 작아진다고 합니다.

④ 입국의 주제는 큰 꽃송이입니다. 이것이 키포인트(Key Point)입니다. 그래서 우리는 입국을 대국(大菊)이라고 합니다.

⑤ 앞의 사진 673에서 보이듯이, 꽃목대가 자라 오르면서 국화잎이 점점 작아집니다. 마지막에는 잎이 없어지면서 꽃망울이 맺힙니다. 이러한 과정을 거쳐서 자연 개화하는 꽃송이가 훨씬 더 크고 보기도 더 좋다고 합니다.

㈑ 꽃송이 손질

① 10월 중순, 꽃이 ⅓쯤 피면 꽃목대가 더 자라지 않습니다. 이때 꽃송이의 높이를 조정합니다. 아래의 사진 674에서 12꽃송이의 높이가 모두 지그재그로 틀립니다. 이것을 높이가 꼭 같도록 조정합니다.

菊花叢書 674
http://cafe.daum.net/rnrghkthfl/국화소리 카페

② 12꽃송이 중에서 높이가 제일 낮은 꽃송이의 높이를 기준으로, 12개의 지주대 위쪽을 같은 높이로 모두 자릅니다.

③ 다음은 꽃줄기의 묶음을 풀고, 꽃줄기를 아래위로 오르내리면서, 꽃목과 지주대의 끝이 꼭 맞도록 조절하여 고정합니다. 12송이 모두 같은 작업을 합니다.

※참조 ①국화기본방제액:322쪽. ②비나인(B-9):416쪽39. 395쪽84.

④ 아래의 사진 675와 같이 12꽃송이가 가지런히 같은 높이가 되었습니다.

菊花叢書 675

㈑ 꽃받침대 달기

① 아래의 사진 676과 같이, 꽃목에서부터 3cm 아래에 꽃받침대를 부착합니다.

菊花叢書 676

② 5일후에 보면 아래의 사진 677은 꽃잎이 아래로 드리워내려 꽃받침대에 얹혀있는 상태입니다. 이런 상태로 계속 피어내려 쌓여서 만개합니다.

菊花叢書 677

㈒ 꽃송이 간격 조정

아래의 사진 678과 같이, 꽃송이 간격이 고르지 못할 때는, 아래의 꽃테에서 지주대의 묶음끈을 풀고, 꽃송이를 좌우로 움직여서 간격을 조절하고 다시 고정합니다.

菊花叢書 678

㈓ 결과

① 아래의 작품 679에서, 12꽃송이가 모두 같은 높이로 가지런히 피었습니다.

② 12국화 줄기가 분지점에서부터 곧게 자라 올랐습니다.

③ 화분을 10호 화분으로 줄였습니다.

④ 화분바닥에서 화정까지 120cm 로 조정했습니다.

菊花叢書 679

10. 입국 19간작 만들기

(1) 입국 19간작 규격

아래의 작품은 천향부수입니다.

① 19국화 줄기를 곧게 길러 올립니다.

② 19송이 꽃을 거대륜으로 피웁니다.

③ 정식 화분은 12호(내경:36cm) 화분

④ 작품의 높이는 화분바닥에서 화정(花頂)까지 120cm입니다.

菊花叢書 680

천향부수(泉鄕富水). 間管. 濃黃.中幹.中滿 1990년 10월 강창학 작

(2) 모종

① 19간작 삽목은 보통 4월 중순경에 하지만, 5월 1일경에 삽목해도 충분합니다.

② 모종은 삽목상에서 오래 지체하면 좋지 않으므로, 3주 정도면 아래의 사진 681과 같이 3호 포트로 1차 가식을 합니다.

菊花叢書 681

③ 포트에서 부터는 국화의 성장기입니다. 성장기에는 상토(床土)[①]나 질석(蛭石)[②] 같은 삽목용토를 배합하면 후기생육이 좋지 않습니다.

④ 입국 19간작과 같은 고급작품을 만들 때는 조금이라도 하자(瑕疵)가 있는 재료나 방법을 쓰지 않아야 합니다.

⑤ 성장기의 포토 배양토는 아래의 표 682와 같은 포트용 배양토를 배합하여 사용하기를 권장합니다.

682. **화분용 배양토의 배합 비율**

	포트용	정식용	용도와 목적
발효건조비료	10%	20%	3대 요소
밭흙(황사밭흙)	40%	35%	뿌리 활착과 배수
모래(마사토 강모래)	40%	35%	
훈탄(숯가루)	10%	10%	산성화 방지

(3) 일차적심

① 19간작에서 19개의 가지를 분지시키려면 오랜 시일이 소요됩니다. 그래서 일정을 앞당기기 위해서 아래의 사진 683과 같이 12잎마디 높이에서 1차적심 합니다.

菊花叢書 683

② 많은 가지를 조기에 발생시키기 위하여, 적심 직후에 질소분이 2배이상 함유된 물비료를 1000:1로 희석하여, 물뿌리개로 모종의 잎과 줄기를 적시면서 뿌리에까지 주 1회 푹 관수시비[③] 하여, 곁가지 발생 충동을 합니다.

※참조/①상토(床土):417쪽42. ②질석(蛭石):423쪽92. ③관수시비(灌水施肥):412쪽8.

③ 포토에 모종을 너무 오래동안 두면 좋지않기 때문에, 1차가식 후 2주정도 지나면 5호분으로 다시 옮겨 심습니다.

④ 아래의 사진 684와 같이, 마디마다 나오는 여러개의 가지중에서 최소한 6~8개를 선택하여, 그 중에서 제일 짧은 가지가 15cm 정도 되도록 기릅니다.

菊花叢書 684

(4) 가지유인

① 국화줄기가 평균 15cm 정도로 자라면, 다시 7호분으로 3차 가식합니다.

② 7호분에서 아래의 사진 685와 같이 화분 가장자리를 따라 정 6방향으로 지주대 6개를 세웁니다.

③ 다음은 6개의 국화 가지들을 칼라타이로 라선형으로 감아서, 6방향으로 펼치고, 수평선까지 유인해 내려 지주대에 고정합니다.

菊花叢書 685

④ 다음은 6개의 국화 가지들을 모두 끝을 2차 적심합니다.

⑤ 이때 분지점에서 적심점까지 거리가, 6개가지 모두 다 같아야 합니다. 그래야 후에 작품의 자세가 반듯하게 됩니다.

⑥ 적심 직후, 질소분이 많이 함유된 웃거름용 액비를 1000배로 희석하여, 잎과 줄기를 적시면서 뿌리에까지 푹 관수시비하여 곁가지 발생을 충동합니다.

(5) 정식

① 늦어도 6월 30일까지는 정식을 해야 합니다. 이 보다 더 늦으면 재배기간이 부족하여 작품을 만들기 힘듭니다.

② 정식 화분을 12호분(지름: 36cm)으로 합니다. 3호포트→5호분→7호분→12호분 순서대로 옮겨 심어야 무난합니다. 만약, 5호분이나 7호분을 건너서 12호분으로 바로 심는다면 뿌리막힘이 빨리와서 마지막 화분이 더 커집니다. 마지막 화분이 12호보다 더 크면 작품의 전체적인 균형이 맞지 않습니다.

(6) 정식배양토

① 처음은 밑거름을 20%以下로 시작하여 기르다가 모자라는듯하면 웃비료를 주면 됩니다.

② 시작부터 밑거름을 30% 40%를 배합하면, 배양토가 조기에 산성화되어, 후기 생육에 좋지않는 결과를 초래할 수도 있습니다.

③ 완전히 발효된 건조비료를 20% 정도에서 배합한 새 배양토를 사용합니다. 오래된 배양토는 3대 요소의 질소 인산 칼리 중에서 질소가 휘발되어 질소의 함량이 줄어 들어서, 인산과 칼리의 함량 비율이 상승합니다. 이 배양토를 사용하면 국화는 자라지 않고 조기에 목질화 됩니다.

(7) 꽃틀 설치

① 7월 1일 정식 화분입니다. 아래의 사진 686에서 정 6방향으로 국화가지가 분지되었고, 마디마다 곁싹이 나오고 있습니다. 여기 이 모양대로 꽃테를 만들어서 설치합니다.

② 아래의 그림 687은 19간작 꽃송이 배치도입니다. 위의 사진 686의 국화가지 6 분지와 꼭 같은 모양으로 꽃테를 만듭니다.

③ 국화꽃은 품종에 따라 꽃송이의 크기가 다릅니다. 평균적으로 국화꽃 5송이를 배열 했을 때 그 거리를 예상하여 50~60cm를 지름으로 꽃테를 둥글게 만듭니다.

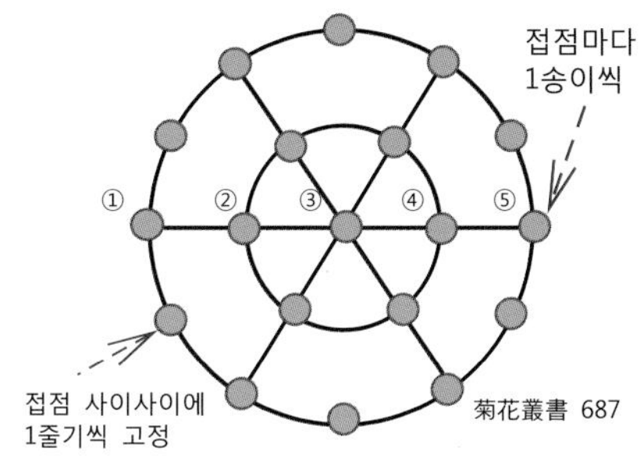

④ 위의 그림에서 19개의 접점은 지주대 19개가 설 자리이며, 19개의 국화 줄기의 정 위치이기도 하고, 국화꽃 19송이를 배열할 자리이기도 합니다.

⑤ 위의 사진 688과 같이, 정식화분 언저리에서 15cm 위에 첫번째 꽃테를 설치합니다.

⑥ 국화줄기가 20cm 정도 자라면 다시 윗테를 설치합니다.

⑦ 다음은 지주대를 아랫테에서 윗테에 걸쳐 위로 수직으로 세우고, 묶음끈으로 아래위 꽃테에 고정합니다.

⑧ 지금 7월 1일부터, 국화 줄기는 아랫꽃테 높이의 19개 분지점에서 지주대를 따라 꽃이 필 때까지 길러 올리기만 하면 됩니다.

(8) 비나인(B-9)

① 국화 줄기의 긴 꽃목을 줄이려고 B-9을 국화 순에 분무하고 있습니다.

② 그러나 비나인을 분무하면, 꽃망울의 꽃잎 벌어짐이 조금 늦어지기도 하고, 실국화에서는 꽃바침이 굳어져서 꽃잎이 잘 빠져나오지 못하여 기형으로 개화하는 예가 많습니다.

③ 더욱 중요한 것은, 입국의 주제는 큰 꽃송이입니다. 그러데 비나인을 분무하면 꽃송이가 조금 작아진다고 합니다. 그래서 근래에는 비나인을 사용하지 않고 자연개화를 시키는 경향입니다.

④ 국화 꽃목의 꽃대가 자라 오르면서 국화잎이 점점 작아집니다. 마지막에는 국화잎이 없어지면서 꽃망울이 맺힙니다. 이렇게 자연 개화시키면 꽃송이가 훨씬 크고 보기가 더 자연스럽습니다.

⑼ 꽃송이 다듬기

㈎ 꽃송이 높이 조절

① 10월 중순에 아래의 사진 689와 같이 꽃이 ⅓쯤 피면 꽃목 꽃대가 더 이상 자라지 않습니다. 이때 꽃송이를 손질합니다.

② 19간작 19꽃송이 중에, 높이가 제일 낮은 송이의 높이를 기준으로, 19개의 지주대를 모두 같은 높이로 위쪽을 자릅니다.

③ 다음은 아래의 사진 689와 같이, 꽃대의 묶음끈을 풀고, 아래위로 움직여서 지주대 끝에 꽃목을 꼭맞게 조정하고 고정합니다. 19개의 꽃송이 모두 같은 방법으로 작업하면 19송이의 높이가 가지런하게 같아집니다.

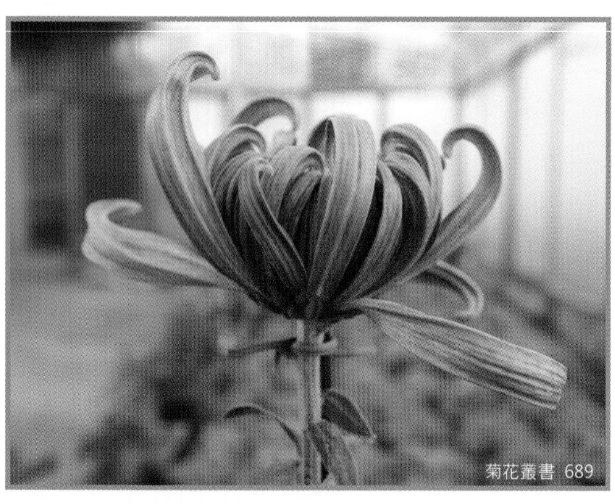
菊花叢書 689

㈏ 꽃받침대 달기

① 다음의 사진 690에서 보면, 국화꽃이 위로 피어오르는 것 같이 보이지만, 실재로는 꽃잎이 아래도 드리워 내리면서 개화합니다.

② 때문에 꽃받침대를 꽃목에서 3cm 아래에 부착합니다.

菊花叢書 690

③ 5일후에 보면 아래의 사진 691과 같이, 꽃잎이 자라서 아래로 드리워 내려 꽃받침대에 얹혀있는 것이 보입니다. 이 상태가 꽃이 피어내리는 과정입니다.

菊花叢書 691

⑽ 마지막 손질

① 10월 중순부터 꽃이 피기 시작하면, 전체적인 디자인(design)을 생각하며 마무리 작업을 합니다.

② 꽃송이 하나하나 손질하여 바른 자세로 깔끔하고 복스럽게 대국 본연의 거대륜으로 피워야 합니다.

③ 묶음끈을 풀고, 꽃송이 간격을 정확하게 다시 조정합니다.

④ 마지막 화분은 12호(내경:36cm) 화분으로 조절하여 기릅니다. 더 크면 국화는 잘 크겠지만 작품으로서의 조화(調和)가 결여됩니다.

⑤ 작품의 높이는 화분 바닥에서 화정(花頂)까지 120cm로 조절하면서 기릅니다.

⑥ 윗꽃테를 낮추어서 아랫테와 윗테의 간격을 좁히면 더 잘 어울린다고 하지만, 이것은 가을에 와서는 고칠 수 없습니다. 처음 꽃테를 설치할 때 했어야 합니다.

성광홍추(聖光紅秋). 厚物. 朱紅-中幹. 中滿.1998년 10월 강창학 작.
菊花叢書 692

국화건국 2013.10. 박경혜작 / 菊花叢書 695

국화백백합 19간작 1982년 10월 강창학작 / 菊花叢書 693

정흥우근. 2013.10. 박경혜작 / 菊花叢書 696

국화건국 2013.10. 박경혜작 / 菊花叢書 694

국화화백합 1985.10. 강창학작. 菊花叢書 697

제3장 다륜작

1. 다륜작 총론

(1) 머릿말

① [다륜작]이란 꽃송이가 주제입니다. 보통 500송이 以下를 다륜작(多輪作)이라 하고, 500송이 以上을 다륜대작(多輪大作)이라고 합니다. 꽃송이 수에 따라 일본민속 이름을 붙이는 것을 지양하시기 바랍니다.

(2) 다륜작 디자인의 종류

① 원추형(圓錐形). 원판형(圓板形)

② 반구형(半球形)

③ 기타 조형물(지도형. 유선형. 원탑형).

(3) 다륜작 품종 선정조건

① 장간종일 것.

② 분지성 좋을 것.

③ 줄기의 유연성이 좋을 것.

④ 조생종일 것.

⑤ 꽃이 가벼울 것.

(4) 모종

일반적으로 늦가을에 동지싹 분근묘(分根苗)[①]를 받거나 손아묘(孫芽苗)[②]를 받아서 소분(포트)에 옮겨 심어서 이용합니다.

(5) 일반 다륜작

① 일반 다륜작 모종은, 12월 말일부터 0~4℃로 3~4주간 냉처리 합니다.

② 냉처리한 모종을, 1월에 국화전용 하우스나, 거실 남쪽 창가에 들여놓아 소생시킨 후, 바로 비배관리 합니다.

③ 작업 요령은 지방에 따라서 기후관계로 조금씩 다르지만, 150송이 정도의 소품은 3월 초순에 올라오는 새싹을 받아서 사용해도 됩니다.

④ 300송이 다륜작도 12월의 동지싹을 받아서 월동시킨 후, 3월 초순부터 분지(分枝)를 시작하면 됩니다.

(6) 반구형 다륜작 분지

① 자연스럽게 자라는 상태에서, 높게 만들 작품은 아래의 그림 698과 같이, 화분 언저리에서 20~30cm 높이에서 1차 순치기를 합니다.

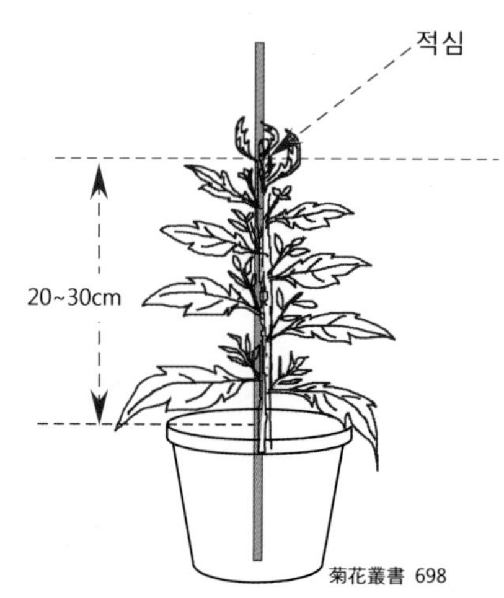

菊花叢書 698

② 적심하면 항상 정아우세(頂芽優勢)[③]의 현상으로 제일위에 있는 제1枝가 세력이 제일 강하고, 제2枝부터 내려 갈수록 세력이 점점 약해집니다.

③ 1차 순치기에서 아래의 그림 699와 같이, 4가지를 받아서, 세력이 강한 제1枝와 제2枝 제3枝는 꽃가지가 많이 필요한 아래층 옆으로 3방향 배분하고, 끝을 순지릅니다.

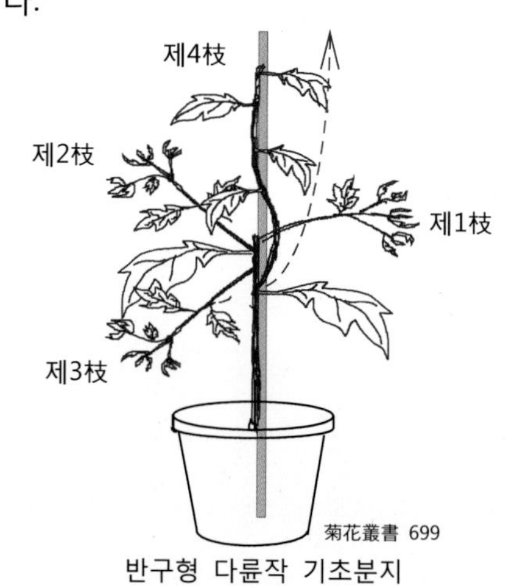

菊花叢書 699

반구형 다륜작 기초분지

※참조 ①분근묘(分根苗):311쪽. ②손아묘(孫芽苗):418쪽49. ③정아우세현상(頂芽優勢現狀):422쪽84.

④ 세력이 제일 약한 제4枝는 위의 그림 700과 같이, 꽃가지가 많이 필요하지 않는 위쪽으로 유인해 올려서, 중심 지주대에 고정하고 끝을 적심합니다.

⑤ 아래의 그림 700과 같이, 꽃가지 수를 욕심내지 말고, 한 달에 1번씩 2분지(分枝)하는 것이 튼튼하고 안전합니다.

⑥ 6월 30일까지, 임시 중간테를 설치하고, 꽃가지들을 사방으로 끈으로 끌어당겨서 고정합니다.

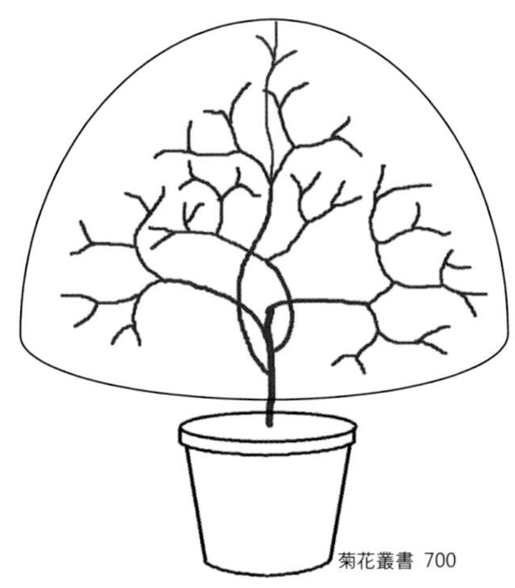

菊花叢書 700

⑦ 8월 1일 마지막 2분지 적심을 하고, 아래의 그림 701과 같이 안테를 정식으로 설치하고, 꽃가지들을 예정 위치 근처로 유인 고정합니다.

⑧ 바깥테는 안테에서 20cm정도 간격을 두고 10월 중순경에 설치합니다.

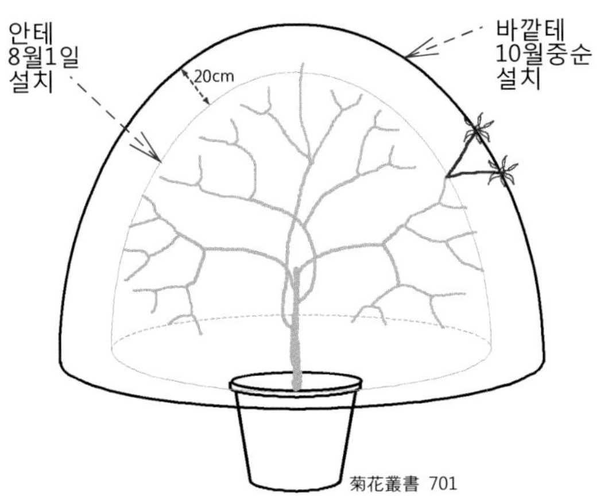

菊花叢書 701

(7) 원판형 다륜작 분지

① 모종의 30~40cm 높이에서 1차 순치기로, 10여개의 꽃가지를 받고, 더 이상의 순치기를 하지 않고 길게 길러 올립니다.

② 4월 30일 전조처리를 끝내고, 5월 초에 정식하고, 아래의 그림 702와 같이, 원판형 또는 얕은 원추형 꽃틀을 설치합니다.

③ 꽃가지들을 사방으로 펼쳐 눕혀서, 꽃테에 고정하고 6월 말일까지 2분지시키며 기릅니다.

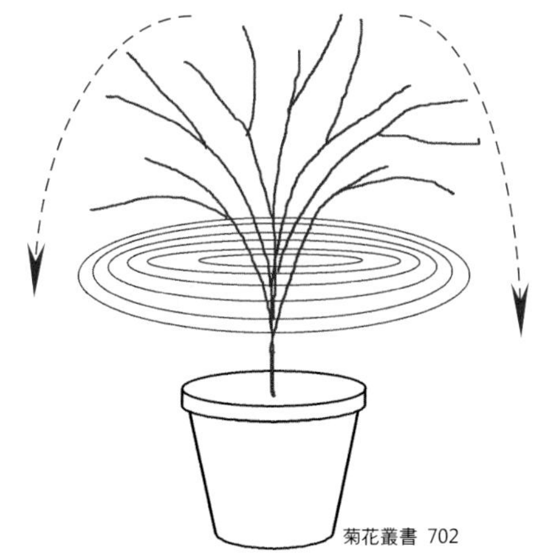

菊花叢書 702

④ 6월 하순에 아래의 그림 703과 같이, 꽃틀 가장자리를 따라 가지런히 적심하고, 한달에 2분지씩 8월 1일에 마지막 적심을 합니다.

⑤ 아랫테와의 간격을 20cm 以下로 10월 중순에 윗테 상판을 설치합니다.

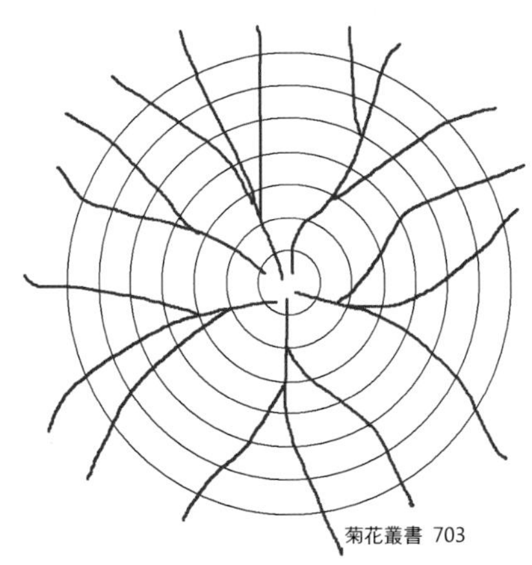

菊花叢書 703

(8) 천송이 다륜대작 분지

① 1000송이 대작의 분지는 아래의 그림 704와 같이, 처음부터 원줄기를 1m 이상 길러 올리면서 기초를 높게 시작합니다.

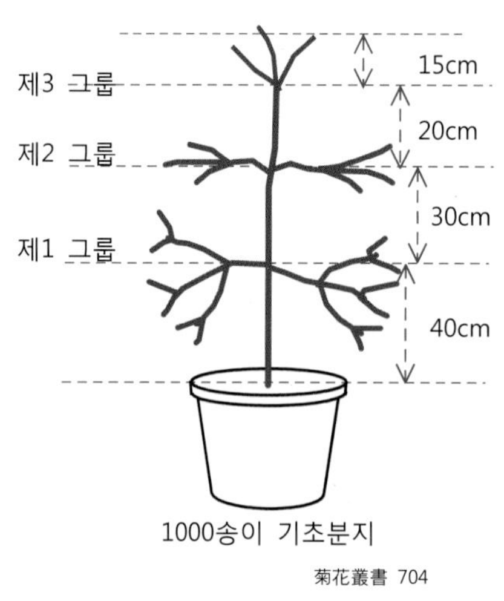

1000송이 기초분지

菊花叢書 704

② 아래의 그림 705과 같이, 제1그룹과 제2그룹과 제3그룹을 별도로 순지르기를 합니다. 각 그룹별로 그 부위에 필요한 꽃 가지수를 계산하고 사방대칭으로 제 위치에 배분 고정합니다.

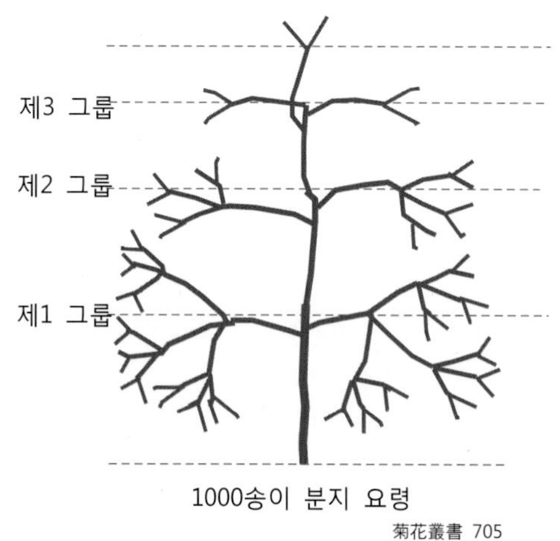

1000송이 분지 요령

菊花叢書 705

(9) 꽃송이 꽃틀의 규격

4축 배열

① 보통 200 여송이의 작품은 4축 배열을 하고, 꽃송이 간격을 15cm. 꽃테 간격도 15cm로 작업을 합니다.

② 아래의 圖解 706과 같이 처음에는 중심에 1송이를 고정하고, 첫 번째 꽃테의 축선(軸線)과 꽃테와의 4접점에 각각 1송이씩 4송이를 고정합니다. 다음부터는 매 테마다 4송이씩을 추가하면 됩니다.

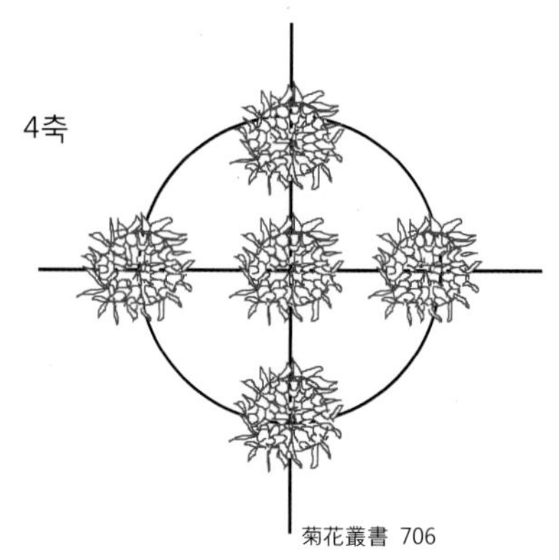

菊花叢書 706

6축 배열

① 더 큰 작품을 만들 때는 아래의 그림 707과 같이, 6축(軸)을 기준으로 꽃테의 간격을 15cm, 꽃송이 간격도 15cm로 배열합니다. 시작은 중심에 꽃 1송이를 고정하고, 다음은 첫째 꽃테와 축선(軸線)과의 6개 접점에 각각 1송이씩 6송이를 배분고정 합니다. 다음부터는 매 테마다 6송이씩을 추가 배열합니다.

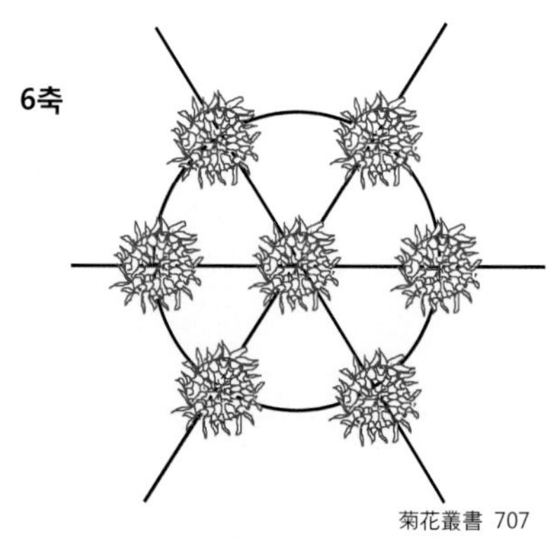

菊花叢書 707

8축 배열

① 특별한 목적으로 특대작을 만들 때는 아래의 그림 708과 같이, 8축을 기준으로 꽃테간의 간격을 20cm로 꽃틀을 제작하고 꽃송이 간격도 20Cm로 배열합니다. 시작은 중심에 꽃 1송이를 고정하고, 다음은 첫째 꽃테와 축선(軸線)과의 8개 접점에 각각 1송이씩 8송이를 고정 배열합니다. 다음부터는 매 테마다 8송이씩을 추가 배열하면 됩니다.

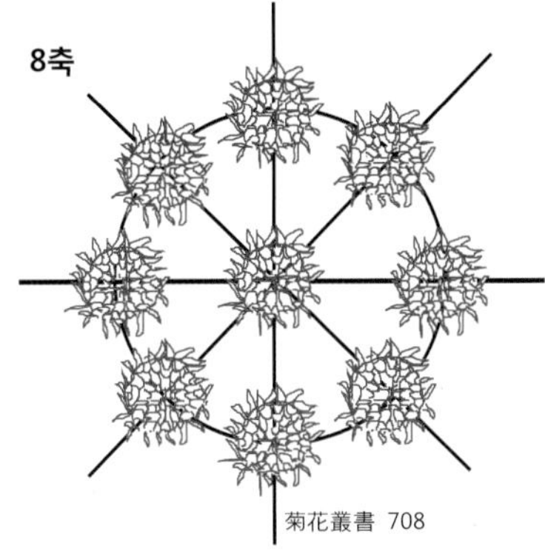

菊花叢書 708

⑽ 다륜작 꽃틀의 모형

① 원추형과 원판형은 기르는 방법과 분지방법이 같은 작품입니다. 꽃틀을 설치할 때 윗꽃테의 중심꼭지점 각도의 여하에 따라서 원추형 삿갓형 원판형이 됩니다.

② 아래의 작품 709는 꽃틀 윗판 중심꼭지점에 각도를 조금 주어서 삿갓형이 되었습니다.

Tokyo Japan/菊花叢書 709

③ 아래의 작품 710은 꽃틀 윗판 중심점에 예각을 주지않고, 완만한 원호상판을 설치한 작품입니다.

일산 호수공원/菊花叢書 710

④ 아래의 작품 711은 꽃틀 윗테에 각을 주지않고 평판으로 설치한 작품입니다.

COEX/菊花叢書 711

⑤ 아래의 작품 712는 꽃틀이 아랫테와 윗테가 아니고, 안테와 바깥테의 형식으로 반구형(半球形)으로 설치한 작품입니다.

2008/10/03
Dream Park/菊花叢書 712

2. 원판형 다륜작

원판형, 삿갓형, 원추형, 모두 같은작품 입니다. 다만 꽃틀 올릴 때, 윗테 중심 꼭지점에서 각도(角度)를 주기에 따라서 모양이 달라집니다. 재배와 만드는 방법을 꼭 같습니다.

(1) 모종

① 전년도에 준비한 장간종 동지싹 분근묘(分根苗)[①]나 손아묘(孫芽苗)[②]를 1차 3호 포토에 옮겨 심어서 관리합니다.

② 모종이 활착되면 5호분에 옮겨 심어서 1월부터 전용하우스에서 겨울재배를 합니다. 따뜻한 지방에서는 2월 하순부터 일반하우스 재배를 해도 됩니다.

(2) 1차적심

① 보통 모종 20cm 높이에서, 높은 모종은 30~40cm 높이에서 1차 순질러서, 4월 하순까지 3m 정도로 무성하게 기릅니다.

② 다음 작업까지 순지르지 않고 키를 크게 기르면서 질소성분 우선인 액비를 주 1회 관수시비 합니다.

③ 인산과 칼리성분이 많이 함유된 일반 화훼류의 결실용 비료는 줄기가 목질화 되기 때문에 성장기에는 사용 금기입니다.

(3) 전조처리(電操處理)

① 따뜻한 지방에서는 야온(夜溫)을 10℃ 정도로 저온재배(低溫栽培)를 하면, 전조처리(電操處理)[③]를 않해도 됩니다.

② 국화가 잘 자라게 야온을 15℃ 以上 올리면, 꽃망울 생성 충동을 받기 때문에 전조처리를 해야 합니다.

③ 모종 처음부터 시작하여, 장일기간으로 진입하는 4월30일 밤까지 전조처리와 자동열처리를 하고, 5월 1일 아침에 전조처리와 자동열처리를 끝냅니다.

(4) 정식(定植:아주심기)

① 5월중에 본화분으로 아주 옮겨 심습니다. 늦어도 5월 30일 이전에 정식(定植)을 끝내야 합니다.

② 모종을 옮겨 심기전에, 아래의 사진 713과 같이 가름대[④] 4개를 화분 가장자리에 설치합니다.

菊花叢書 713

③ 다음의 사진 714와 같이, 모종을 화분에서 빼내고 흙덩이가 깨어지지 않도록 플러그 채로, 준비된 14호 큰 화분으로 옮기고 빈 공간에 배양토를 채워 정식합니다.

菊花叢書 714

715. **화분용 배양토의 배합 비율**

	포트용	정식용	용도와 목적
발효건조비료	10%	20%	3대 요소
밭흙(황사밭흙)	40%	35%	뿌리 활착과 배수
모래(마사토 강모래)	40%	35%	
훈탄(숯가루)	10%	10%	산성화 방지

(5) 배양토(培養土)

① 정식 배양토의 기본 거름은 20% 以下로 배합합니다. 기르다가 모자라는 것은 추비(追肥)를 합니다.

② 배양토는 위의 표 715와 같은 비율로 즉석에서 배합하여 사용합니다.

※참조 ①분근묘:311쪽. ②손아묘:418쪽49. ③전조처리:328쪽. ④가름대:312쪽.

③ 만약, 거름의 비율을 30~40%선을 넘으면, 배양토가 조기에 산성화되고, 국화줄기의 목질화도 정상보다 빨리오며, 뿌리의 자활력이 상실되어 뿌리가 자라지 않아서, 한여름 더위에 잎이 황화되고, 장마철을 지나서 햇볕이 쪼이면, 심한 몸살을 하며, 후기 생육이 좋지 않습니다.

(6) 가름막이 제거

① 8월에 뿌리가 화분에 꽉 차는 뿌리막힘 현상⑦이 와서, 뿌리가 더 자라지 못하면 8월 15부터의 화아분화(花芽分花)와 꽃대의 자람에 애로(隘路)가 옵니다.

② 때문에, 8월초에 가름막이를 빼내고 새 배양토를 채워서 뿌리가 뻗어나갈 공간을 넓혀주면, 분갈이를 하지 않아도 활력을 찾으며 꽃대도 다시 자라기 시작합니다.

③ 가름막이 제거는 가름막이 길이 보다 꽃틀을 높게 설치하면 제거가 용이합니다.

(7) 아랫틀 설치(5월)

① 5월 초순 당일 작업입니다. 아래의 사진 716과 같이, 화분 언저리에서 40cm 정도 높이에 설치합니다.

② 꽃테는 8번 철사로 둥글게 만들고, 간격을 15cm로 균일하게, 보통은 7~8테를 설치합니다.

菊花叢書 716

(8) 적심(摘心)과 분지(分枝)

① 아래의 사진 717과 같이, 밑틀 짜기가 다 되었으면, 꽃가지들을 사방으로 눕혀서 고정하고, 그 자리에서 바로 긴 가지들은 꽃테 가장자리를 따라 가지런히 순을 지르고, 안쪽의 모든 가지들도 끝을 적심하여 마디마다 곁가지 발생을 충동합니다.

② 꽃가지 수를 탐내지 말고, 3주 간격으로 정기적인 순지르기로 2분지 적심을 합니다. 8월 1일 마지막 2분지적심을 합니다.

菊花叢書 717

(9) 꽃테 윗틀 설치

① 10월 중순에 아래의 圖解 718과 같이, 아랫테에서 20cm 정도 간격을 두고, 윗꽃테를 원판형으로 설치합니다. 현장에서 꽃순의 길이를 참조해서 설정합니다.

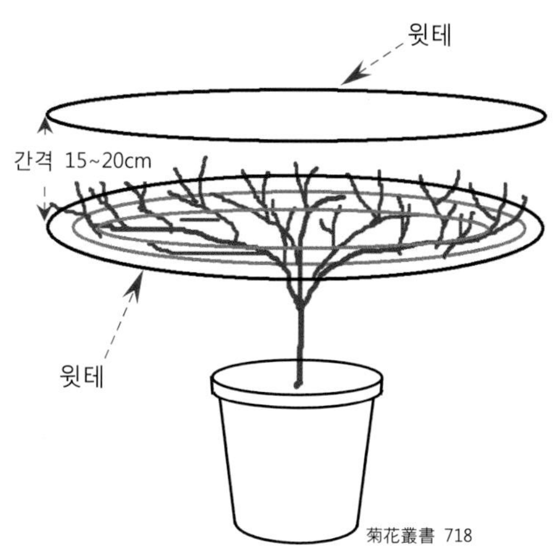

菊花叢書 718

② 재배자에 따라서는 다음의 圖解 719와 같이, 완경사의 삿갓형으로 윗태를 설치하는 동호인도 있습니다.

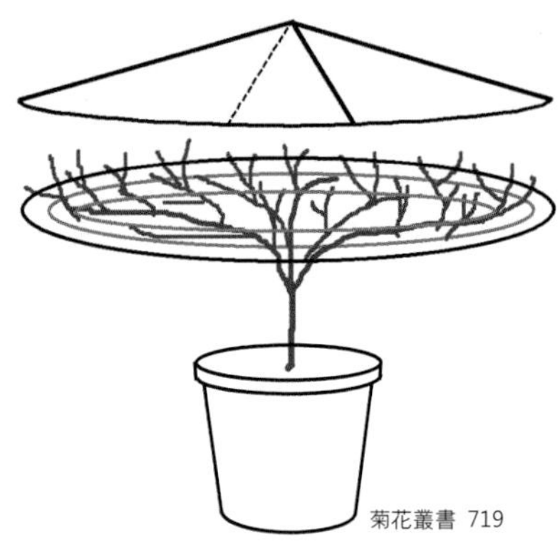

菊花叢書 719

⑽ 꽃송이 배열/마무리 작업

① 아래의 그림 720과 같이, 꽃송이 배열의 4축을 기준으로, 중심에 꽃 한송이를 유인하여 고정했습니다.

② 또 보통은 15cm 간격으로 대형은 20cm 간격으로, 첫번째 꽃테를 8번철사로 만들어 설치하고, 각 접점마다 꽃 1송이씩 4송이를 배분고정 했습니다.

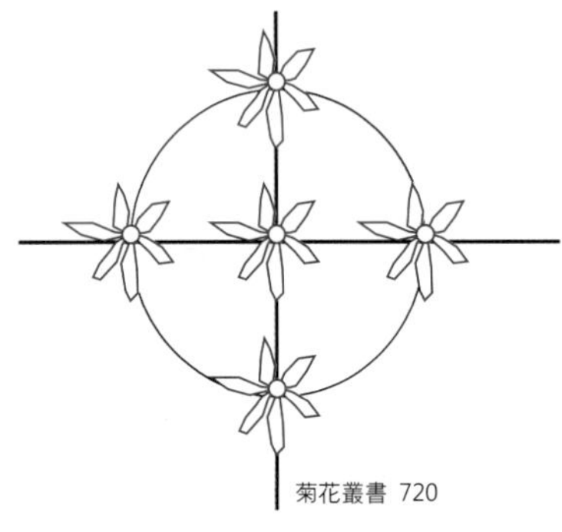

菊花叢書 720

표 721 : 원판형 4축배열 꽃송이 수

간격 15cm	꽃송이 수	꽃송이 계
중심	1 송이	1 송이
1번 꽃테	4	5
2번	8	13
3번	12	25
4번	16	41
5번	20	61
6번	24	85
7번	28	113
8번	32	145
9번	36	181
10번 꽃테	40 송이	221 송이

③ 아래의 圖解 722, 2번째 꽃테를 설치하고, 처음과 마찬가지로 4접점에 1송이씩 4송이를 먼저 배분 고정한 후에, 접점 사이사이의 4축에 1송이씩 4송이를 더 추가 배분고정 합니다.

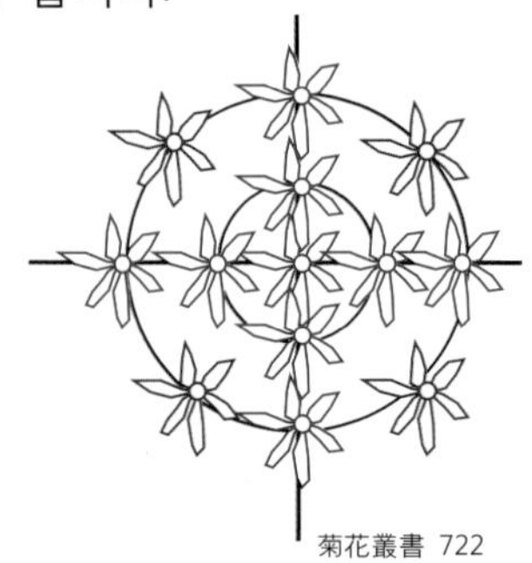

菊花叢書 722

④ 같은 방법으로 매 꽃테마다 4송이씩을 공식적으로 추가하면, 아래의 圖解 723과 같이 첵크무늬가 나타납니다.

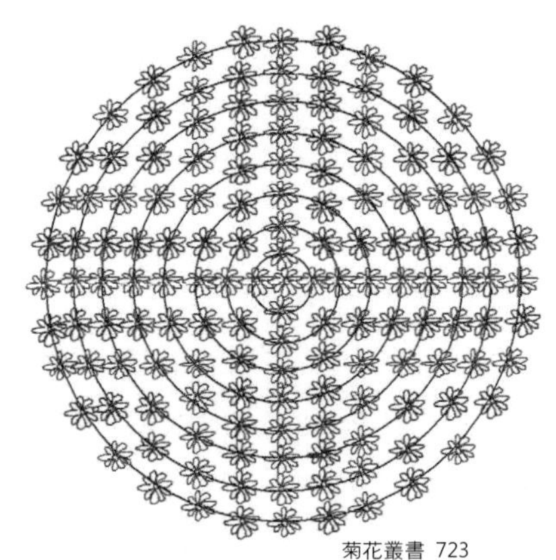

菊花叢書 723

⑤ 아래의 작품 724는 8축 배열로 상판에 약간 각을 준 우아한 연출입니다.

Dream Park/菊花叢書 724

3. 반구형(半球形) 다륜작

(1) 머리말

반구형 200송이 다륜작은, 대작으로 가는 기초 연수과정 입니다. 가지배열이나 꽃틀 만드는 방법도 일정한 구애없이 재배자가 편리한대로 하면 됩니다.

(2) 다륜작 품종 선정조건

① 장간종일 것.
② 분지성 좋을 것.
③ 줄기의 유연성이 좋을 것.
④ 조생종일 것.

(3) 모종 기르기

① 주로 전년도에 삽목한 손아묘이나 동지싹 분근묘(分根苗)를 이용합니다.

② 위의 2가지 모종을 1월 1달동안(3~4주) 0℃~4℃로 휴면시킵니다.

③ 2월 하순에 하우스나 거실창가에 들여 놓고 겨울잠을 깨웁니다.

(4) 적심(摘心)과 분지(分枝)

① 3월 초순부터 엷은 물비료를 주 1~2회 정도 시비하면서 기릅니다.

② 아래의 圖解 725와 같이, 작품의 높이 설정에 따라서 20~40cm높이에서 1차 순지르기를 합니다.

20~30cm 높이에서 1차적심

菊花叢書 725

③ 적심을 하면 정아우세(頂芽優勢)로 제일 윗마디에서 나오는 제1枝가 세력이 제일 우세합니다. 밑으로 내려갈수록 제2枝 제3枝는 세력이 점차적으로 약해집니다.

④ 적심 후 나온 여러가지 중에서, 아래의 사진 726과 같이 세력이 비등한 3~4지를 받습니다.

菊花叢書 726

⑤ 대작모종을 기초분지 유인과정에서 실패하는 예가 많습니다. 대작 기초분지 유인때는 아래의 사진 727과 같이, 알루미늄선을 감아서 유인하면 실패하지 않습니다.

⑥ 아래의 圖解 727에서, 기초 4분지 설명입니다. 세력이 강한 제1枝 제2枝 제3枝는, 꽃가지가 많이 필요한 아래쪽 옆으로 유인해서 사방으로 펼치고, 세력이 제일 약한 제4枝는 꽃송이가 많이 필요하지 않는 위쪽으로 유인해 올려 주지(主枝)로 합니다.

菊花叢書 727

⑦ 이대로 너무 오래두면 줄기가 굵어지면서 철사가 줄기속으로 함몰(陷沒)되기 때문에 1주후에 풀어줍니다.

⑧ 알루미늄선을 풀어낸 다음, 적심하지 말고 4가지들을 20~30cm 길이로 길러서, 아래의 사진 728과 같이, 다시 알루미늄선을 감아서 사방으로 펼쳐서 정위치를 잡은 다음 끝을 적심합니다.

菊花叢書 728

⑨ 여기까지 기초 바탕이 중요합니다. 지금부터는 아래의 적심 일정표729를 참조 응용하면 됩니다.

菊花叢書 729

기초다륜작 적심 일정표

월	200송이	300송이	400송이	적심간격
1월	동 면			
2월20일	손아묘 또는 분근묘 1차적심 / 3~4分枝			
3월30일	3X2=6	3X3=9	4X3=12	40일 간격
4월30일	6X2=12	9X2=18	12X=24	30일 간격
5월30일	12X2=24	18X2=36	24X2=48	30일 간격
6월20일	24X2=48	36X2=72	48X2=96	20일 간격
7월10일	48X2=96	72X2=144	96X2=192	20일간격
8월1일	96X2=192	144X2=288	192X2=384	마지막적심
초기에는 가지를 길게 뽑고, 중반기는 가지의 길이를 20cm 內外로 기른다. 적심간격은 40→30→30→20→20→20. 8월 1일 마지막 적심.				

⑩ 일정표대로 분지작업을 하면서 임시 지주대를 팔방으로 세워서 가지들을 보호하고, 끈으로 끌어 당겨서 사방으로 펼쳐서 아래의 圖解 730과 같이, 예정위치 근처로 사전에 유인합니다.

菊花叢書 730

⑪ 적심하면서 가지를 싸릿대나 죽대 등의 임시 지주대를 꽂아서, 많은 꽃가지들을 끈으로 끌어당겨, 정위치 가까이 유인하여 임시보호 관리합니다.

⑫ 만약, 정위치 가까이 유인하지 않고, 그냥 분지를 계속하면, 마무리 작업에서 분지된 가지들을 다 사용할 수 없어서 난작업이 올 수 있습니다.

(5) 정식(定植:아주심기)

① 늦어도 6월 말일 안으로 정식을 끝내야 합니다. 이후부터는 고온다습하여 자람도 좋지않고, 뿌리의 질병도 많이 발생하기 때문에, 삼복(三伏)더위 전에 뿌리가 활착해 있어야 합니다.

② 정식하면 다시는 옮기지 않습니다. 12~14호 정도의 화분은 들이가 작아서 8월이면 뿌리막힘 현상이 와서, 마지막 분지와 화아분화에 지장을 초래합니다.

③ 때문에 정식할 때, 화분 가장자리로 가름막이 3~4개를 넣었다가, 뿌리막힘이 오기 직전에 8월 초순에 가름막이를 빼내고, 그 자리에 새 배양토를 채워 넣으면 무난히 위기를 모면할 수 있습니다. 200송이 정도에서는 가름막이를 설치하지만, 500송이 이상의 대작에서는 분갈이를 합니다.

(6) 꽃틀 안테 제작

① 8월 1~2일에 아래의 圖解 731과 같이 가름대를 모두 빼내고 새 배양토를 채운다음, 정식한 화분 위에 8번철사로 꽃틀 안테를 설치합니다.

② 많은 꽃가지들을 예정위치 근처로 유인하여 안테에 사방으로 펼쳐서 고정하고, 마지막 적심으로 2分枝를 합니다.

菊花叢書 731

③ 다음부터는 아래의 사진 732와 같이 적심없이 그대로 꽃대만 길게 기릅니다. 이때는 화아분화를 받는 시기이기 때문에 특별한 비료는 주지 않습니다.

菊花叢書 732

(7) 꽃틀 바깥테 설치

① 10월 중순경, 꽃망울이 1/3쯤 벌어지면 꽃목이 더 이상 자라지 않고 정지합니다. 8월 1일 마지막 적심한 꽃가지의 꽃목은 이때쯤이면 평균 20~30cm 내외의 길이입니다.

② 이때 아래의 그림 733과 같이, 안테와 바깥테의 간격을 20cm 내외로 띄우고 바깥테를 설치합니다.

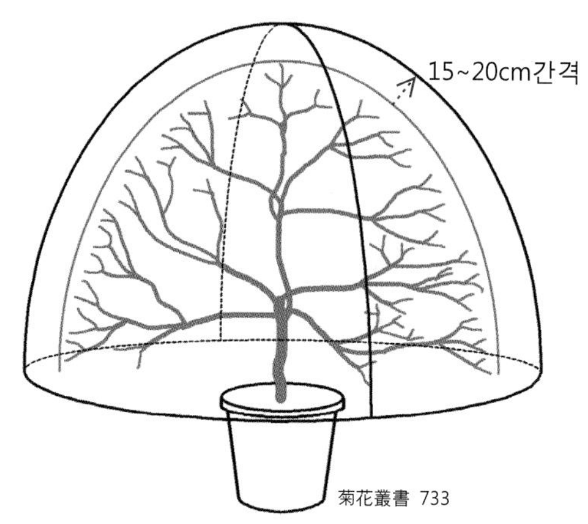

菊花叢書 733

③ 아래의 그림 734와 같이, 안테에서 마지막 적심한 포인트에서, 2개의 꽃가지가 바깥테로 배분됩니다.

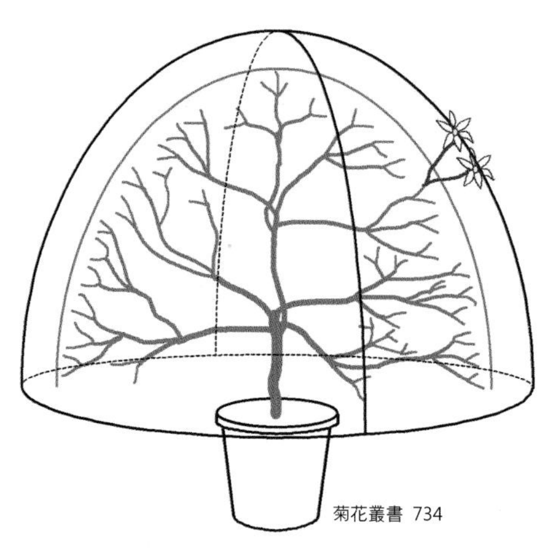

菊花叢書 734

(8) 꽃송이 배열

① 아래의 그림 735와 같이, 바깥테 위의 정점(頂點)에 꽃 한송이를 고정했습니다. 꽃받침대를 달고 마무리 작업을 합니다.

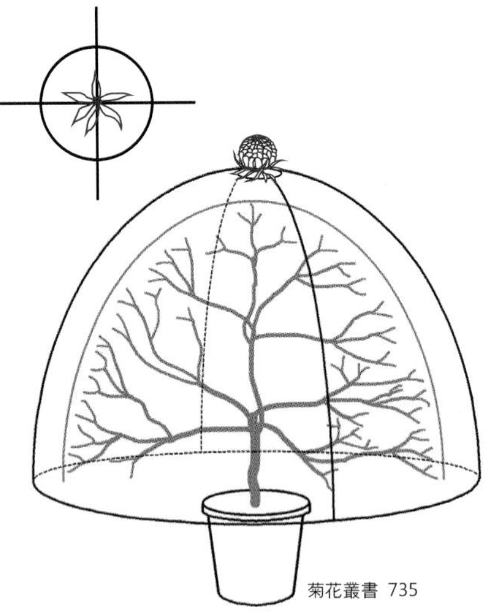

菊花叢書 735

② 아래의 圖解 736, 보통은 15cm 아래에, 큰작품은 20cm 아래에 8번 철사로 첫 번째 꽃테를 설치합니다.

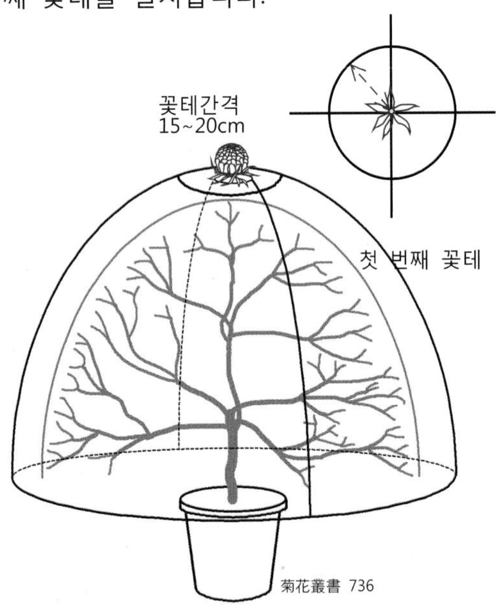

菊花叢書 736

③ 반구형 다륜작에서는 다음의 그림 737과 같이, 꽃테위의 꽃송이 간격을 보통은 15cm로 배열하고, 대작은 20cm 간격으로 배열 고정합니다.

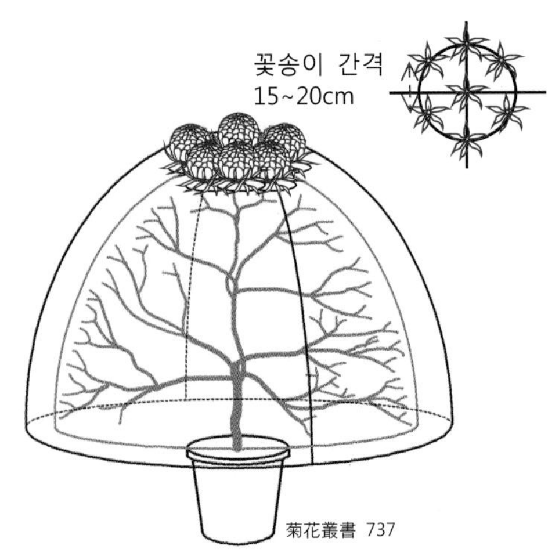

菊花叢書 737

④ 다음은 아래의 738 그림에서, 첫 번째 꽃테에서 15~20cm 아래에 2번째 꽃테를 설치하고, 가까이 있는 꽃송이를 유인하여 15~20cm 꽃간격으로 고정합니다.

菊花叢書 738

⑤ 같은 방법으로 위에서 아래로 작업해 내려오면, 아래의 작품 739와 같이 됩니다.

菊花叢書 739

4. 한줄기 천송이 다륜대작

마산 농업기술센터 故 전정수님 작품
1315송이, 2010년 10월 세계 기네스북에 등재됨 菊花叢書 740

머리말

① 한줄기 천송이 다륜대작은, 능숙히 하시는 분들이 자부심을 갖이는데 의의가 있으며, 대형 행사장의 상징 전시물입니다.

② 규모가 너무 크고 여러 사람들이 합동작업을 해야 합니다. 개인으로는 만들 수 없습니다. 작업요령만 알아두면 됩니다.

③ 천송이에 도전하시는 동호인들은, 이미 능숙한 분들이기에 재배과정은 생략합니다. 여기서는 겨울재배및 분지계획과 실행, 틀짜기, 등 3가지가 중요한 요인만 소개합니다.

④ 품종선택이 재배실력 보다 더 중요합니다.

ⓐ 장간종

ⓑ 분지력이 좋은 것

ⓒ 조기개화 품종

ⓓ 꽃가지의 유연성이 좋은 것

ⓔ 꽃송이가 가벼울 것

⑤ 여기서는 손아포기를 이용하는 요령을 소개합니다. 중국쑥 접목포기 응용은 여기에 준해서 적용하시기 바랍니다.

(1) 국화전용 하우스의 관리

① 천송이 다륜대작(多輪大作)은 손아(孫兒)①를 받지 않고, 동지싹이나 근분묘②(根分苗)를 사용하면, 생동력과 활력이 조금 미약합니다. 최소한 12월 하순까지는 손아를 받아 놓아야 재배일정이 넉넉합니다.

② 중국쑥 접목 포기는, 6~7월에 접목하고, 8월 15일부터 전조처리③를 시작합니다. 늦어도 12월 25일 크리스마스까지는 접목이 활착되어 있어야 무난합니다.

③ 국화전용 하우스는 12월 초순부터 가동하여 겨울을 한여름 하지(夏至)와 같은 인공 환경을 만들어 재배합니다.

④ 야온(夜溫)④은 12~15℃로 유지하고, 주온(晝溫)⑤은 24℃ 內外로, 습도와 환기는 동시에 자동처리 합니다.

⑤ 밤낮의 일교차(日較差)⑥는 5~10℃ 정도로 합니다. 밤낮의 기온이 비슷하면 줄기의 성장에 장애를 받습니다.

⑥ 일조시간(日照時間)⑦이 13시간 30분 이상 장일기간(長日期間)으로 진입하는 4월 30일 밤까지 전조처리를 합니다.

⑦ 가열처리도 전조처리와 같이 5월1일 아침에 끝냅니다. 가열차리를 먼저 끝내면 야온이 10℃ 以下로 떨어져 줄기 성장이 둔화됩니다.

(2) 순치기 [적심(摘心)]

① 대형은 1차 2차 순치기를 3주 간격으로 순질러서, 원줄기가 위로 빨리 올라가도록 활력을 앞당겨 실어 올려 줍니다.

② 마지막 가지는 1000여 가지이기 때문에 빨리 자라지 않습니다. 때문에 8월 1일경에 마지막 순지르기를 해서, 마지막 꽃대의 길이가 충분히 길어질 기회를 줍니다.

※참조 ①손아묘:418쪽49. ②근분묘:311쪽. ③전조처리:328쪽. ④야온:밤기온. ⑤주온:낮기온. ⑥일교차:420쪽66. ⑦일조시간:321쪽68.

③ 손아를 일찍 받아서 12월초에 적심한 포기는 적심 일정이 넉넉하지만, 12월에 손아를 받은 포기는 아래의 741 적심 일정표와 같이, 3주정도 간격으로 여유가 별로 없습니다.

741. **천송이 다륜대작 적심분지 일정표**				
월	적심차	분지	송이수	
12월 국화전용 하우스 입실			4 분지	5 분지
1월	1차적심	4~5분지	4	5
2월	2차적심	3분지	12	15
3월	3차적심	3분지	36	45
4월	4차적심	2분지	72	90
5월	5차적심	2분지	144	180
6월	6차적심	2분지	288	360
7월	7차적심	2분지	576	720
8월	8차적심	2분지	1152	1440

① 1차적심은 1월 중순 이전에 할 수 있으면 더 좋습니다.
② 마지막 적심을 8월 초에 끝내야 합니다.
③ 만약, 1500송이를 시도한다면, 8월1일 1300여 분지를 기준으로, 뒤로 내려가면서 일정을 짜야합니다.
http://cafe.daum,net/rnrghkthfl/국화소리카페 741

(3) 분지배분(分枝配分) 설계

① 출발시점의 국화모종의 활력과 순치기일정과 분지배분 일정을 설정하고, 겨울동안 작품의 기초바탕 가지를 만듭니다.

② 아래의 그림 742와 같이, 1월 초순에 40~50cm 높이에서 1차적심하여 4분지(分枝) 또는 5분지의 기초모종을 만듭니다.

菊花叢書 742

③ 다음의 圖解 743은 10월 11월 12월에 준비한 모종을 1월 초에 적심하여 5갈래의 가지를 받았습니다.

④ 순을 지르면, 정아우세(頂芽優勢)에 따라, 제일 윗마디에서 나오는 제1枝가 세력이 제일 강하고, 제2枝 제3枝 제4枝 제5枝 등 아래로 내려 갈수록 점차적으로 세력이 조금씩 약화됩니다.

⑤ 분지를 낼 때, 제1枝와 제5枝의 간격이 너무 멀면 가지마다의 세력의 차이가 많아서 좋지 않습니다. 첫가지와 마지막 가지의 간격을 최대한으로 줄여서 가지마다의 세력차이를 줄여야 결과가 좋습니다.

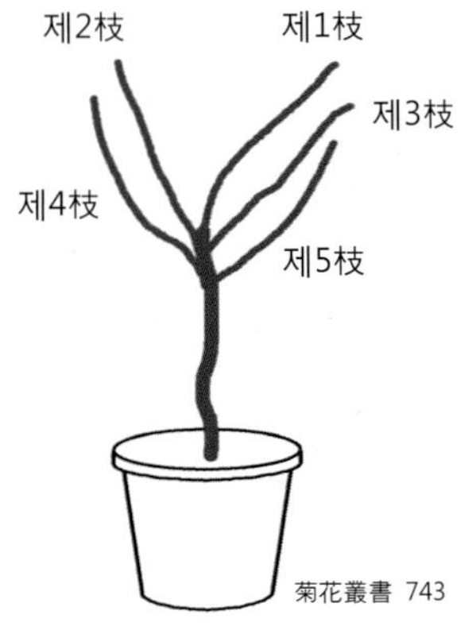

菊花叢書 743

⑥ 아래의 圖解 744에서, 아래쪽 옆으로는 꽃가지가 많이 필요해서, 세력이 강한 제1枝와 제2枝 제3枝 제4枝를 아래쪽 옆으로 유인배정하고, 위쪽은 꽃가지가 많이 필요치 않기 때문에, 세력이 제일 약한 제5枝를 위로 유인해 올려 주지(主枝)로 합니다.

菊花叢書 744

⑦ 1주후 모양이 고정된 후에, 알루미늄 선을 풀고, 다음의 사진 745와 같이 각 가지들을 20~30cm 정도로 길게 기릅니다.

⑧ 1월에 알루미늄선을 감아서 아래의 사진 745 같이 다시 자세를 잡은 다음, 5가지 모두 끝을 적심합니다. 이렇게 기초 자세를 넓게 잡지 않으면, 꽃틀까지의 거리가 멀기 때문에 분지는 잘 하였더라도 사용 못하는 꽃가지가 많이 나옵니다.

菊花叢書 745

⑨ 아래의 사진 746은 한 달 후, 2월 중순경의 제5枝를 주간으로 올린 기초분지 자세입니다. 이렇게 하지않고 원순을 바로 길러 올리면서 분지해도 됩니다. 양자 일장일단이 있습니다. 참조하시고 재배자의 요령대로 취사선택(取捨選擇)하시면 됩니다.

菊花叢書 746

⑩ 어떠한 방법으로 분지하더라도, 위의 사진 746과 같이, 작업의 실수로 분지부위가 찢어지지 않도록, 묶음끈이나 케이블타이로 ∞자형 안전띠를 묶어서 기초자세 잡기의 실수를 피해야 합니다.

菊花叢書 747

⑪ 위의 사진 747은 2월 중순 15분지된 포기입니다. 10호 화분 포함하여 현제의 높이는 120cm 2단 자세가 잡혔습니다.

⑫ 같은 방법으로 아래의 圖解 748과 같이 3~4 그룹으로 분지하면서 길러 올립니다. 이후부터는 그룹별로 별도로 필요한 가지수를 계산하여 분지(分枝)합니다.

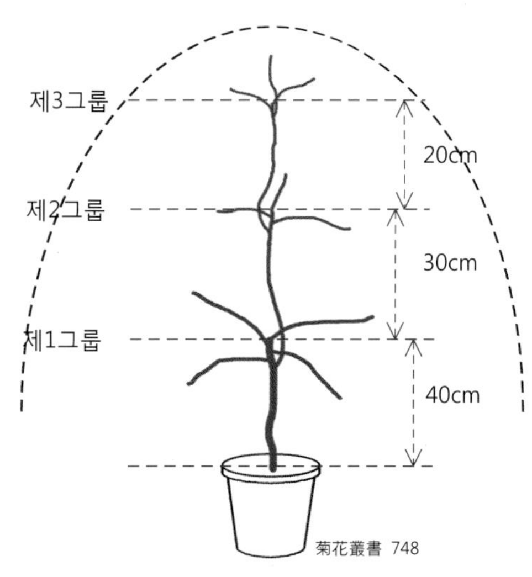

菊花叢書 748

(4) 아주심기(定植)

① 늦어도 6월 30인 안에 정식을 끝내야 합니다.

② 정식 배양토는 거름분을 20%이하로 배합 합니다. 더 욕심을 내면 실패의 원인이 될 수 있습니다. 기르면서 모자라는 것은 추비(追肥)를 하거나, 주1회 2000배의 액비(液肥)를 관수합니다.

③ 성장기에 액비(液肥)는 질소 우선인 액비를 시비(施肥)해야 좋습니다. 만약 인산과 칼리가 많이 함유된 원예 결실용 액비를 사용한다면, 줄기가 조기에 목질화되고 성장이 둔화되어 분지를 실패합니다.

④ 정식이 끝나면, 속테를 반구형으로 설치하고, 모든 가지들을 묶음끈으로 묶어서 가지가 필요한 위치로 사방으로 활작펼쳐 끌어당겨서 고정합니다. 이렇게 하지 않고 그대로 분지만 한다면 마무리 단계에서 사용 못하는 꽃가지가 많이 나옵니다.

(5) 마지막 적심과 안테설치

① 8월 1일, 아래의 圖解 750과 같이, 꽃틀 안테를 설치합니다.

② 꽃가지들을 예정위치 방향으로 안테에 안착 고정하고, 마지막 2분지 적심을 합니다. 우리나라는 평균 8월 15~20일에 화아분화를 받기 때문에, 그전에 2주 정도의

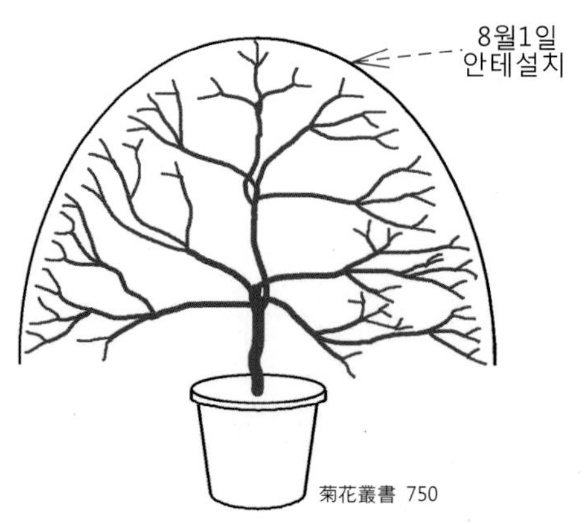

菊花叢書 750

기회를 주어서 싹눈이 나오고 줄기가 자랄 기회를 줍니다. 이후는 꽃망울 생성관계로 줄기의 자람이 둔화됩니다.

③ 9월 중순 꽃망울이 출뢰(出蕾)하면서 10월 중순 꽃송이가 반쯤 필때까지 꽃목이 10~15cm 정도 더 자랍니다.

④ 결과, 8월 1일 마지막 적심하면, 10월 중순까지 꽃가지가 20~30cm정도 자라서 마무리 작업에서 꽃송이 배분 배열이 용이하게 되는 것입니다.

⑤ 만약, 마지막 적심을 더 늦게 한다면, 꽃가지의 길이가 짧아서 10월 마무리 작업에서 꽃송이 배열에 난작업이 됩니다.

(6) 바깥테 설치 밑 꽃송이 배열

① 10월 중순 꽃송이가 반쯤 피었을 때, 국화의 꽃목은 더 이상 자라지 않습니다. 이때 바깥테를 설치합니다.

菊花叢書 751

② 안테에서 20cm 간격을 띠우고, 바깥테를 위의 그림 751과 같이 철근으로 반구형틀을 만듭니다.

③ 골조 만들때 산소용접은 금기이며 전기용접을 합니다.

④ 국화 재배자와 용접사와 협조하여 틀을 만듭니다.

⑤ 아래의 752 圖解와 같이, 안테에서 꽃가지가 2分枝되어, 바깥테에 2개의 꽃송이가 배분됩니다.

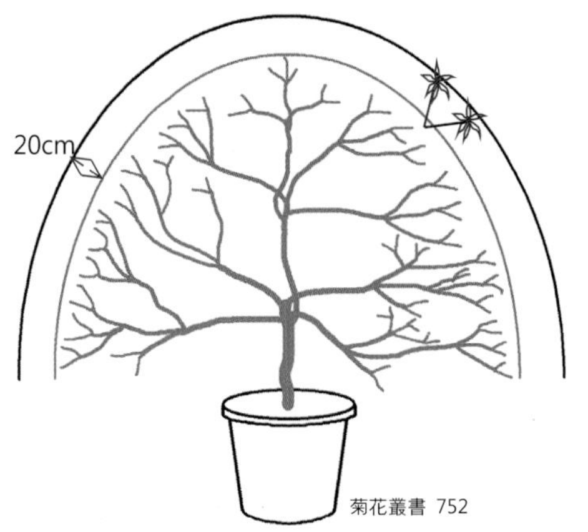

菊花叢書 752

⑥ 아래의 圖解 753에서 바깥테의 정점(頂點)에 꽃 한송이를 배분 고정합니다.

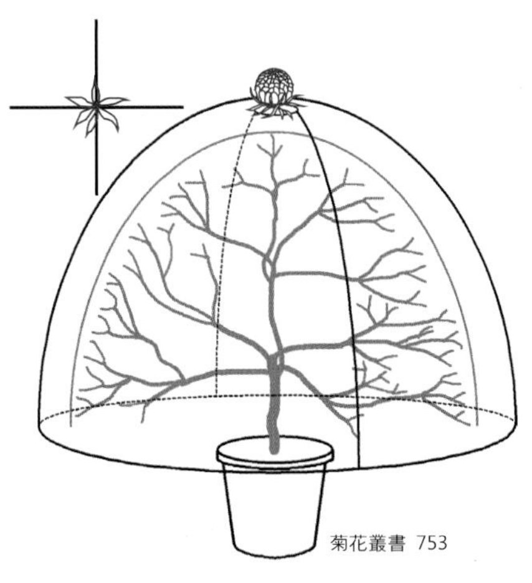

菊花叢書 753

⑦ 아래의 754 圖解에서, 정점에서 20cm 간격을 띄우고 첫번째 가로 꽃테를 설치합니다.

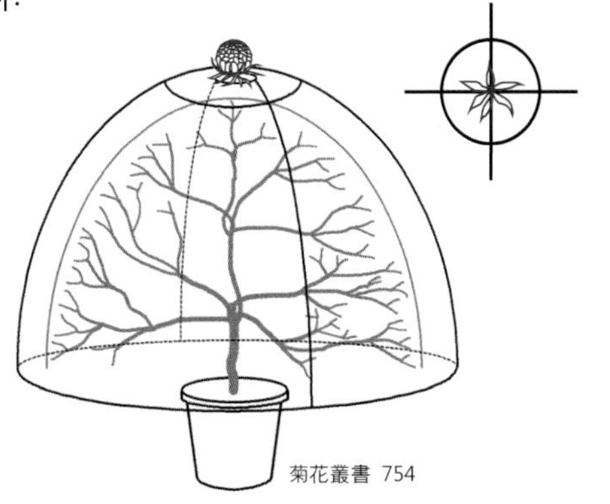

菊花叢書 754

⑧ 첫 번째 꽃테에 20cm 간격으로 꽃송이를 배열고정 합니다.

⑨ 첫 번재 꽃테에서 20cm 아래에 圖解 755와 같이 2번째 꽃테를 설치합니다.

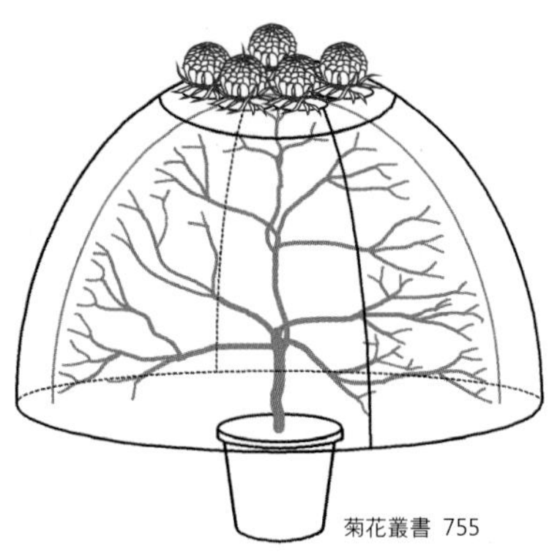

菊花叢書 755

⑩ 같은 방법으로 위에서부터 아래로 내려오면서 작업을 하여 마무리합니다.

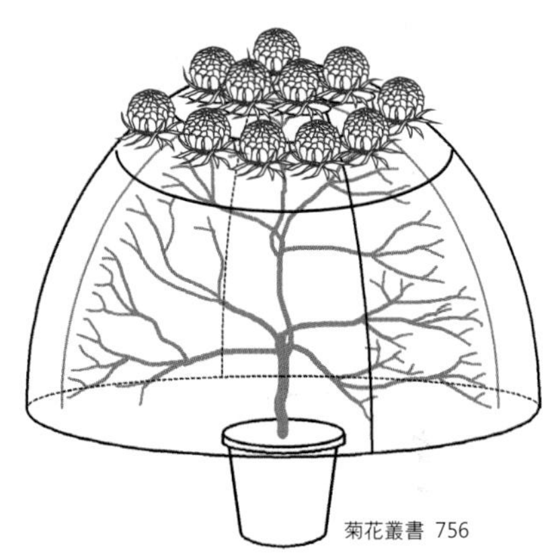

菊花叢書 756

마산 농업기술센터 故 전정수님 작품 / 菊花叢書 756

5. 유선형(遊船形) 다륜작

(1) 설계

대국의 다륜작을 소국의 현애와 같이, 꽃틀을 유선형(遊船形)으로 디자인 합니다

김주섭/菊花叢書 757

(2) 모종

① 장간종(長幹種) 모종을 선택합니다.

② 전년도에 준비한 동지싹 근분묘나 손아묘를 포토에 옮겨 심어서 관리를 합니다.

(3) 기초적심(1차적심)

① 2월 초순에 국화 모종이 활착되면, 5호 화분에 옮겨서, 주 1~2회 엷은 물비료를 관수하면서, 아래의 圖解 758과 같이, 40~50cm 높이에서 1차적심을 합니다.

② 엷은 물비료를 주 1~2회 정도 주면서 기르면, 마디마다 여러개의 곁가지가 나옵니다.

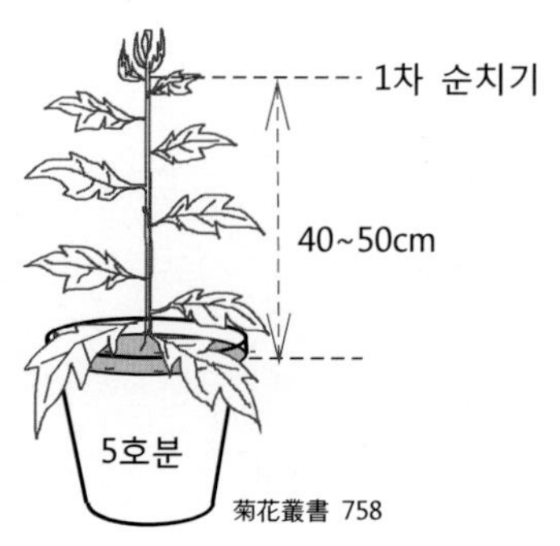

菊花叢書 758

③ 2월 하순, 아래의 사진 759와 같이, 그중에 세력이 비등한 3가지만 선택합니다. 4가지를 받을 수 있으면 더 좋습니다.

菊花叢書 759

④ 다륜작은 대개 20~25일 간격으로 적심하고, 마지막 적심은 8월 초순에 끝냅니다.

유선형 다륜작 적심 일정표					
적심	적심일	제2枝	제1枝	제3枝	송이수
2차적심	3월25일	1	3分枝	1	5
3차적심	4월20일	2	2	1	9
4차적심	5월05일	2	2	2	18
5차적심	6월10일	2	2	2	36
6차적심	7월05일	2	2	2	72
7차적심	8월01일	2	2	2	144

菊花叢書 760

(4) 기초 가지분배

① 3월 초순, 아래의 사진 761과 같이 1m정도 길이의 막대를 45° 하향경사로 7호 화분위에 설치합니다.

菊花叢書761

② 세력이 제일 강한 제1枝는 꽃송이가 제일 많이 필요한 중간부분으로 배분하고, 제2枝는 위쪽으로 배분하고, 세력이 제일 약한 제3枝는 꽃송이가 많이 필요치 않는 아래쪽으로 배분합니다.

(5) 2차 적심

① 3월 하순에, 막대위에서 아래의 圖解 762와 같이, 2차 순지르기를 하여 3분지를 합니다.

② 제2枝와 제3枝는 적심하지 말고, 예정 위치까지 자라 오도록 기다립니다.

菊花叢書 762

(6) 3차 적심

① 4월 중순에, 아래의 圖解 763과 같이, 가지가 넉넉히 자라면 3차적심을 합니다.

菊花叢書 763

② 아래의 그림 764와 같이, 제1枝와 제2枝는 분지 적심을 하고.

③ 제3枝는 또 적심을 하지않고, 더 자라 내리도록 기다립니다.

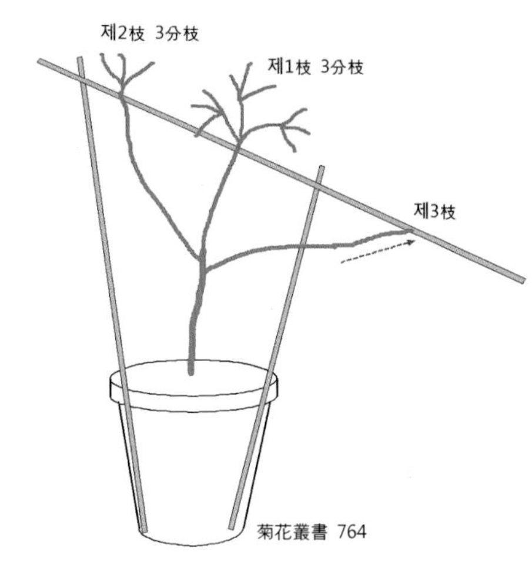

菊花叢書 764

(7) 4차 적심

① 5월 초순에 아래의 圖解 765와 같이, 제1枝와 제2枝 제3枝 모두 일제히 2분지 적심을 합니다.

② 이후부터는 포기의 현실에 맞추어서, 20~25일 간격으로 정기적으로 2분지 적심을 하고

③ 마지막 적심은 8월 초에 합니다. 더 늦으면 꽃목이 짧아서 난작업이 됩니다.

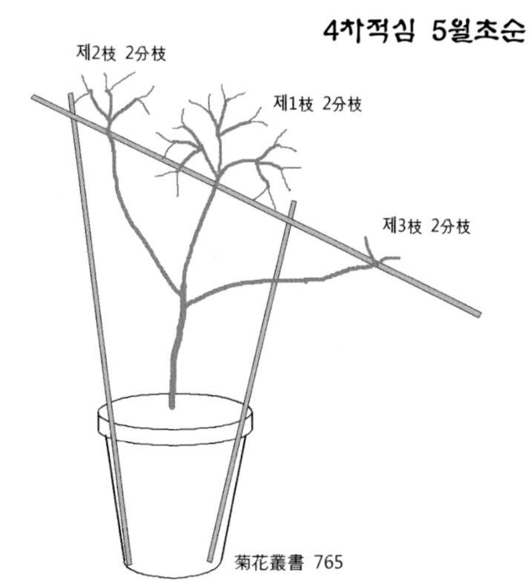

菊花叢書 765

⑻ 기초꽃틀 올리기

① 6월 하순 전후에 아래의 圖解 766과 같이, 정식한 화분위에 8번 철사로 유선형(遊船形) 꽃테를 설치합니다.

② 연습작 꽃테의 규격을 너무 크게 잡지말고 폭 80cm 길이 160~200cm 정도로 짜면 일정표대로 됩니다. 처음부터 이 규격으로 만들어 놓으면 후에 꽃송이 배열이 더 편합니다.

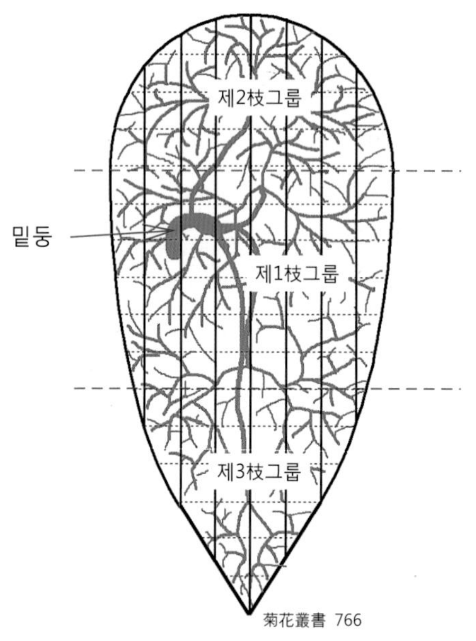

菊花叢書 766

⑼ 6차 적심

① 꽃송이 수를 욕심내지 말고 일정표대로 6월 중순에 5차로 2분지적심을 하고, 6차적심은 삼복더위를 피하여 7월 초순에 2분지 적심을 합니다. 삼복더위에는 꽃순의 수(數)가 많으면 건강이 좋지 않습니다.

② 위의 圖解 766의 꽃틀의 규격을 참조하면서, 그룹별로 정위치 근처까지 유인하여 고정하면서 적심합니다. 무조건 적심하면 나중에 사용할 수 없는 헛가지가 많이 나오며 필요한 가지가 모자랍니다.

⑽ 마지막 적심

① 8월 1일 마지막 2분지 적심을 합니다.

② 꽃테에 8번철사로 철사로 아래의 圖解 767과 같이, 가로 세로 10~15cm 간격으로 망을 설치합니다. 이 가로세로 철사의 접점에 꽃이 세워질 위치입니다

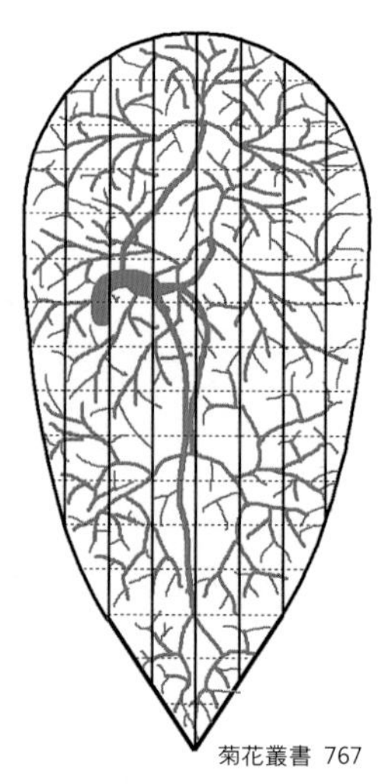
菊花叢書 767

⑾ 윗테 설치와 꽃송이 배열

① 아래의 圖解 768과 같이, 궁형(弓形)으로 활등모양으로 둥그스레하게 윗꽃테를 설치합니다.

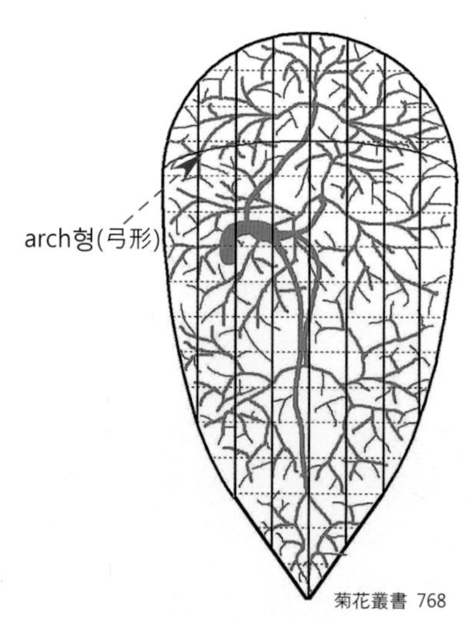

菊花叢書 768

② 아래의 圖解 769와 같이, 설치한 윗 궁형(弓形)꽃테의 정 중간에 한송이의 꽃을 유인하여 고정합니다.

③ 같은 방법으로 10(15)cm간격으로 궁형꽃테 위에 꽃송이들을 유인 고정합니다.

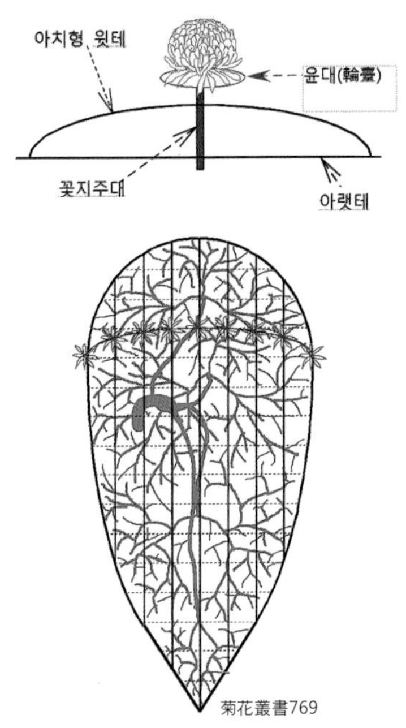

菊花叢書769

④ 같은 방법으로 아래의 圖解 770과 같이 전체꽃테의 가장자리부터 먼저 돌아가면서 10cm정도 간격으로 꽃을 고정합니다. 이 작업이 작품의 이미지를 좌우합니다. 반듯하게 성심을 들여야 합니다.

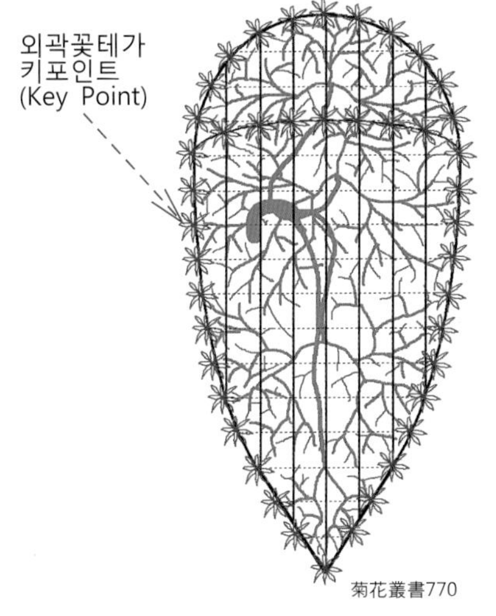

菊花叢書770

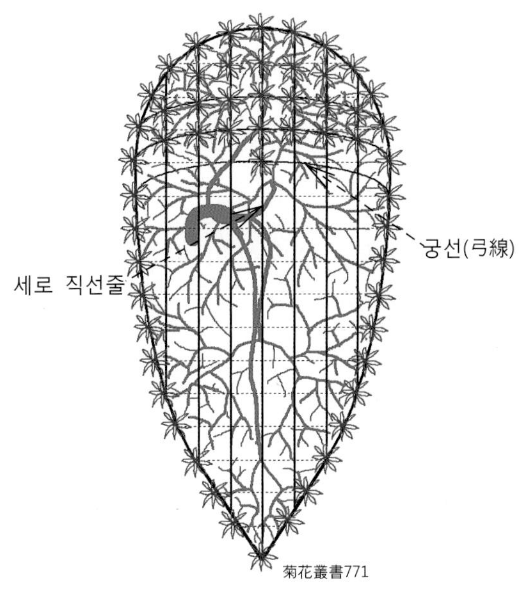

菊花叢書771

⑤ 다음은 위의 圖解 771과 같이, 궁형(弓形)꽃테를 위에서부터 조립해 내려오면서 꽃송이를 유인 고정합니다.

⑥ 이 중간부분의 작업은 아래의 그림 772와 같이, 세로 직선줄을 맞추면서 궁선(弓線)을 따라 꽃송이를 배열 고정합니다.

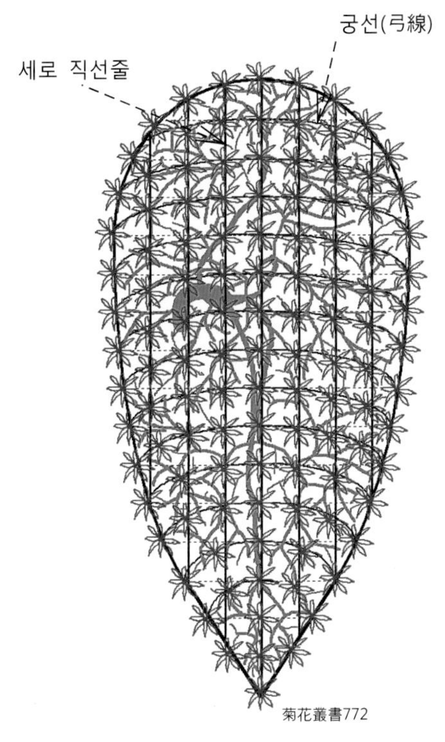

菊花叢書772

6. 5층 원탑형 다륜작

박경혜작/菊花叢書 773

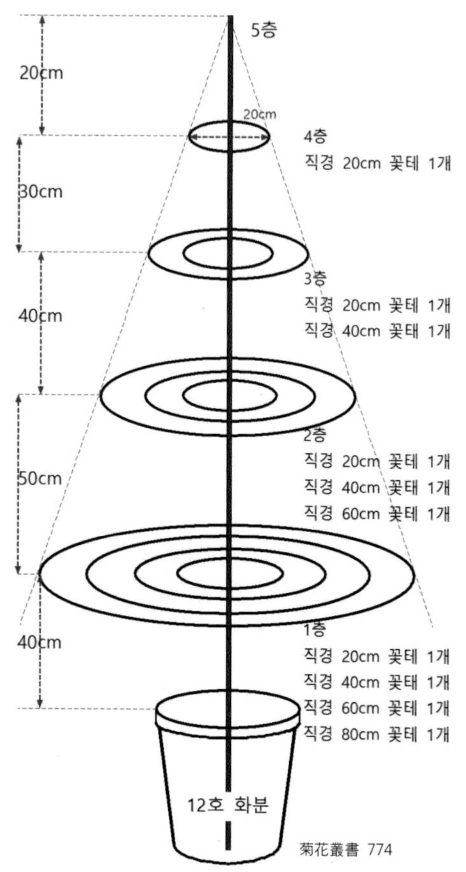

菊花叢書 774

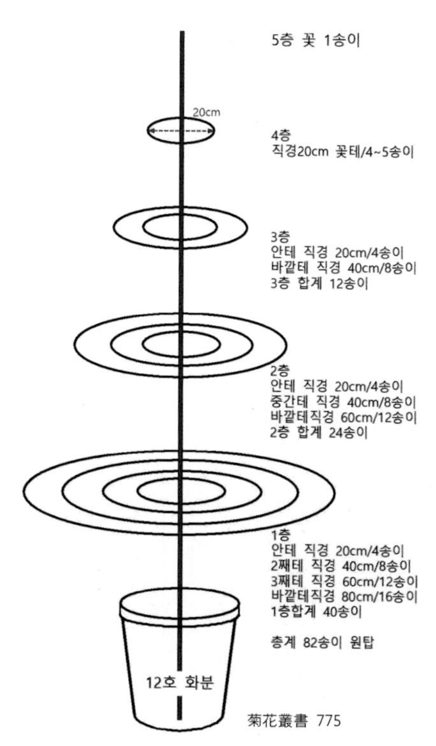

菊花叢書 775

(1) 서론

① 원형탑 만들기의 key point는 꼭대기 1송이 국화꽃입니다. 아래층을 아무리 잘 만들었더라도 꼭대기에 한송이 꽃이 없으면 미완성 작품으로 간주(看做)됩니다.

② 실패하는 이유는 원탑의 원뿔형 디자인(Design)을 생각하지 않고, 아래층에서부터 다륜대작의 개념으로 작업을 시작하여, 활력이 아래 1. 2. 3.층에서 모두 소모해 버리고 위로 올라갈 활력이 부족하며, 주간의 마지막 분지적심 7월 초순의 시기를 놓쳤기 때문에, 더 이상 자라 오를 시일이 없기 때문입니다.

(2) 일정표와 설계도 작성

① 다음의 그림 774와 같이, 꼭대개 1송이 자리를 남겨두고, 20cm 아래에 직경 20cm의 둥근 꽃테 1개를 부착하여 4층 꽃판으로 삼습니다.

② 3층은 2개의 꽃테를, 2층은 3개의 꽃테를, 1층은 4개의 꽃테를 부착합니다.

③ 이렇게 그림 774와같이, 원뿔형 디자인으로 반듯하게 꽃틀을 설계합니다.

④ 다음은 앞의 圖解 775와 같이, 꽃송이 수를 설정해 놓고, 욕심내지 말고 그대로 실행합니다.

⑤ 다음은 아래의 그림 776과 같이, 적심 일정과 꽃테부착 일정을 설정하고 그대로 실행해야 작업이 순조롭습니다.

⑥ 무조건 기르면서 그때그때 보아가면서 작업을 하면, 꼭대기 1송이 끝맺음을 할 수 없습니다.

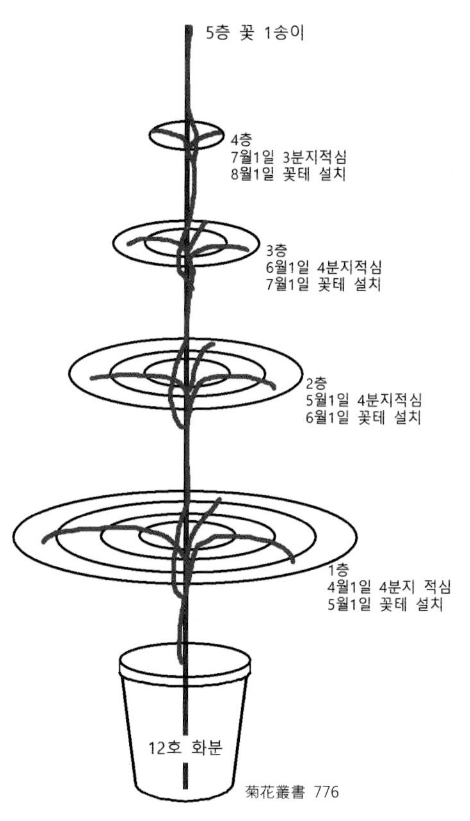

菊花叢書 776

(3) 모종 기르기

① 전년도에 준비한 동지싹 근분묘나, 손아묘를 받아서 12월 중에 0℃~4℃로 냉처리한 후에, 2월 하순(20~30일)에 가온하여 기르기 시작합니다.

② 3월중에 5호분으로 이식하고, 3월 하순~4월 초순에 다음의 圖解 777과 같이, 40cm 정도 높이에서 1차 적심합니다.

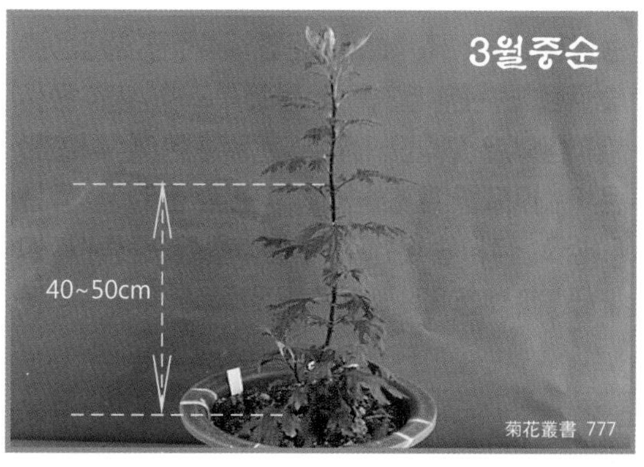

菊花叢書 777

(4) 분지(分枝)

① 4월 초순에 4개의 가지를 받아서 圖解 778과 같이 15cm 이상 길게 기릅니다.

菊花叢書 778

779 그림은 생략합니다.

② 4월 중순에 아래의 사진780과 같이, 세력이 좋은 1枝 2枝 3枝는 사방으로 펼쳐서 고정하고, 세력이 제일 약한 제4枝를 위로 유인해 올려서 지주대에 고정하고, 주지(主枝)로 삼습니다.

菊花叢書 780

(5) 정식과 틀짜기

① 아래의 圖解 781과 같이, 4월 30일 밤까지 전조처리를 끝내고, 5월초에 정식하면서 2m 정도 길이의 본지주대로 교체하고, 화분 언저리에서 40cm 이상 높이의로 가름대가 빠져나올 간격을 두고, 1층에는 **4개의 꽃테만** 설치합니다.

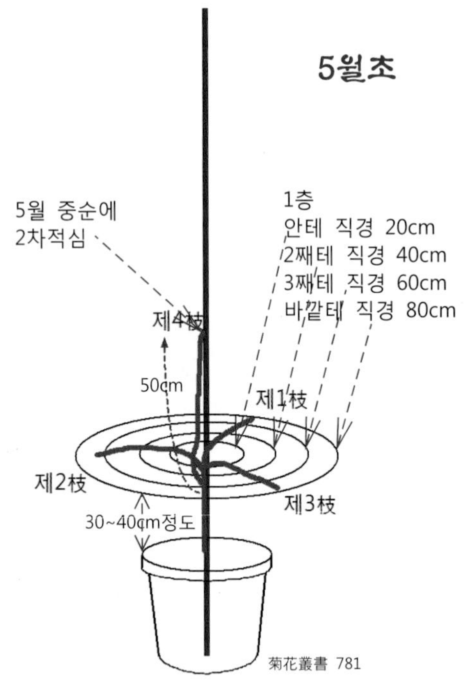

菊花叢書 781

② 1枝 2枝 3枝를 활작 펼쳐서 정3방향으로 꽃테에 고정하고, 즉시 각각 순지르기를 하면,

③ 제4枝(主枝)가 성장의 충동을 받아 자라 오르기 시작합니다.

④ 1층에서 꽃송이수를 40송이 이하로 예정하고 적심작업을 합니다. 1층의 범위나 규격이 커지면, 5층까지 올라가지 못합니다. 이 작품의 주제가 5층탑입니다. 대다수의 재배자들은 1층의 범위를 너무넓게 잡아서 2층 정도에서 미완성작품으로 그치는 예가 많습니다.

(6) 2층 만들기

① 앞의 圖解 781과 같이, 1층에서 주지(主枝)가 50cm 정도 자라 오르면, 5월중에 2차 적심하여 4가지를 받습니다.

② 6월 1일, 2층에서 **3개의 꽃테**를 아래의 圖解 770과 같이 설치합니다.

③ 2층에서도 1층과 같은 작업을 계속합니다. 1枝 2枝 3枝를 활작 펼쳐서 정3방향으로 꽃테에 고정하고, 제4枝는 위로 유인해 올려서 주간으로 합니다.

④ 1枝 2枝 3枝를 꽃테에 고정하고, 즉시 각각 순지르기를 하면, 제4枝가 성장의 충동을 받아 주간이 자라 오릅니다.

⑤ 2층은 24송이 정도만 분지하고, 더 이상의 분지를 저지하여, 위로 주간에 활력을 올려 줍니다.

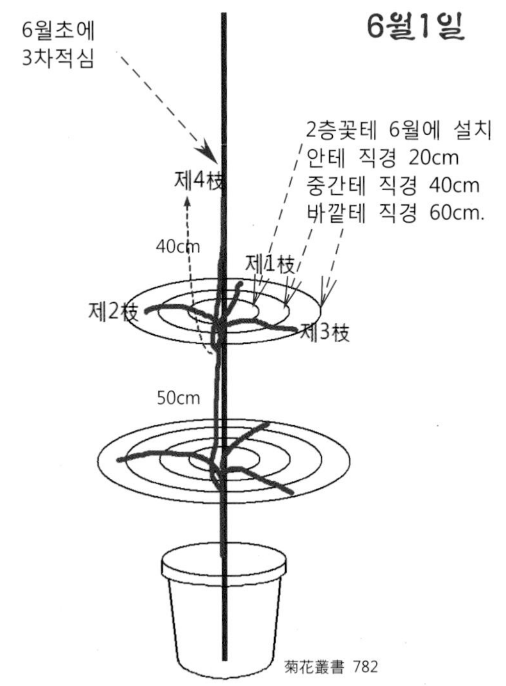

菊花叢書 782

(7) 3층 만들기

① 위의 圖解 782와 같이, 2층에서 주간이 40cm 정도 자라 오르면 6월초에 3차적심하여 4分枝합니다.

② 6월중에 **2개의 꽃테**를 아래의 圖解 783과 같이 설치합니다.

③ 마찬가지로 3층에서도 1층과 같은 작업을 계속합니다. 1枝 2枝 3枝를 활작 펼쳐서 정3방향으로 꽃테에 고정하고, 제4枝는 위로 유인해 올려서 중심 지주대에 고정합니다.

④ 1枝 2枝 3枝를 꽃테에 고정하고, 즉시 각각 순지르기를 하면, 제4枝가 성장의 충동을 받아 주간으로 자라기 시작합니다.

⑤ 3층은 12송이 정도만 분지하고, 더 이상의 분지를 저지하여, 위로 주간에 활력을 올려 줍니다.

⑥ 3층의 주간이 30cm 정도 자라 오르면 6월 하순에 4차 적심하여 마지막으로 3分枝합니다.

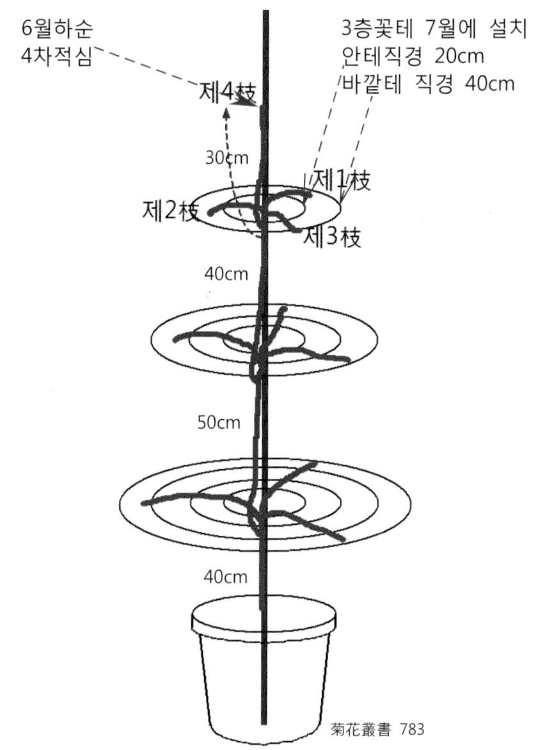

(8) 4층 만들기

① 7월 20일경, **1개의 꽃테**를 아래의 圖解 784와 같이 설치합니다.

② 마찬가지로 4층에서도 1층과 같은 작업을 계속합니다. 1枝 2枝를 양쪽으로 활작 펼쳐서 꽃테에 고정하고, 제3枝는 위로 유인해 올려서 중심 지주대에 고정합니다.

③ 1枝 2枝를 꽃테에 고정하고, 즉시 각각 순지르기를 하면, 제3枝가 성장의 충동을 받아 자라 오르기 시작합니다.

④ 4층은 1줄기에 2송이씩 4송이만 분지하고 더 이상의 분지를 저지하여, 위로 주간에 활력을 올려 줍니다.

⑤ 주간이 20cm 정도 자라면, 더 이상 자라지 못하도록 400배의 비나인을 붓으로 끝순에 발라서, <u>5층 꽃망울 1개만</u> 받아야 전체의 규격에 어울립니다..

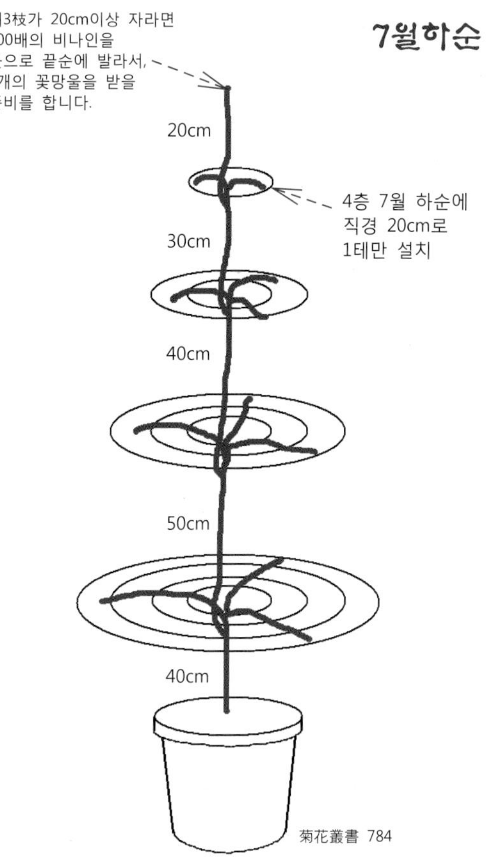

(9) 꽃송이 배열

① 10월 중순 꽃망울이 반쯤 피면 꽃목의 자람이 중지합니다. 이때 아래의 圖解 785와 같이 5층 1송이의 꽃을 달면서 아래로 내려오면서 작업을 합니다.

② 먼저 5층의 1송이에 꽃받침대를 달고 손질합니다. 이 작품에서는 5층의 1송이가 제일 중요합니다. 어떻한 이유에서든지 5층의 1송이가 없으면 미완성 작품입니다.

③ 4층에서는 4송이 정도만 배열 고정합니다.

④ 3층에서는 안테에 4송이, 바깥테에 8송이 모두 12송이 정도만 배열합니다.

⑤ 2층에서는 안테에 4송이, 중간테에 8송이, 바깥테에 12송이, 모두 24송이를 배열 고정합니다.

⑥ 1층에서는 안테에 4송이, 2번째테에 8송이, 3번째테에 12송이, 바깥테에 16송이, 모두 40송이를 배열 고정합니다.

菊花叢書 785

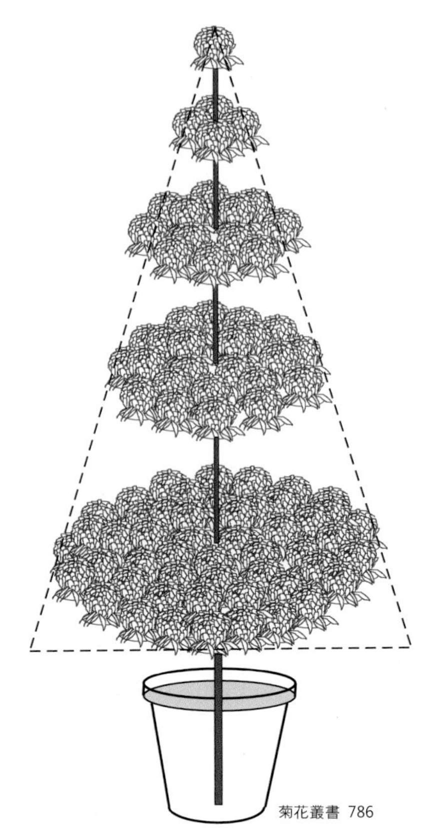

菊花叢書 786

⑦ 모두 81송이의 원탑형 다륜작이 되었습니다. 처음 시작할 때 꽃테 간격을 10cm로 설치했기 때문에, 더 이상의 꽃송이 배열은 미관상 좋지가 않습니다.

⑧ 다륜작에서 꽃테 간격과 꽃송이 간격의 보기 좋은 비율이 있습니다. 꽃테간격을 10cm로 시작했으면 꽃송이 간격도 10cm로 배열합니다. 꽃테 간격을 15cm로 설치했으면 꽃송이 간격도 15cm로 배열합니다. 꽃테 간격을 20cm로 처음 설치했으면 꽃송이 간격도 20cm로 배열 고정합니다. 더 이상 넓히면 작품이 거칠게 보입니다.

⑨ 1층과 2층의 꽃송이 수가 많으면 않됩니다. 위의 圖解 786과 같이, 높은 원뿔형의 점선안에 들어오도록 처음시작부터 균형을 맞추어 가면서 재배해야 좋습니다.

⑩ 이 작품은 꽃송이 수를 과시하는 것이 아니고, 반듯한 원탑을 만드는 것이 목적입니다. 끝.

7. 지도형 다륜작

<한줄기 지도형 다륜작>

김주섭작/菊花叢書 787

(1) 모종 선택 관리

① 전년도에 준비한 장간종 동지싹 근분묘나 손아묘를 1차 3호 포토에 옮겨 심어서 활착시킵니다.

② 5호분에 옮겨 심어서 1월부터 전용하우스나 거실 창가에서 겨울재배를 합니다.

③ 보통 모종 30~40cm 높이에서 1차 순질러서, 4월 하순까지 아래의 圖解 788과 같이 무성하게 기릅니다.

菊花叢書 788

④ 다음 작업까지 위의 그림과 같이, 10호 화분에서 4월 하순까지 순지르지 말고 키를 2~3m 정도 길이로 기르면서, 줄기가 목질화되지 않도록 인산이나 칼리가 적게 함유되고, 질소분 우선인 거름이나 비료를 사용하며, 50% 차광하여 관리합니다.

(2) 틀에 올리기

① 아래의 圖解 789와 같이, 8번 철사로 4~5m 정도 길이의 한국지도 철사테를 만듭니다.

菊花叢書 789

② 5월 중순~6월 초순경에 12호 이상의 화분으로 정식하고, 동시에 지도테를 정식화분위에 아래의 圖解 790과 같이 설치합니다.

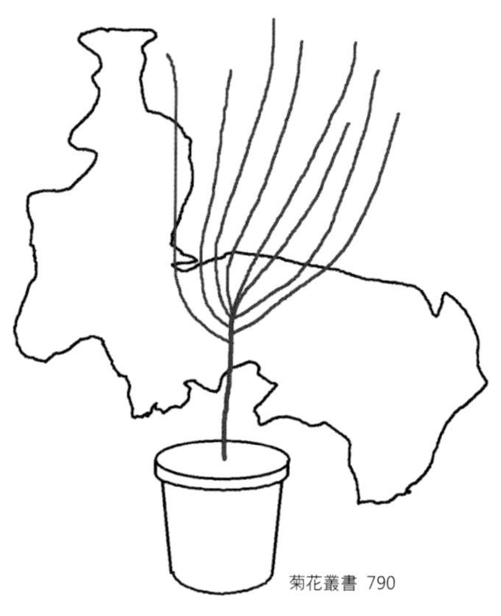
菊花叢書 790

(3) 순지르기와 꽃가지 배분

① 다음은 국화가지를 작업도중 상하지 않도록 묶어서 세워둔 채로, 아래의 圖解 791과 같이 8번선 철사로 아랫테의 기초틀을 짭니다.

② 사방 15cm 간격으로 10번선 철사로 망을 짭니다. 꽃송이의 간격이 15cm이고, 철사의 접점이 꽃지주대가 설 자리이며, 접점의 수가 꽃송이 수(數)입니다.

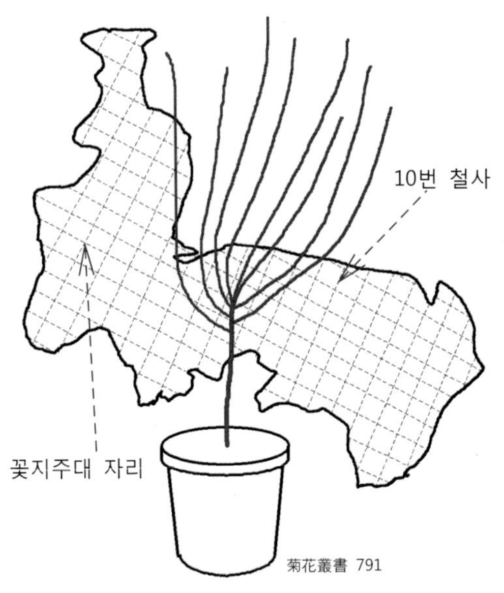
10번 철사
꽃지주대 자리
菊花叢書 791

③ 다음은 아래의 圖解 792와 같이 국화가지를 조심스럽게 눕혀서, 기초틀 망에 듬성듬성 고정합니다.

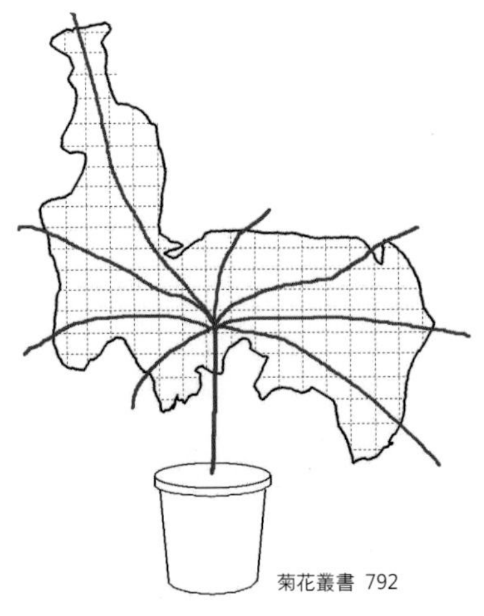
菊花叢書 792

④ 먼저 제일 긴 가지를 아래의 圖解 793과 함경북도 방향으로 배분고정 한 다음에 다른 분야의 작업을 합니다.

⑤ 꽃가지를 배분고정하고, 꽃테 밖으로 나온 가지들을 꽃테를 따라 가지런히 잘라냅니다. 꽃테 안쪽의 모든 잔가지들 모두 적심합니다. 2차적심 입니다.

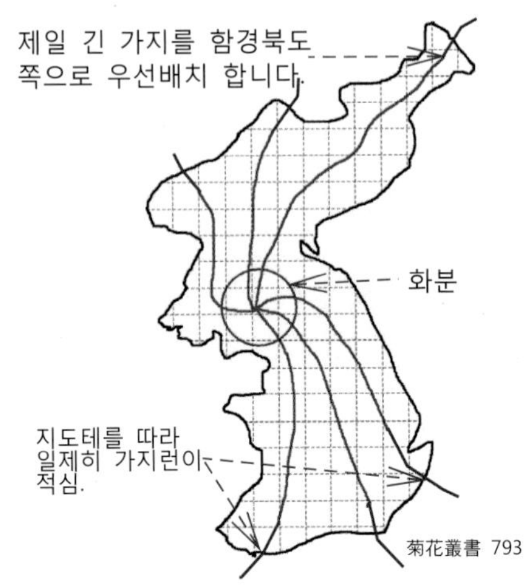
제일 긴 가지를 함경북도
쪽으로 우선배치 합니다.
화분
지도테를 따라
일제히 가지런이
적심.
菊花叢書 793

⑥ 순을 친 후, 엷은 물비료를 주 1~2회 관수하면, 아래의 圖解 794에서 마디마다 많은 순들이 움터 나오기 시작합니다.

⑦ 7월 1일 3차 적심하고, 8월 1일 마지막 적심을 합니다.

⑧ 적심하여 분지되면, 필요한 가지만 선택하여 수시로 예정위치 가까이 유인 고정합니다. 필요없는 많은 분지는 도리혀 작품 만들기에 장애가 되고, 꽃송이를 왜소하게 만듭니다.

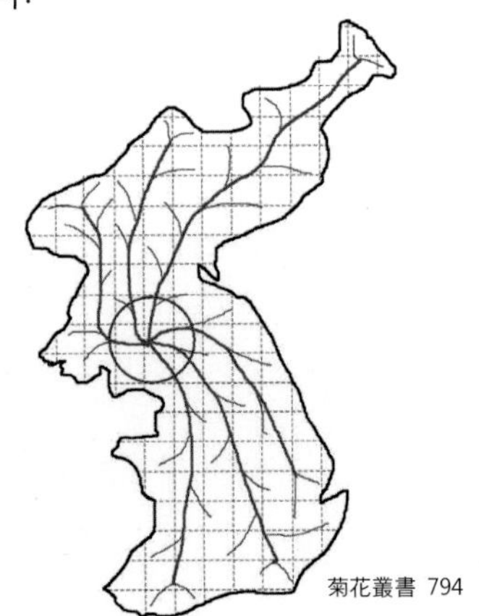
菊花叢書 794

⑷ 꽃송이 배분

① 10월 중순 꽃송이가 반쯤 피었을 때 꽃목이 더 이상 자라지 않습니다. 이때 8월 1일에 마지막 적심한 예에서 꽃목의 길이가 평균 20cm 내외가 됩니다.

② 이때, 아래의 지도테 795와 같은 테를, 15~20cm 간격을 띠우고 위에 설치합니다. 간격이 더 넓으면 미관이 둔해 보입니다.

菊花叢書 795

③ 함경북도 북단에서부터 꽃송이를 달기 시작합니다. 아래의 圖解 796과 같이, 부분적으로 세로대와 가로대를 설치하면서, 아래위 접점에 꽃지주대를 세우고, 가까이 있는 꽃송이를 유인 고정하면서, 위에서 아래로 작업해 내려옵니다.

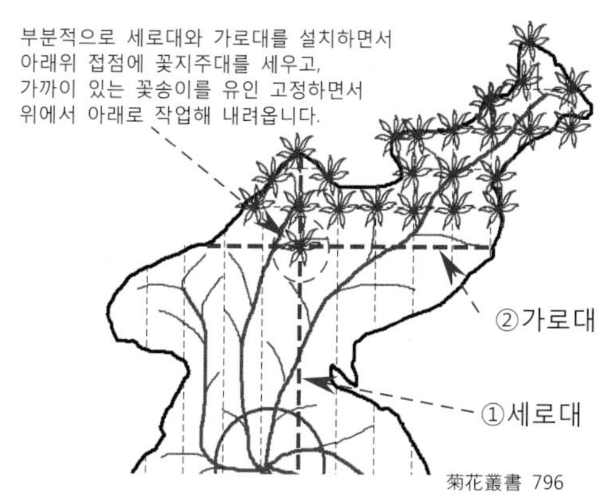

菊花叢書 796

④ 아래의 그림 797과 이, 가로세로대에 맞추어 줄지어서 순서대로 꽃송이 배열작업을 하면 무난하며, 버리는 꽃송이가 별로 없이, 1줄기 150여 송이의 지도형 다륜작을 완성합니다.

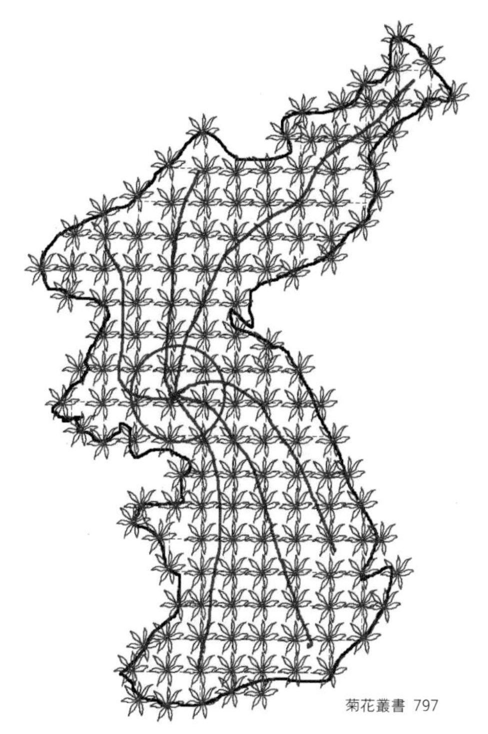

菊花叢書 797

菊花叢書 798

<전시전용 지도 다륜대작>

① 단일작품이 아니고 전시장의 조형물로 사용할 大作은, 한줄기로 만들지 않고, 아래의 사진 799 같이 노지재배 한 여러줄기의 포기를 큰화분으로 옮겨서 이용하면 작업이 용이합니다.

菊花叢書 799

② 대형 작품은 작업을 쉽게하기 위하여, 아래의 圖解 800과 같이 지도테를 3개로 분리 제작하고, 3개의 화분으로 재배하여, 전시현장에 가서, 3화분을 합성합니다.

菊花叢書 800

③ 노지재배한 세력이 좋은 국화포기를 12호 이상의 화분에 옮겨 심고, 그 위에 아래의 圖解 801과 같이 함경도와 평안도를 분리한 지도테를 만들어, 화분위에 설치하고 분리재배 합니다.

④ 전용하우스에서 재배한 모종은 5월초에 정식하고, 노지재배한 모종은 늦어도 6월 하순까지 정식합니다.

菊花叢書 801

⑤ 정식이 끝나면 아래의 圖解 802와 같이, 즉시 국화가지들을 사방으로 펼쳐 눕혀서 꽃테에 고정하고, 꽃테 밖으로 나오는 줄기는 모두 철사테를 따라 가지런히 잘라내고, 안쪽의 모든 잔가지들도 모두 끝을 적심하여 마디마다의 곁가지 발생을 충동합니다.

菊花叢書 802

⑥ 다음은 황해도, 경기도, 강원도의 지도테도 제작하여 아래의 圖解 803과 같이, 분리재배합니다.

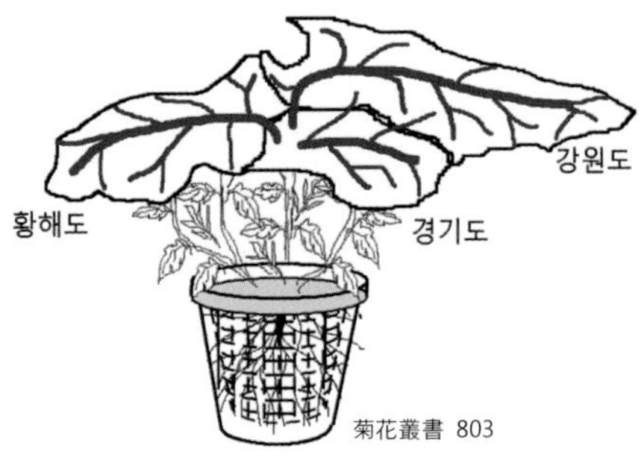

菊花叢書 803

⑦ 마찬가지 방법으로 충청도 전라도 경상도 지도테도 설치하고 아래의 圖解 804와 같이 분리재배 합니다.

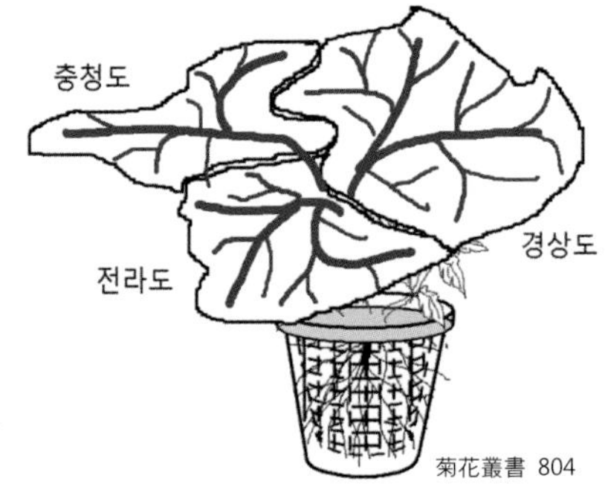

菊花叢書 804

⑧ 10월 중순에 국화꽃이 반쯤 피었을 때, 아랫테에서 15~20cm 위에 꼭 같은 철사테를 아래의 圖解 805와 같이 1개 더 설치합니다.

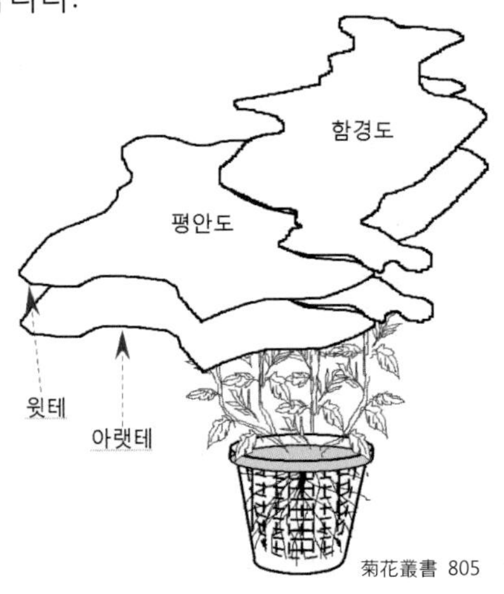

菊花叢書 805

⑨ 다음은 아래의 圖解 806과 같이, 꽃송이들을 유인하여 윗테에 고정합니다.

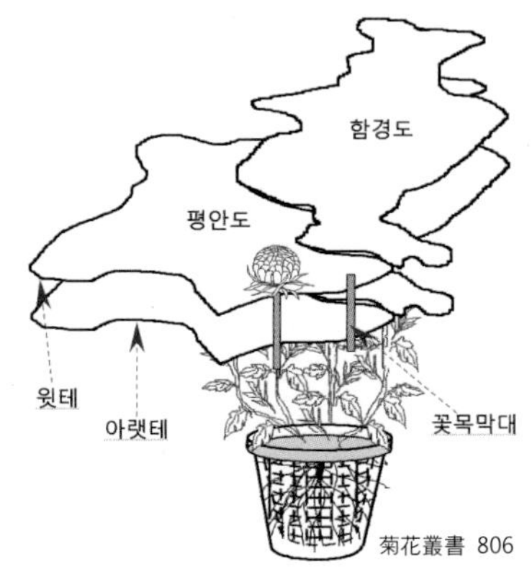

菊花叢書 806

⑩ 마지막으로 전시현장에 가서 아래의 圖形 807과 같이 3개의 화분을 합성하면 지도형 조형물 대작이 됩니다.

菊花叢書 807

⑪ 이 작품을 눕혀서 전시하거나, 사진 808과과 같이 세워서 감상하기도 합니다.

국화검무
서울 양재동/菊花叢書 808

제4장 현애(懸崖)

1. 현애 및 조형물 모종 만들기

(1) 근분묘(根分苗) 만들기

① 보통현애는 이른 봄 3월의 자연적으로 올라오는 장간종 현애의 동지싹을, 분근(分根)하여, 속성현애를 만들 수 있습니다.

② 아래의 사진 809와 같이, 화단이나 화분 가장자리에서 올라오는 봄싹을 받아서 사용합니다.

菊花叢書 809

③ 아래의 사진 810과 같이, 화분을 쏟아서 흙을 털어냅니다.

菊花叢書 810

④ 화분 가장자리에서 움터 나오는 싹은 근간이 길어서 소생이 빠릅니다. 이것부터 먼저 사진 811과 같이 채취합니다.

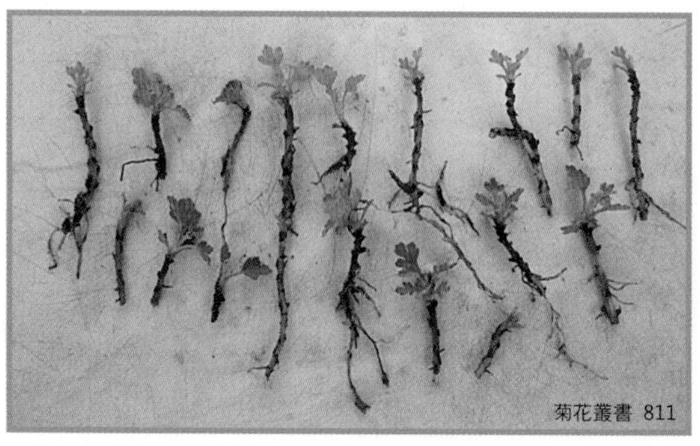

菊花叢書 811

⑤ 화분중간의 짧은 싹들은, 싹을 포함하여 3cm 길이로, 812와 같이 채취합니다.

菊花叢書 812

⑥ 이 싹들을 한 화분에 몰아서 심지말고, 아래의 사진 813과 같이, 3호 포트에 1싹씩 심어 놓습니다. 큰분에 몰아서 한자리에 심어 놓으면, 활착한 다음에 다시 포트로 옮겨야 하는 번거로움을 생략하자는 것입니다.

菊花叢書 813

814 화분용 배양토	포트용 배양토	정식용 배양토
발효건조비료	10%	20%
밭흙(황사밭흙)	40%	35%
모래(마사토.강모래.중립)	40%	35%
훈탄(숯가루)	10%	10%

⑦ 이때의 흙은 상토나 질석같은 함수력이 강한 것이나 또는 묵은 배양토나 거름분이 강한 배양토는 좋지 않습니다.

⑧ 맑은 모래나 위의 표 814와 같은 포트용배양토에 새 흙으로 심어야, 활착 후 플러그를 빼서 그대로 큰 화분으로 이식할 수 있습니다. 상토와 질석은 배양토에 섞이면 산도(酸度)가 맞지 않아 후기 생육에 애로(隘路:Erro)가 발생합니다.

⑨ 3월 하순이나 4월 초에는 포트용 새 배양토로 5호분에 이식합니다.

⑩ 5월초에 표 814의 정식용 배양토를 즉석에서 배합하여 7호분으로 이식합니다.

⑪ 30~40cm 높이에서 한번 적심하고, 다음부터는 적심없이 6월말까지 아래의 사진 815와 같이, 화분에서 최대한으로 길게 길러서 작품에 이용합니다.

菊花叢書 815

(2) 노지재배(露地栽培)

① 3월 하순~4월 초순에, 노지에 거름을 넣고 밭갈이(耕耘)를 합니다.

② 경운(耕耘)한 후에, 부숙퇴비의 불량 까스가 발산하도록, 약 2주 동안 비바람과 직사광선에 노출시켜 둡니다.

③ 노타리를 치고, 차광비닐로 덮어서 잡초발생을 예방한 다음, 국화를 망화분에 넣어서 노지에 심습니다.

④ 살충제와 살균제를 혼합해서, 한달에 한번씩 정규적으로 방역을 합니다.

⑤ 상태를 관찰하면서, 웃비료를 한달에 한번씩 시비합니다.

816 웃거름(덧비료)				
39 —	0 —	2	+2	+0.2
질소	인산	칼리	고토,	붕소

⑥ 웃거름은 위의 도표 816과 같이, 질소 우선인 요소를 사용해야 합니다. 인산과 칼리가 많이 함유되면 줄기가 목질화 되어 자라지 않습니다.

(3) 大懸崖 및 造形物 모종 기르기

㈎ 모종

① 대현애와 큰조형물 모종을 만들려면 기초모종을 크고 길게 만들어야 좋습니다.

② 전년도 8월15일 화아분화①를 받기 전에, 7~8월에 장간종 현애모종을 삽목하여, 아래의 圖解 817과 같이 국화전용 하우스에 입실합니다.

③ 처음부터 전조처리②를 하면서, **40~50cm 높이에서 1번만 적심하고**, 다음부터는 무적심으로 키를 최대한으로 길게 기릅니다.

菊花叢書 817

④ 국화재배 전용하우스는 겨울동안 국화를 보관하는 곳이 아니고, 한여름과 같이 무럭무럭 자라게하는 역할을 해야 합니다.

⑤ 야온(夜溫)③은 12~15℃로 유지하고, 주온(晝溫)④은 24℃ 以下로 관리합니다.

⑥ 밤낮의 일교차(日較差)⑤는 +5~10℃로 조정하면 국화의 자람에 적당합니다.

⑦ 야온(夜溫)이 주온(晝溫)보다 높으면 성장에 장애가 오고, 야온과 주온이 같으면 잎이 황화(黃化)되거나 절간(節間) 신장이 좋지 않습니다.

⑧ 겨울의 짧은 낮시간을, 한여름 하지(夏至)의 긴 일장(日長)⑥으로, 전조처리(電操處理)하여, 일조시간(日照時間)⑦을 인위적으로 16시간으로 늘려 줍니다.

※참조/①화아분화(花芽分花):꽃망울생성. ②전조처리(電操處理):328쪽. ③야온(夜溫):밤온도. ④주온(晝溫):낮온도. ⑤일교차(日較差):밤낮 기온차이. ⑥일장(日長):낮의 길이. ⑦일조시간(日照時間):햇볕 쪼이는 시간.

⑨ 아래의 사진 818은 2월 중순의 밤기온 12~15℃, 낮기온 24℃ 이하, 일교차[①] +5~10℃, 일조시간 16시간으로 자동처리하면서 기르는 상태입니다.

菊花叢書 818

⑩ 2월 중순부터는 햇볕이 쪼이는 청명한 날은 하우스 내부기온이 30℃ 이상 올라갑니다. 이때는 자동히터의 전원을 끄고, 환풍기를 작동하여 온도와 습도를 조정해 주어야 합니다.

菊花叢書 819

⑪ 위의 사진 819와 같이 곁가지가 나오는 자연 그대로 최대한으로 3m정도 길게 길러 올립니다.

⑫ 일장(日長)이 13시간 30분 以上의 장일(長日)기간으로 진입하는 4월 30일 밤까지 전조처리를 하고, 5월1일 아침에 전조처리를 소등하고 끝냅니다.

(4) 활용

① 6월 중에, 아래의 사진 820과 같이, 국화의 평균길이를 3m 정도로 기릅니다.

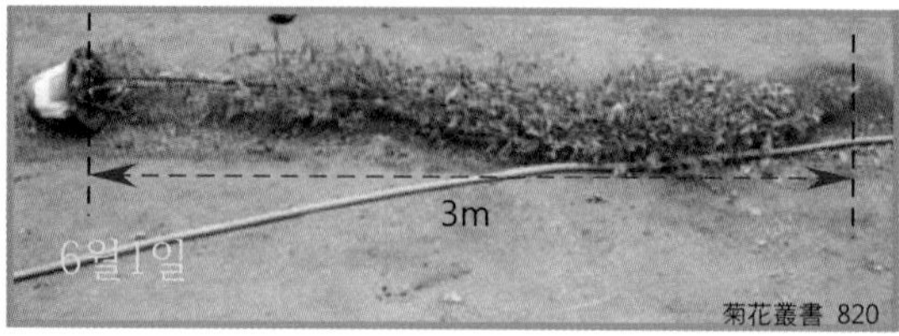

菊花叢書 820

② 이 모종으로 아래의 圖解 821과 같이, 6월 하순경 정식당일, 3m 높이의 촛불형 조형물의 기초자리를 잡았습니다. 지금부터 7월 한달동안 적심하면서 빈 공간을 채우면 됩니다.

菊花叢書 821

③ 같은 방법으로 6월 30일 4m 길이의 현애틀을 짜고, 2~3m 길이의 모종을 사방으로 펼치면, 아래의 사진 822와 같이 4m 이상의 대현애를 창출할 수 있습니다.

菊花叢書 822

2. 속성 원호현애 만들기

(1) 속성(速成) 원호현애(圓弧懸崖)

① 아래의 사진 823과 같이 2m 길이의 원호현애를 속성으로 만드는 개정된 방법을 소개합니다.

② 이 속성 재배방식은 3월초에 새순을 받아서 시작하는 간략한 방법입니다.

菊花叢書 823

(2) 준비물

① 망(網)이 필요합니다. 아래의 사진 824-①과 같은 철사망은 농촌에서는 닭장망이라고 하며, 동네 철물 재료상에서 구할 수 있습니다.

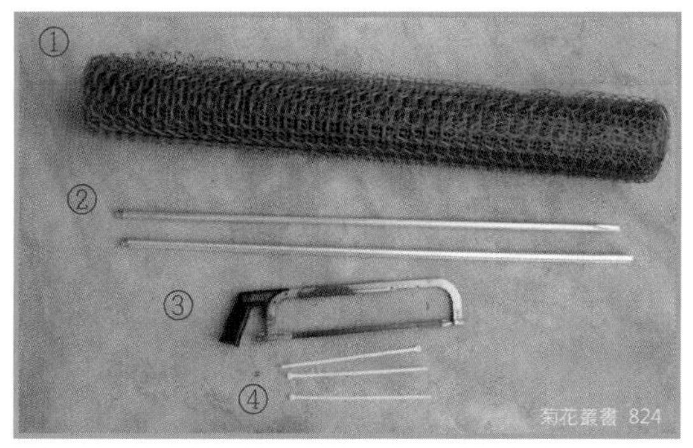

菊花叢書 824

② 사진 824-②는 지주대 입니다. 고추농사에 사용하는 고추 지주대 입니다. 알루미늄으로 만들어서 가볍고 단단합니다.

③ 사진 824-③ 쇠톱과 324-④ 캐이블타이(CableTie)도 준비합니다. 전자분야에서 전선을 묶는 끈입니다. 고정이 단단하게 잘되고 사용이 편리하며 한번 묶어서 고정하면 풀지는 못합니다.

④ 아래의 사진 825, 묶음끈(Color Tie)도 준비합니다. 가느다란 철사에 비닐을 코팅한 화훼용 묶음끈입니다. 대국과 현애계통에서 주로 많이 사용하며, 길게도 사용하지만, 주로 10cm 정도 길이로 잘라서 사용합니다.

菊花叢書 825

(3) 모종

① 2월 하순~3월 초순에 올라오는 봄싹을 뿌리를 갈라내어 거름분이 적은 새 흙으로 3호 포트에 1차가식을 합니다.

② 사용했던 흙이나 거름분이 많은 배양토를 사용하면 결과가 좋지 않습니다. 거름기가 순하고 맑은 새 흙이 좋습니다.

② 포트에서 2주 지나서 정상적으로 자란 모종만 골라서, 거름기가 순한 새 배양토로 5호 중분에 2차 가식을 합니다.

③ 모종의 키가 30cm 정도 높이에서 적심을 합니다.

④ 그 이후에는 적심을 하지 않고, 자라는 그대로 키를 최대한으로 길게 기릅니다.

⑤ 지방마다 기후에 따라 조금씩 다르지만, 4월 초순~4월 중순에 노지에 심어서 6월 하순까지 노지재배 합니다.

(4) 틀짜기

① 다음은 아래의 圖解 826과 같이, 8번 철사로, 폭 80cm 길이 2m의 유선형(遊船形) 현애테를 만듭니다.

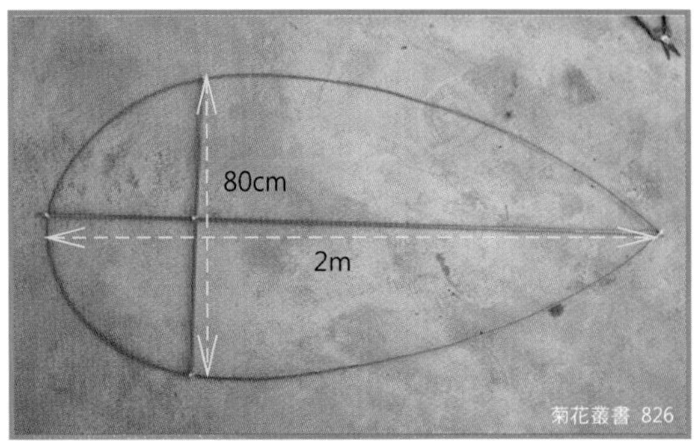

菊花叢書 826

② 다음은 아래의 그림 827과 같이, 대개는 현애테를 화분 위에서 상향45° 상경사로 빗겨 설치합니다. 이 상태에서 국화 기르기가 쉽기 때문입니다.

③ 그러나 이렇게 만든 작품은 전시장에서 화분을 눕혀서 현애를 아래로 늘어트려 전시를 하게 됩니다. 이러한 불편을 없에려고, 아래의 사진 827-ⓐ와 같이, 현애테를 수평으로 설치하고 기르기도 하지만, 이 역시 전시할 때는 화분을 조금이라도 눕혀야 합니다.

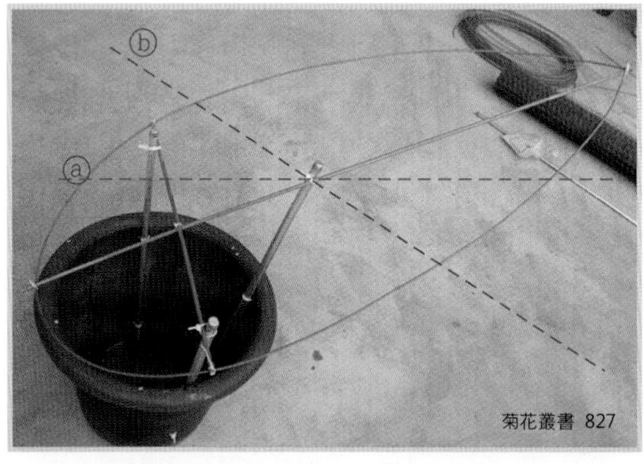

菊花叢書 827

④ 위 사진 827-ⓑ와 같이, 하향으로 현애테를 설치하면, 재래식 재배방법으로는 국화순이 일어서서 기를 수 없지만, 속성(速成) 재배방법으로는 가능합니다.

⑤ 이 속성재배 방법으로는 상향식이나 하향 꽃테나 수평현애 테에도 모두 재배가 쉽습니다.

⑥ 오늘은 상향 현애테로 속성재배를 해 보겠습니다. 아래의 828과 같이 망을 얹어서, 철사 테우리를 따라서 모양대로 가지런히 망을 잘라냅니다.

菊花叢書 828

⑦ 아래의 사진 829와 같이, 화분 중간 부분 가까이 동그랗게 가위로 오려냅니다. 이 구멍으로 국화 줄기가 망(網)위로 빠져 나올 공간입니다.

⑧ 다음은 829-㉮ 선을 따라 가위로 잘라서, 망을 작은망과 큰망 2조각으로 본을 오려서 일단 내려 놓습니다.

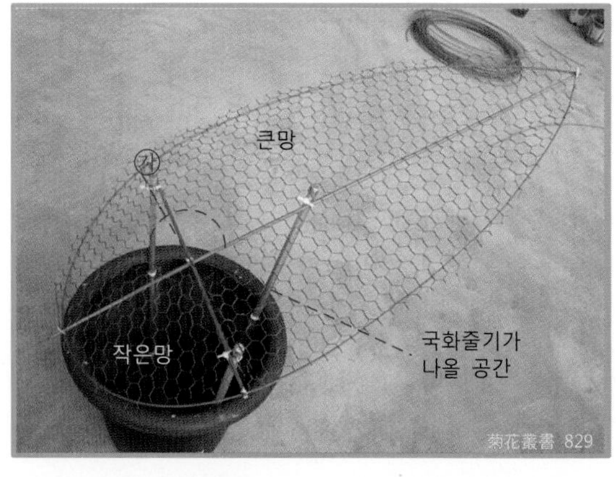

菊花叢書 829

⑨ 평면 조형물은 철사테 디자인만 다르고, 만드는 방법과 기르는 방법은 현애와 꼭 같습니다. 현애 만드는 방법이 모든 조

형물 만들기의 기본입니다. 아래의 圖解 830과 같이, 지도모양도 철사를 굽히는 디자인만 다를 뿐, 틀짜기부터 기르는 방법까지 현애와 꼭 같습니다.

菊花叢書 830

⑩ 아래의 사진 831, 하트형 조형물도 디자인만 다르고, 현애와 같은 방법으로 꽃테를 설치하고, 꽃가지 분지 분배 배열도 현애와 꼭 같은 방법입니다.

菊花叢書 831

⑪ 이 하트 모양과 같이, 현애도 꽃틀을 짤 때, 유선형을 아래로 뾰족하게 철사를 굽혀 내리면 됩니다. 이렇게 해서 국화를 기르면, 재래식 방법으로는 순이 일어서서 기르기가 어렵지만, 속성 재배방식으로는 쉽게 기를 수 있습니다.

(5) 정식(定植)

① 늦어도 6월 30일 안에 정식을 해야 합니다. 이 보다 늦으면 좋지 않습니다.

② 노지에의 모종을 아래의 사진 832와 같이 정식 화분으로 옮겼습니다. 망화분 채로 두어도 되지만, 뿌리덩이가 깨어지지 않도록 조심하면서, 가위로 망화분을 잘라내면 더 좋습니다.

菊花叢書 832

③ 다음은 가름막이①를 3방향으로 설치하면 더 좋습니다. 8월에 뿌리막힘 현상②이 올 때, 화분갈이를 하지 않고 가름막이를 빼내고 새 배양토를 충전합니다.

④ 다음은 거름이 순한 새 배양토를 화분에 채워 넣습니다. 처음에는 아래의 표 833과 같은 발효된 건조비료③ 20%정도만 배합정식하여 기르기 시작합니다. 기르다가 모자라면 추비(追肥)④합니다.

⑤ 처음 시작부터 거름이 강하면, 배양토가 산성화되어 줄기에 목질화가 조기에 나타나 성장과 분지에 장애가 됩니다.

833. **정식용 배양토 배합율**
발효 건조비료----------------20%
밭흙(황사밭흙)----------------35%
모래(마사토. 강모래. 大粒)---35%
훈탄(숯가루)------------------10%

⑥ 오래된 배양토는 질소가 휘발되어 인산과 칼리의 비율이 올라가서 성장에 장애가 오기 때문에, 항상 새 배양토를 사용하기를 권장합니다.

~~~~~~

※참조/①가름막이:312쪽. ②뿌리막힘현상;313쪽. ③건조비료:351쪽. 411쪽4. ④추비:424쪽100.
~~~~~~

(6) 틀 고치기

① 처음 시작할 때 꽃테를 2m 길이로 만들었습니다. 아래의 사진 834에서 정식을 하고 보니, 국화모종 주간의 길이가 1.5m 입니다. 그래서, 현애 철사테를 풀어서 국화 원줄기의 길이와 꼭 같이 1.5m로 줄이고 다시 고정했습니다.

菊花叢書834

② 국화의 생태를 보면, 6월 말일까지는 주간이 자라고, 7월 한 달은 분지를 합니다. 8월은 화아분화를 합니다.

③ 현애테 안에 국화를 채울 기간은 7월 한 달 뿐입니다. 더 키우려고 현애테를 크게 해 놓으면, 국화를 채울 기간이 부족하여 미완성 작품이 됩니다.

준비된 작은망과 큰망을
줄기 사이로 밀어 넣어서
조립합니다.
큰망
작은망

菊花叢書835

④ 다음은 위의 사진 835와 같이, 국화 줄기를 다치지 않도록 조심해서 들고, 본을 떠 두었던 작은망과 큰망을 있던 자리에 다시 맞추어 놓고, 케이블타이로 철사 테두리에 고정합니다.

(7) 가지배분

① 아래의 사진 836과 같이, 많은 곁가지들은 한쪽으로 몰리지 않고, 전 영역을 균등히 지원할 수 있도록 고르게 배분하여, 모두 눕혀서 칼라타이로 망과 철사 테두리에 고정합니다.

② 긴 가지는 안으로 굽혀 넣지 말고, 테두리 밖으로 나오도록 걸쳐놓고 고정합니다.

菊花叢書 836

(8) 순치기 [적심(摘心)]

① 다음은 아래의 圖解 837과 같이, 철사테 밖으로 나온 모든 국화 가지들을, 꽃테를 따라 이발하듯이 가지런히 잘라내어, 곁가지 발생을 촉진충동 합니다.

② 꽃테 안의 모든 잔가지들도 예외 없이 일제히 순질러서, 곁가지 발생을 충동합니다.

菊花叢書837

⑼ 꽃테 안의 잔가지 처리

① 아래의 사진 838과 같이, 꽃테 안에 서있는 잔가지 1개를 눕혀서 칼라타이(묶음끈)로 망에 고정(꼬매기)합니다

菊花叢書 838

② 다음은 아래의 사진 839와 같이, 고정된 잔가지의 끝순을 순지르기 하여, 옆가지 발생을 촉진합니다

菊花叢書 839

③ 적심이 끝난 아래의 840에서, 질소분이 다른 성분보다 2배 이상 함유된 웃거름용 액비를 1000배로 희석하여, 잎과

菊花叢書 840

줄기를 적시면서 뿌리에까지, 주 1~2회 관수시비하여 곁가지 발생충동을 합니다.

④ 1주 정도 지나면, 마디마다 곁가지들이 무수히 움터 나옵니다.

⑤ 이 마디에서 나오는 잔가지들을 3~4잎 남기고, 정규적으로 순질러서 측지발생을 충동합니다. 이렇게 순질러서 꼬매기 작업을 반복하여, 순(筍)의 수(數)를 2. 4. 8. 등 배가(倍加)로 늘려서 빈 공간을 채웁니다.

⑥ 아래의 사진 841은 6월 말일 정식한 당일 1차 순치기를 마치고, 1주 후 새순이 움터 나오는 상태입니다.

菊花叢書 841

⑦ 꽃테 안에 푸른 국화잎과 줄기가 꽉 찼다고 만족하면 안됩니다. 국화순의 수를 채워야 합니다. 국화순(筍)의 수(數)가 꽃송이 수(數)입니다.

⑧ 적심과 꼬메기 작업을 정규적으로 해서, 국화순의 수를 꽃테 안의 빈 공간에 수백개 꽉 채워야 꽃이 만발합니다.

⑨ 8월 초순에 마지막 적심하면, 꽃목은 약간 길지만, 꽃송이 수가 많습니다.

⑽ 방역(防疫)

① 이때는 7월 8월 삼복더위 기간입니다. 또 이때는 국화의 가지가 많이 나오고 잎이 꽉차서 통기가 잘 안되는 시기입니다.

② 고온다습기에 통기가 잘 안되면, 여러 가지 곰팡이 병이 발생합니다.

③ 이때 모엽(母葉)을 모두 솎아냅니다. 병든 잎과 변색된 잎도 모도 따냅니다. 묵은 잎도 솎아내서 통기가 잘되게 하고, 영양분의 소모도 줄여줍니다.

④ 병이 발생하기 전에 국화가 한창 잘 자라고 있을 때 방역을 합니다. 살충제와 살균제 물비료 등 3종을 혼합한 국화 기본 방제액①을 현애의 앞면과 뒷면에 물이 약간 흐를 정도로 골고루 분무 방역을 합니다.

⑾ 원호 현애 만들기

① 지금까지 설명한 것은 평면 현애의 예(例)입니다. 곁가지를 눕혀서 망에 고정하고 적심하여 평면으로 다듬었습니다.

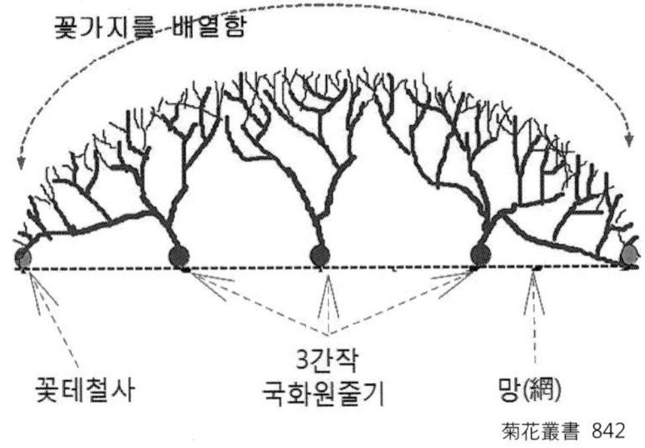
원호(圓弧) 측면도(側面圖)
꽃가지를 적아하여 눕히지 말고, 옆으로 위로 서있는 그대로 원호모양으로 위로 봉긋하게 꽃가지를 배열함
꽃테철사
3간작 국화원줄기
망(網)
菊花叢書 842

② 원호현애는 곁가지를 눕히지 않고, 세운채로 적심하고 가지를 별려서, 위의 그림 842 같이 중간부분을 높여서 원호(圓弧) 모양으로 다듬습니다.

③ 이렇게 만들어서 전시장에 나가면, 어려운 작품을 만들었다고 칭송을 받아서 좋지만, 시간과 인력이 많이 소요됩니다.

④ 우리들은 현세 살아가기 바쁜 세상에서 약간의 틈새 자투리 시간에 취미활동을 하려는데, 도저히 이렇게는 만들 시간적 여유가 없습니다.

⑤ 그래서 우리 동호인들이 궁리 끝에, 아래의 그림 843과 같은 설계를 고안했습니다. 처음 꽃테를 짤때, 8번 철사로 유선형 테를 굽혀 만들고,

⑥ 그 위로 텐트 치듯이 철사로 반원호로 굽혀서 몇 개 세우고, 그 위에 망을 씌워서, 꽃틀 자체를 봉긋하게 만듭니다.

⑦ 이 원호테에 국화재배는 전과 같이 하면 쉬운 원호현애가 됩니다.

菊花叢書 843

⑧ 10월 중순, 꽃이 반쯤 피었을 때, 꽃과 잎과 줄기를, 철사 테두리를 따라 이발하듯이 가지런히 잘라냅니다.

⑨ 이렇게 하면 아래의 작품 844와 같은 반듯한 원호현애가 됩니다.

菊花叢書 844

3. 속성 거대현애 만들기

(1) 설계

① 아래의 圖解 845와 같이, 5m 정도의 거대현애(巨大懸崖)는 재배기술 보다도, 경험에 의한 요령이 있어야 합니다.

② 고전(古典) 현애재배의 기술과, 속성(速成) 현애재배의 요령을 합성 설계를 하면 용이하게 이루어 질 수 있습니다.

(2) 전용하우스 환경

① 야온(夜溫)을 12~15℃ 內外로 조정관리 합니다.

② 주온(晝溫)을 24℃以下로 조정합니다.

③ 주야(晝夜) 일교차(日較差)를 +5℃~10℃가 되도록 수시로 조정합니다.

④ 일조시간(日照時間)을 16시간으로 전조처리(電操處理)를 합니다.

⑤ 광중단법(光中斷法)이나 연속 조명법(連續照明法) 중에서, 한가지를 선택하여 4월 30일 밤까지 전조처리를 합니다.

⑥ 모두 자동 시스팀으로 관리합니다.

⑦ 위의 5가지 조건으로, 겨울동안 한여름의 하지(夏至)와 같은 환경에서, 논스톱으로 무럭무럭 자라도록 관리합니다.

⑧ 한 두 포기를 기르시는 동호인들은, 가정의 남향 거실창가를 이용해도 됩니다.

(3) 모종

① 가을에 삽목한 모종을 11월에 손아를 받아서 4호 포트에 옮겨 심습니다.

② 준비를 못하신 분은, 11월 하순에 동지싹을 분근(分根)하여 4호 포트에 임시로 옮겨 심습니다.

(4) 1차 순치기 [적심(摘心)]

① 순을 자르지 않고, 1줄기만 길러 올리다가, 1월 중에, 아래의 그림 846과 같이, 작품의 규격에 따라서 모종의 키가 50~80cm 정도 자라면, 1차 순치기를 합니다.

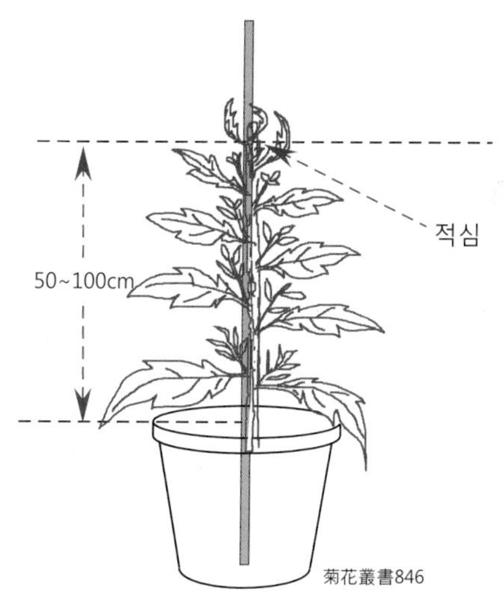

② 순을 자른 후, 나오는 곁가지 중에서, 그림 847과 같이, 10개 정도를 받고, 나머지 아래 가지는 모두 제거합니다.

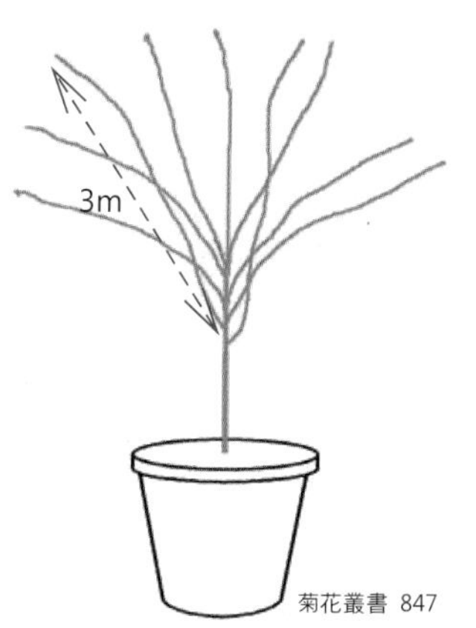

③ 지금 2월부터 6월 하순까지 5개월 동안 적심없이 그대로 3m정도의 길이로 길러 올립니다.

④ 옆에서 나오는 곁가지도 모두 그대로 다 받습니다.

(5) 정식과 꽃틀 설치

① 늦어도 6월 하순까지는 <u>정식용배양토</u>로 본 화분으로 옮겨 심습니다.

② 꽃틀은 아래의 도해(圖解) 848과 같이, 근래에는 원호형으로 만듭니다.

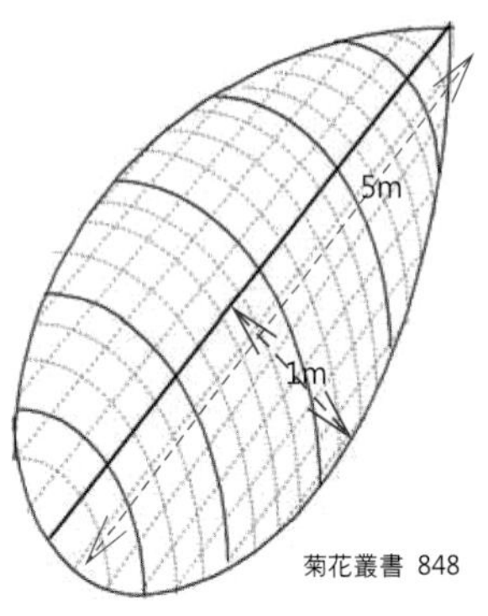

菊花叢書 848

③ 먼저 아래의 圖解 849와 같이, 본 화분에 8호 철사로 외곽테를 5m의 길이로 유선형 꽃테를 만들어 설치합니다.

菊花叢書 849

④ 꽃테의 길이는 국화줄기의 길이를 참조해서 5m로 설정하지만, 꽃테의 폭은 반폭을 1m 以下로 합니다.

⑤ 꽃테의 반폭이 1m 以上이면, 바깥에서 중심에 있는 꽃을, 재배자의 팔이 짧아서 손질하기가 어렵습니다.

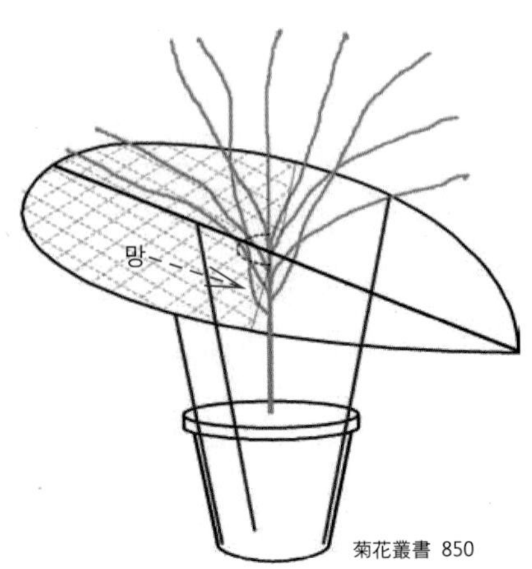

菊花叢書 850

⑥ 다음은 위의 그림 850과 같이, 국화줄기를 상하지 않도록 세워서 묶은다음, 닭장망을 현애틀 반 위쪽에 맞도록 잘라서, 국화 줄기를 다치지 않도록, 줄기 밑으로 밀어 넣어 고정합니다.

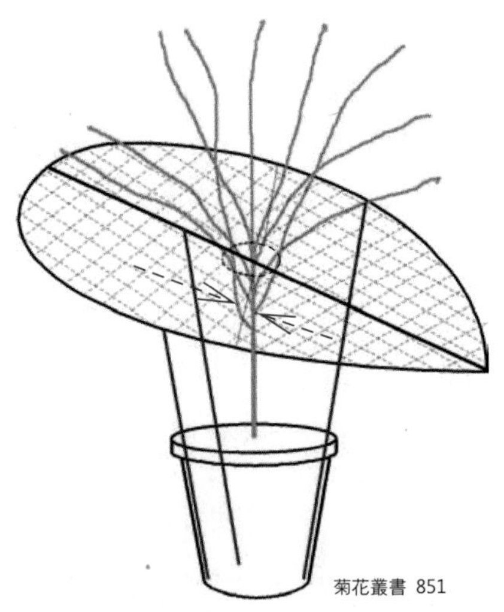
菊花叢書 851

⑦ 같은 방법으로, 위의 그림 851과 같이, 아래쪽에도 국화줄기 밑으로 반쪽의 망을 밀어 넣습니다.

⑧ 아래의 그림 852와 같이, 3m정도의 긴 가지들을 먼저 아래로 3m, 위로 3m 길이로 배분하여 망 위에 펼쳐 고정합니다.

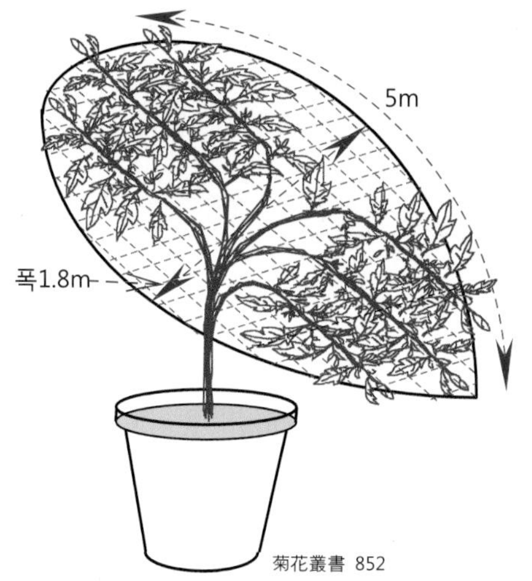

菊花叢書 852

⑨ 다음은 圖解 853과 같이, 전 영역을 지원할 수 있도록 잔가지들도 모두 펼쳐서 고정하고,

⑩ 꽃테 밖으로 나오는 가지들을 모두 꽃테를 따라서 가지런히 잘라내고, 꽃테 안쪽의 모든 가지들도 일제히 순지르기를 해서, 곁가지 발생을 충동합니다.

菊花叢書 853

⑪ 지금부터 7월 한 달은 국화잎을 3~4장 남기고, 수시로 순 따내기를 하여, 순의 수를 배가로 늘려서, 빈자리를 채워 갑니다. 순의 수가 꽃송이 수입니다. 잎과 줄기만 파랗게 채워서는 실패작입니다.

⑫ 마지막 적심은 화아분화 오기전 8월1~15일경에 하면, 꽃목은 길어도 꽃송이 수가 많습니다.

⑬ 만약, 9월에 마지막 적심을 한다면, 꽃목은 짧지만, 꽃송이 수가 적고, 개화일이 정상보다 약간 지연됩니다.

菊花叢書 844

⑭ 거대현애의 화분은 15호 이상의 화분이기 때문에, 통기와 배수도 문제이지만, 무게 때문에 운반이 용이하지 않습니다. 따라서 위의 사진 854와 같이, 나무판자로 상자를 짜서 화분으로 사용하면, 통기와 배수와 고정과 운반 모두가 용이(容易)합니다.

菊花叢書 855

제5장 쑥-국화접목 작품

1. 쑥-대국 접목과 다륜대작

정보자료 제공 : 진주 농업기술센터 김선희

천향춘심(泉鄕春心)
진주/菊花叢書 856

중국쑥에 대국을 접목해서 다륜대작을 만들어 보겠습니다. 접목방법과 다륜대작 만드는 방법 2가지 작업의 연결인데, 다륜대작은 평소에 하든대로 하시면 됩니다. 여기서는 중국쑥과 국화의 접목방법을 위주로 상세히 소개를 하겠습니다.

(1) 중국쑥 모종

① 이른 봄에 쑥을 삽목합니다.

② 또는 근분(根分)해도 됩니다.

③ 아래의 사진 857은 5호분에 옮겨서 자라고 있는 상태입니다.

진주/菊花叢書 857

④ 작품에 따라서 약간 차이는 있지만, 다륜대작을 하려면, 접목의 높이를 보통 작품의 1차적심 높이와 같이 생각하고, 40~80cm 정도로 하는 것이 적당합니다.

(2) 준비물

① 접목 크립

② 접목 테이프

③ 가위

④ 면도날

⑤ 기타 명찰 오일펜 A4용지

진주/菊花叢書 858

(3) 접목

㈎ 접가지(棲穗)[①] 다듬기

① 6월 중순, 대국을 모주에서 아래의 사진 859와 같이 3~4cm 정도 길이로 채취합니다. 너무 길게 채취하면 몸살이 심하여 접목 실패의 우려가 됩니다.

② 접목할 쑥의 대목(臺木)[②]을 먼저 선택한 다음, 쑥의 대목과 굵기가 같은 접가지를 채취합니다. <u>대목과 접가지의 굵기가 틀리면, 형성층이 접합되지 않아 접목의 결과가 좋지 않습니다.</u>

진주/菊花叢書 859

~~~~~~

※참조 ①접수(棲穗):위쪽에 접붙일 가지. ②대목(臺木):접을 받아드릴 아래쪽의 주간
~~~~~~

③ 아래의 사진 860과 같이, 넓은 잎은 모두 따내어 엽면적을 줄여서, 무리한 수분 발산을 줄입니다.

진주/菊花叢書 860

④ 다음은 아래의 사진 861과와 같이, 접가지의 끝을 면도날로 빗겨 자릅니다.

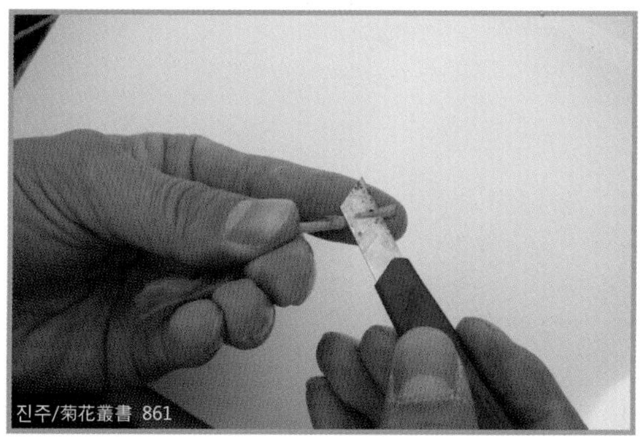

진주/菊花叢書 861

⑤ 아래의 사진 862와 같이, 접가지의 양면을 빗겨서 V자 모양으로 다듬습니다.

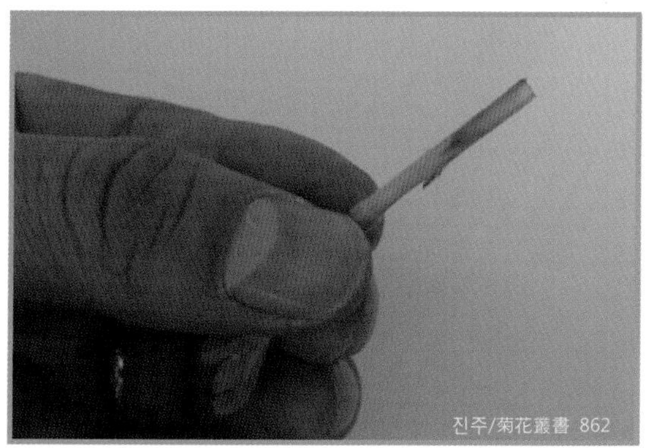

진주/菊花叢書 862

㈏ 대목(臺木) 다듬기

① 아래의 사진 863에서, 쑥 원줄기의 몸통을 삭둑 잘랐습니다. 이렇게 자르고 접목하는 방법을 할접(割接)이라고 합니다.

② 다륜대작을 만들 때는 반드시 할접을 합니다. 왜냐하면 정아우세(頂芽優勢)[①] 또는 정순우선(頂筍優先)의 원리에 의하여, 할접의 세력이 제일 우세하기 때문입니다.

진주/菊花叢書 863

③ 다음은 아래의 사진 864와 같이, 면도날로 대목을 아래로 1~2cm 정도 갈라 내립니다.

진주/菊花叢書 864

④ 이때 대목을 갈랐을 때, 그 속이 녹색으로 파란 초질성이라야 접목이 잘 됩니다.

⑤ 만약, 그 속이 하얀 갯솜질이 생겼으면, 목질화 된 부분이기 때문에 접목 성공률이 희박합니다.

※ 정아우세(頂芽優勢):422쪽84

㈐ 접목하기

① 아래의 사진 865와 같이, 다듬어 놓은 접가지를 대목의 갈라놓은 자리에 꽂아 넣습니다.

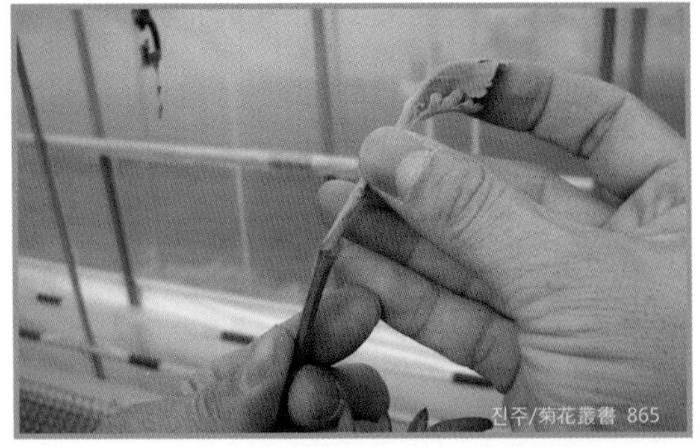
진주/菊花叢書 865

② 다음은 아래의 사진 866과 같이, 접목용 비닐테이프로 접목한 부분을 몇바퀴 돌려 감고,

진주/菊花叢書 866

③ 아래의 사진 867과 같이, 접목 크립으로 집어서 접목부위를 보호합니다.

진주/菊花叢書 867

진주/菊花叢書 868

④ 다음은 위의 사진 868과 같이, A4용지로 꽃갈모를 접어 씌워서 보호합니다.

⑤ 아래의 사진 869와 같이, 접목 2주후에 봐서, 선도가 좋으면 성공했다고 간주해도 됩니다.

진주/菊花叢書 869

⑥ 접목 활착 후, 아래의 사진 870과 같이, 순지르기를 하지않고, 국화의 앞마디가 10~12마디가 생성될 때까지 그대로 길러 올립니다.

진주/菊花叢書 870

정보자료 제공 : 진주 농업기술센터 김선희.

㈑ 일차적심

① 접목된 국화의 원줄기가 10~12잎마디쯤 생성되었을 때, 1자적심을 합니다.

② 적심후 나오는 곁가지는 크고 작음을 가리지 말고 모두 받아서 기릅니다. 취사선택은 나중에 합니다.

③ 다음부터는 마디마다 올라오는 많은 국화 줄기들을 적심없이 그대로 기릅니다.

㈒ 전조처리(電照處理)

① 8월15일 밤부터 전조처리(電操處理)① 를 시작하여 다음해 봄 4월 30일 밤까지 실행합니다.

② 전조처리는, 연속조명법(連續照明法)② 과 광중단법(光中斷法:Night break)③이 있습니다. 국화품종과 시설의 여건에 따라 선택하여서 자동처리 합니다.

㈓ 겨울재배

① 겨울동안 국화 전용하우스에서, 그냥 보관하는 것이 아니고, 무럭무럭 자라도록 인위적인 한여름 하지(夏至)의 환경을 만들어 줍니다.

② 11월부터는 다음해 봄까지, 야온(夜溫)을 12~15℃로 가온하여, 성장이 중단되지 않도록, 하지(夏至)의 일장(日長)④과 기온(氣溫)과 같도록 환경을 만들어 줍니다.

㈔ 정식(定植)

① 다음해 3월이면 국화의 모든 가지들이 길게 자라 있습니다. 이때 국화의 상태를 봐서 정식합니다.

② 3월중에 언제든지 옮겨 심을 수 있지만, 다음의 사진 871과 같이, 국화 줄기가 평균 2m 정도 길이가 될 때까지 기다려서, 3월 중에 본 화분에 옮겨 심었습니다.

③ 장간종이면 한쪽으로 2m씩, 양쪽으로 펼치면 평균 4m는 기를 수 있습니다.

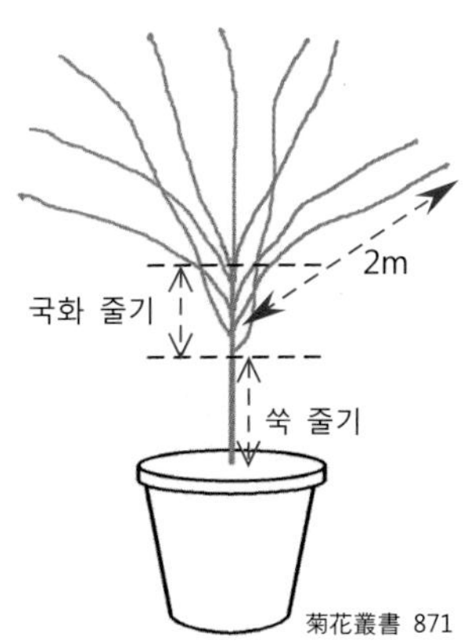

菊花叢書 871

㈕ 유인과 적심과 틀짜기

① 이후 정규적인 순지르기와 유인작업을 평소에 하든대로 계속하고, 마지막 적심은 8월초에 끝냅니다.

② 아래의 圖解 872와 같이, 안테는 6월에 바깥테는 10월중에 설치합니다.

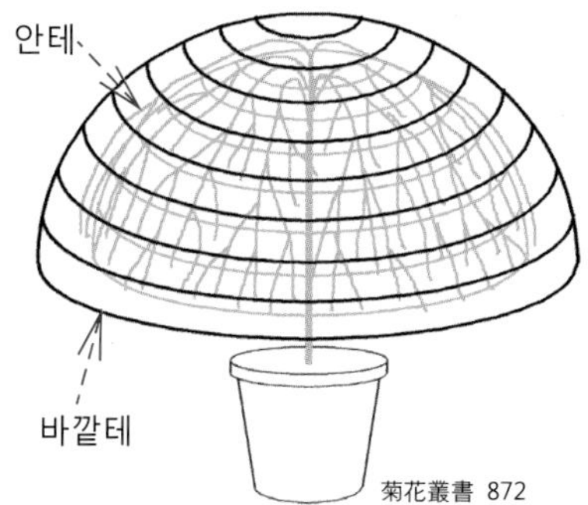

菊花叢書 872

㈖ 만개(滿開)

이와 같이 중국쑥과 접목하면, 뿌리의 질병이 적고, 마지막 화분을 반 以下로 줄일 수 있어서 좋습니다.

진주/菊花叢書 873

※ 참조/①전조처리(電操處理):828쪽. ②연속조명법(連續照明法):329쪽6. ③광중단법(光中斷法):329쪽7. ④일장(日長):낮의 길이.

2. 쑥접목 대현애

정보자료 제공 : 진주 농업기술센터 김선희

세야의설. 懸崖菊. 雪白. 長幹種. 진주/菊花叢書 874

(1) 쑥 모종 삽목

① 봄에 중국쑥 뿌리를 근분해서 포트용 배양토[①]에 1차가식 합니다.

② 대량이 필요할 때는 중국쑥을 삽목해서, 발근되면 포트에 1차가식 합니다.

(2) 쑥-현애 접목

① 6~7월 중순에 아래의 사진 875와 같이, 중국쑥의 키가 80cm~1m 높이에서 장간종 현애국을 접목합니다.

② 접목은 아래의 사진 875와 같이, 중국쑥 주간(主幹)의 몸통을 삭둑 자르고, 접수(椄穗)[②]를 접목하는 할접(割接)[③]을 하는 것이 세력이 제일 좋습니다.

진주/菊花叢書 875

③ 한여름의 삼복더위에, 접목관리가 조금 까다롭지만, 햇볕을 50% 以上 차양(遮陽)[④]하고, 통기가 잘되고 선선하게 관리해야 실패율이 적습니다.

④ 한여름 삼복더위 기간에 접목하는 이유는 8월 중순부터의 화아분화(花芽分花)[⑤]를 받지 않았는 접수(椄穗)의 접목을 해서, 화아분화를 받기전에 활착되어 있어야 특대작을 시도할 수 있기 때문입니다.

⑤ 접목 10여일이 자나서 접가지가 생기(生氣)를 차리면 접목 성공한 포기라고 보아도 됩니다.

(3) 전조처리(電操處理)

① 이 가망성이 높은 접목 포기들만 골라서 8월 15일 밤부터 화아분화를 하지 못하도록, 이 포기들만 별도로 전조처리[⑥]를 시작합니다.

② 전조처리는 전기 절약을 위하여 아래의 표 876과 같이, 광중단법(光中斷法)[⑦]을 이용합니다. 100Lux 이상의 밝은 전등을 한밤중에 1시간 켜서, 국화의 휴면(休眠)을 타파하여, 긴 1개의 밤을 짧은 2개의 밤으로 분리시켜서, 상대적인 장일(長日)[⑧] 효과를 얻을 수 있습니다.

광중단법(Night Break)

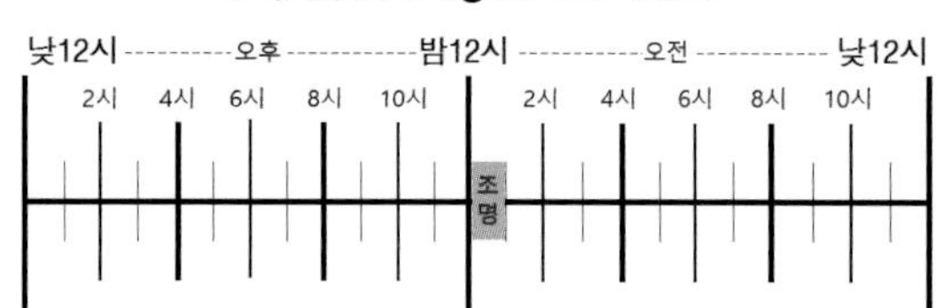

菊花叢書 876

③ 전조처리의 시기는 화아분화 충동을 받기 직전 8월 15일 밤부터 시작하여, 장일(長日)기간으로 진입하는 다음해 4월30일 밤까지 전조처리하고, 5월1일 아침에 전조처리를 소등하여 끝냅니다.

※ 참조/①포트용 배양토:325쪽7-(1). ②접수(椄穗):422쪽80. ③할접(割接):335쪽6. ④차양(遮陽):423쪽94. ⑤화아분화(花芽分花): 꽃망울 생성. ⑥전조처리(電照處理):328쪽. ⑦광중단법(光中斷法):329쪽7. ⑧장일(長日):낮의 길이가 긴.

(4) 겨울재배

① 모종의 키가 1m 內外에서 1차적심을 합니다.

② 이후, 마디마다 움터 나오는 곁가지를 모두 받아서, 적심없이 무럭무럭 최대한으로 길러 올립니다.

③ 이때부터 다음해 봄까지, 한여름의 하지(夏至)의 환경과 같게 설정하여, 무성하게 자라도록 비배관리 합니다.

④ 하우스의 야온(夜溫)을 12~15℃, 주온(晝溫)을 24℃以下. 일교차(日較差)⑦ +5~10℃. 전조처리(電操處理)를 하여 단일상태(短日狀態)로 합니다.

(5) 정식과 꽃틀설지

① 다음해 3~4월에 국화의 규격을 보아 가면서, 본화분에 올려 정식을 합니다.

② 5월1일 아침에 전조처리를 소등(消燈)하면서, 아래의 圖解 877과 같이, 모종의 길이를 참조해서 꽃테를 설치합니다.

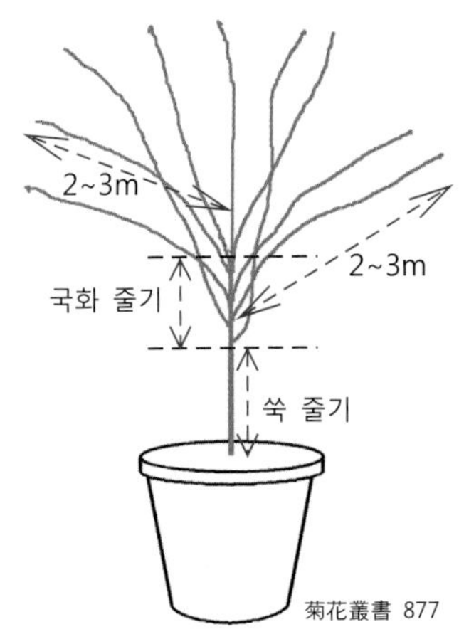

菊花叢書 877

③ 전조처리를 끝내고, 5월 1일 현재, 국화 곁가지의 길이는 보통은 2m 정도이며 긴 것은 3m 정도 됩니다.

④ 이 국화가지를 양쪽으로 펼치면, 다음의 圖解 878과 같이, 현애틀의 길이를 4~5m로 임시 현애틀을 설치합니다.

⑤ 현애의 폭은, 반폭이 1m를 넘지 않아야 좋습니다. 반폭이 1m를 넘으면 재배자의 손이 가운데 부분에 닿지 않아서 난작업이 됩니다. 때문에 현애의 반폭은 80~90cm 정도로 설정하면 작업이 편합니다.

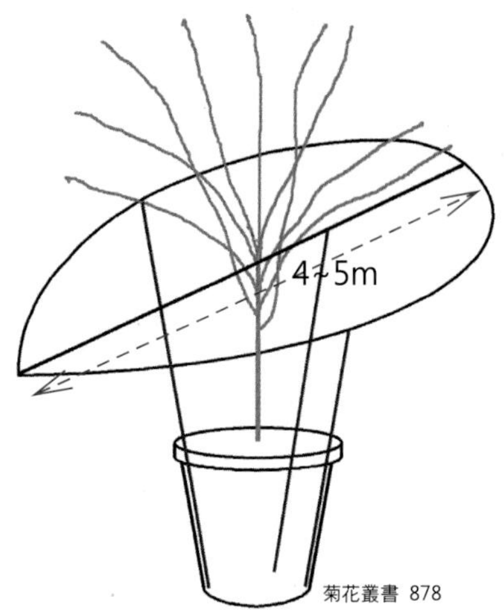

菊花叢書 878

⑥ 꽃테를 유선형으로 만든 다음, 아래의 圖解 879와 같이, 철사테를 위로 봉긋하게 원호모양으로 만들고, 망을 덮으면 더 보기가 좋습니다.

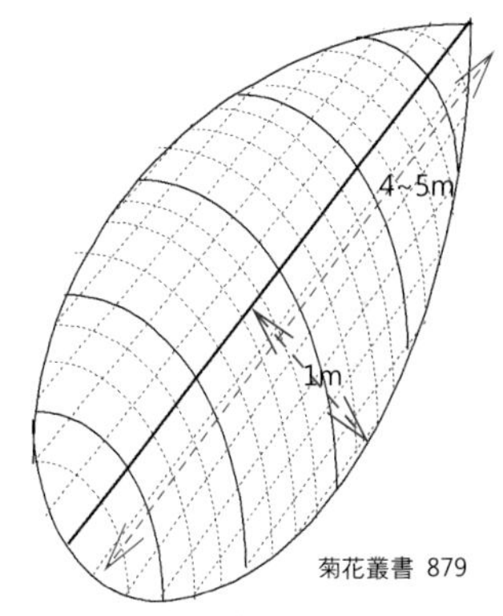

菊花叢書 879

⑦ 다음의 圖解 880과 같이, 국화가 상하지 않도록 묶어 세워서 임시 보호한 다음,

⑨ 망을 현애틀에 맞도록 2쪽으로 잘라서, 줄기 밑으로 아래위로 밀어 넣어 고정합니다.

⑩ 다음은 긴 가지들을, 아래위로 펼쳐서 고정하면, 4~5m 길이 대현애의 기초가 잡힙니다.

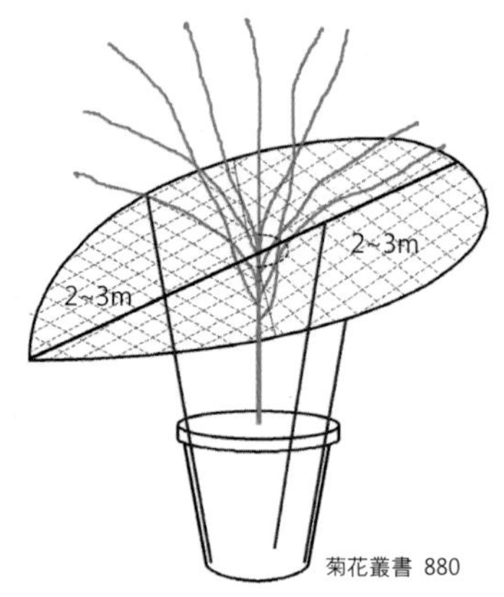

菊花叢書 880

⑪ 6월30일 국화주간의 자람은 여기까지입니다. 7월 1일부터는 측지발생의 계절입니다.

⑫ 국화의 가지를 최대한으로 펼쳐서 6월 30일 현재의 국화규격에 맞추어서, 현애틀을 줄이거나 늘려서 고정합니다.

⑬ 다음은 국화가지들을 활작 펼쳐서 고정하고, 긴 가지들은 안으로 굽혀 넣지 말고 꽃테밖으로 걸쳐놓습니다.

⑭ 다음은 아래의 圖解 881과 같이, 꽃테를 따라 가지런히 잘라내고, 안쪽의 잔가지들도 모두 끝을 적심하고 망에 고정합니다.

⑮ 다음은 1000배의 액비를 주1~2회 잎과 줄기를 적시면서 뿌리에까지 관수시비[①] 하여 마디마다 곁가지 발생을 충동합니다.

⑯ 이후 7월 1일부터 7월 하순까지 순지르기와 유인작업을 계속하여, 순의 수(數)를 배가(倍加)로 늘려서 빈자리를 채워갑니다.

菊花叢書 881

⑰ 꽃테 안에 푸른 잎과 줄기를 가득 채우면 실패작입니다. 국화가지를 눕혀서 순지르고 꼬메고 적심하는 작업을 계속하여 국화순을 꽃테 안에 꽉 채워야 합니다. 순(筍)의 수가 곧 꽃송이 수(數)입니다.

⑱ 결과, 다음의 사진 882와 883은 10월 중순에 꽃망울이 꽃테 안에 가득 채워져서 피기 시작합니다.

天女의舞. 懸崖菊. 鮮桃色. 長幹種. 진주/菊花叢書 882

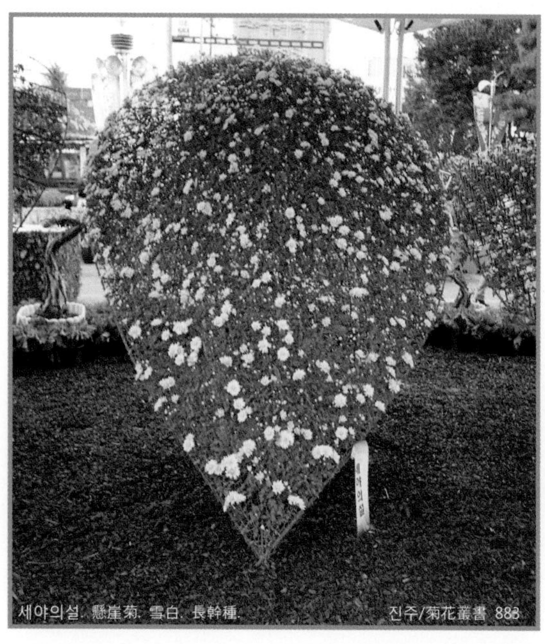
세야의설. 懸崖菊. 雪白. 長幹種. 진주/菊花叢書 883

3. 쑥-대국접목 잎새형 다륜대작

정보자료 제공 : 진주 농업기술센터 김선희

國華將軍. 厚物. 黃色. 長幹種. 721송이 진주/菊花叢書 884

(1) 중국쑥과 대국접목

① 삼복더위가 오기 전 6월에, 아래의 사진 885와 같이, 중국쑥의 80cm 內外 높이에서 대국을 접목(割接)합니다.

진주/菊花叢書 885

② 접목 2주 후, 아래의 사진 886과 같이 접가지의 선도(鮮度)가 좋으면 접목 성공했다고 간주해도 됩니다.

진주/菊花叢書 886

(2) 1차 적심

① 아래의 사진 887과 같이 접목 활착 후, 접가지를 그대로 길게 기르다가, 10~12 잎마디가 생성되었을 때 1차 순지르기를 합니다.

② 다음부터는 마디마다 움터 나오는 곁가지를 모두 받아서 길게 재배를 합니다.

진주/菊花叢書 887

(3) 전조처리(電照處理)

① 꽃망울 생성충동을 받기 직전 8월 15일 밤부터 전조처리를 시작하여, 다음해 4월 30일까지 전조처리를 하고, 5월 1일 아침에 소등합니다.

② 전조처리는 [광중단법]으로 한밤중에 100Lux 이상의 밝기로 1시간 조명하면 전력절약이 됩니다.

광중단법(Night Break)

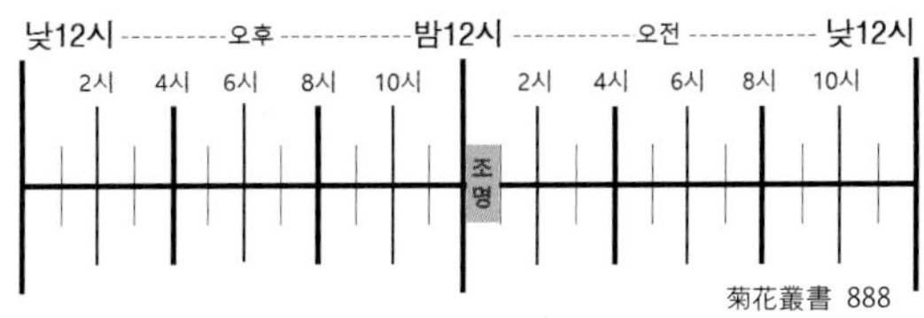

菊花叢書 888

(4) 겨울재배

① 11월부터 다음해 봄까지, 하우스 안의 야온(夜溫)을 12~15℃로 가온하고,

② 일장을 장일처리하여 한여름 하지(夏至)의 환경과 비슷하도록 설정해서 국화가 무럭무럭 자라도록 합니다.

(5) 정식(定植:아주심기)

① 봄이 오면, 3월 중순에 본 화분에 아주 옮겨 심습니다.

② 처음은 배양토의 기초거름을 20%以下로 배합한 새 배양토로 시작합니다. 기르다가 모자라는 것은 추비합니다. 처음부터 바료함량이 많은 배양토로 시작하면, 배양토의 산성화가 빨리와서 분지(分枝)에 지장를 초래합니다.

(6) 기초틀짜기

① 지난해 6월부터 길렀기 때문에 3월이면, 아래의 圖解 889와 같이, 국화가지의 길이가 최소한 2m 以上은 충분히 됩니다.

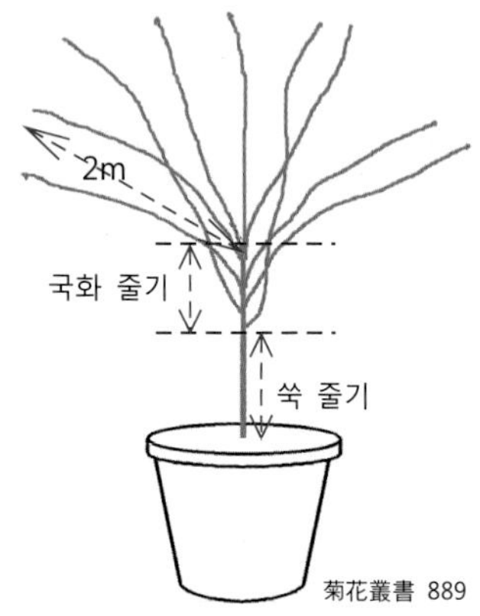

菊花叢書 889

② 다음은 정식화분 위에 아래의 그림 890과 같이 10호 철사로 유선형(遊船形) 틀을 아랫테로 설치합니다.

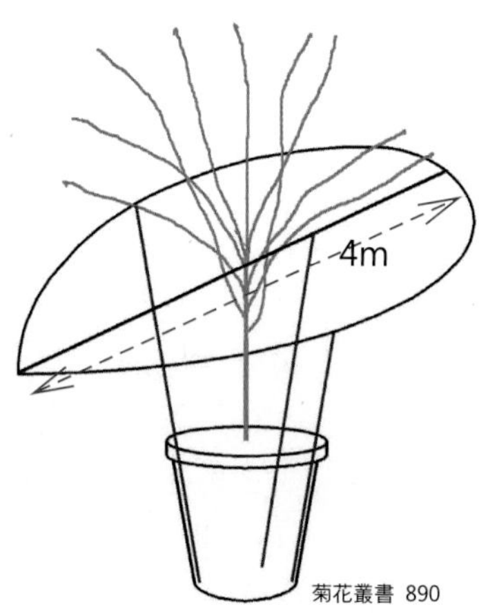

菊花叢書 890

③ 꽃테의 길이는 국화줄기를 양쪽으로 펼쳤을 때의 길이를 참조해서 4m로 설정합니다.

④ 꽃테의 폭은 반폭을 1m 以下로 합니다. 꽃테의 반폭이 1m 以上이면, 중심에 있는 꽃은 재배자의 팔이 닿지 않아서 난작업이 됩니다.

⑤ 망을 덮을 때는 아래의 그림 891과과 같이, 국화줄기가 위로 올라올 수 있도록 망에 구멍을 뚫고, 위쪽으로 반쪽만 망을 잘라서, 국화줄기 밑으로 밀어 넣어 고정합니다.

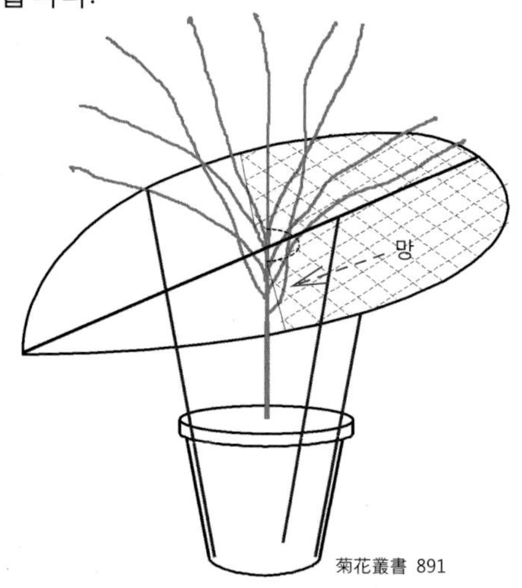

菊花叢書 891

⑥ 같은 방법으로 그림 892와 같이, 아래쪽에도 반쪽의 망을 국화줄기 밑으로 밀어넣고 고정합니다.

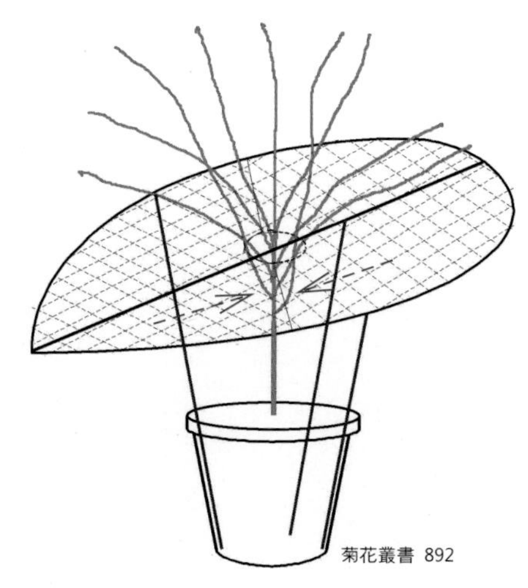
菊花叢書 892

⑦ 다음은 그림 893과 같이, 2m 정도의 긴 가지들을 먼저 아래로 2m, 위로 2m로 배분하여 망 위에 고정합니다.

⑧ 조금 짧은 가지들은 좌우 폭쪽으로 배분하여 고정하고, 나머지는 사방으로 골고루 배분합니다.

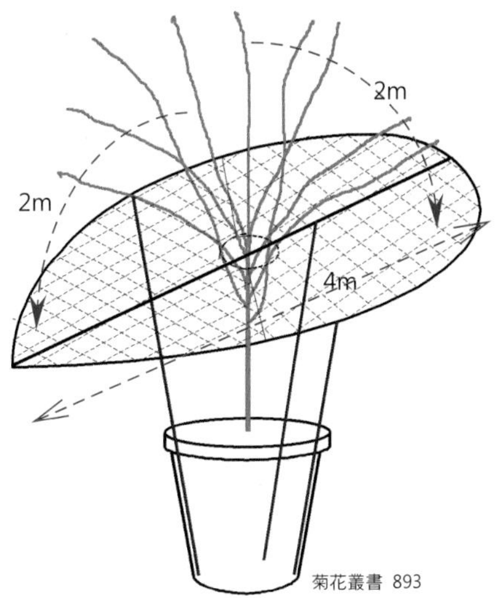

菊花叢書 893

⑨ 다음은 그림 894와 같이, 국화가지가 전 영역을 지원할 수 있도록 고르게 배분합니다.

菊花叢書 894

⑩ 이후 다음의 그림 895와 같이, 정규적인 순지르기와 유인작업을 하고, 마지막 적심은 8월초에 끝냅니다.

정보자료 제공 : 진주 농업기술센터 김선희

菊花叢書 895

⑪ 다음은 10월에 윗꽃테를 설치합니다. 아래의 圖解 896과 같이, 꽃테를 위로 봉긋하게 원호형으로 설치합니다.

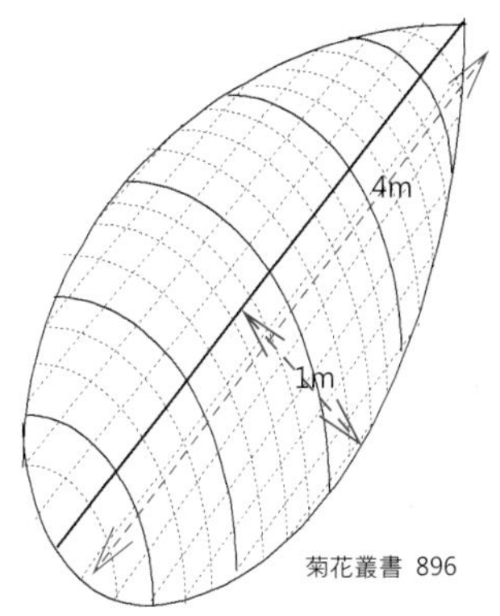

菊花叢書 896

⑫ 마지막으로 아래의 사진 897과 같이, 꽃송이들을 정위치로 유인 고정합니다. 이 작업은 숙달된 동료 몇 사람의 협조를 받아야 합니다. 혼자는 불가능합니다.

國華將軍. 厚物. 黃色. 長幹種. 진주/菊花叢書 897

4. 쑥접목 대국25송이 소품

정보자료 제공/소나기 오영석

(1) 할접(割接)

① 3월 1일, 중국쑥 봄싹을 뿌리를 갈라 내서 소분에 1차가식 합니다.

② 아래의 사진 898은 4월 5일 현재 키가 25cm 정도 자랐습니다.

菊花叢書 898

③ 쑥의 줄기 20cm 정도 높이에서, 잎자루 바로 윗부분 원줄기 몸통을 삭둑 잘라서 할접(割接)을 합니다. 할접의 목적은 뿌리의 활력을 몽땅 한곳으로 집중시키기 위해서입니다.

菊花叢書 899

④ 잎자루를 살린 것은, 잎자루로 오르내리며 생동하는 수액이, 뿌리가 없는 접가지에 여러가지 면으로 지원하여 도움이 된다고 합니다.

⑤ 노천(露天)에서 접목작업을 할 때는, 빗물이 접목부에 들어가서 부패될 수도 있고, 바람이 불면 건조되기 때문에, 비닐 테이프를 감기도 합니다.

⑥ 아래의 사진 900은 하우스에서 접목하기 때문에 테이핑하지 않고 크립만 사용했습니다. 잎자루를 포함하여 오므리는 방향으로 크립을 1개 집었습니다. 접가지가 옆으로 빠져 나오지 않도록 엇진 방향으로 크립을 1개 더 집었습니다.

⑦ 이렇게 하면 압착이 좋고, 잎자루로 오르내리는 생동하는 수액의 도움으로 접목이 확실하다고 합니다.

菊花叢書 900

⑧ 5월 5일, 5호분으로 2차가식 했습니다. 접목이 활착하고 바로 분지를 했습니다. 이런 유리한 점을 이용하려고 접목을 합니다.

菊花叢書 901

(2) 가지유인

① 아래의 사진 902에서, 8분지(分枝) 이상을 해야 되기 때문에, 모든 가지들을 하나도 버리지 말고 모두 받아서 기릅니다.

② 6월 5일, 아래의 사진 903과 같이, 7호 화분으로 3차가식합니다.

③ 화분 가장자리에 정 8방향으로 지주대 8개를 세웁니다.

④ 세력이 비등한 8개의 곁가지를 선택하고, 칼라타이로 라선형으로 국화줄기를 감아서 8방으로 유인해서, 수평선까지 내려서 지주대에 고정합니다.

⑤ 다음은 화분 가장자리 선에서, 8가지 모두 적심을 하고, 주 1~2회 질소 우선인 물비료를 관수시비하여, 마디마다의 곁가지 발생 충동을 합니다.

(3) 정식

① 6월 25일 10호(내경:30cm) 화분으로 마지막 분갈이를 했습니다. 늦어도 6월 30일 안에 정식을 끝내야 합니다.

② 정식한 화분 아래의 904에서 마디마다 새 곁가지가 움터 나오고 있습니다. 이 가지를 2~3주간 곧게 길러 올립니다.

③ 아래의 사진 904와 같이, 8방향으로 분지되고 마디마다 싹이 움터 나오는, 이 모양 그대로 철사테를 만들려고 합니다.

(4) 꽃틀 설치

① 국화의 품종에 따라 꽃송이의 크기가 다릅니다. 아래의 그림 905와 같이, 국화품종을 고려해서 꽃테의 직경을 75~90cm로 8번 철사를 굽혀서 등근테를 만듭니다. 꼭 같은 것으로 아랫테 윗테 2개를 만듭니다.

② 다음은 막대 8개를 아래의 그림과 같이 정 8방향으로 고정합니다. 이 막대와 철

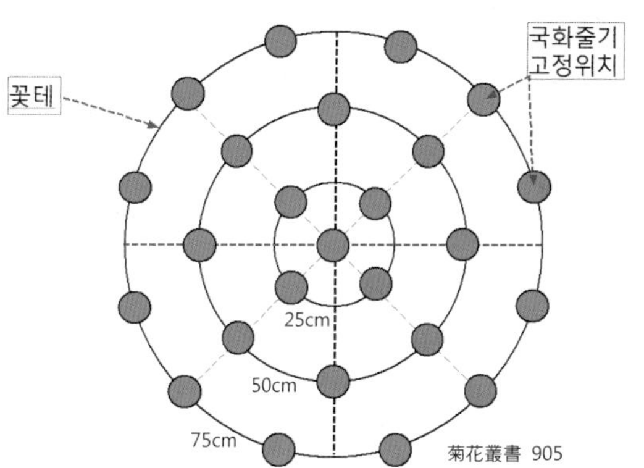

사의 접점은 지주대와 국화줄기가 설 자리입니다.

③ 7월 30일 정식화분 언저리 30cm 위에 그림 906과 같이 아랫테를 설치합니다.

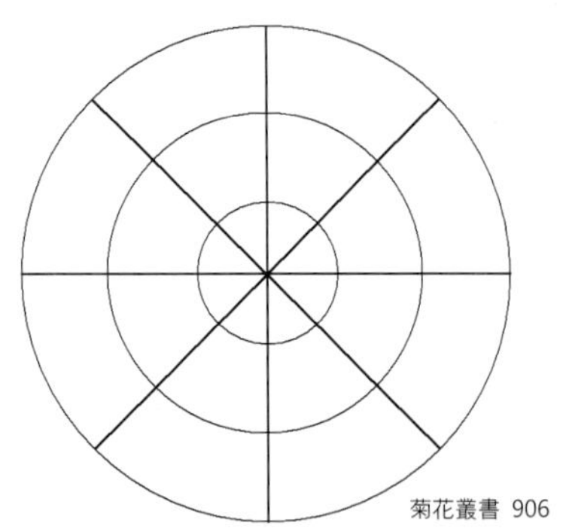

菊花叢書 906

④ 아래의 그림 907과 같이, 꽃테를 해체하여 둥근테를 모두 내려놓습니다. 중심에 가까이 있는 국화줄기를 유인하여 고정합니다. 안에서부터 바깥으로 작업해 나옵니다.

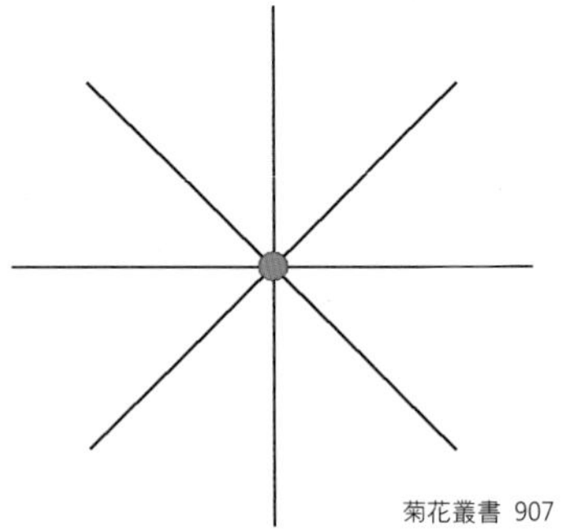

菊花叢書 907

⑤ 다음은 아래의 그림 908과 같이, 첫 번째 안테를 고정하고, 4접점에 국화줄기 4개를 유인 고정합니다.

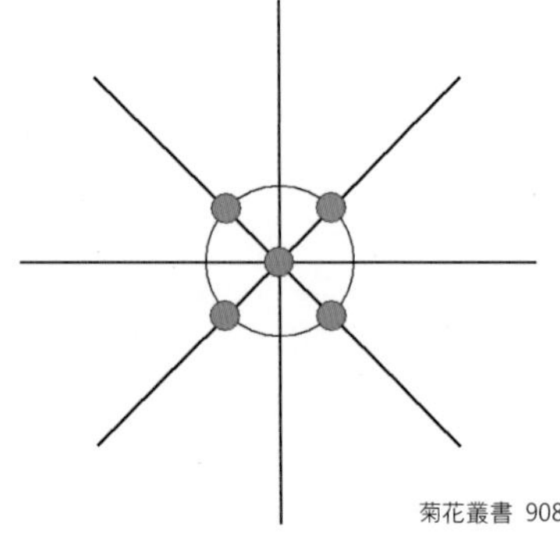

菊花叢書 908

⑥ 다음은 아래의 그림 909와 같이, 2번째 안테를 올려서 고정하고, 8개의 국화줄기를 8접점에 고정합니다.

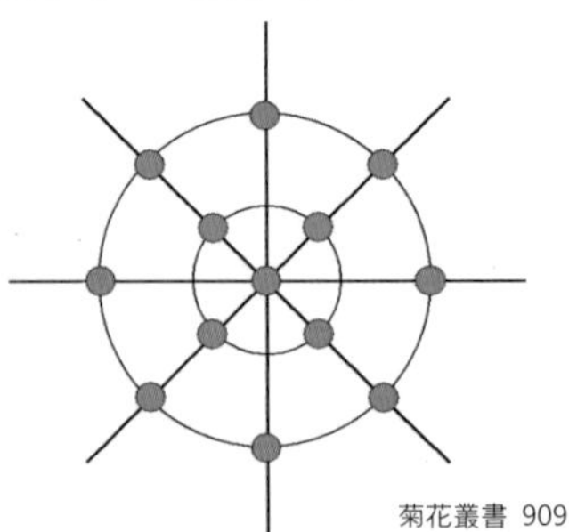

菊花叢書 909

⑦ 마지막 바깥테를 올려서 고정하고, 아래의 그림 910과 같이, 12개의 국화가지를 예정 정위치 가까이 유인 고정합니다.

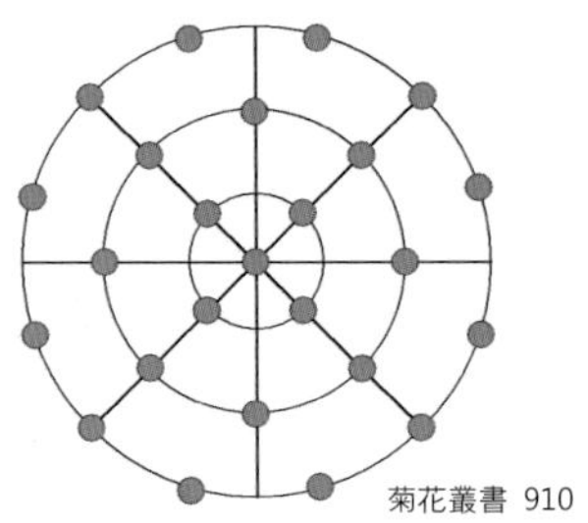

菊花叢書 910

⑧ 너무 정확하게 정위치로 유인하려다가 국화가지가 부러질 수도 있습니다. 길이가 모자라는 가지는 대강 근처까지만 유인해 두어도, 후에 줄기가 자라면 저절로 제자리로 돌아옵니다.

⑨ 다음은 아래의 사진 911과 같이, 아랫테에서 10cm 위에 윗테를 설치하고 국화가지들을 임시 고정합니다.

菊花叢書 911

(5) 마무리 손질

① 9월 15일 꽃망울 맺혔습니다. 중심망울 꽃목이 1cm 정도 자라기 전에 곁망울들을 모두 솎아냅니다. 곁망울 따내는 작업이 늦으면 중심망울의 굵기가 작아서 꽃송이도 작아집니다.

② 이때 B-9은 사용하지 않습니다. 비나인을 분무하면 꽃송이가 조금 작아지기 때문에 자연개화 시킵니다.

菊花叢書 912

③ 10월 20일, 아래의 사진 913과 같이, 꽃이 반쯤 피면 국화줄기나 꽃목대가 더 이상 자리지 않습니다. 이때 꽃송이 손질을 합니다.

④ 25송이 중에서, 아랫꽃테에서 꽃목까지 제일 낮은 송이의 높이를 기준으로, 25개의 꽃목 지주대를 잘라서 만듭니다.

⑤ 이 꽃목지주대를 아랫테에 맞추어서

菊花叢書 913

위로 세워서 아래윗테에 묶음끈으로 고정하고, 꽃목지주대 끝에 꽃목을 꼭 맞추어서 고정하면, 25송이의 높이가 가지런히 같아집니다.

⑥ 다음은 꽃송이 간격도 사진 913과 같이, 줄지어서 반듯하게 조정합니다.

⑦ 마지막으로 아래의 사진 914와 같이, 꽃목에서부터 3cm 아래에 꽃받침대를 부착하여 꽃잎이 아래로 드리워 내리도록 공간의 여유를 줍니다.

菊花叢書 914

⑧ 작품의 높이를 바닥에서 화정까지 80cm로 줄였습니다. 중국쑥을 접목하여 마지막 화분을 10호분으로 줄이고, 대국 25송이의 작품을 최소한으로 축소하여 소품(小品)을 만들었습니다.

菊花叢書 915

5. 쑥-현애국접목 수양버들형 만들기

정보자료제공/국화소리카페 국화숙 고순애

천녀의무(天女의舞). 懸崖菊. 鮮桃色. 長幹種 菊花叢書 916

위의 사진 916은 중국쑥에 현애국 장간종 天女의舞를 접목한 수양(垂楊)버드나무 모양 하수작(下垂作)입니다.

(1) 중국쑥 접목

① 3월 초순에 삽목하거나, 봄싹을 분근해도 됩니다.

② 아래의 사진 917은 전년도 가을에 포트용 배양토에 중국쑥을 삽목한 것입니다.

菊花叢書 917

③ 다음은 아래의 사진 918과 같이, 4월 1일, 중국쑥 1m 높이에서 잎자루 윗부분의 몸통을 삭둑 자르고, 면도날로 대목(臺木)을 1.5cm 정도 갈라 내렸습니다.

菊花叢書 918

④ 다음은 아래의 사진 919와 같이, 현애의 접가지를 3~4cm 정도 길이로 채취하여, 접가지의 끝부분을 1.5cm 정도 양면으로 빗겨잘라 V자형으로 다듬습니다.

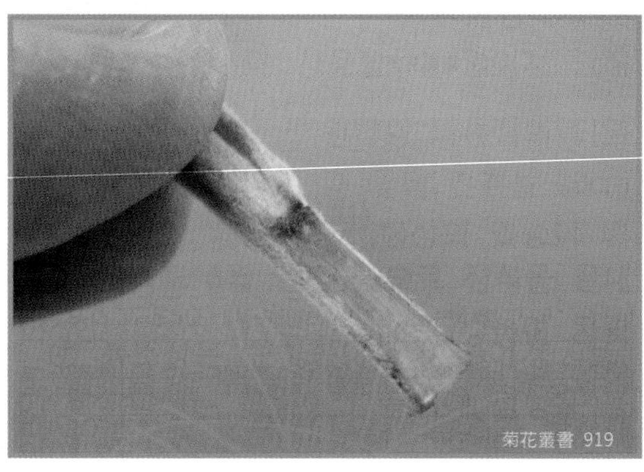
菊花叢書 919

⑤ 다음은 다듬은 접가지를 아래의 사진 920과 같이, 대목의 갈라놓은 자리에 꽂았습니다.

菊花叢書 920

⑥ 이때 국화의 접가지와 쑥대목의 굵기가 같아야, 양쪽의 형성층이 포개어져서 공동 세포분열로 접목이 됩니다. 이것이 접목의 키포인트(Key Point)입니다.

⑦ 아래의 사진 921 같이, 접목부위를 쑥 잎자루와 함께 테이프로 감고, 풀리지 않게 크립을 1개 집어 놓습니다.

菊花叢書 921

⑧ 다음은 아래의 사진 922는, 접목 1달 후 6월 초순입니다. 접목이 활착하여 자라면서 바로 분지를 시작했습니다.

菊花叢書 922

⑨ 한여름의 고온으로 원래는 꽃눈이 올 수 있지만, 이때가 장일(長日) 기간이기 때문에 화아분화를 받지 못하고, 성장점이 퇴화결순(缺筍) 되어서, 곁눈이 나오는 분지현상이 일어납니다. 이런점을 이용하려고 이때에 접목한 것입니다.

(2) 현애 기르기

① 아래의 사진 923은 중국쑥 1m 높이에서 접목한 장간종 현애 天女의舞가 6월 중순에 성장의 활력이 붙었습니다.

菊花叢書 923

② 분지된 가지들 중에서, 다음의 사진 924와 같이, 건실한 가지 4개를 선택하고 모두 제거합니다.

菊花叢書 924

③ 4대의 국화가지가 튼튼하게 자라서, 목질화되기 전에, 아래의 사진 925와 같이 4~5 잎마디에서 적심합니다.

菊花叢書 925

④ 적심 후 2주정도 지나면, 다음의 사진 926과 같이 많은 곁가지로 분지됩니다. 예비가지까지 20여 가지를 확보합니다.

菊花叢書 926

⑤ 아래의 사진 927은, 7월 중순의 자란 상태입니다. 조금 더 자라서 1m 길이는 되야 좋은 수양버들형 현애가 됩니다.

菊花叢書 927

⑥ 8월이면 화아분화 충동을 받기 시작하면서, 원줄기는 별로 자라지 않습니다. 이때 8월 1일부터 아래의 사진 928 진짜

菊花叢書 928

수양버들 가지 늘어짐과 같이 가지들을 아래로 곧게 내립니다.

⑦ 내릴 때는 아래의 그림 929와 같이, 밑에서 안에있는 가지부터 내리기 시작하여, 바깥으로 위로 올라가면서 순서대로 내리기 작업을 합니다.

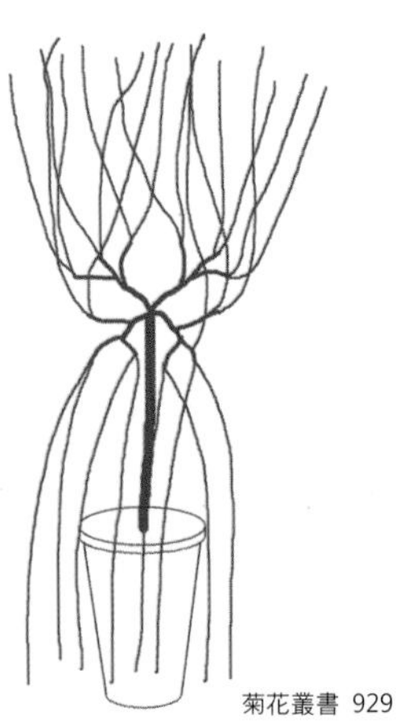
菊花叢書 929

⑧ 아래의 그림 930과 같이, 국화가지 내리기 작업이 끝나면, 즉시 국화가지 끝을 일시에 적심합니다.

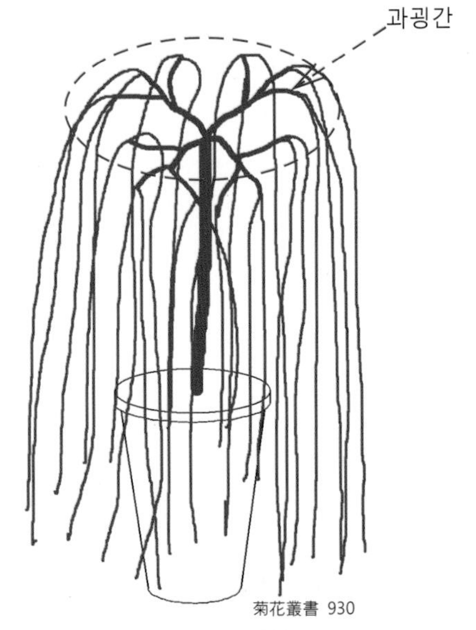

菊花叢書 930

⑨ 이때 위쪽의 과굉간(鍋紘幹) 부분에는 다음의 그림 931과 같이, 밑둥의 가지를 여러개 받아 덮어서 은폐(隱蔽)합니다.

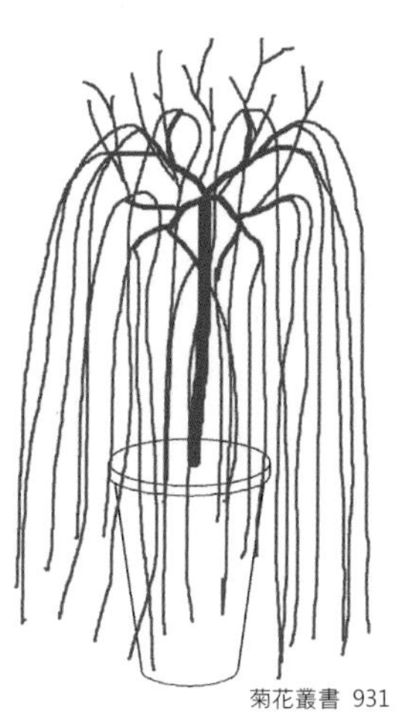
菊花叢書 931

(3) 동시개화조절(마지막 적심)

① 꽃가지를 거꾸로 드리워 내렸기 때문에, 아래의 圖解 932는 초질인 아래서부터 위로 올라오면서 핍니다.

② 마지막 적심은 반대로 위에서부터 8월 5일, 8월 10일, 8월 15일로 3등분하여 적심해 내려갑니다.

③ 윗부분 밑둥에서 받은 곁가지는 2잎을 남기고 적심하여 꽃눈을 받습니다.

④ 그 아래 늘어진 가지에는 마디마다 나오는 긴 곁가지만 2~3눈을 남기고 적심합니다. 너무 바싹 자르면 꽃망울이 나오지 않습니다. 지금부터 마디마다 나오는 순은 거의 다 꽃순입니다.

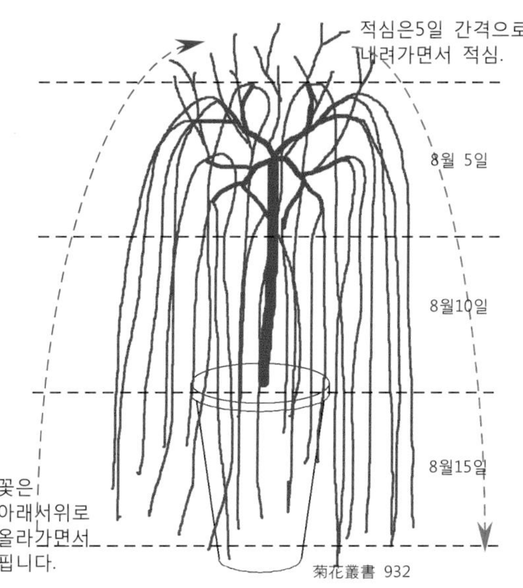
적심은5일 간격으로
내려가면서 적심.
8월 5일
8월10일
8월15일
꽃은
아래서위로
올라가면서
핍니다.
菊花叢書 932

⑤ 아래의 사진 933은 적심을 너무 바싹 잘랐습니다. 1m 길이의 긴 가지에 철사감기 애로(隘路)로 순이 많이 떨어졌습니다.

菊花叢書 933

⑥ 결과 아래의 사진 934에서 10월 20일 꽃송이 수가 적게 피었습니다.

菊花叢書 934

제6장 조형물

1. 단색 지도형 조형물

(1) 기초 규격과 설계

① 조형물의 기본은 현애 만들기와 같습니다. 꽃테의 모형만 다릅니다. 초심자(初心者)의 작품은 한포기 한줄기로 2m 정도의 크기가 적당합니다.

菊花叢書 935

(2) 모종

① 모종은 키가 잘 크고 분지성이 좋은 장간종 현애국을 선택합니다.

② 이른 봄 3월의 자연적으로 올라오는 새싹의 뿌리를 갈라내어 모종으로 기릅니다. 5호분에서 키가 40cm정도 자라면 아래의 936과 같이 1차 적심을 합니다.

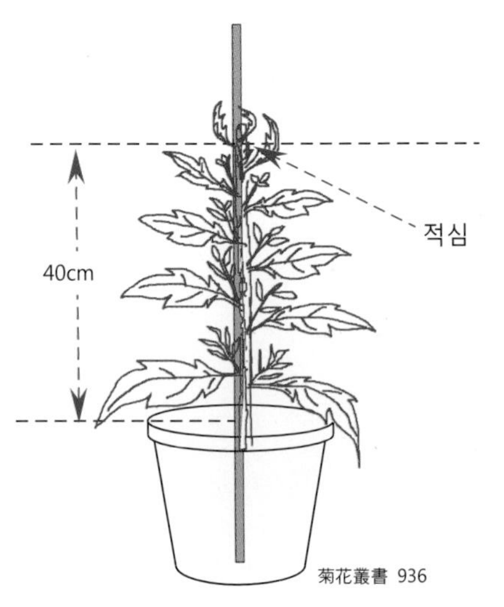

菊花叢書 936

③ 4월 중순에 망분에 넣어서 노지재배를 하거나, 5월초에 7호분으로 이식하여 화분재배를 합니다.

④ 6월 하순까지 아래의 圖解 937과 같이, 적심하지 말고 곁가지가 나오는 그대로 2m이상 최대한으로 길게 길러 올립니다.

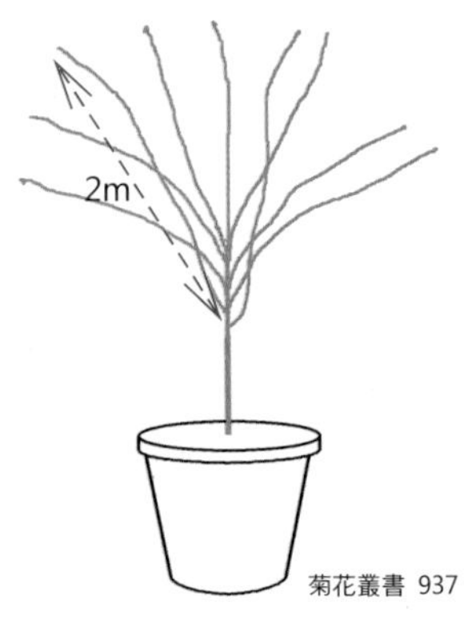

菊花叢書 937

(3) 지도테 만들기

① 아래 사진 938과 같이 철사망(닭장망), 지주대(고추대), 쇠톱, 화훼 묶음끈, 케이블 타이, 등의 재료를 준비합니다.

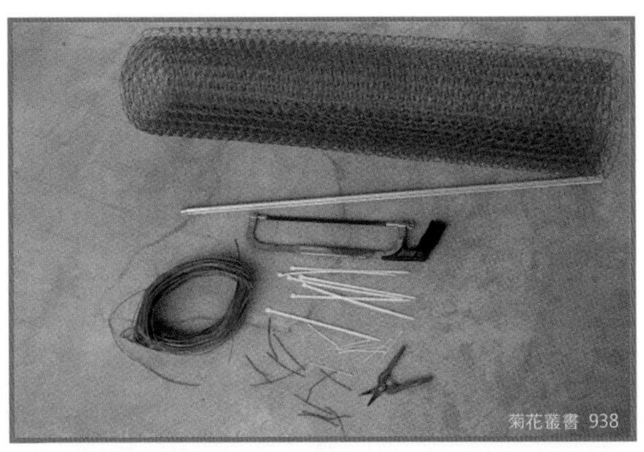

菊花叢書 938

② 다음의 그림 939와 같이, 땅에 씨줄 날줄을 그리고, 2m 정도 크기의 한국지도를 그립니다.

③ 다음은 8번선 철사를 굽혀서, 그림을 따라 지도꽃테를 만듭니다.

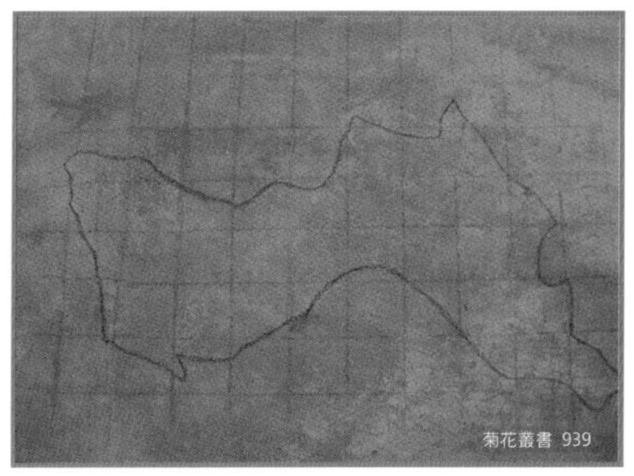

④ 철사 지도꽃테를 아래의 사진 940과 같이, 12호 화분에 45°도 경사지게 또는 수평으로 고정합니다.

⑤ 다음은 아래의 사진 941과 같이, 망을 꽃테 위에 올려놓고, 지도태 철사를 따라 가위로 잘라냅니다.

⑥ 다음은 지도 중간에 모종이 빠져나올 구멍을 오려내고, 망의 중간을 잘라서 아래위로 2조각을 냅니다.

⑦ 본을 뜬 지도모양 망을 아래의 사진 942와 같이 땅에 내려놓고, 모든 재료를 최소한의 부품으로 조립해 놓습니다.

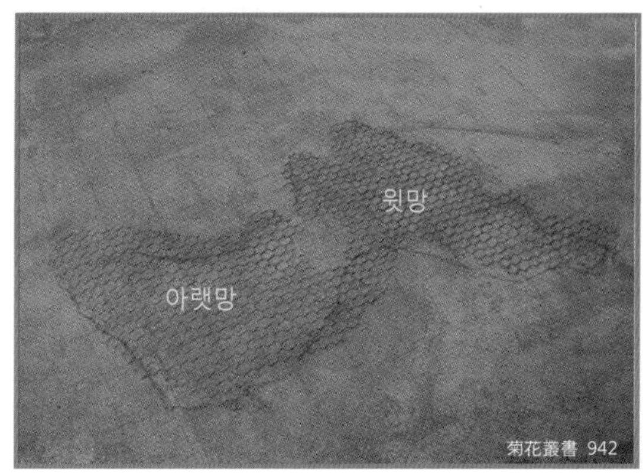

(4) 아주심기 [정식(定植)]

① 아래의 사진 943과 같이, 모종을 12호분에 넣고, 정식용배양토[①] 로 정식하고,

② 꽃테 중심에서 긴 국화가지들은 아래위로 유인 배분하고

③ 모종을 다치지 않도록 꽃테 중심대에 느슨하게 묶어서 세웁니다.

④ 다음은 앞에서 떠 놓은 지도본 망을 다음의 사진 944와 같이, 국화줄기 사이로 아래위로 원래 있든 자리로 밀어 넣어 조립합니다.

菊花叢書 944

(5) 꽃가지 배분

① 지도꽃테의 전 영역을 지원할 수 있도록, 사방으로 꽃가지를 배분합니다.

② 아래의 사진 945와 같이 국화줄기를 눕혀서, 망에 묶음끈으로 고정하고, 꽃테밖으로 나가도록 걸쳐 놓습니다.

菊花叢書 945

(6) 순치기 [적심(摘心)]

① 아래의 사진 946과 같이 꽃테 밖으로 나온 국화줄기들을, 꽃테를 따라 가지런히 잘라내어, 꽃테안의 곁가지 발생을 충동합니다.

菊花叢書 946

② 꽃테 안의 작업은 아래의 사진 947과 같이, 국화잎이 3~4장 以上되는 곁가지는 눕혀서 망에 고정하고,

菊花叢書 947

③ 사진 948과 같이, 즉시 순질러서 측지발생을 유도합니다. 여기까지가 6월하순 정식하는 날 하루의 작업니다.

菊花叢書 948

④ 아래의 사진 949와 같이, 7월 한 달 동안 몇차례 적심하여, 순의 수를 2. 4. 8. 등. 배수로 늘려서, 꽃테안의 빈자리를 채웁니다. 8월10일 경에 마지막 적심을 합니다.

菊花叢書 949

2. 하트형 조형물

(1) 머릿말

하트형 조형물도 기본은 현애 만들기와 꼭 같습니다. 철사테의 모형만 하트모양으로 만들었을 뿐입니다.

박경혜 천여의무/菊花叢書 950

(2) 꽃테 만들기

① 먼저 재료들을 준비합니다. 아래의 사진 951과 같이, 철사망(닭장망). 지주대(고추대). 쇠톱. 화훼용 묶음끈. 케이블 타이. 8번 철사. 등을 준비합니다.

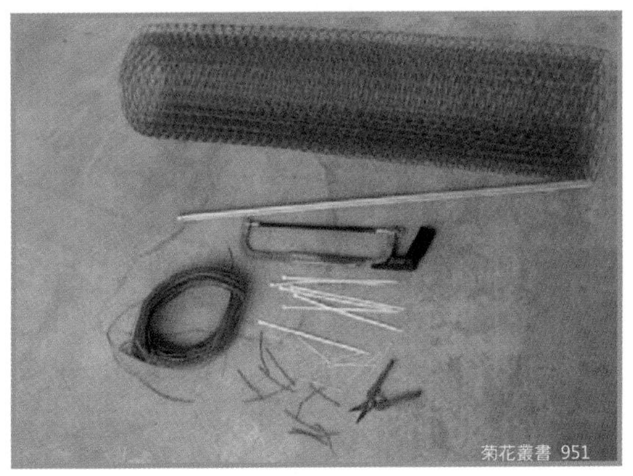
菊花叢書 951

② 다음의 사진 952와 같이, 8번 철사로 하트형 꽃테를 만들어서, 보통 12호 화분(내경 36cm)을 사용합니다.

菊花叢書 952

③ 다음은 아래의 사진 953과 같이, 망을 하트모양 꽃테 위에 올려놓고, 그대로 본을 떠 오려 냅니다.

菊花叢書 953

④ 다음은 아래의 사진 954와 같이, 꽃가지가 나올자리 구멍을 오려냅니다. 오려낸 구멍을 중심으로 아래위로 2조각으로 자릅니다.

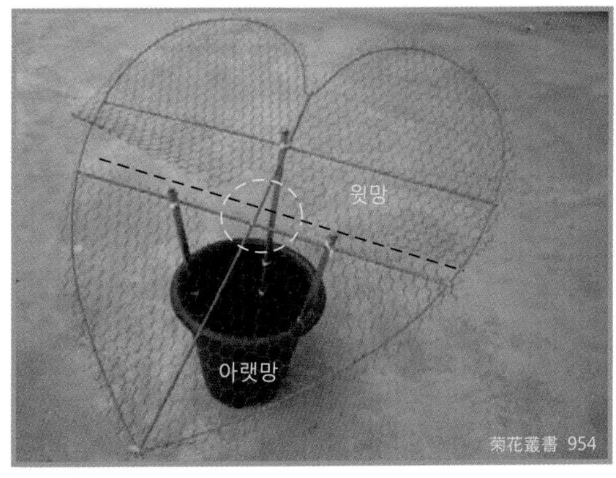

菊花叢書 954

⑤ 다음, 아래의 사진 955와 같이, 본 떠서 오려낸 하트모양 망을, 따로 분리해 두었다가, 국화를 아주심은 다음에, 제자리에 올려 조립합니다.

菊花叢書 955

(3) 아주심기 [정식(定植)]

① 위와 같은 모든 재료들을 준비해 놓고, 최소한의 단위로 설치 또는 조립해 놓습니다.

② 아침에 물을 주지 말고, 오후에 약간 시들할 때, 그늘에서 작업을 하면 가지가 꺽어지는 실수가 적습니다.

③ 마음속으로, 눈으로, 몇 번 순서대로 예행연습을 한 후에 시작을 합니다. 아주심기, 망조립, 가지분배, 순지르기 등의 작업을, 20~30분 내에 끝내야 좋습니다. 이 부분의 작업에서 시간이 지체되면, 결과가 좋지 않습니다.

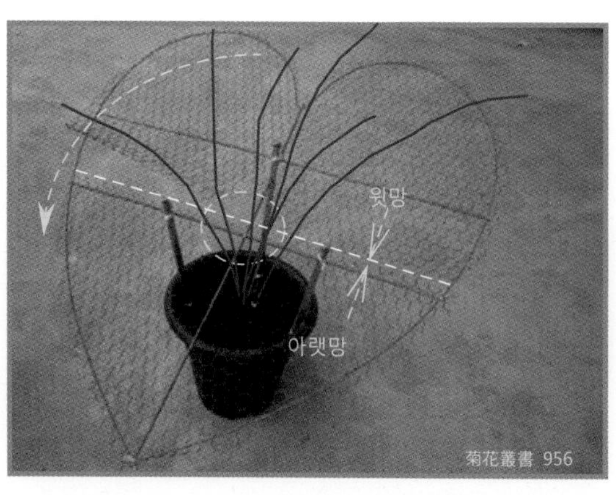

菊花叢書 956

④ 다음은 앞의 사진 956과 같이, 12호 화분에, 정식용배양토①를 즉석에서 배합하여 새 배양토로 채워서 모종을 정식합니다.

⑤ 본을 떠 놓은 망을 국화줄기 사이로, 아래위로 밀어 넣어서 제자리에 조립하고, 국화가지들을 사방으로 펼쳐 눕혀서 고정합니다.

(4) 꽃가지 배분

① 아래의 사진 957과 같이, 국화 가지들을, 꽃테의 전 영역을 지원 할 수 있도록 사방으로 고르게 분배 배열합니다.

② 긴 가지들은 원하는 방향으로 눕혀서 유인 고정한 후, 남는 여분의 길이는 꽃테 밖으로 나오도록 걸쳐 놓습니다.

③ 꽃테 안쪽의 잔가지들도, 모두 눕혀서 망에 고정(꼬매기) 작업을 합니다.

菊花叢書 957

(5) 순치기 [적심(摘心)]

① 다음의 사진 958과 같이, 꽃테 밖으로 나온 국화가지들을 하트꽃테를 따라 가지런히 이발 하듯이 모두 잘라내어 곁가지 발생을 충동합니다.

② 꽃테 안쪽의 모든 잔가지들도 끝을 일제히 순질러서, 곁가지 발생을 촉진합니다.

③ 정식부터 여기까지의 작업은 30분 內外의 작업입니다. 이 작업은 6월 30일 以內에 끝내야 좋습니다.

菊花叢書 958

(6) 꽃테 안쪽 잔가지 처리

① 꽃테안의 작업은, 아래의 사진 959와 같이, 국화잎이 3~4장 以上되는 모든 크고 작은 곁가지는, 눕혀서 묶음끈으로 망에 고정합니다.

菊花叢書 959

② 아래의 사진 960에서, 곁가지를 망에 고정하고, 즉시 그 끝을 순질러서, 옆가지 발생을 유도합니다.

菊花叢書 960

③ 같은 방법으로 아래의 그림 961과 같이, 꽃테안의 잔가지들을 빠짐없이 모두 눕혀서 망에 고정하고, 순을 잘라서, 곁가지 발생을 유도하여, 엉성한 공간에 국화순을 꽉 채우도록 노력합니다.

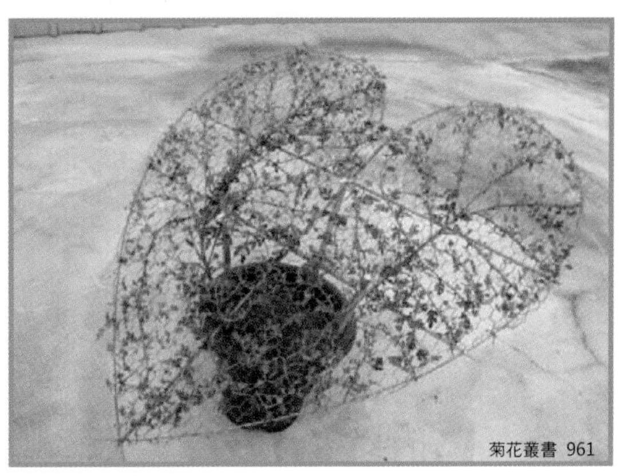
菊花叢書 961

(7) 순지르기

① 7월 한 달은 곁가지 발생이 왕성하고, 원줄기의 자람은 둔화됩니다. 이때부터 몇 차례 순을 질러서, 순의 수를 2, 4, 8, 16, 등 배가로 늘려, 아래의 사진 962와 같이 빈 공간을 채워 나갑니다. .

② 잎과 줄기로 푸르게 공간을 채우면 패작입니다. 공간에 순을 수백개 채워야 합니다. 순의 수(數)가 꽃송이 수입니다.

③ 8월초에 마지막 적심을 하면, 꽃목은 길지만 꽃송이 수가 많아지고, 9월 초에 마지막 적심을 하면 꽃송이 수가 작고 꽃목은 짧으며 개화가 며칠 지연됩니다.

菊花叢書 962

3. 나비형 조형물

나비형 조형물도 기초는 일반현애 만들기와 꼭 같습니다. 꽃테의 모양만 다를 뿐입니다.

菊花叢書 963

(1) 설계 및 꽃테 만들기

① 6월30일. 단 하루의 작업으로 만들어지는 평면 조형물 속성 나비형 입니다.

② 아래의 그림 964와 같이, 6월 30일 현재 선택된 노지재배 모종의 키가 꽃테의 반경이 되도록, 8번 철사로 나비형 꽃테를 제작하고, 2개의 버팀대를 고정하여 꽃테가 뒤틀리지 않게 합니다.

③ 모든 소품은 공작(工作) 솜씨가 작품의 우열을 가늠합니다. 꽃테의 모양이 반듯하여야 꽃핀 나비도 미려(美麗)합니다

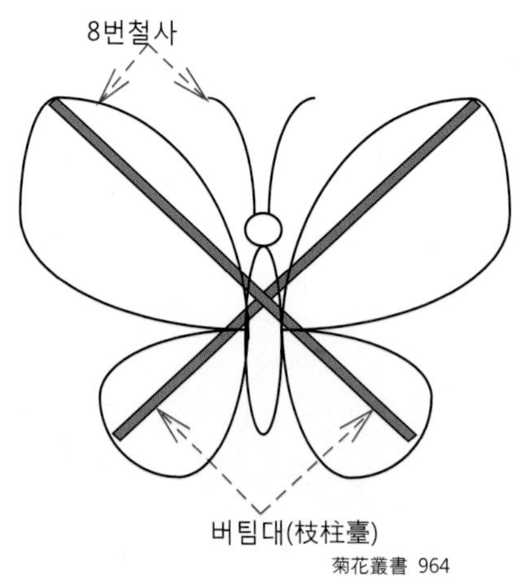
8번철사
버팀대(枝柱臺)
菊花叢書 964

(2) 모종

나비는 조용한 평화를 의미하기 때문에 순백색이나 순황색 계통의 장간종을 선택합니다.

(3) 정식(定植:아주심기)

① 일반모종은 12호 화분에 5월 30일경에 정식합니다.

② 노지재배(露地栽培) 모종은 한 달 늦게 6월 30일에, 아래의 圖解 965와 같이 모종을 망분 채로 본 화분에 아주 옮겨 심습니다.

일반 모종은
5월 30일에
정식합니다.
망화분 포기는
6월 30일에
정식합니다.
菊花叢書 965

(4) 꽃테 설치

① 다음의 그림 966과 같이, 나비꽃 철사테를, 본 화분위에 올려놓고 고정합니다.

② 먼저 국화를 옮겨심고, 다음에 꽃테를 설치하고, 나중에 망을 짭니다.

③ 순서가 틀리면 안됩니다. 꽃테를 먼저 설치하고, 국화를 정식하려면 난점이 많습니다.

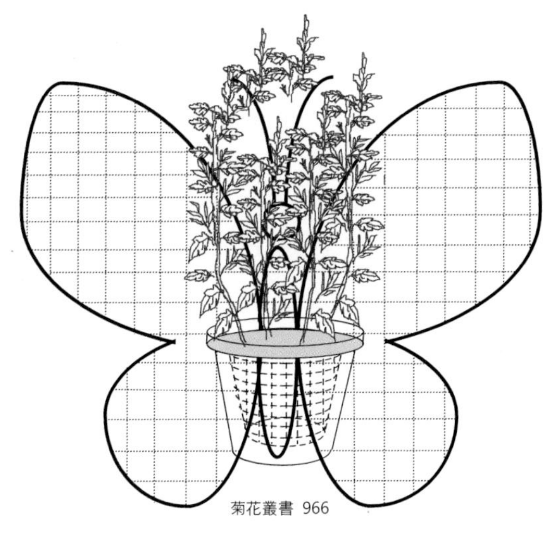
菊花叢書 966

③ 다음의 그림 968과 같이, 꽃테 속의 잔가지들도 모두 눕혀서 망에 고정합니다.

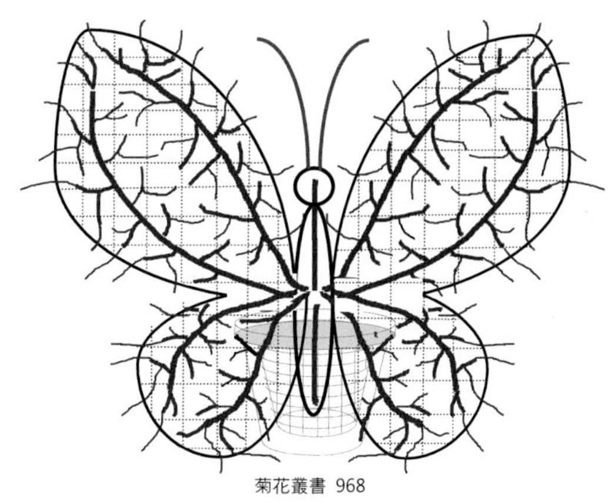
菊花叢書 968

(5) 적심과 꽃가지 정리

① 다음에는 아래의 그림 967과 같이, 국화 원줄기인 제1枝그룹, 2枝그룹, 3枝그룹, 4枝그룹, 등을 사방으로 펼쳐서 꽃테망에 고정합니다.

② 몸통에도 1줄기, 2수염에도 각각 1줄기씩 배정합니다.

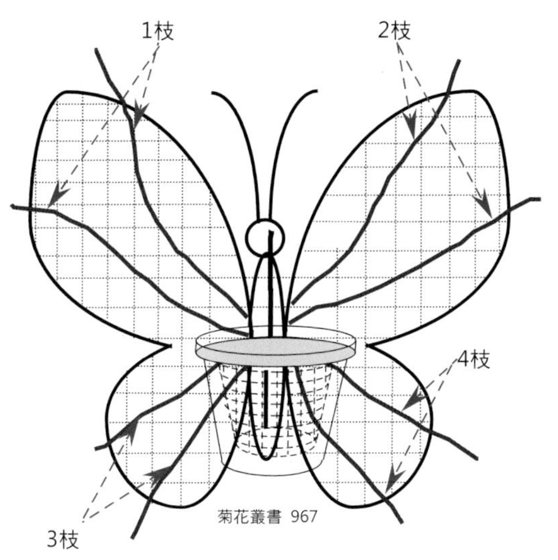

菊花叢書 967

④ 다음은 아래의 그림 969와 같이, 꽃테 밖으로 나온 줄기와 순(筍)은 철사 꽃테를 따라 가지런히 잘라냅니다.

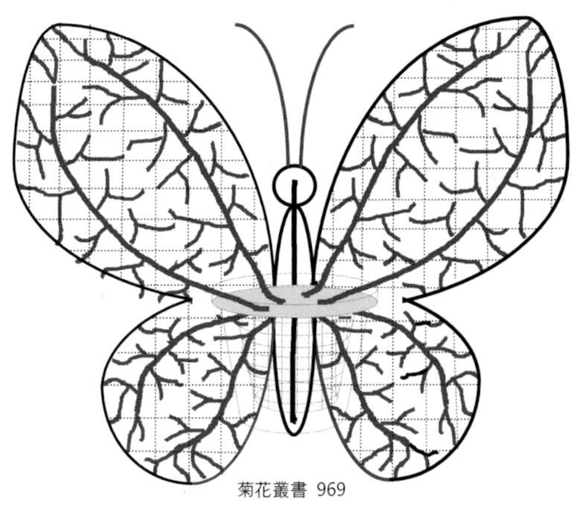
菊花叢書 969

⑤ 다음은 위의 그림 969에서, 꽃테 안의 많은 잔가지들도 모두 눕혀서 묶음끈으로 망에 고정하고, 일제히 순지르기를 하여 곁가지 발생을 충동합니다.

⑥ 순지르기 작업이 끝나면, 질소분 우선인 1000배의 웃거름용 액비를 주1회 관수(灌水)하여 곁까지의 발생을 촉진합니다. 처음부터 여기까지가 6월 30일 하루의 작업 과정입니다.

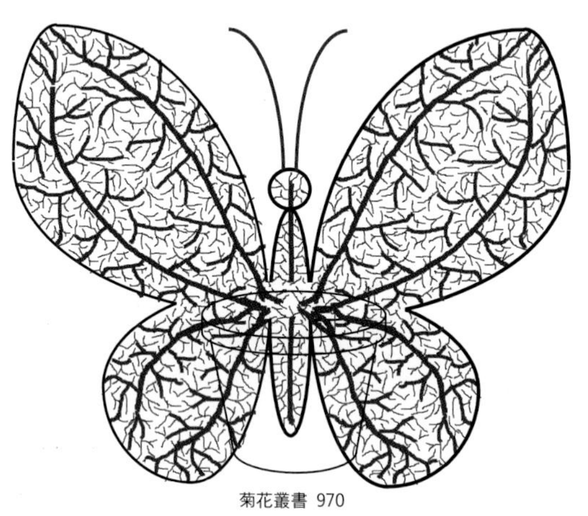
菊花叢書 970

⑦ 7월 1일부터는 위의 圖解 970과 같이 국화잎을 3~4장 남기고 몇차례 순을 잘라서, 국화 순(筍)의 수를 2개, 4개, 8개, 등 배가로 늘려서 빈자리를 채우고 살찌우는 일만 남았습니다.

⑧ 7월과 8월은 고온다습하여 여러가지 곰팡이 병들이 많이 발생합니다. 때문에 모엽(母葉)과 병든 잎과 변색된 잎을 모두 솎아내어, 통기를 원활히 하고 영양의 손실을 줄입니다.

(6) 마지막 순치기 (동시개화조절)

① 국화꽃이 필 때는 줄기가 초질성으로 부드러운 위쪽에서부터 꽃이 피기 시작하여, 밑둥 부위의 딱딱하게 목질화된 부위는 제일 나중에 개화합니다.

② 따라서 마지막 순치기를 할 때는, 꽃이 피는 방향과는 반대로 밑둥에서부터 위로 올라오면서 순을 자릅니다.

③ 아래의 그림 971과 같이, 8월 1일에 밑둥에서부터 순치기를 시작하여, 5일 간격으로 올라가면서 8월 1일, 8월 15일, 8월 10일로 3등분하여 마지막 적심하면, 꽃이 일제히 활짝 개화합니다.

④ 8월 15일부터는 단일기간으로 진입하면서 화아분화(花芽分化) 시작되기 때문에, 그 이전에 동시개화조정을 마쳐야 합니다.

⑤ 작품의 구격은 2m 이상이면 이런 동시개화조정을 하고, 사방으로 펼쳐진 원줄기의 길이가 1m 以下이면 동시개화조정을 하지 않아도 됩니다.

⑥ 8월초에 마지막 적심을 하면 꽃목이 길고 꽃송이 수가 많으며, 9월초에 마지막 적심을 하면 꽃목은 짧고 꽃송이 수는 적습니다.

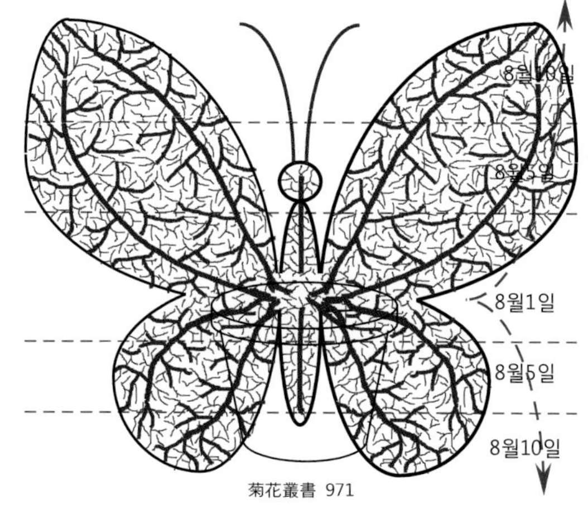

菊花叢書 971

⑦ 마지막 적심이 끝나면, 다시 한 번 손질을 합니다. 모엽과 병든 잎과 변색된 잎들을 모두 솎아내고, 꽃테를 따라 줄기와 순들을 가지런히 다듬습니다.

⑧ 국화 기본 방제액으로 작품의 앞면과 뒷면에 물이 약간 흐를듯 할 정도로 분무하여 방역을 합니다.

4. 태극형 조형물

태극형 조형물도 기본은 현애 만들기와 꼭 같습니다. 꽃테의 디자인만 다릅니다.

菊花叢書 972

(1) 꽃테 만들기

① 아래의 그림 973과 같이, 8번철사로 태극형 꽃테를 만듭니다. 꽃테의 형태가 찌그러지지 않도록 직경 10mm 內外의 버팀대를 십자(十字)로 고정합니다.

② 태극 꽃테의 크기는 무조건 크것 만 선호하지 말고, 선택된 국화포기의 줄기를 사방으로 펼쳐서, 그 넓이와 같거나 조금 작은 규모로 만드는 것이 작품 성공의 요인이 됩니다.

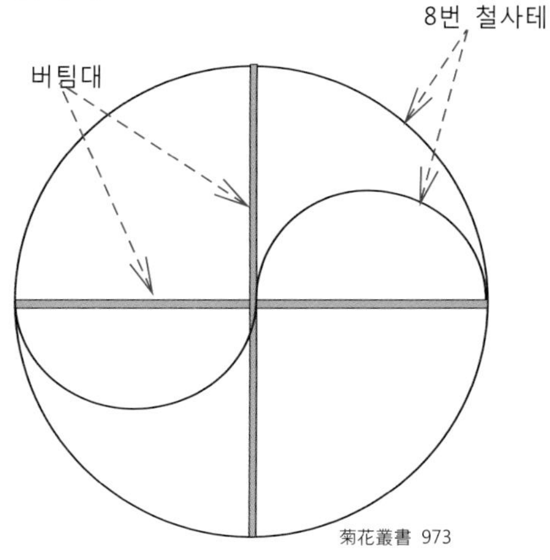

菊花叢書 973

③ 작품의 최대의 크기는 태극원 반지름이 재배자의 한쪽 팔 길이보다 약간 짧아야 합니다. 더 이상 크면 중심부분의 손질은 난작업이 됩니다.

(2) 모종 선택

① 대작은 하우스에서 4월 30일까지 전조처리를 한, 모종을 선택합니다.

② 소형은 이른 봄 3월에 올라오는 동지싹을 근분하여 노지재배한 모종을 이용합니다.

③ 모종은 붉은색과 흰색의 장간종을 선종하고, 길게 자란 2~3분지의 포기를 선택합니다.

(3) 아주심기 [정식(定植)]

① 아래의 그림 974와 같이, 월동관리한 모종은, 4월 초순에 7호 화분으로 옮겨심고,

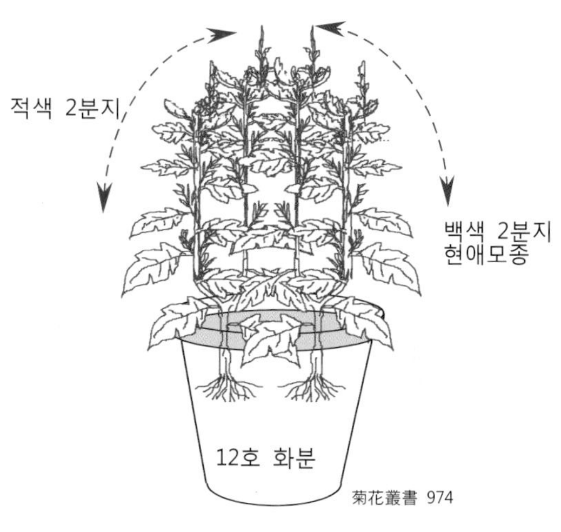

菊花叢書 974

② 4월 30일 전조처리를 끝내고,

③ 하우스 바깥 자연기온에 한달동안 적응시켜서 5월 30일까지 12호 화분에 정식합니다.

④ 노지재배(露地栽培) 모종은 한 달 늦게 6월 30일에 망화분채로 정식합니다.

(4) 꽃테 설치

① 아래의 그림 975와 같이, 아주 옮겨 심은 화분위에 태극 철사꽃테를 설치하였습니다.

菊花叢書 975

② 국화 줄기들을 세워 묶어서 임시 고정하여 보호하면서, 아래의 그림 976과 같이, 갈대나 끈으로 망을 짭니다. 혹은 닭장망을 잘라서 덮습니다.

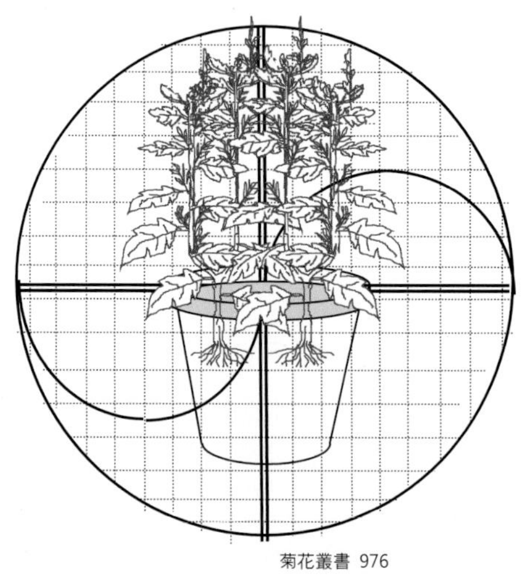

菊花叢書 976

(5) 꽃줄기 분배 배열

① 아래의 그림 977과 같이, 붉은색 국화 줄기는 위쪽으로, 흰색 국화줄기는 아래쪽으로, 원줄기 2개만 유인하여 꽃테망에 고정합니다. 태극의 크기에 따라서 국화 원줄기를 3줄기로 작업하기도 합니다.

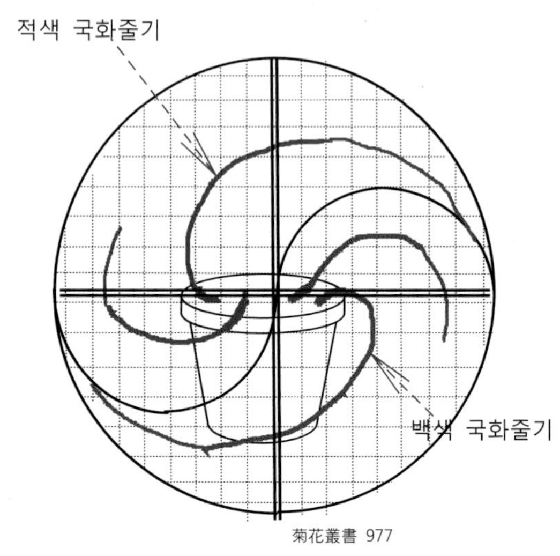

菊花叢書 977

② 다음은 아래의 그림 978과 같이, 수많은 곁가지와 잔가지들을 한쪽으로 치우치지 않고, 빈자리가 없도록 골고루 사방으로 펼쳐서 망(網)에 고정합니다.

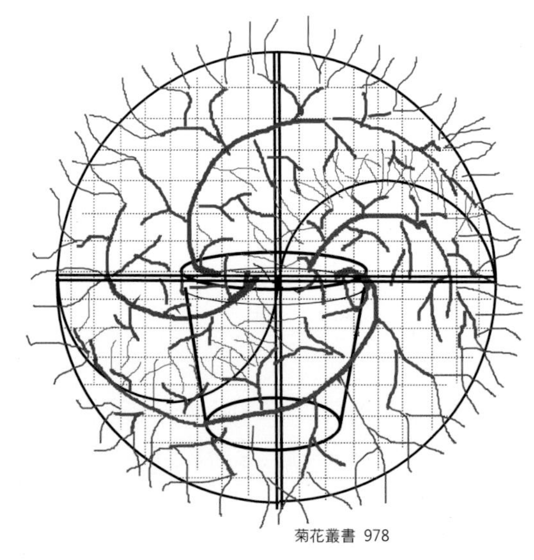

菊花叢書 978

(6) 순치기(摘芯)

① 다음은 아래의 그림 979와 같이, 태극형 철사꽃테 밖으로 나온 국화 줄기들을 모두 철사꽃테를 따라 가지런히 잘라냅니다. 동시에 꽃테 안쪽의 수많은 잔가지들도 모두 눕혀서 망에 고정하고 일제히 순을 잘라서, 곁눈발생을 촉진합니다.

② 특히 중앙의 태극선(太極線)은 붉은색과 흰색의 분리선이기 때문에, 필 꽃의 색상을 명확히 구분하여, 색의 경계선을 산듯하게 다듬어야 합니다.

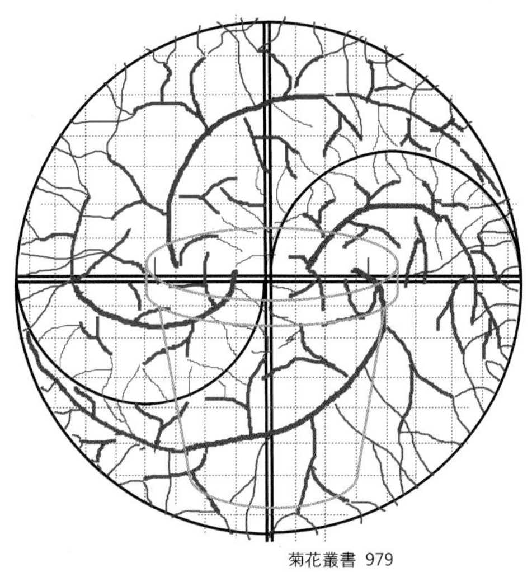

菊花叢書 979

③ 순치기가 끝나면, 맑은 물로 잎과 줄기를 씻으면서 뿌리까지 푹 관수합니다.

④ 여기까지가 6월 30일 하루만의 작업입니다. 지금부터는 50% 한랭사(寒冷紗)로 반 차양(遮陽)하여 관리합니다.

⑤ 그 후 3일 以內에, <u>살균제와 살충제 그리고 액비(液肥)등 3가지를 혼합한 국화 기본 방제액으로, 작품의 앞면과 뒷면에 물이 약간 흐를 정도로 고루 분무하여 방역과 엽면시비를 동시에 합니다.</u>

⑥ 7월 1일부터는 원줄기의 자람이 주춤하고, 곁가지의 자람과 발생이 왕성한 계절입니다.

⑦ 다음의 표 980과 같이, 1000배의 질소우선 웃거름용 액비를 주 1회 줄기와 잎을 적시면서, 뿌리에까지 푹 관수시비하여 옆가지들이 신속히 빠져 나오도록 유도합니다.

980 **웃거름(덧비료)**				
39 —	0 —	2	+2	+0.2
질소	인산	칼리	고토,	붕소

⑧ 아래의 그림 981과 같이, 곁가지가 발생하면, 눕혀서 망에 고정(꼬매기)하고, 잎을 3~4장 남기고, 순을 잘라서, 순(筍)의 수(數)를 2. 4. 8. 등 배가(倍加)로 늘려 빈 자리를 채워 나갑니다. 이때 유의할 것은, 잎과 줄기를 파랗게 채우는 것이 아니고, 국화 순(筍)을 공간에 꽉 채워야 합니다. 순(筍)의 수(數)가 곧 꽃송이 수(數)입니다.

⑨ 8월에 가름대를 빼고 증토를 하며, 8월 15일 以前에 마지막 적심을 합니다.

⑩ 9월에 다시 한 번 마지막 손질을 합니다. 모엽(母葉)을 따내고 병든 잎과 변색된 잎들을 모두 솎아냅니다.

⑪ 개화 직전에 저질소 고칼슘 고인산이 함유된 꽃비료와 살균제와 살충제 혼합액을 분무하여, 마지막으로 방역과 엽면시비(葉面施肥)를 동시에 합니다.

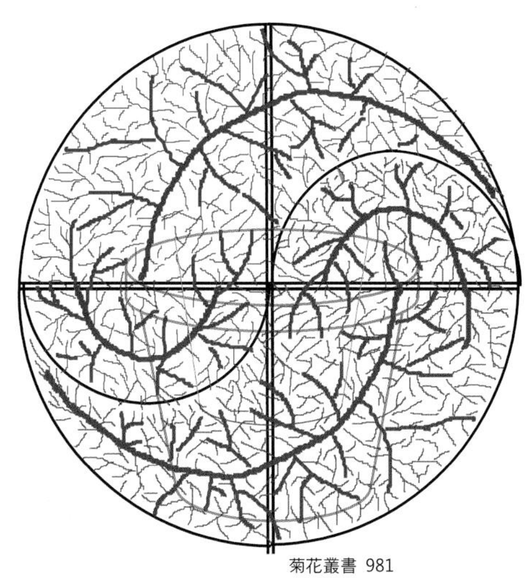

菊花叢書 981

5. 팔도강산 지도

이 대형지도 기본 만들기는 현애 만들기와 꼭 같습니다. 다만 철사 꽃테만 다를 뿐입니다.

菊花叢書 982

(1) 설계

대형지도형 조형물은 규모가 너무 커서 작품 관리와 운반에 무리가 많습니다. 때문에 근간에는 아래와 같이 3등분하여 재배합니다.

㉮ 함경도, 평안도.

㉯ 황해도, 경기도, 강원도.

㉰ 충청도, 경상도, 전라도.

(2) 모종 선택 관리

① 이른 봄에 움터 나온 봄 싹을 포기 나누기하여, 포트에 이식 하였다가, 화분재배나 노지재배(露地栽培)[①]합니다.

② 겨울동안 하우스에서 계속 자란 포기는, 전조처리를 않았는 모종이나, 전초처리 한 모종도 봄에 너무 일찍 하우스 밖으로 나오면, 버들눈이 오기 때문에 4월 30일 밤까지 광중단법[②] 전조처리를 합니다.

③ 함경도와 평안도는 색깔이 서로 다른 2포기를, 같은 화분에 함께 심습니다.
특히 함경도는 흰색을 제외한, 색깔이 뚜렷한 장간종의 큰 포기를 선택해야, 작업이 쉽고 전체의 윤곽이 뚜렷합니다.

④ 황해도, 경기도, 강원도는 색깔이 다른, 3포기를 같은 화분에 함께 심습니다.

⑤ 충청도, 경상도, 전라도, 역시 색깔이 서로 다른 3포기를 선택합니다. 전체적으로 인접도와 색상이 겹치지 않도록 합니다.

(3) 지도테 만들기

① 6월에 아래의 그림 983과 같이, 한국지도를 3등분하여, 8번 철사로 따로따로 제작합니다.

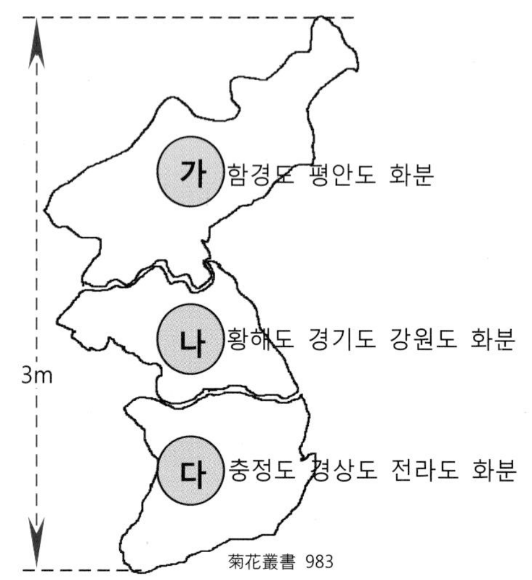

菊花叢書 983

② 다음은 아래의 그림 984와 같이, 함경도와 평안도를 합하여, 8번 철사로 ㉮꽃테를 따로 만들었습니다.

菊花叢書 984

③ 다음에도 아래의 그림 985 같이, 황해도와 경기도와 강원도, 3도를 합하여, 1개의 꽃테를 8번 철사로 ㉯꽃테를 만들었습니다.

※참조 ①노지재배(露地栽培):252쪽. ②광중단법(光中斷法):329쪽7.

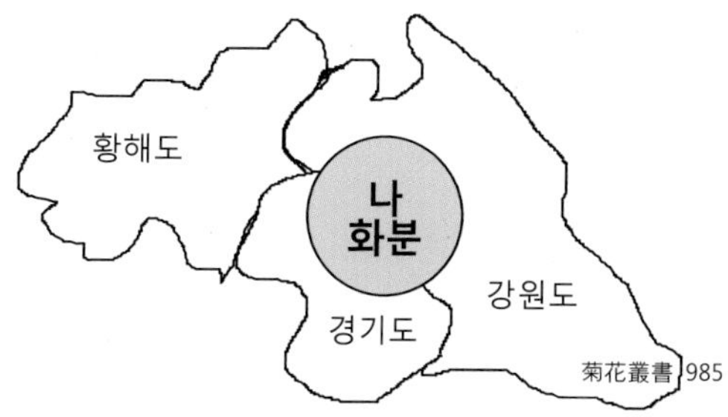

菊花叢書 985

④ 다음은 아래의 그림 986과 같이, 충청도와 경상도와 전라도를 합하여, 1개의 지도 꽃테를 8번 철사로 ㉰꽃테를 만들었습니다.

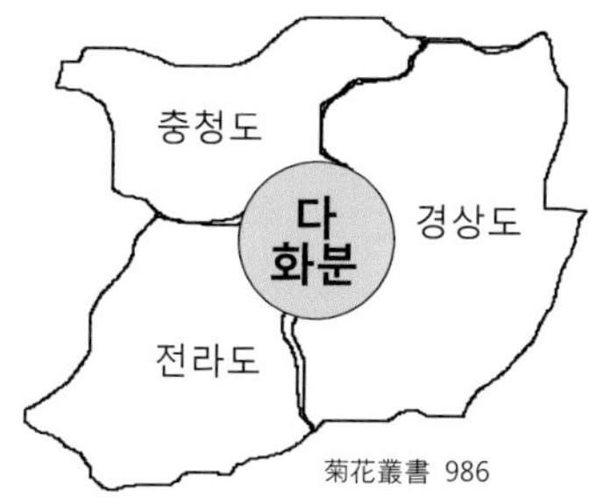

菊花叢書 986

(4) 꽃틀 설치

① 아래의 그림 987과 같이, 12호 화분 위에, 함경도 평안도의 꽃테를 설치합니다.

菊花叢書 987

(5) 아주심기 [정식(定植)]

① 6월 하순에, 다음의 그림 988과 같이, 노랑색과 붉은색 2종의 국화를 노지재배에서 망분채로 캐 올려, 12호 화분에 아주 옮겨 심었습니다.

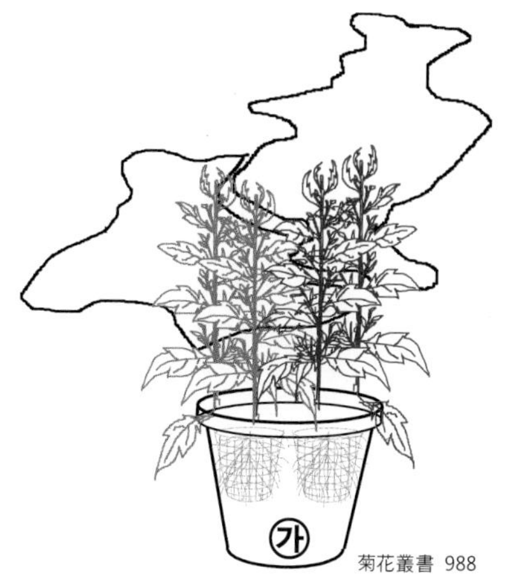

菊花叢書 988

② 다음은 아래의 그림 989와 같이, 꽃테 위에 망을 씌웁니다.

③ 망을 덮을 때는 전체를 한 장으로 덮으면 난작업이 됩니다. 몇장으로 나누어 잘라서 국화가지 사이사이로 밀어 넣어서 조립합니다.

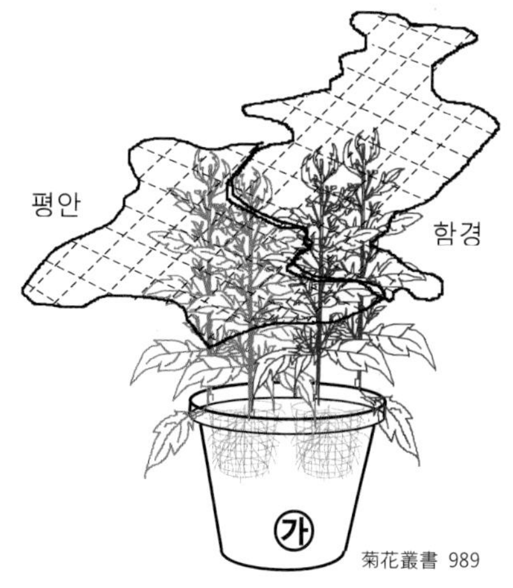

菊花叢書 989

(6) 꽃가지 배분

① 꽃가지 배분은 속성현애 만들기와 꼭 같습니다. 철사 꽃테 모양만 다르고, 다른 것은 모두 같습니다.

② 다음의 그림 990-㉮와 같이, 함경도 쪽으로는 붉은 국화모종의 가지들을 사방으로 배분하고, 눕혀서 묶음끈으로 망에 고정하고, 꽃테 안팎의 모든 가지들을 일시에 순을 쳐서 곁가지 발생을 촉진합니다.

菊花叢書 990

③ 꽃테 밖으로 나오는 긴 가지들은, 철사 꽃테를 따라 가지런히 잘라냅니다.

④ 도 경계선에는 꽃 색깔이 다르기 때문에, 경계선이 선명하도록 순(筍)을 선별해서 명확히 순자르기 합니다.

⑤ 다음의 그림 991-㉯화분은, 황해도 강원도 경기도, 3개도를 한 화분에 묶었습니다. 각각 색깔이 다른 3가지 모종을 노지에서 케올려, 망화분채로 ㉯화분에 같이 심습니다. ㉮화분의 경계선에 색깔이 중복되지 않도록 배분을 잘해야 합니다.

菊花叢書 991

⑥ 다음에도 다음의 그림 992-㉰와 같이, 정식화분 위에 꽃테를 설치하고, 충청도는 붉은색, 경상도는 분홍색, 전라도는 주황색으로 배분하고, 도경계와 꽃테 밖으로 나온 모든 국화줄기는 꽃테를 따라 가지런히 잘라냅니다.

⑦ ㉮, ㉯, ㉰, 3화분 모두 8월 15일 이전에 마지막 적심을 합니다.

⑧ 적심이 끝나면 바로 1000:1의 질소우성인 웃거름용 액비를 과수시비하여, 측지발생 충동작업을 하고, 순치기와 가지정리를 자주하여서, 꽃테안의 빈자리를 채워 나갑니다.

⑨ 7월과 8월 고온다습한 계절에 모엽(母葉)과 병든 잎과 변색된 잎들을 모두 솎아내어, 통기를 원할히 하여 곰팡이병들을 예방하고 영양의 손실을 줄입니다.

菊花叢書 992

⑩ 다음은 1000:1의 국화 기본 방제액으로 꽃테의 앞면과 뒷면에 골고루 분무하여 방역을 철저히 합니다.

⑪ 마지막으로 ㉮, ㉯, ㉰ 3개의 화분을 전시장으로 쉽게 옮길 수 있습니다.

⑫ 전시장에서 3개의 화분을 연결 조립하면, 아래의 그림 993과 같은 좋은 작품이 완성됩니다.

菊花叢書 993

6. 십사도강산 지도

(1) 설계 지도 꽃틀 만들기

① 대형 꽃지도는 항상 전시장까지 작품 운반의 어려운 문제점이 있습니다. 여기서 소개하는 14도(道) 강산의 꽃지도는 이런 약점을 해결하기 위한 방법입니다.

② 국화재배는 도별로 9호 화분 8개만 따로따로 재배해서, 가을에 전시현장에서 조립만 하면 됩니다.

③ 아래의 圖解 995와 같이, 땅에다 줄을 그어서, 9호 화분이 들어갈 칸을, 사다리모양으로 8칸을 땅에 그립니다.

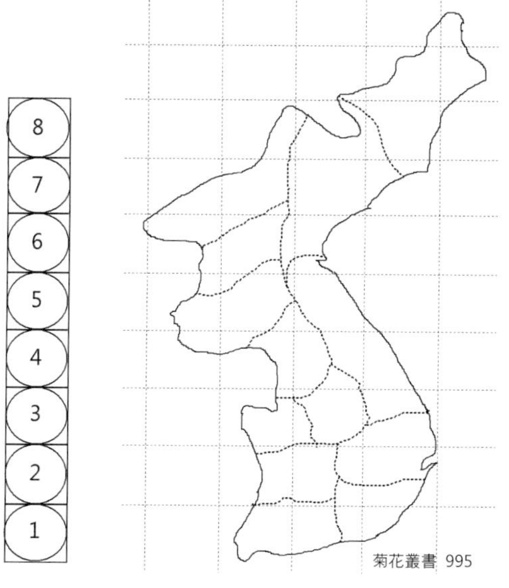

④ 다음은 그 옆에, 땅에 씨줄 날줄을 그려놓고, 사다리 크기에 맞추어서 한국지도를 땅에 그립니다.

⑤ 다음은 아래의 圖解 996과 같이, 이 선에 맞추어서 앵글이나 각목(角木)으로, 9호 화분이 8개 들어가도록, 8칸의 화분 모둠 틀을 만들고, 밑으로는 다리를 약간 연장하고, 받침대를 접을 수 있도록, 접철식(摺綴式)으로 제작하여 연결합니다.

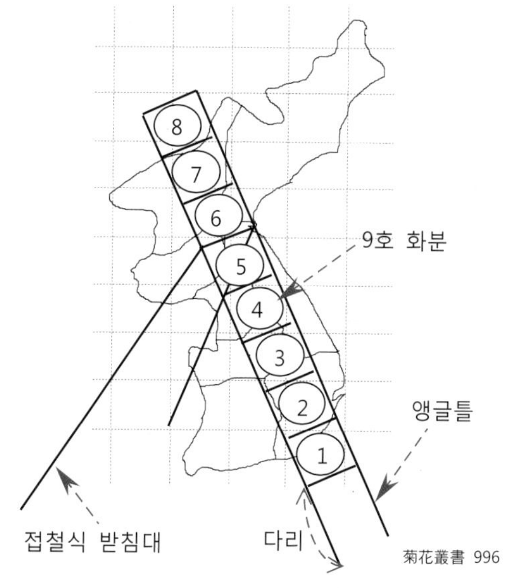

(2) 지도테 만들기

① 아래의 그림 997과 같이, 땅에 그려진 그림에 맞추어 경상도 지도테를 8번 철사로 만듭니다.

② 마찬가지 방법으로 8도의 지도테를 각각 따로따로 8개를 제작합니다.

⑶ 지도테 꽃틀에 고정

① 아래의 그림 998과 같이, 각 도별 지도테를, 땅에 제자리에 펼쳐서 연결해 놓고, 그 위에 화분틀을 얹어놓고, 1번 화분과 경상도 지도테를 연결하여 고정합니다.

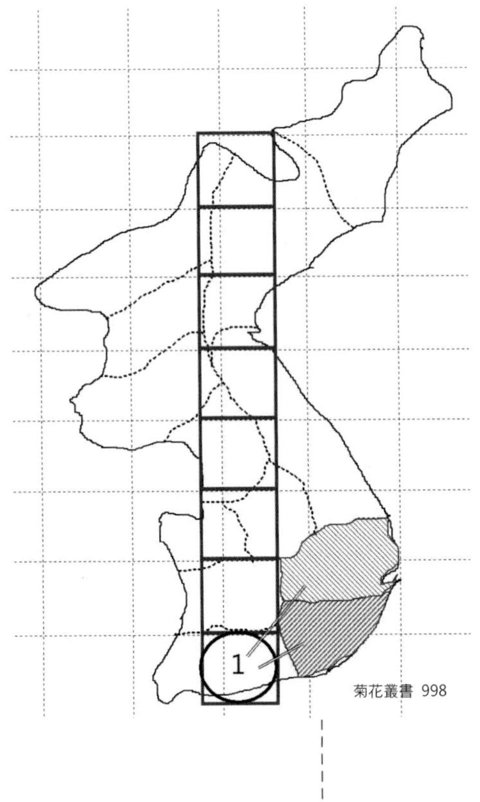

菊花叢書 998

② 화분에 고정 완료된 경상도 지도테를 따로 빼내면, 아래의 그림 999와 같이 됩니다.

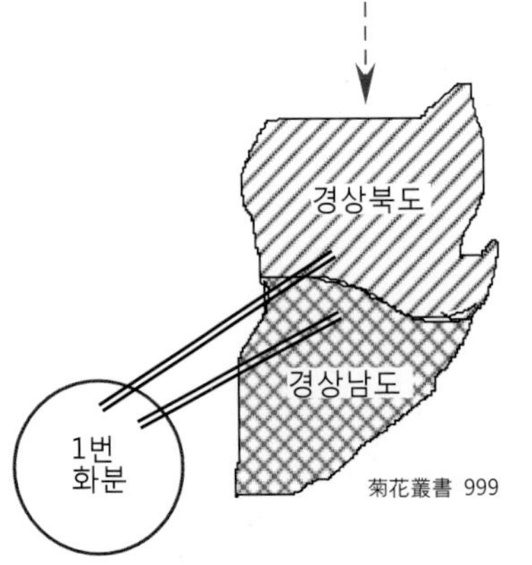

菊花叢書 999

⑷ 모종관리

① 3월 중순경, 양지바른 남쪽 화단에서 일찍 움돋는 이른 봄의 새싹을 근분(根分)하여 포트에 옮겨 심습니다.

② 4월 초순경, 5호 중분으로 2번째 옮겨 심어서 기릅니다.

③ 어떤 동호인은 5호 망화분에 모종을 넣어서 노지에 심었다가 6월에 9호분으로 정식하는 분도 있습니다. 이렇게 하면 활력이 더 좋고 더 무성하다고 합니다.

④ 6월 하순, 9호 화분으로 정식하면서, 도별로 분리된 꽃틀을 고정합니다

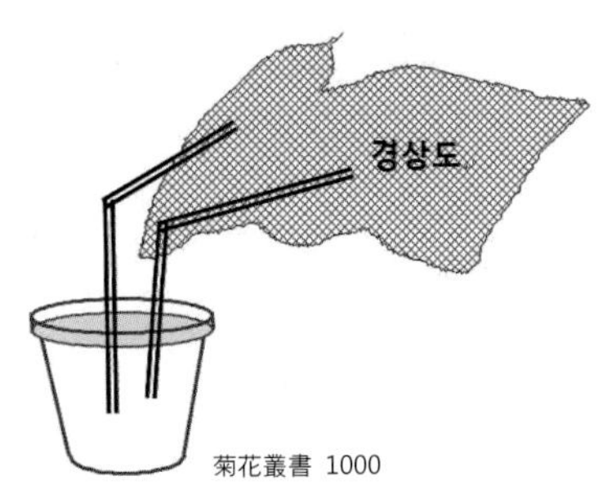

菊花叢書 1000

⑤ 위의 그림 1000과 같이, 정식한 9호 화분에 경상도 꽃테를 연결한 측면도입니다. 실제로 이렇게 연결된 꽃틀에, 앞의 그림 999와 같이 9호 화분에 꽃 색깔이 다른 2포기의 국화를 함께 심고, 경북과 경남의 꽃테에 각각 다른 색깔의 국화가지를 배분합니다.

⑥ 같은 방법으로, 아래의 圖解 1001의 그림 7개들과 같이, 8도의 지도테를 만들고, 9호분의 소규모로 국화를 기릅니다.

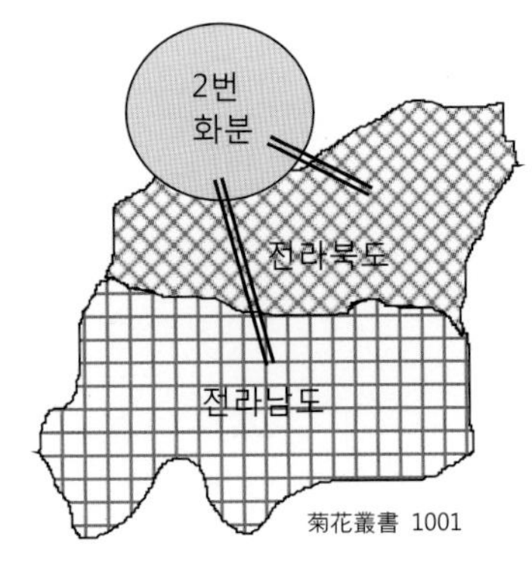

菊花叢書 1001

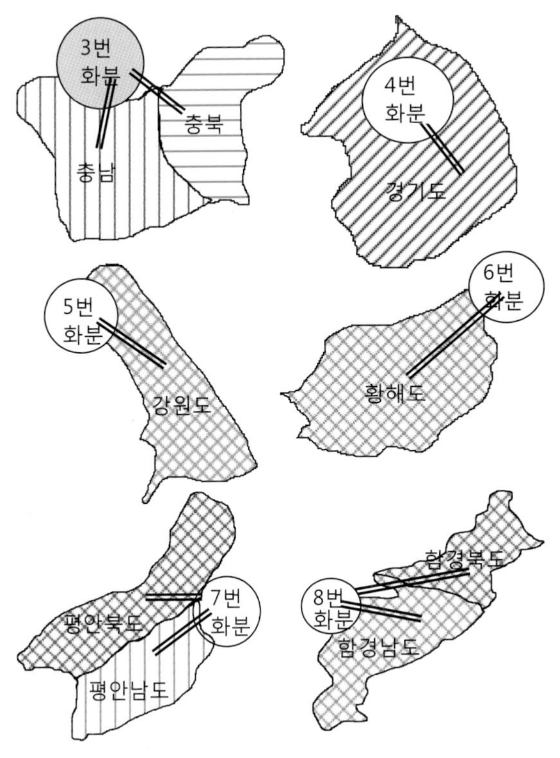

(5) 지도형 조형물 조립

① 10월에 8개의 9호 화분을 전시현장으로 옮긴 후, 9호 화분들을 틀에 끼워서 조립합니다.

② 아래의 圖解 1002와 같이, 앵글로 짠 화분틀을 땅에 눕히고, 첫 번째로 경상도 지도테를 화분틀에 꽂고, 고정합니다.

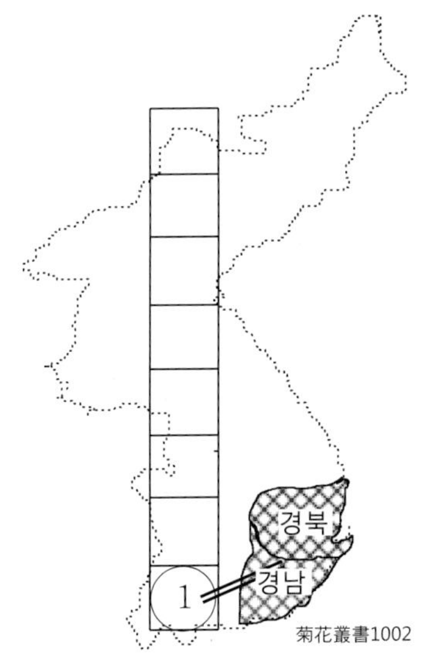

菊花叢書1002

③ 같은 방법으로 아래의 그림 1003과 같이, 2가지 색깔을 심은, 전라남북도의 지도테를, 2번째 화분자리에 넣고, 인접 지도 꽃테와의 경계선을 명확히 산듯하게 순을 잘라서 정리합니다.

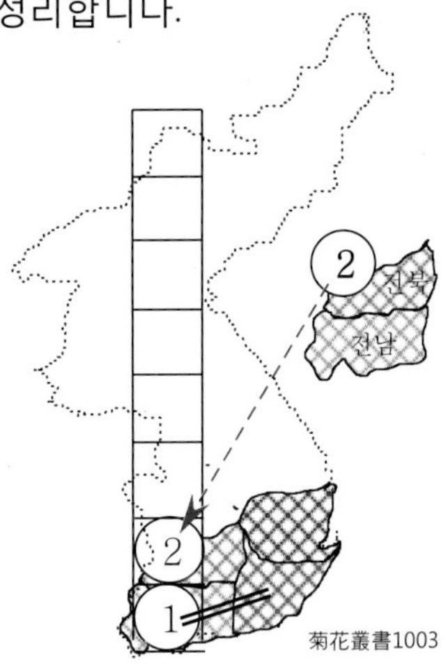

菊花叢書1003

④ 같은 방법으로, 아래의 그림 1004와 같이, 3번째 화분 4번째 화분의 순서대로 조립하여 올라와서, 마지막으로 8번째 함경도의 화분을 꽃틀 제자리에 넣고, 조립이 모두 끝났습니다.

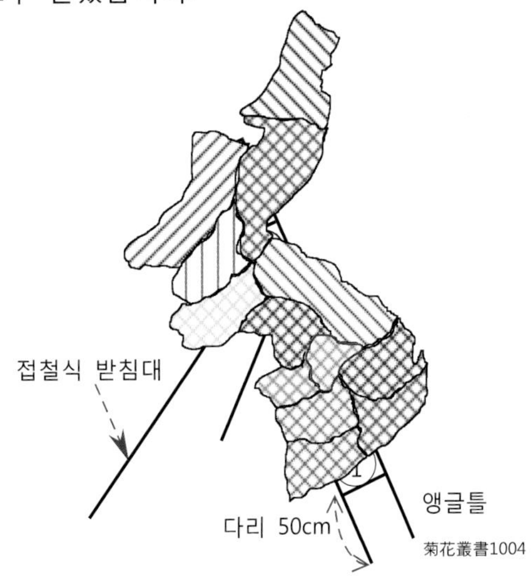

菊花叢書1004

⑤ 물을 줄 때는 꽃틀을 땅에 눕혀서 관수(灌水)하고, 감상할 때는 눕힌 채로 보기도 하고, 꽃틀을 45°이상 세워서 감상하기도 합니다.

7. 촛불형 조형물

진주/菊花叢書1005

(1) 설계 및 꽃틀 만들기

① 6월 하순에 꽃틀을 짭니다. 아래의 그림 1006과 같이, 8번 철사를 길이 3m 內外로 여러개 잘라서, 화분바닥에 닿도록 화분 가장자리에 깊이 꽂아놓고, 촛불형 망(網)틀을 만들어 임시 고정합니다.

② 망틀의 높이는 준비된 모종의 길이에 맞추어서 설치합니다.

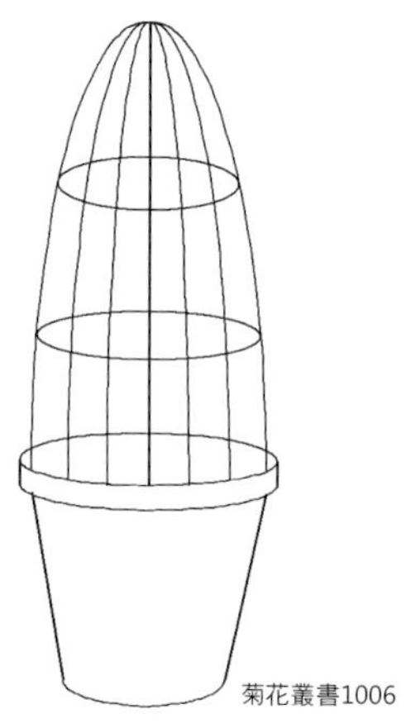
菊花叢書1006

(2) 모종

① 이른 봄에 올라오는 새싹을 포기나누기하여 3호 포트에 옮겨서 재배합니다..

② 더 크게 기르려면 이 모종을 4월 중순경에 노지(露地)에 심었다가 6월 하순에 본화분에 정식을 합니다.

③ 대작이나 특작은 겨울동안 국화전용 하우스에서 전조처리 하여 재배한 모종을 6월 하순까지 정상적으로 길러서, 아래의 사진 1007과 같이 3m 정도의 모종을 만들어서 사용합니다.

菊花叢書1007

(3) 적심과 가지분배

① 대형작품은 적심과 가지분배가 중요합니다.

② 6월하순에 모종의 길이가 3m이면, 망틀도 3m 높이로 설치합니다.

③ 다음은 아래의 사진 1008과 같이, 화분 가장자리 둘레에 모종을 몇포기 심고, 망 바깥으로 가지들을 도배하듯이 펼쳐서 배분 고정하고, 그 끝은 모두 적심하여 마디마다의 곁가지 발생을 충동합니다. 동시에 중간중간의 작은 가지들도 모두 망에 고정하고 끝을 적심합니다.

④ 꽃가지들을 망 안에서 낭비하지 말고 망 바깥으로 배분해야 합니다. 7월 한달동안은 현애 만들 때와 같이, 몇 차례 적심하면서 곁가지들을 받아 빈 공간을 채웁니다.

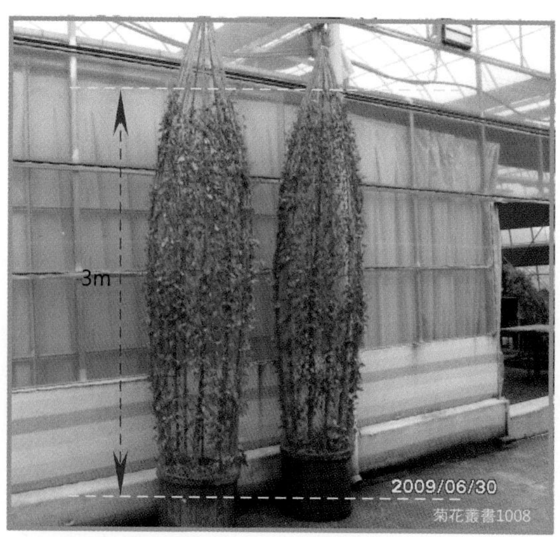

菊花叢書1008

⑤ 이때 참고할 문제는, **6월말 현재 모종의 크기에 맞추어서 꽃틀의 높이를 마무리합니다.** 더 이상 주간(主幹)이 자랄 기간이 없습니다. 줄기의 성장은 6월 하순까지이고, 7월은 주로 분지(分枝)를 하며, 8월은 화아분화(花芽分花)를 하고, 9월은 화아출뢰(花芽出蕾)의 기간입니다.

⑥ 이러한 자연의 현상에 순응하지 않고, 6월 말 이후에도 계속 주간을 더 길러서 더 크게 만들려고 노력을 한다면, 결과적으로 빈 공간을 다 채우지 못하고, 미완성 작품이 됩니다.

(4) 추비(秋肥)

① 기르다가 거름이 모자라는 듯하면 추비(秋肥)를 합니다. 질소분이 휘발하거나 소모되어 부족하게 되면, 아랫잎에 갈색 무늬가 나타날 수도 있습니다. 이때는 질소분만 보충하면 됩니다.

② 추비로는 아래의 사진 1009와 같은 농촌에서 많이 사용하는 웃거름용 [요소]를 적당량 주면 됩니다.

菊花叢書1009

(5) 방역(防疫)

① 7월 8월은 무더운 삼복더위입니다. 이때는 국화 잔가지와 잎이 무성하게 덮여서 통기가 잘 안되어, 고온다습(高溫多濕)한 지방에서는 여러가지 곰팡이 병이 발생합니다.

② 먼저 모엽(母葉)과 통기에 방해되는 너무 큰 잎은 모두 솎아냅니다. 병든 잎과 변색된 잎들도 모두 따내고 방역합니다.

③ 살균제와 살충제를 혼합 2000배로 희석하여, 잎과 줄기에 물이 약간 흐를 정도로 골고루 분무 방역을 합니다.

(6) 소국 동시개화 조절

① 국화는 키가 큰 대작에서는 마지막 적심을 동시개화 조절로 합니다. 아래의 圖解 1010과 같이, 국화는 초질성(草質性)인 위에서부터 꽃이 피기 시작하여, 밑으로 내려오면서 목질성(木質性)인 밑둥 부위는 제일 나중에 꽃이 핍니다.

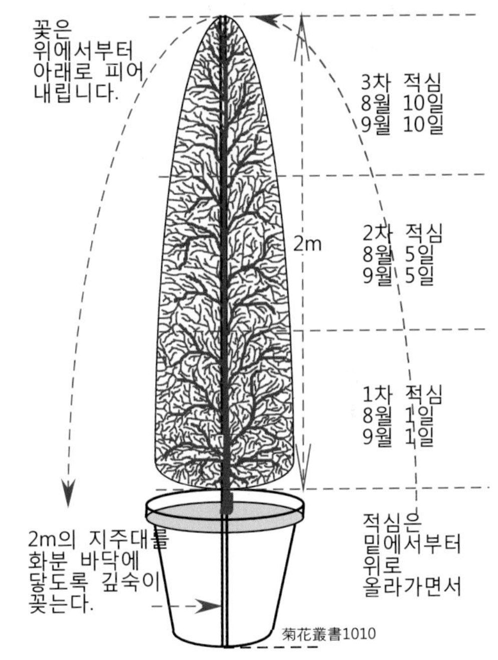

菊花叢書1010

적심은 꽃이 피는 방향과 반대 방향으로, 아래에서부터 위로 올라가면서 3등분하여 5일 간격으로 적심하면, 키가 큰 대작도 거의 같은 시기에 개화합니다. 이것을 소국 동시개화조절(同時開華調節)이라고 합니다.

② 8월1일에 밑둥 부분을 적심하고→8월5일에 중간부분을 적심하고→8월10일에 윗부분을 적심하면 꽃목은 조금 길지만, 꽃송이 개채수가 많아서 좋습니다.

③ 같은 방법으로 적심일정만 한 달 늦추어서, 9월1일→9월5일→9월10일. 에 마지막 적심을 하면, 꽃송이 개채수는 작게 맺히고, 개화가 며칠 지연되지만, 꽃목이 짧아서 좋습니다.

8. 원형삿갓형 조형물

이 조형물도 기본은 현애 만들기와 꼭 같습니다. 틀짜기를 입체로 했을 뿐입니다.

일산/菊花叢書1011

(1) 모종

① 3월 초순에 정상적으로 올라오는 봄싹을 포트에 1차 옮겨 심었다가, 4월에 5호분으로 2차 옮겨 심습니다.

② 5호 망화분에 넣어서 6월 하순까지 노지재배도 합니다.

③ 모종은 장간종으로 붉은색 노랑색 흰색 등 3가지 색깔로 선택하고, 필요에 따라 분홍색 주황색을 더 선택합니다.

(2) 아주심기(定植)

① 6월 하순에 아래의 그림 1012와 같이, 4~5가지 색깔의 장간종 소국현애 모종을, 12호 화분 중간에 모아서 정식합니다.

② 포기마다 줄기에 색깔표시 라벨을 붙이고 줄기들을 모두어 세워서 묶은단음, 정식화분 위에 꽃테를 설치합니다.

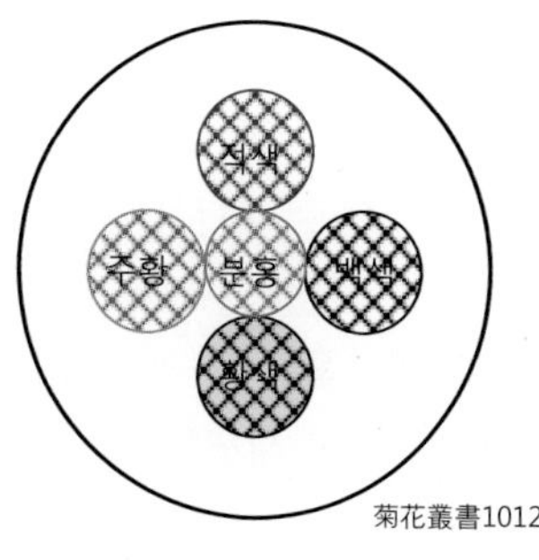

菊花叢書1012

(3) 꽃틀 및 설계

① 아래의 그림 1013과 같이, 8번 철사로 둥근 꽃테 4개를 만듭니다.

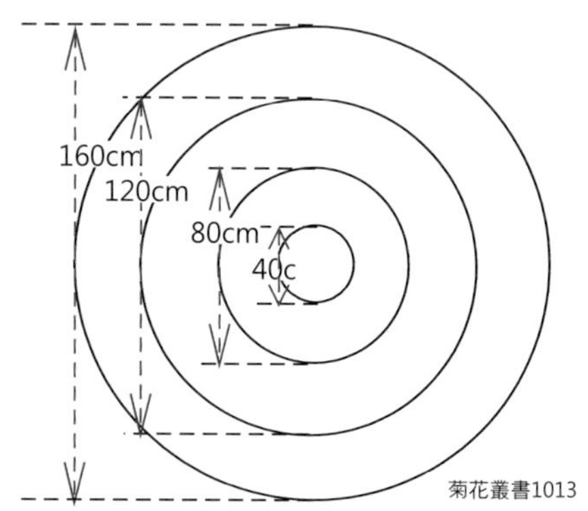

菊花叢書1013

② 아래의 그림 1014와 같이 설치할 수 있도록 부품을 준비해 놓습니다.

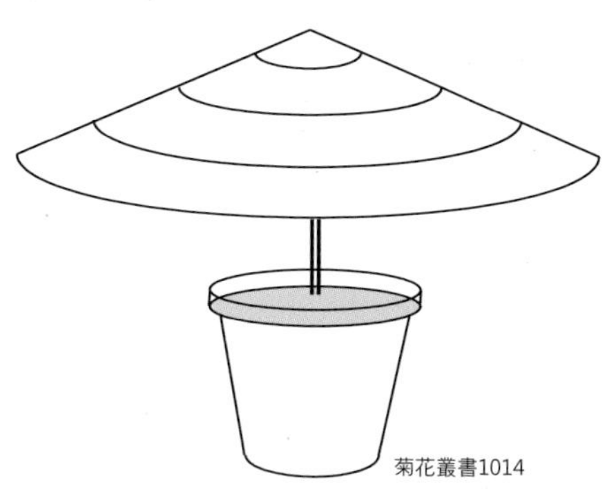
菊花叢書1014

③ 다음은 아래의 그림 1015와 같이, 4가지 색깔의 국화를 배열한 도안입니다.

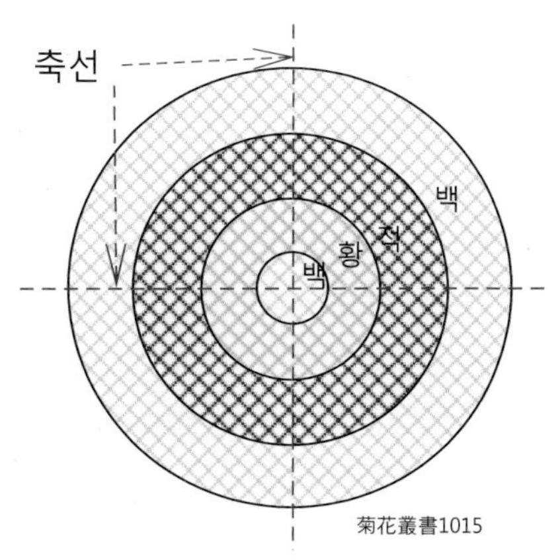

菊花叢書1015

(4) 꽃틀 설치 및 가지배열

① 꽃틀을 완전히 조립하여 반듯하게 다듬은 후, 다시 부분별로 해체하였다가,

② 중심에서부터 부분별로 조립하고 꽃가지를 유인 고정하면서, 위에서 아래로 작업해 내려옵니다.

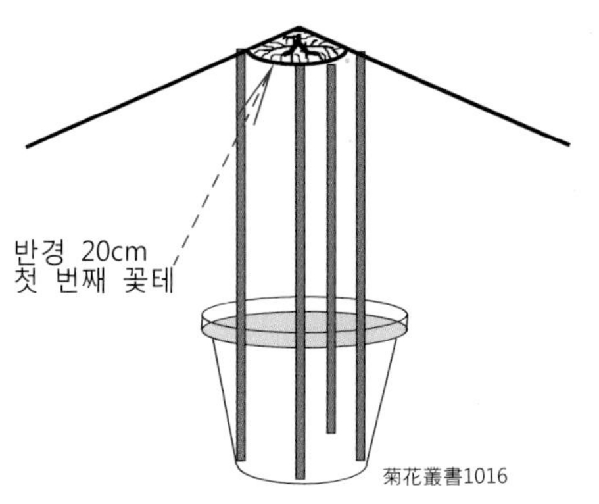

菊花叢書1016

③ 첫 번째 단계로, 위의 그림 1016과 같이, 준비된 상태에서 반경 20cm의 첫 번째 꽃테를 설치합니다.

④ 꽃테의 공간을 망(網)으로 덮은 다음, 하얀꽃 가지를 유인하여 눕혀서 망에 고정하고, 그 끝순들을 일제히 적심하여 측지발생을 촉진합니다. 경계선의 꽃가지들을 모두 꽃테를 따라 가지런히 잘라냅니다.

⑤ 다음은 아래의 그림 1017과 같이, 첫 번째 꽃테에서 20cm 간격을 띠우고 2번째 꽃테를 고정하고, 노랑색 국화줄기를 유인하여 그 잔가지들을 펼쳐서 사방으로 배분합니다.

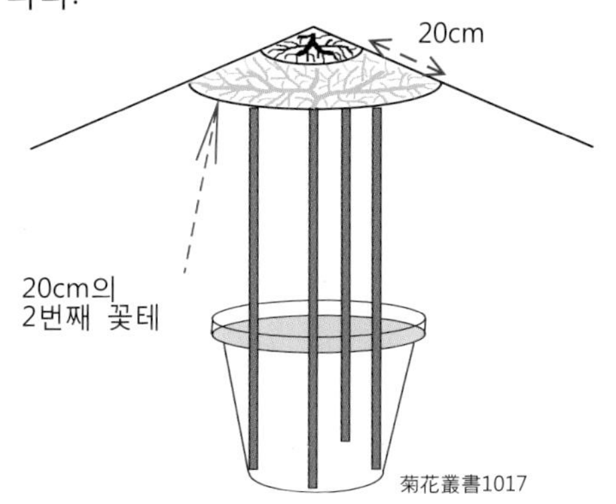

菊花叢書1017

⑥ 다음은 아래의 圖形 1018과 같이, 다시 20cm 간격을 띠우고 3번째 꽃테를 설치하고, 붉은 꽃 국화줄기를 유인하여 사방으로 펼쳐 고정하고 적심하여 잔가지 작업을 합니다.

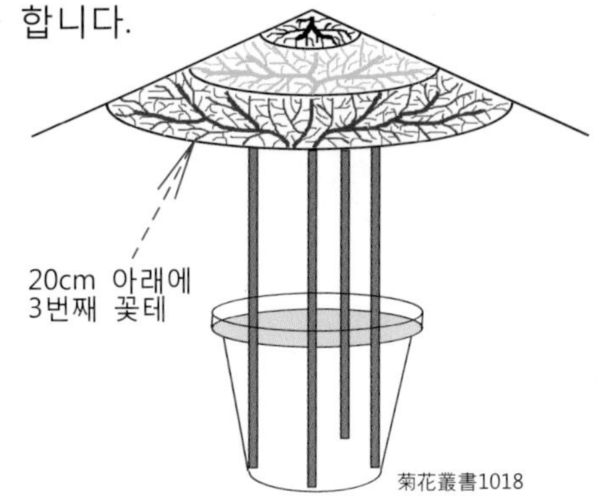

菊花叢書1018

⑦ 아래의 1019 그림은 마지막으로 4번째 꽃테입니다. 흰꽃줄기를 유인하여 고정하고 사방으로 배분합니다.

菊花叢書1019

⑧ 아래의 1020은 3색 배열입니다. 3색일 때는, 위에서부터 赤白黃 순서배색이 더 영롱합니다.

菊花叢書1020

9. 양산(陽傘)형 조형물

(1) 모종

① 3월 초순에 정상적으로 올라오는 봄 싹을 포트에 1차 옮겨 심어서 사용합니다.

② 목적에 따라서는 5호 망분에 넣어서 노지재배 합니다.

③ 아래의 그림 1022와 같이, 모종의 키가 화분바닥에서 2분지점까지 1m 내외로 기릅니다.

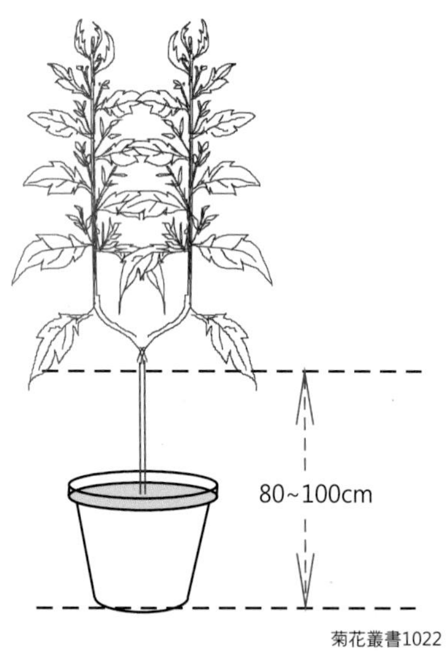

菊花叢書1022

④ 모종은 장간종(長桿種)으로 붉은색, 노랑색, 흰색 등 3가지 색깔로 선종합니다. 이 색깔이 아니라도 3색이 선명하게 구별되는 색깔을 선택합니다.

(2) 아주심기 [정식(定植)]

① 모종은, 6월 30일, 아래의 그림 1023과 같이, 화분 높이를 포함하여 80~100cm 높이에서 2분지된 모종을 선택하여, 3색깔 3포기를 함께 정식합니다.

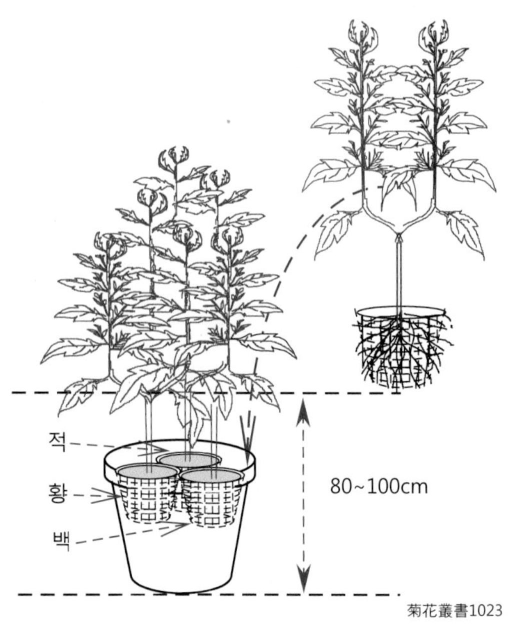

菊花叢書1023

② 다음은 아래의 그림 1024와 같이, 정식한 12호 화분에, 길이 1m 이상 직경 20mm의 튼튼한 파이프 지주대를 화분 바닥에 닿도록 깊숙이 꽂습니다.

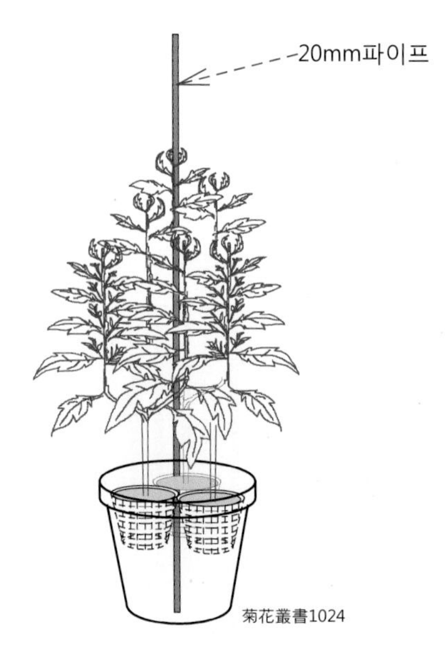

菊花叢書1024

③ 8번 철사를 1m 길이로 아래의 그림 1025와 같은 양산살 모양으로 굽힙니다. 같은 모양을 6개 만듭니다.

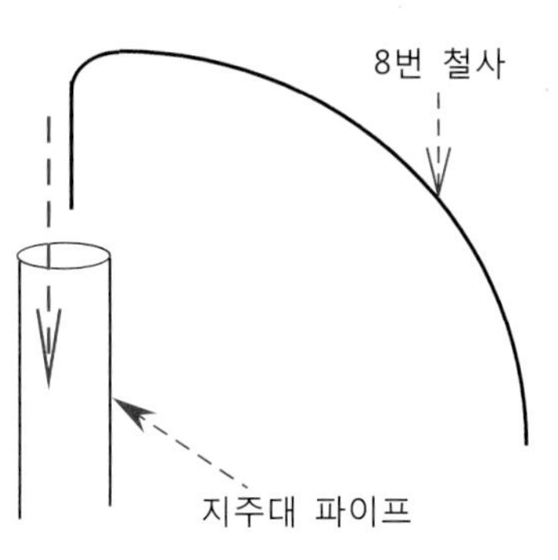
8번 철사
지주대 파이프

菊花叢書1025

④ 이렇게 만든 양산살 철사 6개를 다음의 그림 1026과 같이, 정식화분의 중심에 세워둔 파이프 구멍에 꽂습니다.

⑤ 정식화분 지주대에 양산살 철사 6개를 모두 꽂으면, 아래의 그림 1226과 같이 됩니다.

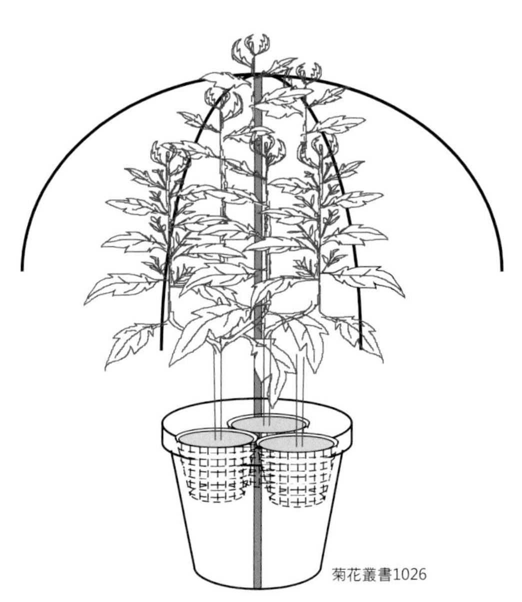

菊花叢書1026

⑥ 다음은 양산살 철사가 한쪽으로 몰리지 않도록, 아래의 그림 1027과 같이, 양산살 중간 부위에 원형테를 설치하여서 사방으로 단단히 고정합니다.

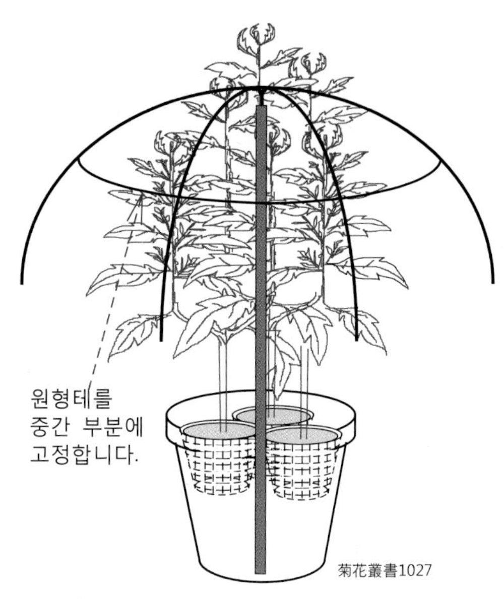
원형테를
중간 부분에
고정합니다.

菊花叢書1027

⑦ 다음은 아래의 그림 1028과 같이, 6개의 양산살 끝을, 12번 철사로 양산호를 만들어 연결합니다.

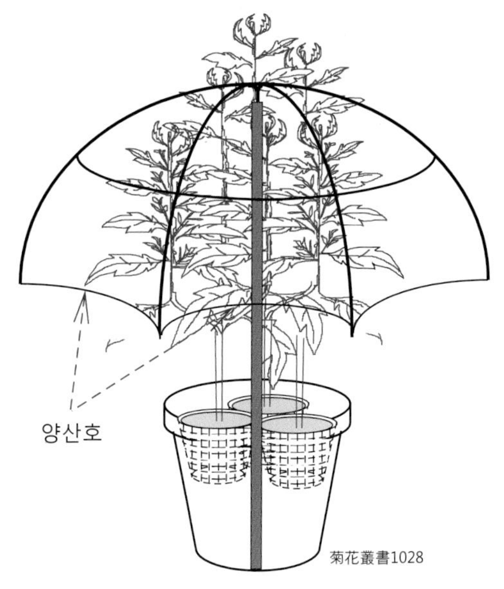
양산호

菊花叢書1028

⑧ 각 양산살 사이에도 아래의 그림 1029와과 같이, 12번 철사로 중간 양산살을 6개 설치합니다.

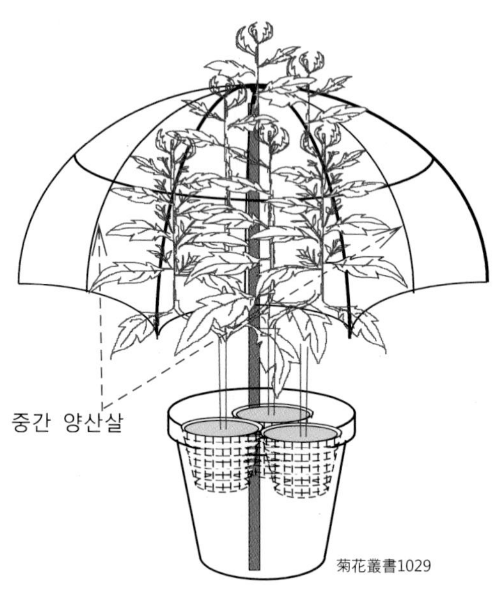

菊花叢書1029

⑨ 다음은 아래의 그림 1030과 같이, 꽃틀 위로 망을 씌웁니다. 국화줄기부터 먼저 다치지 않도록 단도리 한 후에, 국화줄기를 피하면서 망을 씌웁니다.

⑩ 정식하고, 틀짜고, 망을 쒸우는 순서로 작업합니다.

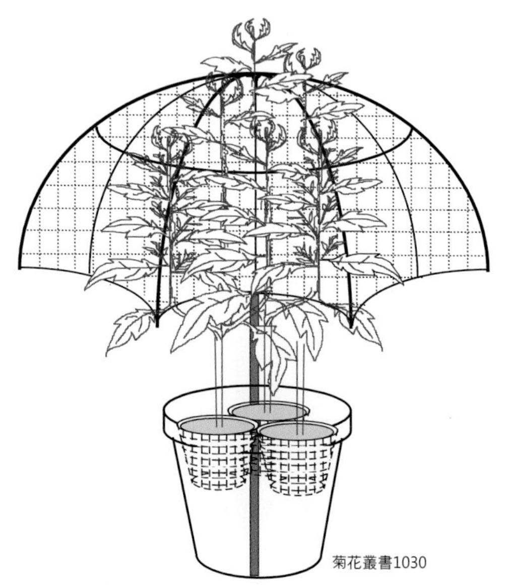
菊花叢書1030

(4) 꽃가지 분배 배열

① 먼저 아래의 그림 1031에서, 중간부분에 흰색 국화를, 망 바깥으로 도배하듯이 배분하여 올라갑니다.

② 국화가지들을 눕혀서 망(網)에 묶음끈으로 고정(꼬매기)합니다.

③ 잔가지들도 모두 사방으로 골고루 펼쳐서 망(網)에 고정하고, 그 끝 순을 일제히 적심하여 곁가지 발생을 촉진 합니다.

④ 경계선을 넘어가는, 줄기들은 모두 자라내어, 경계선이 선명하도록 합니다.

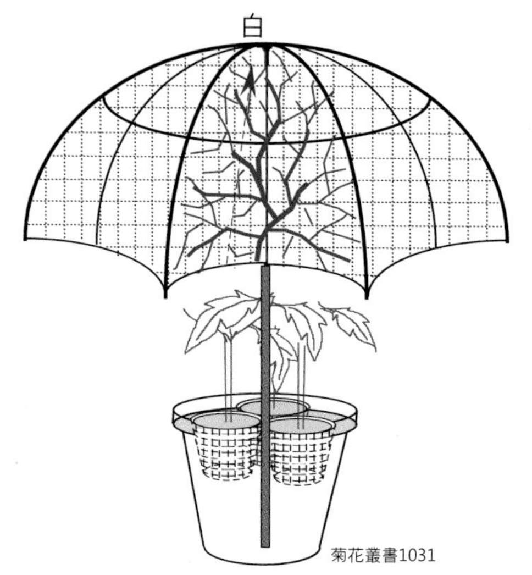

菊花叢書1031

⑤ 아래의 그림 1032는 위에서 본 단면도입니다. 반대쪽에도 같은 흰색 국화가지를 배분합니다.

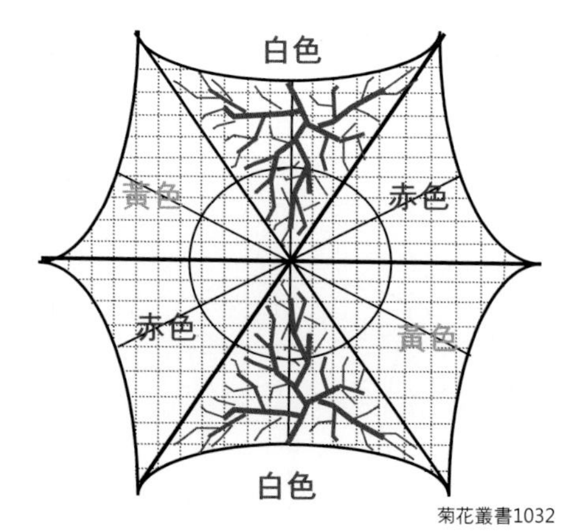

菊花叢書1032

⑥ 마찬가지 방법으로, 아래의 그림 1033에서 붉은 국화꽃 가지를 배분하고, 반대 쪽에도 붉은 꽃가지를 배분합니다.

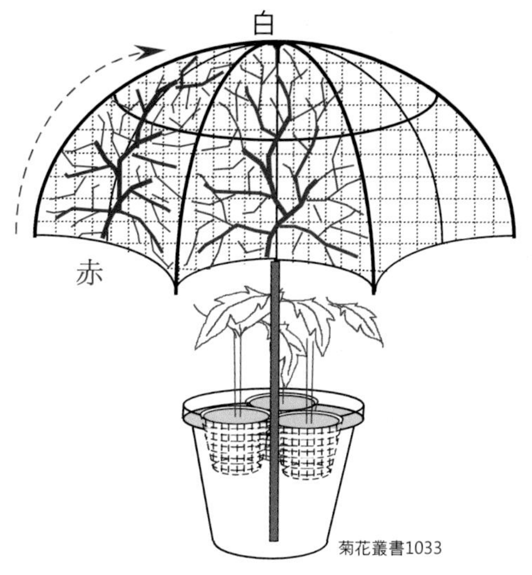

菊花叢書1033

⑦ 아래의 그림 1034와 같이, 같은 방법으로 노랑색 국화 가지들도 배분합니다.

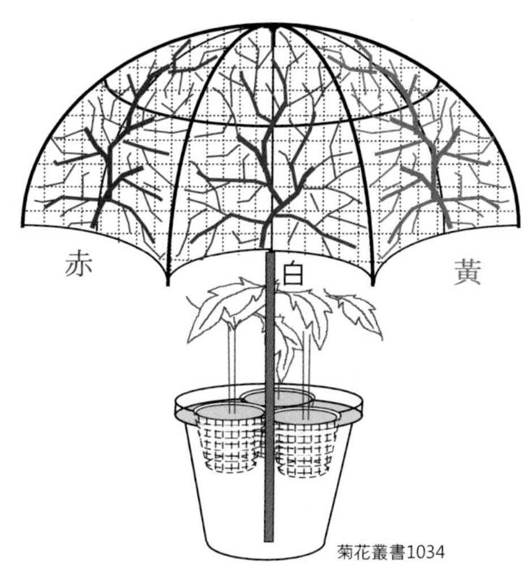

菊花叢書1034

⑧ 다음은 전체적으로 꽃테 밖으로 나온 국화 줄기와 순들을, 양산 꽃테를 따라 가지런히 다듬습니다.

⑨ 더 중요한 것은 꽃색의 경계선을 넘어 온, 다른 색의 꽃순들을 잘 선별하여 따내야 합니다.

⑩ 작업이 모두 끝나면, 잎과 줄기를 씻으면서 푹 관수(灌水)합니다. 여기까지가 6월 30일 하루의 작업입니다. 이후부터는 50% 한랭사(寒冷紗)①로 반 차양(遮陽)②하여 관리합니다.

菊花叢書1035

⑪ 3일 以內에 아래의 그림 1036과 같이, 살균제와 살충제 그리고 물비료를 혼합한 국화 기본 방제액③을, 작품의 앞면과 뒷면에 물이 약간 흐를 정도로 분무하여, 방역(防疫)과 엽면시비(葉面施肥)④를 동시에 합니다.

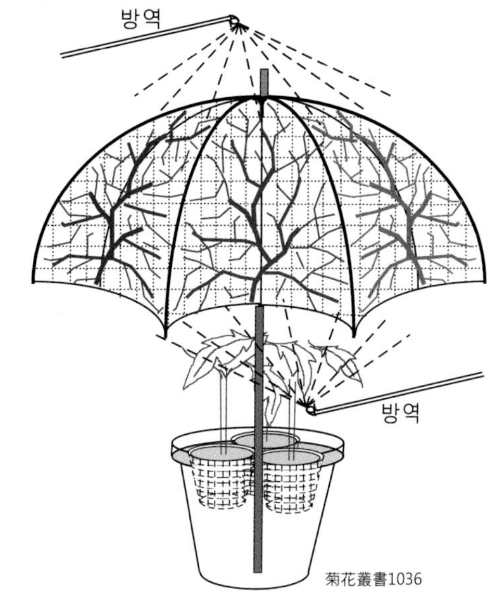

菊花叢書1036

※참조/①한랭사(寒冷紗):320쪽. ②차양(遮陽):423쪽94. ③국화기본방제액:322쪽. ④엽면시비:420쪽61.

10. 분리형 소국탑

층탑 분리형

(1) 모종

① 소국 장간종을 여러가지 색깔별로 준비합니다.

② 3월 초순부터 남향 화단에서 움터 자라기 시작하는 장간종 소국 새싹을 포트에 가식하여 관리합니다.

③ 일부 포기는 4월 중순에 5호 망분에 올려서, 노지재배합니다.

菊花叢書1037

(2) 설계

① 모종에서부터 완성작품까지, 쉽고 간단한 방법을 선택하여야 기르기가 기쁘고 즐거워집니다.

② 국화작품을 만들 때, 난기교(難機巧)의 솜씨를 과시하면, 난작업(難作業)의 연속으로, 많은 시간과 노동력의 소모로 피로가 쌓입니다.

③ 분리형 작품은 위의 사진 1037과 같이, 12호 화분위에 10호 화분을 올려놓고, 그 위에 9호, 7호, 5호 화분들의 독립소품을 순서대로 올려놓습니다. 각 화분들을 따로따로 전시 현장에서 층층이 올려 조립하면 됩니다.

(3) 아주심기 [정식(定植)]

① 6월 말일 안으로 정식을 끝내야 합니다. 취미국화는 7월부터는 주간(主幹)이 자라지 않고 분지(分枝)하기 때문에 모형 만들기 잔손질은 해야하기 때문입니다.

② 일반모종은 물을 주지 않은 상태에서 뿌리덩이가 깨어지지 않도록 화분만 빼내고, 본 화분으로 옮겨 심습니다.

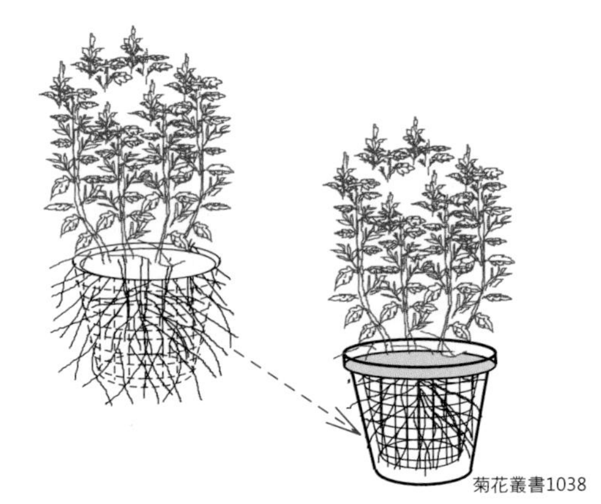
菊花叢書1038

③ 노지재배한 모종은 위의 그림 1038과 같이, 망화분 채로 12호 화분에 옮겨 심습니다.

(4) 틀짜기

① 아래의 그림 1039와 같이, 정식한 국화 줄기들을 조심스레 중간으로 모아 올려

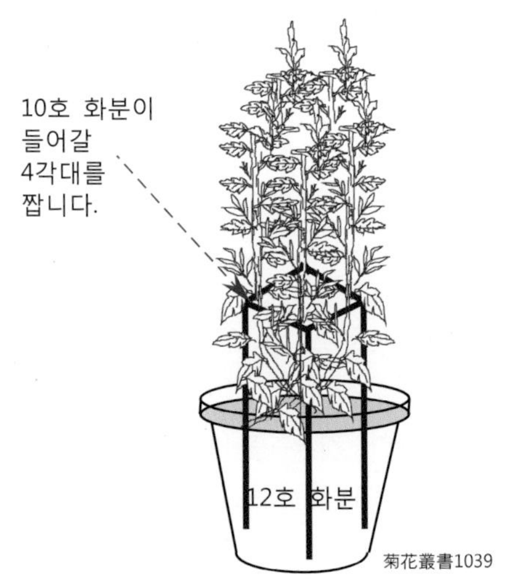
10호 화분이
들어갈
4각대를
짭니다.
12호 화분
菊花叢書1039

틀 작업을 할 동안 다치지 않게 임시 보호하고, 각목이나 앵글로 각 화분마다 규격에 맞도록 4각대를 조립합니다.

② 다음은 아래의 圖解 1040과 같이, 탑의 지붕난간을 조립합니다.

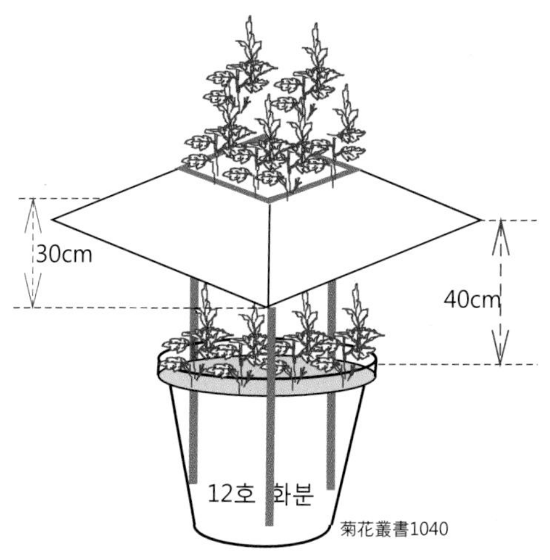

菊花叢書1040

(5) 분리된 소분(小盆) 기르기

① 아래의 그림 1041과 같이, 1층 지붕의 꽃판 위에 갈대나 망(網)을 얽어매고, 국화 줄기를 골고루 펼쳐서 고정합니다.

② 그림 1236-ⓐ 자리에 2층 10호 화분을 얹어 놓을 예정이기 때문에, 이에 국화 원줄기가 상하지 않도록 빠져 나오는 위치를 잘 선정해야 합니다.

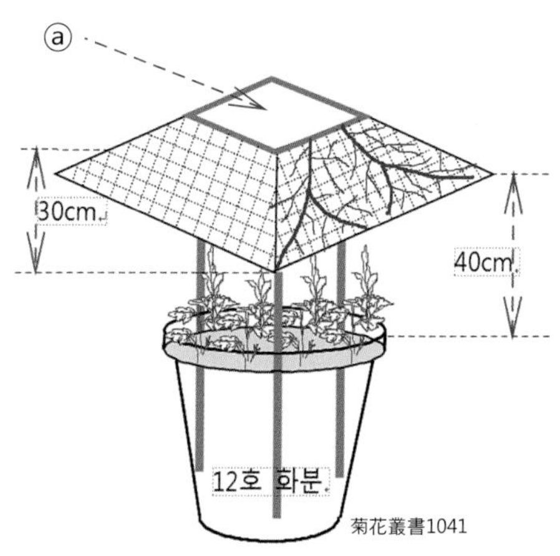

菊花叢書1041

③ 같은 방법으로 그림 1042와 같이, 10호 화분에서도, 2층 꽃판 틀을 설치하고, 국화줄기를 사방으로 고루펼쳐 고정합니다.

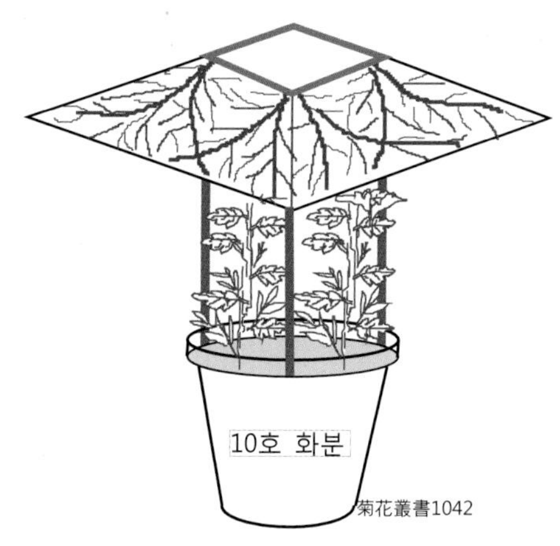

菊花叢書1042

④ 같은 방법으로 그림 1043과 같이, 3층의 9호 화분, 4층의 7호 화분, 5층의 5호 화분을, 규격대로 제작하고, 국화 줄기를 배분 고정합니다.

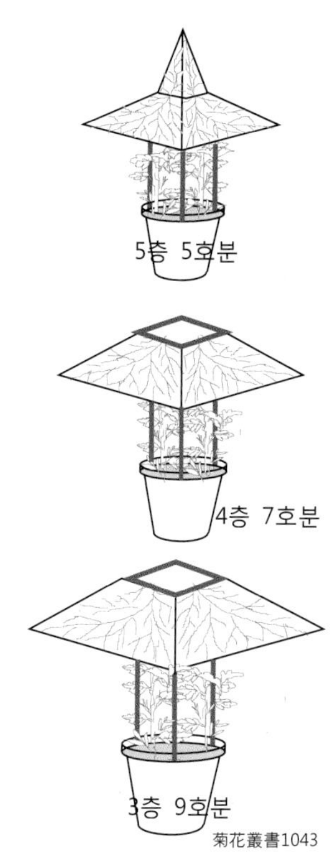

菊花叢書1043

(6) 5층 다보탑 조립하기

① 이제는 10월 중순경에, 꽃이 활짝 피었을 때, 아래의 圖解 1044와 같이 앞에서 만들어 놓은 12호, 10호, 9호, 7호, 5호 화분을 전시현장에서 순서대로 올려놓기만 하면 됩니다.

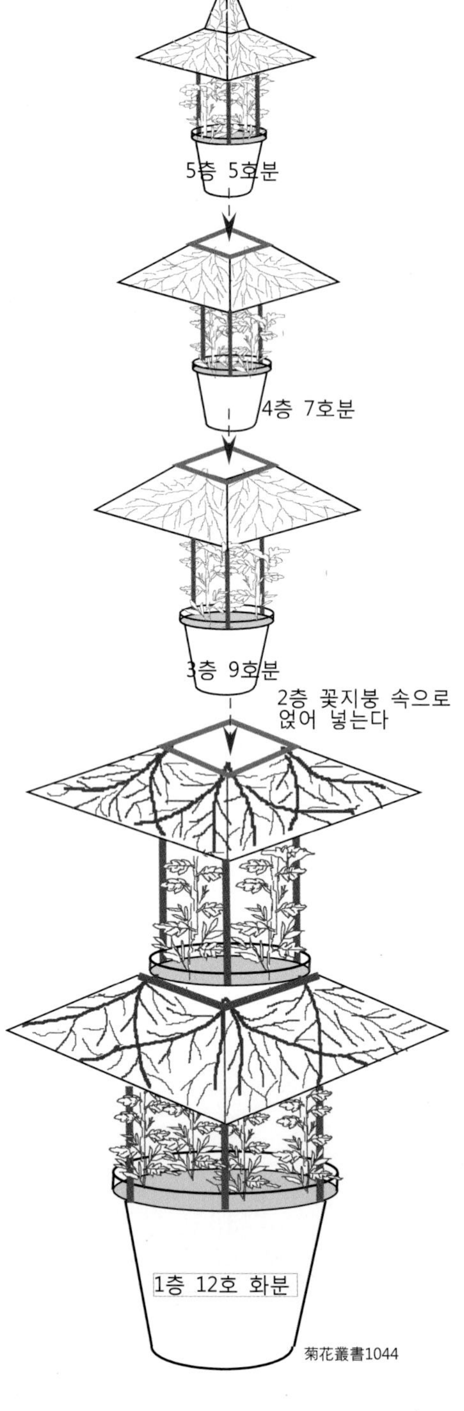

菊花叢書1044

② 같은 방법으로 계속 4층 7호 화분, 5층 5호 화분 순으로, 모두 얹어 놓으면, 아래의 그림 1045와 같이, 아름다운 5층 꽃탑이 완성됩니다.

③ 탑의 각층 지붕 꽃판에는 꽃이 만발하고, 탑신 본체에는 꽃이 피지 않도록, 꽃망울을 모두 제거합니다.

④ 마지막으로 탑이 넘어가지 않도록, 12번 철사로 5층 꼭대기 부분을, 주위의 시설물에 3방향으로 당겨 고정합니다. 끝.

菊花叢書1045

11. 소국 대형탑 만들기

(1) 탑신 안에 화분 매립하기

菊花叢書1046

(가) 꽃틀 만들기

① 탑(塔)의 1층 몸체는 아래의 그림 1047과 같이 제작합니다.

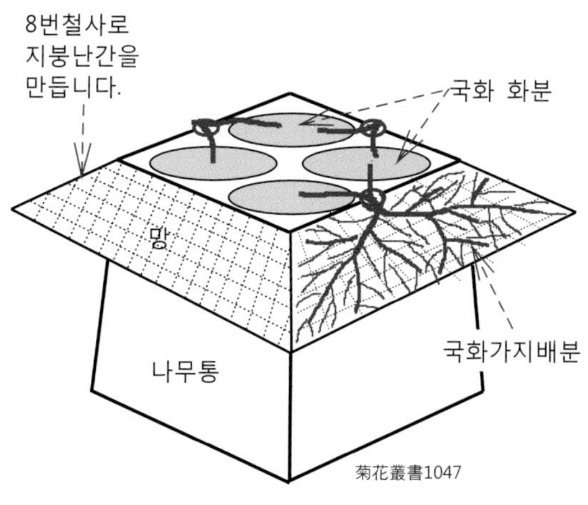

菊花叢書1047

② 위의 圖解 1047과 같이, 화분 4개가 들어갈 들이의 나무통을 짭니다.

③ 8번 철사로 탑지붕 난간을 설치하고, 그 위에 망을 씌웁니다.

④ 망 위로 국화 가지들을 현애 만드는 방법과 같이 배분 고정합니다.

(나) 탑신 조립

① 앞의 圖解 1047과 같은 탑신을 위로 올라가면서 점차적으로 작게 만들어서, 만약 7층이면 7개의 탑신을 만들어서, 각각 땅에 내려놓고 국화를 심고 재배를 합니다.

② 10월에 꽃이 활짝 피면, 전시장으로 운반하여서, 아래의 그림 1048과 같이, 순서대로 차곡차곡 얹어 놓으면 됩니다.

③ 매 층마다 품종을 바꾸어서 색상이 겹치지 않도록 작업을 합니다. 순색으로는 흰색과 노랑색을 단색으로 표출하며, 붉은 색은 단색으로 사용하지 않습니다.

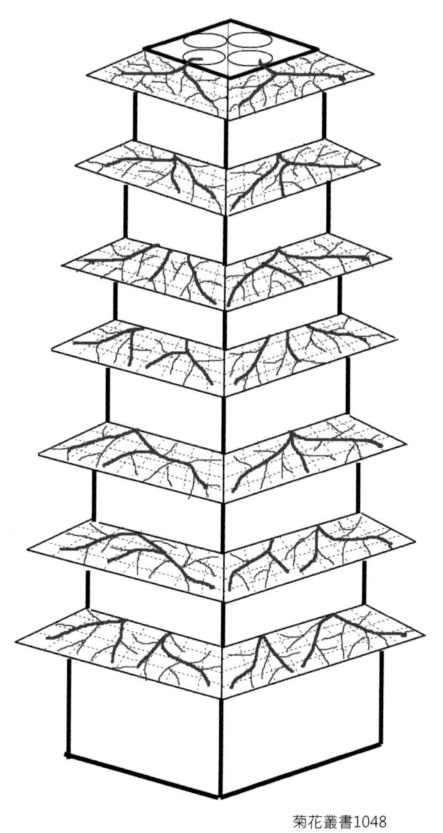
菊花叢書1048

(2) 탑신 난간에 국화심기

① 아래의 그림 1049는 2002년도, 전국 영농학생 국화 전시회에 출품된 탑입니다.

② 탑 몸체 안에 화분을 넣어 길러서, 국화줄기를 탑신 난간으로 배분배열해서 꽃을 피우기도 하고,

③ 탑신 난간에 소국을 심어서 꽃피우는 방법도 있고,

④ 최근에는 더 간소화해서, 7~9호 화분에 심은 소국을, 탑신 난간에 진열하고, 가지런히 다듬습니다.

菊花叢書1049

(3) 탑신 난간에 꽃꽂이 삽목

① 다음의 작품사진 1050은 소국삽화(小菊揷花)를 이용한 작품입니다.

② 꽃망울이 맺힌 화단국을 9월 초순에 삽목하여, 탑신 난간에 옮겨심은 것입니다.

③ 이 작품에는 상당한 목공예 실력이 뒷받침해야 합니다.

④ 근년에는 더 간소화하여, 사진 1050 탑신의 난간에 포토의 꽃을 진열합니다.

⑤ 섬세한 목공예가 보통 국화 동호인들에게는 큰 부담이 되어서, 최근에는 앵글로 여러가지 모형의 꽃탑을 조립하고, 앵글위에 국화 화분을 진열하기도 합니다.

조권영작/菊花叢書1050

Memo :

12. 아취형 조형물

(1) 모종 기르기

① 전년도에 준비한 근분묘(根分苗)[①]와 손아묘(孫芽苗)[②]를 3호 포트에 1차 옮겨 심습니다.

② 이 모종을 아래의 사진 1051과 같이, 국화전용 하우스에 입실하여, 하지(夏至)의 환경을 인위적으로 만들어 주어서, 겨울에도 한여름같이, 무럭무럭 자라게 합니다.

③ 12월부터 재배하여, 일장이 14시간으로 진입하는 4월30일 밤까지 전조처리[③]를 하고 5월 1일 아침에 소등합니다.

菊花叢書1051

④ 이 모종을 자라는 상태에 따라서, 1월에는 3~4호 포토에, 3월에는 7호 화분에, 5월에는 9호분에 옮겨 심습니다.

⑤ 6월 말일까지 9호분 보다 화분이 더 커지면 사용하기에 불편합니다.

⑥ 모종은 장간종 다분지성을 선종하고, 원줄기는 적심하지 말고 그대로 기르면, 6월 말일까지는 아래의 사진 1052와 같이, 같이 3m정도 길이로 자랄 수 있습니다. 키가 3m쯤 되면, 너무 커서 임시 지주대를

菊花叢書1052

세워서 보호합니다.

⑦ 조금 작은 모종도 따로 길러 두었다가, 부위에 따라서 필요할 때가 있습니다.

(2) 모형 틀짜기

① 겨울동안 모종을 기르면서, 한편으로는 농한기를 이용하여, 조형물 틀짜기 작업을 합니다.

② 철근 공작(工作) 솜씨에 따라 조형물 작품의 미려(美麗)함이 좌우됩니다.

③ 국화에 산소용접은 금기입니다. 전기용접을 해야 합니다.

④ 철근용접 기사와 국화재배자가 협조하여, 조형물의 모형과 정식화분의 드나듬과 줄기처리에 편리하도록 만듭니다.

(3) 본화분 몰입(沒入)

① 늦어도 6월 30까지는 아래의 사진 1053과 같이, 화분을 틀속에 몰입하고, 줄기 기초배분이 끝내야 합니다.

菊花叢書1053

② 먼저 설치해 놓은 조형물 틀 속에 정식한 화분을 넣고, 큰 망(輞)을 한꺼번에 틀밖으로 씌우는 예가 있습니다. 흔히들 아무런 생각도 없이 공식적으로 이렇게 작업을 하고 있습니다.

③ 이렇게 하면 국화 줄기는 망(網)속에 들어가 있습니다. 이렇게 되면, 재배자의 국화줄기 유인작업이 자유롭지 못합니다.

~~~~~~

※참조/①근분묘:152쪽. ②손아묘:418쪽49. ③전조처리:328쪽.
~~~~~~

④ 국화의 잔가지는 바깥으로 유인할 수 없어서, 망(網) 안에서 많은 잔가지와 꽃 순들이 허비되고 유효가지가 모자랄 수도 있습니다.

⑤ 때문에 아래의 그림 1054와 같은 요령으로 작업을 진행하면, 공이 덜 들고 시간 낭비도 줄일 수 있습니다.

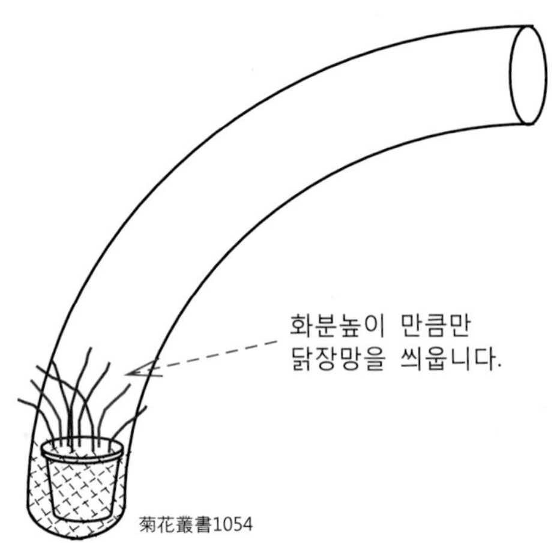
화분높이 만큼만
닭장망을 씌웁니다.
菊花叢書1054

⑥ 아래의 그림 1054와 같이, 정식한 화분 중에서, 제일 좋은 화분을 선택하여, 아취형 틀 제일 아래에 고정해 놓고, 닭장망을 화분높이 만큼만 잘라서 씌웁니다.

⑦ 다음은 아래의 圖解 1055와 같이, 모든 국화 줄기들을 조심스럽게 옆으로 눕히거나, 아래로 임시로 내립니다.

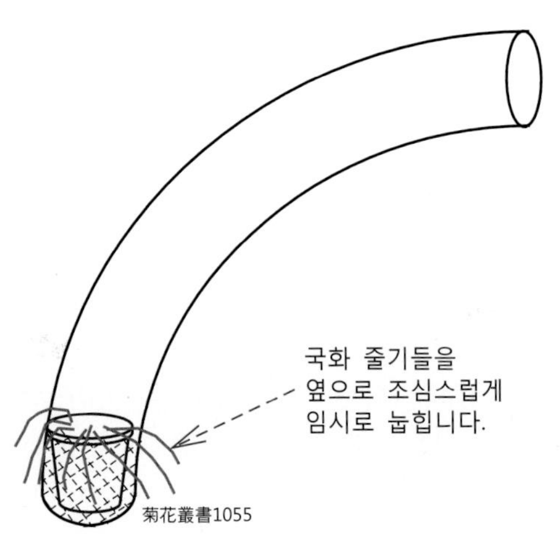
국화 줄기들을
옆으로 조심스럽게
임시로 눕힙니다.
菊花叢書1055

⑧ 다음은 아래의 圖解 1056과 같이, 아래에 고정한 정식화분의 국화줄기를 펼쳤을 때의 높이를 측정하여, 그 높이 만큼만 망을 잘라서, 화분 위쪽으로 부분적으로 망을 씌웁니다.

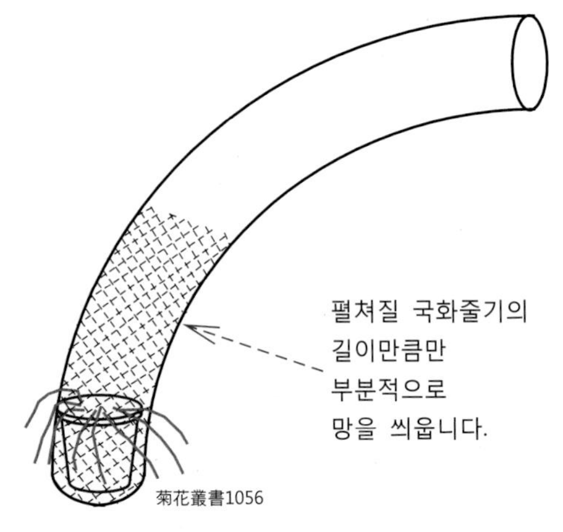
펼쳐질 국화줄기의
길이만큼만
부분적으로
망을 씌웁니다.
菊花叢書1056

⑨ 아래의 그림 1057과 같이,

ⓐ 짧은 줄기들은 아래의 망 바깥으로 배분하여 화분이 보이지 않도록 하며,

ⓑ 나머지 모든 줄기는 위쪽 망 바깥으로 도배하듯이 배분하고, 즉시 줄기의 끝을 순질러서 측지발생 충동을 합니다.

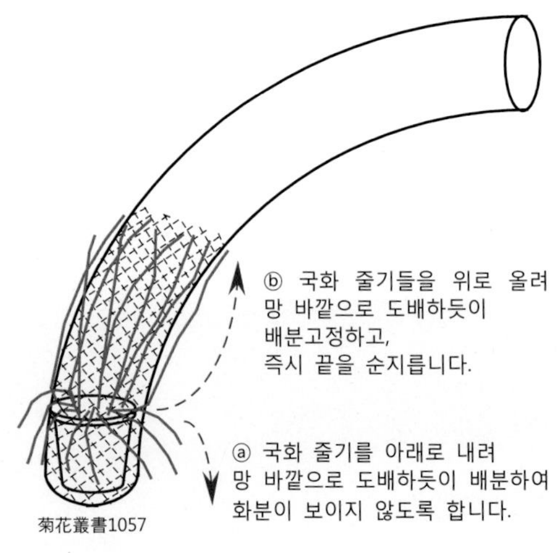
ⓑ 국화 줄기들을 위로 올려
망 바깥으로 도배하듯이
배분고정하고,
즉시 끝을 순지릅니다.
ⓐ 국화 줄기를 아래로 내려
망 바깥으로 도배하듯이 배분하여
화분이 보이지 않도록 합니다.
菊花叢書1057

⑩ 다음은 아래의 그림 1058과 같이, 2번째 화분을 망속으로 끼워 올려놓고 고정합니다.

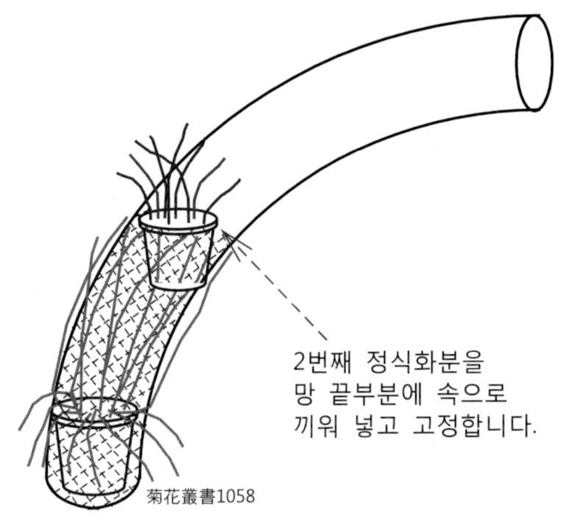

2번째 정식화분을
망 끝부분에 속으로
끼워 넣고 고정합니다.
菊花叢書1058

⑪ 다음은 아래의 그림 1059와 같이,

ⓐ 앞에서와 같은 방법으로, 국화 줄기들을 임시로 아래로 제쳐 내리고,

ⓑ 다음은 국화줄기 길이 만큼의 높이로 망을 잘라서 화분위쪽으로 씌웁니다.

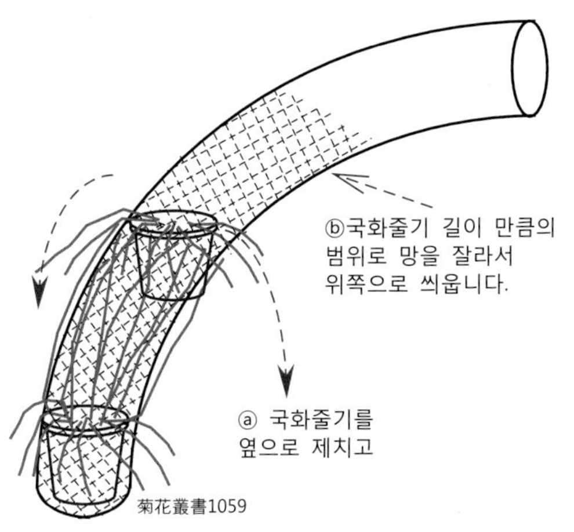

⑫ 다음은 아래의 그림 1060과 같이, 국화 줄기들을 위로 유인해 올려서, 망 바깥으로 도배하듯이 고르게 배분하고, 즉시 줄기의 끝을 순지르기 합니다.

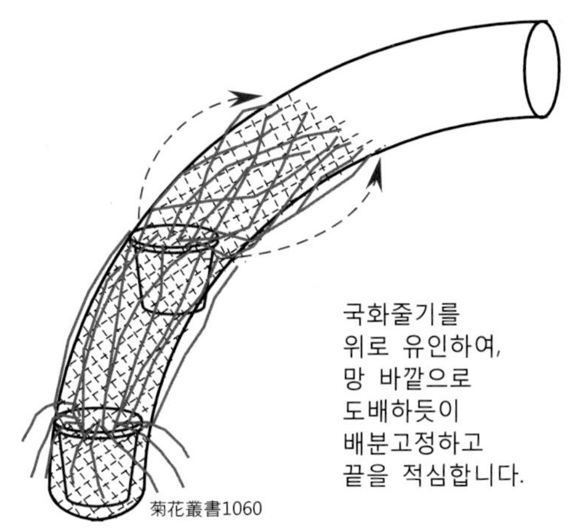

국화줄기를
위로 유인하여,
망 바깥으로
도배하듯이
배분고정하고
끝을 적심합니다.
菊花叢書1060

⑬ 다음은 아래의 그림 1061과 같이, 망 끝 부분에 3번째 정식화분을 몰입(沒入)합니다.

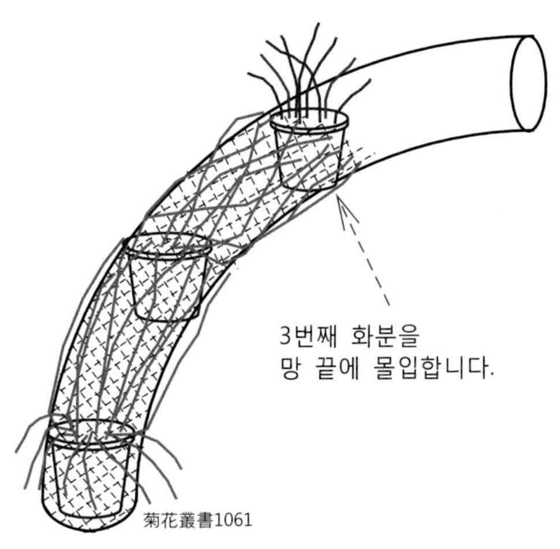

⑭ 다음은 아래의 그림 1062와 같이, 새로 몰입한 화분의 국화 줄기들을, 망처리 할 때 상처받지 않도록 옆으로 아래로 임시로 제쳐 놓은 다음에,

⑮ 나머지 부분의 빈자리를 닭장망으로 씌웁니다.

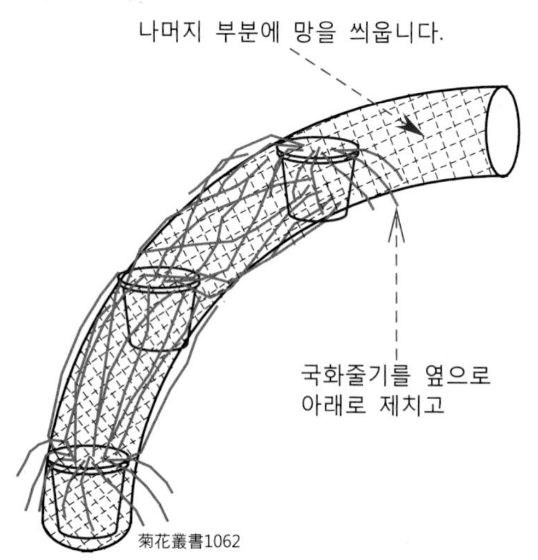
나머지 부분에 망을 씌웁니다.
국화줄기를 옆으로
아래로 제치고
菊花叢書1062

⑯ 아래의 그림 1063과 같이, 마지막으로 나머지 부분의 망에, 국화줄기를 유인하여 망(網) 바깥으로 도배하듯이 배분하고 고정한 후에 즉시 끝을 순지르기를 합니다.

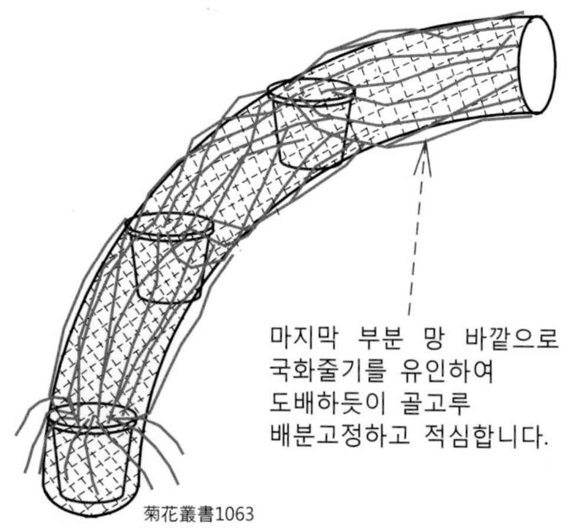
마지막 부분 망 바깥으로
국화줄기를 유인하여
도배하듯이 골고루
배분고정하고 적심합니다.
菊花叢書1063

⑰ 작품이 완성되었습니다. 같은 작품을 아래의 그림과 같이 대칭으로 놓으면 아래의 그림 1064와 같은 훌륭한 아취작품이 됩니다.

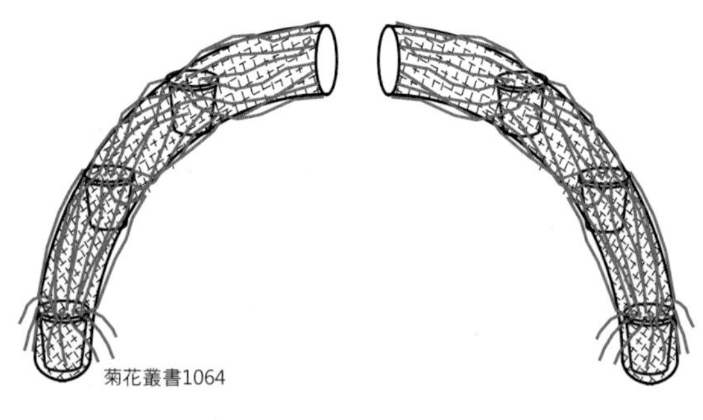
菊花叢書1064

⑱ 7월 1일부터는 분지(分枝)의 절입니다. 국화잎을 3~4잎 남기고 정규적으로 몇 차례 순질러서, 마디마다 곁가지 발생을 충동해서 순의 수를 2.4.8.등 배가(倍加)로 늘려서 빈자리에 순을 채워 나갑니다.

⑲ 망(網) 위에 줄기와 푸른잎만 가득 채우면 안됩니다. 국화 순(筍)을 빈틈없이 채워야 합니다. 순(筍)의 수가 꽃의 수입니다.

2008/10/26
울산/菊花叢書1065

13. 동물 조형물

(1) 모종 기르기

① 지난해 9월에 삽목하거나, 11월~12월에 포기나누기(根分)[①]하여, 1월부터 국화전용하우스에서 연속재배 합니다.

② 국화전용 하우스는 한여름의 하지(夏至)와 같은 환경을 만들어서, 아래의 사진 1066과 같이, 겨울에도 무럭무럭 자라게 합니다.

菊花叢書1066

③ 이 모종은 12월에 3호 포트에 심어서, 겨울을 전용하우스에서 긴 지주대에 의지하여 6월 말일까지 3m의 길이로 기르며, 마지막 화분은 7~9호분으로 합니다.

④ 이때 모종은 장간종 다분지성을 선택하고, 원줄기 순을 치지 말고 그대로 길러 올려서, 6월 말일까지 아래의 사진 1067 같이 3m의 길이로 길러 올립니다.

菊花叢書1067

⑤ 모종을 기르면서 큰 모종만 선호하지 말고, 작은 모종도 준비해 두어야, 조형물의 부위에 따라서 키가 큰 모종과 키가 작은 모종, 2가지를 필요에 따라 사용합니다.

(2) 모형 틀짜기

① 겨울동안 모종을 기르면서, 한편으로는 농한기를 이용하여, 조형물 틀짜기 작업을 합니다.

② 철근 공작(工作) 솜씨에 따라 조형물 작품의 미려(美麗)함이 좌우됩니다.

③ 국화에 산소용접은 금기입니다. 전기용접을 해야 합니다.

④ 철근용접 기사와 국화재배자가 협조하여, 조형물의 모형과 정식화분의 드나듬과 줄기처리에 편리하도록 만듭니다.

(3) 설계도

① 아래의 그림 1068과 같이, 간단한 설계도를 마음속에 그려 놓습니다.

② 대개의 작품들을 보면, 시작하는 다리 부분과 끝맺음하는 머리 부분이 미완성이 많아서 졸작을 면치 못합니다. 항상 처음과 끝맺음을 명확히 성심을 들여야 합니다.

③ 시작하는 말목에 제일 좋은 모종을 선택하고, 발목의 철근과 화분이 보이지 않

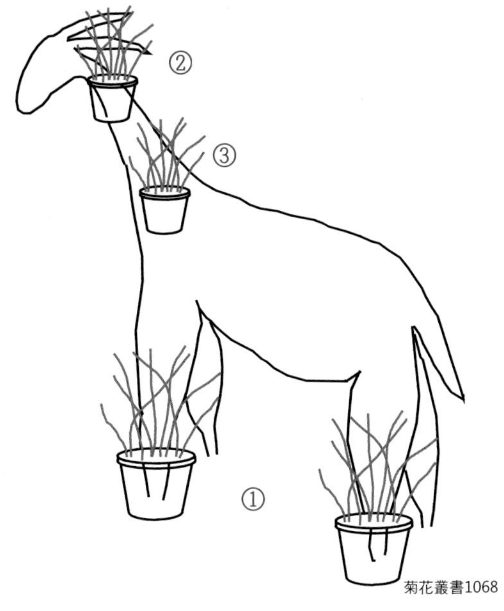

菊花叢書1068

도록 성심을 다하여, 관람객들에게 맨발을 들키지 않도록 노력해야 합니다.

④ 또한 끝맺임하는 머리 부분이 항상 취약합니다. 멀리서 지원받는 국화 줄기가, 머리끝까지 도달하지 못하여, 철근머리 뼈다귀가 앙상하게 들어나 보이는 예가 많습니다.

⑤ 때문에 제일 좋은 모종으로, 발 부분을 먼저 작업하고, 2번째 작업으로 머리 부분을 세력이 제일 강한 화분을 선택하여, 머리 전체를 빈틈없이 단번에 줄기를 덮어 배열 고정합니다.

⑷ 오작(誤作)을 먼저 시정합니다.

① 화분을 몰입할 때, 아래의 그림 1069는, 철근 골조속에 국화 화분을 몰입(沒入) 했습니다.

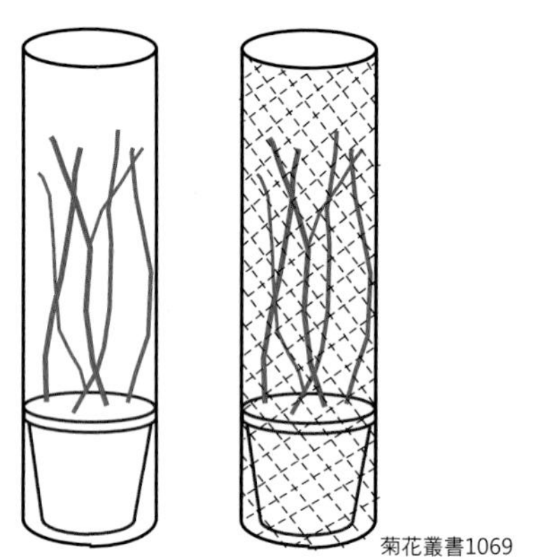

菊花叢書1069

② 그 바깥으로 망(網)을 씌웠습니다.

③ 철근과 망속에 들어있는 국화줄기를 바깥에서 재배자가 마음대로 유인작업을 할 수가 없습니다.

④ 그 결과 바깥쪽은 꽃순이 모자라고, 망 안쪽에서 꽃순의 허비가 너무 많습니다.

⑤ 난작업과 시간낭비가 많으며, 항상 꽃이 꽉 차지 않아, 세련미가 떨어집니다.

⑸ 정식화분 몰입작업(沒入作業)

※ 늦어도 6월 30일까지는 작업을 끝내야 합니다. 작업 순서는 다리, 머리, 목, 몸통의 순서로 작업하면 결과가 더 좋습니다.

① 동물 조형물의 다리통이나 목통, 또는 아취, 기둥, 등의 조립은, 아래의 그림 1070과 동일한 작업을 합니다.

② 그림 1141-①에서 정식(定植)하면서, 동시에 1141-②와 같이, 화분을 철근골조 기둥 안에 몰입(沒入)합니다.

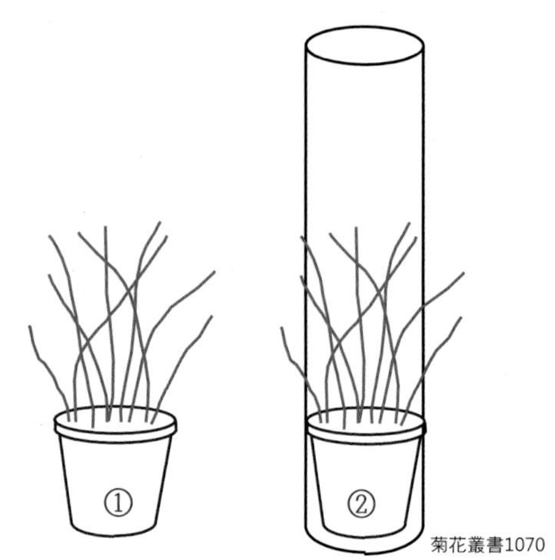

菊花叢書1070

③ 다음의 그림 1071-③과 같이, 아래쪽 화분높이 만큼 망을 덮어씌우고, 그 옆의 1071-④와 같이, 국화줄기를 사방으로 펼처내려 임시로 제쳐놓습니다.

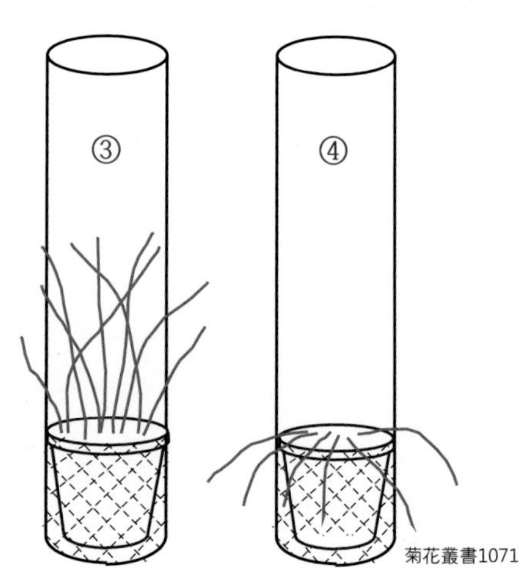

菊花叢書1071

④ 다음은 아래의 그림 1072-⑤와 같이, 국화줄기의 길이보다 조금 낮게, 위로 망을 씌웁니다.

⑤ 다음은 1072-⑥과 같이, 가지수가 적어도, 후에 분지되어 고르게 영향력이 미칠 수 있도록, 한쪽으로 치우치지 말고 사방으로 골고루 배분, 망바깥으로 도배하듯이 유인 고정합니다.

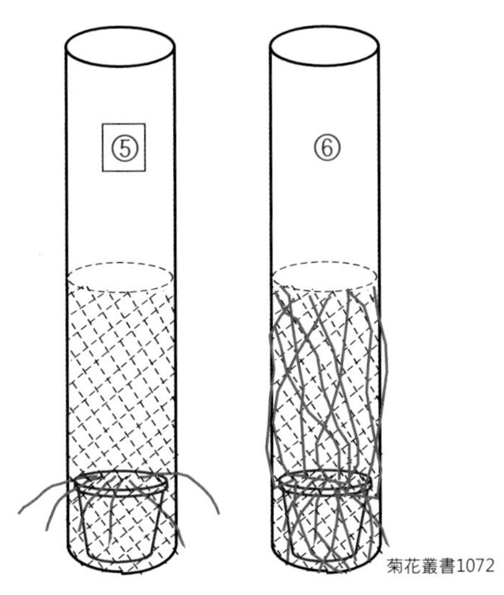

菊花叢書1072

⑥ 위의 1072-⑥에서, 만약 망(網)이 국화 줄기의 배분 높이보다 더 높다면, 망을 잘라서 높이를 낮추고, 망 위로 올라오는 국화 줄기들을, 모두 망(網)둘레에 맞추어 가지런히 잘라내야 곁가지 발생이 활발해지고, 짜임새가 좋습니다.

⑦ 그 아래 영역의 모든 길고 짧은 순과 줄기들도 일제히 순지릅니다. 이 작업이 키 포인트입니다.

⑧ 6월 30일 이후부터는 국화줄기의 자람이 주춤하고 곁가지가 나오는 시기입니다. 지금부터 7월 한달동안 정규적으로 몇 번 순치기를 하여 곁가지를 받아서, 빈자리를 빽빽이 채우는 일 뿐입니다. 여기서 세련미의 우열이 결정됩니다.

⑨ 그런 후에 다음의 그림 1073-⑦과 같이, 그 망 위에 2번째 화분을 올려 고정합니다.

⑩ 처음과 같은 방법으로 1073-⑧과 같이, 국화 줄기들을 사방 옆으로 임시로 눕혀 내립니다.

⑪ 다음은 1073-⑨와 같이, 위쪽 빈 공간에 망을 씌웁니다.

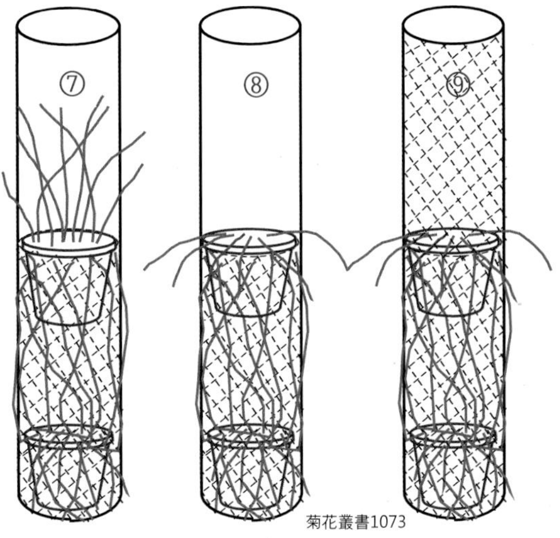

菊花叢書1073

⑫ 아래의 그림 1074-⑩에서도, 처음과 같이, 국화 줄기들을 위로 올려, 망 바깥면으로 도배하듯이 배분하고 순지르기합니다.

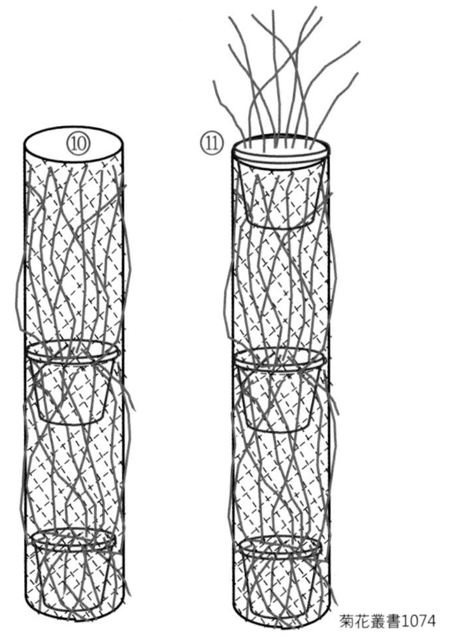

菊花叢書1074

⑬ 다음은 1074-⑪과 같이, 마찬가지로 망위로 올라오는 국화줄기 들을 모두 잘라내고, 그 아래 영역의 크고 작은 모든 끝순을 일제히 순지른 후, 3번째 화분을 올려놓고, 같은 작업을 반복 합니다.

⑭ 결국 동물형의 다리부분은, 아래의 사진 1075의 원기둥 만드는 요령으로 하면 됩니다.

菊花叢書1075
2008/07/21

(6) **머리부분 화분 몰입(沒入)**

① 동물형 조형물은 머리와 입부분에 국화줄기가 없고 철근 골조가 엉성하게 보이는 미완성 작품이 많습니다.

② 어떤 작품은 머리 부분이 푸른 줄기와 잎으로만 차있고 꽃순은 별로 없어서, 머리만 개화하지 않았는 작품도 있습니다.

③ 이러한 현상은, 먼 곳에서 머리까지 꽃줄기를 지원을 했기 때문에, 기일이 부족하고 활력이 멀리까지 미치지 못했기 때문입니다.

④ 틀에 올리는 날부터, 기르려는 생각은 버려야 합니다. 항상 현재 크기에 맞추어 몰입과 순치기를 해서, 완성품 조립식으로 해야 합니다.

⑤ 머리 부분에서도 마찬가지로『부분적 조립』과『부분적 적심 마무리』작업을 동시에 하면 됩니다.

⑥ 머저 머리부분부터 작업을 시작합니다. 아래의 그림 1076과 같이, 국화가지가 길고 충분한 크기의 모종화분을 머리목에 몰입합니다.

⑦ 화분은 눕히지 말고 바로 세워서 몰입(沒入)합니다. 아취 방향을 따라 눕혀서 넣으면, 관수(灌水)와 관리에 불편하고 줄기와 뿌리의 생육에도 지장이 있습니다.

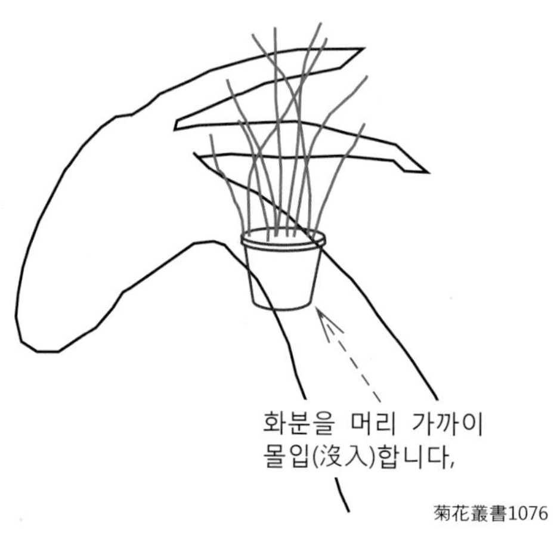
화분을 머리 가까이
몰입(沒入)합니다,

菊花叢書1076

⑧ 다음은 아래의 그림 1077과 같이, 몰입한 화분의 국화가지를, 망(網) 작업할 때 상하지 않도록, 바깥으로 조심스럽게 모두 눕혀서 내려놓습니다.

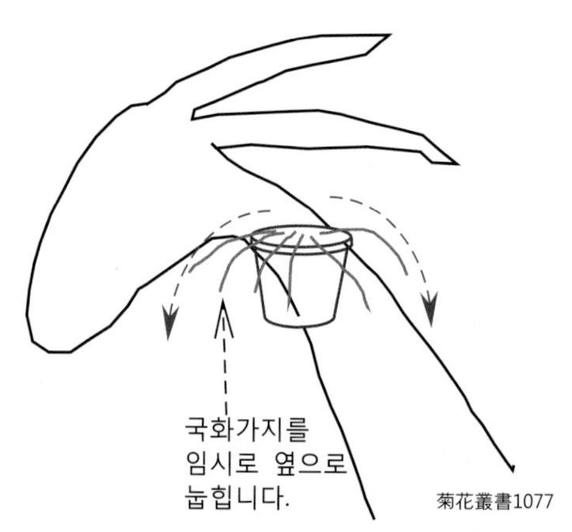
국화가지를
임시로 옆으로
눕힙니다.

菊花叢書1077

⑨ 다음의 그림 1078과 같이, 망(網)을 머리에 꼭 맞도록 잘라서 씌웁니다.

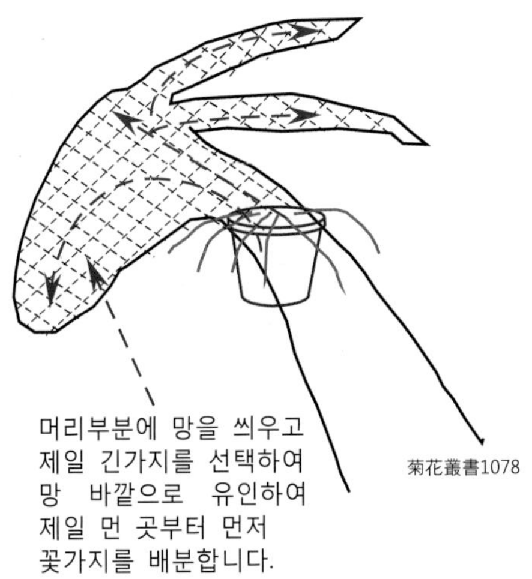
머리부분에 망을 씌우고
제일 긴가지를 선택하여
망 바깥으로 유인하여
제일 먼 곳부터 먼저
꽃가지를 배분합니다.

菊花叢書1078

⑩ 다음은 아래의 그림 1079와 같이, 가장 긴 국화가지를 골라서 거리가 먼곳부터 먼저 배분하고, 모든 가지들을 닭장망 밖으로 도배하듯이 골고루 분포되도록 배분고정하고, 즉시 길고 짧은 모든 가지들의 끝을 순자르기 꼬매기를 합니다.

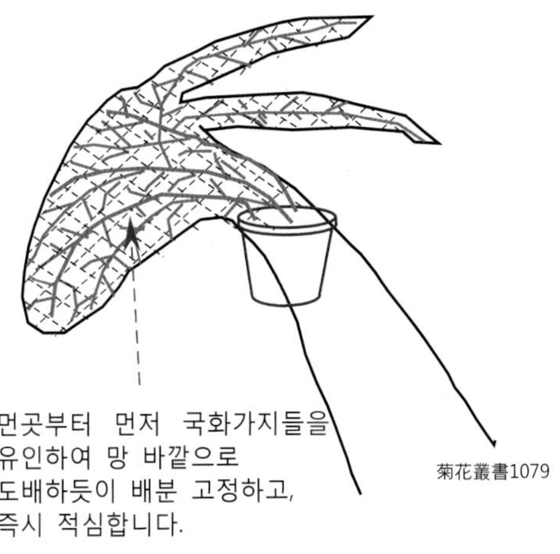
먼곳부터 먼저 국화가지들을
유인하여 망 바깥으로
도배하듯이 배분 고정하고,
즉시 적심합니다.

菊花叢書1079

(7) 목 부분 화분 몰입(沒入)

① 다음은 목부분 작업입니다. 다음의 그림 1080과 같이, 선택된 화분을 국화 줄기의 평균 길이가, 머리 부분에 몰입한 화분의 언저리까지 도달할 수 있는 거리의 아래에 몰입합니다.

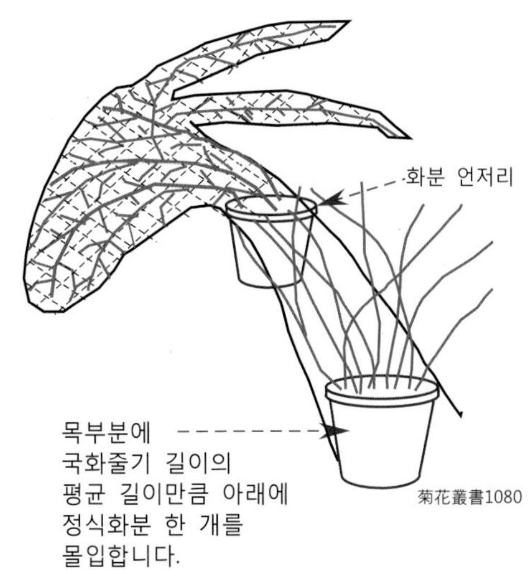
화분 언저리
목부분에
국화줄기 길이의
평균 길이만큼 아래에
정식화분 한 개를
몰입합니다.

菊花叢書1080

② 다음, 아래의 그림 1081과 같이, 목통에 몰입한 화분의 국화가지들을, 다음의 망작업때 상하지 않도록, 모두 바깥으로 임시 눕혀 내립니다.

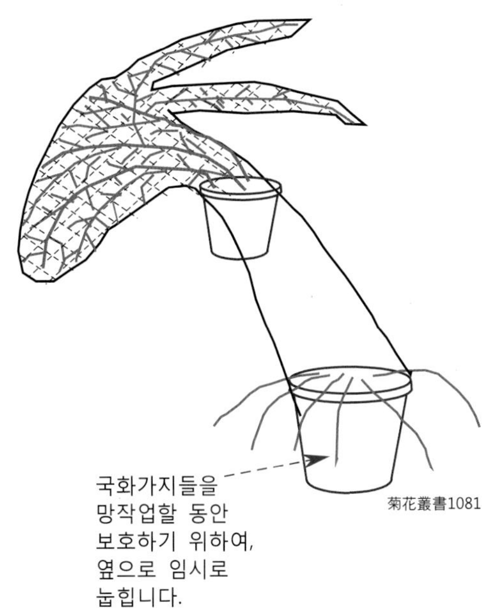
국화가지들을
망작업할 동안
보호하기 위하여,
옆으로 임시로
눕힙니다.

菊花叢書1081

③ 다음의 그림 1082와 같이, 목 부분에 꼭 맞도록 망(網)을 잘라서 씌웁니다. 작품을 위한 작업입니다. 큰 망을 아깝게 생각하지 말고 싹둑싹둑 자릅니다. 어차피 한번 쓰고 버리는 1회용입니다.

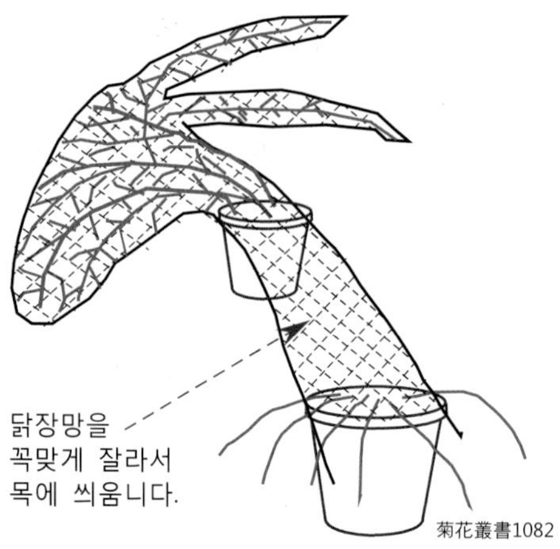

④ 다음은 아래의 그림 1083와 같이, 바깥으로 눕힌 꽃가지들 중에서, 길이가 긴 가지를 골라서 위의 망과의 경계부분까지 먼저 유인해 올려서 고정합니다.

국화줄기를 위로 유인하여,
망 바깥으로 도배하듯이
배분고정한 후,
즉시 적심합니다.
菊花叢書1083

⑤ 윗망과 아래망의 연결부위를 엉성하지 않도록 국화 순(筍)들을 꽉 채워서 빈틈이 없도록 해야 합니다.

⑥ 4다리와 머리와 목통의 마무리가 끝났으면 중요한 작업은 끝났습니다.

(8) 몸통처리

① 몸통은 공간이 넓습니다. 양쪽 옆벽쪽으로 화분을 몰입 고정하고,

② 국화줄기를 바깥으로 눕힌 다음, 몸통에 망을 씌우고,

③ 양쪽벽 바깥으로 도배하듯이 꽃가지 분배작업을 하고, 즉시 순지르기를 합니다.

(9) 작업은 6월30일까지 마쳐야합니다.

① 6월 30일까지 망위에 국화가지 분배작업을 끝내야 합니다.

② 7월 1일부터 7월30까지는 아래의 사진 1085와 같이 몇차례 정규 적심으로 곁가지들을 받아서 빈자리 채우기를 합니다.

③ 8월 초순에 마지막 적심을 합니다. 8월15~20일부터 화아분화가 시작됩니다.

④ 위의 1085 작품이, 10월 중순에 아래의 1086과 같이 꽃이 피기 시작합니다.

목간작(木幹作)

14. 꽂꽂이형 목간작

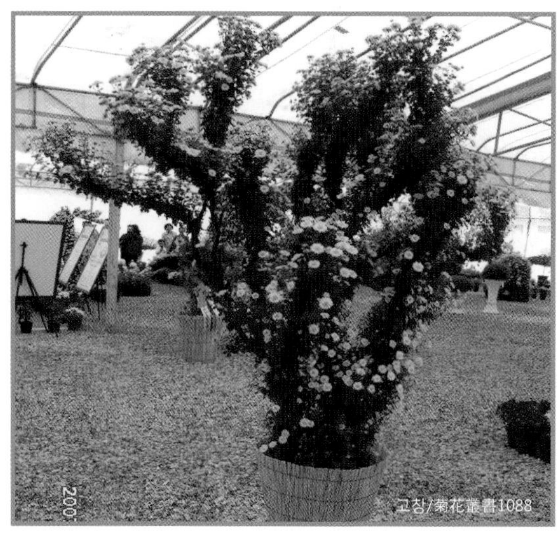
고창/菊花叢書1088

① 꽂꽂이형 목간작은, 아래의 그림 1089와 같이, 고목(枯木) 막대나 살아있는 구불구불한 줄기를 주간(主幹)으로, 장간종 현애국(懸崖菊)을 붙여 올려서, 마치 국화나무에 꽃이 핀 것처럼 표출하는 것입니다.

菊花叢書1089

② 꽂꽂이형은 위의 사진 1088과 같이, 순을 치지 말고 나오는대로 다 받아서 막대를 따라 키워 올립니다. 꽃망울도 솎아내지 말고 맺히는 대로 모두 피웁니다.

15. 고목형 목간작

① 먼저 1.5m내외의 보기좋은 고목을 큰 화분에 심어놓습니다.

② 3월 초순경에, 정상적으로 움터 나오는 소국 장간종(長桿種) 동지싹을 근분하여 3호 포트에 가식합니다.

③ 다음은 아래의 그림 1091과 같이, 소국줄기를 고목의 뒤쪽으로 붙이거나 감아 올립니다.

菊花叢書1091

④ 아래의 1092는 큰고목으로 느티나무형으로 작품을 표출했습니다.

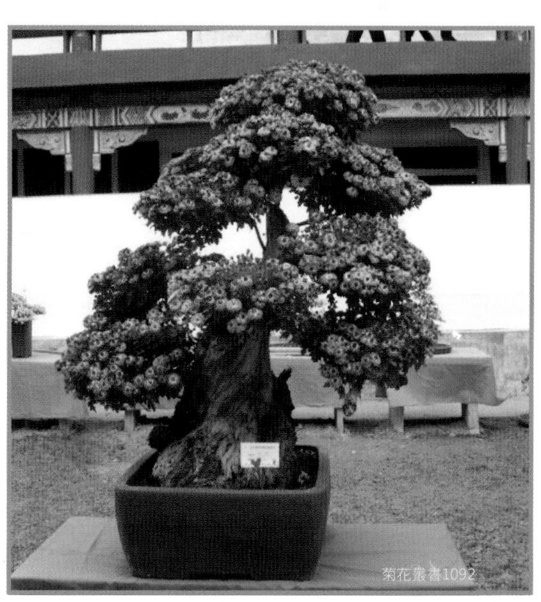
菊花叢書1092

16. 잎새형 목간작

정보자료 제공 : 시랑해 조권영

① 잎새형 목간작은 최소한 1.5m 이상의 운치있는 고목을 세워야 합니다.

② 아래의 사진 1096과 같이, 잎새형 꽃테를 8번선 철사로 설치하고, 닭장망을 씌웁니다.

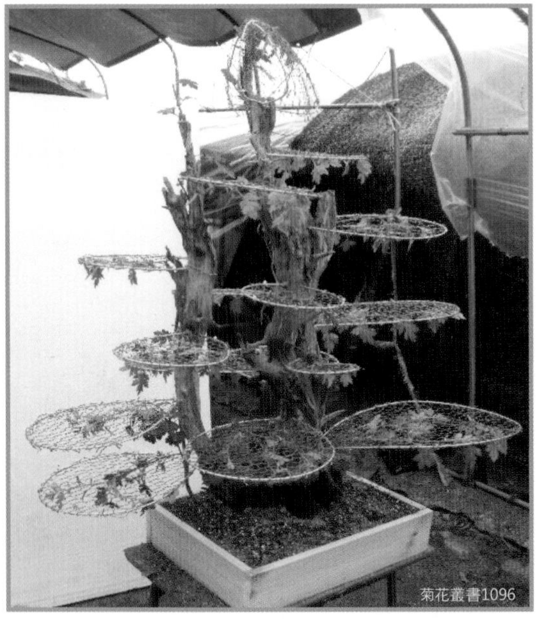
菊花叢書1096

③ 아래의 사진 1097에서, 앞에서 보이지 않도록, 고목 뒷면으로 국화 줄기를 붙여 올렸습니다.

菊花叢書1097

④ 7월 하순까지 잎새형 꽃테안에 꽃가지를 배분하여 꽃순들을 채우고, 8월 초순에 예비적심을 하고, 9월 초순에 마지막 적심으로 동시 개화조절을 합니다.

菊花叢書1098

⑤ 꽃목의 길이를 조정하기 위하여 비나인 사용여부는 포기의 사정에 따라 재배자의 선택사항입니다.

⑥ 맺히는 꽃망울을 다 피우면, 한 개의 큰 꽃덩이가 되고, 고목의 주간이 보이지 않기 때문에, 꽃망울 솎아내기를 합니다.

菊花叢書1099

17. 대작 전시용 목간작

① 아래의 1100 사진은 3m 높이의 고목 원목으로 잎새형 목간작을 만듭니다.

Dream Park/菊花叢書1100
2008/07/21

② 위의 작품을 전조처리(電操處理)하여 아래의 1101과 같이, 9월 중순에 조기개화 시켜서 야외에 디스플레이 했습니다.

Dream Park/菊花叢書1101

③ 아래의 작품 1102는 5m 높이의 대작 잎새형 목간작의 Display 입니다.

함평/菊花叢書1102

④ 아래의 작품 1103은 야외에 디스플레이된 대형 잎새형 목간작입니다.

2008/11/01
익산/菊花叢書1103

⑤ 아래의 작품 1104는 6월에 한창 재배중인 고목형 목간작 작품입니다.

대구수목원/菊花叢書1104

⑤ 앞의 1104의 작품을 길러서, 10월에 아래의 1105 같이, 정상적으로 개화시켜서 전시장에 Display 되었습니다.

대구수목원/菊花叢書1105

제7장 화단국 재배

1. 쿠션멈 재배(Cushion mum)

정보자료 제공 : 정광량

(1) 쿠션멈의 뜻과 특성

① 쿠션멈의 쿠션은 푹신푹신한 방석이란 뜻이며, 멈은 국화를 뜻하는 것으로서 초형(草形)이 반원형(半圓形)으로 되는데서 붙여진 이름입니다.

② 키가 낮고 순지르기를 하지 않아도 곁가지 발생이 잘 되어, 아름다운 반구형(半球形)의 초형(草形)이 됩니다.

③ 개화기는 품종에 따라 다르나 9~10월에 주로 개화하며, 꽃 색깔도 다양하여 화단용으로 인기가 높습니다.

④ 쿠션멈이 둥글게 자라는 것은, 원래 왜성(矮性)으로 분지력이 강한 성질과 가을국화의 성질이 있기 때문에, 6월부터 8월까지는 고온의 영향을 받아 꽃눈의 분화를 일으키지만, 이때가 장일(長日)기간이기 때문에 꽃봉오리로 발전하지 못하고, 끝순의 성장점 퇴화로 결순(缺筍)이 되어, 아래마디에서 곁순이 계속 나오는 현상입니다.

⑤ 또다시 곁가지가 자라면, 곁가지 끝에 꽃눈이 분화되고 성장점이 정지되어 곁가지가 나옵니다. 이러한 현상이 여름 내내리듬이 계속되므로, 쿠션멈 특유의 반구형(半球形)이 자연적으로 만들어집니다.

(2) 모종 기르기

① 번식 방법에는 꺾꽂이와 파종방법이 있습니다만, 꺾꽂이를 하는 것이 재배 기간이 짧고 큰 포기로 키우기 쉽습니다.

② 종자로 번식할 경우, 파종은 3월 상순경 하우스 안에서 파종합니다. 16~18℃의 환경에서 발아기간이 약 10일정도 됩니다.

③ 1개월 정도 육묘한 뒤 본잎이 2~3장이 되면 1차 이식하고, 본잎이 7~8장이 되면, 포트에 심거나 노지에 정식합니다.

④ 꺾꽂이로 번식할 때는, 기온이 15℃ 이상이 되는 5월이 적당하지만, 포기를 더 크게 키우고자 할 때는 더 일찍 삽목하기도 합니다.

⑤ 한 번에 많은 꺾꽂이 순을 얻기 위해서는 어미 포기를 4월 상순에 한차례 순지르기 하고, 진딧물과 흰가루병의 병충해 예방을 위해 약제 살포를 합니다.

⑥ 꺾꽂이 순은 웃자라지 않고 마디가 짧은 튼튼한 새싹의 순을 5~6cm의 길이로 잘라, 전개잎 3장을 붙여 입국재배와 같이 꺾꽂이 합니다.

(3) 아주심기(定植)

① 꺾꽂이를 한 후, 2주 후에 뿌리가 내리면 9~12cm 포트에 옮겨심고, 1개월이

지나 뿌리가 충분히 자라면, 6월 중순경 밭에 아주심기 하거나, 5호분에 심어 관리합니다.

② 5호분에 심은 것은, 7월 중순에서 하순경에 7호분에 옮겨 심습니다.

③ 노지재배가 더 편리합니다. 포기의 간격은 다 자랐을 때를 고려하여 약 60cm로가 적당합니다.

④ 국화의 뿌리는 통기성이 좋아야 하므로, 정식하는 밭에 퇴비를 충분히 넣어 줍니다.

⑤ 밭에 옮겨 심을 때는 4~5호의 망포트 안에 쿠션멈 모종을 심습니다. 이렇게 하면 개화 할 무렵에 화단이나 화분에 옮겨 심을 때, 흙덩이가 떨어져 뿌리가 상하는 것을 방지할 수 있어 시들지 않고 활착이 잘 됩니다.

(4) 순지르기

① 순지르기를 하지 않아도 곁가지가 잘 발생하여 반구형의 초형이 되지만, 모종이 10cm 정도 자랐을 때 순지르기하여, 성장점을 잘라주면 초형이 한층 더 보기 좋게 됩니다. 또한 순지르기를 하면 곁가지의 발생이 많아지고 밀생(密生)되어 단단한 모양의 쿠션멈을 기를 수 있습니다.

② 8월 초순 전제를 가위로 둥글게 적심합니다. 쿠션멈은 가을 국화에 속하는 것이 많기 때문에 8월 하순에 화아분화가 일어나므로 마지막 순지르기는 8월 10일 전후에서 끝내야 한다.

③ 9월 상순이 되면 봉오리가 붙기 시작한다.

④ 개화가 11월 상순으로 늦게 피는 수퍼멈 쿠션멈은 마지막 적심을 9월 10일까지 하여 가지의 분지 수를 많게 하면 탐스러운 모양의 쿠션멈을 감상할 수 있다.

(5) 후기 이용관리

① 쿠션멈은 9월 하순부터 11월 초순까지 꽃이 핍니다. 큰 화단에는 색깔대로 모아 커다란 무늬를 만들어 심는 것이 좋고, 작은 화단에는 여러가지 색깔의 것을 모아 심기 하는 것이 보기에 좋습니다.

② 화분에 심어 실내장식을 하거나 플라워박스에 심는 것도 좋습니다.

③ 9월에 화단에 심을 때에는 비료를 많이 필요로 하지 않기 때문에, 밑거름은 넣지 않고 심습니다.

(6) 꽃후 월동관리

① 쿠션멈은 품종에 따라 추위에 약하므로 관상이 끝나고 꽃이지면, 줄기 밑둥에서 잘라내고, 비닐하우스에서 추위를 피해 월동 시킨 뒤, 다음 해의 어미포기로 이용합니다.

② 또는 화분 둘레에서 나온 동지아를 5호분에 모아심어 다음에 어미포기로 사용해도 좋습니다.

2. 소국삽화(小菊挿花)

※『소국삽화』란 소국삽목과 비슷한 말입니다. 보통은 일반삽수를 꺾꽂이 하지만, 여기서는 꽃망울이 맺힌 삽수를 꺽꽂이 한다고 소국삽화(小菊揷花) 라고 합니다.

(1) 목적

① 위의 작품 사진 1109와 같이, 꽃꽂이 작품은 그냥 절화(折花)로 물 스폰지에 꽂아도 되지만, 평균 5일 내외로 시들어 버립니다.

② 이것을 가을 국화전시회 계절의 10월 25일 전후에 만개하고, 개화기간을 길게 늘리고, 여러가지 작품을 연출하려면, 그냥 절화꽂 꽂이로는 안되고,

③ 꽃망울을 꺽꽂이 해서 뿌리를 내려야 개화기간을 2주 정도로 늘릴 수 있습니다. 이것을 삽목(揷木)이 아니고 삽화(揷花)라고 합니다.

④ 이 모종을 이용하여, 소국소품을 만들고, 각종 대형 조형물을 연출합니다.

⑤ 이 소국삽화(小菊揷花) 모종 만들기의 키포인트는 개화기간 조절입니다.

(2) 개화의 이론

① 소국 꽃꽂이를 응용한 여러가지 소품들을 보면, 개화시기를 맞추지 못하여, 10월 25일 전후의 가을 전시회 때, 꽃을 보지 못한 미완성 작품들이 많이 나옵니다.

② 여기에서 명확히 해야 할 것은, 개화(開花)란 꽃이 피기 시작하는 날입니다. 만개(滿開)란 꽃이 절정에 이르는 날이며 다음날부터는 선도가 떨어지기 시작합니다.

③ 10월 25일경에 만개하는 국화는 9월 초에 꽃망울이 맺히기 시작합니다.

④ 이 품종의 포기를, 9월 초에 삽수를 채취하여 삽목하면, 정상적으로는 10월 25일경에 만개해야 하는데, 삽목을 하면, 몸살을 하고, 발근하고, 화아분화를 받느라고 상당한 기간이 더 소요됩니다. 환언(換言)하면 정상적인 개화 일정보다, 실제로는 약 10여일 개화가 지연될 수 있다는 있습니다.

⑤ 때문에, 10월 초순(1~10일)에 만개하는 조생종 화단국 품종을 이용합니다. 조생종 화단국은 8월 하순(20~30일)에 꽃망울이 맺힙니다.

⑥ 이 조생종 화단국의 꽃망울이 맺힌 삽수를 받아서 9월 초순(1~10일)에 삽목하면, 정상보다 약 2주정도 늦은 10월 25일경에 만개하게 되어, 전시회 목적을 달성할 수 있습니다.

(3) 품종선택

① 품종은 10월 초순(1~10일)에 만개하는 조생종 화단국을 권장합니다.

② 분재국과 현애국을 조정하여 사용할 수 있지만, 조생종 화단국에 비하여 개화시기가 약간 지연되는 경향이 있습니다.

(4) 모주재배

① 아래의 사진 1110과 같이, 10월 초순(1~10일)에 노지에서 만개된 조생종 화단국을 선택합니다.

② 이 포기를 월동시켜서, 봄에 근분하여 많은 포기수를 늘리고, 수시로 적심하여 많은 삽수를 얻어서. 4월 초순에 삽목하여 포기수를 늘립니다.

菊花叢書1110

③ 다음은 아래의 사진 1111과 같이, 뿌리가 내린 삽수를 노지에 심어서 비배관리하면서, 적심을 자주하여 많은 분지(分枝)를 합니다.

菊花叢書1111

(5) 삽목

① 8월 하순에 다음의 사진 1112와 같이, 꽃망울이 맺힌 화단국 포기에서 삽수를 채취합니다.

菊花叢書1112

② 아래의 사진 1113과 같이, 꽃망울이 맺힌 꽃가지를, 3~4cm정도 길이로 잎자루 아래 기부(基部) 밑을 잘라서 삽수채취를 합니다.

菊花叢書1113

③ 다음은 삽수를 아래의 사진 1114와 같이, 모래에 삽목합니다.

菊花叢書1114

3. 소국삽화 소품

정보자료제공 : 사랑해 조권영

(1) 항아리 뚜껑을 이용

① 아래의 사진 1115와 같이, 항아리 뚜껑, 꽃바구니, 수반, 화분받침 등과 같이 밑구멍이 없는 재료도 가능합니다

菊花叢書1115

② 아래의 사진 1116과 같이, 항아리 뚜껑에 가운데가 조금 높게 용토를 넣고, 국화만 심으면 썰렁할 것 같아, 작은돌을 하개 세워 보았습니다.

菊花叢書1116

③ 사진 1117과 같이, 나무 젓가락으로 정식용토를 구멍을 낸 후, 삽수를 넣고,

菊花叢書1117

④ 아래의 사진 1118과 같이, 흙을 살짝 젓가락으로 덮어줍니다

菊花叢書1118

⑤ 다음은 아래의 사진 1119와 같이, 같은 방법으로, 바위 옆에는 키 큰 국화를, 가장자리에는 작은키의 국화를, 여러가지 색상으로 썩어서 식재(植栽)합니다

菊花叢書1119

⑥ 정식이 완료되고 아래의 사진 1120과 같이, 항아리뚜껑 가장자리에 색돌이나 치장돌로 장식 하였습니다

菊花叢書1120

菊花叢書1121

⑦ 아래의 사진 1122와 같이, 가운데의 바위 대신, 고목으로 치장도 해 보았습니다. 10월 25일, 국화가 활짝 피었습니다.

菊花叢書1122

⑧ 전시회 날자에 맞추서 이렇게 만개시키지 않고, 그냥 가정에서 즐기는 소품은, 개화기간에 신경을 안써도 됩니다. 결과적으로는 언젠가 필거니까요.

菊花叢書1123

(2) 꽃바구니 만들기

① 아래의 사진 1124와 같이, 꽃바구니 안에 비닐을 내봉하고, 용토를 채웠습니다.

菊花叢書1124

② 아래의 사진 1125는 앞에서와 마찬가지 나무젓가락 방식으로, 가장자리에서부터 촘촘히 식재(植栽)합니다

菊花叢書1125

③ 아래 사진 1126/ 10월 25일. 꽃이 만개했습니다.

菊花叢書1126

제8장 소국분재 총론

1. 소국분재 분류

(1) 기초분류

① **분양작(盆養作)** : 화분에 분재수만 심어서 기른 것

② **석부작(石附作)** : 돌위에 분재수를 올려 기른 것 .

③ **목부작(木附作)** : 고목위에 분재수를 올려 기른 것.

(2) 수형별 분류

④ **직간작(直幹作)** : 원줄기가 바르게 서 있는 나무모양.

⑤ **곡간작(曲幹作:模様木)** : 원줄기에 굴곡을 주어서 기른 것.

⑥ **사간작(斜幹作)** : 원줄기가 비스틈이 서있는 나무모양.

⑥ **현애작(懸崖作)** : 원줄기가 절벽에 매달려 있는 모양.

⑦ **현수작(縣垂作)** : 제1枝를 현애로 드리우고, 제2枝를 낮은 모양목으로 세우는 합성작품.

⑧ **근립작(根立作)** : 줄기화된 뿌리를 지상에 노출시키는 뿌리주제 작품.

⑨ **하수작(下垂作:垂楊作)** : 곁가지들이 아래로 늘어진 수양(垂楊)버들 모양.

⑩ **해송작(海松作)** : 같은 방향으로 바람 타는, 5포기 이상의 모아심기를 한 것.

⑪ **치루작(馳艛作)** : 2~3간작으로, 달리는 보트(boat)의 휘날리는 깃발을 연출한 것.

(3) 모아심기 분류

⑫ **기식작(寄植作)** : 5포기 이상의 독립된 분재수를, 한 화분에 모아서 붙여 심기 한 것.

⑬ **연근작(連根作)** : 뿌리가 연결된, 5줄기 이상의 모아심기를 한 것.

⑭ **주립작(株立作)** : 1포기에서, 5줄기 이상을 그룹 잡아, 전체적으로 소규모의 노송 군락지(群落地)를 만든 것

⑮ **벌취작(筏吹作)** : 2줄의 연근작을, 뗏목이 강물에 흘러가는 모양으로 연출한 것.

표 1127 : **분재 품종표**

	한글이름	한문	색깔
1	백조	白朝	白色
2	밤안개		백색
3	십의유	辻の柳	赤色
4	앵의	櫻懿	粉紅
5	금잔디		黃色
6	노송	老松	黃芯黃
7	북두의송	北斗え松	赤色
8	소정앵	小町櫻	粉紅
9	서	曙	粉紅芯黃
10	신노송	新老松	藤色芯黃
11	고금난	古錦欄	朱赤芯黃
12	조용	朝龍	赤錦
13	천석의미	千石え美	黃色
14	천석주	千石舟	白芯黃
15	풍송	風松	淡黃
16	황호	黃虎	黃色
17	홍다마	紅多摩	赤色
18	회일산	繪日傘	金色
19	벌의예	伐ぇ譽	白芯黃
20	백호	白虎	白色

분재품종 사진 1128

2. 소국분재 수형의 오작(誤作)

(1) 전지(前枝)

아래의 圖解 1129와 같이, 관람객의 정면으로 나온 가지는 입체감이 결여되고, 미관상으로도 좋지 않지만, 모든 작업에 방해가 되는 존재입니다. 이 가지는 제거하기를 권장합니다..

菊花叢書1129

(2) 상향지(上向枝)

아래의 圖解 1130과 같이, 위로 수직으로 자란 가지는 자신의 미모도 좋지 않지만, 타의 수형 만들기에 방해가 됩니다. 제거하는 것이 좋습니다.

菊花叢書1130

(3) 편지(偏枝)

아래의 圖解 1131는 곁가지가 한쪽으로만 너무 치우쳐 발생한 상태입니다. 분재 수형의 균형이 흩으러 집니다.

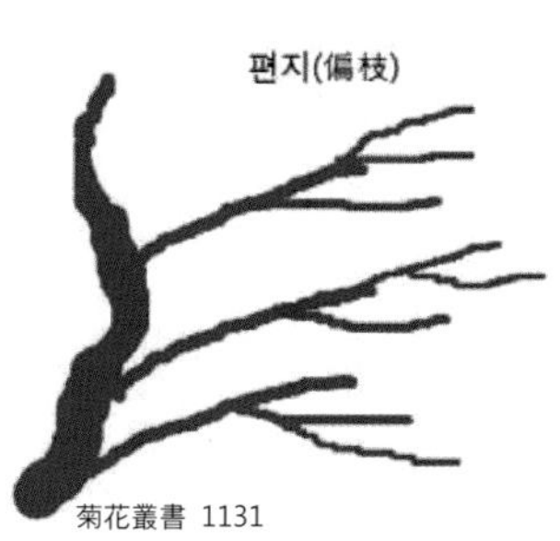

菊花叢書 1131

(4) 교차지(交叉枝)

아래의 圖解 1132는, 앞에서 보았을 때, 곁가지가 서로 교차되어 **[X]자**를 이루었습니다. 물론 옆에서 보면 그렇지 않겠지요. 좋지않은 수형입니다.

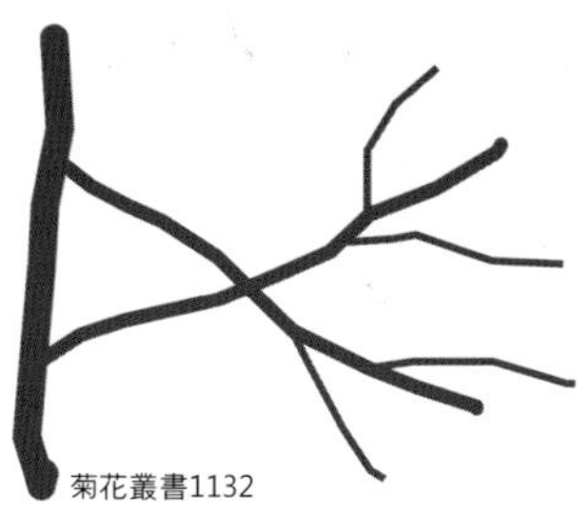
菊花叢書1132

(5) 두절목(頭切木)

아래의 圖解 1133과 같은 분재수는 원줄기의 두관(頭冠:樹冠)이 잘려서, 벌목이나 폐목으로 보입니다.

菊花叢書 1133

(6) 하향지(下向枝)

아래의 圖解 1134와 같이, 위로 수직으로 자란 가지는 자신의 미모도 좋지 않지만, 타의 수형 만들기에 방해가 됩니다. 이 가지도 제거합니다.

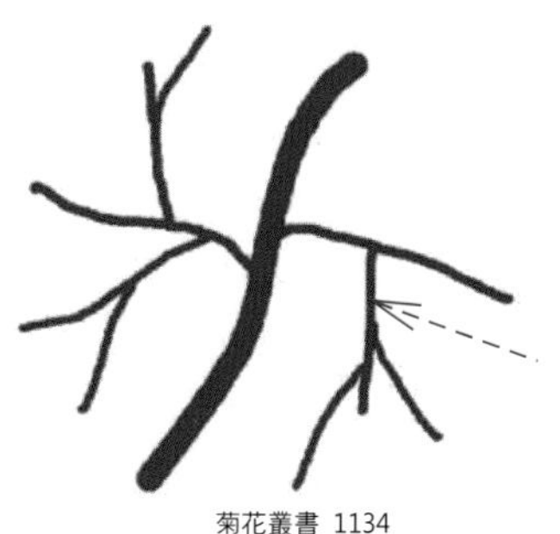
菊花叢書 1134

(7) 산지(散枝)

아래의 圖解 1135는, 원줄기와 곁가지들이 산발적으로 흩어져 있는 모양입니다. 분제수의 모양세가 아닙니다.

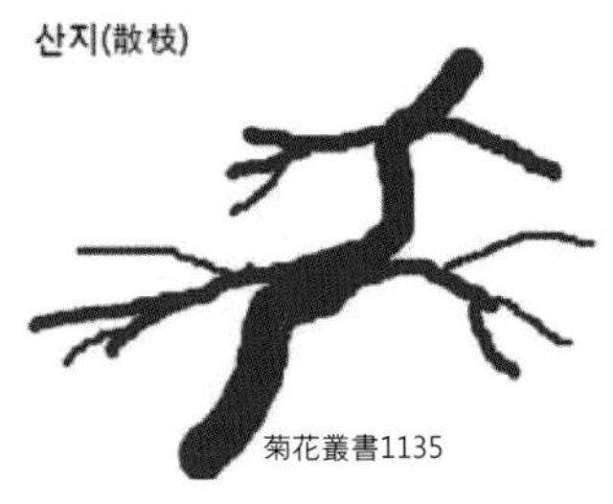

(8) 구흉간(鳩胸桿)

아래의 1136은 곡간작에서 줄기의 중간이, 모이를 많이 먹은 비들기 가슴처럼 앞으로 돌출된 모양입니다. 좋지 않습니다.

(9) 편근장(片根張)

아래의 1137은 분양작에서 밑둥의 뿌리가 한쪽으로만 치우쳐 노출된 작품입니다. 뿌리목에서 사방으로 뿌리를 살작 보여 주어야 좋습니다.

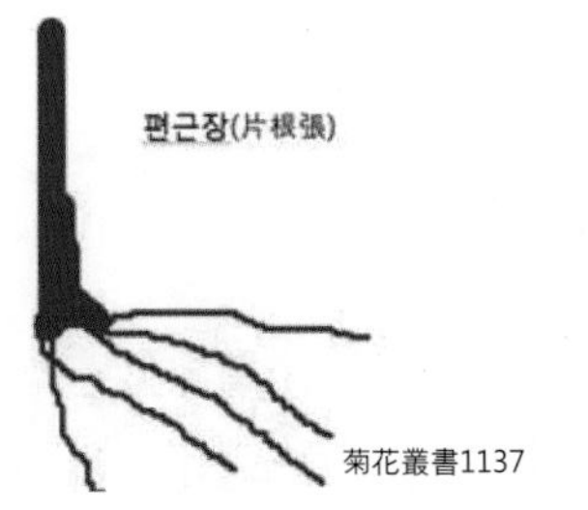

(10) 교차간(交叉桿)

아래의 1138 모아심기(기식작)에서, 앞에서 보았을 때, 일부 줄기가 교차되어 [X]자로 보이는 것은 좋지 않은 배열입니다.

(11) 역지(逆枝)

아래의 1139 수형은, 한쪽에서 나온 곁가지가 반대쪽으로 거슬러 자라는 가지모양입니다. 바람직하지 않습니다.

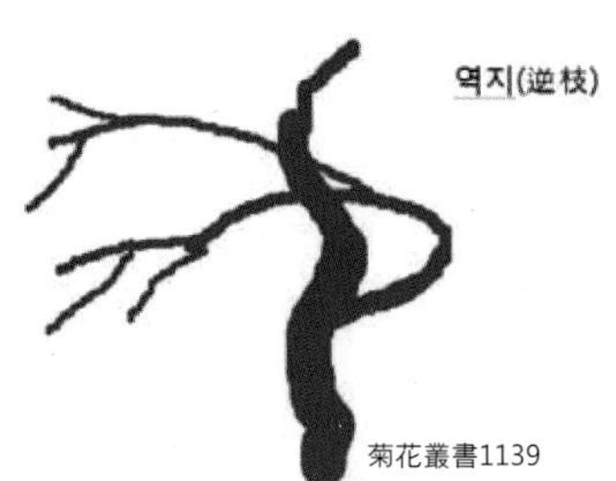

(12) 과굉간(鍋紘幹)

아래의 1140 수형은, 현애의 밑둥을 반원형으로 구부린 모양입니다. 완전히 노출되면 과굉간(鍋紘幹)으로 보이지만, 밑둥의 헛가지(犧牲枝)를 길러서 은폐(隱蔽)하면 해결됩니다.

작품을 평가하면 싫어하기 때문에, 근래에는 칭찬만 하는 경향이어서, 나만의 작품 경지에 심취되어 있는 동안, 작품의 질은 점점 다운(Down)되고 있습니다.

근래에, 알면서도 무의식적으로 등한시하는 가장 많은 10가지의 오작을 별도로 소개합니다. 이 디자인은 옛날부터 전해 내려오는 오작과, 근세 신진들의 원예정서의 안목에 벗어나는 Erro design입니다.

⒀ 십자지(十字枝)

① 아래의 圖解 1141과 같이, 줄기가 십자(十字) 모양으로 분지된 가지는, 수형의 균형이 맞지 않고 미관이 떨어집니다.

② 많은 재배자들이 알면서도 등한시하는 제일 많이 범하는 오류입니다.

③ 이 때문에 재배자가 명작이라고 자부하는 작품이, 제3자에게는 졸작으로 분류되는 예가 많습니다.

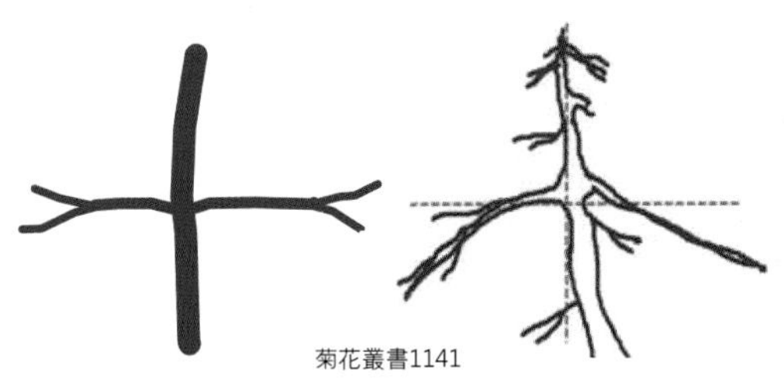
菊花叢書1141

⒁ 수염뿌리(鬚髥根)

① 아래의 1142는, 돌 위에 노출된 수염뿌리 입니다. 석부작은 분재수와 돌과 화분의 3자 조화의 중간에 돌이 있습니다.

② 이 돌 위에 노출되는 노송의 뿌리가, 수염뿌리로 보이지 않도록 간단하게 깔끔

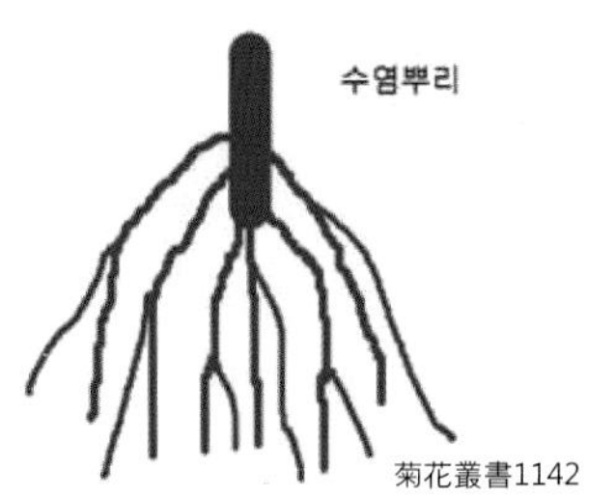

菊花叢書1142

하게 처리하고, 생육에 필요한 뿌리는 최소한으로 줄여서, 전면에서 보이지 않는 부위로 배분합니다.

③ 석부작 입문할 때부터 돌 위의 뿌리 Display에 신경을 쓰는 습성을 들여야 남들보다 더 돋난 작품이 나올 수 있습니다.

⒂ 정상수(頂上樹)

① 아래의 1143 수형은 정상수(頂上樹)입니다. 현실성이 없는 가작(假作)입니다.

② 특별한 이유가 없으면, 위치를 현실적 위치로 조금 변경할 것을 권장합니다.

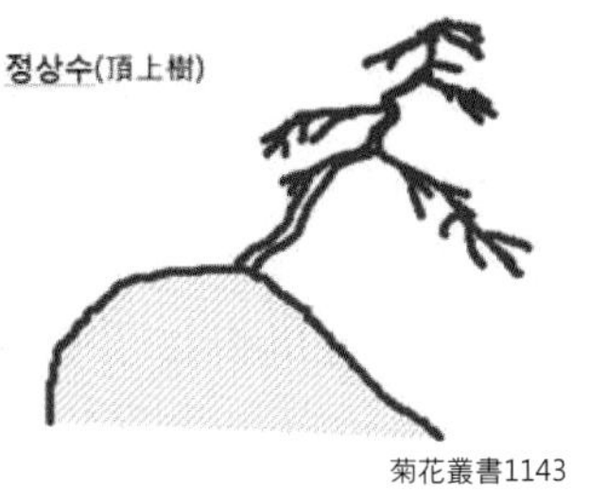

菊花叢書1143

⒃ 수평지(水平枝)

① 아래의 1145 작품은 곁가지가 힘차게 옆으로 뻗은 수평지입니다.

② 실재 노송에서는 수평지의 분지를 볼 수 없으며, 이것은 힘찬 청송의 뻗음이며, 해가 거듭할수록 양팔은 점차적으로 아래로 쳐집니다.

③ 때문에 처음 수형을 다듬을 때부터 곁가지의 양팔을 수평선에서 약간 아래로 내려 다듬으면 더 좋습니다.

菊花叢書1145

⑰ 와고(蛙股)

① 아래의 1146은 개구리 넓적다리 곡선의 수형입니다.

② 좌우대칭을 피하여 다듬으면, 이런 와고수형은 나오지 않습니다. 재배자들의 무관심의 산물입니다.

菊花叢書 1146

⑱ 역상생(逆相生)

① 아래의 1147은 쌍간작이나 쌍수작을 잘못 인용하여, 어느 한줄기가 세력이 약하여 곁가지나 곁포기처럼 보이는 것입니다.

② 이것은 잘못된 보조수 처리로서, 완전한 단본 분재수라면 도리어 본포기의 위상이 떨어진 실패작으로 간주됩니다.

菊花叢書1147

⑲ 천평형(天平形)

아래의 1148 수형은 곁가지들이 좌우로 길이가 같아서, 무게중심을 이루었습니다. 수형이 정삼각형을 이루지 말고, 어느 한쪽이 약간 짧도록 다듬으면 더 좋습니다.

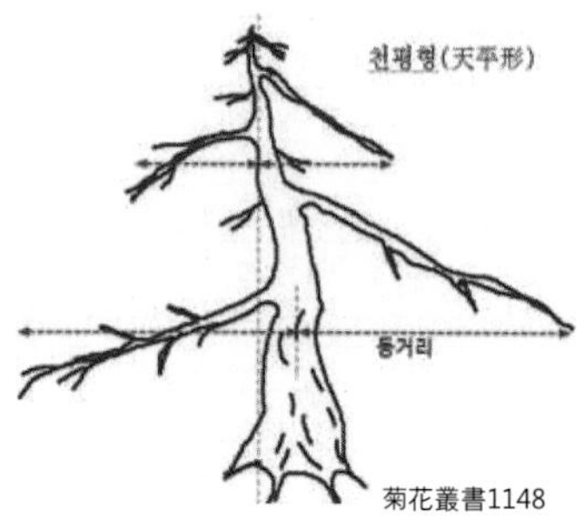

菊花叢書1148

⑳ 차지(車枝)

아래의 1149 수형은 위에서 내려다보았을 때, 곁가지가 둥글게 팔방으로 나와서, 수래바퀴 살처럼 보이는 것은 예술적 입체감이 결여됩니다. 앞뒤로 나오는 보조가지(곁가지)는 조금 짧게해서, 단면도에서 원형보다도 타원형으로 펼치면 더 좋습니다.

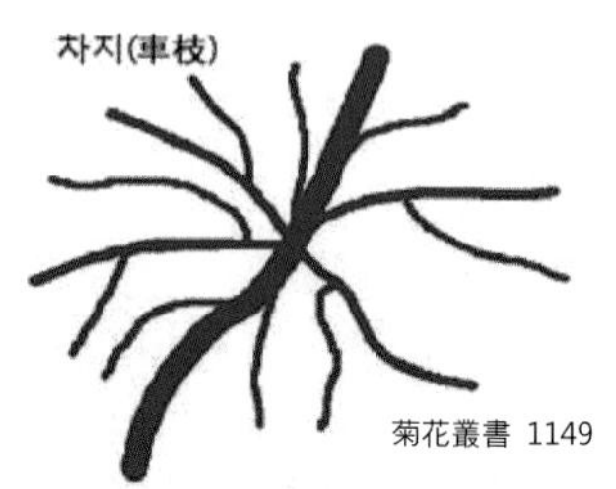

菊花叢書 1149

(21) 대칭지(對稱枝)

아래의 圖解 1150, 양측의 가지가 대칭을 이루었습니다. 이는 풍화에 시달린 자연의 노송이 아니고, 온실에서 곱게 자란 인공미가 가미된 청송(青松)입니다. 재배자들이 무관심에서 나오는 오작(Erro)입니다.

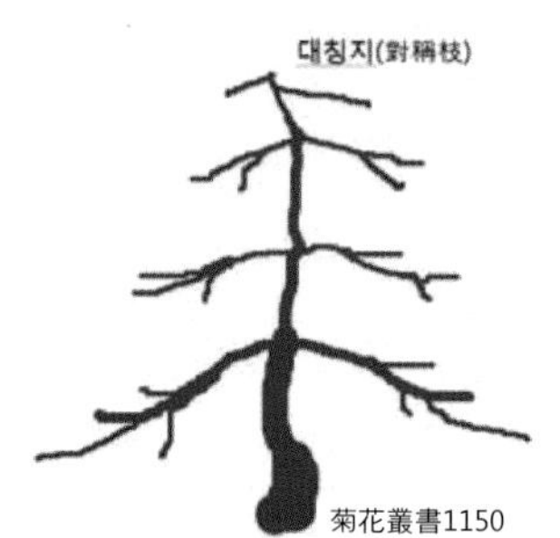

菊花叢書1150

(22) 소수(塑樹)

밑둥에 헛가지(犧牲枝)가 가까이 여러개 모이면, 아래의 그림 1151과 같이 뿌리목이 볼록하게 소수(塑樹)가 됩니다. 보기가 좋지는 않습니다.

菊花叢書 1151

3. 알루미늄선 감기요령

(1) 금속선(동선. 알루미늄선)의 선택

① 원줄기와 큰가지는 10~12번 선
② 중간가지는 14~18번 선
③ 작은 가지는 20~21번 선
④ 당년작 제 1枝는 16번 선
⑤ 동선은 사용할 때는, 짚불에 구어서 연하게 만들어 사용합니다.

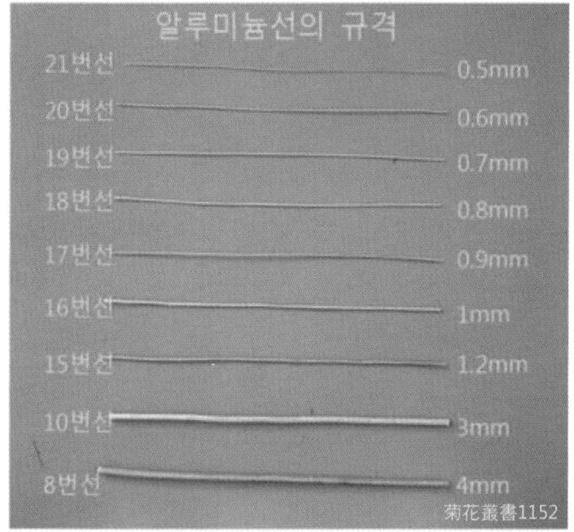

菊花叢書1152

(2) 나선(螺線) 감기의 기본역학

① 아래의 圖解 1153-㉮와 같이, 동선을 경사지게 드문드문 감아야, 알루미늄선의 견인력에 의하여, 유인되는 국화 줄기가 꺾어지거나 부러지지 않습니다.

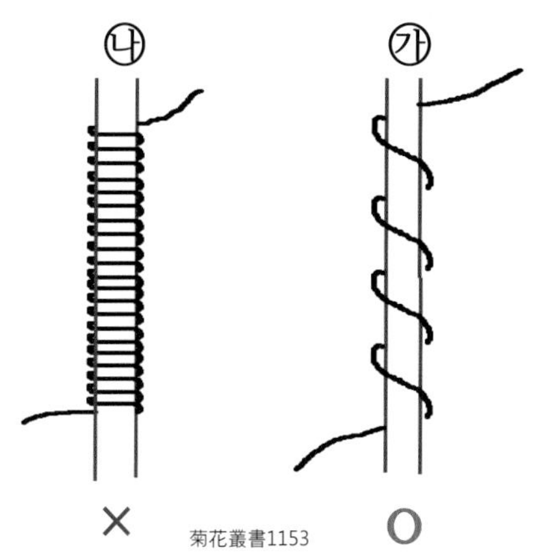

菊花叢書1153

② 그림 1153-㉯와 같이, 알루미늄선을 총총히 감으면, 생각으로는 아주 탄탄할 것 같지만, 실재로는 국화가지를 유인할 때, 동선의 견인력이 없어서, 국화 줄기가 쉽게 꺾어집니다.

③ 아래의 그림 1154-㉮와 같이, 구부리는 국화줄기 등쪽에 아
알루미늄선이 받치어져 있어야 꺾어지지 않습니다.

④ 그림 1154-㉯와 같이, 구부리는 국화가지 등쪽에 알루미늄선의 받침이 없으면 쉽게 부러집니다.

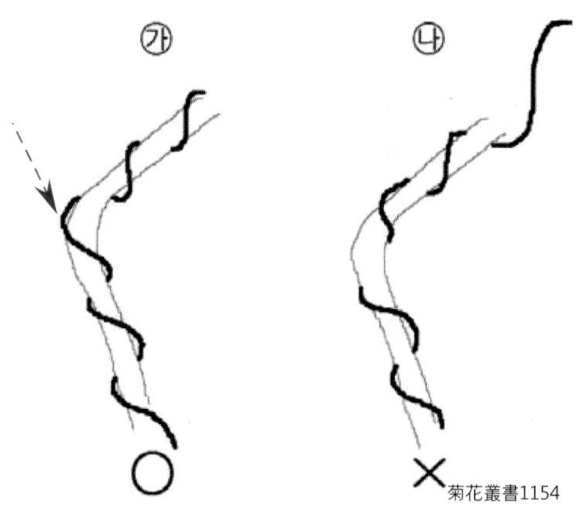

菊花叢書1154

⑤ 이와 같이, 국화분재 뿐만이 아니고, 전체 국화분야와, 광범위한 화훼분야에서 애용하는 나선(螺線)감기는, <u>감는 방향과는 관계없이 단순히 견인 철사선의 축의 위치가 키포인트입니다.</u>

(3) 안전대 감기 요령

① 동선감기 시작점은 줄기나 가지에 튼튼하게 고정되어, 근본이 요동(搖動)하지 않아야 합니다.

② 뿌리목에서 시작할 때는 분흙 속에 동선을 깊이 꽂아 넣고, 뿌리목에서 한 번 더 고정한 다음에 시작합니다.

③ 국화줄기를 굽힐 때는 알루미늄선 감은 방향으로 비트는 기분으로 굽힙니다.

④ 국화 줄기를 앞으로 유인할 때에는, 아래의 그림 1155와 같이, 알루미늄선을 분지점에서 ∝모양으로 매듭하고, 줄기가 앞으로 구부러지는 <u>등뒤에 철사선이 버티도록</u> 돌려감은 다음, 분지점을 손으로 쥐고 국화 줄기를 앞으로 서서히 유인합니다.

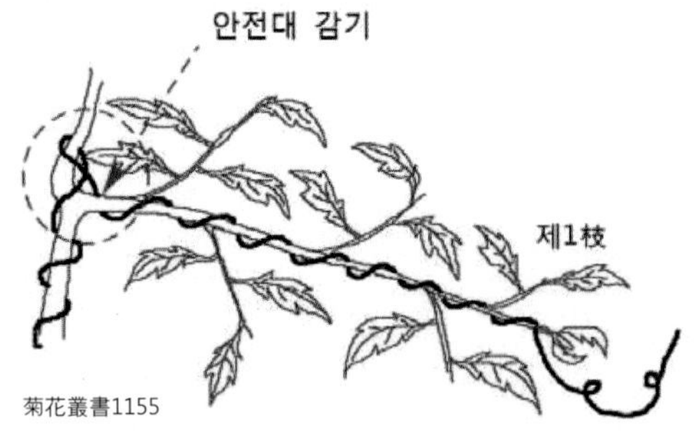

菊花叢書1155

⑤ 국화 줄기를 뒤로 유인할 때는, 아래의 그림 1156과 같이, 알루미늄선을 분지점에서 ∝모양으로 매듭하고, 국화줄기가 <u>뒤로 굽는 등앞에 철사선이 버티도록</u> 돌려감은 다음, 분지점을 손으로 쥐고, 국화 줄기를 뒤로 서서히 유인합니다.

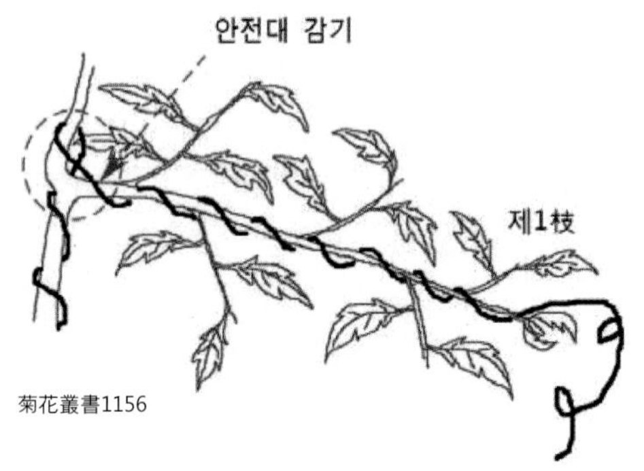

菊花叢書1156

⑥ 국화가지를 아래로 내릴 때는, 그림 1155와 1156과 1157과 같이, 유인되는 분지각에서 철사선이 견인토록 감습니다.

菊花叢書1157

⑦ 곁가지를 아래로 유인할 때는, 圖解 1158과 같이, 분지점에서 단순 8자형 감기로 분지점 찢어짐을 방지할 수 있습니다.

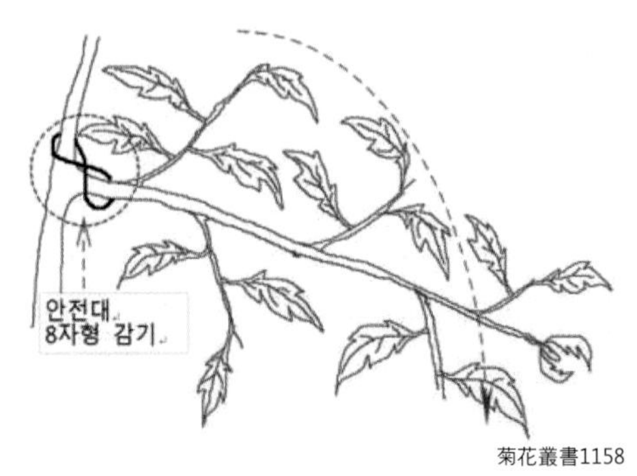

菊花叢書1158

⑧ 소국분재 당년작 어린모종의 수형잡기에서 아래의 圖解 1159와 같이, 알루미늄선이 주간(主幹)을 감아 내려와서, 분지점 위를 지나서 곁가지로 감아올립니다. 어린 가지에는 이 요령이 더 안전합니다.

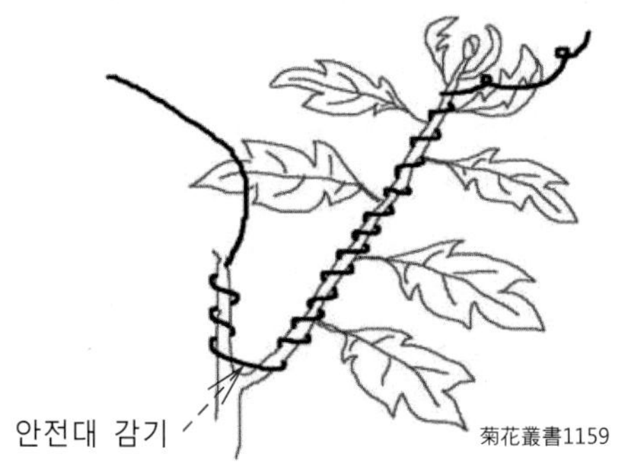

菊花叢書1159

⑨ 아래의 그림 1160에서 곁가지를 아래로 수평으로 내렸지만, 안전대 금속선의 견인역할에 의하여, 분지점이 찢어지지 않습니다.

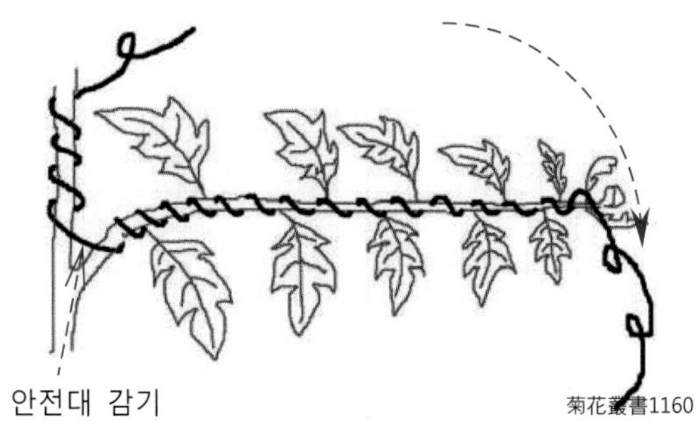

菊花叢書1160

4. 비나인 희석 배율

비나인(B-9)

(다미노자이드 수화제)

(1) 유효성분 :

daminozide------------------------85%

계면활성제, 증량제-----------15%수화제

(2) 상품명 : ① **유원비나인** (인바이오믹스)

② **미성비나인** (바이엘).

(3) 용량 : 물20ℓ.당/약제 160g.

(4) 용도 : 절간 신장억제

(5) 적용작물 : 포인세치아. 국화.

(6) 용법 :

① 이 농약은 식물의 절간신장을 억제하는 생장조정제입니다. 다른 농약과 섞어 뿌리면 않됩니다.

② 포인세치아에서는 사용량을 지켜서 물에 희석한 후, 작물에 충분히 묻도록 살포 합니다.

③ 국화재배에는 소정의 희석률을 지켜서 국화의 꼭대기 순에만, 미니 손분무기로 뿌리던지, 필요에 따라 꽃목에 붓으로 발라 줍니다.

④ 이 제품은 구리제(석회보르도액)와 섞어 뿌리거나, 30일 이내의 근접살포하면 좋지 않습니다.

⑤ 처음에는 사과꼭지를 굵고 짧게해서, 낙과(落果)를 방지하기 위한 왜화제(矮化劑)로 연구 개발 되었었는데, 후에 사람에게 독성이 있음이 발견되어, 근래에는 식용(食用)이 아닌, 일부 화훼류 『포엔세치아』, 『아잘래아』류에서 이용하고 있는 것을, 취미국화 인들이 응용하고 있습니다.

⑥ B-9의 작용 기전은 피층(皮層)으로 스며들어 껍질을 굳게 하고, 급히 목질화 시켜서, 줄기의 절간신장(節間伸長)을 억제하는 것입니다.

(7) 비나인 희석배율

① 대국에서는 300~1500배 희석액을 사용합니다. 소국분재에서는 300~500배 희석액을 주로 분무합니다.

② 순수한 물, 가로1cm×세로1cm×높이 1cm의 부피를 $1cm^3$(1입방cm)라 하고, 이 들이의 량을 표기할 때는 1mℓ로 표기하고, 이 순수한 물 1mℓ의 무게를 1gm 이라고, 무게 표준이 됩니다.

③ 보통 맥주 1병은 500mℓ입니다. 맥주 공병으로 비나인을 희석해 보겠습니다.

병들이÷희망 희석배수=필요한 비나인 량.

500(ml)÷300(배)=1.66gm.

④ 취미국화 재배에는 B-9을 아래의 표와 같이 사용합니다. 마지막 사용 희석배수는 300~350배액 입니다. 국화에서는 더 이상 강한 용액을 사용하면 개화가 지연되거나, 아예 꽃망울이 벌어지지 않을 수도 있습니다.

菊花叢書1161

국화 비나인 희석 배율

희석배율	물의 량	B-9 량	비고
1500배	500mℓ	0.33gm	대국
1000배	500mℓ	0.5gm	대국
500배	500mℓ	1gm	대국/소국분재
400배	500mℓ	1.25gm	대국/소국분재
300배	500mℓ	1.66gm	대국/소국분재 마지막 분무 배수
200배	500mℓ	2.5gm	복조작/소국분재/주의
125배	20ℓ	160gm	포엔세치아 아잘레아
계산방법/보통 맥주병(500mℓ)으로 300배 희석액을 계산하겠습니다. 500mℓ÷300=1.66gm.			

5. 분재수의 균형잡기

(1) 수형의 균형

① 제1枝와 제2枝와 수관을 연결하는 선이 아래의 圖解 1162와 같이, 부등변 삼각형이 되도록 수형을 다듬습니다.

② 보조1枝와 보조2枝 보조3枝등은 정면 앞뒤로 나오지 않고 약간 빗겨 배분합니다.

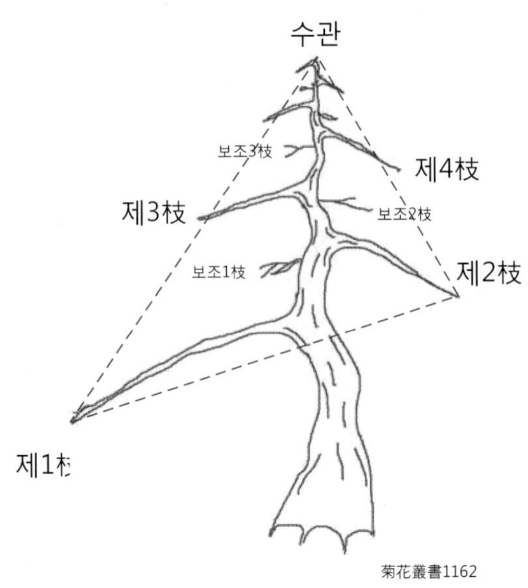

菊花叢書1162

(2) 높의 균형

① 주제가지 1枝 2枝 3枝 4枝 등의 길이를 아래의 圖解 1163과 같이, 올라 갈수록 점차적으로 짧게하고

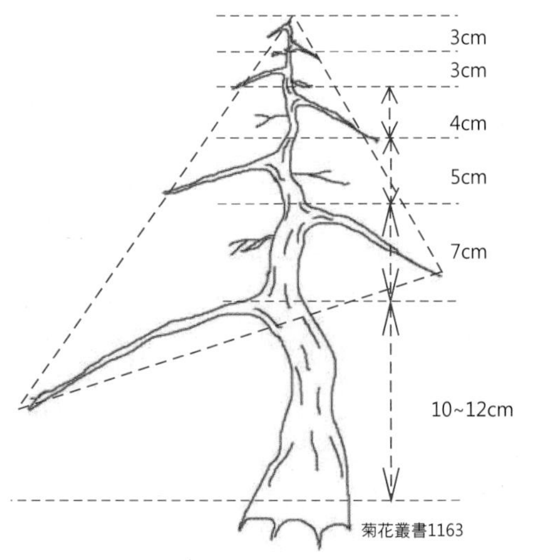

菊花叢書1163

② 주간(主幹)의 마디간격은 밑에서 위로 올라가면서 차차 좁아지게 합니다.

③ 제1枝의 위치는, 분재수 높이의 아래쪽으로 1/3지점 10~12cm가 적당합니다.

(3) 주제 가지의 펼침

① 보조가지가 주제가지보다 세력이 더 강하면, 분재수의 균형이 깨트려 집니다.

② 아래의 그림 1164와 같이, 완성된 분재수의 단면도(斷面圖)에서, 분지의 양상이 둥글면 차지(車枝)①라는 오작이 됩니다. 앞뒤로 배분되는 보조가지들을 조금 짧게 다듬어서 타원형으로 디스플레이(Display)하는 것이 입체미가 더 좋습니다.

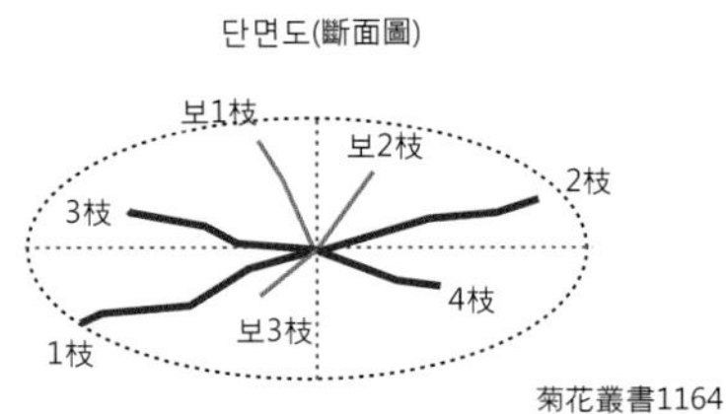

菊花叢書1164

③ 위의 圖解 1164와 같이, 전방으로 직진(直進) 가지는 만들지 말고, 후방으로의 직진(直進) 가지는 좌측이나 우측으로 살짝 비켜 놓습니다.

④ 높이의 2/3 위에서부터는, 앞으로 바로 나오는 가지도 보기 싫지는 않습니다.

⑤ 시기적으로 여유가 있으면, 제5枝 제6枝 등도 만들 수 있습니다.

⑥ 국화 기르기에는 학설이 없습니다. 법칙이나 원칙이 없습니다. 보기좋게 다듬는 요령이며, 개개인의 안목에 따른 화훼정서입니다. 구애됨이 없이 자유분망한 작품활동을 하시기 바랍니다.

~~~~~~~~~~~~~~~~~~~~~~~~
※ 참조:①차지(車枝):236쪽 20번
~~~~~~~~~~~~~~~~~~~~~~~~

6. 소국분재 동시개화조절

(1) 동시개화조절(마지막 적심)

① 국화는 초질성인 위에서부터 꽃이 피기 시작하여, 내려오면서 목질성인 밑둥 부위는 제일 나중에 꽃이 핍니다.

② 따라서 마지막 적심은 다음의 圖解 1165와 같이, 꽃이 피어내리는 방향과 반대방향으로, 아래에서부터 위로 올라가면서 3등분하여, 8월 5일. 8월 10일. 8월 15일. 등 5일 간격으로 적심하면, 거의 같은 시기에 개화합니다. 이렇게 분재의 마지막 적심을 『동시개화조절』 작업을 합니다.

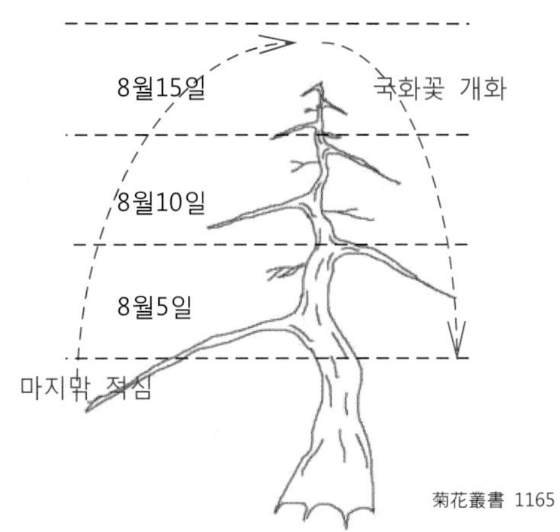
8월15일
국화꽃 개화
8월10일
8월5일
마지막 적심
菊花叢書 1165

③ 8월 5일, 제1枝부터 적심합니다. 아래의 그림설명 1166과 같이, 보통 5마디 규모로 다듬고, 끝은 다음의 사진 1167과 같이 윗눈을 받아야 위로 향한 꽃눈이 나옵니다.

菊花叢書 1166

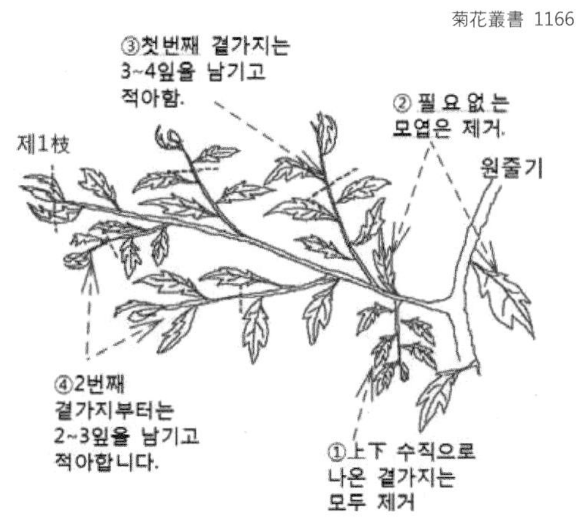
③첫번째 곁가지는
3~4잎을 남기고
적아함.
제1枝
②필요없는
모엽은 제거.
원줄기
④2번째
곁가지부터는
2~3잎을 남기고
적아합니다.
①上下 수직으로
나온 곁가지는
모두 제거

마지막 적심은
윗눈과 웃잎을
선택합니다.
菊花叢書 1167

④ 첫 번째 곁가지는 4~5잎을, 3번째 마디의 곁가지는 3~4잎을 남겨서 점점 작아지게 합니다. 제1枝의 규모를 이보다 크게 잡으면, 위로 올라갈 활력이 부족하여, 제2枝 제3枝가 왜소하게 되어 분재수의 전체적인 균형이 잡히지 않습니다.

⑤ 아래위로 수직으로 나온 상향지와 하향지를 제거할 때는, 아래의 사진 1168과 같이, 제일 아래의 2장의 잎을 남겨서 2개의 꽃눈을 받을 수 있도록 순을 지릅니다.

상향지는 2잎이나
2마디를 남기고 자름.
菊花叢書1168

⑥ 앞뒤로 정면으로 돌출한 가지도 제거합니다.

⑦ 제4枝 이상의 높은 위치에서 정면으로 돌출한 가지는 제거하지 않아도 됩니다.

⑧ 마지막으로 모엽(母葉)과 큰잎과 병든 잎 변색된 잎은 모두 따냅니다.

(2) 비나인 분무

① 비나인은 국화의 표피에 흡수되어 껍질을 굳게하여 줄기의 자람을 억제합니다.

② 꽃망울이 나오기 전에 비나인을 분무하면, 꽃망울이 나오지 않거나 아니면 늦게 나와서 패작이 됩니다.

③ 9월 초부터 비나인을 사용하지 말고, 꽃망울이 자연생태로 맺히는 대로 다 받습니다.

④ 9월 5일부터, 조생종(早生種) 국화가 출뢰(出蕾)하기 시작하여, 9월 15일이면 많은 꽃망울이 맺히며, 9월 23일 추분(秋分) 때에 이르면 거의 모든 품종에서 꽃망울이 맺힙니다.

⑤ 추분 이후에 맺히는 망울은 몇 개 않되지만 전시회용으로는 쓸모가 없습니다.

⑥ 9월 15~20일에 비나인 300~400배액을 분무하여 꽃목의 길이를 현재상태에서 더 이상 자라지 않도록 합니다. 비나인 희석 배율이 강하면 꽃망울이 며칠 늦게 벌어질 수도 있습니다.

(3) 마지막 적뢰(摘蕾:꽃망울 따기)

① 꽃이 너무 많으면, 주제인 수형은 보이지 않고, 큰 한송이 꽃이 되어버립니다. 그래서 『마지막 꽃망울 따기』를 합니다.

② 10월 초순에 꽃목이 너무 긴 망울과 너무 짧은 망울을 모두 솎아냅니다.

③ 또 너무 굵은 꽃망울과 너무 작은 꽃망울도 솎아냅니다.

菊花叢書 1169

④ 10월 10일경, 앞의 사진 1169에서, 유달리 일찍 벌어지는 꽃망울과 너무 늦은 꽃망울도 모두 따냅니다.

⑤ 마지막에는 꽃망울의 굵기와 세력이 비등한 꽃망울만 남겨서, 전체적으로 균등히 듬성듬성 남겨 둡니다.

⑥ 아래의 그림설명 1170과 같이, 큰 곁가지에는 2송이, 작은 곁가지에는 1송이 정도 남기고 모두 적뢰(摘蕾)합니다.

菊花叢書 1170

⑦ 이렇게 하면 전체적으로 같은 크기의 꽃송이가 동시에 피어서, 꽃송이 사이로 간간이 푸른 잎도 보이고, 분재수의 주간과 가지들도 보이는 명작 분재수가 됩니다.

⑧ 10월 25일, 아래의 사진 1171은, 꽃이 늦게 피고 나중에 피는 것 없이, 하루 이틀 사이 동시에 활짝 피었습니다.

菊花叢書 1171

7. 정아우세현상(頂芽優勢現狀) 응용

(1) 정아우세 현상

① 국화는 아래의 사진 1172와 같이, 적심하면 마디마다 새싹이 움터 나옵니다.

② 제일 윗마디에서 나오는 싹을 제1枝라하고 다음 아래마디의 싹을 제2枝라고 편의상 부릅니다.

③ 보편적으로 제1枝가 세력이 제일 강하고, 제2枝는 세력이 조금 약합니다. 아래로 내려 갈수록 세력이 점점 약해집니다. 이것을 정아우세의 현상이라고 합니다.

④ 이 정아우세의 현상을 신진 동호인들은 소국분제 수형의 디자인 현실화에 응용하고 있습니다.

(2) 직간작(直幹作) 만들기

① 직간작에서는 아래의 사진 1173과 같이, 세력이 강한 제1枝를 주간으로 유인해 올려서, 분재수의 키를 수직으로 늘신하게 연출하는 것을 주제(主題)로 합니다.

② 아래의 사진 1174와 같이, 제1枝를 잎자루와 같이 감아서 위로 유인해 올려서, 키가 수직으로 늘신하도록 합니다.

(3) 곡간작(曲幹作:模樣木) 만들기

① 모양목 또는 곡간작 등은 아래의 사진 1175와 같이, 세력이 약한 2枝를 위로 유인하여 분재수의 주간으로 삼아서, 수고(樹高)의 웃자람을 억제하고,

② 세력이 강한 1枝를 옆으로 눕혀서 아래의 사진 1176과 같이, 곁가지에 활력을 주어, 수형을 주제로 다듬습니다.

8. 소국분재 삽목

(1) 석부작(石附作) 모종 삽목

① 석부작 모종의 삽목은 뿌리가 키포인트(Kye Point)입니다.

② 소국분재의 삽목은 다른 화훼분야와 같이 뿌리만 내리는 작업이 아닙니다. 다른 화훼분야에서는 뿌리를 내린 후에 지상부를 잘 기르기만 하면 됩니다.

③ 소국분재에서는 석부작의 돌 위에 드리우는 뿌리의 디자인(Design)과 디스플레이(Display:연출)가 중요하기 때문에, 삽목 과정에서부터 뿌리를 원하는 대로 잘 발근 시켜야 더 좋은 작품이 나올 수 있습니다.

(2) 삽수채취

① 보통 대국은 5cm 길이로 삽수를 채취하고, 소국은 3cm 정도로 채취합니다.

菊花叢書 1177

② 삽수를 자를 때는 아래의 사진 1178과 같이, 줄기와 잎자루가 만나는 기부(基部)① 바로 아래를 잘라야 근권부(根圈部:뿌리뭉치:Callus)② 생성과 발근이 빠르며, 세포구조가 조밀하여 토양병균에 대한 저항력이 강합니다.

菊花叢書 1178

③ 아래의 사진 1179는 순에서 3cm 아래 기부(基部) 밑을 잘랐습니다. 이 상태에서 비가 올 때나 물을 줄 때, 흙탕물이 튀어 올라, 흑반병③ 갈반병④등의 곰팡이 병균들이 발생하여, 위로 확산하는 경로를 차단하기 위하여, 지표면에 가까운 잎은 모두 따냅니다.

菊花叢書 1179

④ 잎이 많으면, 수분발산이 많아서 뿌리가 없는 삽수는 몸살을 합니다. 때문에 잎의 면적을 줄이기 위하여, 순주위에 한두 잎만 남기고, 나머지 잎은 모두 따내어 아래의 사진 1180과 같이 잎의 면적을 줄여서 간략하게 다듬으면, 수분발산이 적어서 몸살을 적게합니다.

菊花叢書 1180

※참조/①기부(基部):바탕 부분. ②근권부(根圈部):뿌리바탕. ③흑반병(黑斑病):370쪽. ④갈반병(褐斑病):370쪽.

(3) 물올림

① 다음은 삽수를 아래의 사진 1181과 같이, 2시간 이상 맑은 물에 담그어 물올림을 합니다.

② 더 안전하게 하려면, 살균제(예:벤레이트, 톱신엠 등) 2000 배의 묽은 희석액을 만들어, 2시간정도 침지(浸漬) 합니다.

③ 물올림 한 삽수는 대기중에서 한시간 정도는 시들지 않습니다. 삽목상에서의 선도(鮮度)가 높고, 조기 발근과 병균에 대한 저항력이 강합니다.

④ 물올림을 하지 않았는 삽수는, 대기중에서 10분정도면 시들어 버립니다. 삽목상에서의 몸살이 심하고, 질병도 잦고, 발근도 늦습니다.

菊花叢書 1181

(4) 삽목상(揷木床)

① 아래의 1182와 같은 가로27cm 세로 27cm의 작은 연결포트는 재배공간이 없는 도시 밀집지역에 거주하는 동호인들에게 권장됩니다.

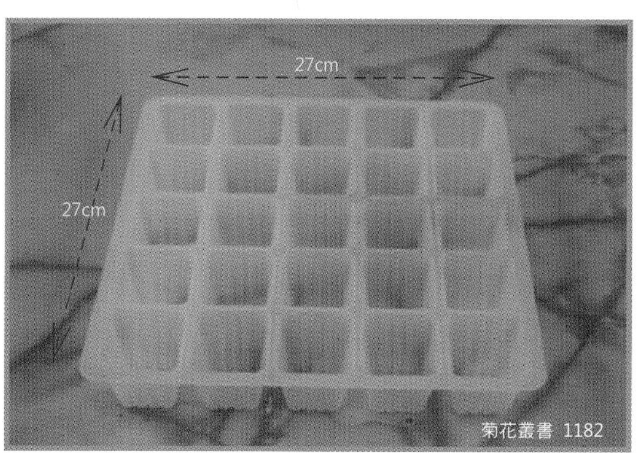

菊花叢書 1182

(5) 삽목용토(揷木用土)

① 근래에는 국화삽목에 구하기 쉬운 상토(床土)를 사용하는 동호인이 점점 늘어나고 있습니다.

② 아래의 1183과 같은 시판되는 상토는 우수한 모판용 인공토양으로, 산도가 ph 5.5~6.5의 산성이어서, 국화에 이용한계는 삽목상까지 입니다.

③ 국화의 생육산도는 Ph6.2~6.8의 약산성이기 때문에 국화의 성묘 생육에는 환경이 맞지 않아서, 1차 가식부터는 상토를 모두 털어내고 비료분이 약한 성묘용 배양토로 옮겨 심어야 더 좋습니다.

菊花叢書 1183

④ 상토는 이온을 갖이고 있으면서, 미량요소를 함유하고, 미세한 입자이기 때문에 아래의 사진 1184와 같이, 잔뿌리와 털뿌

菊花叢書 1184

리가 많이 발생하여 텁수룩한 수염뿌리가 발근합니다.

⑤ 아무리 발근이 잘 되어도 소국분재 석부작에서는, 돌 위에 드리우는 뿌리의 디자인(Design)과 디스플레이(Display:연출)가 중요하기 때문에 수염뿌리는 달갑잖습니다.

菊花叢書 1185

⑥ 따라서, 위의 사진 1185 질석(膣石)[①]이나, 아래의 사진 1186의 마사토(磨砂土)를 대채 삽목용토로 사용하는 동호인도 있지만, 상토와 질석 마사토는 함수력이 좋아서 고온다습기의 삽목에는 세균감염 확률이 높아서 세심한 관리를 해야 합니다.

菊花叢書 1186

⑦ 하지만 질석(膣石:Vermicuration)과 상토(床土)는 함수력(含水力)이 강하여 물을 많이 머금고 있어서, 7월 8월 9월의 고온기의 상토나 질석의 삽목은, 조금만 관리를 잘못하면 뿌리썩음 병이나 묽음병 순마름병 등의 곰팡이 균들이 순식간에 침습하여 패사하는 예가 많습니다.

(6) 강모래 삽목

① 이러한 약점을 보완하기 위하여 근간에는 고온처리하여 양분과 함수력과 상관없는 도자기형의 알맹이 모래를 개발했지만, 아직까지는 고가(高價)이어서 취미국향인 들에게는 거리감이 있어서, 아래의 사진 1187과 같은 옛날에 사용하던 강상류의 모래가 제일 좋고 경제적입니다.

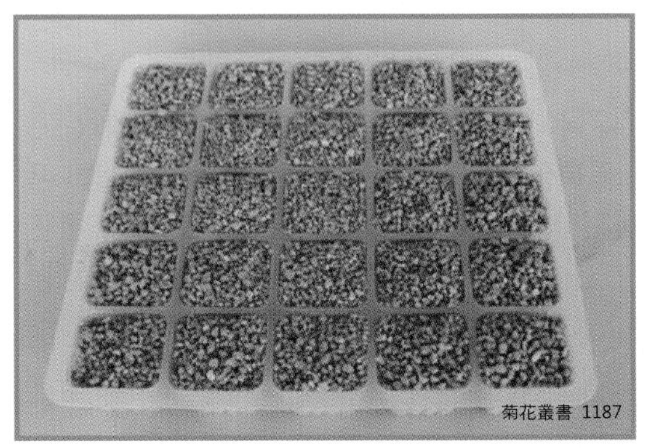
菊花叢書 1187

② 강상류의 굵은 모래가 좋습니다. 발근은 상토보다 5~7일 정도 늦습니다.

③ 강모래는 차돌 입자이기 때문에, 함수력이 약해서, 고온다습기에 건조하여 말라 죽는 예는 있어도, 습하여 질병으로 인한 패사는 거의 없습니다.

④ 강모래는 아무런 양분도 이온도 함유하지 않았기 때문에, 텁수룩한 수염뿌리는 거의 나오지 않습니다.

⑤ 강모래는 씻어서 직사광선에 건조시키면 재활용할 수 있지만, 상토나 질석은 부패(腐敗)하여 재활용이 불가능 합니다.

⑥ 강모래는 채취하여 맑은 물에 씻으면서, 먼지와 미세한 입자는 여과하고, 굵은 알갱이만 걸러냅니다.

⑦ 다음의 사진 1188과 같이, 연결포트에 충전하고, 맑은 물을 뿌려서 차분히 가라앉힌 다음, 삽수 굵기의 막대로 각 포트에 2cm 정도 깊이로 구멍을 냅니다

菊花叢書 1188

⑧ 다음은 아래의 사진 1189와 같이, 삽수를 흙속에 2cm정도 묻히고, 위로 1cm정도 올라오도록 각 포드에 삽수를 꽂습니다.

菊花叢書 1189

⑨ 뿌리없는 삽수는 삼투압에 의하여 모래에서 물을 빨아올립니다. 때문에 4손가락으로 삽수 주위를 한번 살짝 눌러서, 모래와 삽수끝과의 사이에 공간을 밀착시켜 주어야 삽투압이 작용합니다.

⑩ 아래 사진 1190 연결포트는 강 상류 왕모래 삽목상입니다. 이 상태에서 뿌리가 완전히 발근할 때까지 4주간 관리합니다.

菊花叢書 1190

(7) 삽목 후 관리

① 삽목후, 바로 물을 푹 줍니다. 다음부터는 흙 표면이 건조한듯 할 때 물을 줍니다. 물을 너무 자주 주면 자활력이 상실되어 발근이 지연됩니다.

② 처음 2주간은 50% 한랭사(寒冷絲)① 를 덮어서 차양(遮陽)② 하여 반 그늘로 관리합니다. 완전 그늘을 지우면 식물성장 호르몬 등의 광합성을 못하여 발근이 지연되거나 아예 발근이 되지 않을 수도 있습니다.

③ 삽목 3일 후, 살충제와 살균제를 혼합한 기본방제액③ 을 잎과 줄기에 물이 약간 흐를 정도로 분무하여 방역을 합니다

④ 소국분재 석부작에서는 좋은 뿌리가 필요하기 때문에, 삽목 후 4주를 꽉 채워서 완전 발근된 다음에 뽑아보면, 아래의 사진 1191과 같이, 잔뿌리와 털뿌리가 없는 유용한 팔방근(八方根)이 많이 나옵니다.

菊花叢書 1191

⑤ 이 모종들 중에서 뿌리가 알맞은 포기는 석부작용으로 분류합니다. 분양작 모종은 뿌리의 활력이 좋아서 지상부 국화줄기만 잘 자랄 수 있으면 되기 때문에 나머지 모종을 분양작용으로 분류하여 사용합니다.

※ 참조/①한랭사:320쪽. ②차양:햇볕을 가려서 그늘 지움. ③기본방제액:322쪽

9. 석부작 겨울뿌리 만들기

머릿말

① 소국분재 동호인들은 분재수의 수형과 돌과 화분의 조화에 많은 노력을 하고 있습니다.

② 그러나 돌 위에 드리우는 뿌리의 디자인(desgin)은 등한시하는 동호인이 혹 있습니다.

③ 이 글의 요점은 남들이 등한시하는 뿌리의 디자인에 세심한 관심을 가지면, 더 돋난 작품을 연출할 수 있다는 것입니다.

(1) 삽목(揷木)

① 7월 8월 9월에, 내년을 위하여 맑은 강모래 대립에 삽목 합니다.

② 8월 15일 밤12시부터 1시간 전등을 밝혀서, 광중단법(光中斷法) 전조처리(電操處理)①를 다음해 4월30일 밤까지 합니다.

③ 삽목해서 전조처리를 하면, 화아분화와 출뢰와 개화과정이 생략되어, 2개월의 뿌리가 자랄 기회를 더 얻을 수 있습니다.

(2) 뿌리 선정

① 삽목 4주후, 대다수의 삽목묘는 발근합니다. 다음의 사진 1192 상토삽목으로 수염뿌리가 많이 나와서, 석부작 뿌리로는 적합하지 않습니다. 석부작은 아예 상토에 삽목하지 않습니다.

수염뿌리
菊花叢書 1192

② 아래의 사진 1193은 강모래에 삽목한 모종으로 실뿌리 털뿌리는 없지만, 근권부(根圈部:뿌리뭉치)가 길게 누어있어서 석부작의 돌에 앉힘 자리가 좋지 않습니다.

근권부(根圈部)
뿌림뭉치가
길게 누워 있어서
분재의 앉힘자리가
菊花叢書 1193

③ 아래사진 1194 모종은 근권부(根圈部:뿌리뭉치)가 너무 길어서 뿌리의 앉힘 자리가 좋지 않습니다.

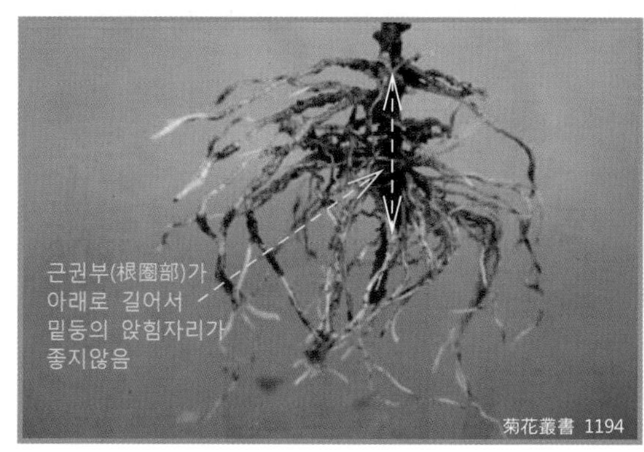
근권부(根圈部)가
아래로 길어서
밑둥의 앉힘자리가
좋지않음
菊花叢書 1194

④ 아래의 사진 1195와 같은, 왕모래 삽목묘로 돌에 앉힘 자리가 좋은 모종을 골라서 석부작 기초모종으로 시작합니다.

석부작
기초뿌리
菊花叢書 1195

※참조/①광중단법 전조처리:329쪽7

(3) 원통가식

① 위의 사진 1195와 같이, 근권부(根圈部)가 짧고 뿌리가 팔방으로 발근된 모종을 선택하여 아래의 그림 1196과 같이 원통에 가식(假植)합니다.

② 모종 아래에 각목(角木)을 받치어 근권부(根圈部)가 자라지 못하게 하여 돌에 앉힘 자리를 용이하게 만듭니다. 각목을 이용할 때는 굵은것 보다, 조금 작은 사이즈의 각목이 앉힘 자리가 좋습니다.

③ 가능한 한, 굵고 길고 좋게 보이는 뿌리는 재배자 앞으로 유인배분하고, 원통에 앞을 표시합니다. 이때부터 분재수의 앞뒤가 결정됩니다.

菊花叢書 1196

④ 원통재배 때는 각목이 부식되면서 뿌리에 영향이 올 수도 있기 때문에, 아래의 사진 1197과 같은 음료수 공병을 사용하면 뿌리의 부식을 피할 수 있습니다.

菊花叢書 1197

⑤ 원통 가장자리로 거름분이 약한 새 배양토를 채웁니다. 비료분이 많으면, 뿌리가 아래로 자라내리지 못하고 지표면으로만 몰립니다.

⑥ 뿌리목에서 1cm 정도 두께로 배양토를 덮어줍니다. 너무 두텁게 흙을 채우면 모종의 생육에는 좋지만, 그 부분에서 잔뿌리가 많이 발근하여 수염뿌리가 되어, 석부작 모종으로는 실패작이 됩니다.

(4) 손아(孫芽) 받기

① 지금부터 1월 말일까지 아래의 사진 1198과 같이, 모종의 키를 하우스에서 최대한으로 기릅니다. 국화줄기가 무성히 자라 올라야 대상성으로 뿌리도 아래로 길게 자라내립니다. 위의 줄기가 자라지 않으면 뿌리도 자라내리지 않습니다.

菊花叢書 1198

② 시설이 없으신 분도 거실의 햇볕이 잘 드는 남향 창가에서, 한 두 포기는 충분히 만족한 결과를 얻을 수 있습니다.

③ 뿌리가 원통 높이의 반정도 자라 내렸다고 예상되면, 위로는 건조하지 않을 정도만 물을 주고, 모든 액비(液肥)와 물은 아래 화분으로만 관수(灌水)하면, 뿌리는 물을 따라 비료분을 따라 아래로 급속히 자라내립니다.

④ 아래의 사진 1199는 2월 5일에 전체 길이의 1/4을 적심하고 10여일 후 상태입니다. 밑둥에서 손아가 솟아올랐습니다.

菊花叢書 1199

⑤ 2월15일 2차 1/4적심을 했습니다. 적심 10여일 후, 아래의 사진 1200과 같이 손아(孫芽)가 더 길게 자랐습니다.

菊花叢書 1200

⑥ 2월 25일 3차 1/4적심을 했습니다. 적심 10여일 후, 손아가 더 길게 자라서, 아래의 사진 1201 같이 마지막 남은 줄

菊花叢書 1201

기를 밑둥까지 잘랐습니다.

⑦ 3월 5일, 아래의 사진 1202와 같이, 원통을 재치고 흙을 털었습니다. 음료수병 위로 40cm의 긴 뿌리가 보입니다.

菊花叢書 1202

(5) 뿌리선택

① 음료수 병이나 각목으로 뿌리밑을 받치지 않고, 원통에 그냥 심은 뿌리는 아래의 사진 1203과 같이, 근권부(根圈部)가 넓어서 돌에 앉힘 자리가 좋지 않으며, 수염뿌리가 많이 나와 석부작 뿌리로는 적합하지 않습니다.

菊花叢書 1203

② 아래의 사진 1204는 원통 각목위에서, 뿌리목에 흙을 두텁게 덮은 포기입니다. 광범위한 수염뿌리 발생으로, 석부에는 달갑지 않는 뿌리입니다.

③ 다음의 사진 1205는 각목위에서 밑둥에 1cm 정도 두께로 흙을 덮은 포기입니다. 근권부가 얇아서 수염뿌리 발생이 적

고, 같은 높이의 라인에서 몇개의 확실한 근간만 발근된, 석부작 우량 뿌리입니다.

(6) 봄철 정식(定植)

3월 초순에 이 뿌리를 다듬은 후, 아래의 사진 1206과 같이, 돌위에 올려놓고, 돌과 뿌리와 화분의 조화(調和)에 맞도록, 돌위에서 수형을 만들면서 기르기도 합니다.

(7) 노지재배(露地栽培)

① 이 겨울 난 뿌리를 아래의 사진 1207과 같이, 각목(刻木)에 올려서 5~7호 화분으로 3월 한 달 동안 기초수형을 잡습니다.

② 4월 중순경에 밭에 옮겨 심어서 6월 하순까지 노지재배(露地栽培) 합니다.

좋은뿌리는
관상용으로 앞으로
나머지는 뒤로 배분
菊花叢書 1207
http://cafe.daum.net/rnrghkthfl/국화소리 카페

10. 노지재배(露地栽培)

정보자료 제공 / 모숙희

① 4월 초에 발효 건조비료를 아래의 사진 1208과 같이, 밭에 골고루 뿌려 놓습니다. 1~2주 동안 공기와 태양에 노출시켜서 가스가 발산하도록 기다립니다.

菊花叢書 1208

② 아래의 사진 1209와 같이, 가스가 다 발산하면 밭갈이를 하고, 노타리를 칩니다.

菊花叢書 1209

③ 아래의 사진 1210과 같이, 잡초발생을 방지하기 위하여, 검은색 비닐막을 덮습니다.

菊花叢書 1210

菊花叢書 1211

④ 위의 사진 1211과 같이 60~80cm 간격으로 구멍을 냅니다.

⑤ 아래의 사진 1212와 같이 7호 망화분을 구멍속에 넣습니다.

菊花叢書 1212 菊花叢書 1213

⑥ 겨울뿌리를 만들어 3월에 각목에 올려서 기초수형을 다듬던 위의 사진 1213모종을, 화분을 빼내고 노지의 1212 망화분에 넣습니다.

⑦ 다음은 아래의 사진 1214와 같이, 6월 하순까지 노지재배를 합니다.

菊花叢書 1214

11. 이끼 심기

정보자료제공 / 가을뜨락 권갑선

(1) 이끼 심는 목적

① 이끼는 토양의 통기(通氣)를 방해하여 식물생장에 도움을 주지 않습니다.

② 이끼는 토양의 온도를 낮추며, 자체가 양분을 소모하여 국화생육에 다소 방해가 되기도 합니다.

③ 그러나 미관상으로 소국분재 작품의 고태미와 고품격을 과시하고, 화분의 흙이 흘러내리지 않는 안정감을 주기 때문에 이끼를 심습니다.

(2) 국화분재에 쓰이는 이끼

① 우리주변에는 아래의 사진 1215와 같은 깃털이끼 양털이끼 솔이끼 등 여러종류의 이끼가 있습니다.

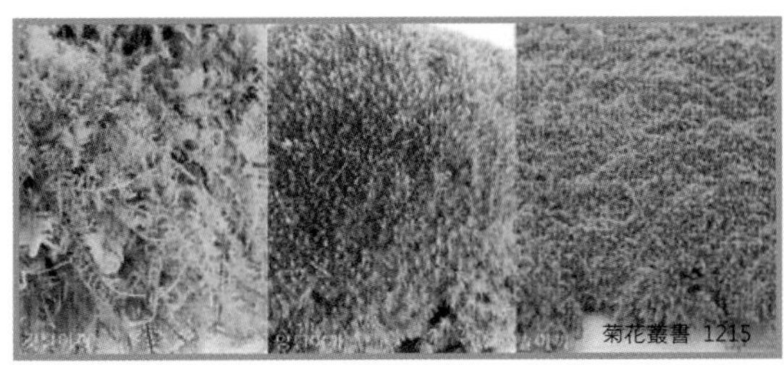
菊花叢書 1215

깃털이끼 양털이끼 솔이끼

② 그 중에서 소국분재 작품에 어울리는 이끼는 사계절 푸르름을 간직하면서 아주 작은 미세한 이끼가 적당합니다.

③ 소국분재는 자연경관을 축소한 것을 감상하는 것이므로 잎이 무성하고 거친 이끼는 적당하지 않습니다. 평균적으로 소국분재 동호인들은 아래의 사진 1216과 같은 비단이끼를 주로 이용하고 있습니다.

비단이끼

菊花叢書 1216

(3) 이끼 심는 시기

① 이끼를 심는데 일정한 시기가 있는 것은 아니지만 그래도 마지막 적심이 끝난 후에 작업하는 것이 좋습니다.

② 이끼의 포자는 공중에 많이 날아다니고 있으며 일부러 이끼를 심지 않아도 자연 발생할 수도 있습니다.

③ 조기에 아름다움을 표현하기 위해서는 이끼를 심습니다. 이끼는 붙이는 방법과 심는 방법이 있지만 주로 심는 방법을 많이 사용합니다.

(4) 이끼심기

① 이끼 붙이기는, 이끼를 건조시켜 보관했다가 가루를 내어 화분에 뿌려주어 가꾸는 방법입니다.

② 이끼심는 방법은 마지막 적심이 끝난 후에, 나무젓가락 등을 사용하여 화분표면에 거친 자갈이나 마사토를 제거합니다.

③ 물을 뿌린 후 아래의 사진 1217과 같이, 가는체로 흙을 쳐서 지표면에 골고루 뿌립니다.

菊花叢書 1217

④ 이때 다음의 사진 1218에서 나무젓가락이나 핀셋 등을 이용하여, 이끼를 사방으로 늘려 펼치면서 잘 부착 되도록 심기작업을 합니다. 심기작업이 끝나면, 고운 물줄기 물뿌리개로 물을 흠뻑 뿌려줍니다.

菊花叢書 1218

⑤ 아래의 사진 1219는 이끼를 다 심고 며칠 후, 이끼가 잘 활착된 상태입니다.

菊花叢書 1219

⑥ 아래의 사진 1220은 이끼가 완전히 착상(着床)된 상태입니다.

菊花叢書 1220

(5) 이끼 심은 후 관리

① 이끼는 건조하고 햇빛의 강도가 너무 강하면 잘 자라지 못합니다.

② 따라서 작업을 마치고 물 주는데 불편함이 없도록 차광망을 조각내어 이끼를 덮어주면 이끼의 활착이 더 잘 됩니다.

菊花叢書 1221

③ 위의 사진 1221과 아래의 사진 1222는 사진의 상태가 좋지 않지만, 비단이끼를 잘 조화시킨 명품 분재수입니다. 전시장에 나가려고 단장을 끝내고 대기 중입니다.

菊花叢書 1222

분양작(盆養作) 만들기

1. 소국분재 기초수형 만들기

(1) 머리말

① 여기서는 분양작 모양목을 만들어 볼려고 합니다. 분재수를 맨화분에 심으면 분양작(盆養作)이라 하고, 돌에 올리면 석부작이라고 합니다.

② 평소에 아무런 생각없이 분재수를 만들어 화분에 심습니다. 재배자에 따라 천차만별 모양의 분재수가 있습니다. 이들을 통칭하여 모양목(模樣木)이라고 합니다.

③ 오늘 여기에 들어오신 초심자들의 연수물은 맨 화분에 심던지, 돌에 올리든지 상관없이, 분재수 나무모양을 만드는 기초요령을 숙지하는 과정을 소개합니다.

④ 처음 시작하시는 분들은 아래의 그림설명 1223과 같은 모델을 보고, 그 모양 그 순서대로 따라하기만 하면 됩니다. 마음을 비우고 제로(Zero)상태에서 시작합니다.

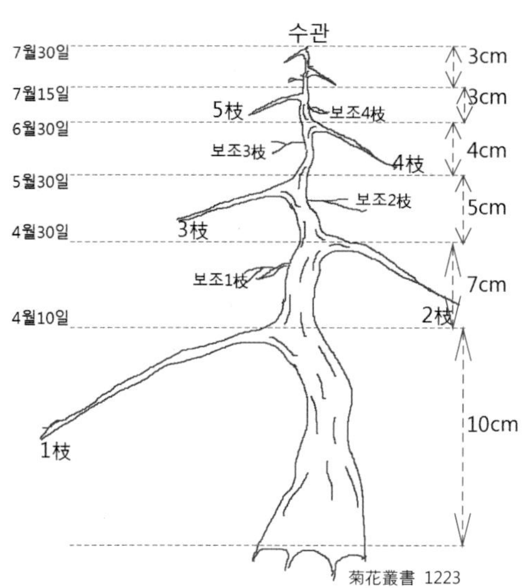

菊花叢書 1223

⑤ 위의 그림 1223에서 제1枝, 제2枝, 제3枝, 제4枝,가 분재수의 주제(主題)가지입니다. 이 주제 가지를 뽑아내는 기초 요령만 연수하면, 이것을 기반으로 응용하여 좋은 소국분재 작품을 만들 수 있습니다.

⑥ 소국분재수를 만들려면, 아래의 사진 1224와 같은 알루미늄선의 사용도를 알아두면 도움이 됩니다.

밑둥-------8번선, 10번선
제1枝-----16번선
제2枝-----17번선
제3枝-----18번선
제4枝-----19번선
수관-------20번선, 21번선

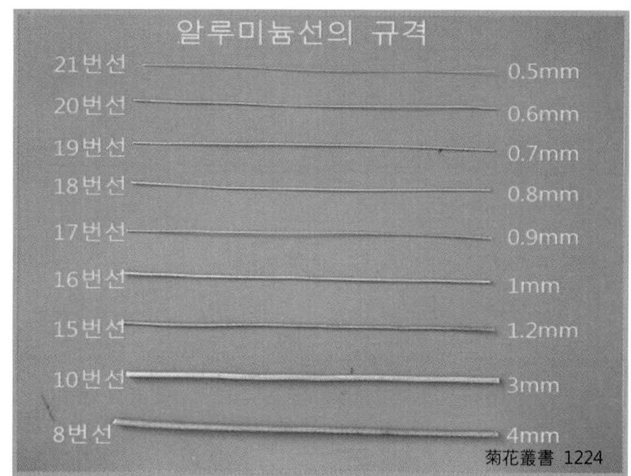

菊花叢書 1224

(2) 모종 기르기

① 소국분재의 보통 작품은 2월 중순경에 삽목합니다.

② 뿌리가 내리면 보통은 3월 중순경에 3호 포트로 1차 가식을 합니다.

③ 늦어도 4월 1일까지는 5호 중분에 2차 가식을 해야 일정이 바쁘지 않습니다.

菊花叢書 1225

(3) 분재수 모양 만들기

① 모종이 활착하면, 4월 초순에 아래의 사진 1226과 같이, 모종의 키 10~12cm 높이에서 1차 적심을 합니다.

菊花叢書 1226

② 1차 적심 약 2주 후에, 아래의 사진 1227과 같이, 적심점에서 2개의 국화가지가 V자형으로 자라나왔습니다. 이것은 자연히 이렇게 자란 것이 아니고, 재배자가 어느정도 다듬으면서 잡아주어야 합니다.

③ 아래의 사진 1227에서, 편의상 제일 윗마디에서 나온 가지를 제1枝라 하고, 아래마디의 가지를 제2枝라고 부릅니다.

菊花叢書 1227

④ 제일 윗마디에서 나온 제1枝가 세력이 제일 강하고, 아랫마디에서 나온 제2枝는 세력이 조금 약합니다. 아래로 내려올수록 세력 점점 약해집니다. 이것을 정아우세(頂芽優勢)의 현상이라고 합니다.

⑤ 알루미늄선의 사용 용도와 정아우세(頂芽優勢)의 원리를 응용하면, 아래의 그림 1228과 같이, 분재수 수형 만들기 작업을 쉽게 할 수 있습니다.

菊花叢書 1228

⑥ 아래의 그림해설 1229-Ⓐ와 같이, 알루미늄 선으로 제2枝를 잎자루를 포함해서 감아올리면 후에 적심한 자리가 흔적도 없이 깔끔하게 보입니다.

⑦ 그림 1229-Ⓑ와 같이, 알루미늄선이 분지점에서 약간 위쪽으로 지나서 제1枝를 감으면, 제1枝를 아래로 내려도 분지점에서 알루미늄 선의 견인력에 의하여 찢어지지 않습니다. 이것을 안전대 감기라고 합니다.

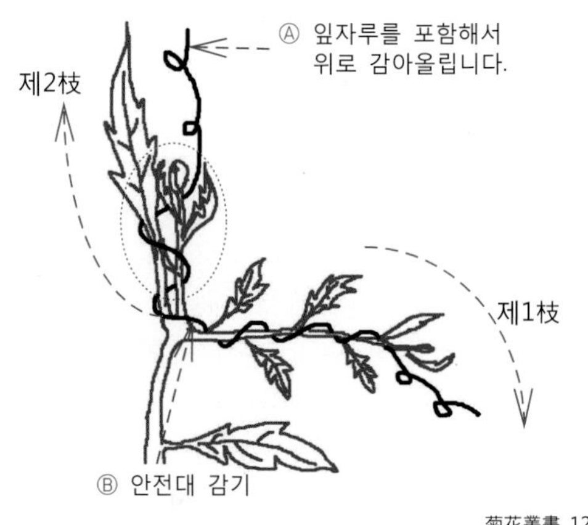

菊花叢書 1229

(4) 제1枝 만들기(4월 25일)

① 아래의 사진 1230과 같이, 16번 알루미늄선으로 세력이 조금 약한 2枝를 위로 유인해 올려서 분재수의 주간으로 삼아서 수고(樹高)의 웃자람을 제어(制御)합니다.

② 아래쪽 알루미늄 선은 세력이 강한 제1枝로 건너와서 라선으로 감은 후, 오른쪽으로 유인 수평선까지 내려서 분재수의 제1枝로 삼습니다.

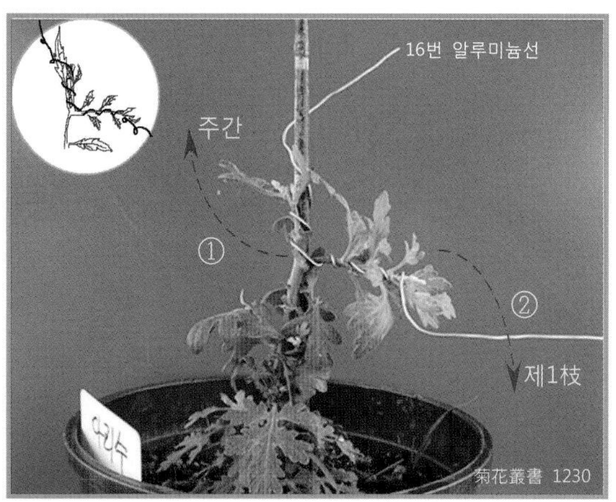

(5) 2차적심

① 아래의 사진 1231에서, 제1枝는 오른쪽으로 유인되었습니다. 2枝는 왼쪽으로 유인할 차례입니다.

② 주간이 7cm정도 자라면, 세력이 강한 윗마디의 1枝싹이 왼쪽으로 향한 지점에서 2차적심을 합니다.

(6) 제2枝 만들기(5월 10일)

① 17번 알루미늄 선으로, 아래의 그림 1232와 같이, 세력이 좋은 1枝를 왼쪽 수평선까지 내려서 약간 앞으로 유인 고정하고, 분재수의 제2枝로 삼습니다.

② 다음은 세력이 약한 2枝를 위로 감아 올려서 분재수의 주간으로 삼습니다.

③ 다음은 아래의 사진 1233에서, 밑둥의 헛가지(犧牲枝)는 지금 제거하면, 밑둥이 굵지 않기 때문에, 그대로 두었다가 6월 하순에 제거합니다.

④ 이때는 국화 줄기의 자람이 왕성한 계절이기 때문에, 알루미늄 선을 감은채로 오래두면 국화줄기 속으로 함몰됩니다. 그래서 풀었다가 다시 감으라고 합니다. 이때 신입생은 철사를 풀고 감을 때 줄기에 상

처를 줄 수도 있으며, 손이 오가면서 국화의 어린줄기를 부러트리는 실수를 할 수 있습니다. 그래서 초심자에게는 위의 그림 1233-④와 같은 보조막대를 설치하여 6월 말일까지 보호관리 하도록 권장합니다.

(7) 3차 적심

① 2차적심 후, 며칠 지나면 아래의 사진 1234-①과 주간(主幹)이 5cm정도 자라면,

② 이때에 아래의 사진 1234-②와 같이, 윗마디의 세력이 강한 1枝의 싹이 오른쪽으로 향하는 지점에서 3차 적심을 합니다.

菊花叢書 1234

③ 3차적심 2주 후, 5월 25일경에 아래의 사진 1235의 적심한 자리에서 1枝 2枝가 V자형으로 길게 자랐습니다.

④ 이때에 제2枝의 알루미늄 선을 풀고, 초심자는 보조막대를 설치합니다. 초보자는 알루미늄 선을 풀다가 국화줄기를 다치는 예가 많기 때문에, 풀지말고 가위로 듬성듬성 잘라서 제거하면 안전합니다.

菊花叢書 1235

菊花叢書 1236

(8) 제3枝 만들기

① 위의 사진 설명 1236에서, 18번 알루미늄 선으로 세력이 강한 1枝를 오른쪽으로 내려서 약간 후미로 유인하여 고정하고 분재수의 제3枝로 삼습니다.

② 세력이 조금약한 2枝는 위로 유인해 올려서 분재수의 주간으로 삼습니다.

③ 주간이 4cm 정도 자라면 끝을 4차적심합니다.

菊花叢書 1237

④ 4차 적심 후 6월 15일경, 위의 사진 1237에서, 적심점에서 1枝 2枝가 V자형으로 길게 자랐습니다. 조금 더 길게 자라면 제4枝를 만듭니다.

(9) 제4枝 만들기

① 아래의 사진 1238과 같이, 19번 알루미늄 선으로 1枝를 좌측 약간 후미로 유인하여 분재수의 제4枝로 삼고,

② 세력이 약한 2枝를 위로 유인하여 분재수의 수관지(樹冠枝)로 삼습니다.

③ 여기서 밑둥의 헛가지(犧牲枝)를 제거하여 활력을 위로 올려서 수관지(樹冠枝)의 자람을 충동합니다.

菊花叢書 1238

(10) 정좌(正坐)

① 6월 25일, 아래의 그림 1239와 같이 알루미늄선과 보조막대를 제거했습니다.

② 1枝 2枝 3枝 4枝를 모두 수평선 아래로 조금 내려서, 양팔이 팔(八)자를 이루도록하면 노송(老松)의 태가 난다고 합니다.

③ 다음은 1枝보다 2枝를 조금 짧게, 2枝보다 3枝를 짧게, 3枝보다 4枝를 짧게 다듬어서 부등변 삼각형의 윤곽을 이루도록 합니다.

菊花叢書 1239

④ 원줄기에서 앞뒤로 빗겨 나오는 보조가지는 살려서, 분재수를 입체형으로 만들지만, 초심자는 이것까지 생각하면 혼돈하기 때문에 여기서는 제거생략하고, 주제인 1枝 2枝 3枝 4枝만 뽑아내는 요령을 숙지하면 나머지는 저절로 처리할 능력이 생깁니다.

(11) 정식(定植)

① 6월 30일 전후에 정식을 합니다. 비료분이 20% 이하로 순한 새 배양토로 정식해야 결과가 좋습니다.

② 초복전에 뿌리가 활착되어야, 9월에 정식한 것 보다 뿌리의 활력이 우세하여, 작품의 선도가 좋고, 가을에 개화도 며칠 먼저 꽃망울이 벌어집니다.

③ 노지에 심어놓고 위에서 내려보며 다듬는 수형과, 화분에 심어서 눈높이로 올려서 화장분과 돌의 조화에 맞추어 다듬는 수형은 질적인 차이가 많습니다. 6월 30일 전후에 정식하면 이렇게 다듬을 수 있는 기회를 2달 더 얻을 수 있습니다.

④ 좋은 점만 있는 것이 아니고, 조기 정식에는 무서운 복병(伏兵)이 도사리고 있습니다. 삼복더위 고온다습한 계절에는 조금만 관리를 소홀(疏忽)이 하면, 곰팡이류 질병이 급습하여 패착이 되는 예가 많습니다.

⑤ 살균제 살충제를 2000배로 희석 혼합하여 잎과 줄기에 물이 약간 흐를 정도로 골고루 분무 방역을 합니다. 병이 온 후에 분무하면 병은 고칠 수 있어도, 병의 흔적이 남아 있어서 작품으로서의 가치는 이미 떨어졌습니다. 때문에 국화가 한창 건강하게 잘 자라고 있을 때 방역을 해야 합니다.

⑥ 분양작(盆養作)으로 정식하는 포기는 다음의 사진 1240과 같이 밑둥에 뿌리 몇

줄기를 살짝 노출시키면 노송(老松)의 태가 난다고 합니다.

⑦ 이 시기에 B-9 300배 희석액을 1枝 2枝 3枝 4枝의 끝에 붓으로 발라줍니다. 이렇게 하면 주제가지의 자람은 정지하고, 곁가지와 보조가지들이 자라기 시작합니다. 이들 곁가지와 보조가지들을 길러서 분재수를 입체형으로 다듬습니다. 시일을 봐서 5枝 6枝를 추가할 수 있습니다.

菊花叢書 1240

⑿ 분재수 균형잡기

① 시일의 여유가 넉넉해서 아래의 사진 1241과 같이, 제6枝까지 만들었습니다.

菊花叢書 1241

② 위의 그림 1241-Ⓑ는 수레바퀴 살처럼 생겼다고 차지(車枝)라고 합니다. 이러한 디스플레이는 호평을 받지 못하는 애로(隘路:Erro) 수형입니다.

③ 1241-Ⓐ와 같은 타원형 분지배분이 더 호평을 받습니다.

④ 주제가지 1枝 2枝 3枝 4枝 등을 올라갈수록 길이를 점차적으로 짧게하고

⑤ 주간(主幹)의 마디간격은 밑에서 위로 올라가면서 차차 좁아지게 합니다.

⑥ 제1枝의 위치는, 분재수 높이의 아래쪽으로 1/3지점이 적당합니다.

⑦ 앞의 사진 1241에서, 분재수의 펼쳐진 모양은, 제1枝와 제2枝와 수관의 연결선이, 부등변 삼각형을 이루도록 합니다.

⑧ 전방으로 돌출가지는 만들지 말고, 후방으로의 직진가지는 좌측이나 우측으로 살짝 비켜 놓습니다.

⑨ 높이의 2/3 위에서부터는, 앞으로 바로 나오는 가지도 있을 수 있습니다.

⒀ 수관(樹冠 : 頭冠) 만들기

① 수관 만들기는 20번 알루미늄선(굵기 0.6mm)이나 21번 알루미늄선(0.5mm)을 감아서, 앞의 圖解 0020과 같이, 수형이 점차적으로 작아지면서 잔가지를 섬세하게 만들어 올라 가다가, 마지막은 성장이 끝난 것 같은 기분으로 3cm 높이로 마무리하고, 비나인을 뿌려서 수관의 자람을 정지시킵니다.

② 수관 만들기는 보통 7월 15일 안으로 끝내야 합니다. 늦어도 7월 30일까지는 모든 작업이 끝나야 합니다.

⒁ **동시개화조절**(마지막 적심)

① 국화는 초질성인 위에서부터 꽃이 피기 시작하여, 내려오면서 목질성인 밑둥 부위는 제일 나중에 꽃이 핍니다.

② 마지막 적심은 다음의 圖解 1242와 같이, 반대방향으로 아래에서부터 위로 올라가면서 3등분하여, 8월 5일. 8월 10일. 8월 15일. 등 5일 간격으로 적심하면, 거의 같은 시기에 개화합니다. 이렇게 마지막 적심은 『동시개화조절』로 대행합니다.

③ 9월의 마지막 적심은 꽃목은 짧지만, 개화가 며칠 늦을 수 있습니다.

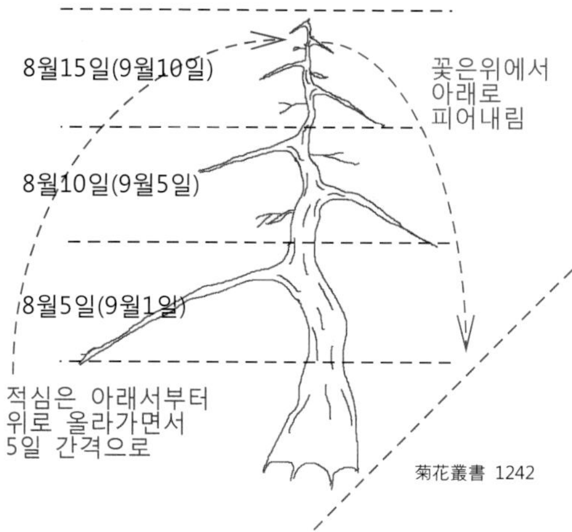
8월15일(9월10일)
꽃은위에서
아래로
피어내림
8월10일(9월5일)
8월5일(9월1일)
적심은 아래서부터
위로 올라가면서
5일 간격으로
菊花叢書 1242

④ 8월 5일, 제1枝부터 적심합니다. 아래의 그림설명 1243과 같이, 보통 5마디 규모로 다듬고,

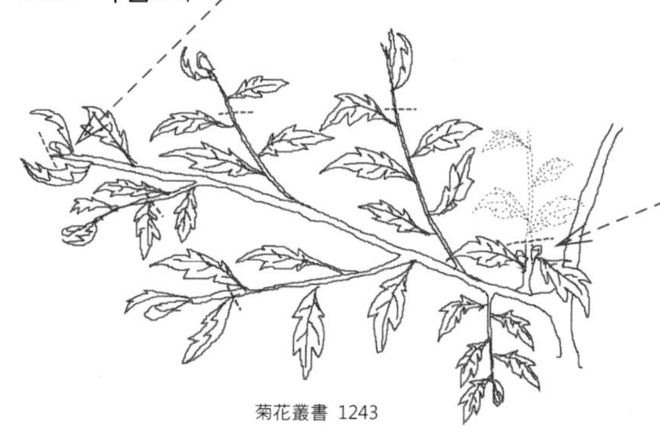
菊花叢書 1243

⑤ 제1枝의 첫 번째 미디의 곁가지는 4~5잎을 남기고 적심합니다., 2번째 마디의 곁가지는 4잎정도 남기고, 3번째 곁가지는 3잎을 남기고, 4번째 마디의 곁가지에는 2잎을 달아서 점점 작아지게 합니다.

⑥ 가지의 끝은 수형을 다듬을 때는 아랫눈을 받지만, 마지막 적심때는 다음의 사진 1244와 같이 각각 윗눈을 받아서 위로 향한 꽃눈을 받습니다.

⑦ 제1枝의 규모를 이보다 크게 잡으면, 위로 올라갈 활력이 부족하여, 제2枝 제3枝가 왜소하게 되어 분재수의 전체적인 균형이 잡히지 않습니다.

마지막 적심은
윗눈과 웃잎을
선택합니다.
菊花叢書 1244

⑧ 아래위로 수직으로 나온 상향지와 하향지를 제거할 때는, 아래의 사진 1245와 같이, 제일 아래에 2장의 잎을 남겨서 2개의 꽃눈을 받을 수 있도록 순을 지릅니다.

상향지는 2잎이나
2마디를 남기고 자름.
菊花叢書1245

⑨ 앞뒤로 정면으로 돌출한 가지도 제거합니다.

⑩ 제4枝 이상의 높은 위치에서 정면으로 돌출한 가지는 있을수 있습니다.

⑪ 마지막으로 모엽(母葉)과 큰잎과 병든 잎 변색된 잎은 모두 솎아냅니다.

⒂ 방역(防疫)

① 꽃망울이 맺히기 전에 방역을 해야 깨끗하고 선도 높은 꽃을 볼 수 있습니다.

② 살균제에 살충제를 혼합한 2000배의 국화 기본방제액①을 잎과 줄기에 골고루 분무합니다.

⒃ 비나인 분무

① 비나인은 국화의 표피에 흡수되어 껍질을 굳게하여 줄기의 자람을 제어합니다.

~~~~~~~~~~~~~~~~~~~~
※참조:①기본방제액:322쪽
~~~~~~~~~~~~~~~~~~~~

② 꽃망울이 나오기 전에 비나인을 분무하면, 꽃망울이 맺히지 않거나, 늦게 나와서 좋지 않습니다.

③ 9월 초부터 비나인을 사용하지 말고, 꽃망울이 자연생태로 맺히는 대로 다 받습니다.

④ 9월 5일부터, 조생종(早生種) 국화가 출뢰(出蕾)하기 시작하여, 9월 15일이면 많은 꽃망울이 맺히며, 9월 23일 추분(秋分) 때에 이르면 거의 모든 품종에서 꽃망울이 맺힙니다.

⑤ 추분 이후에 맺히는 망울은 몇 개 않되지만 전시회용으로는 쓸모가 없습니다.

⑥ 9월 15~20일에 비나인 300~400배액을 분무(噴霧)하여 꽃목의 길이를 현재상태에서 더 이상 자라지 않도록 합니다. 비나인 희석 배율이 강하면 꽃망울이 며칠 늦게 벌어질 수도 있습니다.

⒄ 마지막 적뢰(摘蕾:꽃망울 따기)

① 꽃이 너무 많으면, 주제인 수형은 보이지 않고, 큰 한송이 꽃이 되어버립니다. 그래서『마지막 꽃망울 따기』를 합니다.

② 10월 초순에 꽃목이 너무 긴 망울과 너무 짧은 망울을 모두 솎아냅니다.

③ 또 너무 굵은 꽃망울과 너무 작은 꽃망울도 솎아냅니다.

菊花叢書 1246

④ 10월 10일경, 앞의 사진 1216에서, 유달리 일찍 벌어지는 꽃망울과 너무 늦은 꽃망울도 모두 제거합니다.

⑤ 마지막에는 꽃망울의 굵기와 세력이 비등한 꽃망울만 남겨서, 전체적으로 균등히 듬성듬성 남겨 둡니다.

⑥ 아래의 그림설명 1247과 같이, 큰 곁가지에는 2송이, 작은 곁가지에는 1송이 정도 남기고 모두 적뢰(摘蕾)합니다.

菊花叢書 1247

⑦ 이렇게 하면 전체적으로 같은 크기의 꽃송이가 동시에 피어서, 꽃송이 사이로 간간이 푸른 잎도 보이고, 분재수의 주간과 가지들도 보이는 명작 분재수가 됩니다.

⑧ 10월 25일, 아래의 사진 1248은, 꽃이 늦게 피고 나중에 피는 것 없이, 하루 이틀 사이 동시에 활짝 피었습니다.

菊花叢書 1248

2. 분양 직간작 수형 만들기

머릿말

① 소국분재(小菊盆栽) 직간작(直幹作)은 지면(地面)에서 90°로 수직으로 서서, 분재수 키를 50cm 內外로 기릅니다.

② 직간작은 석부작(石附作)으로는 잘 어울리지 않아서, 주로 맨화분에 심는 분양작(盆養作)으로 연출합니다.

③ 분양 직간작은 단본연출 명작으로 유명하며, 기초 입문생들의 지표입니다.

(1) 모종

① 다음의 모종은 전년도 9월에 삽목하여 월동하면서, 손아(孫芽)를 받아서 기른 모종입니다.

② 모종이 준비되지 않으신 분들은 2~3월에 올라온 새싹들을 길러서, 보통은 4월 1일부터 연습을 시작합니다.

③ 여기서는 직간작(直幹作) 분재수의 보기좋은 수형을 만드는 것이 아니고, 직간작 분재수를 만드는 요령을 소개합니다. 여러 고수님들의 좋은 방법이 있지만, 기초입문생들에게는 너무나 어려운 것 같아서 알기 쉽게 풀이해서 그림설명으로 소개합니다.

(2) 수형잡기

① 3월 15일, 현재 모종의 키가 13cm입니다. 아래의 사진 1249와 같이, 곧은 지주대를 국화 주간(主幹) 옆에 바닥에 닫도록

菊花叢書 1249

깊이 수직으로 꽂았습니다.

② 수형을 만들면서, 이 지주대에 고정하여, 분재수를 수직으로 길러 올립니다.

(3) 일차적심

① 보통 3월 15~4월 5일에 국화모종의 키가 10cm 이상되는 지점에서 아래의 사진 1250과 같이, 1차 적심을 합니다.

② 적심방법은 제일 윗마디의 곁눈이 오른쪽으로 향하고, 아랫마디의 곁눈이 왼쪽으로 향한 지점에서 적심합니다.

菊花叢書 1250

③ 적심한 후, 며칠 지나면, 마디마다 곁눈이 자라기 시작합니다. 편의상 제일 위의 곁가지를 1枝라하고, 아래의 곁가지를 2枝라고 부릅니다.

④ 적심을 하면 정아우세(頂芽優勢)의 현상으로, 1枝가 세력이 강하고, 2枝는 세력이 조금 약합니다. 밑으로 내려 갈수록 세력이 점차적으로 약해집니다.

(4) 제1枝 만들기

① 적심점에서 다음의 사진 1251과 같이, 1枝와 2枝가 V자형으로 길게 자라면, 분재수 제1枝를 유인합니다.

菊花叢書 1251

② 아래의 사진 1252와 같이 16번 알루미늄 선으로 세력이 강한 1枝를, 잎자루를 포함하여 감아서 위로 유인고정하고 직간작의 주간으로 삼습니다.

③ 세력이 조금약한 2枝는 왼쪽으로 내려서 약간 앞으로 유인고정하고 분재수의 제1枝로 삼습니다.

菊花叢書 1252

④ 직간작에서는 다음의 사진 1253과 같이 세력이 강한 **1枝**를 주간으로 유인하는 이유는, 분재수의 키를 날씬한 수형을 만들려는 목적입니다. 이점이 모양목과 반대입니다.

菊花叢書 1253

⑤ 다른 비배관리는 모양목 기르기와 꼭 같이 하면 됩니다.

⑥ 밑둥의 헛가지(犧牲枝)를 제거하면, 밑둥이 굵지 않으므로, 6월 하순까지는 그대로 둡니다.

⑦ 헛가지(犧牲枝)가 가까이 여러개 모이면, 밑둥이 볼록한 소수(塑樹)가 될 수 있습니다. 잘 관찰 관리해야 합니다.

(5) 2차적심

① 2주정도 지나서 주간(主幹)이 7cm 정도 자라면, 아래의 圖解 1254와 같이 제2차 순지르기를 합니다.

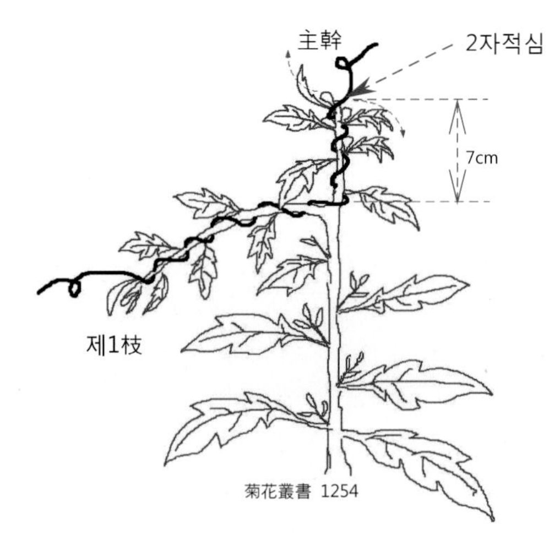

菊花叢書 1254

② 제일 윗마디의 싹눈이 왼쪽으로 향하고, 아랫마디의 싹눈이 오른쪽으로 향하는 부위에서 순자르기를 합니다.

③ 다시 2주정도 지나면, 아래의 圖解 1255와 같이, 1枝 2枝가 V자 모양으로 길게 자랍니다.

④ 그 아랫마디 중에, 분재수의 제1枝 방향으로 보조1枝를 살리고, 나머지 싹눈들은 따냅니다.

⑤ 그동안 분재수 제1枝에 감아두었던 알루미늄선은 오래두면 줄기 속으로 함몰(陷沒)되기 때문에, 2주후에 풀어주었다가 다시 감든지, 아니면 보조막대를 설치해서 보호합니다.

⑥ 직간작 만들기에는 중심 지주대가 중요합니다. 아래의 圖解 1255와 같이, 50~60cm의 지주대를 화분중간에 수직으로 세워서, 국화의 主幹을 이 지주대에 고정하여 곧게 길러 올립니다.

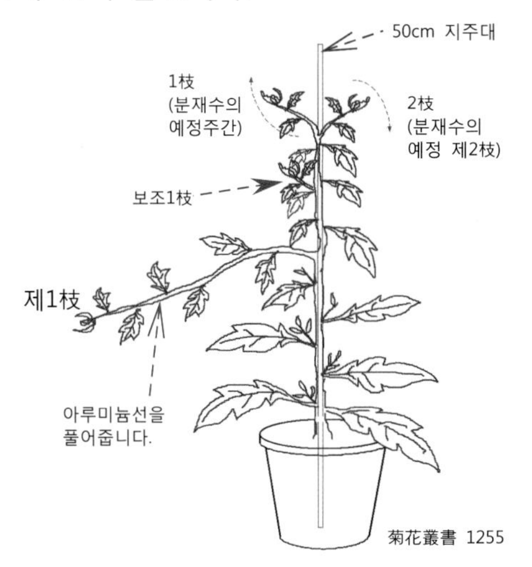

菊花叢書 1255

(6) 제2枝 만들기

① 또, V형 분지가 길게 자라면, 제2枝를 다음의 圖解 1256과 같이 유인합니다.

② 17번 알루미늄선으로, 1枝를 감아 위로 유인하여 주간(主幹)으로 하고,

③ 2枝는 오른쪽으로 유인해 내려서, 분재수의 제2枝로 삼습니다.

④ 보조1枝는 분재수의 제1枝방향 후미로 유인 합니다. 보조가지가 주제 곁가지보다 웃자라지 않도록 모엽을 따 냅니다.

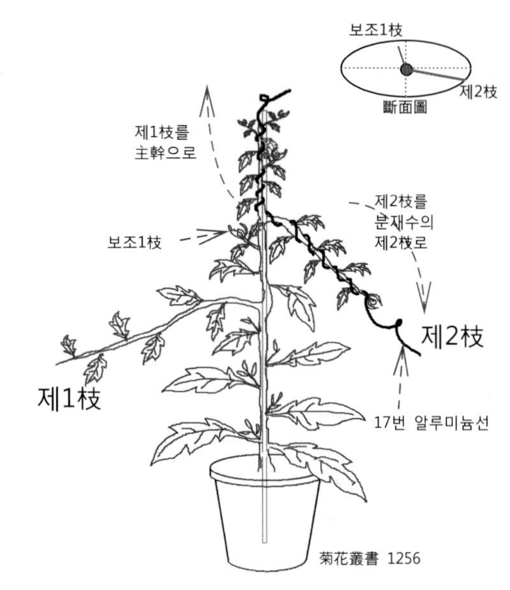

菊花叢書 1256

(7) 제3枝 만들기

① 같은 방법으로, V자형 분지가 길게 자라면, 제3枝를 유인합니다.

② 아래의 圖解 1257과 같이, 18번 알루미늄선으로, 1枝를 위로 유인하여 주간(主幹)으로 합니다.

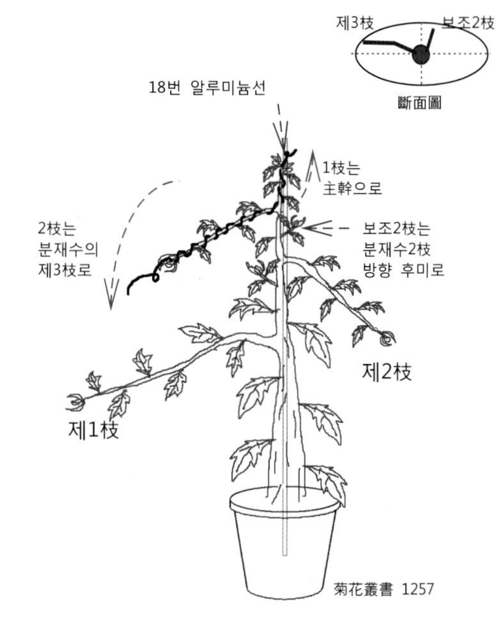

菊花叢書 1257

③ 다음은 2枝를 왼쪽으로 유인해 내려서, 분재수의 제3枝로 삼습니다.

④ 보조2枝는 분재수의 제2枝방향 후미로 유인하고, 모엽을 따냅니다.

⑤ 제2枝의 알루미늄선을 풀어줍니다. 제3枝 만들기가 끝났습니다.

⑻ 제4枝 만들기

① 같은 방법으로, V자형 분지가 길게 자라면, 제4枝를 유인합니다.

② 아래의 圖解 1258과 같이, 19번 알루미늄선으로, 1枝를 위로 유인하여 주간(主幹)으로 합니다.

③ 2枝를 오른쪽 아래로 유인하여, 분재수의 제4枝로 삼습니다.

④ 보조3지는 분재수의 제3지 방향후미로 유인하고, 모엽을 따 냅니다.

⑤ 분재수 제3枝의 알루미늄선을 풀어줍니다.

⑥ 여가까지 6월 30일 이내에 끝내야 합니다. 조금 일찍 시작하여 시일이 남을 때는 제5枝 제6枝를 만들 수 있습니다.

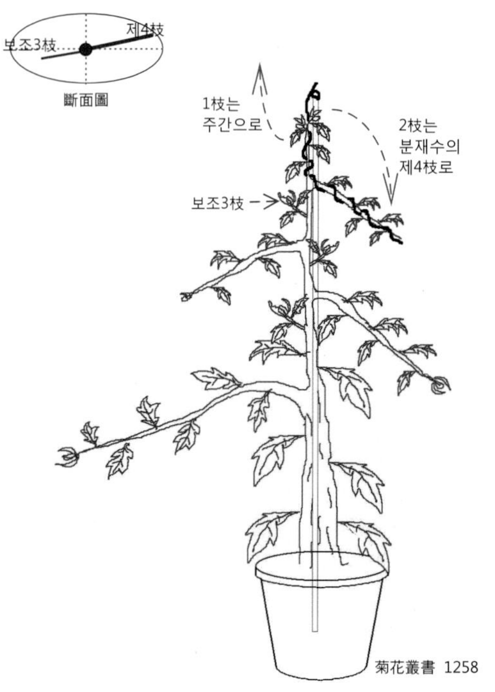

菊花叢書 1258

⑼ 비나인 바르기

① 6월 30일까지 주제(主題) 가지들을 다 만들었으면, 주제(主題) 가지들과 보조가지 등 큰 가지들 끝에만 B-9 300배 희석액을 붓으로 바릅니다.

② 지금부터 분재수의 자람은 올스톱 되고, 사방에서 잔가지들과 수관지(樹冠枝)가 갑자기 자라기 시작하여 분재수를 살찌웁니다.

③ 이때 조심할 일은 비나인을 분무기로 분무하면, 잔가지들과 수관지 등이 자라지 않아서, 미완성 작품이 됩니다.

⑽ 수관(樹冠 : 頭冠) 만들기

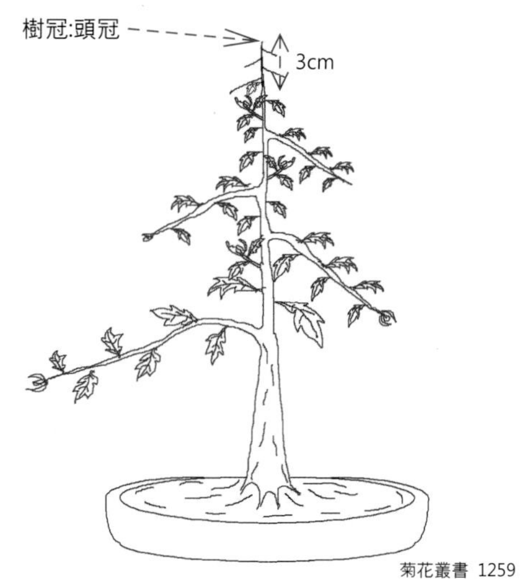

菊花叢書 1259

① 수관 만들기는 20번 알루미늄선(굵기 0.6mm)이나 21번 알루미늄선(0.5mm)을 감아서, 위의 圖解 1259와 같이, 수형이 점차적으로 작아지면서 잔가지를 섬세하게 만들어 올라 가다가, 마지막은 성장이 끝난 것 같은 기분으로 마무리하고, 비나인을 뿌려서 수관의 자람을 정지시킵니다.

② 수관 만들기는 보통 7월 15일 안으로 끝내야 합니다. 늦어도 7월 30일까지는 모든 작업이 끝나야 합니다.

⑾ 동시개화조절(마지막 적심)

① 국화는 초질성인 위에서부터 꽃이 피기 시작하여, 내려오면서 목질성인 밑둥 부위는 제일 나중에 꽃이 핍니다.

② 따라서 마지막 적심은 다음의 圖解 1260과 같이, 꽃이 피어내리는 방향과 반대방향으로, 아래에서부터 위로 올라가면서 3등분하여, 8월 5일. 8월 10일. 8월 15일. 등 5일 간격으로 적심하면, 거의 같은 시기에 개화합니다. 이렇게 분재의 마지막 적심을 『동시개화조절』로 대행합니다.

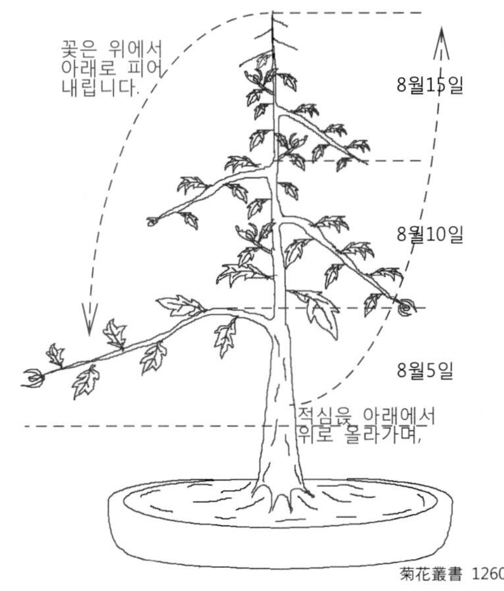
꽃은 위에서
아래로 피어
내립니다.
8월15일
8월10일
8월5일
적심은 아래에서
위로 올라가며,
菊花叢書 1260

③ 8월 5일, 제1枝부터 적심합니다. 아래의 그림설명 1261과 같이, 보통 7마디 규모로 다듬고,

④ 끝은 윗눈을 받아야 위로 향한 꽃망울이 나옵니다.

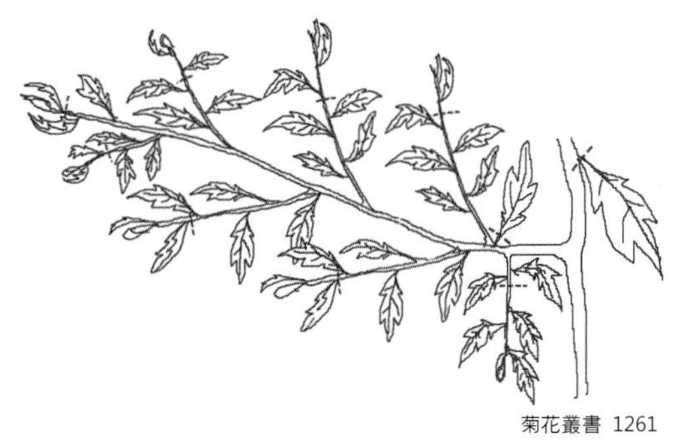
菊花叢書 1261

⑤ 제1枝의 첫 번째 곁가지는 5~6잎을, 2번째 마디의 곁가지는 4~5잎을 남기고, 3번째 곁가지는 3~4잎을 남기어 점점 작아지게 합니다.

⑥ 제1枝의 규모를 이보다 크게 잡으면, 위로 올라갈 활력이 부족하여, 제2枝 제3枝가 왜소하게 되어 분재수의 전체적인 균형이 잡히지 않습니다.

⑦ 상향지와 하향지를 제거할 때는, 제일 아래에 2장의 잎을 남겨서 2개의 꽃눈을 받을 수 있도록 순을 지릅니다.

⑧ 앞뒤로 정면으로 돌출한 가지도 제거합니다. 제4枝 이상의 높은 위치에서 정면으로 돌출한 가지는 그대로 두어도 됩니다.

⑿ 방역(防疫)

① 꽃망울이 맺히기 전에 방역을 해야 깨끗하고 선도(鮮度) 높은 꽃을 볼 수 있습니다.

② 살균제에 살충제를 혼합한 2000배의 국화 기본방제액을 잎과 줄기에 골고루 분무합니다.

⒀ 비나인 분무

① 비나인은 국화의 표피에 흡수되어 껍질을 굳게하여 줄기의 자람을 제어합니다.

② 꽃망울이 나오기 전에 비나인을 분무하면, 꽃망울이 나오지 않거나 아니면 늦게 나와서 패작이 됩니다.

③ 9월 초부터 비나인을 사용하지 말고, 꽃망울이 자연생태로 맺히는 대로 다 받습니다.

④ 9월 5일부터, 조생종(早生種) 국화가 출뢰(出蕾)하기 시작하여, 9월 15일이면 많은 꽃망울이 맺히며, 9월 23일 추분(秋分) 때에 이르면 거의 모든 품종에서 꽃망울이 출뢰(出蕾)합니다.

⑤ 추분 이후에 맺히는 망울은 몇 개 안

되지만 전시회용으로는 쓸모가 없습니다.

⑥ 9월 15~20일에 비나인 300~400배액을 분무(噴霧)하여 꽃목의 길이를 현재상태에서 더 이상 자라지 않도록 합니다.

⑦ 비나인 희석 배율이 강하면 꽃망울이 며칠 늦게 벌어질 수도 있습니다.

⒁ 마지막 적뢰(摘蕾:꽃망울 따기)

① 꽃이 너무 많으면, 주제인 수형은 보이지 않고, 큰 한송이 꽃이 되어버립니다. 그래서『마지막 꽃망울 따기』를 합니다.

② 10월 초순에 꽃목이 너무 긴 망울과 너무 짧은 망울을 모두 솎아냅니다.

③ 또 너무 굵은 꽃망울과 너무 작은 꽃망울도 솎아냅니다.

④ 10월 10일경, 유달리 일찍 벌어지는 꽃망울과 너무 늦은 꽃망울도 모두 제거합니다.

⑤ 마지막에는 굵기와 세력이 비등한 꽃망울을 전체적으로 균등히 듬성듬성 남겨둡니다.

⑥ 아래의 그림설명 1262와 같이, 큰 곁가지에는 2송이, 작은 곁가지에는 1송이 정도 남기고 모두 적뢰(摘蕾)합니다.

菊花叢書 1262

⑦ 이렇게 하면 전체적으로 동시에 활짝 피어서, 꽃송이 사이사이로 간간이 푸른 잎도 보이고, 분재수의 주간과 가지들도 보이는 명작 분재수가 됩니다.

⒂ 분재수의 균형잡기

① 1枝 2枝 3枝 4枝 등의 주제 가지들의 길이는 아래의 그림설명 1263과 같이 올라갈수록 점차적으로 짧게 다듬습니다.

② 주간(主幹)의 마디간격은 밑에서 위로 올라가면서 차차 좁아지게 합니다.

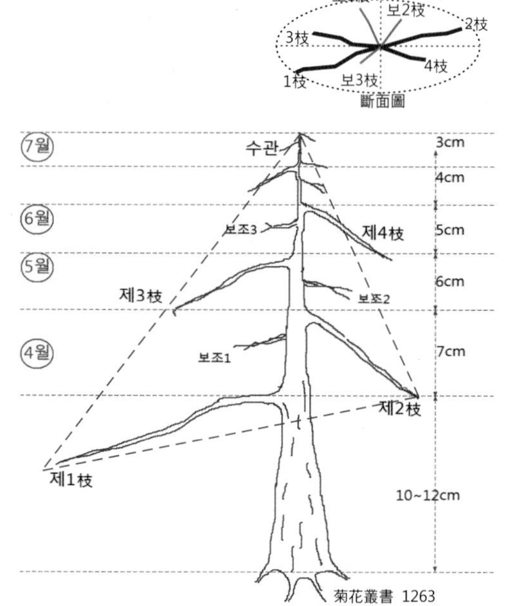

菊花叢書 1263

③ 제1枝의 위치는, 분재수 높이의 아래쪽으로 1/3지점이 적당합니다.

④ 분재수의 펼쳐진 모양은, 제1枝와 제2枝와 수관의 연결선이, 부등변 삼각형을 이루도록 합니다.

⑤보조가지가 주제가지보다 세력이 더 강하면, 분재수의 균형이 깨트려 집니다.

⑥ 전방으로 직진(直進) 가지는 만들지 말고, 후방으로의 직진(直進) 가지는 좌측이나 우측으로 살짝 비켜 놓습니다.

⑦ 높이의 2/3 위에서 부터는, 앞으로 바로 나오는 가지도 있을 수도 있습니다.

⑧ 완성된 분재수를 위에서 내려다 본 단면도(斷面圖)에서, 분지의 양상이 둥글면 차지(車枝)라는 오작이 됩니다. 앞뒤가 조금 짧은 타원형이 입체미가 더 좋습니다.

3. 분양 현수작 만들기

머릿말

분양작 모양목(模樣木)을 만들면서, 제1枝를 아래로 길게 드리우는 작품이 현수작(懸垂作)입니다. 때문에 모종을 줄기 마디가 길게 잘 자라는 장간종 품종을 선택합니다.

(1) 모종

① 전년도 가을에 삽목한 모종을 월동하면서 손아를 받은 모종을 이용합니다.

② 손아모종이 준비되지 않았으면, 이른 봄의 삽목묘나 근분 모종을 3월 초순까지 키가 10cm정도 자란 모종이면 됩니다.

(2) 일차적심

① 3월1일, 5호분으로 가식합니다. 뿌리가 활착하여 자라기 시작하면, 3월10일경 접지면에서 10cm정도의 높이에서 아래의 사진 1264와 같이 1차 순지르기를 합니다.

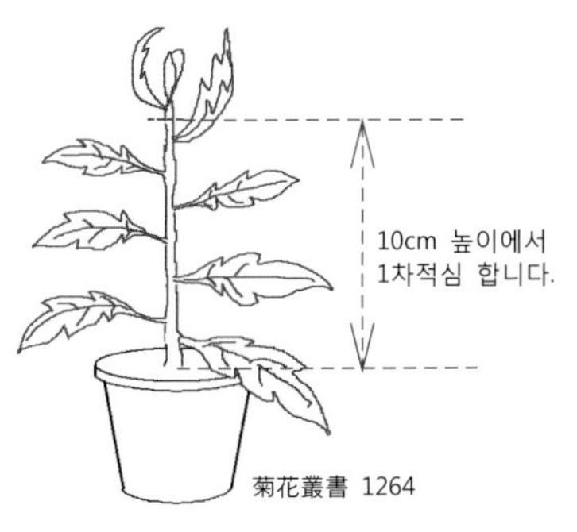

菊花叢書 1264

② 적심후, 며칠 지나면 마디마다 곁가지가 나옵니다. 다음의 圖解 1265와 같이, 윗마디의 가지를 1枝라하고, 아래가지를 2枝라고 편의상 부릅니다.

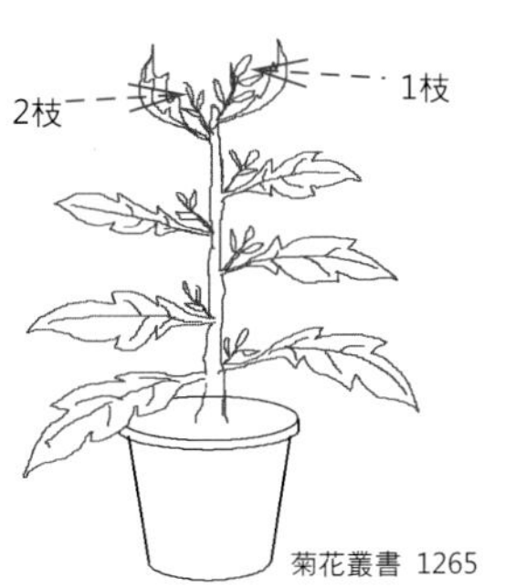

菊花叢書 1265

③ 정아우세(頂芽優勢)의 현상으로, 1枝가 세력이 제일 강하고, 2枝는 조금 약하며, 내려갈수록 세력이 점점 약해집니다.

④ 적심 3주후, 아래의 圖解 1266과 같이, 1枝 2枝가 V자 모양으로 자랍니다.

菊花叢書 1266

(3) 수형 구조

① 분양작 현애는 구조상으로 아래의 圖解 1267과 같이, 한 개의 모양목(模樣木)과 또 다른 한 개의 현애(懸崖)를 합성한 작품입니다.

② 이 작품은 대개 석부작으로 만들지 않고, 높은 화장분에서 아래로 드리우는 분양작(盆養作)으로 표출합니다.

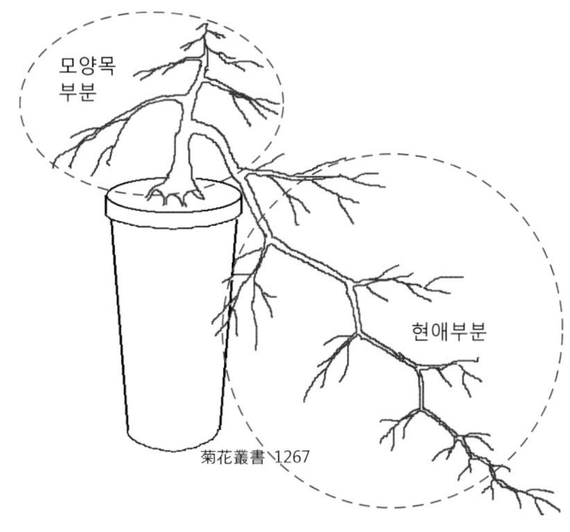

菊花叢書 1267

③ 아래의 圖解 1268과 같이, 2분지(分枝) 가지가 10cm이상 자라면, 세력이 조금 약한 2枝를 위로 유인해 올려 주간으로 하고, 비나인을 바르면서, 키가 작은 분양작(盆養作) **모양목(模樣木)부분**을 만듭니다.

④ 세력이 제일 강한 1枝는 주간으로 오른쪽 아래로, 길게 길러 내리면서 **현애부분**을 만듭니다.

菊花叢書 1268

⑷ 현애 만들기

맞춤형 부양작 모양목 만들기는 평소에 많이 해 보았기 때문에, 여기서는 제1枝로 현애를 만들어 내리는 과정을 주제로 소개합니다.

① 1차적심 3주후 4월 1일, 아래의 圖解 1269와 같이, 제1枝에서 2분지된 가지가 9cm 이상 자라면, 세력이 강한 1枝를 16번 알루미늄 선을 감아서, 오른쪽으로 유인해 내려, 현애 수형의 주간으로 삼고,

② 주간의 끝에서 1枝의 싹눈이 왼쪽으로 향하고, 2枝의 싹눈이 오른쪽으로 향하는 위치에서 적심합니다.

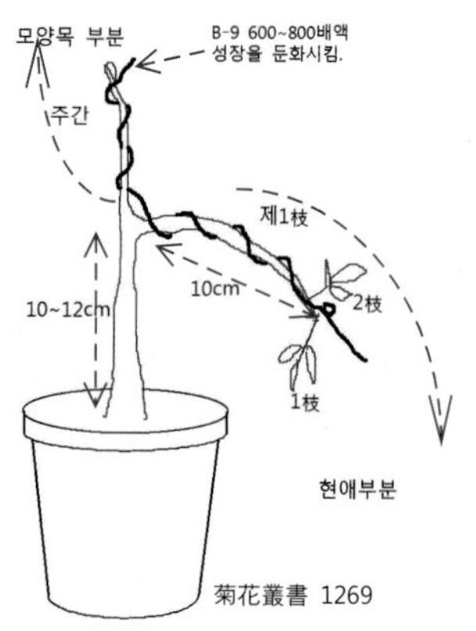

菊花叢書 1269

③ 모양목 부분의 주간은 비나인 600~800배액을 발라서 자람을 둔화시킵니다.

㈎ 현애 제1枝 만들기

① 적심 3주후(4월 20일경), 분지된 2개의 가지가 9cm 정도 자라면, 아래의 圖解 1270과 같이,

② 세력이 제일강한 1枝를 16번(1mm) 알루미늄 선을 감아서, 아래로 주간(主幹)으로 유인하고, 끝을 적심합니다.

③ 다음은 세력이 약한 2枝를 오른쪽으로 유인하여 현애의 제1枝로 삼습니다.

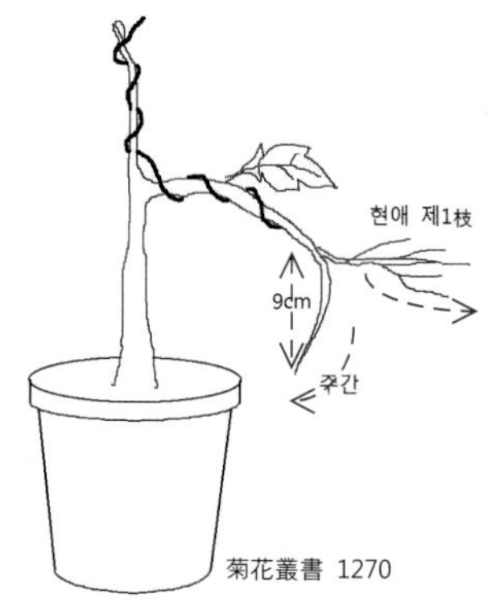

菊花叢書 1270

㈏ 현애 제2枝 만들기 (5월 10일경)

① 적심 3주후, 주간이 8cm정도 자라면, 아래의 그림 1271과 같이, 2枝를 왼쪽으로 유인하여 현애의 제2枝로 삼고,

② 1枝를 아래로 주간으로 유인해 내리고, 끝을 적심 합니다.

③ 모양목 부분도 제2枝를 만들고 주간에 비나인을 발라서 자람을 둔화 시킵니다.

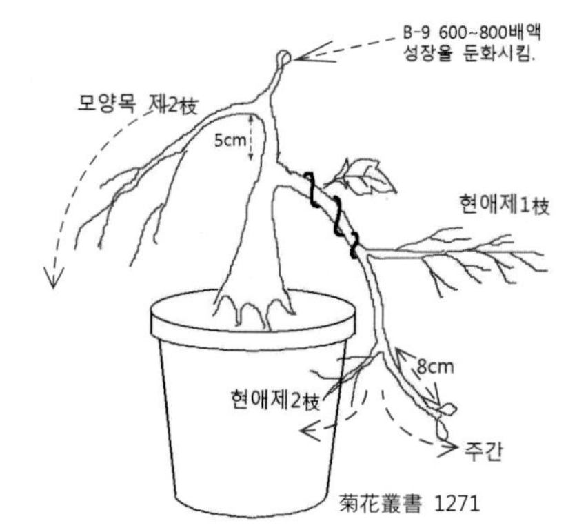

菊花叢書 1271

㈐ 현애 제3枝 만들기

※높은 화분으로 이식합니다.

① 적심 3주후(5월 30일경), 아래의 圖解 1272와 같이, 주간이 7cm정도 자라면, 세력이 약한 2枝를 오른쪽으로 유인하여 현애의 제3枝로 삼고.

② 세력이 강한 1枝를 주간으로 유인해 내리고, 끝을 적심 합니다.

③ 모양목 부분도 제2지와 4cm 간격을 두고, 제3枝를 만들고, 주간에 비나인을 발라서 자람을 둔화시킵니다.

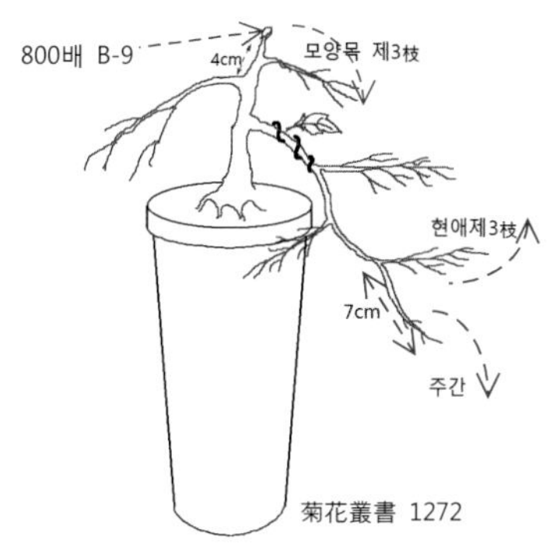

菊花叢書 1272

㈑ 현애 제4枝 만들기

① 적심 3주후(6월20일경), 주간이 6cm 정도 자라면, 그림 1273과 같이, 2枝를 왼쪽으로 유인하여 현애의 제4枝로 삼고,

② 1枝를 주간으로 유인해 내리고, 끝을 적심 합니다.

③ 모양목 부분도 3cm 간격을 띠우고, 제4枝를 만들고, 주간에 엷은 비나인을 발라서 성장을 둔화시킵니다.

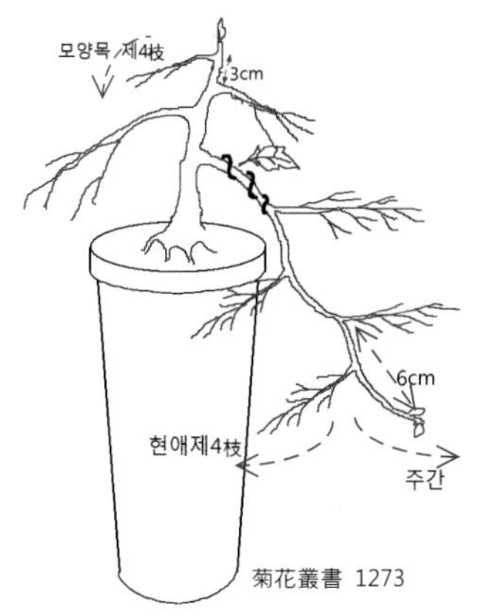

菊花叢書 1273

㈒ 현애 제5枝 만들기

① 적심 3주후(7월10일), 아래의 圖解 1274와 같이, 2개의 분지가 5cm정도 자라면, 2枝를 오른쪽으로 유인하여 분재수의 제5枝를 만들고,

② 1枝를 유인해 내려서 주간으로 삼고, 끝을 적심 합니다.

③ 같은 방법으로 계속 작업해서 7월 30일에 모든 작업을 끝냅니다.

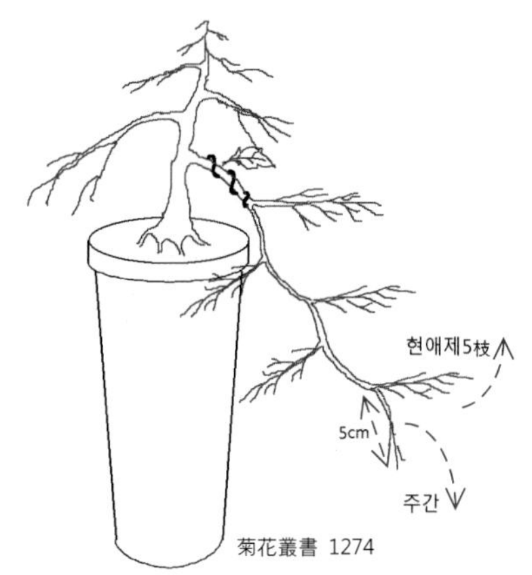

菊花叢書 1274

⑸ 마무리 작업

① 아래의 圖解 1275와 같이, 곁가지의 규격은 아래로 내려가면서 점차적으로 작게 다듬고,

② 줄기 마디의 간격은 점점 짧아지도록 조절하면서 만들어 내려갑니다.

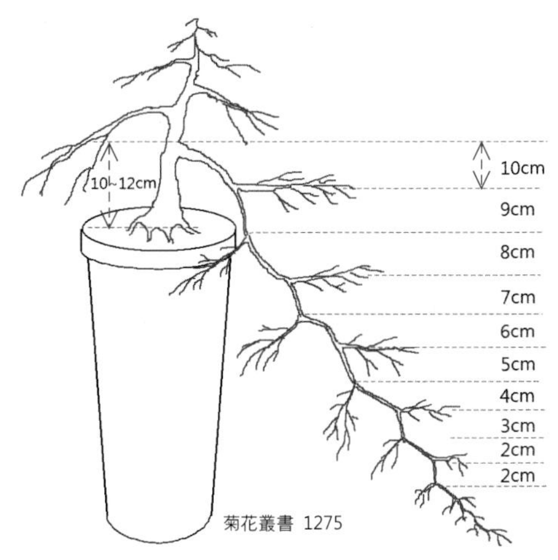

菊花叢書 1275

③ 아래의 圖解 1276과 같이, 화분 위의 모양목(模様木)의 높이는 현애(懸崖) 길이의 1/2로 다듬습니다.

④ 모양목의 3枝와 현애1枝 현애3枝의 간격은 등거리(等距離)로 다듬습니다.

⑤ 만약, 모양목 3枝와 현애1枝간의 간격이 넓으면, 독립된 2포기의 분재수로 분리되어서 보입니다.

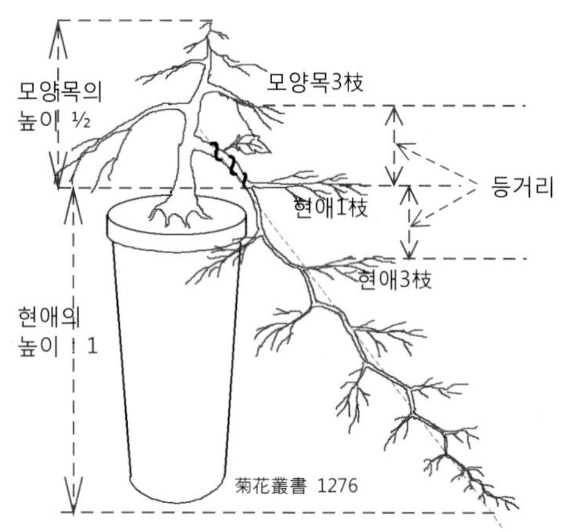

菊花叢書 1276

(6) 비나인 바르기

① 6월 30일, 이미 만들어진 현애부분의 제1枝, 제2枝. 제3枝. 제4枝와 모양목 부분의 1枝. 2枝. 3枝. 4枝 등의 끝에만, 비나인 300배액을 붓으로 발라줍니다.

② 이때부터 곁가지의 자람은 정지되고, 갑자기 안쪽으로 마디마다 새순들이 움터나와 분재수를 살찌우고, 아래쪽으로 주간이 더 길게 자라 내립니다.

③ 줄기의 끝부분은 점차적으로 작고 가늘게 다듬어 내려서, 7월 중순에 비나인을 현애줄기 끝과 모양목 수관부에 B-9을 분무하고 마무리합니다.

(7) 예비적심

8월 10일, 圖解 1275와 같이, 곁가지의 규격과 마디간격을 다시 한 번 다듬는 예비적심을 합니다.

(8) 동시개화조절(마지막적심)

① 현애는 아래의 圖解 1277과 같이, 분재수가 거꾸로 매달려 있기 때문에, 다른 소국과는 반대로 꽃이 밑에서부터 위로 피어 올라갑니다.

② 때문에 마지막 적심은 위에서부터 아래로 내려오면서 5일 간격으로 적심하면, 꽃이 거의 동시에 개화합니다.

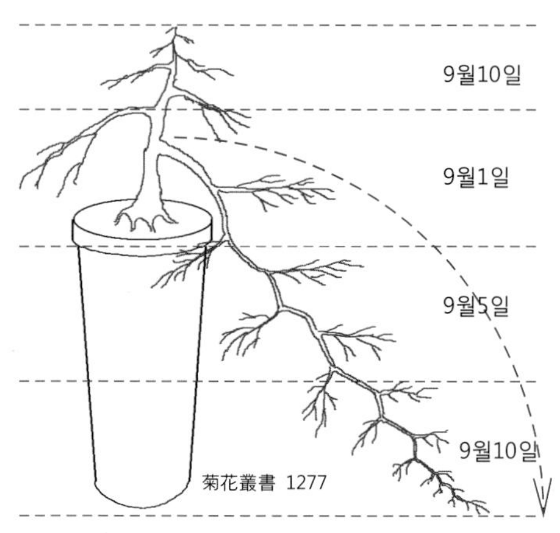

菊花叢書 1277

(9) 마지막 적뢰(摘蕾)

① 9월 5일경 비나인을 분무하고, 9월 15일경, 꽃망울이 완전히 맺힌 후에,

② 꽃목이 긴 망울과 너무짧은 망울을 모두 솎아냅니다.

③ 너무굵은 망울과 너무작은 망울도 솎아냅니다.

④ 그대로 두면 한송이의 큰 꽃덩어리가 되어서, 분재수의 수형은 묻혀 버리고 보이지 않습니다.

⑤ 때문에 위와 같은 방법으로, 꽃송이 수를 줄여서, 꽃송이의 밀착(密着)을 피하고, 꽃송이 사이사이로 푸른잎이 보이고, 수형의 주간(主幹)과 곁가지들의 분지 양상(様相)도 간간이 보이도록 하면, 일품명화(一品名花)가 될 수 있습니다.

4. 수양버들형(垂楊下垂形)

정보자료 제공/국화소리카페 : 사운드 김경신

머릿말

① 「수양버들」나무는, 아래의 사진 1278과 같이, 버드나무과의 낙엽 교목으로, 사류(絲柳) 실버들입니다. 중국 원산으로, 가로수나 관상수로 심는데, 가지는 가늘고 길게 드리워지며, 잎도 가늘고 길며, 이른 봄에 새 잎과 함께 황록색 꽃이 핍니다.

② 노송(老松)만 묘사하는 국화동호인들이 한계를 느껴서, 가지가 길게 늘어져 바람에 흩날리는 수양(垂楊)버들 모양을 만들기 시작했습니다.

菊花叢書 1278

③ 이 작품의 기원은 중국이며, 당시는 장간종 현애국 품종으로 대작을 만들었는데, 일본으로 건너가 소국분재에 응용하여 소품으로 변형 되었습니다.

④ 이 작품 만들기에 제일 쉬운 소국분재 품종은 우리주위에 많은 『십의유(辻の柳)』이며, 현애 품종으로는 『天女의舞』가 있습니다.

(2) 접목(椄木)

① 4월 1일 중국 쑥 50cm 높이에서 분재국 백조를 접목했습니다.

② 소품(小品)을 만들려면, 접목하지 않고 국화모종 그대로 하면 됩니다.

③ 중국쑥을 다음의 사진 1279와 같이, 잎자루선에서 줄기의 몸통을 자르고, 면도날로 줄기를 아래로 1cm 정도 갈라 내리는 할접(割椄)①을 했습니다.

菊花叢書 1279

④ 아래의 사진 1280과 같이, 소국분재국 장간종이나 현애국을 3cm 以下로 접가지로 잘르고, 양면을 V자 모양으로 빗겨 다듬어서, 갈라놓은 대목에 끼웁니다.

⑤ 하우스 안에서는 비가 오거나 바람이 불지 않기 때문에, 접목 테이프를 사용하지 않고, 접목크립으로 아래위로 찝었습니다.

菊花叢書 1280

⑥ 흰색 A4용지로 꽃갈모를 접어 덮어서 2주정도 직사광선을 차광하여 보호합니다.

菊花叢書 1281

(3) 적심

① 접목 1달 후, 국화 접가지 줄기가 자라서, 5월 1일, **1차적심**했습니다.

② 5월 10일, 아래의 사진 1282와 같이, 곁가지들이 자라나왔습니다.

菊花叢書 1282

③ 다음은 아래의 사진 1283과 같이, 사방으로 세력이 비슷한 4개의 곁가지만 남기고 모두 잘라냈습니다.

④ 3월 10일, 4개 곁가지에서 곁눈이 보이는 2~3마디를 남기고 **2차적심** 했습니다.

菊花叢書 1283

⑤ 2주 후, 아래의 사진 1284와 같이, 4월 1일, 2개의 확실한 8개의 가지로 분지(分枝)되었습니다.

菊花叢書 1284

⑥ 다시 2주후, 아래의 사진 1285는 각각 2분지 되어서, 16~20개의 곁가지를 받습니다.

菊花叢書 1285

⑦ 지금부터 8월 초까지는 주 1회 액비를 주면서, 아래의 사진 1286과 같이 20여개의 가지들을 길게 기릅니다.

菊花叢書 1286

(4) 가지 내리기

① 8월은 화아분화의 계절이어서 국화가지의 길이가 별로 자라지 않습니다.

② 8월 10일을 전후해서, 15~16번 알루미늄 선을 감아서 아래의 圖解 1287과 같이, 아래로 가지를 유인해 내립니다.

③ 내리기 순서는 아래서 안쪽의 가지부터 유인해 내리고, 다음은 바깥쪽 가지를 유인하고, 다음은 윗쪽 가지를 유인합니다. 순서를 지키지 않으면 난작업이 됩니다.

菊花叢書 1287

④ 아래의 圖解 1288과 같이, 내리기를 다 마치면, 끝을 일시에 적심을 합니다.

菊花叢書 1288

(5) 예비적심 (8월10~20일)

① 8월 중순에 예비적심을 합니다. 위쪽의 마디마다 곁가지가 나옵니다.

② 이 곁가지를 2~3꽃눈 자리를 남기고 모두 잘라냅니다.

③ 드리워진 줄기의 끝이, 땅에 닫지 않도록 길이가 각각 다르게, 지그재그로 잘라서 자연스럽게 합니다.

(6) 동시개화조절(마지막 적심)

① 8월초 또는 9월초에 마지막 적심은 사진 1289와같이, 동시개화조절을 합니다.

菊花叢書 1289

② 꽃가지를 거꾸로 드리워 내렸기 때문에, 초질인 아래서부터 피기 시작하여 위로 올라오면서 점차적으로 개화합니다.

③ 따라서 마지막 적심은 반대로 위에서부터 9월 1일, 9월 5일, 9월 10로 3등분하여 적심해 내려오면, 동시개화가 됩니다.

④ 정아우세(頂芽優勢)의 현상으로, 아래의 가지 끝부분에 잔가지가 많이 발생합니다. 이것을 방지하기 위해서 모엽을 따내어 잔가지의 웃자람을 억제합니다.

⑤ 윗부분에서 분지하여 굽혀 내린 밑둥의 잔가지들과 모엽은 그대로 두었다가, 후에 수관(樹冠)을 만들어 얹어서 과굉간(鍋紘幹)을 은폐(隱蔽)합니다.

(7) 꽃망울 따내기(摘蕾)

① 꽃망울이 달리는 대로 모두 꽃이 피면, 한 개의 큰 꽃덩어리로 보여서, 수양버들의 특이한 수형이 나오지 않습니다.

② 9월 중순에, 꽃목이 너무 긴 망울과 너무 짧은 망울들을 솎아냅니다.

③ 꽃망울이 너무 굵은 망울과 너무 작은 망울도 솎아냅니다.

④ 꽃망울을 너무 총총히 달지 말고, 꽃망울의 굵기와 세력이 비등한 것들만 선택하여 간격을 넉넉히 여유 있게 손질합니다.

⑤ 모엽(母葉)도 모두 따내어, 수양(垂楊)버들 특유의 수형이, 꽃송이와 푸른 잎들 사이로 보이도록 해야 명작이 됩니다.

(8) 알루미늄선 풀기

① 알루미늄선을 일찍 풀어주면, 가지가 다시 일어섭니다. 꽃이 피면서 기온이 조금 내려가면 가지가 일어서지 않습니다.

② 알루미늄선을 잘못 풀면, 꽃망울이 많이 떨어집니다. 철사를 길게 풀지말고, 짧게 가위로 잘라내면서 풀면 안전합니다.

菊花叢書 1290

5. 치루작(馳艛作)

(1) 치루작의 구도

① 치루작(馳艛作)이란, 1~3간작으로, 달리는 보트(Boat)의 휘날리는 깃발을 연출한 작품입니다.

② 아래의 그림 1291과 같이, 치루작은 화분을 타원형을 선택하여 보트(Boat)의 기분이 나도록 합니다.

③ 분재수는 보트의 휘날리는 깃발의 수형을 잡아야 좋습니다.

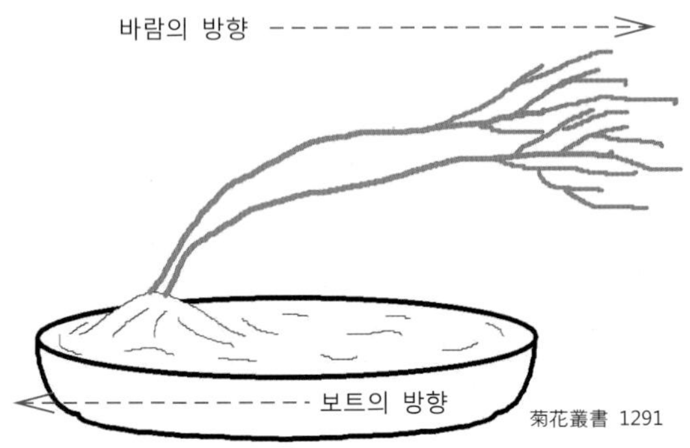

菊花叢書 1291

(2) 치루작 만들기

① 치루작(馳艛作)은 위의 그림 1291과 같이, 조금 길고 약간 깊은 타원형 화분이 작품의 외모를 살립니다.

② 분재수의 앉힐 자리는, 그림 1291과 같이, 화분(보트)의 앞자리에 심어서, 깃빨을 뒤로 바람 타도록 하면, 제일 안전성이 있어 보입니다.

③ 심을 자리에는 준비된 분재수에 따라서 작은 돌 위에 심던지, 아니면 약간 봉긋하게 심어서 수태나 이끼처리를 합니다.

④ 보트의 후미 넓은 공간에는, 같은 이끼처리 하는 것 보다, 마사토를 덮으면, 전체적으로 보트의 입체감이 납니다.

⑤ 분재수는 밑둥을 깃빨 봉과 같이, 잎과 잔가지 없이, 원줄기만 뒤로 길게 드리우고, 끝부분의 잔가지는 깃빨을 상징하기 때문에, 발람타는 방향으로 분지(分枝) 시킵니다.

6. 연근작(連根作)

(1) 모종

① 뿌리가 연결되도록 길러서, 대개 5포기 이상 홀수로 모아세우기를 하는 작품입니다.

② 동지싹이 많이 올라 온 포기에서, 필요한 삽수를 채취하고, 남은 중심포기를 이용합니다.

③ 아래의 그림 1292와 같이, 중심에 한 싹을 살리고, 접지면에서 가까운 2개의 싹을 받아서, 좌우로 눕혀서 휘묻이 식으로 지표에 닿게 합니다.

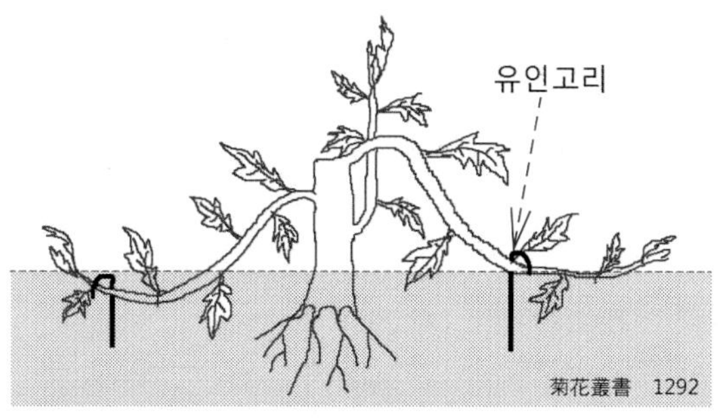

菊花叢書 1292

(2) 기르기

① 기르면서 싹이 나오면, 아래의 그림 1293과 같이, 끝에서 한 싹은 세워서 주간으로 하고, 나머지 한 싹은 유인고리로 끌어당겨 다시 눕힙니다.

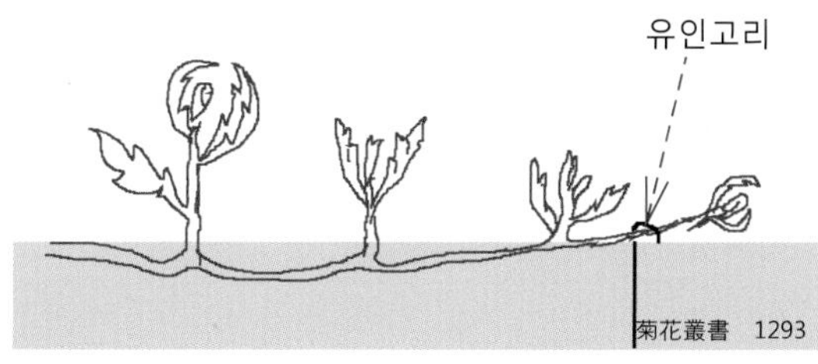

菊花叢書 1293

② 이때에 마디마다 나오는 싹 중에서 줄기로 세울 싹은, 아래에 삽목용토를 넣어 주고, 발근 촉진제를 묻히고, 땅에 닿는 부분에 건조수태나 흙을 덮어 보호하면서 뿌리 내리기를 촉진합니다.

③ 약 2주쯤 지나면 대개 뿌리가 내리기 시작합니다.

④ 다음은 아래의 그림 1294와 같이, 마디마디 사이에 잔돌이나 화분조각들을 올려놓아서 줄기가 일어나지 않게 합니다.

菊花叢書 1294

⑤ 눕혀 놓은 가지 끝에서 나오는 싹도 같은 작업을 반복합니다. 마음에 드는 줄기가 7개쯤 만들어지면 끝을 잘라 냅니다.

(3) 모양 만들기

① 대개 5~7개 정도의 주간으로 다듬으면 제일 잘 어울린다고 합니다. 더 많은 포기는 뿌리가 연결되어 있기 때문에, 포기배열에 난점이 있습니다.

② 아래의 그림 1295에서 각 포기마다 독립된 뿌리를 약간씩 노출시켜야 하며, 이웃 포기와 뿌리로 연결되어 있는 연근작임을 살짝 보여서 과시해야 합니다. 이 연결뿌리가 보이지 않으면, 약식으로 만든『모아심기』기식작으로 보입니다.

菊花叢書 1295

7. 기식작(寄植作:모아심기)

(1) 모종 처리와 작품 디자인

① 연근작(連根作)은 뿌리가 서로 연결되어 있어서, 작품 만들기에 조금 까다롭고 어려운 작업이어서, 작업이 쉬우면서도 같은 결과를 얻기 위한 방법입니다.

② 이에, 분재수 낱 포기를 길러서, 아래의 그림 1296과 같이, 화장분에 자유롭게 붙여 심어서, 천연의 소나무 숲을 재현한다고 해서 일명 기식작(奇植作)이라고 합니다.

③ 보통 아래의 작품그림 1296과 같이 각각 수형이 다른 5~7포기 분재수를 모아 심기를 합니다.

菊花叢書 1296

④ 수형은 위의 1296 그림과 같이, 대개 분재수 높이의 반 이상에서 제1枝를 만들고, 전체적으로 분지부분이 부등변 삼각형 점선 안에 들어 오도록 다듬습니다.

⑤ 다음의 작품 1297은 인공미를 배제(排除)하고 자연미를 살린 연출입니다.

심국회/菊花叢書 1297

⑥ 아래의 작품 1298은 자유로운 모둠형 표출입니다.

뜨락원/菊花叢書 1298

⑦ 아래의 작품 1299는 고목 모아심기의 표현입니다.

영주/菊花叢書 1299

⑧ 아래의 작품 1300은 기성사상을 탈피한 자유분망한 연출입니다.

마산/菊花叢書 1300

8. 벌취작(筏吹作)

(1) 모종 처리

① 연근작과 같은 방법으로, 연근작은 1줄이지만, 벌취작은 양측 2줄로 기릅니다.

② 이른 봄에, 동지싹이 많이 올라 온 포기에서, 필요한 삽수를 채취하고, 남은 중심포기를 이용합니다.

③ 처음에는 5가지가 필요합니다. 아래의 그림 1301과 같이, 세력이 제일 약한 한싹을 중심에 세우고, 접지면에서 가까운 4개의 싹을 받아서, 좌측으로 2줄기, 우측으로 2줄기를 눕혀서, 휘묻이 식으로 지표에 닿게 합니다.

菊花叢書 1301

④ 기르면서 싹이 나오면, 아래의 그림 1302 같이, 자라서 길어지는 줄기를 유인고리로 끌어당겨 다시 눕힙니다.

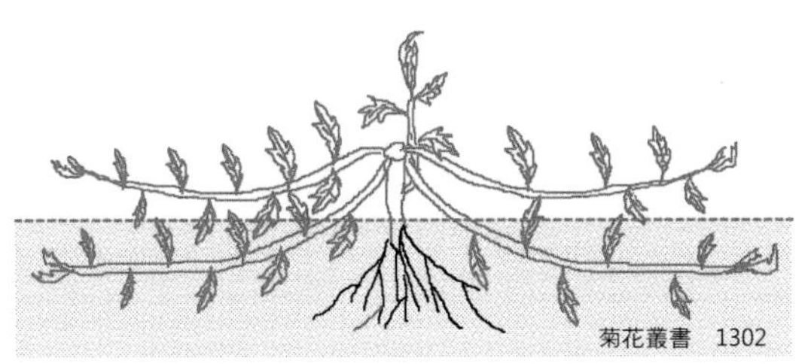

菊花叢書 1302

⑤ 이때도 연근작 기르기와 마찬가지로, 마디마다 나오는 싹 중에서 줄기로 세울 싹은, 아래에 삽목용토를 넣어주고, 발근촉진제를 묻히고, 땅에 닿는 부분에 건조수태나 흙을 덮어 보호하면서 뿌리 내리기를 촉진합니다.

⑥ 약 2주쯤 지나면 대개 뿌리가 내리기 시작합니다.

⑦ 눕혀 놓은 가지 끝에서 나오는 싹도 같은 작업을 반복합니다. 마음에 드는 줄기가 7개쯤 만들어지면 끝을 잘라 냅니다.

(2) 작품 디자인

① 아래의 그림 1303과 같이, 2줄의 간격을 2cm정도로 하고, 줄기의 간격은 지그재그로 하여서, 앞에서 보면 모든 줄기가 겹치지 않고, 다 보이도록 합니다.

② 분재수의 방향은, 같은 방향으로 기울도록 수형을 잡아서, 뗏목이 강물에 흘러가는 기분을 냅니다.

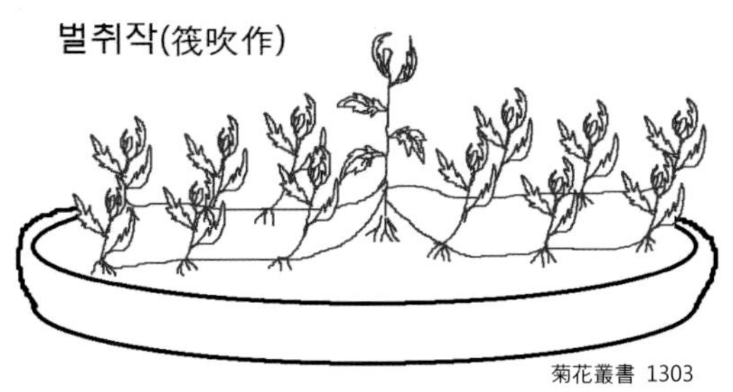

菊花叢書 1303

③ 적심은 6월 초순에 일제히 시작하며, 분재수 키의 높낮이에 변화를 주어야 관상미가 더 좋습니다.

④ 그림 1304와 같이, 기르면서 수태나 흙을 조금씩 파내어, 각 줄기마다 개체의

菊花叢書 1304

뿌리가 있고, 독립된 포기가 아니고, 서로 연결되어 있다는 사실을 살짝 노출시켜 과시해야 합니다.

9. 주립작(株立作)

(1) 모종 관리

① 이른 봄에 소국화분에서 아래의 그림 1305와 같이, 동지싹이 올라옵니다.

菊花叢書 1305

② 양측 가장자리의 뿌리가 많이 달린 동지싹들은 모두 포기나누기하여, 다른 용도로 사용하고, 근간(根桿)이 짧은 중심부분의 포기를, 원뿌리를 포함하여 7대쯤 세워 다듬어서, 아래의 그림 1306과 같이, 화분에 임시 옮겨 심습니다.

菊花叢書 1306

③ 이것을 분재수 수형을 만들어서 재배하여, 화장분에 아주 심으면 됩니다.

(2) 작품 디자인

① 주립작은 석부작이나 목부작과 같이, 주위의 무엇에 의지하여 운치를 내는 것이 아닙니다.

② 주립작은 분재수 몇 줄기로서, 아무것도 없는 넓은 들 한복판에, 한 점의 소나무 군락지(群落地)의 운치(韻致)를 조화시키는 작품입니다.

③ 분재수는 1포기입니다. 5줄기, 7줄기, 9줄기, 규모로 홀수로 끝냅니다.

④ 화장분은 납작한 큰 타원형 화분이 잘 어울린다고 합니다.

⑤ 좌우로 길게 충분한 여유를 두어서 넓은 들이나 잔디밭의 분위기를 잡습니다.

⑥ 1포기에서 7~9대의 분재수를 배열하기 때문에, 그 펼침 모양이 아래의 그림 1307과 같이 다이몬드 형으로 표출됩니다.

菊花叢書 1307

⑦ 배양토의 접지선(接地線)은 양쪽 화분 언저리에서 시작하여서, 중간이 약간 볼록할 정도의 지평선으로 만듭니다.

⑧ 주립작은 굵고 보기좋은 목질화된 뿌리 몇개만을 밑둥 부위에서 쌀작 보이고, 모두 배양토에 묻고, 그 위에 이끼나 수태를 깨끗이 처리하여 잘 정리된 잔디밭의 기분을 냅니다.

⑨ 처음에는 위의 그림과 설명과 같이 표준형으로 연습하여서, 능숙해지면 그때부터 자신의 개인구상을 첨가합니다.

⑩ 석부작 만들던 습관을 모두 버리고, 맨화분과 분재수 만으로 예술성을 묘사해야 합니다.

⑪ 화장분은 고급으로 선택하는 것 보다, 작품과의 조화를 이루는 디자인 중심으로 선택해야 더 좋습니다.

10. 석부작 만들기

정보자료 제공 / 뜨락원 윤흥식

(1) 석부작

① 소국분재는 꽃을 주제로 하는 것이 아니고, 줄기와 잎의 자연스러움과 괴석(怪石)및 괴목과의 조화로 한 폭의 산수화를 표현하는 것입니다.

② 국화 줄기와 잎의 자연스러움, 돌과 괴목의 풍치, 그리고 화분의 귀족성 등의 3요소에 인공미의 조화로 표출한 것입니다.

③ 석부작은 나무뿌리가 바위를 힘차게 감싸 안고 위풍당당하게 생존하는 모습을 표현하거나 심산계곡의 경치나 해변절벽에 늘어진 모습을 연출하려는 것입니다.

(2) 뿌리 키우기

① 소국분재 품종으로 적당한 것은 마디와 마디 사이가 짧은 것이 좋습니다. 뿌리의 성장은 빠르고, 줄기 굵기의 생장도 빠른 고태미가 잘 나는 품종을 선택하여 뿌리 키우기를 합니다.

菊花叢書 1308

② 위의 사진 1308은 국화를 삽목하여 뿌리가 내리면 바로 긴 대롱에 심는 방법입니다. 이 방법의 장점은 뿌리를 길게 내릴 수 있다는 점이고, 단점으로는 뿌리의 개수가 적고 가늘다는 단점이 있습니다.

③ 아래의 사진 1309는 삽목하여 뿌리가 내리면 바로 심는 방법인데, 긴 대롱으로 쓰는 것은 플라스틱 파이프를 세로로 잘라서 가운데 합판 등을 넣어 뿌리를 갈라 넣거나 물 호스를 이용하여 심어서 기르는 방법입니다. 이 방법의 장점은 지상부의 생육이 좋고 뿌리를 길게 내릴 수 있는 장점이 있으나, 뿌리가 약한 것이 단점입니다.

菊花叢書 1309

④ 아래의 사진 1310의 방법은 삽목하고 뿌리를 내린 후, 포트에 심어 40-50일 기른 다음 가석에 올리는 방법입니다. 장점으로는 뿌리가 굵고 튼튼하게 기를 수 있습니다. 그러나 활착이 늦어 초기생육이 약하고 뿌리의 길이가 짧은 것이 단점입니다.

菊花叢書 1310

(3) 돌의 선택

① 돌은 어떤 돌이 좋을까? 많이들 생각합니다. 자기 마음에 드는 돌이 가장 좋겠지요.

② 돌을 선택할 때 돌의 강도는 무른 것이 좋습니다. 돌이 너무 강도가 강하면 국화뿌리가 돌을 감을 수가 없어 뿌리와 돌이 붙지 않습니다. 그래서 석회암지대의 돌이 좋다고들 합니다.

③ 돌의 표면은 마모가 덜 되어 거칠고 단조로우면서도 전체적인 모양은 삼각형을 이루면서 골은 자연스럽게 아래로 난 입석이 좋습니다.

菊花叢書 1311 菊花叢書 1312

④ 위의 사진 1311과 1312는 입체입석입니다

菊花叢書 1313 菊花叢書 1314

⑤ 위의 사진 1313은 와석이고, 1314는 단면석입니다.

⑥ 돌의 전체적인 모습은 단면의 돌보다는 입체적인 돌이 더 좋으며, 크기는 사용하는 분에 따라 다르지만 혼자서 들 수 있을 정도가 무난합니다.

⑦ 단면석 보다는 입체석이 더 좋다고 볼 수 있습니다. 돌을 고를 때, 국화를 얹을 수 있는 부분이 있는지를 꼼꼼히 살펴보아야 합니다. 너무 단단한 돌을 선택하여 뿌리가 돌에 밀착되지 않아서 본드나 못을 사용하는 경우가 있는데 이는 좋은 방법은 아닙니다.

(4) 화분의 선택

① 아래의 화분 1315를 보면, 화분의 구멍 갯수가 많습니다. 물빠짐이 잘 되는 화분을 선택하는 것이 좋습니다.

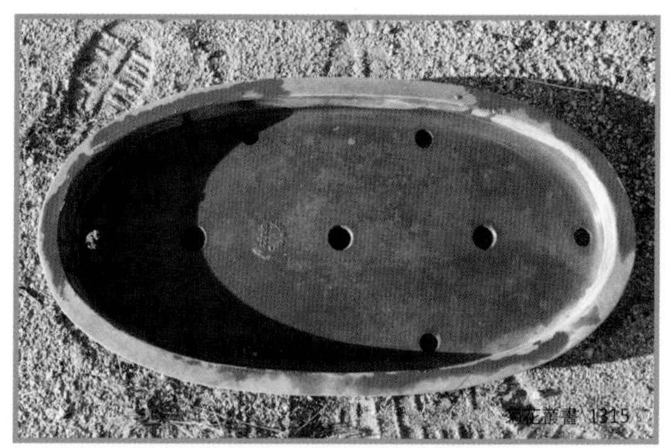
菊花叢書 1315

② 아래의 1316 화분은 원형화분 입니다. 석부작에서는 원형의 화분을 잘 사용하지 않습니다. 그 이유는 사람마다 다르지만 심어서 연출하기가 그리 쉬운 것이 아니라서 잘 이용하지 않습니다.

菊花叢書 1316

③ 아래의 1317 화분은 유선형이면서 화분의 깊이가 그리 깊지 않습니다. 석부작에 사용하기에 무난합니다.

菊花叢書 1317

④ 아래의 1318 화분을 보면, 화분 밑에 발이 달려 있습니다. 화분은 발이 달려있으면 물빠짐이 용이해서 좋습니다.

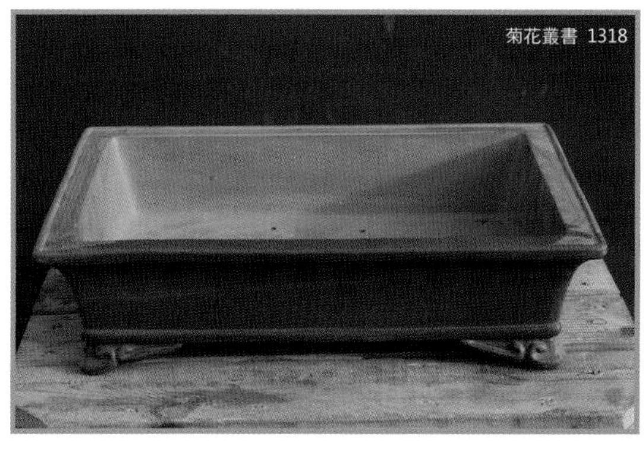
菊花叢書 1318

⑤ 아래의 1319 화분은 화분의 높이(춤)의 문제인데 화분의 높이는 낮은 것을 사람들은 선호합니다. 화분이 너무 깊으면 물빠짐이 좋지 않아 장마철에 국화가 죽을 확률이 높기 때문입니다.

菊花叢書 1319

⑥ 아래의 1320은, 화분의 크기를 정할 때 돌을 화분속에 넣어서 여유가 있어야 합니다. 너무 좁으면 답답해 보입니다.

⑦ 돌의 위치는 앞면의 공간을 더 넓게 잡아서 배치합니다. 전체적인 수형을 생각해서 전후좌우 돌의 위치를 정하면 됩니다.

菊花叢書 1320

(5) 돌부침과 뿌리 배치

① 사람마다 돌부침 시기는 다릅니다. 보통 4~9월 사이에 하는데, 너무 늦으면 활착에는 별 무리가 없으나 돌과 뿌리의 밀착이 되지 않아서 좋지 않습니다. 뿌리를 배치할 때에는 먼저 뿌리의 개수를 보고, 국화분재의 수형을 고려하여 앞면에는 좀 더 많은 뿌리를 배치하여 뒷면의 뿌리수보다 많게 하는 것이 좋습니다.

② 작업을 할 때, 뿌리가 돌에 최대한 밀착되도록 고무줄로 잘 감아 줍니다. 골이 깊어서 뿌리의 밀착이 잘 안될 경우에는, 스티로폼 같은 것을 끼워넣어 밀착되도록 합니다. 될 수 있는대로 고정시키기 위해서 못이나 철사 등을 사용하지 않는 것이 좋으며 배양토를 넣으면서 뿌리를 아래로 잘 펴서 뿌리를 고정시켜 줍니다.

③ 이때 사용하는 배양토는 젖어 있으면 좋지 않습니다. 햇빛에 잘 말려서 배양토를 사용하시면 좋습니다. 돌부침 후 뿌리가 잘 활착할 수 있도록 여러 가지 방법을 사용합니다.

④ 아래의 사진 1321의 방법을 많이 이용합니다. 이 방법은 뿌리의 활착이 빠르고 생육이 왕성합니다. 15일째부터 5일 간격으로 위에서부터 조금씩 수태를 제거해 내려오면서 뿌리를 점차적으로 노출시킵니다.

菊花叢書 1321

⑤ 아래의 1322 방법은 돌에 뿌리를 밀착시킨 후 배양토로 전체를 감싸주는 방법입니다. 국화의 활착은 잘되고 성장도 활발하지만, 수시로 뿌리에 붙어 있는 흙을 제거해야하기 때문에, 노동력을 많이 필요로 하는 단점이 있습니다. 흙을 제때 제거하지 못하면 양파뿌리마냥 뿌리 숫자는 많아지고 가늘어지기 때문에 신경을 써야합니다.

菊花叢書 1322

菊花叢書 1323

⑥ 위의 1323의 방법은 밑부분에 깔망을 두르고, 일정부분까지는 배양토를 쌓아 올립니다. 그 위 부분은 종이로 싸서 수분증발을 막아줍니다. 뿌리가 튼튼하고 굵게 자라는 장점 있지만, 활착이 늦은 단점이 있습니다.

(6) 수형 만들기

① 소국분재 수형의 전체적인 모습은, 부등변 삼각형의 형태를 이루도록 하고, 분재수의 높이와 수형은 자기 나름대로 변형시켜서 만들면 됩니다.

② 뿌리목에서 수관부까지 높이가 돌의 높이보다 길면 과분수 같아서 좋지 않으며 곁가지가 화분 밖으로 나가지 않는 것이 좋습니다.

③ 수형 만들기의 시작은 모종의 10cm 정도 높이에서 1차 순질러서 1지와 2지 곁가지를 만듭니다.

④ 다음부터는 평소에 하든대로, 상향지, 도장지, 평행지, 대생지, 차륜지, U자형가지, 중복지, 교차지, 역지, 전출지, 하향지 등은 제거하면서 수형을 만들어 갑니다.

⑤ 마지막 적심은 9월 초순까지 마치고, 잎 제거는 10월 초순에 끝에서 3~6잎을 남기고 제거하여 꽃목이 길어지지 않도록 합니다.

11. 석부현애 만들기

머릿말

① 석부현애(石附懸崖)의 특징은 뿌리가 기암절벽(奇巖絶壁) 아래로 길게 드리워지고, 몸통 전체가 거꾸로 매어달려, 오랜 세월을 견디어 온 노송의 기백을 표현하는 것입니다.

② 모종 선택이 제일 중요합니다. 소국분재 모종이면 다 되는 것이 아닙니다. 소국분재 품종 중에서, 마디간격이 길게 잘 자라는 장간종(長幹種) 품종이 좋습니다.

③ 작품 뿌리부터 먼저 만들어 놓고, 그 뿌리위에 현애의 수형을 만들어 올립니다.

1. 석부현애 뿌리 만들기

(1) 삽목

① 석부작 현애를 만들려면, 먼저 돌위에 드리우는 뿌리부터 잘 만들어야 합니다

② 석부현애의 뿌리모종은 전년도 8월 9월의 삽목부터 시작합니다.

③ 상토(床土)[①]에 삽목하면 수염뿌리가 많이 나오기 때문에, 아래의 1324 사진과 같이, 강 상류의 왕모래에 삽목합니다.

菊花叢書 1324

④ 삽목 후, 50% 한랭사(寒冷絲)[②]로 차양(遮陽)[③]관리 하면서, 처음에는 물을 푹 주고, 다음부터는 흙 윗면이 건조한듯 할 때 관수합니다.

⑤ 물주기는 윗흙이 약간 마른듯할 때, 물을 푹 관수합니다. 물을 너무 자주 주면 자활력이 결여되어 발근이 지연됩니다.

⑥ 삽목 2주후부터 직사광선에 서서히 노출시키켜, 발근과 자활력을 높여 줍니다.

菊花叢書 1325

⑦ 발근해서 뿌리가 길게 자랄 수 있도록 삽목상에서 30일을 채워서 이식합니다.

⑧ 8월 초순의 삽목묘는 8월 15일 0시분터 몇 등(燈)만 별도로 전조처리[④](電操處理)를 하면 더 좋습니다. 8월 중순부터의 화아분화(花芽分花)[⑤]와 9월의 꽃망을 출뢰[⑥](出蕾)와 10월의 개화(開花) 과정의 기간을 생략하기 때문에, 뿌리가 자랄 기회를 2달 더 얻을 수 있습니다.

⑧ 삽목일도 8월초에 삽목한 것이, 뿌리를 기를 기간이 길어서 좋습니다. 이때는 삼복(三伏) 더위에 폐사율(斃死率)이 많아서, 삽목 후 관리를 세심히 해야 합니다.

(2) 원통재배

① 삽목 1달 후, 삽목상에서의 뿌리가 충분히 길었으면, 아래의 사진설명 1326과 같이, 원통으로 옮겨 심습니다.

② 뿌리를 쓸려는 삽목묘는 삽목 후, 1달을 꽉 채워서 이식합니다.

~~~~~~

※참고 ①상토(床土):417쪽42 ②한랭사(寒冷絲):320쪽 ③차양(遮陽):423쪽94 ④전조처리(電操處理):328쪽 ⑤화아분화(花芽分花):꽃망울생성
~~~~~~

③ 분재수의 뿌리를 사방으로 활짝 펼쳐서, 각목(角木)이나 음료수 공병을 뿌리 밑에 받치어서, 근권부(根圈部)①의 자라 내림을 억제하여 돌의 앉힘자리를 좋게 합니다.

④ 원통안에 거름분이 약한 새 배양토를 채웁니다. 만약, 거름분이 비옥(肥沃)한 흙을 채운다면, 뿌리가 아래로 자라 내리지 못하고 위로만 몰립니다.

⑤ 위로는 뿌리목 1cm 두께로 덮어줍니다. 더 이상 두텁게 덮어주면, 그 부위에서 잔뿌리가 발생하여 수염뿌리가 됩니다.

(3) 손아(孫芽) 받기

① 원통에 심은 후, 분재수 줄기를 적심하지 말고, 다음해 1월 말일까지 분재수 줄기를 40~50cm로 최대한으로 기릅니다.

② 위로 줄기가 무럭무럭 자라 올라야, 대상성으로 뿌리가 아래로 활발히 길게 자라 내립니다. 만약 줄기의 자람을 웃자란다고 억제한다면, 흙속의 뿌리도 자라내리지 않습니다. 줄기는 어차피 손아를 받으면서 모두 잘라버릴 존재이기 때문에, 뿌리의 자라 내림에 도움을 주기 위하여, 웃자라도 그대로 둡니다.

③ 원통재배 중반 이후부터는 위로는 건조하지 않을 정도만 물을 주고, 모든 물과 액비(液肥)는 아래로 주어서, 뿌리가 물을 따라 비료를 따라 아래로 급속이 자라 내리게 합니다.

④ 길게 자란 국화줄기를, 2월 1일부터 3등분 적심하여, 2월 말일에는 아래의 그림 1327과 같이 마지막 1/3만 남았고, 밑둥에서 손아(孫芽)②가 손지(孫枝)③로 길게 자랐습니다. 2월 말일 나머지 줄기를 밑둥까지 마져 잘라냅니다.

(4) 뿌리정리

① 3월 1일, 원통을 제거하고, 아래의 그림 1328과 같이, 뿌리 플러그가 노출되었습니다.

② 흙을 털고 보면, 아래의 사진 1329와 같이, 줄기가 20cm, 뿌리가 30cm 이상 자랐습니다.

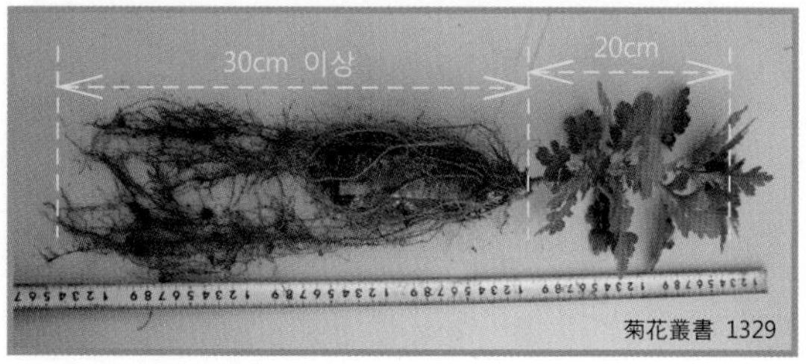

※참조 ①근권부(根圈部):뿌리의 바탕. ②손아(孫芽):0000쪽. ③손지(孫枝):손아가 자란 가지.

③ 3월 1일, 이 모종을 기암절경(奇巖絶景)의 돌에 올리거나, 또는 각목위에 뿌리를 올려서, 현애 수형을 다듬습니다.

④ 아래의 圖解 1330과 같이, 돌 위에서 보기좋고 긴 뿌리는 정면으로 길게 아래로 드리워서 관상용(觀賞用)으로 다듬고, 나머지 뿌리는 보이지 않는 쪽으로 배분하여 생육의 기본 뿌리로 합니다.

⑤ 아래로 화분흙에 닿지않는 짧은 뿌리는 모두 잘라내고, 실뿌리 잔뿌리 모두 제거하여 수염뿌리가 되지 않도록 깔끔하게 다듬습니다.

⑥ 가을까지는 굵으면서 목질화된 뿌리가 길게 줄기화 됩니다.

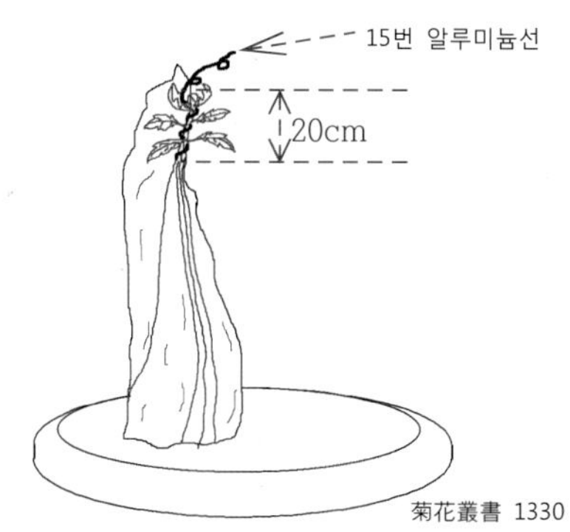

菊花叢書 1330

2. 석부현애 수형 다듬기

① 돌위에 올리고 2주후, 뿌리가 활착하여 자라기 시작하면, 3월 15일 경에 위의 圖解와 같이, 15번(1.2mm) 알루미늄 선으로 국화줄기를 라선으로 감아올립니다.

② 다음의 圖解 1331과 같이, 밑둥 10cm 높이에서 몸통 전체를 오른쪽으로 하향 45°로 서서히 유인해 내립니다. 첫날은 물을 주지말고 오후에 약간 시들음 할 때 90°까지 유인하고, 같은 방법으로 다음날 오후에 하향 45°로 굽혀 내리고 끝을 1차 적심합니다(3월 15일).

③ 1차 적심 후, 시일이 지나면, 마디마다 곁가지가 발생합니다. 직간작(直幹作) 수형 만들기와 같은 방법으로 다듬습니다.

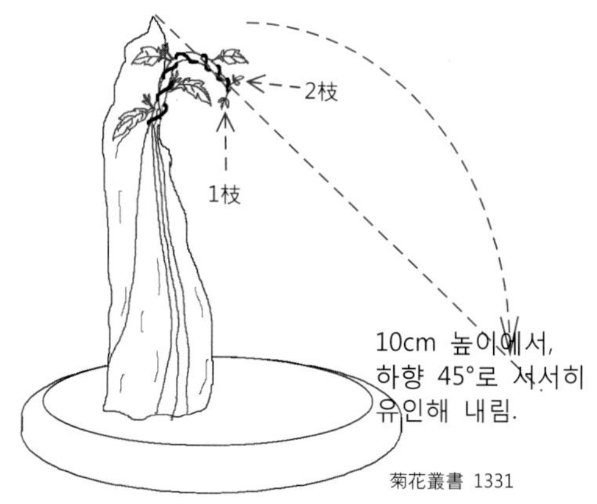

菊花叢書 1331

(1) 제1枝 만들기

① 1차 적심 3주후(4월 5일경), 분지된 2개의 가지가 9cm 정도 자라면, 아래의 圖解 1332와 같이,

② 세력이 조금 약한 2枝를 16번(1mm) 알루미늄 선을 감아서 오른쪽으로 유인하여 현애(懸崖)의 제1枝로 삼고,

③ 세력이 강한 1枝를 아래로 유인해 내려서 주간으로 하고 끝을 2차적심 합니다.

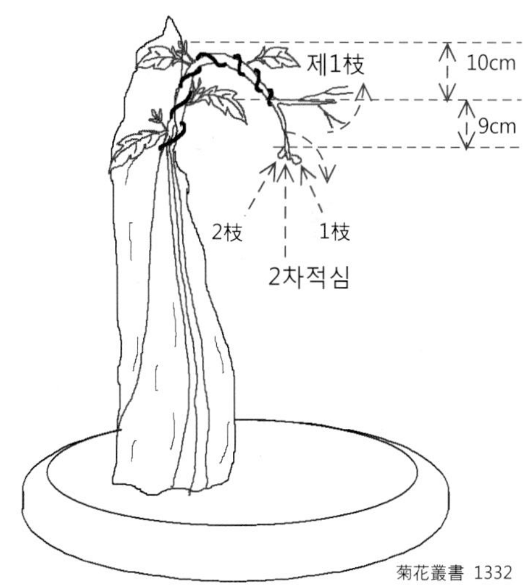

菊花叢書 1332

(2) 제2枝 만들기

① 2차 적심 3주후(4월 25일경), 분지된 2가지가 8cm정도 자라면, 아래의 그림설명 1333과 같이, 2枝를 왼쪽으로 유인하여 현애의 제2枝로 삼고,

② 1枝를 아래로 주간으로 유인해 내리고, 주간의 끝을 3차적심 합니다.

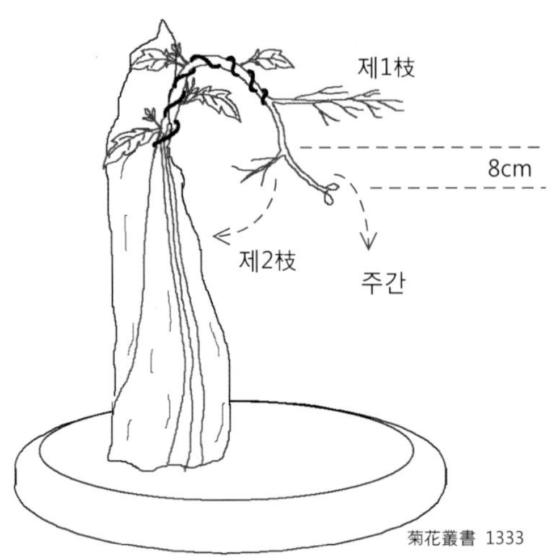

菊花叢書 1333

(3) 제3枝 만들기

① 3차적심 3주후(5월 5일경), 아래의 圖解 1334와 같이, 분지된 2가지가 7cm정도 자라면, 세력이 약한 2枝를 유인하여 현애의 제3枝로 삼고.

② 세력이 강한 1枝를 주간으로 유인해 내리고, 끝을 4차적심 합니다.

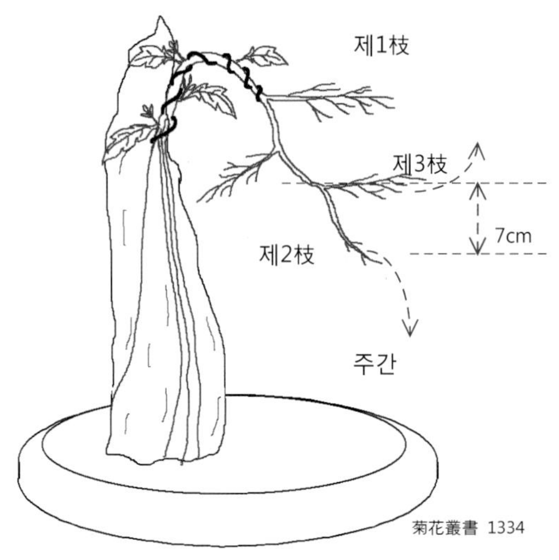

菊花叢書 1334

(4) 제4枝 만들기

① 4차적심 3주 후(5월 25일경), 분지된 2가지가 6cm정도 자라면, 다음의 그림설명 1335와 같이, 2枝를 왼쪽으로 유인하여 현애의 제4枝로 삼고,

② 1枝를 주간으로 유인해 내리고, 끝을 5차적심 합니다.

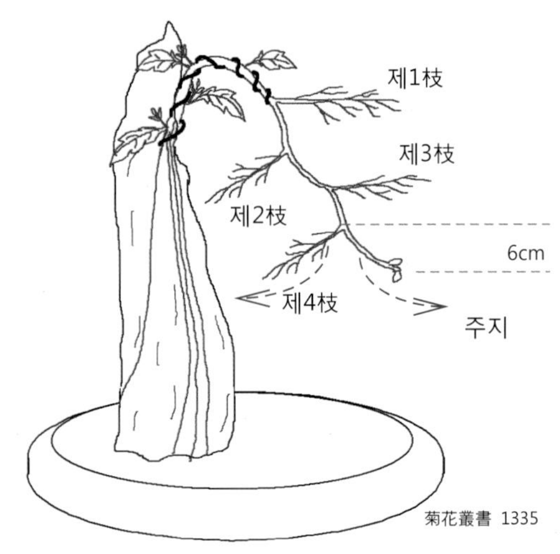

菊花叢書 1335

(5) 제5枝 만들기

① 5차적심 3주후(6월 15일), 아래의 圖解 1336과 같이, 2개의 분지가 5cm정도 자라면, 2枝를 오른쪽으로 유인하여 분재수의 제5枝를 만들고,

② 1枝를 유인해 내려서 주간으로 삼고, 끝을 6차적심 합니다.

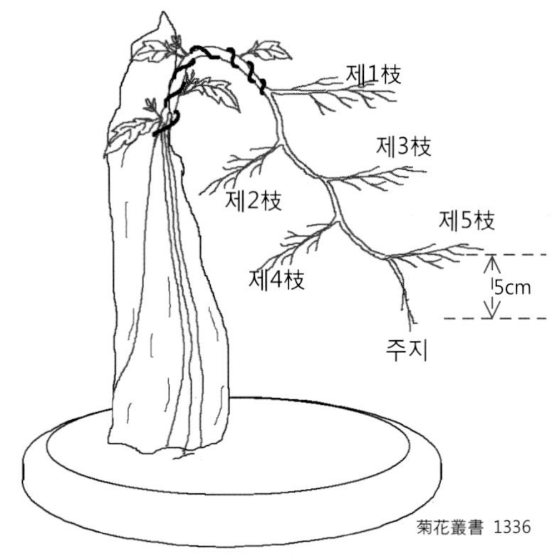

菊花叢書 1336

3. 마무리 작업

① 각목 위에서 수형을 만든 포기는, 6월 말일 안으로 돌위에 올려서 정식을 합니다.

② 같은 방법의 작업을 반복하면서, 곁가지를 만들어 내려갑니다.

③ 다음의 圖解 1337과 같이, 곁가지의 규격은 아래로 내려가면서 점차적으로 작

게 다듬고, 줄기 마디의 간격은 점점 짧아지도록 조절하면서 만들어 내려갑니다.

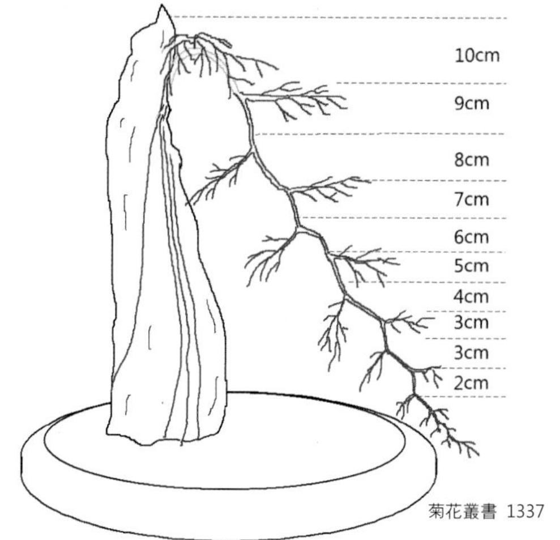
10cm
9cm
8cm
7cm
6cm
5cm
4cm
3cm
3cm
2cm
菊花叢書 1337

4. 비나인 바르기

① 6월 30일, 이미 만들어진 제1枝, 제2枝. 제3枝. 제4枝. 제5枝. 등의 곁가지 끝에만, 비나인 300배액을 붓으로 발라줍니다.

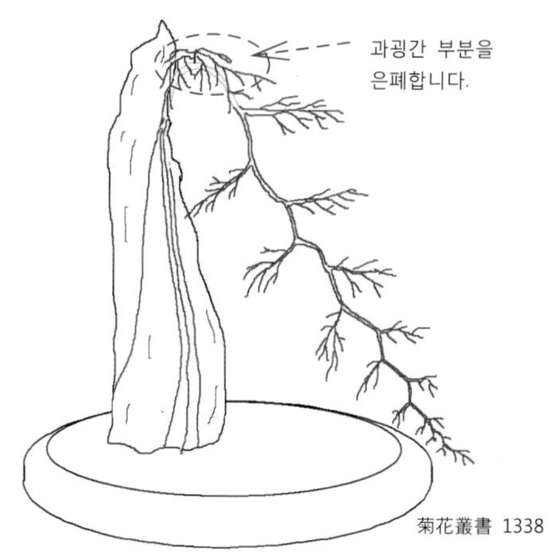
과굉간 부분을
은폐합니다.
菊花叢書 1338

② 이때부터 곁가지의 자람은 정지되고, 갑자기 안쪽으로 마디마다 새순들이 움터나와 분재수를 살찌우고, 아래쪽으로 주간이 더 길게 자라 내립니다.

③ 줄기의 끝부분은 점차적으로 작고 가늘게 다듬어 내려서, 7월 중순에 비나인을 줄기 끝에 붓으로 바르고 마무리 합니다.

④ 위의 그림 1338과 같이 밑둥(위쪽)의 헛가지(犧牲枝)중에서 잘자라는 윗가지를 선택하여, 수관(樹冠)과 같이 만들어 얹어서, 보기 싫게 노출된 현애 밑둥의 과굉간(鍋紘幹) 부분을 덮어서 은폐합니다.

5. 예비적심

8월 10일, 圖解 1338과 같이, 곁가지의 규격과 마디간격을 다시 한 번 다듬는 예비적심을 합니다.

6. 동시개화조절(마지막적심)

① 현애는 아래의 圖解 1339와 같이, 분재수가 거꾸로 매달려 있기 때문에, 다른 소국과는 반대로 꽃이 밑에서부터 위로 피어 올라갑니다.

② 때문에 마지막 적심은 위에서부터 아래로 내려오면서 5일 간격으로 적심하면, 꽃이 거의 동시에 개화합니다.

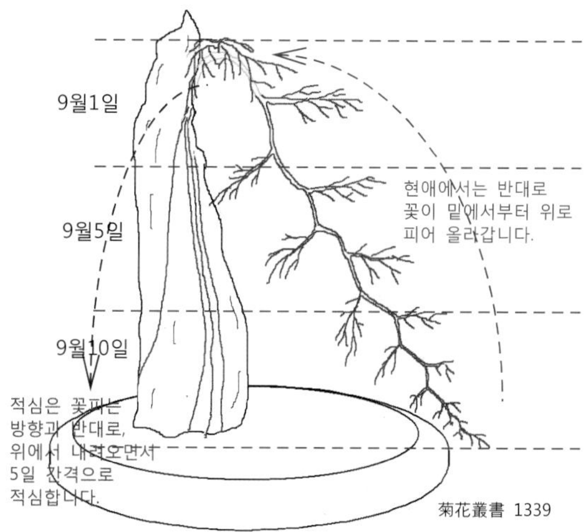
9월1일
9월5일
9월10일
현애에서는 반대로
꽃이 밑에서부터 위로
피어 올라갑니다.
적심은 꽃피는
방향과 반대로,
위에서 내려오면서
5일 간격으로
적심합니다.
菊花叢書 1339

7. 마지막 적뢰(摘蕾)

① 9월 5일경 비나인을 분무하고, 9월 15일 이후 꽃망울이 많이 맺힌 후에, 꽃목이 긴 망울과 너무짧은 망울을 모두 솎아냅니다. 너무굵은 망울과 너무작은 망울도 솎아냅니다.

② 꽃덩어리가 되게 하지말고, 이렇게 꽃송이 수를 줄여서 꽃과 푸른잎이 보이고, 수형줄기도 간간이 보이도록 합니다.

12. 석부 고간작 만들기

정보자료제공 : 국성 한원식

(1) 모주(母株) 관리

① 국화는 가을에 꽃이 피고 겨울이 닥아 와 영하(零下)로 기온이 내려가면, 국화의 줄기는 동사하고 뿌리로서 월동하여 내년에 다시 소생하는 숙근초(宿根草)입니다.

② 당년작 국화분재를 가을에 꽃이 지기 직전에 활력이 조금 남아있을 때, 잔가지를 모두 제거하고, 비교적 건실한 주간(主幹)만 남깁니다.

③ 이 국화를 화분채로 월동합니다. 식물의 휴면온도(休眠溫度) 4℃ 內外로 겨울잠을 재웁니다.

④ 보통 비닐하우스 3중터널 속에서 월동합니다. 시설이 없으신 분은 몇포기 정도는 거실 남쪽 창가에서 관리해도 됩니다.

⑤ 가온(加溫)하고 전조처리(電操處理)하는 국화전용 하우스에서는 겨울동안 싹이 나고 웃자라기 때문에 패작이 됩니다.

⑥ 소국분재 고간작(古幹作)은 국화의 정상적인 생태가 아니기 때문에, 뿌리와 줄기를 동면(冬眠) 즉 겨울잠을 재웠다가, 봄에 다시 소생(蘇生)시켜야 결과가 좋습니다.

(2) 뿌리 내리기

① 2월 하순부터 가온하고 습도를 높여서 겨울잠을 깨웁니다.

② 3월이 되면 아래의 사진 1340과 같이 원줄기에서 많은 새 순들이 움터 나옵니다.

菊花叢書 1340

③ 묵은 뿌리는 더 이상 뿌리의 역할을 하지 않습니다. 흙속에서 줄기의 역할만하기 때문에 금년도에 생동(生動)할 새 뿌리를 받아야 합니다.

④ 분갈이를 하면 좋지 않습니다. 월동한 화분 그대로, 화분 가장자리 3~4곳을 모종삽으로 묵은 흙을 파내고, 거름분이 순하고 물빠짐이 잘되는 새 흙을 채워 넣습니다.

⑤ 부드러운 봄햇볕을 쪼여야 발근합니다. 공기 유통이 심하고 건조한 환경이나 그늘에서는 발근하지 않습니다.

⑥ 흙갈이 후에, 순이 자라기 시작하면, 물비료를 1000배 이상으로 희석하여 주1회 관수시비 합니다. 고간작(古幹作)은 국화의 정상적인 생태가 아니기 때문에, 비료에 약하다는 것을 항상 생각하면서 시비합니다.

줄기의 끝부분에서
나오는 싹은
主枝로 기른다
줄기의 중간에서
나오는 싹은
곁가지로 기른다
菊花叢書 1341

(3) 가지유인

① 위의 사진 1341의 새 싹 중에서, 원줄기의 끝부분에서 나오는 싹은 그대로 주지(主枝)로 기를 싹입니다. 줄기의 중간에서 나오는 싹은 새 분재수의 곁가지로 이용할 싹입니다. 어느정도 자란다음 필요한 가지를 취사선택합니다.

② 새순들이 2~3cm 이상 자라면, 가장 충실한 새 순을 알루미늄 철사로 감아서, 새 순이 전년도의 가지와 같은 방향으로 자랄 수 있도록 방향을 잡아 줍니다.

③ 순이 너무 짧을 때 유인하면 고간작에서는 분지부가 약하여 떨어져 나갈 우려가 있기 때문에, 순이 가지로 길어진 후에, 먼저 철사를 감아서 분지부분을 움직이지 않도록 손으로 잡고, 분지점에서 먼 부분을 둔각으로 유인고정 합니다.

(4) 노지재배

① 줄기와 뿌리를 주제로 하는 동호인은 노지재배를 하고, 수형을 주제로 하는 동호인은 화분재배를 합니다. 어느것이 더 좋다고 할 수 없습니다. 일장일단(一長一短)이 있습니다.

② 노지재배 시작은 지방마다 기후에 따라 다르겠지만, 야간기온(夜間氣溫)이 10℃ 이상이면 노지재배를 시작합니다.

③ 4월 중순이면 사진 1342와 같이, 남쪽지방에서부터 노지에 심기 시작합니다. 하루라도 먼저 옮겨 심어야 유리합니다.

菊花叢書 1342

④ 위의 사진 1342와 같이, 노지에 옮겨 심을 때는 화분만 빼내고 가능한 한 묵은 뿌리에서 흙이 많이 떨어지지 않도록 돌과 함께 원형 그대로 옮겨 심습니다.

⑤ 일찍 시작한 지방에서는 6월 하순까지, 늦게 노지에 옮겨 심은 지방에서는 8월 하순까지 노지재배를 합니다.

(5) 정식(定植)

㈎ 조기정식

① 근래에는 6월 30일 전후에 정식하는 경향입니다. 이때는 7월 중순 이후의 삼복더위 전에 뿌리가 활착되어 있어야 합니다.

② 가을에 뿌리의 활력이 좋아서 선도(鮮度)가 높고, 꽃망울 벌어짐이 9월 정식한 포기보다 며칠 더 빨리 벌어집니다.

㈏ 9월 정식

① 뿌리의 활착이 덜 되어서 선도(鮮度)가 조금 떨어집니다. 활력이 부족하여 꽃망울 벌어짐이 며칠 늦습니다.

② 노지에 오래 있었기 때문에 뿌리와 줄기가 굵고 튼튼하게 자라서 작품이 우람하게 돋보입니다.

(6) 비배관리

① 조기 적심과 9월 적심은 일장일단이 있습니다. 양자 모두 적심과 비나인 등 비배관리는 일반 분재수 기르기와 같게 하면 됩니다.

② 결과 10월 하순경, 아래의 사진 1343과 같이 2년생 고간작(古幹作)이 태어나 꽃망울을 지금 막 터트리려 하고 있습니다.

菊花叢書 1343

13. 수반(水盤) 석부작 만들기

정보자료제공 : BY캠프 부르스 김순조

(1) 손아(孫芽)

① 아래의 사진 1344는 전년도 가을에 삽목한 모종을 월동하여 이름 봄에 받은 손아입니다.

菊花叢書1344

② 주1회 1000배의 액비를 주어서, 2월 하순 아래의 사진 1345와 같이 손아가 손지로 자랐습니다.

菊花叢書1345

(2) 수형 만들기

① 3월 15일 각목에 올렸습니다. 햇볕이 따뜻한 날은 바깥에 내어놓고, 직사광선도 쪼이고 물도 푹 관수했습니다.

② 뿌리가 활착한 후, 4월 8일 1차적심하여, 다음의 사진 1346과 같이, 4월 25일 16번 알루미늄 선으로 분재수의 제1枝를 왼쪽으로 유인했습니다.

③ 제2枝는 5월 10일 17번 알루미늄 선으로 오른쪽으로 유인해 내렸습니다.

④ 제3枝는 6월 1일 18번 알루미늄선으로 왼쪽으로 유인해 내렸습니다.

⑤ 6월 10일 아래의 사진 1346과 같이, 주간을 4차 적심하여 분재수의 제4枝의 싹을 받았습니다.

菊花叢書1346

(3) 화장분 준비

① 수반 석부작 기르는 요령을 연수한 그대로 올립니다.

② 아래의 1347과 수반은 길이 30cm. 바깥높이 3cm. 속깊이 2cm.의 작고 얕은 꽃꽂이용 수반(水盤)을 준비했습니다.

③ 수반(水盤)은 원형보다 타원형이 좋고, 깊이가 깊은 것 보다 얇은 수반이 더 작품의 미관이 좋다고 합니다.

④ 선생님은 수반의 밑면에 배수구가 없어야 재배기술이고 요령이며, 물이 새지않아서 책상용 장식소품이라고 했습니다.

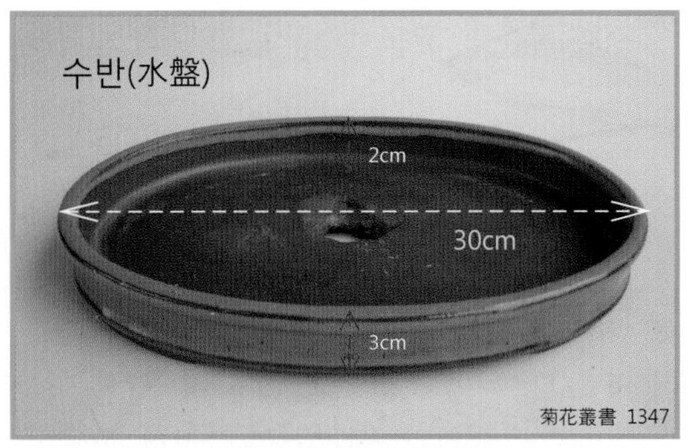

菊花叢書 1347

⑤ 그렇지만, 저는 행여나 해서 이웃 공업사에 가서 배수구를 뚫었습니다.

(4) 돌 다듬기

① 돌은 함수력이 좋은 인조석이라야 합니다. 자연석은 함수력이 없어서 않됩니다.

② 아래의 1348 인조석은 이때까지 길러 온 분재수의 방향과 뿌리내리는 방향을 고려하여, 앉힘자리를 정으로 다듬습니다.

③ 돌 앉힘자리도 구라인더로 납작하고 안전하게 무게중심을 잡아서 잘랐습니다.

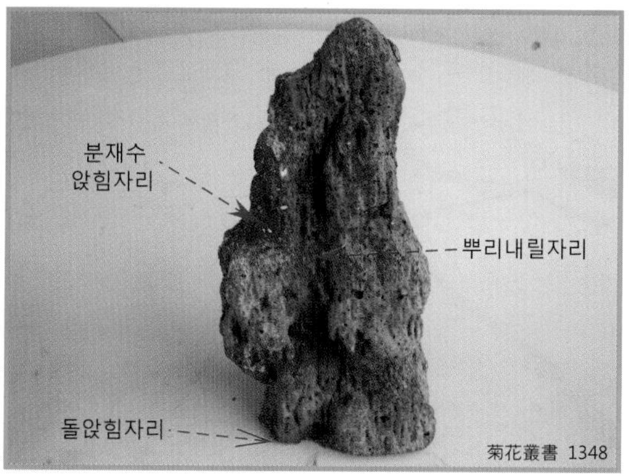

菊花叢書 1348

④ 길러 온 분재수가 왼쪽으로 기울졌고, 뿌리가 오른쪽으로 드리웠기 때문에,

⑤ 향방에 맞추어서, 아래의 사진 1349와 같이, 돌을 화분의 오른쪽 귀뚱이에 놓아서, 왼쪽이 훤히 트이도록 합니다.

菊花叢書 1349

(5) 정식(定植)

① 삼복더위 전에 활착해야 하기 때문에 다음의 사진 1350과 같이, 6월 25일에 얇은 수반에 포트용 배양토로 정식했습니다.

② 아래의 1350 화분은 얕아서 흙이 들어갈 공간이 거의 없습니다. 그래서 포트용 배양토를 위로 봉긋하게 채워 올립니다.

菊 花 叢 書

③ 더 보완하기 위하여, 아래의 1351 화분은 함수력(含水力)이 좋은 건조수태(乾燥水苔)를 흙 위에 덮어줍니다. 흙의 량이 적어서 수분공급이 부족한 것은, 건조수태와 인조석의 함수력이 보충해 줍니다.

菊花叢書1351

④ 밑에 배수구가 있을 때는 물뿌리개로 위로 물을 주어서 아래 배수구로 빠지지만,

⑤ 배수구가 없을 때는 수태와 인조석에 분무기로 물을 분사하여 간접적으로 수분을 공급하고, 또 위로 증발하여 물의 대사를 이루지게 합니다.

⑥ 뿌리가 활착하면, 주 1회 엷은 물비료를 잎과 줄기를 적시고, 수태에도 액비를 분사해 주면서 수형 만들기 작업을 계속합니다

⑦ 아래의 사진 1352는 그동안 4枝 만들기가 끝나고 5차 적심을 했습니다. 수태에 이끼가 끼었습니다.

菊花叢書 1352

(6) 예비적심

① 8월 10일, 아래의 사진 1353과 같이, 나무모양은 수관부까지 완성하고 예비적심을 끝났습니다.

② 말복(末伏) 더위때 수태에 이끼가 너무 많이 끼고 습기가 과하면, 돌위의 뿌리가 접지부에서 곰팡이 병균에 의한 묽음병으로 부패될 수도 있다고 해서,

③ 아래의 사진 1353과 같이, 수태를 걷어내고, 며칠동안 직사광선에 노출 시켜서 햇볕소독을 했습니다.

④ 살균제와 살충제를 혼합한 방역액을 잎과 줄기와 돌위의 뿌리에 분무했습니다. 특히 뿌리의 접지부에 분무하여 접지면(接地面)에서의 여름철 뿌리 묽음병을 예방한 후에, 새 건조수태로 교체했습니다.

菊花叢書 1353

(7) 동시개화조절(마지막적심)

① 마지막 적심이 너무 까롭고 어려워서, 평소에 소국 대현애에서 하던, 마지막 적뢰(摘蕾)를 해서 동시개화 조절을 했습니다.

② 9월, 꽃망울이 올라오는 대로 그대로 두었다가, 9월 15일경, 너무 굵은 망울과 너무 작은 망울은 모두 솎아 내었습니다.

③ 꽃목이 너무 긴 망울과 너무 짧은 꽃망울도 모두 솎아내었습니다.

④ 10월 10일경, 너무 빨리 핀 망울과, 너무 늦은 망울도 선택하여 솎아냅니다.

⑤ 크기와 세력이 비등한 망울들만 남겼습니다. 긴 곁가지는 2망울 짧은 곁가지에는 1망울씩만 남기고, 전체적으로 이런 방식으로 꽃망울을 드문드문 고르게 남겨 두었습니다.

菊花叢書1354

⑥ 10월 30일, 위의 1354 작품은 꽃이 동시 활짝 피었습니다.

⑦ 이 포기는 수반에 배수구가 없기 때문에 화분위에 분무기로 가끔 물을 분사해 줍니다.

⑧ 선물용으로 출하하기 직전에 수태를 모두 걷어내고, 함수력이 좋은 깨끗한 마사토 대립을 배양토 위에 덮어 주었습니다.

14. 석부연근작(石附連根作)

정보자료 제공 : 사랑해 조권영

菊花叢書 1355

(1) 모종

① 전년도 9월초에 삽목(揷木)하여, 월동(越冬)한 손아묘(孫芽苗)나 12월에 받은 동지싹(冬至芽)을 분근(分根)한 모종을 사용합니다.

② 월동한 싹이 준비되지 않았으면, 이른 봄에 올라오는 새싹을 사용해도 됩니다.

③ 2싹이 나오면 쌍간묘, 3싹이 나오면 삼간묘 입니다. 쌍간작묘는 석부 연근작묘로 사용하고, 3간묘는 분양작 연근묘로 사용하면 편리합니다.

(2) 정식하기

① 아래의 사진 1356과 같이, 적당한 돌과 화분을 준비했습니다.

菊花叢書 1356

② 아래의 사진 1357과 같이, 쌍간으로 기른 모종을, 돌의 우측 높은 곳에 앉히고, 주간은 철사로 유인하여 세웁니다.

菊花叢書 1357

③ 다음의 사진 1358과 같이, 뿌리를 팔방으로 배분하고, 국화 한줄기는 좌측으로 돌을 비스듬이 타고 내려가게 철사로 유인하여 좌측 끝에서 세웁니다.

菊花叢書 1358

④ 다음은 다음의 사진 1359와 같이, 촉촉하게 젖은 모래를 2개의 국화 줄기만 노출시키고 돌 위에까지 채우고, 비닐로 쌓서 묶어놓습니다.

⑤ 좌측으로 비스틈이 내려온 국화줄기가 5cm정도 자라면, 돌의 면을 따라가게 다시 눌러주고, 물을 매일 위에서 줍니다.

菊花叢書 1359

⑥ 다음은 아래의 사진 1360과 같이, 15일 간격으로 우측 주간의 뿌리가 내려간 만큼 비닐을 풀어주며, 모래를 걷어냅니다.

⑦ 왼쪽으로 비스듬히 내려간 줄기는 마디마다 신생뿌리 발근을 유도하기 때문에, 이 부위는 모래를 걷어내지 않고 그대로 둡니다.

⑧ 뿌리가 내려가는 속도에 맞추어, 2주 간격으로 비닐을 조금씩 제치고, 모래를 걷어내려 뿌리를 태양에 노출시켜서 점차적으로 목질화(木質化)시킵니다.

菊花叢書 1360

⑨ 아래의 사진 1361에서, 뿌리가 완전히 내리면, 비닐을 벗기고, 모래를 물로 씻어 냅니다.

⑩ 돌 위의 국화줄기는 독립된 분재수로 노송의 수형으로 잡습니다.

⑪ 포기아래 돌에 내린 뿌리도 독립된 분재수의 뿌리처럼 다듬어서 아래로 드리워 내립니다.

菊花叢書 1361

⑫ 위의 사진 1361은, 9월초에 적당한 화장분을 선택하여 정식하고,

⑬ 아래의 사진 1362는 10월 하순에 개화한 석부 연근작입니다.

菊花叢書 1362

제9장 기초생태

1. 가을국화의 기초생리

학명:*Chrysanthemum morifolium Ram*

⑴ 국화의 뿌리는 지하(地下) 30cm 以內의 지표 가까이에 분포하는 천근성(淺根性)으로, 동지싹(冬至芽)을 생성하여 월동하는 내한성(耐寒性) 숙근초(宿根草)입니다.

⑵ 국화의 성장 산도(酸度)는 ph6.2~6.8의 약산성에서 중성에 가까우며, 국화뿌리의 활성기간은 5개월입니다.

⑶ 국화는 온도에 예민합니다

① 국화줄기의 성장적온(成長適溫)은 15~24℃이며, 성장하한계(成長下限界)는 7℃, 생육하한계(生育下限界)는 0℃ 입니다.

② 국화뿌리의 생육 상한계(上限界)는 +27℃이며, 숙근종자(宿根種子)인 동지싹의 생육 하한계(下限界)는 -10℃입니다. 그 이상의 저온에서 장기간 노출되면, 뇌수(腦髓)까지 동파되어 변형되던지 퇴화됩니다.

③ 단일상태(短日狀態)[①]에서, 야온(夜溫)이 15~18℃ 이상으로 지속되면, 꽃망울생성 충동을 받습니다.

④ 국화는 7℃ 以下에서 7일 以上 지나면 로제트(Rosette)현상이 일어나서, 마디가 짧아지고 잎이 텁수룩한 총생(叢生)이 되어 성장이 중단됩니다. 7℃ 以下에서라도 장일상태(長日狀態)가 일주 이상 유지되면, 춘화처리(春化處理)되어 다시 저온성장을 시작합니다.

⑷ 국화는 일조(日照)시간에 예민합니다.

① 국화는 낮시간이 짧은 가을에 꽃이 피는 단일식물(短日植物)[②]입니다.

② 낮의 길이가 13시간 30분 以下이면, 단일상태(短日狀態)의 진입으로, 국화는 화아생성(花芽生成) 자극을 받습니다.

③ 낮시간이 13시간 30분 以上이면, 장일상태(長日狀態)의 진입으로, 꽃망울 생성 자극이 사라집니다.

④ 낮의 길이가 12시간이면, 효율적인 단일상태라고 하며, 꽃망울이 출뢰(出蕾)[③]성숙됩니다.

⑤ 일조(日照)[④]시간이 14시간으로 장일상태(長日狀態)[⑤]가 지속되면, 꽃망울 생성이 원천 차단됩니다.

⑸ 국화는 광도(光度)에 예민합니다.

① 국화 순(筍)에 이르는 광도(光度)가 80~100Lux에서 광반응(光反應)이 생기고,

② 10Lux 以下에서는 광반응(光反應)이 없으며, 10Lux 以上 80Lux 以下에서는 불충분 광반응으로 버들눈이 발생합니다.

⑹ 국화는 주지(主枝)의 길이가 중요합니다.

① 국화는 키가 12~15cm 정도이고, 12잎 마디이면, 온도와 일장에 따라서 언제든지 원초적인 개화를 할 수 있습니다.

② 대국(大菊)은 키가 100cm 以上 자라고, 잎이 최소한 10~12장 以上 달리면, 대국 본연의 거대륜이 개화합니다.

③ 대국(大菊)의 키를 줄이면, 줄이는 비율만큼 꽃의 크기가 작아집니다.

⑺ 가을국화는 계절에 민감합니다.

① 6월말까지 주지(主枝) 성장의 계절.

② 7월은 측지 분지(分枝)의 계절.

③ 8월은 화아분화(花芽分花)의 계절.

④ 9월은 화아출뢰(出蕾)의 계절.

⑤ 10월은 개화의 계절.

⑥ 11월은 결실의 계절. 이것은 자연의 철리입니다. 이를 응용해서 주제수형은 6월 말일까지 끝내고, 7월초부터는 분지를 받아서 작품을 살찌우는 작업을 합니다.

~~~~~~

※참조 ①단일상태(短日狀態):낮시간이 12시간인 상태. ②단일식물(短日植物):낮시간이 짧은 계절에 꽃이 피는 식물. ③출뢰(出蕾): 꽃망울 맺힘. ④일조시간(日照時間):햇볕이 쪼이는 시간. ⑤장일상태(長日狀態):낮시간이 14시간.
~~~~~~

2. 취미국화의 분류

여기서 분류하는 국화는, 취미국화로 이용되는 가을국화의 대국과 소국입니다.

(1) 광판종(廣瓣鍾)

① 일문자국(一文字菊)
② 미농국(美濃菊)

(2) 후판종(厚瓣種)

① 후물판(厚物瓣)
② 후주판(厚走瓣)
③ 대괵판(大掴瓣)

(3) 관판종(管瓣種)

① 태관판(太管瓣)
② 간관판(間管瓣)
③ 세관판(細管瓣)
④ 침관판(針管瓣)

(4) 소국(小菊)

① 현애국(縣崖菊)
② 분재국(盆栽菊)
③ 화단국(花壇菊)

3. 국화꽃의 구조

(1) 국화줄기의 구조와 생리

① 국화를 잘 기르려면, 국화 줄기의 해부학적 구조와 그 기능을 먼저 알아야 도움이 됩니다.

② 사진 1363과 1364는, 필자가 초질(草質)의 줄기를 6월에 막 목질화 되려는 시기에 1500만 화소 디지털 카메라로 촬영한 후, 100배로 확대한 사진입니다.

③ **피층(皮層) :** 제일 바깥층이며, 외부로부터 보호하는 역할을 합니다.

④ **인피부(靭皮部) :** 잎에서 광합성한 양분과 여러가지 식물 호르몬을, 아래쪽의 필요한 장소로 보급하는 하행(下行) 수관(水管)의 관상(管狀)조직입니다. 이 하행수관을 사관(篩管)이라고도 합니다.

菊花叢書 1363

⑤ **형성층(形成層) :** 인피부와 목질부 사이의 명백히 보이는 하얀 부분입니다. 이 형성층에서 세포분열을 하여, 밖으로는 인피부층을 보강하고, 안쪽으로는 목질부를 만들어서 국화 줄기를 자라게 합니다.

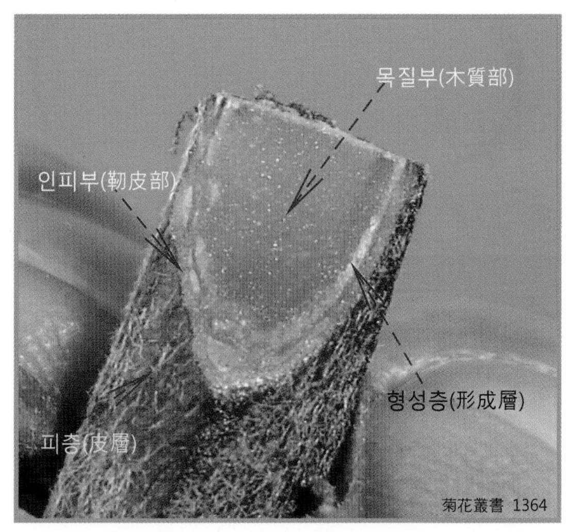

菊花叢書 1364

⑥ **목질부(木質部)**는 뿌리가 땅에서 흡수한 양분이나 수분을, 위쪽의 줄기나 잎으로 운반하는 상행수관의 관상조직(管狀組織)입니다. 이 상행수관을 도관(導管)이라고도 하며, 이 목질부는 식물체의 지주(支柱) 역할도 합니다.

(2) 통상화(筒狀花 : 花芯)의 구조

① 아래의 사진 1365-ⓐ와 같이 혀모양의 국화꽃 가장자리의 설상화(舌狀花)들과 1365-ⓑ와 같은 중심의 소화관(小花冠)들이 모인, 한 개의 큰 모둠꽃을 통상화(筒狀花)라고 합니다.

② 꽃속(花芯)은, 그림 1365-ⓑ와 같이, 암술 1개와 수술 5개(一雌芯, 五雄芯)로 완전화의 형태로 구성된, 소화관(小花冠)들의 집단군락으로 통상화(筒狀花)를 이룬 것입니다

③ 주위의 꽃잎(花瓣)은, 원종에서는 혀와 같이 생겼다고 해서 설상화(舌狀花)라고 합니다. 이 설상화는 1개의 암술(一雌芯)로만 구성된 불완전화입니다.

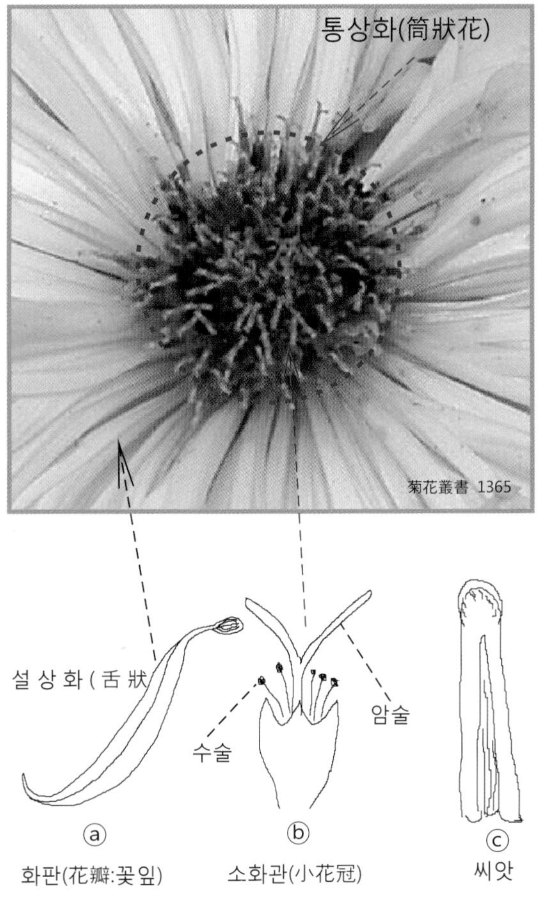

(3) 후물판(厚物瓣)의 구조

대국의 대표적인 꽃입니다. 사진 1366과 그림 1367과 같이, 꽃잎(花瓣)이 편평한 홑잎(平瓣)이며, 비늘모양으로 겹쳐서 부풀어 올라, 공같이 둥글게 피는 꽃입니다.

菊花叢書 1366

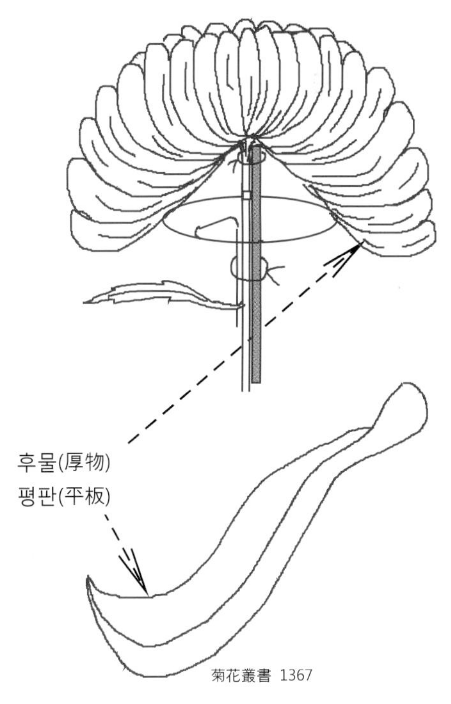

菊花叢書 1367

(4) 주물판(走物瓣 : 厚走)의 구조

아래의 사진 1368과 그림 1369와 같이, 꽃잎이 굵은 대롱모양으로, 그 끝이 낚시 바늘 모양으로 생긴 권형판(卷形瓣)으로, 꽃잎은 사방으로 힘차게 뻗으며, 꽃 바침대 아래까지 드리워 내립니다.

菊花叢書 1368

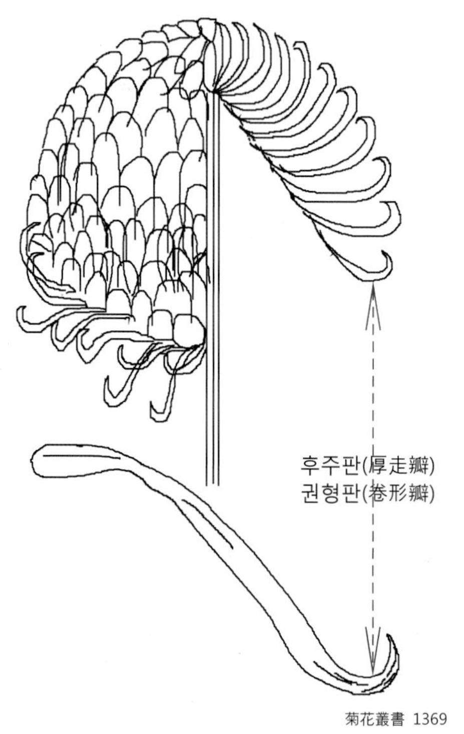

菊花叢書 1369

(5) 관판종(管瓣種)의 구조

① 일명 실국화입니다. 꽃실(花瓣)이 대롱 모양으로 되어 있습니다. 꽃실의 굵기에 따라서 침관(針管)과 세관(細管), 간관(間管), 태관(太管) 등으로 구분합니다. 꽃실의 구조상으로 통판(筒瓣), 시판(匙瓣), 권형판(卷形瓣)으로 분류하기도 합니다.

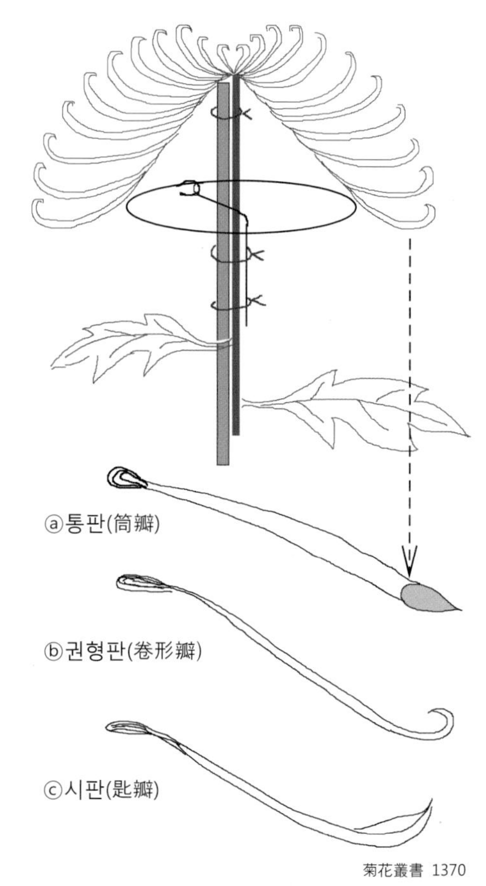

菊花叢書 1370

② 위의 사진 1370-ⓐ와 같이, 대롱으로 된 꽃실이, 큰 변화 없이 보통 관으로 되어 있는 것을 <u>통판(筒瓣)</u>이라고 합니다.

③ 사진 1370-ⓑ와 같이, 주로 실국화(管瓣)에서 꽃실 끝이 낚시바늘 모양으로 생긴 형태를 <u>권형판(卷形瓣)</u>이라고 합니다.

④ 사진 1370-ⓒ와 같이, 실국화에서 꽃실 끝이 숟가락 모양으로 벌어져 피는 것을 <u>시판(匙瓣)</u>이라고 합니다.

4. 국화꽃의 종류

(1) 후물판(厚物瓣)

大菊의 대표적인 꽃입니다. 사진 1371과 같이, 꽃잎(花瓣)이 편평한 홑 잎(平瓣)이며, 비늘모양으로 겹쳐서 부풀어 올라, 공같이 둥글게 피는 꽃입니다.

菊花叢書 1371

(2) 주물판(走物瓣:厚走)

아래의 사진 1372와 같이, 꽃잎이 굵은 대롱모양으로, 그 끝이 낚시 바늘모양으로 생긴 권형판으로, 꽃잎은 사방으로 힘차게 뻗으며, 윤대 아래까지 드리워 내립니다.

菊花叢書 1372

(3) 관판종(管瓣種)

일명 실국화입니다. 꽃실(花瓣)이 대롱(管) 모양으로 되어 있습니다. 꽃실의 굵기에 따라서 침관(針管)과 세관(細管), 간관(間管), 태관(太管) 등으로 구분합니다.

① **대태관(大太管)**: 사진 1373과 같이, 대롱(管)으로 된 꽃잎이 3~4mm정도로 약간 넓적한 관판종(管瓣種)입니다. 꽃잎 끝이 낚시 바늘처럼 말려 오르는 권형판(卷形瓣)으로 구김없이 피어 내리는 것이 특징입니다.

菊花叢書 1373

② **간관판(間管瓣)**: 사진 1374와 같이, 태관판과 세관판의 중간종으로 실의 굵기가 2mm 정도이며, 권형판으로 피어내립니다.

菊花叢書 1374

③ **세관판(細管瓣) :** 아래의 사진 1375와 같이, 간관판 보다 더 가느다란 1mm 정도 굵기의 꽃실이며, 낚시 바늘처럼 권형판이 뚜렷한 품종이 우수 품종입니다.

菊花叢書 1375

④ **침관판(針管瓣) :** 아래의 사진 1376과 같이, 꽃실의 굵기가 0.5mm정도로 세관보다 더 가느다란 실국화입니다.

菊花叢書 1376

(4) 광판종(廣瓣鍾)

① **일문자국(一文字菊)** : 사진 1377과 같이, 꽃잎의 폭이 넓은 평판(平瓣)으로서, 꽃잎의 수가 보통 14~20매 정도의 홑 꽃이며, 16꽃잎이 핀 것을 우수화라고 합니다.

일본에서는 이 품종을 홍어전(紅御殿)이라고 하며, 어문장국(御文章菊)으로 황실을 상징하는 꽃이라고 합니다.

菊花叢書 1377

② **미농국(美濃菊) :** 사진 1378과 같이, 편평한 꽃잎이 4~5겹으로 피는 꽃입니다.

菊花叢書 1378

(5) 대궉판(大掴瓣) : 아래의 사진 1379과 같이, 후판종(厚瓣種)과 관판종(管瓣種)의 중간에 속하는 품종으로, 주판(朱瓣)이 힘차게 물결치듯이 특이하게 피어 내립니다.

菊花叢書 1379

제10장 기초처리

1. 대국 동시개화조절

① 삼간작 화분에서 3송이의 꽃이 각각 따로 개화하지 않고, 동시에 꽃이 피도록 조절할 필요가 있습니다.

② 아래의 그림 1380에서, ⓐ는 꽃망울이 너무 작아서 곁망울을 모두 제거하여 성장을 촉진시키고, ⓑ는 조금 더 굵기 때문에 곁망울을 1개 달아서 세력을 줄입니다. ⓒ는 아주 굵은 망울이기에 곁망울을 2~3개 달아서, 세력과 성장을 둔화시킵니다.

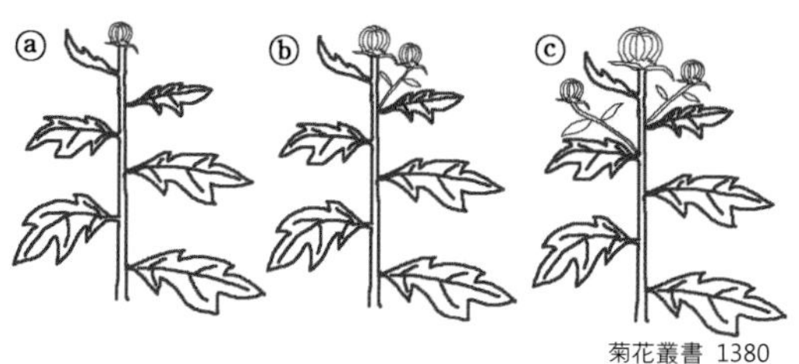

菊花叢書 1380

③ 다음은 아래의 그림 1381에서, ⓐ는 망울이 자라서 ⓑ망울과 같은 굵기가 되었기 때문에 ⓑ의 곁망울을 따내고 심뢰만 둡니다. ⓒ에서도 부뢰 1개를 제거하고, 1개의 보조 곁망울만 달아 둡니다

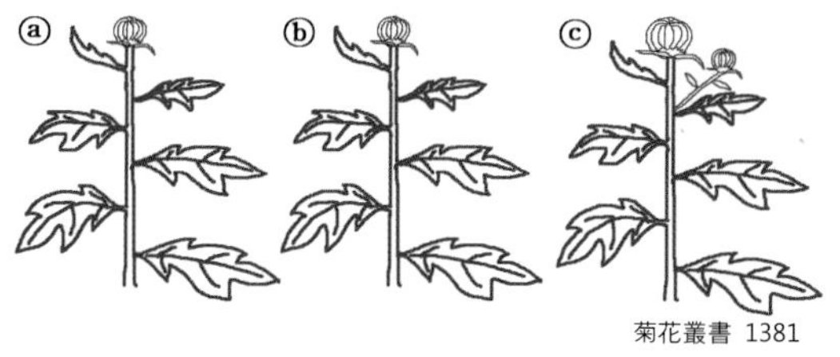

菊花叢書 1381

④ 아래의 그림 1382에서: ⓐ ⓑ ⓒ 3개의 꽃망울의 굵기가 모두 같아 졌습니다. 때문에 ⓒ의 보조 꽃망울도 따 내었습니다. 이제는 굵기와 세력이 같아져서, 같은 시기에 개화합니다.

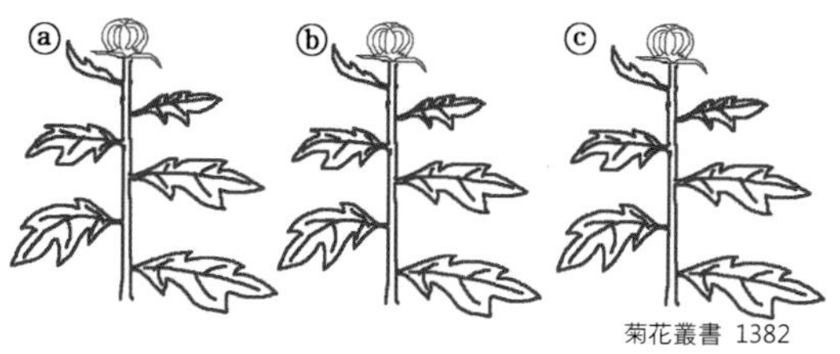

菊花叢書 1382

2. 개화전 손질

(1) 입국 꽃망울 선택

① 가을국화는 7월부터 곁가지 발생의 계절입니다. 아래의 사진 1383과 같이, 국화키의 자람이 주춤하면서, 잎 마디마다 옆가지 나오기가 활발해 집니다. 그대로 두면 국화 전체의 균형이 흩으러 지며, 꽃봉오리가 작게 되기 때문에 조기에 제거합니다.

菊花叢書 1383

② 여름의 삼복(三伏) 더위 때, 아래의 사진 1384와 같이, 고온의 영향을 받아 화아분화를 일으켰다가, 이때가 장일(長日)기간이어서 꽃눈분화가 중단되어, 미완성 꽃눈으로 버들눈이 발생합니다.

③ 버들눈은 꽃이 피지 않으므로, 확인 후에 제거하고, 곁가지를 받아야 합니다.

菊花叢書 1384

④ 9월 하순 꽃망울이 맺히면, 아래의 사진 1385와 같이, 꽃목이 2~3mm 이상 자라서, 꽃망울이 각각 확실히 분리 되었을 때, 미용 세가위로 반듯하게 잘라내면 결과가 좋습니다.

菊花叢書 1385

⑤ 꽃망울을 선택할 때는 중심 꽃망울 하나만 남겨두는 것이 아니고, 재배자의 실수나 곤충에 의한 손상을 예상하여, 아래의 사진 1386과 같이, 아래로 곁망울 2망울 정도를 예비로 남겨두는 편이 좋습니다.

菊花叢書 1386

⑥ 꽃망울 솎아내는 시기를 놓쳐서, 곁망울의 꽃목이 10cm 정도 나왔을 때는 이미 늦어서 입국 작품으로는 탈락입니다. 보통국화로 기르시면 됩니다.

(2) 화분 돌리기

① 꽃봉오리가 막 터지기 전후에는, 꽃망울이 일향성(日向性)으로 햇빛 쪽으로 향합니다. 따라서 3~4일에 한 번씩 국화 화분을 햇빛 반대쪽으로 돌려주어야 합니다.

② 만약 화분 돌리기를 하지 않으면, 아래의 사진 1387처럼 햇볕 쪽으로 꽃목이 굳어서 목질화 되어 펴지지 않습니다.

菊花叢書 1387

③ 꽃목이 심하게 굳었을 때는 아래의 사진 1388과 같이, 12번 강철 철사의 탄력을 이용하여, 서서히 당기면서 굽은 국화 꽃망울을 햇빛 반대방향으로 돌려놓으면, 며칠 후에 바르게 교정됩니다.

菊花叢書 1388

(3) 지주대와 꽃망울 압착

① 지주대를 아래의 사진 1389와 같이, 너무 일찍 세워놓고 오래동안 방치하면

菊花叢書 1389

② 아래의 사진 1390과 1391과 같이, 꽃망울이 한쪽으로 기울어지며 지주대에 눌려서 기형으로 개화 합니다.

菊花叢書 1390

③ 이런 경우는 교정이나 재생이 불가능합니다. 항상 사전에 세심한 관찰과 손질을 게을리 하여서는 않됩니다.

지주대에
눌려서
꽃망울이
기형이 됨.
菊花叢書 1391

(4) 헛싹 처리

① 적심을 너무 위로 잘랐다면, 아래의 사진 1392와 같이, 성장점을 남겨 두었기 때문에, 헛순이 올라오게 됩니다.

②성장점을
남겨 두었다면,
①자름선이 높아서
菊花叢書 1392

② 아래의 사진 1393과 같이, 헛싹이 5~6cm 정도 자라 올라옵니다. 이럴 때는 헛순을 잘라내고 다시 시작합니다.

헛싹
금국보
菊花叢書 1393

③ 아래의 1394와 같이 헛순을 잘라내고 다시 시작하면 약 1주 정도의 시간이 더 소요됩니다.

헛싹을 잘라냄.
금국보
菊花叢書 1394

⑸ 입국 비나인 꽃목 바르기

① B-9의 작용기전은, 줄기 피층(皮層)으로 스며들어 껍질을 굳게 하고, 급히 목질화 시켜서, 줄기마디 간격의 자람을 억제하는 것입니다.

② 만약, 꽃망울에 비나인을 분무한다면, 꽃망울 껍질이 굳어서, 꽃망울 개화과정에 장애를 받아, 삼간작과 복조작, 달마작의 특징인 거대륜을 기대하지 못합니다.

③ 특히 실국화에서는 굳어진 꽃껍질이 잘 벌어지지 않아, 꽃실이 자유롭게 빠져나오지 못하여 기형개화를 할 수도 있습니다. 이때는 섬세한 핀세트로 꽃 바침을 재치고 꽃실을 뽑아서 정상위치에 놓아주면, 다음 꽃잎부터는 자연적으로 정상위치에 놓입니다.

④ 때문에 절간신장 억제를 위하여 비나인을 분무할 때는, 아래의 사진 1395와 같이, 꽃망울 쪽으로 비나인이 가지 않도록 가림을 하고 분무해야 좋습니다.

菊花叢書 1395

⑤ 만약, 어느 한쪽으로 약물이 적게 묻는다면, 비나인이 많이 묻은 쪽의 줄기 껍질은 굳어서 자라지 않고, 반대쪽의 줄기 껍질은 계속 자라서, 다음의 사진 1396과 같이, 약물이 많이 묻은 쪽으로 꽃이 기울면서 기형개화 합니다.

菊花叢書 1396
2006/10/22

⑥ 만약, 기울어진 국화꽃이 개화하면, 위의 1396과 같이 반쯤 피었을 때는 그런대로 보기 좋지만, 만개되면 아래의 사진 1397과 같이, 기울어진 반대쪽의 꽃잎 놓임이 흩어져서 보기흉한 꽃이 됩니다.

菊花叢書 1397

⑦ 이러한 약점을 피하기 위해서, 작품으로 만드는 포기는, 아래의 사진 1398과 같이 붓으로 꽃목에 비나인을 바릅니다.

菊花叢書 1398
2006/10/22

3. 동절(몸통 자르기:桐切)

① 입국 원줄기의 몸통을 자르는 것을 『동절(桐切)』 또는 『몸통 자르기』 라고 합니다.

② 입국 동절(桐切)의 목적은, 삼간작을 만들려는 모종을 너무 일찍 4월에 삽목하면, 키가 너무크고 6~7월에 버들눈이 오기 때문에 이 모종을 버리지 않고 고쳐서 사용하려고 몸통을 자릅니다..

③ 4~5월 초순에 삽목한 모종에서 중간종은 7월5일 전후에, 장간종은 7월15일경에 동절하고, 3분지(分枝)하면 키도 알맞고, 화아분화가 원천 차단되어 버들눈이 발생하지 않습니다.

④ 7월 1~15일경에 입국의 키가 크게 자란 포기는 아래의 그림 1399와 같이, 접지면(接地面)에서 10cm 이하의 높이에서 또는 밑둥에서부터 5~6마디를 남기고 몸통을 삭둑 자릅니다.

접지면에서
10cm以下의
높이에서
잘라냄.
菊花叢書 1399

⑤ 다음의 주2회 2000배의 자가수비(自家水肥)를 관수(灌水)하여, 곁가지 발생 충동을 합니다.

⑥ 1주 이상 지나면, 아래의 사진 1400과 같이, 마디마다 새싹이 움터나옵니다.

菊花叢書 1400

⑦ 처음에는 아래의 그림 1401과 같이, 가지를 모두 받아서 2~3주 기릅니다.

⑧ 그 중에서 아래의 그림 1402와 같이, 위쪽의 세력이 좋은 3가지만 받아서 삼간작(三幹作)으로 정좌(正坐)합니다.

菊花叢書 1402

4. 손아 만들기

손아 만들기

종주(種株)→친주(親株)→손아(孫芽). 순서로 3단계 3세대를 거쳐야 완전한 손아모종을 얻을 수 있습니다. 일명 친주동절(親株桐切)이라고 합니다.

(1) 종자그루(種株) 만들기

① 4~5월 초순에 꺾꽂이해서 뿌리가 내리면, 화분이나 노지에 심습니다.

② 또는 동지아 포기를 4~5월에 노지에 심어서 관리합니다.

③ 위의 2가지 모종을 여러번 순질러서 1포기에서 10~15개의 가지만 받아서 굵고 튼튼한 삽수를 만듭니다.

(2) 친주(親株) 만들기

① 위에서 준비된 종주(種株)에서, 8~9월 삽수를 채취하여 꺾꽂이(挿木) 합니다.

② 한 달 후에 3호 포트에 옮겨심고, 2주 후에 5호분으로 옮겨 심습니다. 이 포기가 친주(親株)입니다.

(3) 손아(孫芽) 만들기

① 위에서 만든 친주에서 동지싹을 받으면, 손아(孫芽)가 됩니다.

② 다음의 그림 1403과 같은, 친주의 원줄기를 단번에 모두 잘라도 되리라고 생각되지만, 친주뿌리의 갑작스런 세력약화는 좋지 않는 현상이 올 수 있기 때문에, 5~7일 이상의 간격으로, 3~4번의 줄기 몸통자르기(동절)를 하여, 점차적으로 활력을 뿌리로 내려주어서, 손아 발생을 충동합니다.

③ 이론적으로는 5~7일 간격으로 줄기를 자른다지만, 경우에 따라서 더 지연될 수도 있습니다.

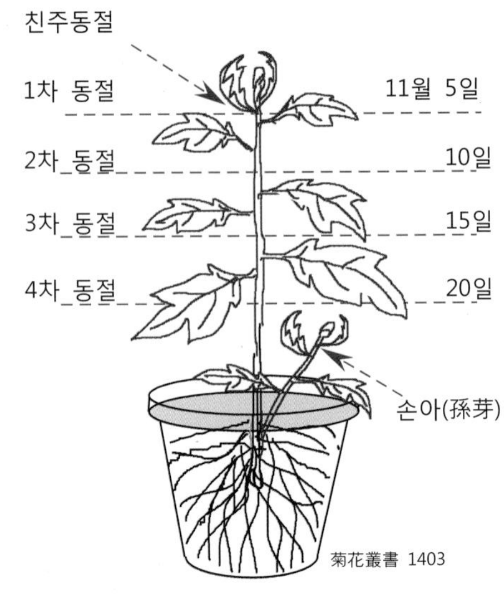

菊花叢書 1403

④ 다음은 아래의 그림 1404와 같이, 11월 1~5일경에 친주를 1차 자르고, 단계적으로 계속 3~4번의 몸통 자르기를 하면서, 위의 세력을 아래로 내려주어서, 새싹발생 충동을 합니다. 밑둥에 새 배양토를 약간 덮어주면, 4주 전후해서 뿌리목에서 새싹이 돋아나옵니다. 이것이 손아(孫芽)입니다.

⑤ 새로 솟아 올라오는 새싹이, 아래의 그림 1404의 뿌리를 보면, 밑둥의 줄기에서 올라오는 새싹은 손아가 아니고 곁싹입니다. 그 아래 근권부(根圈部) 뿌리뭉치에서 올라와야 손아(孫兒)입니다.

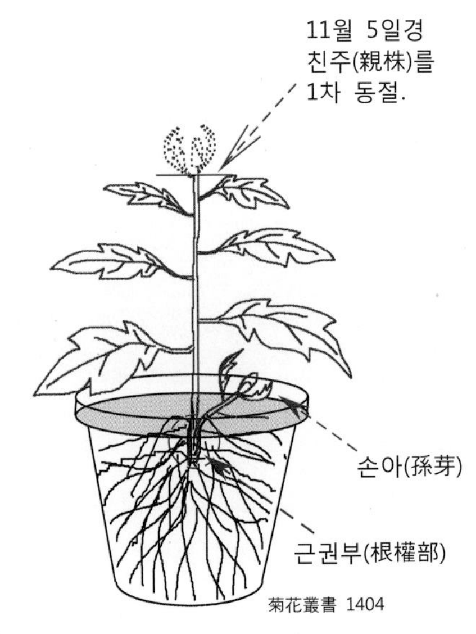

菊花叢書 1404

⑥ 아래의 그림 1405의 일정대로, 11월 10일경에 2차 줄기 몸통자르기(동절)를 합니다. 줄기를 동절하고 며칠 지나면 손아가 확실히 근권부에서 솟아 올라 옵니다.

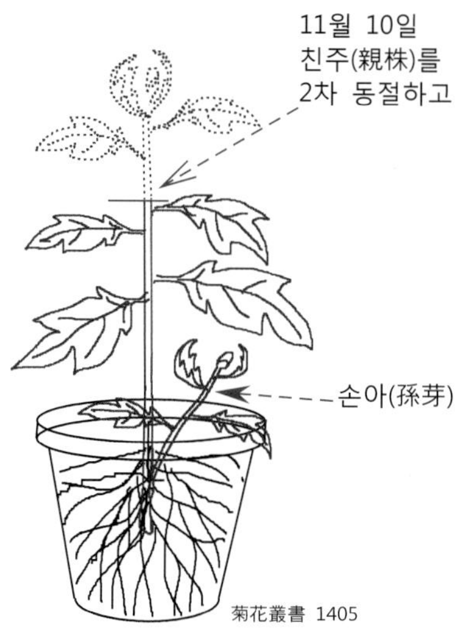
11월 10일
친주(親株)를
2차 동절하고
손아(孫芽)
菊花叢書 1405

⑦ 다시 며칠 후, 11월 15일경에 친주(親株)를 3차 동절하고 며칠 지나면, 아래의 그림 1406과 같이, 손아(孫芽)가 부쩍 자라서 손지(孫枝)가 됩니다.

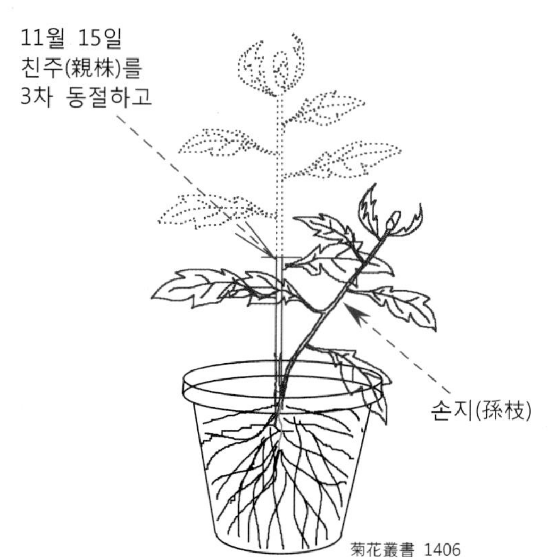
11월 15일
친주(親株)를
3차 동절하고
손지(孫枝)
菊花叢書 1406

⑧ 다음은 아래의 그림 1407과 같이, 11월 20일경에 마지막 4차 동절해서, 원줄기 밑둥까지 모두 잘라냅니다.

11월 20일 이후
친주(親株)를
모두 잘랐습니다
손지(孫枝)가
완전히
자랐습니다.
菊花叢書 1407

⑨ 다음은 그림 1408과 같이, 지주대를 가운데 꽂고, 다 자란 손지(孫枝)를 끌어 당겨서, 지주대에 고정하여 바로 세워서, 다음 작품의 원줄기로 이용합니다.

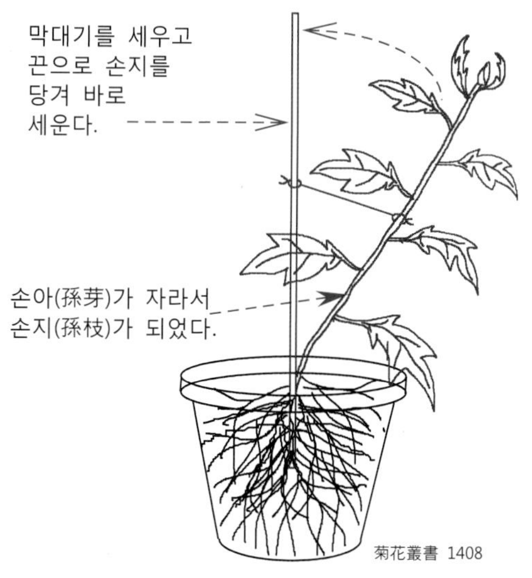
막대기를 세우고
끈으로 손지를
당겨 바로
세운다.
손아(孫芽)가 자라서
손지(孫枝)가 되었다.
菊花叢書 1408

⑩ 이 손지(孫枝)를 모종으로 특작을 재배합니다. 이렇게 제3세대를 앞 당겨서 이용하면, 모종이 튼튼하며, 병충해에 대한 저항력이 강하고, 퇴화되지 않은 영롱한 꽃색깔과 줄기와 잎의 선도가 높은, 활력이 강한 포기가 됩니다.

⑪ 대국에서는 줄기가 필요하기 때문에, 11월에 3~4 단계로 동절하여 12월에 손아를 받습니다. 겨울동안 국화줄기를 길러서 대작을 만듭니다.

⑫ 소국분재에서는 1월 말일까지 줄기를 그대로 길게 길러서, 대상적으로 뿌리가 아래로 길게 자라 내리도록 유도하고, 2월부터 3~4 단계로 동절하여 2월 하순에 손아를 받습니다. 3월부터 긴뿌리에 작은 손지를 얻어서, 기르면서 분재수 수형을 잡습니다.

⑷ 손아(孫芽) 만들기 요약

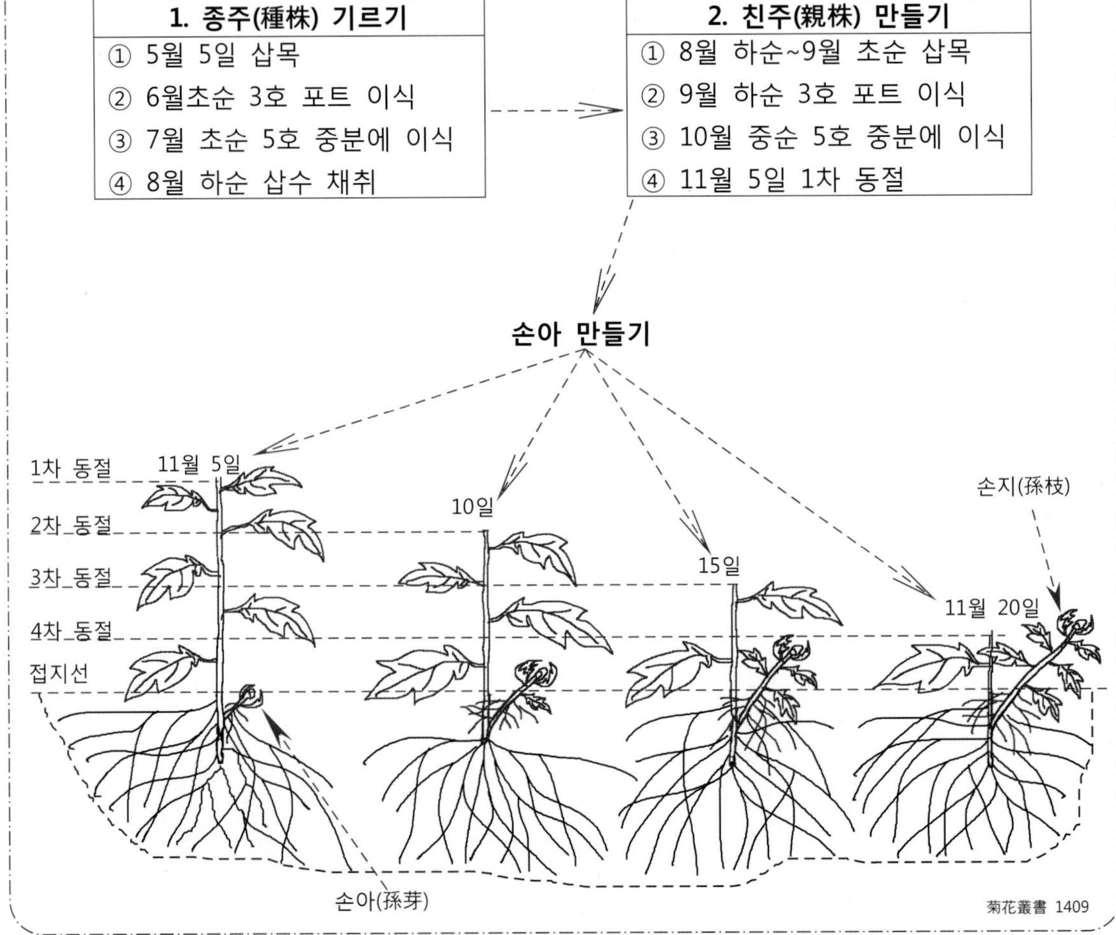

5. 근분묘 만들기

(1) 모주 기르기

① 가을에 꽃이 피었을 때, 대국은 꽃송이가 크고, 꽃잎 배열이 질서정연하고, 꽃색깔이 영롱하고, 국화잎이 넓고, 국화 줄기가 굵은 포기를 선택합니다.

② 소국은 분지성이 좋고, 꽃목이 짧고, 꽃이 가벼운 포기를 선택합니다.

③ 가을에 소국은 밑둥에서 동지싹이 많이 나오며, 대국은 많이 나오지 않습니다.

④ 대국은 꽃이 지기 직전에 밑둥에 동지싹이 나와 있는 포기는, 아래에서 3~4잎마디 또는 10~15cm정도 높이에서 줄기를 자릅니다.

⑤ 밑둥에 동지싹이 없는 대국은 꽃의 활력이 아직 남았을 때, 줄기 높이의 1/2정도 부위에서 자릅니다.

⑥ 위와 같이 하면, 12월에 밑둥에서 동지싹을 얻을 수 있습니다

(2) 동지아 분근(分根 : 포기나누기)

① 아래의 사진 1410과 같이, 빠른 것은 12월에 늦은 것은 이른 봄에, 화분 가득히 동지싹이 올라옵니다.

菊花叢書 1410

② 다음의 사진 1411은 화분을 쏟아서 흙을 털어낸 상태의 보기입니다.

③ 화분 가장자리의 싹은 근간이 길고, 화분 중간의 싹은 근간이 거의 없습니다.

菊花叢書 1411

④ 일반 대소국은 싹을 포함해서 3cm 이상 되는 것은 아래의 사진 1412와 같이 모두 채취합니다.

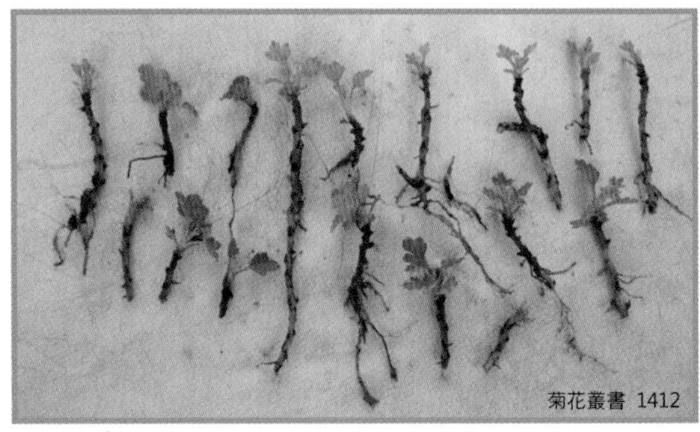
菊花叢書 1412

⑤ 소국분재는 이것을 다시 아래의 사진 1413과 같이, 싹을 포함해서 3cm로 일률적으로 다듬습니다.

菊花叢書 1413

⑥ 이것을 모두 삽목상 삽목용토에 일괄적으로 심습니다. 1차가식을 생략하려면, 3호 포트에 포트용 새 배양토를 충전하고, 한싹씩 따로 심습니다.

⑦ 묵은 배양토나 비료분이 많은 배양토 또는 상토나 질석배합은 좋지 않습니다.

6. 가름대 설치

① 가름대 설치는 입국 19간작 까지만 합니다. 대작은 화분갈이를 합니다.

② 아래의 사진 1414와 같은, 대나무 또는 PVC 원통이나 음료수병, 음료수캔 등을, 정식할 때 화분 속에 꽂아 두었다가, 8월에 뿌리막힘 현상이 오기 직전에, 이것을 뽑아내고, 그 자리에 새 배양토를 채워서, 뿌리가 뻗어나갈 공간을 넓혀 줍니다. 이 재료를 『가름대』 또는 『가름막이』라고 합니다.

2004 9 11
菊花叢書 1414

③ 대국 3간작 9호 화분에는 3개, 다륜작과 현애등의 12호 화분에는 4개, 13호 화분에는 더 큰 원통 가름대를 설치합니다.

④ 아래의 사진 1415와 같이, 50mm. PVC 파이프나 대나무 원통을 반 쪼개어서 가름대를 만들어 화분벽에 붙여서, 3간작 작품의 지름 27cm의 9호 화분에는 3개를 세웁니다.

2004 9 12
菊花叢書 1415

⑤ 아래의 사진 1416과 같이, 12간작 10호 화분에는, 50mm원통으로 3개를 화분벽에 붙여서 세웁니다.

2004 9 12
菊花叢書 1416

⑥ 때로는 아래의 사진 1417과 같이, 음료수병이나 알루미늄 캔을 거꾸로 세워서 폐품 이용을 할 수 있으나, 투명한 병은 뿌리에 자외선의 투사로 좋지 않습니다.

2004 9 12
菊花叢書 1417

⑦ 이 방법은 대개 9~12호 화분에서 주로 사용합니다.

⑧ 다륜작에서는 가름막이 길이보다 꽃틀을 높게 설치하고, 다간작에서는 맥주병을 깨트리면 되고, 캔은 지프리면 빼내기가 용이 합니다.

⑨ 12호 이상의 큰 작품은 가름막이를 사용하지 않고, 분갈이를 합니다.

7. 뿌리막힘 현상

① 작은화분으로 큰 작품을 만들려고 하는데서 발생하는 현상입니다.

② 대개 8월에 화분속에 뿌리가 꽉차서 뿌리가 더 뻗어나갈 공간이 없어서 뿌리의 발육이 중지되고, 대상성으로 줄기와 잎의 자람도 둔화됩니다. 이런상태를 뿌리막힘 현상이라고 합니다.

③ 뿌리막힘 현상이 온다면, 새순이 움터 나오지 않아서, 현애 꽃테안의 빈자리에 꽃순을 다 채우지 못합니다.

④ 다륜대작에서도 마지막 적심을 성공하지 못하고 미완성 작품이 되고 맙니다.

⑤ 뿐만 아니라 뿌리의 활력 부족으로 영양과 식물호르몬의 공급이 미진하여, 잎이 황화(黃化)되고 선도가 떨어집니다.

⑥ 개화기에 뿌리막힘 현상이 온다면, 뿌리의 활력이 부족하여 화심(花芯)이 다 피어나지 못하고, 아래의 사진 1418과 같이 꽃이 피다가 끝나버립니다.

菊花叢書 1418
2006/11/01

(1) 증토

① 다음의 사진 1419와 같이, 한창 자라는 8월에 국화의 뿌리가 화분 안에 꽉 차면, 처음에는 화분바닥 배수구로 뿌리가 나오기 시작합니다. 조금 더 있으면 화분 윗면으로 뿌리가 치솟기 시작합니다.

② 이때 뿌리가 화분속에 꽉 찼다는 신호라고 생각하면 됩니다.

③ 뿌리가 더 심하게 차서, 일부 병증이 나타날 때는 이미 늦습니다.

④ 사진 1419와 같은 뿌리막힘이 오기 전에, 8월 초순에 가름막이를 뽑아냅니다.

가름대를
뽑아냄
뿌리가 위로
올라오면, 뿌리
막힘이 심하다는
뜻입니다.
가름막이
2006

菊花叢書 1419

⑤ 다음은 아래의 사진 1420과 같이, 가름막이를 빼낸 자리에 꽃삽으로 새 배양토를 채워 넣고, 윗면에도 배양토를 1cm 정도의 두께로 덮어 주어서 뿌리가 뻗어나갈 공간을 넓혀 줍니다.

새 배양토를
증토합니다.

菊花叢書 1420

8. 지주대 교환

① 10월 10일 전후에 아래의 사진 1421과 같이 꽃망울의 껍질이 벗어집니다.

② 벗는 날부터 약 1주간동안 꽃목이 더 자랍니다.

菊花叢書 1421

③ 만약, 이때 꽃목에 꼭 맞도록 지주대를 고정한다면, 아래의 사진 1422와 같이, 꽃목이 더 자라서 한쪽으로 기울게 됩니다.

菊花叢書 1422

④ 때문에 아래의 사진 1423과 같이, 임시 지주대를 세워놓고, 국화가 넘어가지 않도록 보호합니다.

菊花叢書 1423

⑤ 10월 중순이후, 아래의 사진 1424와 같이, 꽃이 ⅓쯤 피면 꽃목은 더 이상 자라지 않고 정지합니다.

⑥ 이때 임시 지주대를 빼고, 새 지주대로 교체한 다음, 아래의 사진 1424와 같이 꽃목과 꼭 같은 높이로 지주대를 자릅니다.

菊花叢書 1424

⑦ 지주대를 교체할 때는 아래의 그림 1425와 같이, 지주대를 국화줄기 뒤쪽에 세워서 앞에서는 보이지 않게 합니다.

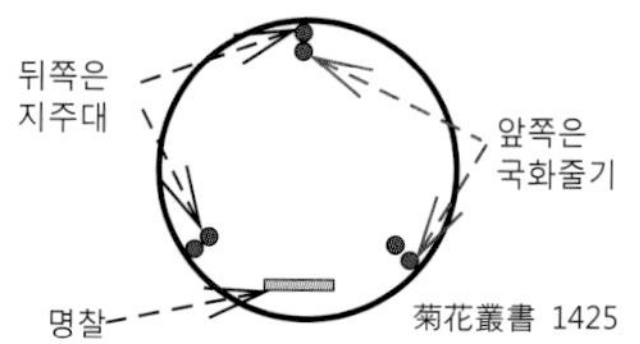

菊花叢書 1425

⑧ 교체한 지주대를 아래의 사진 1426과 같이, 꽃목에 꼭 맞도록 하고 묶음끈으로 느슨하게 고정합니다.

菊花叢書 1426

9. 꽃받침대(輪臺) 만들기

① 국화꽃은 너무 크고, 길게 밑으로 처지기 때문에, 아래의 그림 1427과 같이, 16번 철사로 꽃테를 만들어 늘어진 국화 꽃잎을 받쳐 줍니다. 이것을 윤대(輪臺) 또는 『꽃받침대』 라고 합니다.

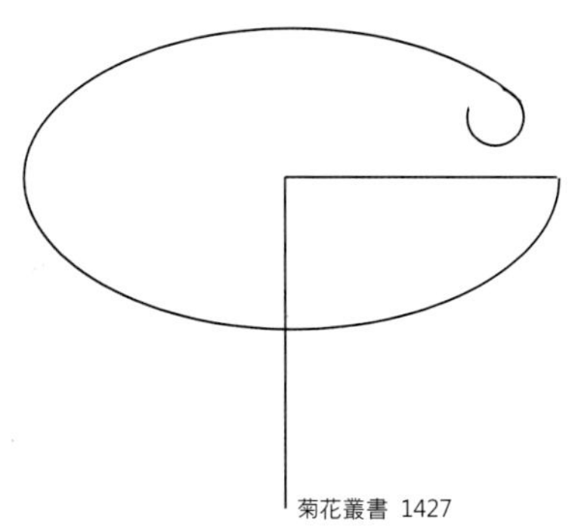

菊花叢書 1427

② 아래의 그림 1428과 같이, 꽃목에서 윤대를 부착하고 고리를 걸어서 끝맺음 합니다. 제작이 간단하고, 부착이 쉽고, 가벼워서 좋습니다.

③ 복조작과 달마작과 삼간작은 꽃이 거대륜이기 때문에, 윤대(輪臺)의 크기는 직경을 후물(厚物)은 12cm, 후주(厚走)는 13cm, 관물(管物)은 14cm, 기준으로 제작합니다.

④ 다간작과 다륜작은 작품의 규격에 따라 조금 작게 만듭니다. 송이 수가 많을수록 꽃송이의 크기가 작아지고, 따라서 윤대의 크기도 작게 만듭니다.

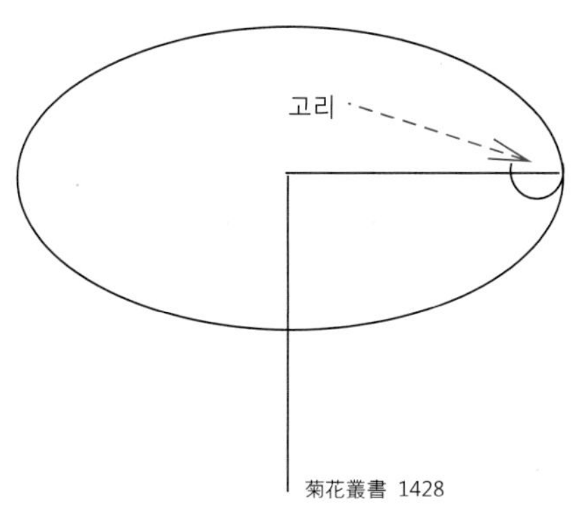

菊花叢書 1428

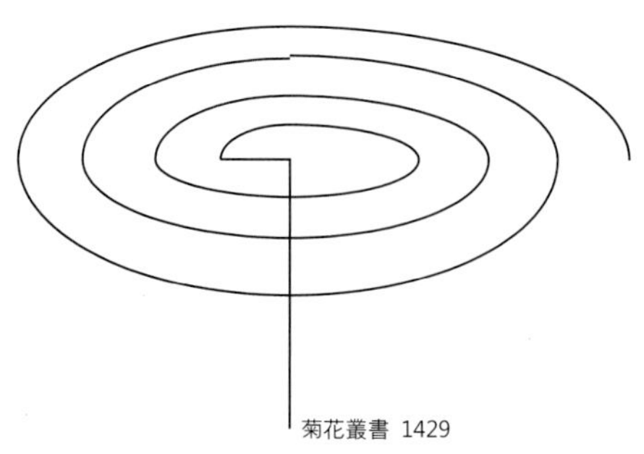

菊花叢書 1429

⑤ 위의 그림 1429는 같은 우아한 나선형 꽃테를 만들어서 쓰는 예도 있지만, 꽃이 만개한 후에는 꽃송이에 가려서 꽃테가 보이지 않습니다. 결론은 필요없는 것에 재료와 시간과 인력을 소모하지 말라는 뜻입니다. 주제는 국화 꽃송이 입니다. 꽃테는 꽃의 미모를 살리기 위한 보조기구에 지나지 않습니다.

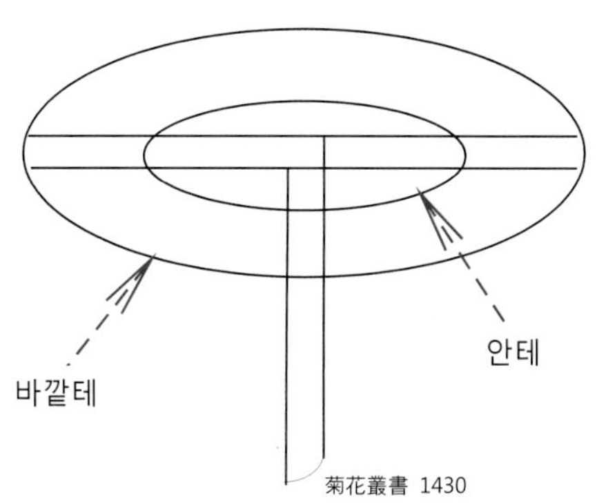

菊花叢書 1430

⑥ 위의 그림 1430과 같은 좋은 꽃테는 일본 고전식입니다. 만들자면 시간과 인력이 너무 많이 소요됩니다. 꽃송이가 피어 내리는 역학으로 보아서 '안테'는 아무런 역할이 없어서 사실상 필요 없으며, 제일 아래층의 긴 꽃잎을 받치는 데는, 바깥테 하나만으로도 충분합니다. 또 이 윤대는 자체가 무거워서, 꽃목 부위가 중력을 받아, 꽃대가 잘 흔들리는 약점이 있으며, 꽃송이보다 꽃테가 주제인듯한 느낌입니다.

10. 꽃받침대(輪臺) 달기

① 국화꽃은 위로 피어오르는 것이 아니고, 아래의 그림설명 1432와 같이 꽃잎이 아래로 드리워 내려서 공같이 둥근 모양이 됩니다.

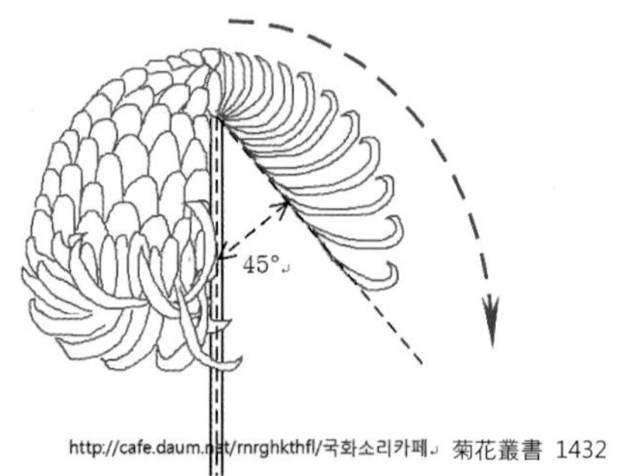

菊花叢書 1432

② 국화꽃을 정상적으로 피게 하려면, 아래의 그림설명 1433과 같이, 꽃목에서부터 3cm 정도 아래로 윤대를 내려 달아야, 꽃잎이 아래로 피어내립니다.

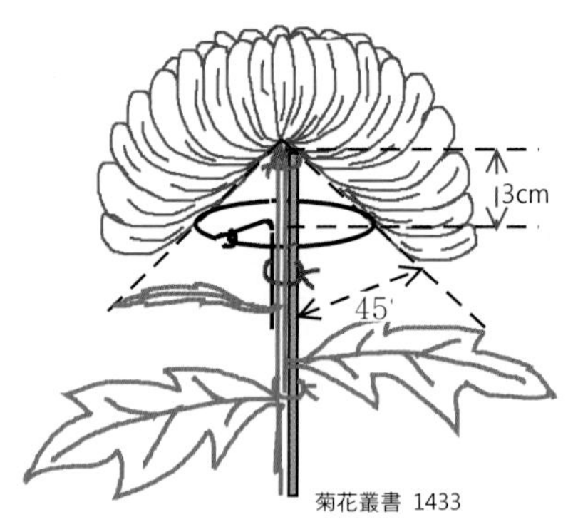

菊花叢書 1433

③ 아래의 圖解 1434와 같은 실국화는, ⅔정도 핀 다음에 윤대의 크기를 꽃의 크기에 맞추어 만들어서 3cm 정도 아래에 부착합니다.

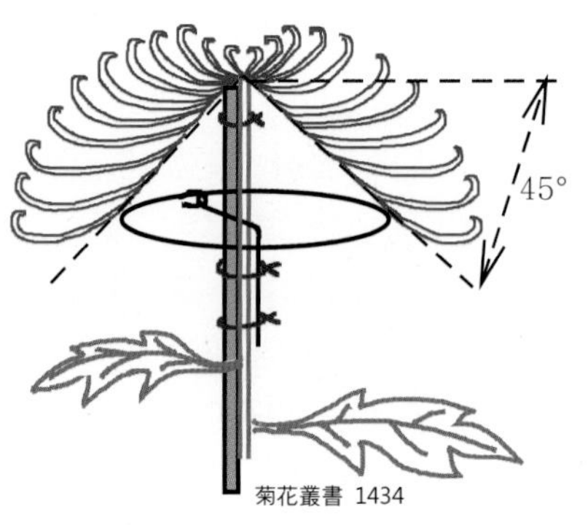

菊花叢書 1434

④ 실재로 아래의 사진 1435와 같이, 10월에 꽃목의 자람이 멈춘 후에, 지주대를 꽃목에 꼭 맞도록 잘라서 자세가 바르도록 고정합니다.

菊花叢書 1435

⑤ 만약, 아래의 사진 1436과 같이, 꽃받침대를 꽃목에 부착한다면, 꽃실이 드리워 내릴 방향이 방해되어, 꽃이 피어내리지 못하여 납작하고 작은 꽃이 됩니다.

菊花叢書 1436

⑥ 정상적으로 하려면, 다음의 사진 1437의 꽃과 같이, 10월 중순에 꽃이 반쯤 벌려졌을 때, 임시 지주대를 빼고, 새 지주대로 교체한 후, 꽃목에 꼭 맞도록 지주대를 자르고, 꽃목의 자세를 바르게 합니다.

菊花叢書 1437

⑦ 다음은 아래의 사진 1438과 같이, 꽃목에서부터 3cm정도 아래에 꽃 받침대를 부착합니다.

菊花叢書 1438

⑧ 5일후에, 아래의 사진 1439에서, 국화 꽃잎이 아래로 드리워 내리기 시작하는 현상이 확실히 보입니다.

菊花叢書 1439

⑨ 다음은 5일 후에, 아래의 사진 1440에서 국화꽃 잎이 아래로 드리워 내려서, 꽃받침대에 걸쳐지는 과정이 보입니다.

菊花叢書 1440

⑩ 다시 5일후에 사진 1441 꽃은 꽃잎이 드리워 내려서 비늘같이 차곡차곡 싸이는 마지막 과정을 보여주고 있습니다.

菊花叢書 1441

⑪ 아래의 사진 1442 국화는 꽃잎이 완전히 드리워 내린 후주국화의 만개한 상태입니다.

菊花叢書 1442

11. 알루미늄선 감기요령

(1) 금속선(동선. 알루미늄선)의 선택

① 원줄기와 큰가지는 10~12번 선

② 중간가지는 14~18번 선

③ 작은 가지는 20~21번 선

④ 당년작 제 1枝는 16번 선

⑤ 동선은 사용할 때는, 짚불에 구어서 연하게 만들어 사용합니다.

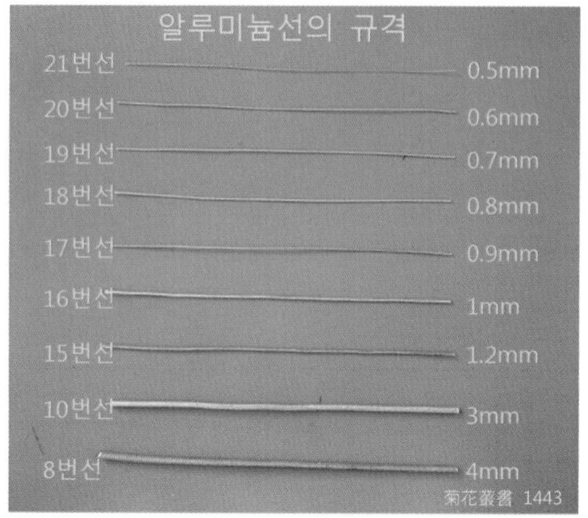

菊花叢書 1443

(2) 나선(螺線) 감기의 기본역학

① 아래의 圖解 1444-㉮와 같이, 동선을 경사지게 드문드문 감아야, 알루미늄선의 견인력에 의하여, 유인되는 국화 줄기가 꺾어지거나 부러지지 않습니다.

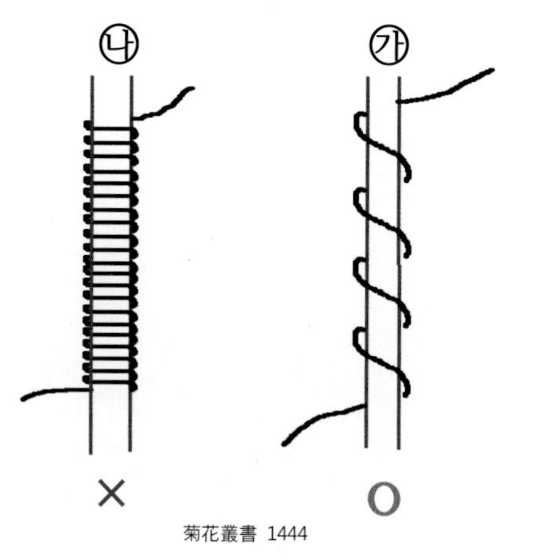

菊花叢書 1444

② 그림 1444-㉯와 같이, 알루미늄선을 총총히 감으면, 생각으로는 아주 탄탄할 것 같지만, 실재로는 국화의 가지를 유인할 때, 동선의 견인력이 없어서, 국화 줄기가 쉽게 꺾어집니다.

③ 아래의 그림 1445-㉮와 같이, 구부리는 국화줄기 등쪽에 알루미늄선이 받치어져 있어야 꺾어지지 않습니다.

④ 그림 1445-㉯와 같이, 구부리는 국화 가지 등쪽에 알루미늄선의 받침이 없으면 쉽게 부러집니다.

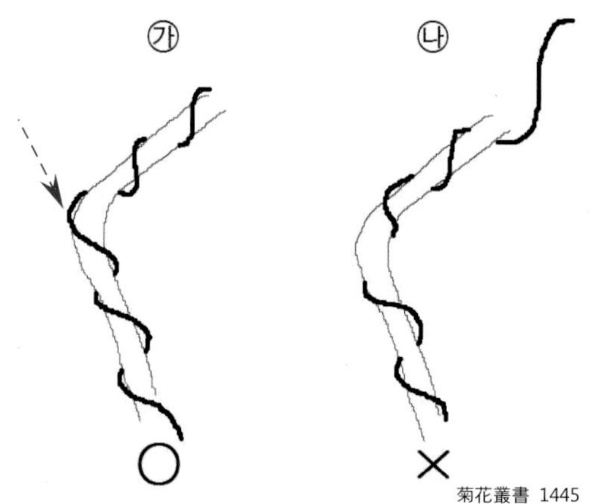

菊花叢書 1445

⑤ 이와 같이, 국화분재 뿐만이 아니고, 전체 국화분야와, 광범위한 화훼분야에서 애용하는 나선(螺線)감기는, 단순히 알루미늄선의 견인력 의한 역학을 응용한 것 뿐입니다.

(3) 안전대 감기 요령

① 동선감기 시작점은 줄기나 가지에 튼튼하게 고정되어, 근본이 요동(搖動)하지 않아야 합니다.

② 뿌리목에서 시작할 때는 분흙 속에 동선을 깊이 꽂아 넣고, 뿌리목에서 한 번 더 고정한 다음에 시작합니다.

③ 국화줄기를 굽힐 때는 알루미늄선 감은 방향으로 비트는 기분으로 굽힙니다.

④ 국화 줄기를 앞으로 유인할 때에는, 아래의 그림 1446과 같이, 알루미늄선을 분지점에서 ∝모양으로 매듭하고, 줄기가 앞으로 구부러지는 등뒤에 선이 버티도록 돌려감은 다음, 분지점을 손으로 쥐고, 국화 줄기를 앞으로 서서히 유인합니다.

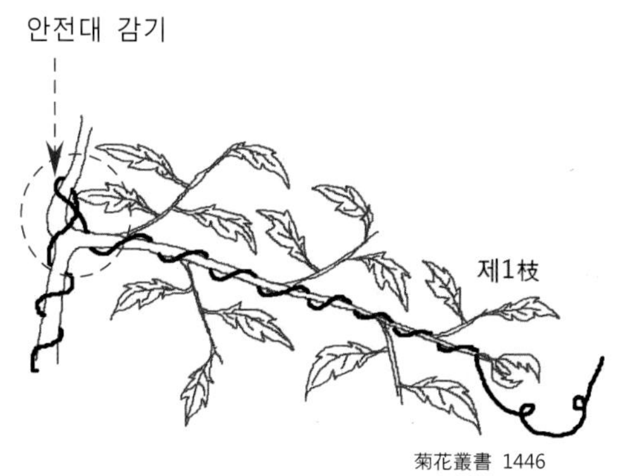

菊花叢書 1446

⑤ 국화 줄기를 뒤로 유인할 때는, 아래의 그림 1447과 같이, 알루미늄선을 분지점에서 ∝모양으로 매듭하고, 국화줄기가 앞으로 굽는 등뒤에 선이 버티도록 돌려감은 다음, 분지점을 손으로 쥐고, 국화 줄기를 뒤로 서서히 유인합니다.

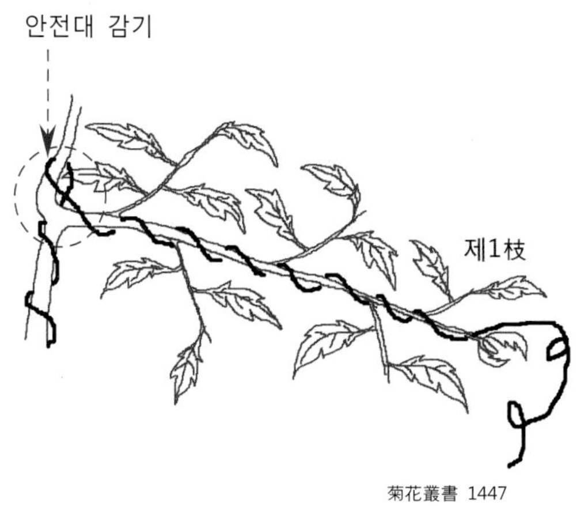

菊花叢書 1447

⑥ 곁가지를 아래로 유인할 때는, 圖解 1448과 같이 알루미늄 선을 단순 8자형으로 감기도 합니다.

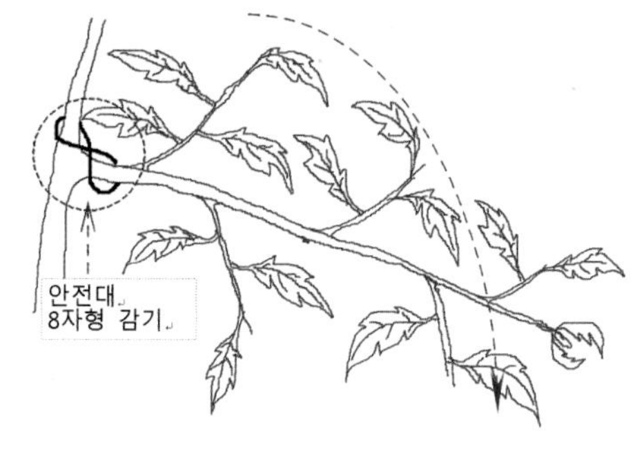

菊花叢書 1448

⑦ 소국분재 수형잡기에서 더 안전하게 하려면, 아래의 圖解 1449와 같이, 알루미늄선이 주간(主幹)을 감아 내려와서, 분지점 위를 지나서 곁가지로 감아올립니다. 어린 가지에는 이 요령이 더 쉽고 안전합니다.

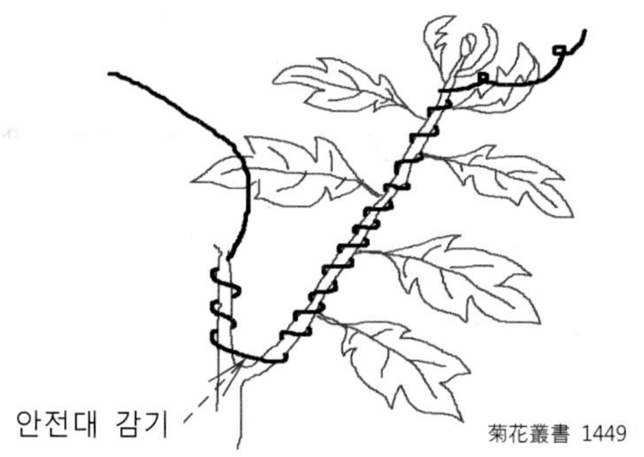

菊花叢書 1449

⑧ 아래의 그림 1450에서 곁가지를 아래로 수평으로 내렸지만, 안전대 금속선의 견인역할에 의하여, 분지점이 찢어지지 않습니다.

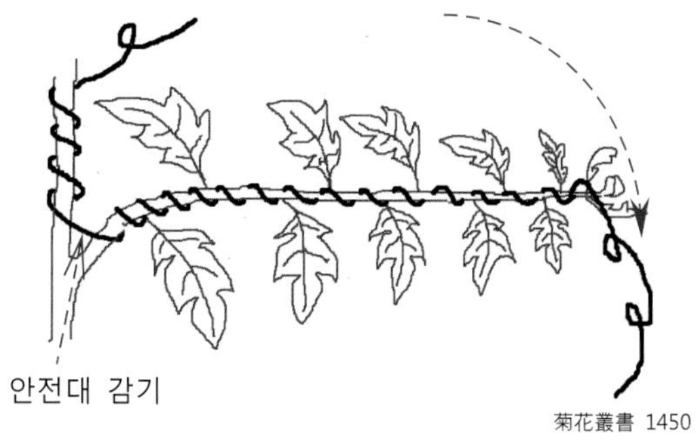

菊花叢書 1450

12. 차광막(遮光幕) 또는 한랭사(寒冷紗)

① 태양광선과 태양열을 가려서, 작물의 활력을 올리려고 합니다. 태양열을 가리는 그물(網)을 차광막(遮光幕) 또는 한냉사(寒冷紗)라하고, 그 작업을 차양(遮陽)이라고 합니다.

② 국화재배에서 한 여름에는 발이나 50% 한냉사로 햇볕을 가려서 시원하게 합니다.

③ 근래에는 아래의 사진과 같이, 비닐끈으로 망을 짜서 원예용으로 사용합니다. 용도에 따라서 30%, 50%, 70%, 90%를 차양하는 여러종류가 있습니다.

④ 100% 차광막은 암막(暗幕)이라고 합니다.

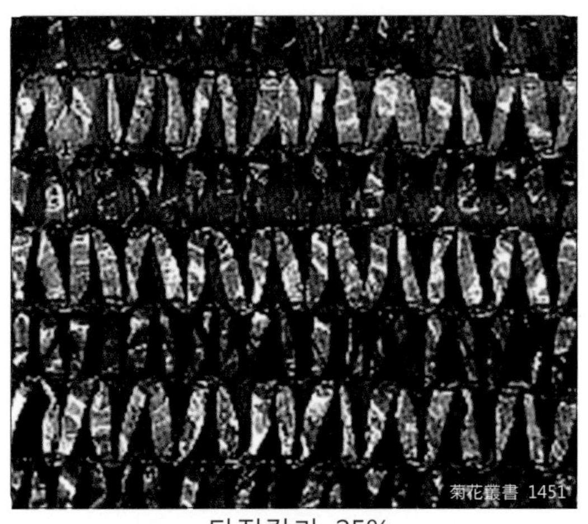

단직칼라 25%

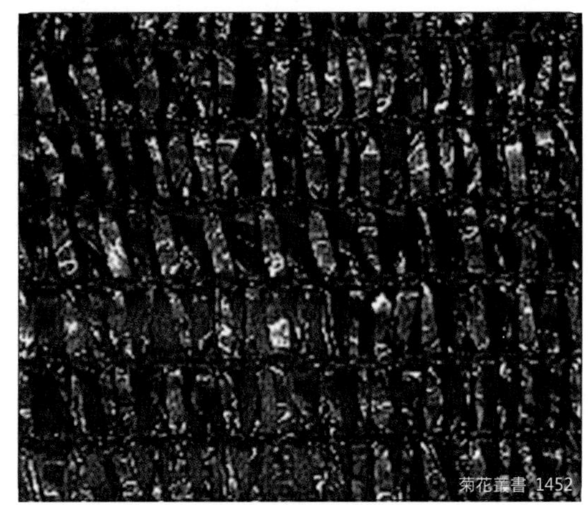

단직칼라 30%

단직칼라 55%

단직칼라 70%

단직칼라 80%

바둑판형 흑색 30%

단작칼라 90%

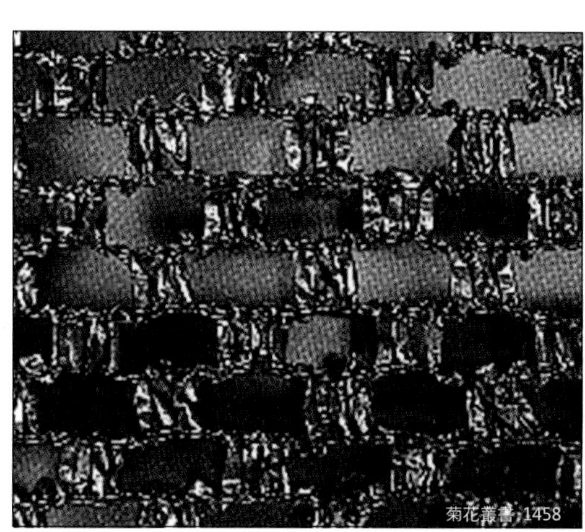

바둑판형 흑색 50%

단직칼라 95%

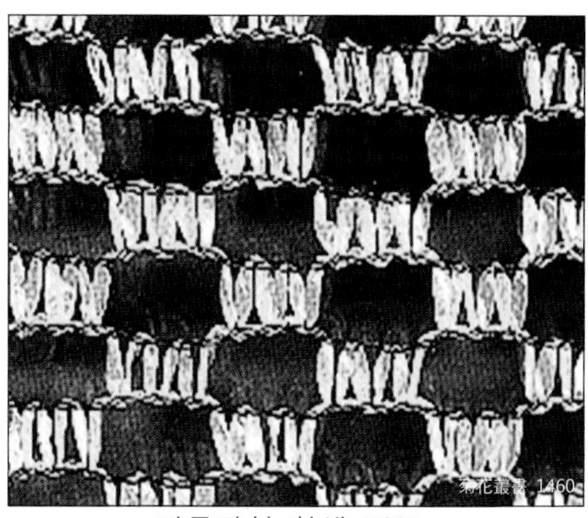

바둑판형 황색 50%

13. 방역의 기초

(1) 방역의 기초

① 국화의 질병치료에는 1가지 농약으로 분무하며, 예방 목적일 때는 살균제와 살충제 2가지를 혼합하여 살포합니다.

② 농약을 혼합 사용할 때는, 농약 혼합 대조표를 참조해야 합니다.

③ 대조표에 없는 농약 혼합은, 직접 다음과 같이 쉽게 실험하여 확인할 수 있습니다. 아래의 표 1462와 같이, 사용할 수 있도록 희석된 2가지 농약을, 실험관에 같은 소량을 넣어 혼합하고, 1분 후에 수용액이 변색 되거나, 혼탁 되거나, 침전물이 생기거나, 열이 나면, 혼합금기 입니다.

1462. **농약 혼합 실험표**

	반응의 종류	반응 결과	
1	변색	-	+
2	혼탁	-	+
3	침전	-	+
4	열	-	+
	판정	혼합가능	혼합불가

(2) 국화 기본농약 선택

① 국화에 뿌려진 농약은 햇빛의 자외선(紫外線)에 의하여 산화 파괴되어, 15일이면 유효성분이 사라집니다.

② 따라서 성분이 전혀 다른 영역의 방제액 2가지를 준비하고, 매15일마다 격번(隔番)으로 살포하면 효과가 더 좋습니다.

③ 다음의 표 1463 종합살균제에서, 베노밀 수화제 계통의 농약들이, 각각 다른 10개 제조사의 10개 상품명으로 시판되고 있습니다. 그중에서 샘플로 벤레이트를 선택합니다.

④ 마찬가지로 지오판 수화제 계통의 같은 농약들이, 10개 제조사의 10개의 다른 상품명으로 시판되고 있습니다. 그 중에서 샘플로 톱신엠을 선택합니다.

1463. **종 합 살 균 제**

베노밀 수화제	지오판 수화제
성분:Benomyl	Thiophanate-methyl
①벤레이트(신젠타)	①톱신엠(경농)
②베노밀(동방아그로)	②톱네이트-엠(동부한농)
③다코스(경농)	③삼공지오판(한국삼공)
④정밀베노밀(동부정밀)	④정밀지오판(동부정밀)
⑤베노밀골드(바이엘)	⑤성보지오판(성보화확)
⑥이비엠큰수확(인바이오믹스)	⑥탑건(신젠타)
⑦삼공베노밀(한국삼공)	⑦아리지오판(영일케미컬0
⑧영일베노밀(영일케미컬)	⑧녹색왕(인바이오믹스)
⑨에스엠베노밀(에스엠비티)	⑨지오판엠(에스엠비티)
⑩동부베노밀(동부한농)	⑩지오판(동방아그로,마이엘)

⑤ 같은 방법으로, 아래의 표 1464 종합살충제에서, 아시트 수화제 계통의 앙상블을, 이미다클로프리드 수화제 계통의 코니도를 샘플로 선택합니다.

1464. **종 합 살 충 제**

아시트 수화제	이미다클로프리드 수화제
성분:Acephate.	성분:Imidaclopride.
①앙상블(동부정밀)	①코니도(동부한농.바이엘)
②베로존(동부한농)	②영일이미다(영일케미컬)
③경농아시트(경농)	③코사인(동방아그로)
④우리동네(신젠타)	④베테랑(동방아그로) 입제
⑤포스길(인바이오믹스)	⑤노다지(경농)입제
⑥영일아시트(영일케미컬)	⑥기우초(동부한농.바이엘)
⑦골게터(동방아그로)	⑦어드마이어(바이엘) 액제
⑧바이엘오트란(바이엘)	
⑨새아시트(에스엠비티)	
⑩아시트(성보화확)	

1465. **국화 기본 방제액**

구분	제1방제액	제2방제액
①살균제	벤레이트	톱신엠
②살충제	코니도	앙상블

⑥ 결과적으로, 위의 표 1465와 같이, 2가지의 기본 방제액이 결정되었습니다.

⑦ 표 1465에서, 제1방제액을, 살균제 『벤레이트』와 살충제 『코니도』를 소정의 비율로 혼합하고,

⑧ 제2방제액을, 살균제 『톱신엠』과 살충제 『앙상블』을 소정의 비율로 혼합 합니다.

(3) 기본 방제액 조제

① 아래의 표 1466과 같이, 벤레이트 용해액과 코니도 용해액을 합하면, 2000배 희석한 방제액 1000cc가 됩니다.

② 여기에 액비(液肥)를 1ml 첨가하면 1000배의 액비가 첨가된 종합 방제액(防除液)이 됩니다.

③ 이 액을 분무하면, 살균살충의 방제와 함께 엽면시비(葉面施肥)의 3중 효과를 볼 수 있습니다.

1466. 국화 기본 방제액 (가정용 1000cc 분무기 기준)
① 벤레이트(톱신엠):0.5g을 물 500cc에 용해시킵니다.
② 코니도(앙상블):0.5g을 물 500cc에 용해시킵니다.
①과 ②를 혼합하면 2000배의 방제액 1000cc가 되었습니다. 그대로 분무합니다.
여기에 물비료를 1cc 첨가하면, 1000:1의 액비가 함유된 복합 수용액이 됩니다. 방역과 엽면시비가 동시에 됩니다.
20ℓ 들이의 등짐용 분무기를 사용하려면, 물 20ℓ, 벤레이트 10g. 코니도 10g. 물비료 10~20cc 비율로 혼합하여 분무합니다.

(4) 제1 방제액

위의 표1466의, 국화기본 방제액과 같이,

① 살균제 벤레이트 0.5g을 500cc의 물에 용해하고,

② 살충제 코니도 0.5g을 500cc의 물에 용해합니다.

③ 위의 2가지 액을 다음의 사진 698의 붉은색 손분무기에 넣으면, 2000:1의 국화 종합 방제액 1000cc가 됩니다.

菊花叢書 1467

(5) 제2 방제액

마찬가지 방법으로, 표 1466의 국화기본 방제액과 같이,

① 살균제 톱신엠 0.5g을 물 500cc에 용해하고

② 살충제 앙상블 0.5g을 물 500cc에 용해하여,

③ 위의사진 1467의 녹색 손분부기에 넣으면, 2000:1의 국화 종합방제액 1000cc가 됩니다.

④ 이렇게 조제된 제1방제액과 제2방제액을, 15일 간격으로, 격번(隔番)으로 분무하면, 효과가 확실합니다.

⑤ 여기에 물비료 1ml를 첨가하면 엽면시비(葉面施肥)의 효과도 겸하게 됩니다.

14. 화분용 배양토

(1) 머릿말

① 식물의 보약(補藥)은 질소 인산 칼리 3대요소(三大要素)입니다. 낙엽이나 쌀겨 깻묵 한약막지 어분 골분 우분 계분 톱밥 등에 포함된 섬유질을 발효시켜서, 질소 인산 칼리의 3대요소를 축출하여 사용하는 것입니다.

② 인삼막지를 발효시켜서 인삼 특유의 약효를 바라는 것은 우리들의 희망사항일 뿐이고, 실제로는 그 속에 함유된 3대요소 질소 인산 칼리를 축출하여 이용하는 것입니다. 따라서 어떤 재료에서 식물의 보약인 3대요소를 더 많이 축출할 수 있을까 하는 것이 유기농 농민들의 과제입니다.

(2) 유기농 비료의 분업화

① 과거에는 농민들이 낙엽. 쌀겨(전분박). 깻묵(유박). 어분. 골분. 한약막지. 인삼막지. 우분. 계분. 톱밥 등. 자연재료들로 비위생적인 발효과정을 거쳐서 [거름만들기]에 많은 시간과 인력을 소모했습니다.

② 근래에는 거름 만드는 방법을 체계화하여, 양질의 발효건조비료가 상품화되어 농가에 보급되고 있습니다. 이제는 거름 만드는 작업으로 소일(消日)하던 일은 농가에서 없어진지 오래 되었습니다.

(3) 밑거름

① 밑거름이란 밑에 넣어주는 거름이 아니고, 기본거름이란 뜻입니다. 밭에 기본거름을 넣고 밭갈이하는 것을 밑거름 넣는다고 합니다.

② 상품화된 발효건조비료는 축분비료. 전분박비료. 유박비료. 톱밥비료 등 여러가지 형태로 다양한 상품명으로 시판되고 있습니다. 그러나 그 제목을 보지 말고, 3대 요소의 함량 비율을 보아 합니다.

근래에 생산되는 거름은, 아래의 그림1468과 같이, 3대요소 질소 인산 칼리의 순서대로 함량이 숫자로 표시되어 있습니다.

③ 제일 앞자리의 숫자가 질소함량 숫자입니다. 밑거름은 앞자리의 숫자가 높은 질소 우선이어야 합니다.

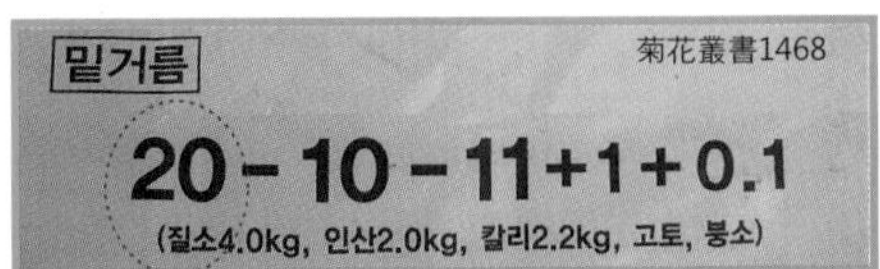

밑거름
菊花叢書1468
20-10-11+1+0.1
(질소4.0kg, 인산2.0kg, 칼리2.2kg, 고토, 붕소)

(4) 웃거름

① 웃거름이란 위에 얹어주는 거름의 뜻이 아니고, 재배 도중에 부족한 거름을 보충해 주는 거름을 웃거름 덧거름 또는 추비(追肥)라고 합니다.

② 이때는 주로 아래의 사진 1469에서와 같이 질소성분을 주로한 요소를, 과립으로 작물 밑둥 주위로 듬성듬성 뿌려 주던지, 액비상태로 엽면시비 합니다.

(5) 결실용 거름

① 결실용 거름은, 자라는 것이 목적이 아니고, 작물의 선도를 높이고 색깔을 영롱하게 만들고, 당도를 높이기 위해서 시비하는 거름이 결실용 거름입니다.

② 아래의 사진 1470과 같이, 인산 가리의 함량 비율이 높습니다.

③ 이 비료는 밑거름으로 사용하거나 성장기에 웃거름으로 사용하면 작물이 패작이 됩니다. 결실기에만 사용합니다.

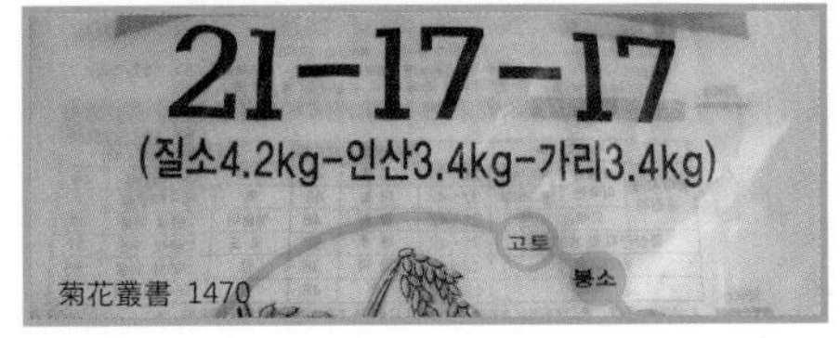

21-17-17
(질소4.2kg-인산3.4kg-가리3.4kg)
고토
붕소
菊花叢書 1470

(6) 국화 화분용 배양토의 재료

㈎ 발효 건조비료 :

① 낙엽이나 쌀겨 깻묵 한약막지 어분 골분 우분 계분 톱밥 등을 발효시켜서, 상품화된 발효건조비료가 시중에 여러가지 상품명으로 나오고 있습니다.

② 전분박퇴비 축분퇴비 톱밥퇴비 유박퇴비 등 여러가지 상품이 있으나, 그 이름과 재료를 보지 말고 발효된 거름인가 아닌가를 확인한 후에, 다음의 밑거름 구성표 1471과 같이, 3대요소 질소 인산 칼리의 구성 순서에서, 질소의 함량이 2배 이상인 것을 선택합니다.

1471. **밑거름(기초거름)**				
20 —	10 —	11	+1	+0.1
질소.	인산.	칼리.	고토.	붕소.

③ 공기중에 노출된 거름은 질소분이 휘발 되어서, 상대적으로 인산과 칼리의 농도가 짙게 되거나, 어떤 경우에는 질소가 너무 많이 발산되어 아예 순열이 바뀌어 버리는 예가 있습니다. 이러한 거름은 성장기에 사용하면 결과가 좋지않습니다. 이 때문에 새 배양토를 쓰라는 것입니다.

㈏ 밭흙

① 농사를 전문적으로 짓지않는 배수가 잘되는 천수답 황사가 섞인 밭흙이 좋습니다. 새 흙이 좋다는 뜻입니다.

② 밭흙에 점토나 황토가 미량 포함되어 있으면 더 좋습니다. 점토나 황토는 국화의 털뿌리에 밀착되어, 뿌리와 밭흙간의 물질교환의 매개체 역할을 합니다. 때문에 국화 화분배양토에 필수구성 요소입니다.

㈐ 모래

① **강 상류의 왕모래가** 좋습니다. 최소한 쌀알맹이 굵기(米粒) 이상을 사용합니다. 강모래는 배수의 목적뿐입니다.

② **마사토**: 용도에 따라 대립이나 중립을 사용합니다. 어떠한 경우에도 쌀알보다 작은 입자는 사용하지 않습니다. 배수가 주목적입니다.

㈑ 훈탄

① 훈탄(燻炭)은 숯 가루입니다. 국화재배에서는 쌀알맹이 정도의 입자를 사용합니다. 그 이하의 숯분말을 사용해도 됩니다.

② 훈탄은 흡습(吸濕) 흡취(吸臭) 흡균(吸菌) 중화(中和)의 작용이 우수하여 국화 화분용 배양토의 필수 구성요소입니다.

(7) 국화 화분용 배양토의 실재

㈎ 포트용 배양토 배합

① 포트용(3~5호분) 배양토는 아래의 표 1472와 같이, 발효건조비료 10%, 흙종류 80%, 훈탄 10%를 즉석에서 배합하여 사용합니다. 사전에 많이 만들어 놓으면 좋지 않습니다.

② 꽃삽의 부피로 배합합니다.

발효건조비료 1삽,
밭흙 4삽,
모래 4삽,
훈탄 1삽을

골고루 혼합하여 즉석에서 사용합니다. 이것이 신선한 새 배양토입니다.

1472 **포트용 배양토 배합율**	
발효 건조비료	10%
밭흙(황사: 황갈색 점토질이 약간 섞인 모래)	40%
모래(마사토. 강모래. 中粒)	40%
훈탄(숯가루)	10%

③ 상토와 질석은 배양토에 배합금기입니다. 고온다습한 계절에 뿌리에 질병이 올 확률이 높습니다

㈏ 정식용 배양토 배합

① 정식용 배양토는 아래의 도표 1473과 같이, 발효 건조비료 20%를 배합 합니다.

1473 정식용 배양토 배합율
발효 건조비료----------------20%
밭흙(황사: 황갈색 점토질이 약간 섞인 모래)--------35%
모래(마사토. 강모래. 大粒)---35%
훈탄(숯가루)------------------10%

② 기르면서 모자라는 것은, 웃거름으로 보충하면 됩니다.

③ 처음부터 기초거름을 많이 배합하면 배양토가 조기에 산성화되어 후기 생육이 좋지 않습니다.

④ 국화 화분용 배양토를 요약하면, 아래의 표 1474와 같습니다.

1474. 화분용 배양토의 배합 비율			
	포트용	정식용	용도와 목적
발효건조비료	10%	20%	3대 요소
밭흙(황사밭흙)	40%	35%	뿌리 활착과 배수
모래(마사토 강모래)	40%	35%	
훈탄(숯가루)	10%	10%	산성화 방지

㈐ 추비(追肥:웃거르 덧거름)

① 화분용 배양토로 재배하다가, 거름이 모자라면, 질소분 우선인 각종 발효 건조비료를 화분 윗면에 조금씩 묻어 주거나,

② 아래의 표 1475의 웃거름용 요소과립을 화분윗면에 조금 뿌려 줍니다.

菊花叢書1475

③ 보통 바케스는 1말(20ℓ) 들이입니다. 다음의 사진 1476과 같이, 바케스 상표에 20ℓ라고 표시되어 있습니다. 요소는 어른밥숟가락으로 1숟갈이 10g입니다. 물 1바케스에 요소를 어른 밥숟가락으로 2숟갈을 녹히면 정확한 1000배의 물비료가 됩니다.

菊花叢書 1476

④ 이것을 주 1회, 잎과 줄기를 적시면서 뿌리에 까지 푹 관수시비하면 좋은 웃비료가 됩니다. 쓰고 나머지는 버립니다. 오래되면 질소분이 희발하여 변질됩니다.

㈑ 3대요소의 순열과 비율

아래의 표 1477과 같이, 거름을 줄때는 3대요소의 함량비율과 순열을 고려해야 합니다.

1478. 3대 요소의 순열과 비율					
	질소	인산	칼리	고토	붕소
①밑거름	20	—10	—11	+1	+0.1
②웃거름	39	—0	—2	+1	+0.2
③결실용	20	—17	—17		
※숫자를 보지 말고, 비율과 순서가 중요합니다.					

① **밑거름**, 질소성분이 최소한 2배 이상이라야 합니다. 순열도 질소—인산—칼리의 순서라야 합니다. 이 순열이 틀리면 밑거름으로 사용할 수 없습니다. 공기중에 노출된 오래된 거름은 질소는 휘발되고 인산과 칼리는 그대로 있어서, 순열이 바뀔 수도 있습니다. 이런 것을 유효기간이 지났다고 말합니다.

② **웃거름**, 재배도중에 성장기에 보충해 주는 거름으로, 질소분이 주성분입니다. 대기중에 오래 노출되면 주성분이 발산하여 효력이 약화됩니다.

③ **결실용 거름**, 질소 인산칼리의 성분 함량이 비슷합니다. 밑거름이 오래되면 이와 같이 됩니다. 이 거름은 성장기 사용은 금기입니다. 결실기에만 사용합니다.

제11장 특수처리

1. 버들눈의 생리

(1) 버들눈(柳芽)의 정의

꽃망울 생성과정의 이상(異狀)으로 생긴 일종의 미완성 꽃망울입니다.

(2) 버들눈의 생리

① 낮의 길이(日長)가 12시간이면, 단일상태(短日狀態)라고 하며 꽃망울이 맺힙니다.

② 일장이 14시간이면, 장일상태(長日狀態)라고 하며, 꽃망울이 맺히지 않습니다.

③ 국화는 단일상태에서 줄기의 끝순(筍) 속에 꽃망울 생성 생리작용이 일어나, 꽃망울이 생성되는 것입니다. 이 현상을 화아분화(花芽分化)라고 합니다.

④ 이 꽃망울 생성과 출뢰(出蕾)까지는 평균 2주 정도 입니다. 이 기간을 채우지 못하면, 꽃망울 형성궤도에서 탈락되어 버들눈이 됩니다.

(3) 꽃망울 생성의 조건

㈎ 국화모종의 키가 10~12cm 정도, 또는 줄기마디가 10~12마디 정도 되었을 때, 아래와 같은 3가지 환경조건만 갖추어지면, 언제든지 정상적인 꽃망울이 움터(出蕾) 나옵니다.

① 낮 시간(日長)이 13시간 30분 以下로 단일상태(短日狀態)로 진입하면 꽃망울 생성 충동을 받기 시작합니다.

② 일장(日長)이 13시간의 효율적인 단일기간에서, 야온(夜溫)이 15℃ 以上이면, 화아분화의 생리현상이 일어납니다.

③ 위의 조건이 2주 정도 지속되어 일장이 12시간대의 완전 단일상태에 이르면 정상적인 꽃망울이 움터(出蕾) 나옵니다.

㈏ 위의 3가지 조건 중에서 1가지만이라도 충족되지 못하면, 꽃망울 생성 생리작용 궤도(軌道)에서, 도중에 탈락되어 미완성 꽃망울이 생성됩니다. 이것을 『버들눈』 이라고 합니다.

㈐ 일장(日長)이나 야온(夜溫), 이 2가지가 충족되지 못하면, 아예 화아분화(花芽分花)가 원천 차단되어 꽃이 없습니다.

(4) 여름철의 버들눈 생성

① 아래의 圖解 1479와 같이, 국화는 평균 8월 15일부터 단일기간으로 진입하면서 화아분화을 시작하여, 2주후 9월 5일경부터 정상적으로 꽃망울이 출뢰(出蕾)합니다.

② 하지만, 6~7월 하순까지는 장일기간이지만, 이때는 긴 장마철이어서 구름끼고 비오는 날은 일출(日出)이 늦어지고, 일몰(日沒)이 빨라져서, 단일기간이 되었다가 장일기간이 되었다가 하는 일기불순으로, 일조시간(日照時間)이 충족되지 못하여, 꽃망울 생성궤도에서 중도 탈락되어 미완성 꽃망울로 버들눈이 발생합니다.

여름철 버들눈 생성기전 도표

2011년 한국 천문학연구원 통계 다운 편집

6월22일 하지 / 버들눈 생성기간 / 7월31일 / 8월15일 / 화아분화

日長 14:21 / 日長 13:56 / 日長 13:30

菊花叢書1479

(5) 봄철의 버들눈 생성

① 3월 1일부터는 봄철의 따뜻한 기온이 시작됩니다.

② 이때는 단일기간어서, 하우스 내온이 상승하면 꽃망울 생성 충동를 받습니다.

③ 아래의 圖解 1480과 같이, 빠른포기는 3월 중순경부터 버들눈이 오며, 4월하순 마지막 충동을 받은 것은 2주후 5월 중순경에 버들눈이 발생합니다.

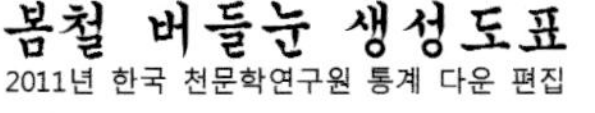

봄철 버들눈 생성도표
2011년 한국 천문학연구원 통계 다운 편집

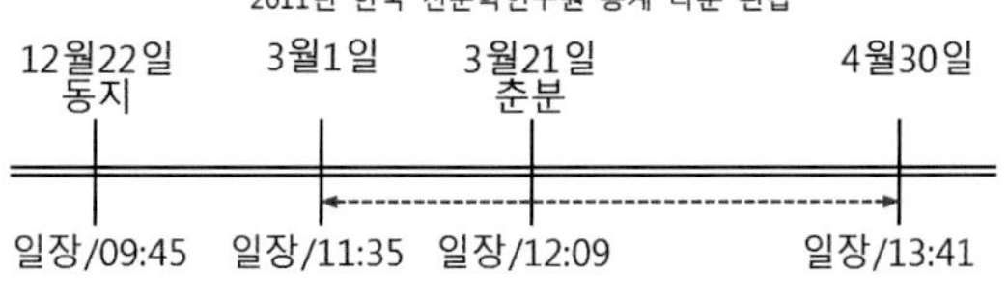

菊花叢書1480

2. 전조처리(電照處理)

(1) 전조처리(電照處理)의 이론(理論)

① 겨울동안 하우스에서 다륜대작이나 조형물 같은 특작을 재배합니다.

② 겨울은 낮의 길이(日長)가 짧은 단일상태(短日狀態)이기 때문에, 꽃망울 생성 충동을 받습니다.

③ 이때에 전등조명 처리를 하여 일장을 인위적으로 장일상태를 만들어 화아분화(花芽分花)를 원천 차단하는 것입니다.

(2) 국화의 광반응 기준점

① 국화의 광반응의 기준점은 13시간 30분입니다.

② 낮시간(日長)이 13시간 30분 以下이면 국화는 화아분화(花芽分花)의 충동을 받습니다.

③ 일낮시간(日長)이 13시간 30분 以上이면, 국화는 꽃망울 생성충동이 원천차단 됩니다.

3. 장일상태 유도.

① 겨울밤은 14~16시간의 긴 밤입니다. 상대적으로 낮은 10시간 정도로 짧은 단일상태(短日狀態)입니다.

② 이때에 야온(夜溫)이 15℃ 이상으로 며칠 유지되면 꽃망울 생성 자극이 일어납니다.

③ 이때에 전등 조명처리를 하여, 인위적으로 일장(日長)을 늘려서, 장일상태(長日狀態)를 유도하여 꽃망울 생성 자극을 원천적으로 일어나지 못하게 합니다.

4. 점등(點燈)

① 캄캄한 하우스에 전등(電燈)을 밝혀서 인위적인 낮을 만듭니다.

② 전등을 다음의 그림설명 1481과 같이, 타이머(Timer)에 연결하여 자동으로 점등(點燈)과 소등(消燈)되도록 프로그램 설정을 합니다.

③ 전등을 켰을 때, 국화에 도달하는 빛의 밝기 조도(照度)가 100 Lux 以上 이라야 유효합니다.

④ 만약 80 Lux 以下 라면 불충분 광반응으로 버들눈이 발생합니다.

⑤ 정상적인 시력의 재배자가 국화 옆에서 신문의 작은 글자를 읽을 수 있으면 적당한 조도(照度)라고 합니다.

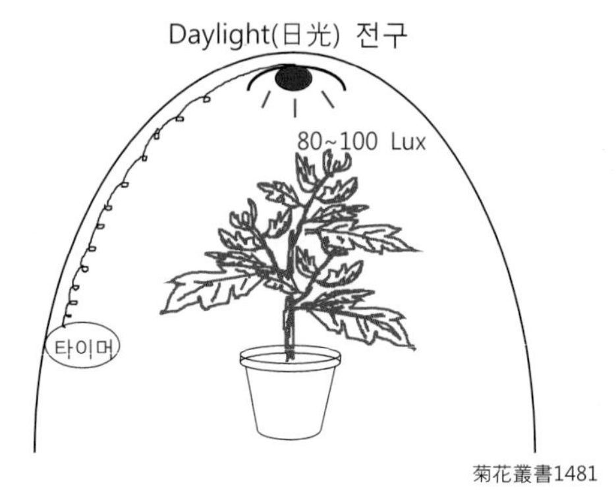

菊花叢書1481

5. 전조처리 일정.

① 내년도의 대작은 6월 7월부터 재배를 하기 때문에, 아래의 그림 1482와 같이, 단일기간으로 진입하는 8월 15일부터 전조처리(電操處理)를 시작합니다.

② 동지와 춘분을 지나서, 일장(日長)이 14시간 대로 장일기간으로 진입하는 4월30일 밤까지 전조처리를 하고, 5월1일 아침에 전조처리를 소등(消燈)합니다.

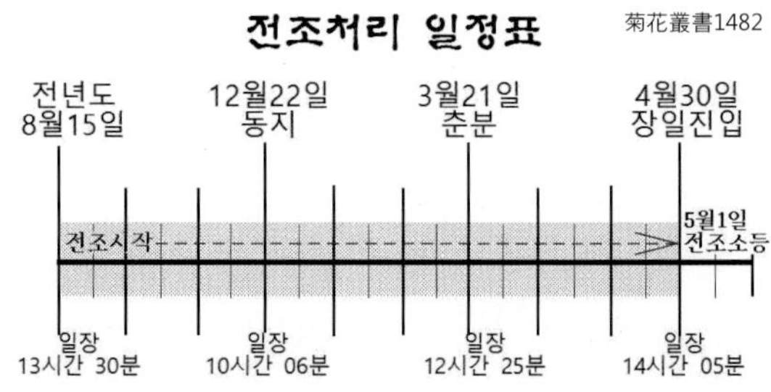

③ 만약 따뜻한 4월중에 국화를 하우스 밖으로 내어 놓는다면, 5월 중순에 일제히 버들눈이 옵니다. 장일기간으로 진입하는

14시간대 까지 일장처리를 마무리 하지 않았기 때문입니다.

6. 연속 조명법

① 12월 22일 동지(冬至)날을 기준으로 밤시간이 14시간 정도입니다. 상대적으로 낮시간은 10시간 정도의 단일상태(短日狀態)가 되어 꽃망울 생성 충동을 받습니다.

② 아래의 그림 1483에서, 오후 4시부터 8시까지 조명하고, 새벽 4시부터 아침 8시까지 조명하여서, 인위적으로 밤을 8시간으로 줄입니다.

③ 결과 상대적으로 낮시간이 16시간으로 장일상태(長日狀態)가 되어서 화아분화(花芽分花) 자극이 차단됩니다.

연속 조명법

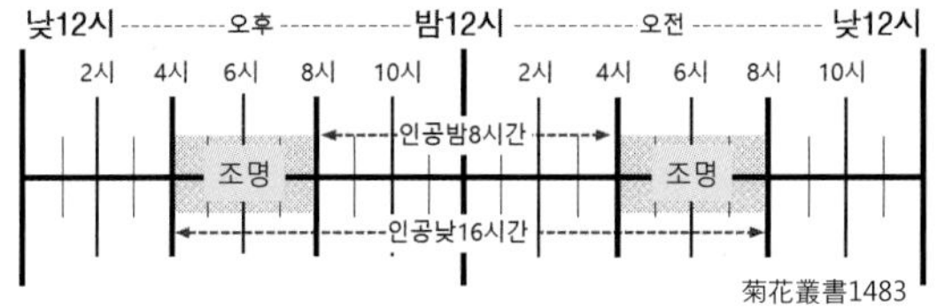

7. 광중단법(光中斷法:Night break)

① 어두운 밤을 차단하여 전력소비를 줄이는 방법으로 근래에 많이 이용합니다.

② 아래의 표 1484와 같이, 밤 12시부터 1시까지 1시간동안 100 Lux 以上의 밝기로 조명합니다.

③ 연속되는 어두움의 중간을 끊어 주어서, 식물의 휴면을 깨트리고, 긴 한밤을 짧은 두 밤으로 분리시켜서, 상대적인 장일효과를 얻을 수 있다는 이론(理論)입니다.

광중단법(Night Break)

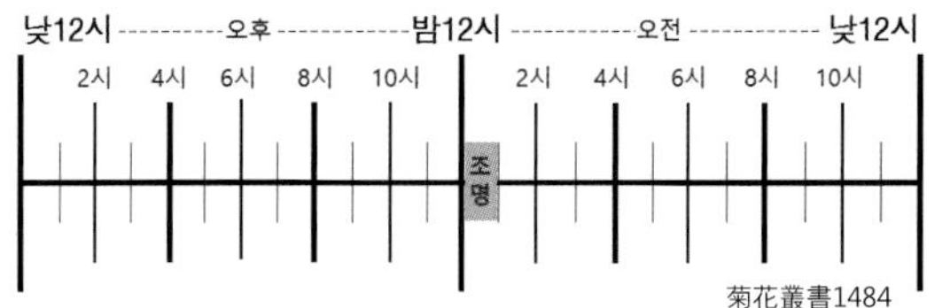

④ 실재로 1시간만 조명해도 충분하지만, 만약을 위해 2~4시간 조명하는 예도 있다고 하지만, 전등의 밝기 조도(照度)가 100 Lux 以上 이라면 1시간으로 충분합니다.

⑤ 이와 같은 프로그램을 타이머에 설정해 놓으면, 관리자 없이도 매일 자동으로 실행됩니다.

8. 전조처리의 요점

① 전등조명처리의 주제는 전등(電燈)과 조도(照度)입니다.

② 초창기에는 백열전구가 제일 좋다고 해서 많이 이용해 왔었으나, 전력소모가 많고 수명이 짧아서 근래에는 생산되지 않습니다.

③ 지금은 Led Daylight 전구가 전력소모가 적고 자연 태양광에 가까워서, 원적외선이 많아 국화의 잎이 넓고 줄기가 굵어져서 많이 이용하고 있습니다.

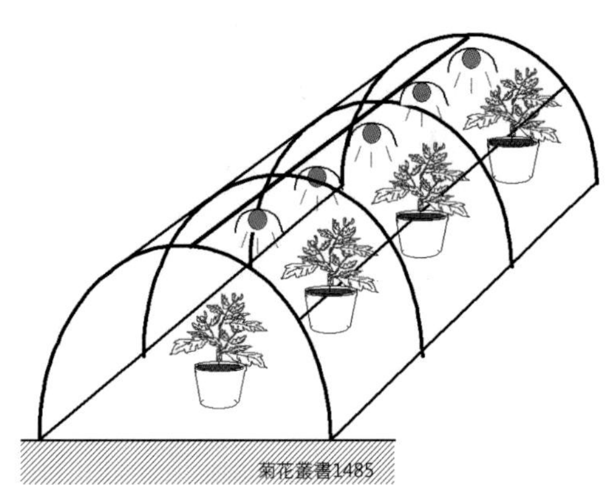

④ 원적외선이 좋다고 해서 붉은 전구를 사용하는 예도 있습니다. 붉은 전구는 Led Daylight 전구보다 조도(照度)가 떨어지기 때문에 촉광(燭光)을 높혀야 합니다.

⑤ 촉광이 높은 붉은 전구는 재배자가 직접 전구를 보면, 망막에 장애가 올 수 있습니다. 국화보다 재배자의 시력을 보호해야 합니다.

3. 차광처리(遮光處理:빛가림)

(1) 차광처리의 목적

① 취미국화는 10월 30일 전후에 국화축제를 개장하고, 11월 3일경에 만개(滿開)합니다.

② 때로는 국화축제 개장일을 앞당겨야 할 경우도 있습니다. 이때에 차광처리 작업으로 국화를 조기에 개화시켜서 전시 일을 앞당길 수 있습니다.

(2) 화아분화의 생리

① 국화는 낮의 길이(日長)가 짧은 계절에 꽃이 피는 단일식물(短日植物)입니다.

② 낮의 길이가 13시간 30분 以下가 되면 단일상태로 진입하면서, 국화는 꽃망울 생성 충동을 받습니다. 이런 현상을 화아분화(花芽分花)라고 합니다.

③ 화아분화 일로부터 3주 후에, 9월 5일경 조생종부터 꽃망울이 출뢰(出蕾)하기 시작하여, 9월 15일경에는 거의 모든 국화에서 꽃망울이 맺힙니다.

④ 화아분화 일로부터 75~80일 후, 11월 3일경에 만개(滿開)합니다.

(3) 각지방의 화아분화일

① 아래의 도표 1486에서, 남부지방의

각지역 화아분화 일정표

한국천문학연구원 통계 다운 편집 / 菊花叢書 1486

지역	화아분화	일출	일몰	일장
마산	8월 15일	05:45	19:15	13:30
부산	8월 15일	05:43	19:13	13:30
진주	8월 15일	05:47	19:17	13:30
정읍	8월 16일	05:52	19:22	13:30
울산	8월 16일	05:42	19:12	13:30
보령	8월 17일	05:53	10:23	13:30
대전	8월 17일	05:49	19:19	13:30
제천	8월 18일	05:46	19:16	13:30
영주	8월 18일	05:44	19:14	13:30
충주	8월 18일	05:47	19:17	13:30
속초	8월 20일	05:44	19:14	13:30

마산 부산 진주 등지의 13시간 30분 일장이 8월 15일로 나타났습니다.

② 중부북단의 속초지방의 낮시간(日長) 13시간 30분이 8월 20일로 나타났습니다.

③ 결과 우리나라는 남단에서 중부북단까지 화아분화 일차(日次)가 5일이라는 것을 알았습니다.

(4) 위도(緯度)상 단일지역

① 아래의 그림설명 1487에서, 위도(緯度) 38°~39°가 한국지도의 중간지역입니다. 이 지역의 개성 화천 철원 속초지방의 일장(日長) 13시간 30분의 화아분화 충동일이 8월 20일입니다.

② 남부지방의 부산 마산 진주지방의 13시간 30분 일자의 화아분화 충동일이 8월 15일입니다.

③ 이렇게 남부지방과 중부북단 지방의 화아분화 시작일차가 5일 이라는 것을 지도상으로 위치 거리 간격을 확인 했습니다.

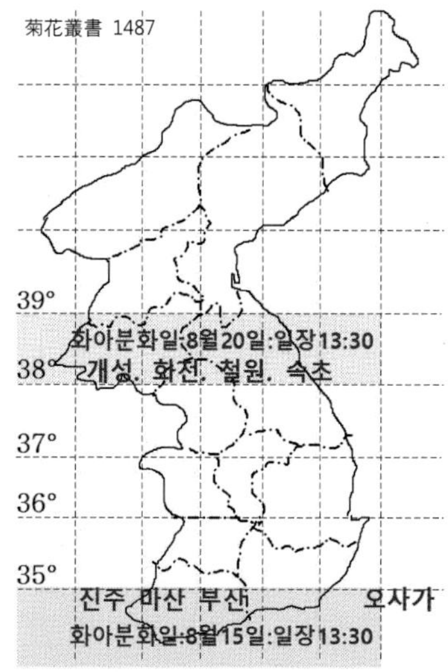

(5) 화아분화 분기점 설정

① 다음의 1488 화아분화 분기점 도표에서, 남부지방과 중부북단의 지방과는 화아분화 일차가 5일이지만, 점차적으로 그 일차의 간격이 좁아지면서, 낮시간이 12간인 9월 23일 추분(秋分)에 이르면, 거의 모든 국화는 꽃망울이 다 맺힙니다.

② 처음 시작은 8월 15일과 8월 20일, 5일 차이로 화아분화가 시작되었지만, 11월 3일에는 거의 모든 국화가 만개합니다.

③ 따라서 화아분화 분기점을 편의상 8월 15일로 통일합니다. 8월 15일을 표준으로 계산하면 차광일자 계산이 정확하게 맞아들어 갑니다.

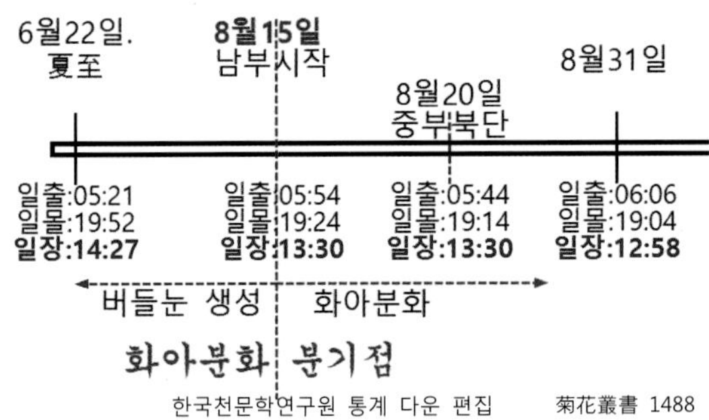

菊花叢書 1488

(6) 차광처리의 이론

① 여름은 밤이 짧고 낮이 깁니다. 아래의 차광처리 이론표 1489와 같이, 짧은 여름밤 8시간에, 오후에 3시간 차광하고, 새벽에 3시간을 차광하여, 인공적으로 14시간의 밤을 만듭니다.

② 그러면 상대적으로 낮시간이 10시간으로 줄어서 인위적인 단일현상이 되어, 국화는 꽃망울 생성 충동을 받습니다.

③ 이런 이론을 응용하여 우리는 차광처리를 하여 조기개화를 유도합니다.

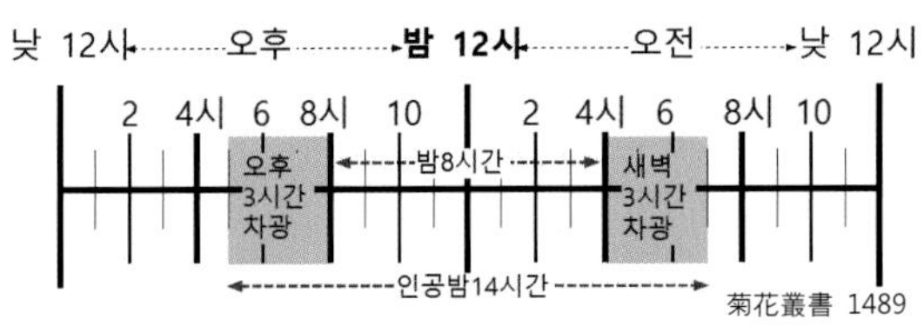

菊花叢書 1489

④ 암막(暗幕)을 다음의 그림 1490과 같이 설치하고, 평소에는 위로 말아 올려놓습니다. 100% 차광막(遮光幕)을 암막(暗幕)이라고 합니다.

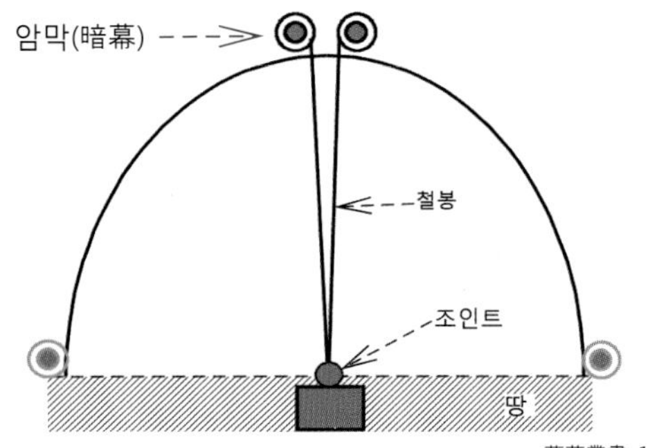

菊花叢書 1490

⑤ 오후 5시에 아래의 그림 1491과 같이, 암막(暗幕)을 내려서 차광하여 캄캄하게, 암도(暗度)를 10 Lux 以下로 합니다.

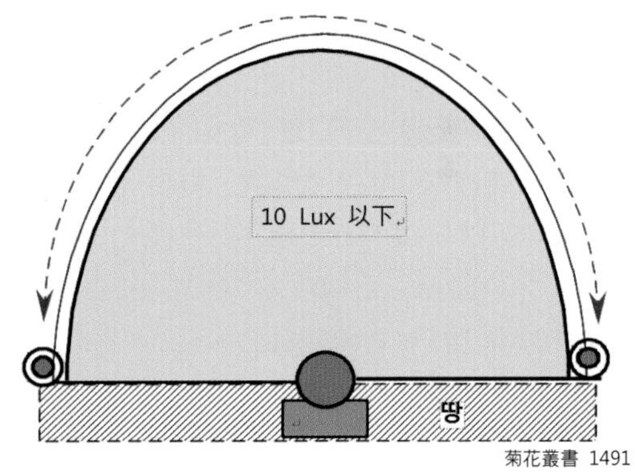

菊花叢書 1491

⑥ 날이 완전히 캄캄하게 어두워 진 후, 아래의 그림 1492와 같이, 저녁 8시에 암막을 올려서 차광을 해제합니다.

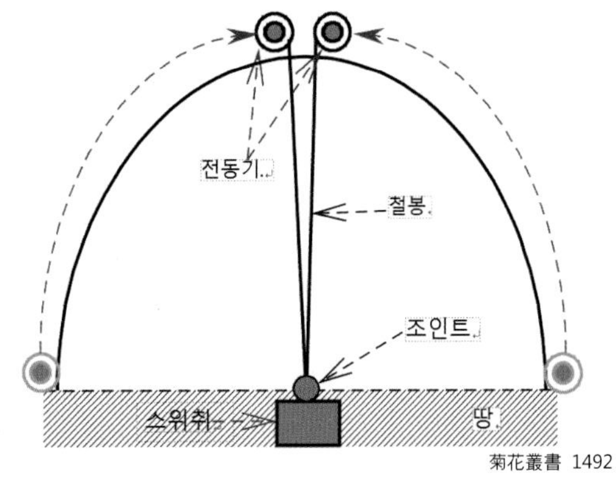

菊花叢書 1492

⑦ 같은 작업을 날이 밝기 전에 새벽 4시에 암막을 내렸다가, 날이 밝은 후, 아침 7시에 암막을 올리고 차광을 해제합니다.

(7) 차광의 요령

① 차광처리(遮光處理)는 7월 8월의 삼복(三伏) 더위 때 합니다.

② 이때 아래의 그림해설 1493과 같이, 14시간 동안 계속 암막(暗幕)을 덮어 놓으면, 국화 작품들이 열대야(熱帶夜)의 피해를 입을 수 있습니다.

차광요령

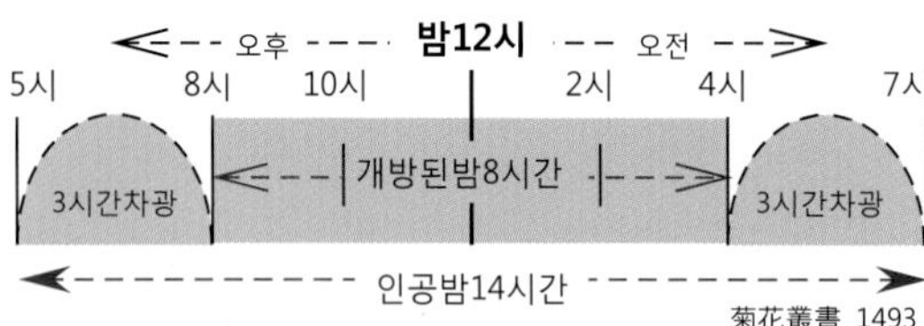

菊花叢書 1493

③ 위의 圖解 1493과 같이, 오후 5시에 암막을 내려서 어둡게하고, 저녁에 완전히 캄캄하게 어두워 진 다음, 저녁 8시에 암막을 걷어 올려서 시원하게 하며, 차광의 밤과 자연의 밤 연결이 표나지 않게 합니다.

④ 새벽에도 날이 밝기 전에, 새벽 4시에 암막을 내리고, 날이 완전히 밝은 다음, 아침 7시에 암막을 걷어 올려서 차광을 해제합니다. 새벽 차광은 더위와는 관계가 없지만, 자연의 밤과 차광의 밤 연결이 자연스러워야 합니다.

⑤ 이렇게 초저녁에 3시간 차광하고, 새벽에 3시간 차광하여 분리작업을 함으로서, 중간의 8시간의 밤은 완전히 개방되어 있었기 때문에 열대야의 피해를 줄일 수 있습니다.

⑥ 이런 작업을 소량은 노지(露地)의 얕은 터널작업으로 수동(手動)으로 할 수 있지만, 대량이나 대형작품들은 타이머에 위와 같은 Program을 입력하면, 사람이 없어도 매일 자동으로 실행됩니다.

(8) 표준 개화일 설정

① 다음의 도표 1494와 같이, 전시회 개장일을 10월 30일과, 화아분화 일을 8월 15일을 편의상 표준치로 설정하고, 이것을 기준으로 차광처리 일정을 계산합니다.

표준 차광 일정표 菊花叢書 1494				
	개장일	화아분화	차광해제	출뢰예정일
표준	10월30일	8월15일	8월31일	9월5~15일
(1)	10월20일	8월05일	8월31일	8월25~9월05일
(2)	10월15일	8월01일	8월31일	8월20~8월30일
(3)	10월01일	7월15일	8월31일	8월05~8월15일
(4)	9월20일	7월05일	8월31일	7월25~8월05일
(5)	9월15일	7월01일	8월31일	7월20~7월30일

(9) 10월 15일 축제 개장일

① 국화축제 개장일을 10월 15일로 결정했으면, 아래의 圖解 1495에서 표준개장일 10월 30일부터 15일을 앞당긴 셈입니다.

② 화아분화일도 표준일 8월 15일부터 15일을 앞당기면, 8월 1일이 화아분화일이 됩니다. 암막(暗幕)을 하우스에 덮어주고, 이날부터 차광작업이 시작됩니다.

③ 차광해제일은 단일기간인 8월 31일에 해제합니다.

10월15일 개장 차광일정표 菊花叢書 1495				
	개장일	화아분화	차광해제	출뢰예정일
표준	10월30일	8월15일	8월31일	9월5~15일
(1)	10월20일	8월05일	8월31일	8월25~9월05일
(2)	10월15일	8월01일	8월31일	8월20~8월30일
(3)	10월01일	7월15일	8월31일	8월05~8월15일
(4)	9월20일	7월05일	8월31일	7월25~8월05일
(5)	9월15일	7월01일	8월31일	7월20~7월30일

(10) 9월 15일 국화전시회 개장

① 9월 15일에 국화전시장을 개장한다면 다음의 도표 1496과 같이, 표준개장일 10월 30일부터 45일 앞당긴 셈입니다.

② 화아분화일도 표준일 8월 15일부터 45일 앞다겨서, 7월 1일을 화아분화일로 합니다. 이날부터 하우스에 암막을 덮어주고, 차광작업을 시작합니다.

③ 차광해제일은 8월 31일에 암막을 벗기고 차광작업을 끝냅니다.

9월 15일 개장 차광일정표 菊花叢書 1496				
	개장일	화아분화	차광해제	출뢰예정일
표준	10월30일	8월15일	8월31일	9월5~15일
(1)	10월20일	8월05일	8월31일	8월25~9월05일
(2)	10월15일	8월01일	8월31일	8월20~8월30일
(3)	10월01일	7월15일	8월31일	8월05~8월15일
(4)	9월20일	7월05일	8월31일	7월25~8월05일
(5)	9월15일	7월01일	8월31일	7월20~7월30일

(11) 차광 시작일

① 아래의 사진 1497은 7월 1일부터 차광작업을 시작한 모델입니다.

② 6월 30일까지 현재상태로 작품을 완성해 놓고, 7월 1일부터 꽃망울을 달기 시작하는 작업입니다.

③ 차광시작일을 7월 1일보다 더 앞당길 수는 없습니다. 작품 재배일정을 더 이상 단축 할 수 없기 때문입니다.

(12) 차광 해재일

① 아래의 사진 1498은 8월 31일 차광 해제한 날의 상태입니다.

② 차광해제일은 바깥 환경이 단일기간(短日期間)이라야 합니다. 정상적으로는 8월 31일에 차광작업을 해제합니다.

③ 만약 7월이나 8월초에 장일기간(長日期間)에 차광작업을 해제(解除)한다면, 꽃망울 숙성과정이 차단되어, 꽃의 모양이나 꽃 색상에 이상(異狀)이 온다고 합니다.

④ 그래서 어떤 동호인은 정상적으로 첫 꽃망울이 출뢰(出蕾)하는 9월 5일까지 차광하는 예도 있습니다.

7월1일 차광시작

菊花叢書 1497

8월 31일 차광해제

菊花叢書 1498

표준 차광일정표 菊花叢書 1499						
	개장예정일	만개일	앞당길일수/차광일수	화아분화일 차광시작일	차광해제일	출뢰 예정일
표준	10월 30일	11월3~5일	없음	8월 15일	8월 31일	9월 5~15일
(1)	10월 20일	10월 25일	10일/25일	8월 05일	8월 31일	8월25~9월 5일.
(2)	10월 15일	10월 20일	15일/30일	8월 01일	8월 31일	8월20~8월 30일.
(3)	10월 01일	10월 05일	30일/45일	7월 15일	8월 31일	8월05~8월 15일.
(4)	9월 20일	9월 25일	40일/55일	7월 05일	8월 31일	7월25~8월 05일
(5)	9월 15일	9월 20일	45일/60일	7월 01일	8월 31일	7월20~7월 30일.

4. 국화 접목

(1) 국화 줄기의 구조와 생리

① 접목을 알아보기 전에, 아래의 사진 1500과 같은 국화 줄기의 해부학적 구조와 기능을 먼저 알아야 도움이 됩니다.

㉠ 피층(皮層)
㉡ 인피부(靭皮部)
㉢ 형성층(形成層)
㉣ 목질부(木質部)

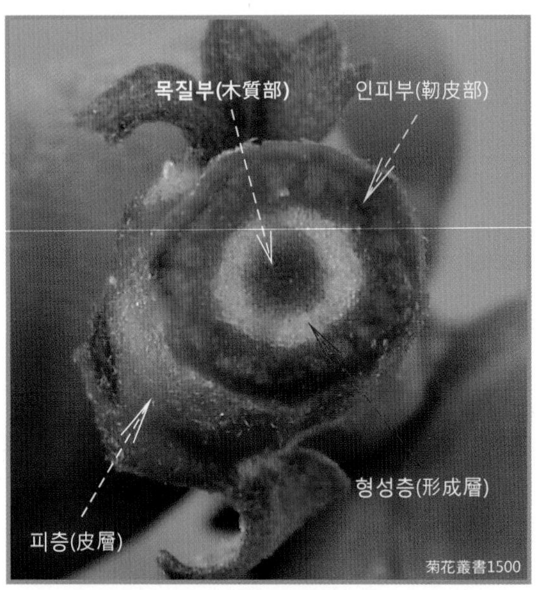

② **피층(皮層)**은 제일 바깥층이며, 외부로부터 보호하는 역할을 합니다.

③ **인피부(靭皮部)** 층은 잎에서 광합성한 양분과 여러가지 식물 호르몬을, 아래쪽의 필요한 장소로 보급하는 하행(下行) 수관(水管)의 관상(管狀:Pipe) 조직입니다. 이 하행수관을 사관(篩管)이라고도 합니다.

④ **형성층(形成層)**은 위의 사진 1500에서 인피부와 목질부 사이에 명백히 보이는 하얀 부분입니다. 이 형성층에서 세포분열을 하여 밖으로는 인피부층을 보강하고, 안쪽으로는 목질부를 만들어서 국화 줄기를 자라게 합니다.

⑤ **목질부(木質部)**는 뿌리가 땅에서 흡수한 양분이나 수분을, 위쪽의 줄기나 잎으로 운반하는 상행수관(上行水管)의 관상조직(管狀組織)입니다. 이 상행수관을 도관(導管)이라고도 하며, 이 목질부는 식물체의 지주(支柱) 역할도 합니다.

(2) 접목의 원리(原理)

① 국화의 가지를 다른 국화에 접붙이려 할 때, 잘라낸 가지를 접가지 또는 접수(椄穗)라하고, 접목을 받아들이는 포기를 대목(臺木)이라고 합니다.

② 접목할 때는 접가지와 대목의 형성층이 서로 융합 협착하여, 양자의 사관(**篩管**)이 서로 이어져서 하나의 대사체로 되어야 합니다.

③ 때문에 위의 사진 1501의 빗겨 자른 국화 줄기의 구조도를 잘 생각하면서, 접가지와 대목(臺木) 양측의 형성층의 관상조직을 꼭 맞게 밀착시키는 정밀도에 따라 접목의 성공 여부가 결정됩니다.

(3) 접목의 시기

① 접목의 시기는 수액(樹液)이 많이 오르내릴 때, 즉 5월 중순에서 6월 중순까지가 가장 좋은 접목시기입니다.

② 접목은 신속히 해야 합니다. 조금만 늦으면, 절단면이 건조되어 접수와 대목의 융합에 지장이 옵니다.

③ 예를 들면, 앞장의 사진 1502에서는 이른 아침에 시원할 때 빚어낸 절단면입니다. 절단 1분후의 사진에서 시들지 않고 신선도가 그대로 있음을 볼 수 있습니다.

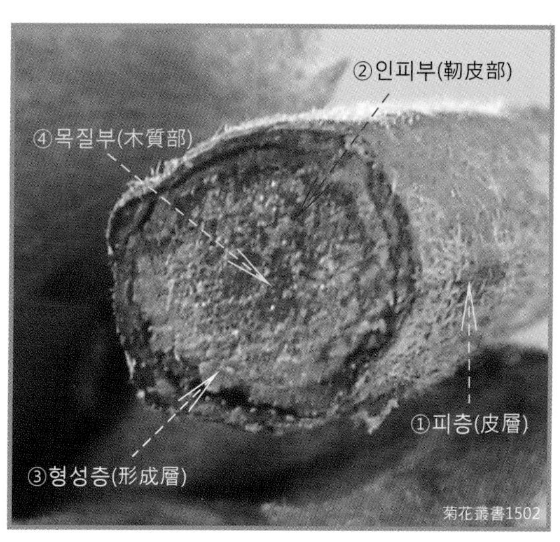

④ 위의 사진 1502는 햇볕이 청명한 한낮에 면도날로 잘라낸 국화 줄기의 단면도입니다. 절단 1분 만에 촬영한 사진인데, 벌서 시들어 색깔과 원형이 변형되었음을 볼 수 있습니다.

⑤ 결과적으로 접목은, 작업 과정의 순서를 마음속에 설정하여 놓고, 작업에 사용될 재료와 기구들을 모두 앞에 준비해 놓은 다음, 예정대로 신속히 시술해야 하며, 대낮 보다는 시원한 이른 아침이나 일몰(日沒) 직전에 작업하는 편이 더 결과가 좋습니다.

(4) 접목(椄木) 재료 선정

① 대목과 접가지와의 형성층을 밀착시켜야 성공합니다. 때문에 대목과 접가지의 굵기가 같은 줄기를 선택하면 맞추기가 쉽습니다.

② 세포조직이 듬성한 장간종과 장간종간은 세포융합이 용이합니다. 중간종과 중간종도 무난하며, 장간종과 중간종도 그런대로 접목을 해 볼만 하지만, 단간종은 세포조직이 밀착되어 있기 때문에, 다른 군락의 세포조직을 잘 받아들이지 못합니다.

장간종 + 장간종 = ♡♡
중간종 + 중간종 = ♡
장간종 + 중간종 = ○
단간종 + 단간종 = ×

(5) 접목 방법

화훼류의 접목방법은 여러가지가 있지만, 국화의 접목에는 아래의 4가지 방법을 권장합니다.

① **할접(割椄)** : 어린대목(臺木)의 몸통을 자르고, 어린접수(椄穗)를 접붙입니다

② **눈접(芽椄)** : 눈(芽)을 도려내어, 이 눈을 대목(臺木)에 접붙입니다.

③ **복접(腹椄)** : 가지나 줄기의 중간부분에서 행하는 접목방법입니다.

④ **기접(寄椄)** : 뿌리가 있는 2개의 국화 포기를 접촉 시켜서 접목합니다.

(6) 할접(割椄)

① 할접(割椄)은 국화 줄기가 목질화(木質化) 되기 전에, 부드러운 초질성(草質性)일 때 시행합니다.

② 예제로 중국쑥을 대목(臺木)으로 국화 접가지를 접목해 보겠습니다. 아래의 사진 568과 같이, 쑥 대목(臺木)의 몸통을 자르

는 할접(割椄)을 해서, 쑥뿌리의 활력을 모두 한 개의 접수(椄穗)로 올려 받아 대작을 만듭니다.

菊花叢書1503

③ 위의 사진 1503과 같이 잎자루 바로 윗부분 라인에서 잎자루를 남겨두고 자르면, 잎으로 오르내리는 수액의 혜택을 받아서 더 유리합니다.

④ 다음은 쑥 접본(椄本) 줄기의 가운데를, 면도날로 1~2cm 정도로 아래로 갈라내립니다.

菊花叢書1504

⑤ 다음은 위의 사진 1504와 같이, [접가지]를 3~5cm정도 길이로 채취했습니다. 더 길면 몸살을 합니다.

⑥ 면도날로 아래의 사진 1505와 같이, 접가지의 아래 부분을 1~cm 정도 양쪽으로 빗겨깍아 내려 V자형으로 다듬습니다.

菊花叢書1505

⑦ 다음은 접가지를, 아래의 그림 1506과 같이, 쑥대목의 갈라놓은 자리에 꽂아 넣습니다.

⑧ 이때 중요한 것은 접가지와 쑥 대목의 굵기가 같아야, 접가지와 쑥대목의 형성층이 포개어져 접목이 됩니다.

菊花叢書1506

⑨ 다음은 접목한 부분을 아래의 그림 1507과 같이, 쑥잎자루를 포함해서, 테이프로 단단이 돌려 감아서 빗물이 들어가지 않고 건조하지 않도록 보호합니다.

菊花叢書1507

(7) 눈접(芽椄)

① 눈(芽)의 부위를 도려 내여 이것을 대목(臺木)에 접을 붙입니다. 아래의 그림 1508과 같이, 눈 1cm 위에서 T자 모양으로 금을 긋고, 목질부를 약간 포함할 정도로 껍질을 벗깁니다. 또는 같은 깊이와 넓이로, 칼로 과일 껍질을 벗기는 기분으로 도려냅니다

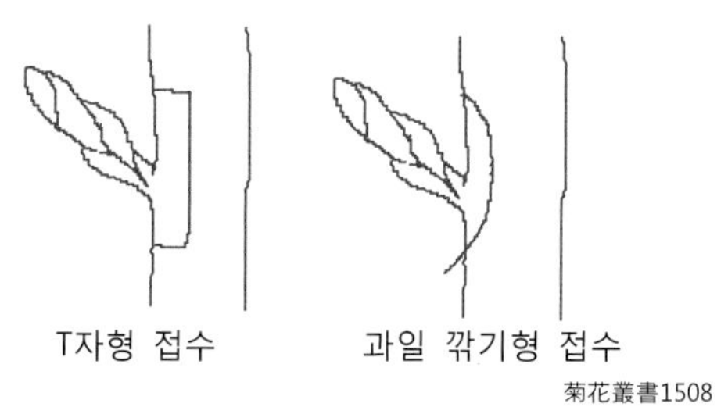

菊花叢書1508

② 다음은 도려낸 접수(椄穗)를 아래의 그림 1509와 같이, 끼워 넣을 부분을 다듬고, 목질부분을 제거합니다.

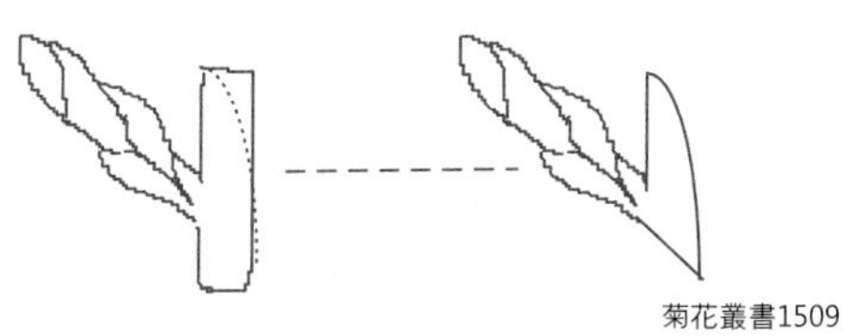
菊花叢書1509

③ 다음은 아래의 그림 1510과 같이, 대목(臺木) 잎자루의 기부(基部) 바로 윗부분에, 앞에서 다듬은 접수의 모양과 크기 그대로 비스듬이 목질부가 약간 포함되게 도려냅니다.

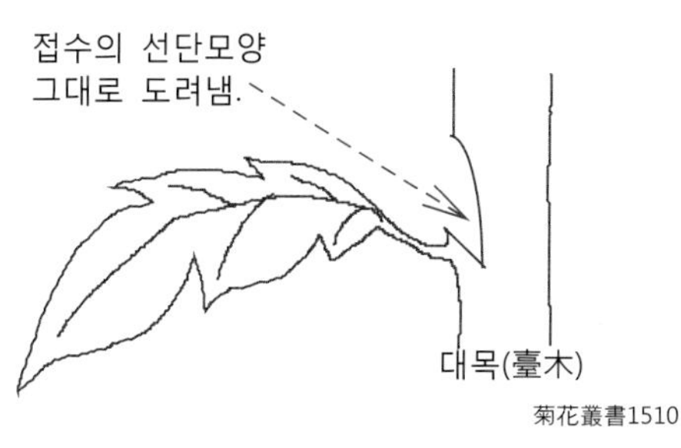

菊花叢書1510

④ 다음은 아래의 그림 1511과 같이, 다듬은 접수(椄穗)를, 대목(臺木)의 도려낸 자리에 끼웁니다

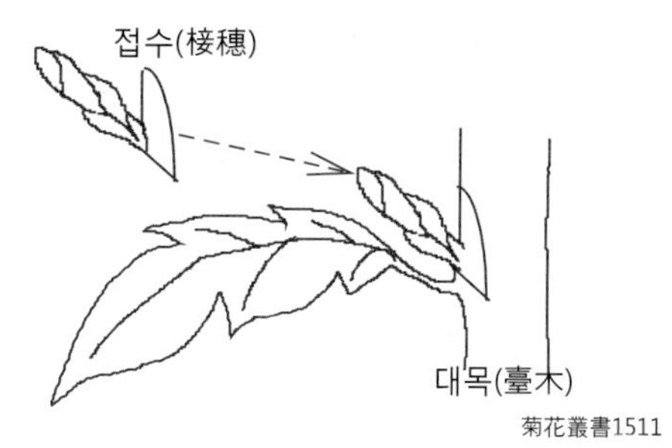

菊花叢書1511

⑤ 다음은 접목 테이프로, 대목의 잎자루와 함께, 밑에서부터 위로 감아올려 빗물이 스며들지 않게 밀착시키고, 처음 2주간은 비를 맞히지 않아야 합니다.

⑥ 수관이 압박당하여 수액의 흐름에 방해되지 않도록 지나치게 동여매어서는 안 됩니다.

⑦ 접목 후, 처음 10일간은 흰 종이로 접목부를 씌워서, 광선과 태양열과 바람을 막아서, 접가지의 건조피해를 예방합니다.

(8) 복접(腹椄)

① 복접(腹椄)은 가지나 줄기의 중간부분에서 접목(椄木)하는 방법입니다.

② 아래의 그림 1512와 같이, 하단 양측으로 빗겨 반듯하게 한칼에 다듬습니다. 빗겨 자른 하단부는, 목질부를 일부 포함하도록 따냅니다.

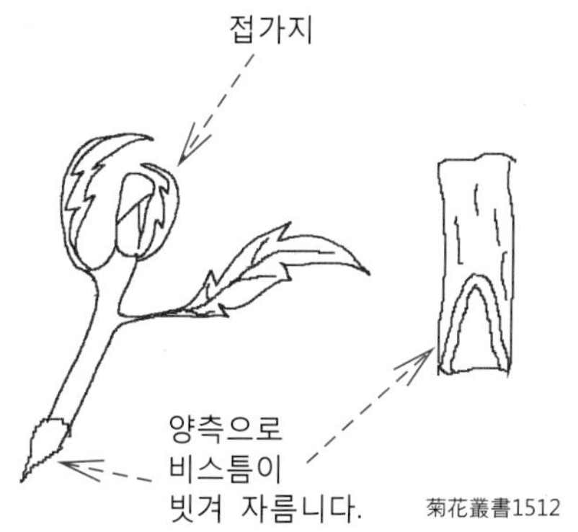

菊花叢書1512

③ 대목(臺木)은 아래의 그림 1513과 같이, 마디와 마디의 중간부분의 선도가 높은 국화줄기를 선택하여, 안으로 빗겨서 목질부가 약간 드러나도록 예리한 칼로 단번에 파냅니다.

목질부가 약간
드러 나도록
예리한 칼로
빗겨 잘라냅니다.
대목(臺木)
菊花叢書1513

④ 준비가 완료 되었으면, 절단면이 건조되기 전에, 다음의 그림 1514와 1515와 같이 신속히 접목해야 합니다.

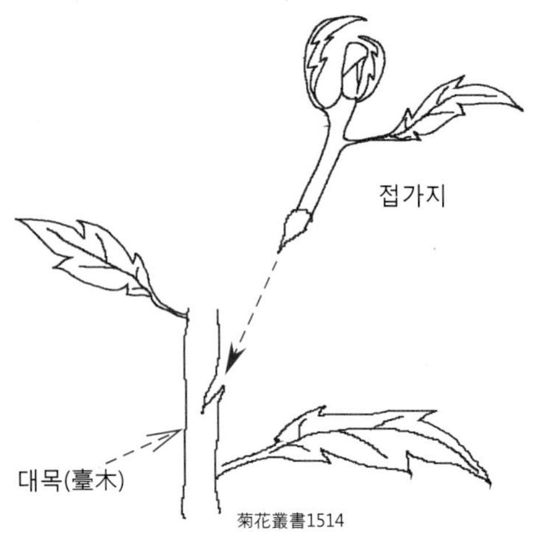
접가지
대목(臺木)
菊花叢書1514

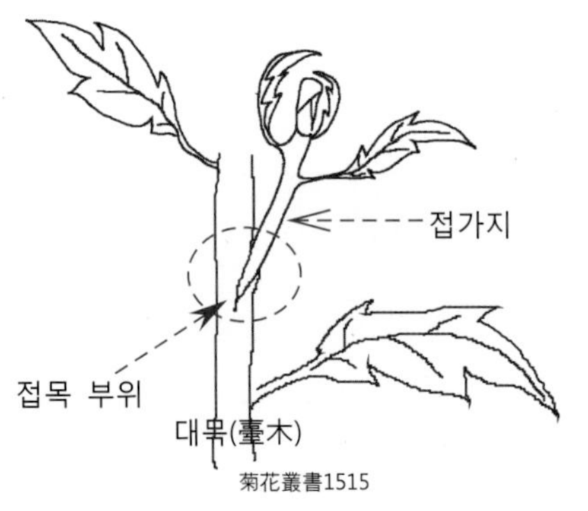
접가지
접목 부위
대목(臺木)
菊花叢書1515

⑤ 접목이 끝나면, 즉시 흰 종이를 씌워서 직사광선과 바람을 막아 접목부의 건조를 방지합니다.

⑥ 접가지가 조금 마른듯 할 때는, 수시로 분무기로 물을 뿌려줍니다.

⑦ 처음 2주간은 비를 맞히지 않아야 좋습니다.

(9) 기접(寄椄)

① 대목(臺木)과 접붙일 나무 수목(穗木)을, 아래의 그림 1516과 같이, 뿌리 가까운 부분에 얕고 길게 깍아서, 서로 밀착시킬 자리를 다듬습니다.

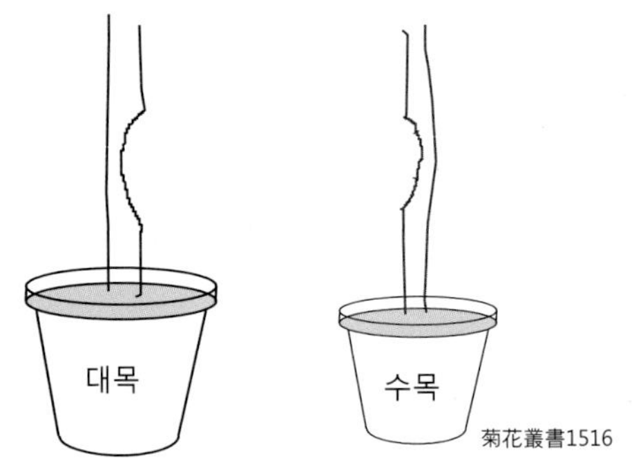
대목
수목
菊花叢書1516

② 다음은 아래의 그림 1517과 같이, 서로 깎아낸 자리를 밀착시킵니다.

③ 같은 굵기의 국화줄기를 선택하면, 접목 성공률이 더 높습니다.

대목
접목 15일 후부터
수목(穗木)화분에는
물을 주지않습니다.
菊花叢書1517

④ 가지를 서로 맞대고 밀착시킬 때는, 아래의 그림 1518과 같이, 양측의 인피부층과 형성층과 목질부를 잘 맞추어 틈없이 밀착시키고, 접목테이프로 단단히 감아서 밀봉합니다.

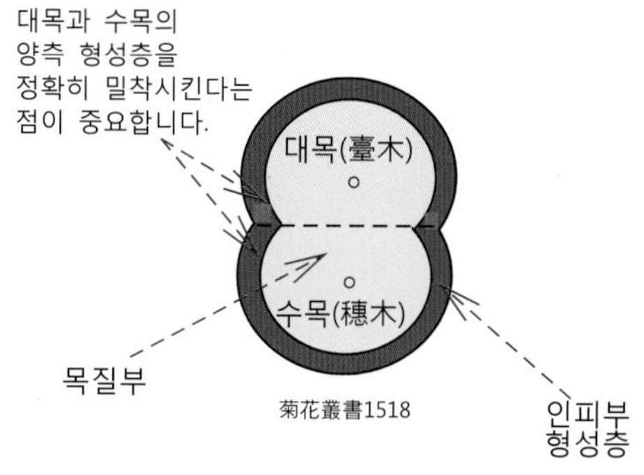

菊花叢書1518

⑤ 만약, 아래의 그림 1519와 같이, 대목(臺木)은 줄기가 굵고, 수목(穗木)의 줄기가 조금 가늘 때는, 목질층이 약간 붙어 있을 정도만 하고, 형성층을 잘 일치시켜서 밀착 밀봉을 해야 합니다.

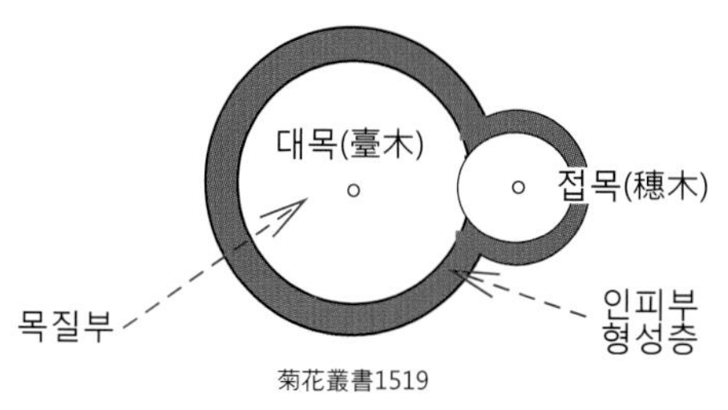

菊花叢書1519

⑥ 접목 10~15일 후부터는 대목(臺木) 화분에만 물을 주고, 수목(穗木) 화분에는 물을 주지 않습니다. 결과가 좋을 것 같은 느낌이 들면, 다음의 그림 1520과 같이, 수목(穗木)의 줄기를, 접목 바로 아래서 잘라냅니다.

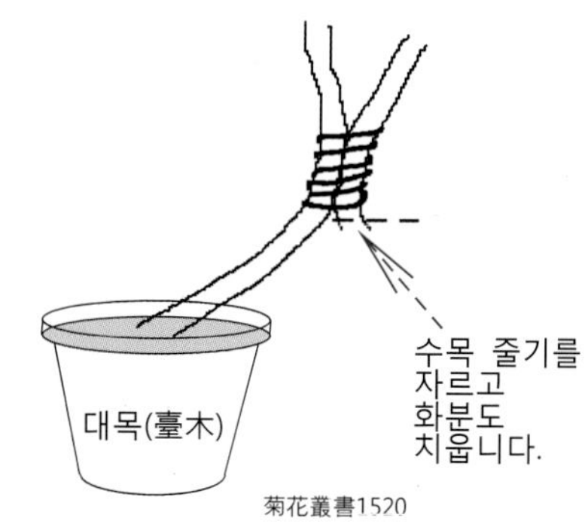

菊花叢書1520

⑽ 접목 후 관리

① 접목된 부분에 처음 2주간은 비를 맞히지 않아야 합니다. 만약 서로 융합하여 활착하기 전에 접합부분에 물이 들어가면, 조기에 부식 고사합니다.

② 접목 후, 약 1개월 만에 완전 활착합니다. 처음 1주쯤 지나서 점차적으로 접가지에 생기(生氣)가 돌며 선도(鮮度)가 높아지기 시작하는 것은, 활착할 가능성이 보이는 것입니다. 이러한 것만 골라서 집중 관리합니다.

5. 중국쑥-대국접목 요령

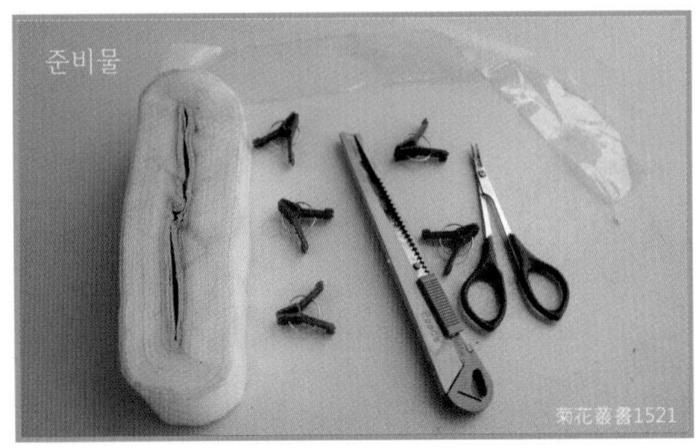

菊花叢書1521

1. 중국쑥의 이점(利點)

① 중국쑥의 뿌리는 불리한 주위환경의 변화에 지탱력(支撐力)이 강하고 항상성(恒常性)이 높습니다.

② 중국쑥의 뿌리에서 품어 올리는 수액의 압력이 국화보다 조금 높아서, 접목된 국화를 잘 자라게 하고, 분지력(分枝力)을 강하게 합니다.

③ 중국쑥에 접목한 국화는 목질화(木質化)가 늦게 나타납니다.

④ 중국쑥의 뿌리는 자리를 많이 차자하지 않아서, 마지막 화분의 크기를 반 이하로 줄일 수 있습니다.

2. 중국쑥 모종

① 3월 초순에 삽목하거나, 봄싹을 분근해도 됩니다.

② 아래의 사진 1522는 4월 5일 현재 5호분으로 옮겨서 활착한 상태입니다.

菊花叢書1522

3. 대목(臺木) 다듬기

① 접목을 받을 뿌리쪽의 포기(쑥)를 대목(臺木) 또는 접본(椄本)이라하고, 그 위에 접붙일 가지를 접수(椄穗) 또는 접가지라고 합니다.

② 국화작품 접목은 대개 할접(割接)을 합니다. 아래의 사진 1523과 같이, 접본의 몸통을 자르고 접가지를 붙이는 접목을 할접이라고 합니다.

③ 할접의 목적은 정아우세(頂芽優勢) 또는 정순우선(頂筍優先)의 원리에 의하여, 위쪽이 세력이 더 강하기 때문입니다.

菊花叢書1523

④ <u>4월 5일 대목의 주간을 잘랐습니다.</u> 접본의 몸통을 자를 때, 아래의 사진 1524와 같이, 잎자루 바로 윗부분을 잘라야, 잎으로 오르내리는 수액의 혜택을 받아서 접목에 도움이 된다고 합니다.

菊花叢書1524

菊花叢書1525

⑤ 자연 상태에서 4월 5월이, 수액이 한창 왕성히 오르내리는 소생의 시기이기 때문에 접목이 제일 잘 된다고 합니다.

⑥ 다음은 위의 사진 1525 같이, 면도날로 대목(臺木)을 아래로 1.5~2cm 정도 갈라 내립니다.

菊花叢書1526

⑦ 위의 사진 1526은 1.5~2cm 내외로 갈라 내려서 벌려놓은 접본의 보기입니다.

⑧ 이때 갈라진 속을 육안으로 보아서, 하얀 갯솜질의 속이 생기기 전에, 아직 목질화 않된 초질이어야 접목이 가능합니다.

⑨ 한창 무럭무럭 잘 자라고 있는 위쪽을 선택하는 것이 유리합니다. 키를 낮게 접목하려면, 중국쑥의 아래 부분을 택하지 말고, 키가 작은 쑥포기의 윗부분을 선택해야 더 성공률이 높습니다.

4. 접수(椄穗) 다듬기

① 여기서는 대국 장간종 정흥우근(精興右近)을 샘플(sample)로 선택했습니다.

② 아래의 사진 1527과 같이 대국을 4cm길이로 접가지를 채취했습니다. 더 길면 몸살이 심하고 결과가 좋지 않습니다.

菊花叢書1527

③ 다음은 아래의 사진 1528과 같이, 면도날로 접가지의 끝을 양면으로 2cm 정도 아래로 빗겨잘라 V자형으로 다듬습니다.

④ 대목을 갈라내고, 접가지를 채취하고, 접가지를 다듬고, 접목하는 시간을 신속히 진행해야 합니다. 너무 지체하면 대목과 접가지의 자른면이 건조하거나 세균에 감염되어 실패의 우려가 있습니다.

菊花叢書1528

(5) 접목시작

① 다듬은 접가지를 다음의 사진 1529와 같이, 대목의 갈라놓은 자리에 꽂습니다.

② 이때 국화의 접가지와 쑥대목의 굵기가 같아야, 아래의 사진 1530과 같은 양쪽의 형성층이 포개어져서 공동 세포분열로 접목이 됩니다. 이것이 키포인트(Key Point)입니다.

③ 만약, 양자의 굵기가 틀려서 형성층이 조금이라도 겹치지 않으면, 연결이 안 되어 접목은 실패합니다.

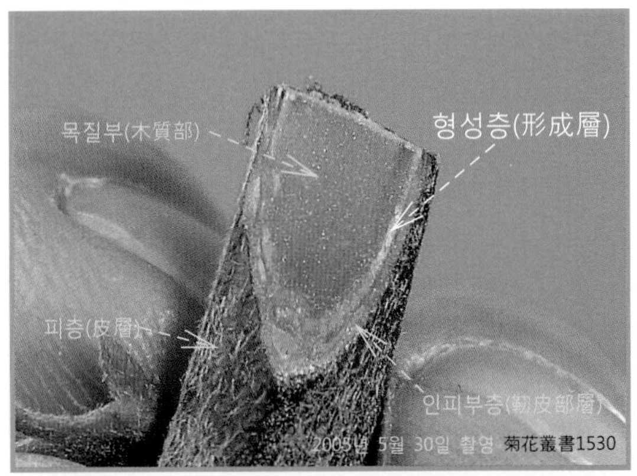

④ 비가오면 접목부위에 물이 들어가서 썩을 수도 있고, 바람이 불어 접가지가 건조할 수도 있어서, 다음의 사진 1531과 같이 접목부위를 숙 잎자루와 함께 접목 테이프로 감습니다.

⑤ 테이프가 풀리지 않게 아래의 사진 1532와 같이, 크립을 1개 집어 놓습니다.

⑥ 아래의 사진 1533은 하우스 안에서는 바람도 없고 비도 오지 않아서, 테이핑을 하지 않았습니다.

⑦ 대목의 갈라놓은 자리에 오므리는 방

향으로 쑥잎자루와 함께 크립을 1개 집고, 접가지가 빠져 나오지 않도록 역방향으로 1개 더 집으면, 압착이 좋고 통기가 잘되고, 잎자루로 오르내리는 쑥수액의 도움을 받아 결과는 더 좋다고 합니다.

⑧ 다음은 아래의 사진 1534와 같이, 접가지보다 조금 더 높은 지주대를 세우고, A_4 용지로 꽃깔모를 접어서, 접가지에 씌워서 2주정도 차양(遮陽) 관리합니다. 희색 종이는 빛과 열을 모두 반사하기 때문에 꽃깔모 속의 접가지를 보호합니다.

菊花叢書1534

⑨ 접목 2주 후, 선도(鮮度)가 좋은것은 접목에 성공한 것으로 간주(看做)해도 됩니다. 이때까지도 몸살을 하는 접수(椄穗)는 포기하는 것이 편합니다.

菊花叢書1535

⑩ 위의 사진 1535는 접목 4주 후, 완전히 결합된 상태입니다.

⑪ 아래의 사진 1536은 접목 6주 후, 접목된 대국 정흥우근(精興右近)이 조기에 분지되는 양상을 보여줍니다.

⑫ 만약 분지하지 않았는 포기는, 1차적심해서 가지를 받습니다.

菊花叢書1536

⑬ 내년을 위한 대작은 6월에 접목을 합니다. 아래의 사진 1537과 같이 7월에 접목이 활착하면서 바로 분지 되었습니다.

⑭ <u>7월의 고온으로 원래는 꽃눈이 오지만, 이때가 장일(長日) 기간이기 때문에 화아분화를 받지 못하고, 성장점이 퇴화결순(缺筍) 되어서, 곁눈이 나오는 분지현상이 일어납니다. 이런점을 이용하여 대작은 6월에 접목하는 것입니다.</u>

菊花叢書1537

6. 국화 육종배양

(1) 국화 육종(育種)의 의의(意義)

① 국화는 재배하면서 각종 공해를 입으면서 서서히 퇴화 됩니다. 따라서 현재 남아있는 국화들 중에서 제일 세력이 우세한 2종의 국화를 선택하여 교배시켜서, 양쪽의 우세한 유전인자를 결합시켜서 차세대의 새로운 품종을 받아내는 일입니다.

② 이 국화 육종은 어려운 과학적 이론(理論)을 뒷받침하고 있지만, 실제 실행과정에서는 아무런 시설없이 원시적인 수작업으로 간단히 이루어 집니다. 그 내면의 생리 생성(生成) 배아(胚芽)에 관한 메카니즘은 자연의 섭리와 조물주의 영역입니다.

③ 수작업은 시술하는 사람마다 조금씩 다르게 여러가지 방법이 있으나, 그 원리와 원칙을 알면 문제될 것이 없습니다.

④ 이 작업은 3년이란 긴 세월이 소요되기 때문에, 시술자의 열의와 끈기가 성공의 중요한 인자입니다.

⑤ 우리나라에서 대국(大菊) 신품종 개발은 경제성이 없어서 아무도 손을 대지 않는 실정입니다.

(2) 부국(父菊 : 雄菊♂)의 선택

부국(父菊)은 튼튼한 몸체를 선택합니다.

① 첫째 꽃가루가 많아야 합니다.

② 줄기가 굵고

③ 국화잎이 크고

④ 꽃잎의 배열이 좋아야 합니다.

(3) 모국(母菊 : 雌菊♀)의 선택

모국(母菊)은 예쁜 꽃 맵시를 선종합니다.

① 꽃잎의 질이 좋고.

② 꽃잎 수가 많고.

③ 꽃 색깔이 영롱하고.

④ 꽃잎 끝의 화변의 모양을 선택

(4) 비료주기(施肥)

① 모국(母菊)은 7월 중순에 비료주기(施肥)를 중단합니다. 비료분이 약간 적어야 화심(花芯)이 조기에 잘 드러나서 꽃수술이 노출됩니다.

② 부국(父菊)은 9월 초순까지 비료주기(施肥)를 합니다.

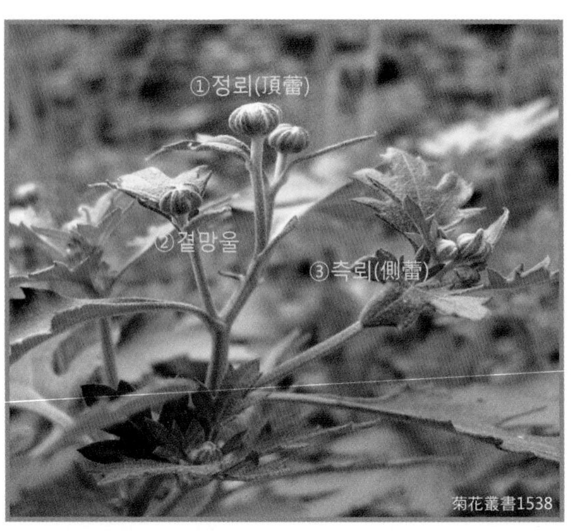

(5) 꽃봉오리의 선택

꽃이 크고 세력이 강하면, 꽃가루를 받기 힘들기 때문에, 꽃의 세력을 줄여야 합니다. 위의 사진 1538과 같이,

① 한줄기의 주간에서 3~4개의 옆가지를 내고,

② 한 곁가지에서 2~3개의 꽃가지를 내며,

③ 한 꽃가지에서 한 송이씩 피웁니다.

(6) 꽃가루(수술) 채취

① 꽃가루가 미량이기 때문에 부국(父菊)을 먼저 관리하여 꽃가루를 받아야 합니다.

② 한 송이를 위주로 기른, 세력이 우세한 꽃에서는 꽃가루를 받기 어렵고, 수정(受精)도 힘듭니다. 쉽게 말하면 자연적으로 막 키운 국화꽃에 꽃가루가 많으며 수정도 더 용이합니다.

③ 대국은 화심이 드러나지 않기 때문에 꽃가루 받기와 수정이 용이하지 않습니다. 대국을 자연 상태와 같이, 꽃망울도 여러개 달고, 비료도 약간 모자랄듯하게 주고, 습도도 조금 부족한듯하게 주어서, 고생을 시키면, 대상성으로 빨리 생을 마치고 다음대를 생성하기 위하여 통상화(筒狀花)[①]를 만들어 화심(花芯)[②]을 드러냅니다.

④ 화심이 드러난 송이가 발견되면, 작업할 때 거치장스런 꽃잎을 가위로 자르든지 몇 개 뽑아냅니다.

⑤ 화심이 성숙할 때까지 기다렸다가 아래의 사진 1539와 같이, 꽃가루가 한창 많이 생성된 부국(父菊)꽃을 선택합니다.

菊花叢書1539

⑥ 오전에는 습도가 높아서 꽃가루를 채취하기 힘듭니다. 11월 중순 맑은 날 오후 2시경 햇볕이 따뜻할 때, 꽃가루가 산들바람에 날릴 정도로 가볍게 건조 되었을 때 채취합니다.

⑦ 준비가 되었으면 실험용 작은 유리접시를 화심(花芯) 가까이 대고, 섬세한 붓(서예 4호)으로 꽃가루를 털어 유리접시에 받습니다.

⑧ 대국은 꽃가루 받기가 정말 어렵습니다. 화심(花芯)을 피우기도 힘들지만, 한 송이의 꽃가루는 아주 미량이기 때문에, 잘못하면 주위에 다 묻어버리고 받을 수 없습니다. 순수한 꽃가루를 받을 수 있는 솜씨이면, 이미 수정(受精)에 성공한 것이나 마찬가지입니다.

⑺ 수정(受精)

㈎ 자연수정(自然受精)

① 수정(受精)은 국화꽃 화심(花芯)의 통상화(筒狀花) 부위에서 이루어집니다.

② 꽃이 피면, 아래의 그림의 1540-㉮통상화에서, Y형 암술이 먼저 나오고, 수술은 미성숙 상태입니다.

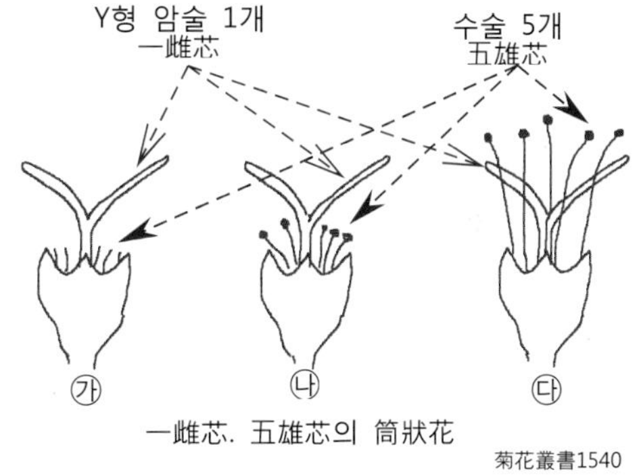

一雌芯. 五雄芯의 筒狀花
菊花叢書1540

③ 1~2일후에 위 그림의 통상화(筒狀花) 1540-㉯와 같이, 수술이 성숙은 되었으나 아직은 암술보다 조금 낮게 자라나오는 중입니다. 이때는 벌들의 역할로 자연수정이 가능합니다.

④ 수정이 미처 안된 화심은, 다시 1~2일 후에 통상화 1540-㉰와 같이 수술이 자라서 암술 위로 자라 오릅니다. 이때 자라오르는 과정에서 암술을 스치거나, 산들바람에 의하여 자연수정(自然受精)이 됩니다. 이 현상을 자가수정(自家受精)이라고도 합니다.

⑤ 통상화(筒狀花) 1540-㉰의 자가수정은 순종(純種)이 우세(優勢)합니다.

⑥ 1540-㉯의 수정은 벌 나비들의 몸체에 묻은 다른 꽃가루들에 의하여 잡종들이 많이 나옵니다.

※참조 : ①통상화(筒狀花) :74쪽. ② 화심(花心):74쪽

㈏ 인공수정(人工受精)

① 모국(母菊 : 雌菊♀)의 준비

㉮ 10월 하순~11월에 꽃이 만개되어 성숙되었을 때, 벌들의 출입을 차단하고, 밀실(密室)에서 수정(受精)작업을 합니다.

㉯ 꽃잎을 한 두 개 뽑아보고, 암술의 위치를 확인한 후에, 암술이 노출될 정도로 아래의 사진 1541과 같이, 주위의 꽃잎을 조금 뽑아내고 화심을 벌려서 암술을 노출시킵니다.

菊花叢書1541

㉰ 자가수정을 막기위하여, 모국(母菊:雌菊♀)의 수술이 성숙되기 전에, 암술(一雌芯)로만 한창일 때, 수정작업을 합니다.

② 수정작업

㉮ 햇빛이 화창한 날, 오전 10시에서 오후 2시까지가 습도와 온도가 가장 적당하여 수정(受精)이 활발히 진행됩니다.

㉯ 다음의 사진 1542는 암술이 한창인 통상화(筒狀花) 상태입니다.

㉰ 미리 채취해 둔 꽃가루를 다음의 사진 1542와 같이, 섬세한 붓으로 찍어서 화심(花芯)의 통상화(筒狀花)① 부분의 Y형 암술에 묻혀 인공수정을 시키고, 주위의 설상화(舌狀花)②에도 꽃가루를 묻힙니다.

菊花叢書1542

㉱ 위의 사진 1542에는 확대와 거리관계로 붓이 크게 보이지만, 실제로는 더 섬세한 붓(서예 4호)을 이용합니다.

㉲ 수정 후, 즉시 투명한 비닐봉투를 씌워서, 만약에 있을 제 2의 수정으로 인한 잡종의 탄생을 차단합니다.

수정은 일단 끝났습니다.

③ 수정후의 관리

㉮ 교배(交配)후, 하루이상 지나면, 아래의 사진 1543과 같이, 암술 Y무리가 위축되어 없어지면, 수정에 성공한 것입니다.

㉯ 이때에 자국(雌菊 ♀)과 웅국(雄菊♂)의 명찰을 달아야, 다음의 육종 작업에 좋은 연구 자료가 될 수 있습니다.

菊花叢書1543

㉰ 비닐 봉투에 작은 구멍을 몇 개 뚫어서 통기를 원활히 하여 씨방의 부패를 방지합니다.

~~~~~~

※참조 : ①통상화(筒狀花):74쪽. ②설상화(舌狀花):74쪽.
~~~~~~

㉣ 며칠 더 지나서, 아래의 사진 1544와 같이, 화심이 더 검으스레 하게 꽃술 부분이 퇴화되면, 수정기간이 완전히 지났기 때문에, 비닐봉지를 벗기고 햇볕을 잘 들게하여 씨앗을 충실히 여물게 합니다.

菊花叢書1544

㉤ 교배 후, 약 50일 후, 이듬해 1월 중순경에 씨가 비산(飛散)하기 전에 씨앗을 모두 채취합니다.

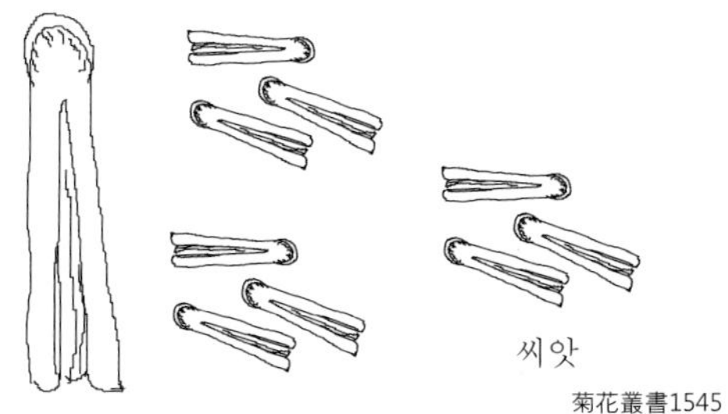

菊花叢書1545

④ 파종(播種)

㉮ 씨앗은 위의 그림 1545와 같이, 아주 작고 납작한 0.5×1mm 정도 크기의 흑갈색의 종편(種便)입니다.

㉯ 이듬해 4월, 하우스 바닥에 노타리를 치고 씨앗을 뿌린 후, 2~3mm의 두께로 흙을 덮어 줍니다.

㉰ 온도를 20℃내외로 관리하면서, 2주 안에 새싹이 움터 나옵니다.

⑤ 정식(定植)

㉮ 발아한 모종을 한 달 정도 관리하여, 모종의 키가 10~12cm정도 자라면 정식합니다. 대개 6월 하순이나 7월 초순에 아래의 사진 1546과 같이, 밭에 망(網)을 깔고 20cm 간격으로 정식합니다.

菊花叢書1546

㉯ 모종이 자람에 따라, 아래의 사진 1547과 같이, 국화 줄기가 서로 엉키지 않도록, 땅에 놓였던 망(網)을 국화키의 반 이상 높이로 올려서 고정하여 줍니다.

⑥ 비배관리(肥培管理)

대국은 적심하지 않고, 측지를 모두 따낸 후, 외대로 기릅니다. 가을에 곁망울을 모두 따내고 중심의 정뢰(頂蕾) 한 망울만 꽃을 피웁니다.

⑦ 선종(選種)

거대륜의 꽃과 우아한 색상꽃을 선종하고, 국화의 키가 150cm以上을 장간종으로, 150cm以下는 중간종으로, 100cm 內外를 단간종으로 분류하고, 동지싹을 받습니다. 이 동지싹으로 번식 시킵니다.

제12장 거름(퇴비)

1. 거름재료

준비물

(1) 활엽수(闊葉樹) 낙엽(落葉)

① 참나무, 밤나무, 도토리나무, 떡갈나무, 졸참나무, 상수리나무, 단풍나무, 플라타너스, 등 잎이 넓고 억센 가을 활엽수 낙엽이 섬유질이 억세어 배수가 잘되고 3대 요소분을 많이 얻을 수 있습니다.

② 3~4호 포트용과 5~6호 中盆용은 7월 경에 덜 억센 활엽수 낙엽을 쓰는 것이 좋으며, 정식용은 12월의 아주 억센 활엽수 낙엽을 모아서 쓰면 좋습니다.

(2) 이탄(泥炭)

① 심산(深山)에서 윗부분의 낙엽은 걷어 버리고, 아랫부분의 1년 이상 지난 활엽수(闊葉樹) 낙엽을 '이탄'이라고 합니다.

② 식물체가 매몰 된지 얼마 안 되어, 탄화작용이 제대로 이루어지지 않았는 미완성 석탄, 이것을 이탄이라고 합니다.

③ 이탄은 발효열이 낮고 산성화된 배양토를 중화하는 작용을 하기 때문에 거름재료에도 사용하고, 그대로 배양토에 배합하여 사용할 수도 있습니다.

(3) 미강(米糠 : 澱粉粕 :쌀겨 : 등겨)

① 등겨(쌀의겨)라고 흔히 농가에서 부르고 있습니다. 벼의 피층(벼의겨:나락겨)을 벗겨내고, 엷은노랑 미색(米色)의 속껍질(형성층)을 다시 벗겨 내면 백미가 됩니다.

② 이때 형성층을 엷게 깍아 낸 미색분말을 등겨(쌀겨) 또는 미강(米糠)이라고 합니다. 이 미강에는 쌀 생성의 양분을 보급하는 부분으로, 전분(澱粉)과 천연 비타민과 효소(酵素)와 양질의 섬유질로 구성되어 있는 양분덩이입니다.

(4) 유박(油粕 : 깻묵 : 아주까리막지)

① 유박은 참깨 들깨 피마자(아주가리) 조 수수 옥수수 등의 기름을 짜내고, 나오는 찌거기를 유박이라고 합니다.

② 그 중에서 효용가치가 가장 높은 깻묵을 유박(油粕)이라고 통칭합니다.

(5) 가축분(家畜糞)

① 계분(鷄糞)과 우분(牛糞)을 별도로 부숙 시키기도 하고, 필요에 따라서는 계분과 우분을 일정한 비율로 혼합부숙 시키기도 합니다.

② 완전 부숙된 가축분을, 국화배양토의 거름으로 배합할 때는 우분과 계분은 20% 이하로 기초배합하며, 돈분(豚糞)은 질소-인산-칼리의 성분 비율배열이 맞지 않아서 국화재배에 사용하지 않습니다.

표 1548, 발효건조 가축분 3대요소 대조표

재료		질소(N)	인산(P_2O_3)	칼리(K_2O)
1	계분(鷄糞)	6.21	5.23	3.15
2	돈분(豚糞)	3.66	5.54	1.49
3	우분(牛糞)	2.23	1.83	1.81
4	뜰깻묵	5.25	3.27	1.54

(6) 어분(魚粉)

생선 명태 멸치 등의 다듬은 찌꺼기를 잘게 잘라서, 물에 담그어 염분을 제거한 후에 사용합니다. 여기서 여러 가지의 아미노산을 얻을 수 있습니다.

(7) 골분(骨粉)

뼈를 미립(微粒)으로 갈아서 발효하면 인산과 칼륨을 얻을 수 있습니다.

(8) 엔자임(Enzyme:발효제) &주박(酒粕)

① 「코오란」과 같은 미생물 발효 촉진제를 첨가하면 기간도 단축되고 악취도 줄일 수 있습니다. 「슈퍼엔자임」과 같은 속성(速成)발효제를 사용하면, 재료가 고가인 점이 아쉬우나 완숙시일을 단축할 수 있으며, 발효기간의 악취를 줄일 수 있습니다.

2. 거름 만들기(自家腐葉土:퇴비)

(1) 전분박퇴비(澱粉粕堆肥)

① 아래의 표 1549와 같은 비율로 배합한, 쌀겨(전분박) 우선인 거름을 전분박 퇴비(澱粉粕堆肥) 또는 전분박 부엽토(澱粉粕腐葉土)라고 말하며, 질소-인산-칼리 3대요소가 6-2-1의 비율로 생성되는 국화재배의 대표적이 거름입니다.

표1549 **전분박부엽토(퇴비)**
낙엽--------------------50%
미강(米糠:쌀겨:등겨)----30%
유박(油粕:깻묵:아주까리)---15%
어분(魚粉)--------------5%
효소제-----------------적당량

② 순수한 거름을 만들어야 하기 때문에 흙은 넣지 않습니다.

③ 유기농퇴비를 만드는 과정이기에, 요소나 화학물질은 일체 넣지 않습니다.

④ 위의 4가지 재료들을 물을 뿌려가면서 아래의 그림 1550과 같이, 무작위로 샌드위치 모양으로 층층이 쌓아 올립니다.

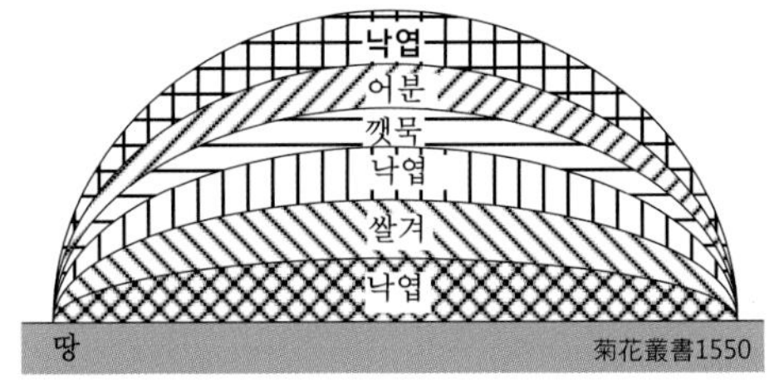

⑤ 처음, 땅에 적당량의 낙엽을 깔고, 물을 뿌려서 촉촉이 축인 후, 적당량의 발효제를 뿌립니다.

⑥ 그 위에 적당량의 등겨(澱粉粕)를 골고루 펼쳐 덮고, 다시 물을 뿌려서 촉촉이 축인 후, 적당량의 발효촉진제 엔자임을 뿌립니다.

⑦ 그 위에 깻묵을 펼쳐서 덮고, 발효 촉진제 엔자임을 뿌립니다.

⑧ 그 위에 어분(魚粉)을 덮어 깔고, 발효촉진제 엔자임을 뿌립니다.

⑨ 이러한 순서로 준비된 재료들을 떡시루 쌓듯이 층층이 쌓아 올립니다.

⑩ 다 쌓은 후, 그대로 두면 쌀겨가 굳어서 실패작이 됩니다. 바로 2~3번 뒤집어 넘기면, 쌀겨와 깻묵 등이 축축한 낙엽에 골고루 묻어서 혼합됩니다.

⑪ 듬성듬성한 거적으로 덮어 두었다가 2~3일 후에 촉촉이 축이면서, 다시 한 번 뒤집어 넘겨 골고루 섞으면 더 좋습니다.

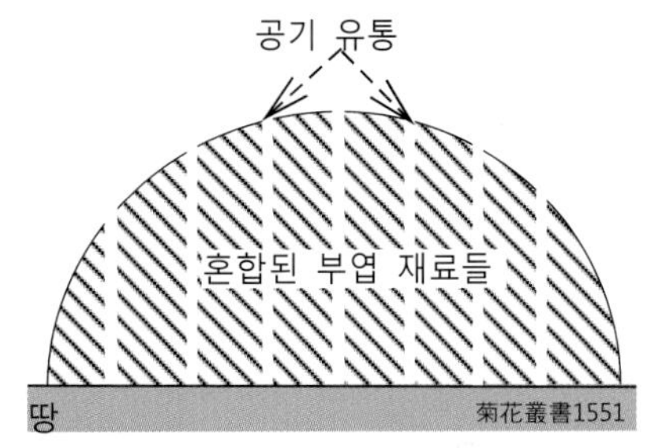

⑫ 다음에는 위의 圖解 1551과 같이, 3cm 정도 직경의 긴 막대기로, 부엽더미를 땅에 닿도록 깊이 찔러서 구멍을 냅니다. 20cm 사방으로 이런 구멍을 많이 뚫어서, 부엽더미 속 깊이까지 산소공급을 해서 골고루 발효를 유도합니다.

⑬ 국화재배가 끝난 후, 12월에 하우스 안에서 위와 같은 작업을 한 후에, 헌 포대기나 거적을 덮어서, 발효열의 손실을 막으면서 겨울을 지나 발효열이 없어질 때까지 마무리 발효를 시킵니다.

⑭ 이것을 그늘에서 건조시켜서 자가 분말비료(粉末肥料)로 사용합니다. 뭉쳐서 자가 건조비료(乾燥肥料)도 사용할 수 있으며, 물에 녹여 걸러서 자가수비(自家水肥)로도 사용할 수 있습니다.

(2) 유박퇴비(油粕堆肥)

① 다음의 표 1552와 같이, 유박 30%, 미강 15%, 어분 5%, 주박(술찌게미)을 5%로 효소제 대용으로 넣습니다. 이렇게 깻묵 우선인 퇴비를 유박부엽토라고 합니다.

② 이것도 다음의 표 1552와 같은 순서로, 샌드위치 모양으로 쌓아 올립니다.

표1552, **유박부엽토(퇴비)**
낙엽-------------------------50%
유박(油粕:뜰깻묵)-----------30%
미강(米糠:쌀겨)-------------15%
어분(魚粉)------------------5%
주박(酒粕:술찌게미)--------미량

(3) 자가 우분부엽토(牛糞腐葉土:퇴비)

① 우분을 건조시켜서 대립(大粒)으로 부수어, 쌀겨 대신에 배합 발효 시킵니다.

② 성분구성 요소는 아래의 표 1553과 같이, 낙엽 50%, 우분 30%, 뜰깻묵 15%, 어분 5%, 발효 효소제 적당량을 배합하여, 같은 방법으로 떡시루 쌓듯이 층층이 쌓아올려 발효작업을 합니다.

표1553, **자가 우분부엽토(퇴비)**
낙엽-------------------------50%
건조우분(牛糞)--------------30%
유박(油粕:뜰깻묵)-----------15%
생선찌꺼기------------------5%
발효제---------------------적당량

(4) 자가 계분부엽토(鷄糞腐葉土:퇴비)

① 마찬가지 방법으로 아래의 표 1554와 같이, 쌀겨 대신에 계분(鷄糞)을 건조시켜서 대립(大粒)으로 부수어 다른 재료들과 배합하여 발효시킵니다.

② 같은 방법으로 떡시루 모양으로 쌓아 올려 발효시킵니다.

표1554 : **자가 계분부엽토(퇴비)**
낙엽------------------------50%
계분------------------------30%
유박(油粕:뜰깻묵)----------15%
어분(魚粉)-----------------5%
발효제---------------------적당량

(5) 자가 한약막지 부엽토(퇴비)

① 쌀겨 대신에 한약막지나 인삼막지를 잘게 부수어서 아래의 표 1555와 같은 비율로 배합 합니다.

② 마찬가지로 떡시루 모양으로 쌓아올려 발효시킵니다.

표1555:**한약막지부엽토(퇴비)**
낙엽---------------------50%
한약&인삼막지---------30%
뜰깻묵-------------------15%
생선찌꺼기--------------5%
효소제-------------------적당량

(6) 대체(代替) 거름(부엽토)

① 국화 거름을 미쳐 준비하지 못한 동호인들은, 아래의 표 1556와 1557과 같이, 시판되는, 톱밥 부숙퇴를 대체해도 무난합니다.

② 상품용 퇴비는 낙엽 대신에 구하기 쉽고 대량생산 할 수 있는 톱밥이나 식물줄기를 부수어서 발효시킨 것입니다.

표1556:**전분박 톱밥부숙퇴비**
톱밥---------------------70%
전분박(澱粉粕;쌀겨)-----25%
주박(酒粕)---------------5%

표1557:**계분 톱밥부숙퇴비**
톱밥---------------------70%
계분(鷄糞)---------------25%
효소제-------------------5%

(7) 퇴비 구성비율의 중요성

① 낙엽과 쌀겨와 깻묵 등에서는 주로 질소분을 얻으려고 합니다.

② 어분(魚粉)에서는 주로 아미노산 계통의 영양분을, 골분(骨粉)에서는 주로 인산과 칼슘을 얻으려고 합니다

③ 인산과 칼슘은 국화줄기를 목질화(木質化) 하는 작용이 있기 때문에, 국화 성장기에 많이 주면 줄기가 자라지 않습니다.

3. 자가건조비료(乾操肥料) 만들기

자가건조비료 만들기

① 2월중에 발효중인 자가부엽토(自家腐葉土)를 기본으로 배합하는 것이 제일 좋습니다.

② 아래의 표 1558과 같이, 전반기에 사용하는 건조비료는 성장을 목표로 하기 때문에 질소성분을 주제로한 부엽토 들깻묵 쌀겨 어분등을 혼합하여 발효시킵니다. 후반기 화아분화와 개화기에는 질소성분을 조금씩 줄이고 인과 칼슘을 많이 함유한 골분(骨粉)을 10%정도 증량하여 배합합니다.

표1558 : **국화 건조비료**

재료	전반기/ 8월 이전	후반기/ 8월 이후
이탄 &부엽토	10	10
뜰깻묵	5	4
쌀겨(澱粉粕)	3	2
어분(魚粉)	2	3
뼈가루	1	2
草木炭(짚재)	1	1
발효촉진제	적당량	적당량
살충제	적당량	적댱량

③ 위의 표 1558에서 준비된 재료들을 골고루 섞어서 반죽합니다. 발효단계에서 온도 상승에 따라 벌레 발생이 심하며, 부엽토 성숙(成熟) 과정보다 더 심하게 발생하기 때문에, 처음부터 희석된 살충제 액으로 반죽합니다. 농약은 뿌리와 잎에 해가없는 농업용 살충제를 써야하며, 최소 허용량으로 희석 반죽하여야 합니다. 반죽의 물량은 한줌 쥐었을 때 손가락사이로 약간 밀려나올 정도로 묽으면 됩니다.

④ 자가 건조비료(乾燥肥料) 만드는 방법은, 양이 많을 때는 부엽토 발효 때와 같은 방법으로 하지만, 취미로 재배하시는 분들은 량(量)이 적고, 주거지이기 때문에, 외관상이나 악취문제를 해결하기 위하여, 다음과 같은 방법을 추천합니다.

⑤ 다음의 사진 1559와 같이, 국화동호인들이 흔히 쓰는 삽목상자를 이용합니다.

菊花叢書1559

⑥ 다음은 준비된 재료의 배합물을, 아래의 그림 1560과 같이, 상자속에 5~6cm정도의 두께로 얇게 채우고, 10cm 사방으로 직경 1~2cm 구멍을 뚫어서, 공기유통을 도와줍니다. 하우스 안에서 관리하면 열 손실을 줄일 수 있습니다.

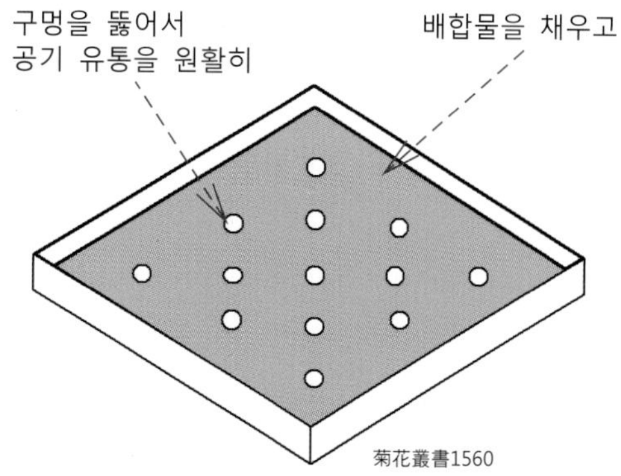

菊花叢書1560

⑦ 아래의 그림 1561과 같이, 배합물을 삽목상자를 엇비슷하게 쌓아 올려서 공기유통을 원활하게 해줍니다.

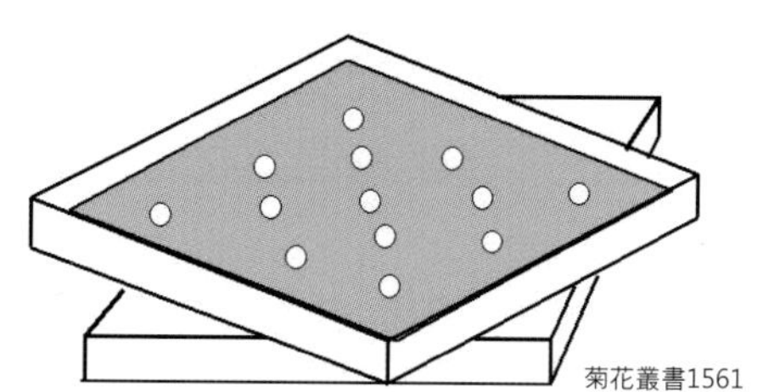
菊花叢書1561

⑧ 마지막으로 아래의 그림 1562와 같이, 재료를 채운 상자를 쌓아 올린 후, 낡은 담요나 포대를 덮어서, 보온과 동시에 광선을 차단하여 발효시킵니다.

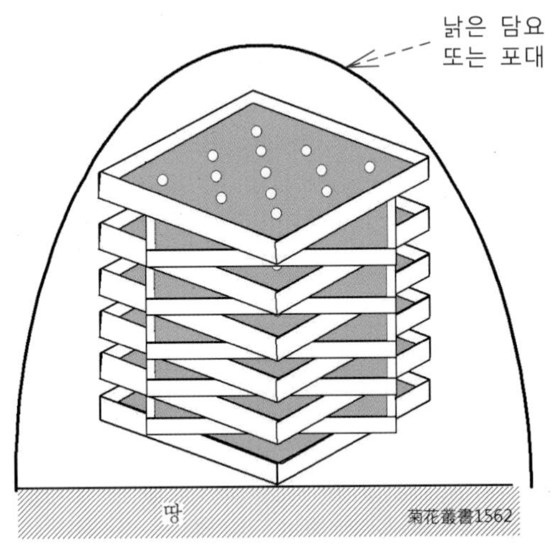

⑨ 이듬해 봄, 손을 넣어보고 차갑게 발효열이 없으면 완숙된 것입니다. 이렇게 발효된 건조비료는 반 그늘에 말려서, 차광포대에 보관합니다.

⑩ 사용할 때는 아래의 사진 1563과 같이, 잘게 부수어서 건조분말(乾燥粉末)로 사용합니다.

⑪ 또는 건조비료 분말에 황토(荒土)를 뭉쳐질 정도로 약간 섞어서 반죽하여, 아래의 사진 1564와 같이, 직경 10ml. 20ml. 30ml. 로 뭉쳐서 경단(瓊團) 건조비료(建燥肥料)로 사용하기도 합니다

⑫ 입국 화분의 건조비료 표준량은 아래의 표 1565와 같습니다.

표1565 : 화분의 건조비료 표준 용량

화분	밑거름	웃거름	거름 총량
5호 화분	10ml X3	10ml X3	60ml
7호 화분	20ml X3	20ml X3	120ml(⅔홉)
9호 화분	30ml X3	30ml X3	180ml(1홉)
10호화분	40ml X3	40ml X3	240ml(1.5홉)
12호화분	60ml X3	60ml X3	360ml(2홉)

4. 자가수비 만들기

① 자가 건조비료(乾燥肥料)나 전분박(澱紛粕) 거름을 완전히 숙성된 후, 건조시키기 전에 일부 덜어내어, 물속에 담그어 푹 불려서, 고운채로 여과하면, 물비료 원액이 됩니다.

② 막지는 받아서 한 번 더 걸러내고, 두번째 나온 막지는 새 배양토의 배합에 저비율로 사용합니다.

③ 이 물비료 원액을, 사용직전에 필요한 량 만큼만 덜어서, 어린모종은 약1000배로, 큰포기는 500배 정도로 희석하여 사용합니다. 1000배는 육안으로 보아서 약간 노란빛이 있는듯하면서 투명하고, 따를 때 거품생성이 약간 있을까 말까(±)할 정도면 적당한 희석농도입니다.

④ 실국화와 소국분재 고간작(古幹作)은 비료에 약해서 2000배액을 사용합니다.

5. 배양토 재료

(1) 화분용 배양토 배합의 바탕

아래의 표 1566은 국화배양토의 기본 바탕 모델입니다. 순서대로 재료 설명을 하겠습니다.

표 1566, **화분용 배양토 바탕**	
재 료	배합률
①거름분(부엽토.퇴비)	20%
②밭흙(점토질 황사)	35%
③마사토.강모래(중립)	35%
④훈탄.제오라이트	10%

(2) 거름분(퇴비 부엽토)

① 글자 그대로 비료성분 유기농 퇴비입니다. 앞장 부엽토 항에서 만든 모두가 여기에 속합니다.

② 전분박퇴비(澱粉粕堆肥). 유박퇴비(油粕堆肥). 한약퇴비(韓藥堆肥). 우분퇴비(牛糞堆肥). 계분퇴비(鷄糞堆肥). 등이 여기에 적용됩니다.

(3) 황사(黃砂)

<u>황갈색의 점토질이 약간 섞인 소립(小粒) 모래입니다</u>. 황사는 국화의 실뿌리에 밀착하여, 국화뿌리와 배양토간의 물질교환의 매개체 역할을 합니다.

(4) 밭흙(田土)

① 농약을 별로 사용하지 않는 무우 배추 밭의 대립 흙이 좋습니다.

② 밭 흙에는 여러가지 모래와 약간의 점토분이 자연배합되어 있기 때문에 그대로 국화배양토의 구성요소로 사용합니다.

(5) 마사토(磨砂土)

① 석회질이 함유된 약간 가벼운 산흙 백토로서 배양토의 산성화가 잘되지 않고, 배수가 잘되어 배양토의 구성 성분으로 이용합니다.

② 주로 중립(中粒:콩알크기)을 쓰지만, 용도에 따라서 소립(小粒):팥알크기)이나 미립(米粒:쌀알크기)를 사용합니다. 미립(微粒)은 배수가 좋지 않아서 사용하지 않습니다.

(6) 강모래

① 맑은 물이 흐르는 개천이나 강 상류의 오랜 세월동안 정화된 왕모래가, 화학성분이나 양분이나 이온을 포함하지 않은 양질의 천연재료입니다.

(7) 훈탄(燻炭)

① 옛날에는 미산화된 나락겨탄을 훈탄으로만 알고 사용해 왔습니다.

② 훈탄은 엄밀히 말해서 숯가루입니다. 그래서 근간에는 숯공장에서 옛날에는 버리던 숯가루를 규격화하여 상품화하고 있습니다.

㉮ 콩알만한 입자를 중립(中粒)으로,
㉯ 팥알만한 입자를 소립(小粒)으로,
㉰ 쌀알만한 입자를 미립(米粒)으로,
㉱ 그 이하를 분말(粉末)로,

분리 포장하여 원예용 재료로 시판하고 있습니다. 인터넷을 검색해 보면 저렴하게 구입할 수 있습니다.

③ 훈탄은 흡습(吸濕) 흡착(吸着) 탈취(脫臭)작용으로, 배양토의 병충해에 대한 저항성을 높이고, 산성토양을 중성화 합니다.

(8) 제오라이트(Zeolite)

① 제오라이트는 스펀지 모양의 독특한 구조로 탈취작용, 흡착작용, 제습작용, 중화작용 등의 다양한 성능을 갖인, 다공성 광물입니다.

② 특히 제오라이트는 비료성분을 광석 내부로 머금었다가, 천천히 내뿜어 효과가 지속되는 장점이 있으며, 산성화된 배양토를 중화시키는 역할을 하기도 합니다.

6. 배양토 만들기

(1) 자가 전분박 배양토(澱粉粕培養土)

① 다음의 표 540과 같이, 기본재료에 전분박(쌀겨) 부엽(퇴비)을 첨가한 배양토가 국화의 대표적인 배양토입니다.

② 자가 배양토는 먼저 만들어 놓는 것이 아니고, 앞에서 발효시켜 놓은 전분박 거름(澱粉粕堆肥)을, 황사 강모래 훈탄 등 4가지 재료를, 표 540의 비율대로, 쓸 만큼만 즉석에서 배합하여 사용합니다.

표 1567, **자가 전분박 배양토**	
재료	배합률
자가 전분박 퇴비	20%
밭흙(약점토질 황사)	35%
마사토.강모래(중립)	35%
훈탄.제오라이트	10%

(2) 자가 유박(油粕) 배양토

마찬가지로 아래의 표 541과 같이, 거름 만들기에서 발효시켜 놓은, 자가 유박부엽토(퇴비)20%, 바탕재료인 황사35%, 강모래35%, 훈탄 또는 제오라이트10%를, 사용직전에 배합하여 사용합니다.

표 1568, **자가 전분박 배양토**	
재료	배합률
유박(깻묵)퇴비	20%
밭흙(약점토질 황사)	35%
마사토.강모래(중립)	35%
훈탄.제오라이트	10%

(3) 자가 계분배양토(鷄糞培養土)

① 마찬가지로, 준비된 계분퇴비(鷄糞堆肥)를 다음 표 1569와 같이 20% 以下로 배합하여 사용합니다.

② 특히 계분거름은 다른 거름보다 함량이 조금 더 많이 들어 있기 때문에, 조금 약하게 사용하는 편이 안전합니다.

표 1569, **자가 계분 배양토**	
재료	배합률
자가 계분 퇴비	20%
밭흙(약점토질 황사)	35%
마사토.강모래(중립)	35%
훈탄.제오라이트	10%

(4) 자가 우분배양토(牛糞培養土)

아래의 표 1570과 같이, 준비된 자가 우분부엽토(牛糞腐葉土:) 20%를 바탕으로 황사 35%, 강모래 35%, 훈탄 또는 제오라이트 10%를 즉석에서 배합하여 사용 합니다

표 1570, **자가 우분 배양토**	
재료	배합률
자가 우분 퇴비	20%
밭흙(약점토질 황사)	35%
마사토.강모래(중립)	35%
훈탄.제오라이트	10%

(5) 대체 간이배양토(簡易培養土)

① 자가퇴비(自家堆肥)를 준비하지 못했을 때는, 시판되고 있는, 낙엽 대신에 톱밥으로 부숙시킨 『톱밥유박퇴비』나 『톱밥전분박퇴비』 또는 『톱밥계분퇴비』『한약막지퇴비』를 배양토의 기본바탕에 배합해도 됩니다.

표 1571, **톱밥유박 배양토**	
재료	배합률
톱밥 유박	20%
밭흙(약점토질 황사)	35%
마사토.강모래(중립)	35%
훈탄.제오라이트	10%

표 1572, **톱밥전분박 배양토**	
재료	배합률
톱밥 전분박(쌀겨)	20%
밭흙(약점토질 황사)	35%
마사토.강모래(중립)	35%
훈탄.제오라이트	10%

제13장 병태와 치료

충해(蟲害)질병

1. 진딧물

(1) 병태(病態)

① 진딧물은 아래의 사진 1573과 같이, 공기가 건조한 봄과 가을에 걸쳐, 국화잎이나 줄기에 집단으로 발생합니다.

② 진딧물은 번식력이 강하며, 성충은 날개가 있어서 이동성이 좋고, 바이러스 병을 옮기기도 합니다.

③ 이들 중에서 목화진딧물과 국화수염진딧물 2종류가 주로 국화를 가해(加害)합니다.

(2) 목화진딧물

① 목화진딧물은 국화 위쪽의 어린잎이나, 위쪽 심부(深部) 전체에 검은 진딧물이 군집하여서, 흡즙(吸汁)하여 국화의 성장에 지장을 초래합니다.

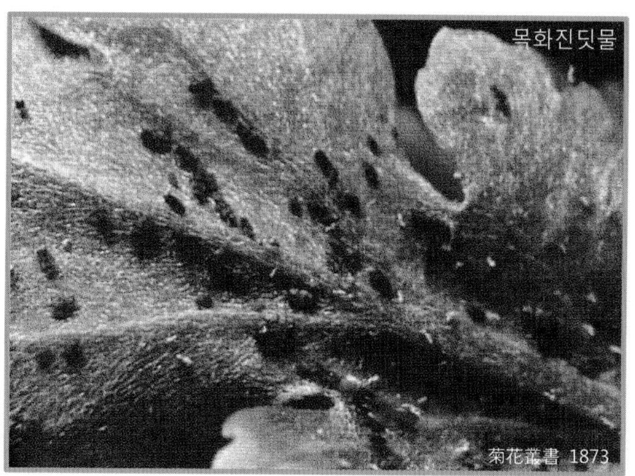

② 주로 잎 뒤쪽에 사진 1574와 같이, 그으름병이 발생하여 검게 더러워지고,

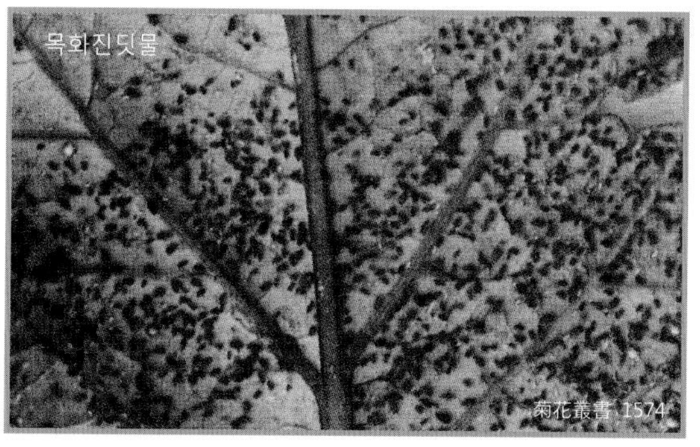

③ 개화시에는 사진 1575와 같이 꽃잎의 기부(基部)를 흡즙하여 꽃잎의 자람과 꽃잎의 지탱을 약하게 합니다.

(3) 국화수염 진딧물

① 수염진딧물은 봄과 가을에 주로 발생합니다.

② 부드러운 싹을 좋아하며, 사진 1576과 같이 줄기 선단(先端)에 기생합니다. 주로 위쪽의 한창자라는 부드러운 줄기에 군집발생하며, 성장점을 가해(加害)하여 줄기의 성장이 지연됩니다.

③ 꽃봉오리에 기생하면 꽃이 작게 되고 흉하게 보입니다.

④ 겨울에도 동지싹 안에서 월동하며, 시설재배(하우스)에서는 겨울에도 활동 증식합니다.

(4) 방제(防除)

㈎ 목화진딧물

① 겨울에도 국화의 가운데 잎 부근에서 월동하고 있으며, 따뜻해지면 바로 증식하여 국화에 가해(加害)를 합니다.

② 목화 진딧물은 국화꽃에도 기생합니다. 이때는 방제가 곤란하기 때문에 사전에 정규적인 예방살포를 해야 좋습니다.

㈏ 국화수염진딧물

① 봄날 새싹이 자라면서 동시에 국화수염진딧물의 증식이 늘어나기 때문에 이때 조기방제를 해야 합니다.

② 월동하는 포기에서 성충과 유충이 동시에 혼서(混棲) 월동하므로, 이 시기에 방제를 하면, 봄철의 증식을 억제할 수 있습니다.

③ 적갈색의 진딧물이 새싹과 새줄기에서 군서(群棲)하는 것이, 눈에 뜨일 정도로 계속 수시로 증식하기 때문에, 정기적인 약제살포가 필요합니다.

(5) 약제(藥劑)

㈎ 목화진딧물 약제

① 디디브이피 유제 : 385쪽 35번

② 피리포 유제 : 394쪽 80번

③ 아시트 수화제 : 388쪽 49번

④ 그로메 유제 : 385쪽 33번

⑤ 클로치아니딘 : 391쪽 65번

⑥ 모노포 액제 : 387쪽 43번

⑦ 비펜스린 수화제 : 387쪽 46번

⑧ 알파스린 유제 : 389쪽 53번

⑨ 에스펜발러레이트 : 389쪽 55번

⑩ 할로스린.피리모 : 394쪽 82번

⑪ 치아클로프리드 : 391쪽 64번

㈏ 국화 꼬마수염진딧물 약제

① 크로르피리포스·알파싸이퍼메스린 유제 : 392쪽 69번

② 테트라디폰.피리포 : 392쪽 71번

③ 벤즈 입제 : 387쪽 45번

④ 에토펜프록스 : 389쪽 56번

~~~~~~~~~~~~~~~~

2. 응애(Spider mite)

(1) 병태(病態) 및 생태(生態)

① 응애는 거미 목(目)에 속하며, 거미보다 작아서 눈에 잘 보이지 않는 미세한 존재의 해충입니다.

② 애벌레는 다리가 6개이고, 어미벌레는 다리가 8개입니다. 생태 중에 탈바꿈을 하지 않는 것이 곤충과는 다릅니다.

③ 응애는 꽁무니에서 거미줄을 내어 잎과 어린줄기에 칩니다. 표면상으로는 피해가 심해질 때까지 발견하지 못하는 경우가 많습니다.

④ 주로 잎 뒷면에 기생하면서, 즙액을 흡즙하여 염록소가 파괴되고, 탄소동화작용이 저하되어 잎이 황화(黃化)되고, 심해지면 잎 표면에 백색 반점이 생기며, 탈피각과 배설물 거미줄 등으로 지저분해 지고 응애가 움직이는 것을 볼 수 있습니다.

~~~~~~~~~~~~~~~~

⑤ 위의 사진 1577에서, 먼지 같은 응애들이 잎 뒷면에서 염록소를 갉아먹어, 잎이 얇고 건조하면서 약간 노랗게 황화(黃化)되었음을 볼 수 있습니다.

⑥ 응애를 미리 방제하지 않았으면, 사진 1578과 같이, 개화된 꽃 위에 거미줄을 치고, 응애가 꼭 박혀서 움직임을 볼 수 있습니다. 이때는 이미 늦었기 때문에 시간 낭비하지 말고 버립니다.

菊花叢書 1578

⑦ 응애의 침해가 심해지면 약제처리로도 불가능합니다. 응애는 죽어도 응애에 흡즙(吸汁)당한 국화의 상처는 원상복구나 재생이 불가능합니다.

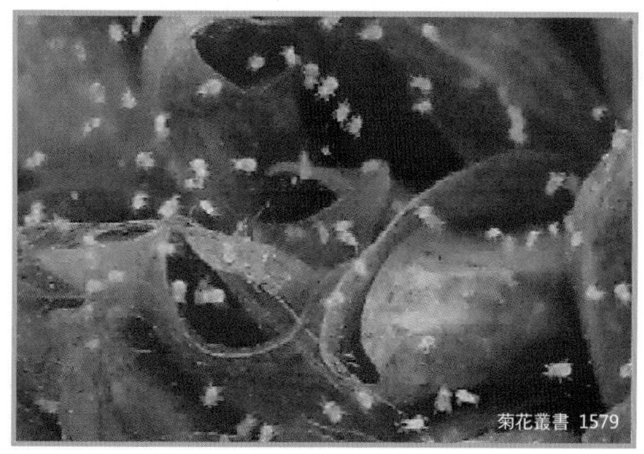
菊花叢書 1579

⑧ 국화를 가해(加害)하는 응애는 3종류가 있지만, 생태와 병태가 모두 비슷비슷하며, 근간에는 위의 사진 1579 같이 점박이 응애의 가해(加害)가 주로 증가한다고 합니다.

(2) 응애의 예방

① 응애는 연간 수십 세대가 발생하기 때문에, 심해지면 약제처리로도 방제하기 어렵게 됩니다.

② 응애의 알은 국화의 잔해나 토양에서 월동하여 이듬해 봄에 부화됩니다.

③ 응애의 발병주(發病株)에서는 근분 포기나 삽수(揷穗)나 동지싹을 받지 말고, 국화는 소각하고 흙과 화분은 멀리 쓰레기 처분합니다.

(3) 응애의 치료

① 발병주는 조기에 소각합니다.

② 알의 상태와 휴지기 동안에는 연무제(煙霧劑)나 훈연제(薰煙劑) 등 어떤 살비라도 그 세포막을 투과하지 못함으로, 잔류 효력이 길지 않은 약제는 제외하고, 농약 살포일을 잘 택일하여야 합니다.

③ 봄철 응애 알의 마지막 휴지기에, 알의 일부가 부화되어 성충이 막 태어나는 혼서(混棲)할 시기에, 성분이 다른 살비제 2가지를 격번(隔番)으로 살포하는 것이 효과적입니다.

④ 즉 국화잎의 뒷면에서, 응애가 1~2마리보일 때가 방제의 최적기입니다.

⑤ 나중에 부화되는 성충을 박멸하기 위하여 고온에서는 2일 간격으로 자주 살포할 필요가 있습니다. 피해 최성기인 7월에서 9월까지는 10~15일 간격으로 수회 살포해야 합니다.

(4) 약제(藥劑)

① **디코플** 수화제 : 385쪽 36번

② **치아스디디브이피:** 391쪽 63번

③ **펜프로 :** 393쪽 74번

④ **펜피록시메이트** : 393쪽 75번

⑤ **치아스** 유.수화제 : 391쪽 62번

⑥ **프로지** 입상수화제 : 394쪽 78번

3. 뿌리썩이 선충
(Rhizoctnin solani)

(1) 생태(生態)

① 아래의 사진 같이, 식물의 기생성 선충은 대개 작고 육안으로 볼 수 없습니다. 체장은 0.7~0.9mm이며 유충도 역시 작습니다.

② 식물에 기생하는 선충은 약 350여종이 있으며, 기주식물(寄主植物)은 딸기, 감자, 상추, 사과, 등이 있습니다.

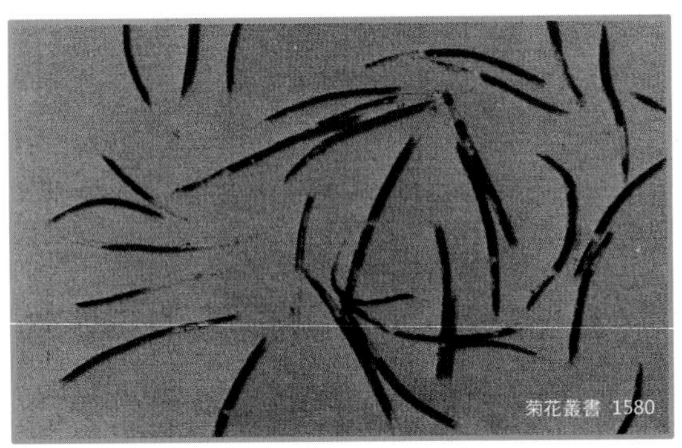
菊花叢書 1580

③ 뿌리썩이 선충의 발육 온도는 25℃ 내외이며, 기주식물이 없어도 고사한 식물체와 함께 오래동안 토양속에서 살아가며 월동하는 내구성 병충입니다.

(2) 병태(病態)

① 뿌리를 뽑아보면 선충이 뿌리 근권부(根圈部)를 침습하여, 뿌리는 별로 없지만 세균성 부패가 아니고 선충이 원인이기 때문에 악취는 별로 없습니다.

菊花叢書 1581

② 외관상으로 사진 1581과 같이, 초기에는 세균성 근부패병과는 다르게, 잎의 탈색 무늬가 뚜렷하지 않고 누렇게 변색되면서 건조하고, 유묘기에는 잎마름 증세가 나타나며, 생육중기 이후에는 위조증세가 나타나면서 고사합니다.

(3) 방제(防除)

① 과습을 피하고, 질소분 과용을 피하며, 통풍과 배수를 원활히 합니다.

② 발생지에서의 연작의 피해가 연속되기 때문에 연작을 피해야 합니다.

③ 다발생지에는 정식전에, 토양 증기소독법이나 일반 토양소독법으로 멸균합니다.

④ 곰파이성 부패와 감별진단하여 약제를 선정합니다. 선충의 뿌리부패 병증은 초기의 잎의 황화(黃化) 무늬가 흐리며, 뿌리에서 악취가 나지 않습니다.

⑤ 선충의 뿌리 부패병에는 살균제가 아니고 살충제를 써야 하고, 지상의 방제보다도 토양소독 관리가 더 중요합니다.

(4) 약제(藥劑)

살충 토양처리제를 사용합니다.

① 포스치아제이트 : 393쪽 76번

② 에도프 입제 : 390쪽 59번

4. 달팽이

(1) 병태(病態)

① 달팽이는 곤충이 아니고 연체동물입니다. 달팽이와 민달팽이가 주로 국화에 문제시 됩니다.

② 기주식물은 상추와 배추입니다. 민달팽이는 아래의 사진 1582와 같이 껍질이 없고, 달팽이는 딱딱한 껍질을 가지고 있으며, 체장은 1.3~10mm입니다.

③ 성충은 햇볕이 잘 들고 따뜻하고 습한 토양 속에서 월동하고 봄에 알을 낳습니다. 이들은 땅속이나 식물체 주위 용기의 갈라진 틈에 20~100개의 알덩어리를 산란하며, 10℃이상에서 10일 만에 부화합니다.

④ 완전한 성숙은 3개월에서 1년이 걸립니다. 즉 1세대를 완료하는데 1년 이상이 소요됩니다.

⑤ 이들은 야행성으로 밤에는 섭식활동을 하고, 낮에는 화분 밑이나 어둡고 축축한 틈 사이에 숨어 있다가 밤에만 식물체의 연조직을 갉아먹는 잡식성이며, 기주식물이 많습니다.

⑥ 달팽이류는 씹는 입틀을 가지고 있어서, 위의 사진 1583과 같이 부드러운 새잎이나 어린줄기의 성장점과 새 꽃잎 새뿌리 등을 갉아먹어서 국화의 생육에 지장을 주거나 작품성을 떨어지게 합니다.

(2) 예방(豫防)

① 통풍을 잘되게 하고, 습도를 낮춥니다. 화분밑을 조금 뜨게 올려놓음으로서 달팽이의 서식처를 줄입니다.

② 이들은 낮에는 숨어 있다가, 밤에 작물로 습격하기 때문에, 재배장 주위를 깨끗이 하고, 제초하는 것이 좋습니다.

③ 국화 화분수가 적을 때는 포살(捕殺)방법을 씁니다. 야간에 오이나 고구마 등 신선하고 부드러운 음식물을 썰어서 서식지에 놓고, 유인하여 포살합니다.

(3) 약제(藥劑)

① 메치오카브 입제 : 386쪽 38번

② 메타알데하이드입제 : 386쪽 40번

5. 잎말이나방

(1) 생태(生態)

① 잎말이 나방은 녹색이나 녹갈색의 작은 애벌레가 국화꽃과 잎을 가해합니다.

② 기주식물(寄主植物)인 접시꽃이나 종지꽃이 주위에 있으면 피해가 큽니다. 8~9월에 애벌레가 부화됩니다.

③ 위의 사진 1584은 다 자란 성충나방입니다. 날개의 길이는 15mm정도의 크기입니다.

④ 아래의 사진 1585는 체장 20mm정도의 다 자란 애벌레입니다. 벌레색깔은 환경에 따라서 녹색이나 녹갈색을 띱니다.

菊花叢書 1585

⑤ 위의 사진 1585는 잎말이 속에 있는 애벌레를 열어놓은 상태입니다.

(2) 병태(病態)

① 아래의 사진 1586과 같이, 꽃봉오리 속에서 애벌레가 거미줄로 꽃잎을 말아 당기면서 식해(食害)를 합니다. 심지어는 한 꽃 속에 여러마리가 실집을 짓고 갉아먹는 패해도 볼 수 있습니다.

菊花叢書 1586

② 새로 나온 잎은 2~3장 거미줄로 묶어서 끝쪽부터 갉아먹기 시작합니다.

③ 늙은 잎은 거미줄로 잎을 말아서 그 속에서 엽육(葉肉)을 갉아먹습니다. .

④ 다음의 사진 1587은 잎말이 속에서 엽육(葉肉)은 모두 갉아먹고 줄기만 앙상하게 남은 형태입니다

菊花叢書 1587

⑤ 사진 1588은 다 자란 애벌레가 잎말이 집에서 번데기가 되었습니다.

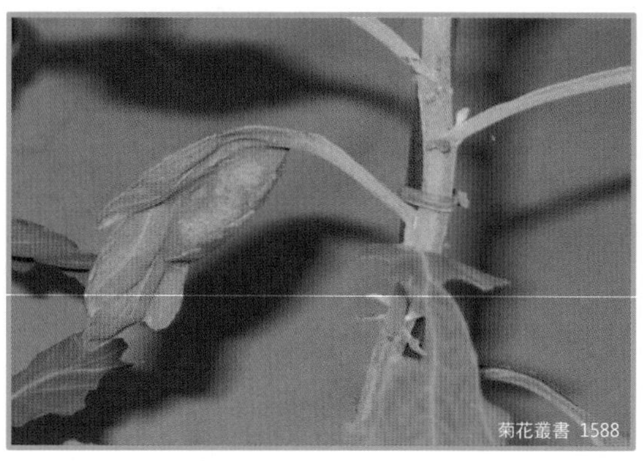
菊花叢書 1588

(3) 방역(防疫)

① 부화된 유충은 먹이와 은둔처(隱遁處)를 찾아서 돌아다니기 때문에, 벌레의 정체가 노출되었을 때 농약을 살포합니다.

菊花叢書 1589

② 유충이 성장했을 때는 잎말이 속이나 윗순 부분을 거미줄로 말아서 그 속에서 식해(食害)를 하기 때문에 약제 살포 방제가 쉽지 않습니다.

(4) 약제(藥劑)

① 피레스 유제 : 394쪽 79번
② 메치온 유제 : 386쪽 39번
③ 델타린 유제 : 385쪽 34번
④ 모노포 액제 : 387쪽 43번
⑤ 베스트 수화제 : 387쪽 44번
⑥ 에스펜발러레이트 : 389쪽 55번
⑦ 메타 유제 : 386쪽 41번
⑧ 아진포 수화제 : 386쪽 50번
⑨ 알파스린 유제 : 389쪽 53번
⑩ 에토펜프록스.파프 : 390쪽 58번
⑪ 주론 수화제 : 391쪽 61번
⑫ 푸라치오카브 : 393쪽 77번
⑬ 할로스린 수화제 : 394쪽 81번
⑭ 크로르피리포스.디프루벤주론 수화제 : 392쪽 68번

6. 파밤나방(*Spodoptera exigue*)

(1) 생태와 병태

① 파밤나방은 주로 파 양파 배추 무 고추 등에 피해를 주는 해충이지만, 근래에는 근접재배하는 국화에도 많은 피해를 주는 것으로 알려졌습니다.

菊花叢書 1590

② 애벌레는 위의 사진 1590과 같이, 어린시기는 황록색이며, 중기 이후에는 흑녹색 녹색 갈색 등 보호색으로 변색됩니다.

③ 갓나온 애벌레는 1mm 내외의 체장(體長)이고, 다 자란 애벌레는 35mm정도입니다. 알의 기간은 2~5일이고, 애벌레 기간은 9~23일이며, 번데기 기간은 5~14일, 성충의 산란기간은 5~8일입니다.

④ 노지에서는 7월 이후에 발생하며, 하우스 안에서는 환경조건만 되면 겨울에도 계속 발생합니다.

⑤ 1년에 4~5세대를 지나며, 6월에서 11월까지 발생하지만, 9월 중순 이후에 제일 많이 발생하고 피해가 큽니다.

⑥ 부화된 애벌레는 새순 부위를 껍질만 앙상하게 남기고 다 갉아먹습니다.

⑦ 9월에 대국에서 꽃망울이 막 출뢰(出蕾)하면, 애벌레는 사진 1591과 같이, 대국 꽃망울을 가해(加害)합니다.

菊花叢書 1591

⑧ 아래의 사진 1592와 같이, 어린꽃망울 속으로 파고 들어가서 식해(食害)하여 껍질뿐인 빈 망울이 되는 수도 있습니다.

菊花叢書 1592

⑨ 조금 더 자란 애벌레는 아래의 사진 1593과 같이, 위쪽의 부드러운 굵은 꽃망울이나 잎과 꽃대를 공격합니다.

⑩ 아래의 사진 1594와 같이, 아직 목질화 되지 않았는 부드러운 꽃목을 애벌레가 파고 들어가서, 꽃목 줄기속의 인피부(靭皮部)층과 형성층(形成層)과 목질부(木質部)가 모두 파괴되고 피부층만 남게 되어, 꽃의 자람과 개화가 신통치 않으며, 산들바람이나 조그마한 충격에도 꽃목이 부러집니다.

(2) 예방과 치료

① 기주식물이 많습니다. 파, 양파, 배추, 고추 ,오이, 쑥갓, 콩, 땅콩, 옥수수, 접시꽃, 카네이션, 그라디오라스, 등의 농장과 근접 재배를 피하는 것이 좋습니다.

② 6월부터 나방이 날아오기 시작하여 부드러운 순과 새잎을 갉아 먹습니다. 같은 나방에서 나오는 애벌레라도, 산란되는 계절에 따라서, 공격하는 부위가 다릅니다.

③ 일단 발생하면, 꽃망울을 갉아먹고, 줄기속에 들어가서 살기 때문에 방제가 힘듭니다. 따라서 시기에 맞추어 예방살포 하는 것이 제일 중요합니다.

④ 9월 중순부터 제일 많이 발생하고, 또 이때부터 국화 꽃망울이 출뢰(出蕾)하기 시작합니다. 이때에 예방을 겸해서 방제액을 분무를 합니다.

⑤ 예를 들면 아래의 약제중에서 『에토펜프록스 계통의 뚝심』과 성분이 다른 『비펜스린 계통의 타스타』를 7~10일 간격으로 2~3회 교호살포(交互撒布)합니다.

(3) 약제(藥劑)

① 에토펜프록스 다수진 : 390쪽 57번.
상품명 : **뚝심** (성보화학)

② 실라프루오펜-메프(유): 388쪽 47번.
상품명 : **다가네** (동방아그로)

③ 알파싸이퍼멘스린-플루페녹수론 유제. 389쪽. 52번. 상품명 : **명중** (성보화학)

④ 에토펜프록스 유제 : 389쪽 56번.
상품명 : **세배로** (경농)
에토펜프록스 (인바이오믹스)

⑤ 크로르피리포스 수화제 : 392쪽 67번.
상품명 : **폭격기** (동방아그로)

⑥ 루페누론 유제 : 386쪽 37번.
상품명 : **파밤탄** (영일케미칼)
매치 (신젠타)

⑦ 비펜스린 수화제 : 387쪽 46번.
상품명 : **타스타** (바이엘)
캡쳐 (동부정밀)

⑧ 크로르푸루아주론 : 391쪽 66번.
상품명 : **아타브론** (경농).

7. 총채벌레류

(1) 생태(生態)

① 대만 총채벌레도 있지만, 국화에서는 꽃노랑 총채벌레(Franklinellaoccidentalis)가 주로 발생하며, 환경만 맞으면 1년에 약 15세대를 번식한다고 합니다.

② 성충의 크기는 평균 1.2mm의 황색 또는 황갈색을 띠며, 암컷성충의 길이는 0.5~14mm인 작은 곤충입니다.

③ 날개가 총채처럼 생겨서 '총채벌레'라고 합니다. 작은 날개로 짧게 날아 뛰면서 꽃 순(筍)으로 이동합니다.

菊花叢書 1595

④ 따뜻한 지역에서는 4~11월까지 생동하며, 알은 잎 뒷면에 산란합니다.

⑤ 위의 사진 1595와 같은, 부화된 애벌레는 국화 선단부(先端部)의 어린 꽃망울이나 연한 잎을 갉아먹다가 일주일 후에 번데기가 됩니다.

⑥ 번데기는 잎의 표면에 붙어 있거나, 또는 땅에 떨어져서 토양 속에서 약 일주일동안의 번데기 성숙기간을 지나서 탈피하여 날개달린 우화(羽化)성충으로 다시 국화의 연한조직을 흡즙 가해합니다.

(2) 병태(病態)

① 꽃노랑 총채벌레는 총채벌레는 애벌래 시기에는 국화의 연한조직을 갉아먹고, 아래의 사진 1596과 같은 성충에서는 짧게 날아 뛰면서 연한조직을 흡즙(吸汁) 가해(加害)합니다.

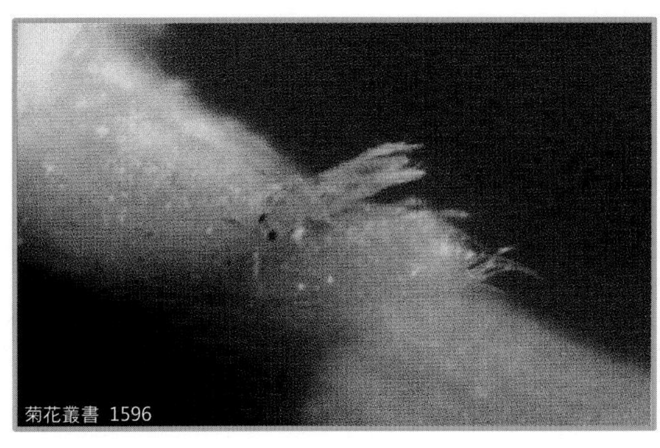
菊花叢書 1596

② 흡즙(吸汁)당한 어린잎은 염록소가 빠져서 희스름하게 탈색되고, 바로 펴지지 못하고 가장자리가 쭈그러지고 삐뚤어진 기형 잎으로 펴집니다.

③ 꽃봉오리가 피기 시작하면 유충과 성충들이 안으로 들어가, 애벌레는 꽃잎을 갉아먹고, 성충은 꽃잎 기부를 가해합니다.

④ 가해당한 꽃잎은 지탱하지 못하고 쓸어지며, 선도(鮮度)가 떨어지고 퇴색되어 위축현상이 일어나서 작품성을 상실합니다.

(3) 방역

① 한 두 번의 방제로는 어렵습니다. 세대의 기간이 짧아서 알과 애벌레와 번데기와 성충들이 함께 혼서(混棲)하기 때문에, 살충제를 살포해도 잎의 조직속의 알이나 토양속의 번데기에는 농약이 침투하지 못하여 방제가 어렵습니다.

② 농약 투약만으로는 만족하지 못하기 때문에, 물리요법으로 방충망이나 끈끈이 등으로 성충을 포살하며, 항상 환경을 정화하고, 잡초를 제거하며, 국화잔해를 소각하여 전염원을 원천 차단합니다.

(4) 약제 :

① 아크리나스린 : 388쪽 51번
② 이미다클로프리드 : 390쪽 60번
③ 에마멕틴벤조에이트 : 389쪽 54번
④ 아바멕틴 : 388쪽 48번

8. 노린재

초록장님 노린재(*Lugocoris lucorum*)

(1) 생태(生態)

① 노린재류에는 여러종류가 있지만, 국화에는 초록장님 노리재가 주로 침습합니다. 노린재를 터트리면 역겨운 노린 악취가 나기 때문에 노린재라고 합니다.

② 위의 사진 1597과 같이, 몸길이는 5mm정도의 연한녹색이나 갈색의 작은 체구로서, 1년에 2회정도 발생합니다.

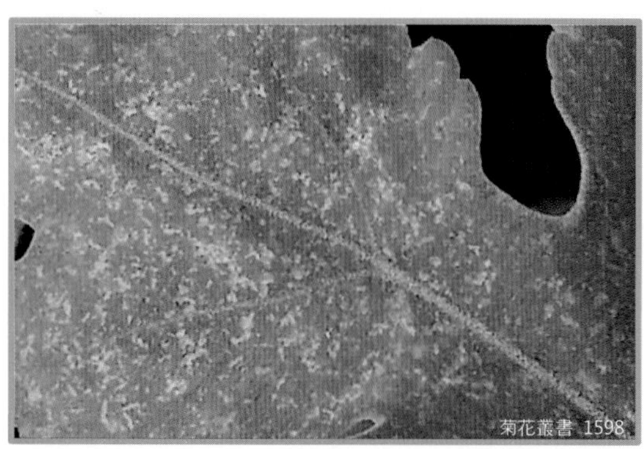

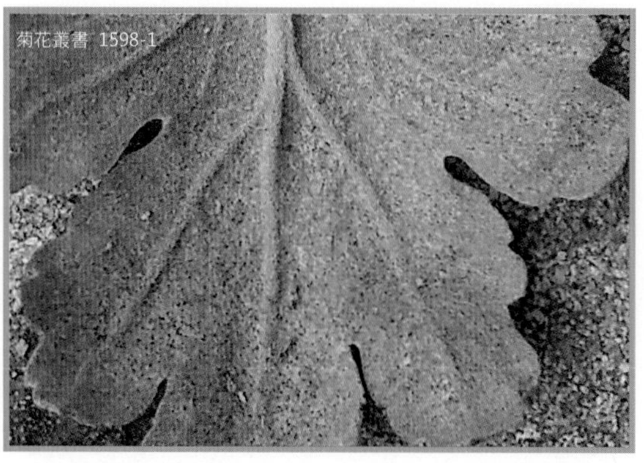

③ 찔러서 빨아먹는 입의 구조를 가지고, 어린잎을 흡즙하기 때문에, 사진 598과 같이 처음에는 흡즙한 상처에는 염록소가 빠져서 흰점으로 보였지만, 잎이 어느정도 펴지고 넓어지면서 자라면, 어릴 적에 흡즙당한 상처가 구멍이 뻥뻥 뚫리고 너덜너덜하게 흉한 잎이 되어 작품성을 상실합니다.

④ 주로 노지(露地)의 다른 식물의 잎 뒷면에 산란하여, 알로 월동한 후에, 4~5월경부터 국화 재배장을 습격한다고 합니다.

⑤ 사람의 인기척을 느끼면 즉각 자취를 감추는 민첩한 벌레로서, 낮에는 좀처럼 찾아보기 힘들지만, 이른 아침 또는 저녁때는 녹색을 띤 매우 민첩한 작은 노린재류가 흡즙하고 있는 것을 볼 수 있습니다. 피해가 있어도 벌레는 거의 볼 수 없기 때문에, 국화 재배자들은 그것이 충해(蟲害)인지를 잘 모르고 있는 실정입니다.

(2) 방제(防除)

① 노린재류는 작고 동작이 민첩한 곤충으로, 농약을 살포할 때는 빨리 인근농장으로 피했다가, 약효가 없어진 후에 돌아오기 때문에, 방제적기를 맞추기 힘듭니다.

② 피해 특징은, 어린 국화잎에 침으로 흡즙(吸汁) 당한 작은 구멍들이 뚫어져 있는 것입니다. 이 가해(加害) 흔적은 무당벌레의 가해흔적과 비슷하기 때문에, 잘 구별진단 후에 약제를 선택합니다.

③ 노린재류의 방제는 약제를 잘 선택하여, 5월과 6월의 발생 초기에 10일 간격으로 농약을 살포합니다.

(3) 약제(藥劑)

① 메프수화제 : 387쪽 42번

② 펜치온 유제 : 392쪽 73번

③ 파프 유제 : 392쪽 72번

9. 국화잎 선충

(*Aphelenchoides ritzemabosi*)

(1) 형태(形態)

① 식물 기생성 선충의 일종이며, 몸의 길이가 1mm 내외의 길죽한 작은 체구로 투명하여서 육안으로는 잘보이지 않지만, 피해 잎을 잘게 썰어서 물에 담가두면 기어 나오는 선충을 볼 수 있습니다.

② 알의 기간은 3~4일, 유충기간은 9~10일, 1세대의 기간은 10~13일 정도입니다.

菊花叢書 1599

(2) 병태(病態)

① 국화잎선충 병은 위의 사진 1599와 같이, 잎의 엽맥(葉脈)으로 구분된 부위가 갈색이나 검게 변하면서 말라죽습니다.

② 발병은 처음은 하엽(下葉)에서부터 시작하여 점차적으로 상엽(上葉)으로 확산되어 올라가며, 심하면 포기전체의 잎이 말라 죽어서, 고사(枯死)한 잎들이 줄기에 주렁주렁 달려 있습니다.

③ 땅에 떨어진 병든 잎에서 나온 선충은, 비가 올 때나 물을 줄 때 생기는 수막(水幕)을 타고 올라와서, 잎의 기공을 통하여 조직으로 침입 증식합니다.

④ 지난해의 건조한 국화 잔해(殘骸)나 동면(冬眠)하는 포기의 싹눈이나 성장점에서 월동하여 다음해의 전염원이 됩니다.

⑤ 동지싹의 끝순에 기생하며, 줄기의 선단부(先端部)가 위축되기도 하고, 잎의 수관망(水管網:Network) 엽맥(葉脈)에 선충이 기생하여 꽃망울이 출뢰(出蕾)할 시기에 증상이 발현하여, 잎이 수관망(水管網) 엽맥(葉脈)의 모양대로 '부채꼴'로 병소가 나타납니다. 심할 때는 잎의 수관망(水管網)만 앙상하게 남습니다.

(3) 방제(防除)

① 병든 모주(母株)는 버리고 종자로 사용하지 않습니다.

② 병든 모주(母株)에서 근분묘(根分苗)나 삽수(揷穗)나 동지싹을 채취하지 않습니다.

③ 국화잔해와 주변 잡초를 소각(燒却)하여 땅속 깊이 파묻어야 합니다.

④발병한 포기는 위로 물을 관수하지 말고, 아래 지면으로만 관수하면 확산을 줄일 수 있습니다.

⑤ 연작(連作)을 피하고 새 배양토를 사용합니다.

(4) 약제(藥劑)

① 포스치아제이트 : 393쪽 76번

② 에토프 입제 : 390쪽 59번

~~~~~~~~~~~~~~~~

10. 국화 풍뎅이

(1) 생태(生態)와 병태(病態)

① 풍뎅이는 국화의 공식적인 해충은 아니지만, 장미꽃이 기주식물입니다. 국화재배장 주위에 기주식물인 장미꽃을 기를

菊花叢書 1600
~~~~~~~~~~~~~~~~

때는, 장미꽃의 풍뎅이가 국화꽃을 기습하여, 피어나는 국화꽃의 화심(花芯)을 갉아먹습니다.

② 국화에 날아와서 피해를 주는 풍뎅는 사진 1600의 '왜콩풍뎅이' 와 1601의 '구리풍뎅이' 2종류입니다.

菊花叢書 1601

③ 이들 풍뎅이는 사진 1602와 같이, 장미나 국화 등의 짙은 향기를 품는 작물을 습격하여, 향기의 근원인 화심을 갉아먹는 것이 특징입니다.

④ 낮에는 꽃봉오리나 꽃잎을 갉아 먹으며, 주로 떼를 지어 식해(食害)할 때는 꽃잎이 모자라면 어린잎까지 갉아먹어 그물같이 너덜너덜하게 됩니다.

⑤ 방향꽃만을 식해(食害)하는 왜콩풍뎅이와 구리풍뎅이는 흙속에서 유충형태로 월동하고, 다음해 봄에 번데기가 되며, 성충은 6월부터 나타나기 시작합니다.

⑥ 년 1회 발생합니다. 이 중에서 한 달 늦게 탈피한 성충들이 9월 하순의 장미꽃과 주로 大菊꽃을 급습합니다.

⑦ 이 왜콩 풍뎅이와 구리풍뎅이 성충은, 다른 곤충이나 풍뎅이처럼 야간 등화(燈火)에 따르지 않고, 낮에만 집단적으로 한곳에 수십마리씩 떼를 지어 꽃과 꽃잎을 갉아먹습니다.

⑧ 성충은 7~8월에 흙속에 산란하며, 부화된 유충은 '다리아' '지니아'등의 화초류 구근(球根)을 식해(食害)하면서 자란다고 알려져 있습니다. 구리풍뎅이는 '왜콩풍뎅이' 보다 몸체는 조금 더 크지만, 모든 생활사는 같습니다.

(2) 방제(防除)

① 꽃에 날아온 풍뎅이는 부지런히 잡아냅니다. 왜콩풍뎅이는 동작이 민첩하게 멀리 날아가기 때문에 잡기가 힘듭니다.

② 풍뎅이 발생 원인이 이 외에 여러가지이기 때문에, 포살(捕殺)하더라도 또 다른 근원지에서 날아옵니다. 때문에 꽃이 30%쯤이 피었을 때, 봉지를 싸거나 절화류는 조기에 절화하는 수 밖에 없습니다.

③ '장미'나 '다리아' '지니아'등의 기주식물을 주위에 기르지 않아야합니다.

菊花叢書 1602

(3) 약제(藥劑)

※ 6~7월의 탈피기간 중에 자주농약 살포를 합니다.

① 메프수화제 분재 : 387쪽 42번
 스미치온 수화제(동방아그로)
 메프치온 유제(동부정밀)

② 크로르피리포스(수) : 392쪽 67번
 더스반 (동부한농)
 명사수 (동부정밀)
 충모리 (한국삼공)

세균성 질병

11. 잎마름병(葉故病)

(*Cylindros sporium*)

(1) 병증(病症)

① 주로 잎의 끝부분에서 시작되는 예가 많으며, 어린 모종은 끝 순(筍)에서부터 병세가 진전됩니다. 병든 잎은 갈색에서 잿빛으로 변하고, 가장자리에 흙갈색의 무늬가 생깁니다.

② 아래의 사진 1603과 같이, 병반부에는 검은색의 작은 알맹이가 산발적으로 발생하며, 심할 때는 잎의 가장자리에서부터 말라 들어갑니다. 특히 고온다습한 상태에서 많이 발생합니다.

菊花叢書 1603

③ 여름철 고온다습한 계절에 많이 발생하고, 주로 노지재배에서 발생하며, 시설하우스 재배에서는 발생 빈도가 낮습니다

菊花叢書 1604

(2) 예방(禮防)

① 장마철에 빗물이 튕기거나 또는 물을 줄 때에 흙탕물이 튀어서, 앞의 사진 1604와 같이, 잎의 뒷면에 묻어서, 하엽(下葉)에서부터 발생합니다.

菊花叢書 1605

② 일단 하엽에서 발병하면, 신속히 방역을 해야 합니다. 조금만 방역이 늦어도 위의 사진 1605와 같이, 하엽(下葉)에서부터 시작하여 위로 확산되어 올라갑니다.

③ 비올 때나 물을 줄 때, 병든 잎에서 정상 잎으로 병원균이 확산될 확률이 많음으로, 엽고병에 감염 된 국화는 치유될 때까지 잎에는 물주기를 조심하고, 비도 맞히지 않아야 합니다.

(3) 약제(藥劑)

① 만코치 : 379쪽 11번
   다이젠엠 45(경농,동부한농)
   만코치 (동방아그로,바이엘)

② 다코닐(타로닐) : 378쪽 6번
   다코닐(경농)
   금비라(바이엘)

③ 디크론 : 379쪽 7번
   유파렌 유.수화제(동부한농.바이엘)

④ 디페노코나졸 **:** 379쪽 8번
   푸르겐 유제10%(경농)
   황금알 유제20%(동부정밀.하이텍)

12. 근부패병(根腐敗病)
(*Fusarium axyporum*)

(1) 병리(病理)

① 이 병은 고온다습기 재배에서 고열을 받을 때 발생하는 세균성 질병입니다. 지체부(枝體部)를 침습하여 갈색으로 변하면서 잔뿌리가 액화(液化) 소실(消失)되어, 뿌리의 근간(根幹)이 잘록하게 되어 일명 『잘록병』이라고도 합니다.

② 노지재배에서는 드물게 생기며, 주로 분양재배(盆養栽培:화분재배)에서 많이 발생합니다.

③ 원인은 거름이 너무 많은 배양토나, 과다한 화학비료를 사용한 화분이나, 뿌리에 상처가난 화분을, 옥상이나 하우스 또는 콩크트 마당에, 또는 하루종일 햇볕이 드는 마당에서 재배하였을 때, 고열에 장기간 노출되면서, 뿌리의 활력이 떨어지고 저항력이 무기력할 때, 토양부패균이 급습합니다.

④ 국화뿌리의 생장 적온(適溫)의 한계는 27℃입니다. 균체의 발육온도는 25~30℃이며, 호발부위는 뿌리입니다.

⑤ 즉 외기 온도가 30℃를 장기간 오르내리면, 뿌리주위의 지온은 27℃까지 올라 뿌리가 생육의 한계에 이르러서, 뿌리의 자활력과 저항력이 최고로 저하되었을 때, 근부패균은 이때가 최적 발육온도이기 때문에, 국화뿌리를 급습 가해(加害)합니다.

(2) 병증(病症)

① 한여름 고온다습(高溫多濕)한 장마철에, 기온이 30℃를 오르내리는 날들이 오래동안 지속되다가, 장마가 끝나고 햇볕이 들면, 갑자기 국화가 시들면서 점차적으로 패작이 됩니다.

② 처음에는 고온(高溫)에서 실뿌리가 부패하면서 뿌리의 근권부(根圈部)가 황갈색으로 변색되었다가, 점차적으로 잔뿌리까지 부패되어 검은색으로 변합니다.

③ 장마철에는 따가운 땡볕이 별로없어서 그런대로 견디다가, 장마가 끝나고 뜨거은 햇볕이 갑자기 장시간 쪼이면, 실질적으로 활동하는 잔뿌리가 거의 없는 국화뿌리는, 줄기와 잎에서 요구하는 물의 량을 다 공급하지 못하여 시들어버립니다.

④ 이 포기를 뽑아보면, 뿌리가 거의 없으며, 뿌리와 주위의 흙까지도 검게 부패(腐敗)되어 독특한 악취가 발생합니다.

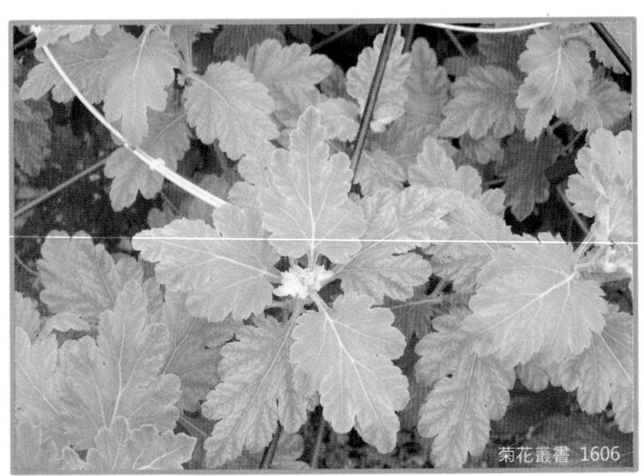
菊花叢書 1606

⑤ 근부패병(根腐敗病)은 사진 1606과 같이, 외관상으로 잎이 탈색된 노란색과 미탈색된 녹색의 경계가 뚜렷한 지도상 무늬가 나타나며, 약간 건조하고 심하면 줄기와 잎에 위조증(萎凋症)이 나타나면서 패작이 됩니다.

⑥ 이 포기는 고쳐서 작품화 할 수는 없습니다. 고생하지 말고 포기합니다. 발견즉시 국화포기는 소각처리하고, 흙은 멀리 쓰레기 처리합니다.

(2) 예방(豫防)

① 배양토의 거름비율을 줄입니다.

② 고온을 피합니다.

③ 화학비료보다 유기질 비료를 씁니다

④ 뿌리에 물리적 화학적 자극을 주지 않습니다.

⑤ 이미 병증이 심한 포기는 국화포기를 모두 소각(燒却)하고 배양토를 토양소독을한 후, 땅속 깊이 파묻습니다.

⑥ 국화의 뿌리가 부패되는 병도, 곰팡이 세균성과 뿌리썩이 선충에 의한 병증를 확실히 감별진단한 후에, 약제 토양처리를 하여야 합니다.

⑦ 세균성 근부패병은 잎의 황화(黃化)되는 무늬가 뚜렷하게 나타나며, 뿌리를 뽑아보면 흙과 뿌리가 진한 흑회색을 띠면서 독특한 악취가 풍기는 것이 특징입니다.

(3) 치료(治療)

① 치료는 원칙적으로 없으며 예방뿐입니다. 밭에 심은 국화들은 토양처리제를 혼화한 후, 가스가 빠진 후에 정식합니다.

② 화분에 기르는 분양재배(盆養栽培) 국화에서 초기증상으로 발견된 화분은, 소정의 비율로 토양처리제로 혼화한 흙으로 흙갈이를 합니다.

③ 초기에는 다찌가렌 액제, 또는 다찌밀 액제 등을 500배나 물20L당/약제 20ml 로 희석하여 아래의 화분흙에 푹 관수합니다.

(4) 약제(藥劑)

살균 토양처리제를 사용합니다.

① **다조메** 입제 : 377쪽 3번.

② **다찌가렌 :** 377쪽 4번

③ **다찌밀** : 378쪽 5번

13. 흰녹병(백수병:白銹病)
(*Puccinia horiana P. Hennings*)

(1) 병증(病症)

① 세균은 Basidio mycetesd의 일종이며, 호발부위는 국화의 잎입니다.

② 병균체는 국화에서만 동포자 세대로 생활을 합니다. 전년도 국화의 잔해에서 월동한 동포자는 발아하여, 바람에 날리어 공기 전염원이 됩니다. 포자번식 적온은 18~20℃이며, 잠복기는 10일 내외입니다.

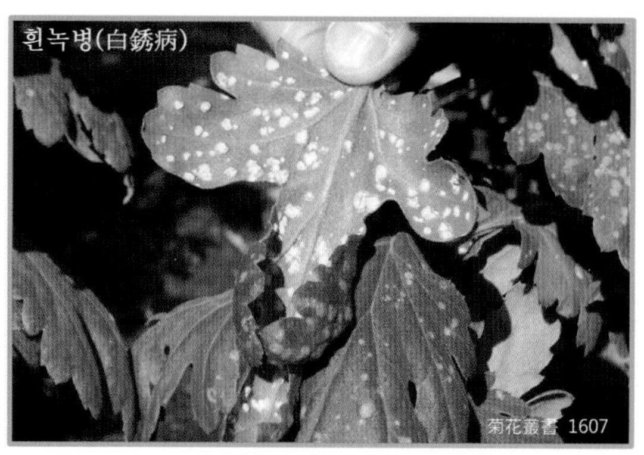
흰녹병(白銹病)
菊花叢書 1607

③ 위의 사진 1607과 같이, 초기에는 잎 뒷면에 작은 흰색 융기반점이 나타나서, 점차 돌기모양으로 변하면서 급속도로 확산됩니다.

④ 이 돌기는 점차 아래의 사진 1608과 같이, 담갈색으로 변하고, 병반주위가 담황색 반점으로 변하며, 심할 때는 조기에 고사(枯死)합니다.

흰녹병(白銹病)
菊花叢書 1608

(2) 방제(防除)

① 질소비료를 과용하지 말고, 통풍에 유의하고, 과습(過濕)을 피해야 합니다.

② 아래의 약제들을 성분이 서로 다른 2종 이상을 선택하여 7~10일 간격으로 번갈아 조기에 교호살포(交互撒布) 방역을 합니다.

(3) 약제(藥劑)

① 비터타놀 훈.수화제 : 380쪽 15번
상품명 : 바이코 (동부하이텍,바이엘)
방파제 (경농)
리버티 (인바이오믹스)

② 옥사보.옥시카복신 : 381쪽 18번
상품명 : 트란트박스 (동방아그로)

③ 마이탄 수화제 : 379쪽 10번
상품명 : 시스텐 (경농)

④ 리프졸 훈.수화제 : 379쪽 9번
상품명 : 트리후민 (바이엘)
리프졸 (한국삼공)

⑤ 훼나리 유제 : 384쪽 32번
상품명 : 동부훼나리 (동부한농)
훼나리 (동방아그로)

⑥ 누아리몰 수화제 : 377쪽 2번
상품명 : 비엑스케익 (경농)

14. 점무늬병(갈반병:흑반병)
(*Septoria chrysanthemella saccardo*)

(1) 병증(病症)

① 점무늬병은 흑반병(黑斑病)과 갈반병(褐斑病)은 거의 같이 발생하고 생리와 병증이 같아서 구별하기가 어렵습니다.

② **갈반병(褐斑病)**은 아래의 사진 1609와 같이, 잎에 건전부와 병반부의 경계가 뚜렷하지 않은 갈색이나 흙갈색의 부정형의 반점이 생기며, 심하면 잎이 위축되면서 고사합니다.

③ **흑반병(黑斑病)**은 다음의 사진 1310과 같이, 병반(病斑)의 경계가 뚜렷한 세균성입니다. 잎에는 검은 반점이 생기면서 물기가 있어 보이며, 습도가 높고 환기가 잘 않되는 저온의 환경에서 호발합니다.

④ 발병은 검고 작은 알맹이 모양의 포자가 지난해의 국화 잔해에 붙어서 월동합니다. 이들은 빗물이나 관수에 흘러나와 바람에 날려서 1차 공기 전염원이 됩니다.

⑤ 잠복기간은 온도와 습도에 따라 약간 다르지만, 평균적으로 20~30일입니다.

(2) 방제(防除)

① 질소비료의 과용을 피하고, 내병성(耐病性)의 국화 품종을 선종(選種)합니다.

② 발병하면 조기에 발병주(發病株)를 소각처리하고 환기와 통풍을 개선합니다.

(3) 약제(藥劑)

① 홀펫 수화제 : 384쪽 31번
상품명 : **홀펫** (바이엘)

② 캡탄 수화제 : 382쪽 21번
상품명 : **경농캡탄** (경농)

③ 다코닐 수화제 : 378쪽 6번
상품명 : **금비라** (바이엘)

④ 만코치 수화제 : 379쪽 11번
상품명 : **다이젠엠 45** (경농.동부한농)

⑤ 지오판 수화제 : 381쪽 20번
상품명 : **톱신엠** (경농)

⑥ 베노밀 수화제 : 380쪽 14번
상품명 : **벤레이트** (신젠타)

⑦ 프로피 수화제 : 384쪽 30번
상품명 : **안트라콜** (동부한농)

15. 흰가루병(白粉病)
(*Erysiphecichoracearum*)

(1) 병증(病症)

① 흰가루 병은 봄가을의 낮은 기온에서, 아래의 사진 1611과 같이, 약한 새잎이나 어린줄기에서 흰색 곰팡이가 핍니다.

② 백색 곰팡이가 많이 피면, 태양광선의 조사가 방해되어 탄소동화작용이 저하되고, 따라서 줄기가 연약해 져서 잎맥이 뒤틀립니다.

(2) 방제(防除) 및 약제(藥劑)

① 포리옥신 수화제 : 383쪽 27번
상품명 :
동부포리옥신 수화제 (동부한농)
더마니 수용제 (동부한농)

② 지오판 수화제 : 381쪽 20번
상품명 : **톱신엠** (경농)
톱네이트 엠 (동부 한농)

③ 만코치 수화제 : 379쪽 11번
상품명 : **성보만코치**(성보화학)
영일만코치 (영일케미컬)
더센엠 (동부정밀)

④ 훼나리 유제 : 384쪽 32번
상품명 : **동부훼나리**(동부한농)
경농훼나리(경농)

16. 회색곰팡이병(灰色黴病)
잿빛곰팡이병
(*Botrytis cinerea persoon*)

(1) 병증(病症)

① 호발부위는 국화잎과 꽃과 줄기 등 지상부 전체입니다.

② 특히 통기가 잘 않되는 시설하우스의 저온다습이 호발조건입니다.

③ 병원균은 지난해의 국화잔해와 같이 월동하여, 기온 20℃ 내외의 다습(多濕)한 환경에서 발아하여, 꽃잎에 침입하여 확산되면서 부패합니다.

④ 발병 부위에는 세균포자가 많이 생성되며, 꽃에는 아래의 사진 1612와 같이, 갈색반점의 촉촉한 병소가 발생하여, 점차적으로 꽃송이가 부패합니다.

⑤ 줄기에는 암갈색의 병반이 생기고, 침해된 부위가 가늘어지면서 고사됩니다.

(2) 방제(防除)

① 화고병, 화부병, 회색곰팡이병 등은 모두 같은 계통의 병이기 때문에, 방제와 약제는 같이 취급합니다.

② 세균이 발아 전에는 석회와 유황의 합제를 사용하고,

③ 생육기에는 살균제를 분무하며,

④ 개화된 꽃에 분무할 때는 약흔이 남게 됨으로, 연무제나 훈연제를 사용합니다.

17. 화고병(花枯病:꽃마름병)

(1) 병증(病症)

① 발생 적온은 20~25℃이며, 기주식물(寄主植物)은 '다리아'입니다.

② 불완전 균주로서, 병든 부분에 포자가 밀집되어서 전염원이 됩니다.

③ 가을에 비가 많이 올 때나, 하우스 내부의 통풍이 좋지 않아서 습기 차고 더울 때. 아래의 사진 1613과 같이, 꽃 바깥쪽의 화변(花弁)에서부터 갈색 병반이 생기면서 점차적으로 안쪽으로 번져 들어가 꽃전체가 갈색으로 변하면서 고사(枯死)합니다.

菊花叢書 1613

(2) 방제(防除)

① 평소에 환기를 잘 시키고, 꽃에 약흔이 생기지 않는 범위 안에서, 살균제를 분무하든지 연무제(煙霧劑)를 사용합니다.

② 보다 더 확실한 방역은 발병주(發病株)를 조기에 발견하여 소각처리 하는 것입니다.

18. 화부병(花腐病:꽃썩음병)

(1) 병증(病症)

① 다음의 사진 1614와 같이, 국화꽃의 꽃속(花芯)부터 부패하기 시작합니다.

② 잎과 줄기에도 발생하기 때문에, 흑반병(黑斑病)과 구분하기가 힘듭니다.

菊花叢書 1614

(2) 방제(防除)

① 평소에 환기를 잘 시키고, 꽃에 약흔이 생기지 않는 범위 안에서, 살균제를 분무하든지 연무제(煙霧劑)를 사용합니다.

② 보다 더 확실한 방역은 발병주(發病株)를 조기에 발견하여 소각처리 하는 것입니다.

(3) 약제(藥劑)

잿빛곰팡이병. 화부병. 화고병은 아래와 같은 약제들을 공통으로 사용합니다.

① 포리옥신디 연무제 : 383쪽28번
상품명 : **부란카드** (영일케미컬)

② 디크론과립 훈연제 :379 쪽 7번
상품명 : **유파렌** (동부한농. 바이엘)

③ 메파니피림 수화제 : 380쪽 13번
상품명 : **팡파르** (경농)

④ 펜핵사터브코 : 383쪽 26번
상품명 : **타이브렉** (경농)

⑤ 터브코나졸 수화제 : 382쪽 23번
상품명 : **실바코** (바이엘)

⑥ 이프로 수화제 : 381쪽 19번
상품명 : **로브랄** (바이엘)

⑦ 프로피 수화제 : 384쪽 30번
상품명 : **안트라콜** (동부한농)

⑧ 베노밀 수화제 : 380쪽 14번
상품명 : **벤레이트** (신젠타)

19. 연부병(軟腐病:무름병)
(*Erwinia carotovora*)

(1) 병증(病症)

① 세균의 생육 적온은 30℃입니다. 고온다습하고 통풍이 좋지않은 환경에서 세균이 번식하는 토양 전염병입니다.

② 병소는 줄기나 뿌리에서 발생하며, 지표부 줄기가 쉽게 감염됩니다.

③ 감연된 줄기는 처음에는 변색되고 점차적으로 묽어지면서 부패합니다. 심하면 포기 전체가 고사(枯死)합니다.

④ 감염된 포기는 도관이 모두 병원균에 감염되어 있으며, 고온다습하면 발병합니다.

⑤ 아래의 사진 1615, 유묘(幼苗)가 고온다습하에 접지부(接地部)에서 묽으면서 부패하여 아래위로 전파되어 고사합니다. 주위의 같은 또래의 포기로 순식간에 확산되어 손쓸 겨를이 없습니다.

菊花叢書 1615

⑥ 다음의 사진 1616과 같이, 성묘(成苗)가 감염되면, 줄기중심 목질부(木質部)의 상행수관 즉 도관(導管)과, 바깥쪽 인피부(靭皮部)층의 하행수관 사관(篩管)속에 병원균이 들어 있다가, 고온다습환 화경이 지속되면, 잎자루의 기부(基部)에서부터 묽어 들어가기 시작하여, 도관(導管)과 사관(篩管)을 따라 순식간에 아래위로 확산되어 포기전체가 고사(枯死)합니다.

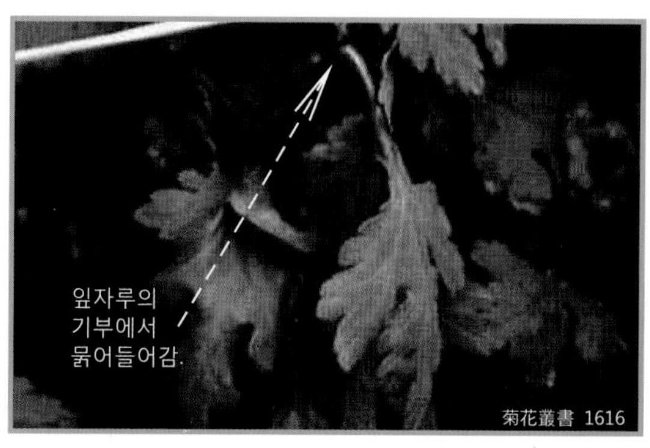

菊花叢書 1616

(2) 예방(豫防)

① 병원균이 상하행수관(上下行水管)에 잠복하여 있기 때문에, 삽수를 받거나 근분(根分)을 하지 않아야 합니다.

② 병든 식물체는 즉시 소각처리하고 발병한 토양에서는 연작(連作)을 하지 않아야 합니다.

③ 양파 배추 당근 토마토 감자 담배 등의 기주식물과는 윤작(輪作)을 하지 말아야 합니다.

④ 의심되는 토양은 정식하기 전에 토양소독을 하여 전염원을 제거합니다.

(3) 약제(藥劑)

㈎ **스트렙토 수화제 :** 377쪽 1번
상품명: ① 아그렙토(경농)
② 부라마이신(동부한농)
③ 다아라(동방아그로)
④ 정밀농용신(동부정밀)
⑤ 이비엠농용신(인바이오믹스)
⑥ 삼공농용신(한국삼공)
⑦ 아리농용신(영일케미컬)
⑧ 에스엠농용신(에스엠비티)

㈏ **다조메 분제 :** 377쪽 3번
상품명: ① 밧사미드(동부한농)

㈐ **스트렙토마이신 수화제 :** 381쪽 16번
② 아그리마이신(성보화학)
③ 알뜨리(경동)

20. 입고병(立枯病 : 모잘록병)

(1) 병증(病症)

① 병원체는 사상균의 일종으로 고온다습(高溫多濕)한 환경에서 자주 발생하는 토양 전염병입니다. 큰 포기는 전체가 위축(萎縮)된 상태로서 잎이 갈색으로 변하고, 시들다가 고사(枯死)합니다.

② 유묘(幼苗)는 갓 움터 나온 새싹이나 삽목상의 유묘가 접지부(接地部)에서 집단적으로 순식간에 발생하여 손쓸 여유가 없습니다.

(2) 예방 및 치료

① 입고병(立枯病)은 예방뿐입니다. 삽목상이나 정식상의 토양을 '밧사미드' 분제 또는 증기로 소독을 철저히 해야 합니다.

② 모종은 살균제로 방역하고, 통풍이 잘되게 하며, 토양 소독제로 토양 관수를 합니다.

(3) 약제(藥劑)

① 다찌가렌(토양처리제) : 377쪽 4번
상품명 : **다찌가렌골드**(바이엘)

② 다찌밀(토양처리제) : 378쪽 5번
상품명 : **다찌란** (신젠타)

③ 베노밀 수화제 : 380쪽 14번

④ 지오판 수화제 : 381쪽 20번

21. 위조병(萎凋病:시들음병)
(*Verticillium albomatrum*)

(1) 생태(生態)

① 병원균은 저온환경에서 토양이 과습할 때 발생하는 토양전염 사상균입니다.

② 피해줄기에서 균사의 형태로 생존하며, 싹눈에 잠복하여 묘로 전염하는 경우가 많습니다.

(2) 병태(病態)

① 포기 전체에 발생하는 세균성 질병입니다. 처음에는 아래 잎의 끝부분부터 황갈색의 반점(斑點)이 생깁니다.

② 처음에는 한쪽 줄기에만 하엽(下葉)에서부터 잎이 누렇게 변색되고, 잎의 끝에서부터 갈색으로 변하면서, 점차적으로 상엽(上葉)까지 확산되어, 포기전체가 생기(生氣)를 잃고 생육이 불량해지며 왜소(矮小)하게 됩니다.

(3) 방제(防除)

① 발병주(發病株)로부터 삽수(揷穗)를 채취하지 않습니다. 연작(連作)을 피하며, 필요에 따라 토양소독을 합니다.

② 발병한 포기나 그 잔해(殘骸)는 즉시 소각처리 합니다.

(4) 약제(藥劑)

① 지오판 수화제 : 381쪽 20번

② 베노밀 수화제 : 380쪽 14번

③ 프로피 수화제 : 384쪽 30번

22. 풋마름병(靑枯病)
(*Pseudomonas solanaoearum*)

(1) 생태(生態)

① 병원균은 세균의 일종으로, 발병주(發病株)의 잔재물(殘在物)과 함께 토양중에서 생존하며 전염원이 됩니다.

② 생육적온(生育適溫)은 35~37℃이며, 뿌리의 물리적 화확적 자극으로 인한 상처를 통하여 감염되어 도관부(導管部)를 타고 위로 확산 됩니다.

③ 기주식물은 토마토, 가지, 담배 등입니다.

(2) **병증(病症)**

① 생육중에 잎이나 줄기 전체가 시들어 죽는 병입니다.

② 호발부위는 뿌리와 줄기의 목질부(木質部)의 상행수관(上行水管) 즉 도관부(導管部)입니다. 위의 사진 1617과 같이, 뿌리와 줄기가 갈색으로 변하면서, 상행수관(上行水管)을 따라 올라가면서 확산되어 줄기 속부터 부패되면서 고사(枯死)합니다.

(3) **방제(防除)**

① 이 병균은 국화 줄기 속 깊이 목질부의 도관(導管)속에 있기 때문에, 발병주(發病株)에서는 절대로 삽수(挿穗)나 근분(根分)포기를 받지 말아야 합니다.

② 발병주는 반드시 소각(燒却)처리 하여야 합니다.

③ 배양토는 토양소독을 철저히 하고, 농용 살균성 약제로 토양관수(土壤灌水)를 합니다. 보다는 연작(連作)을 피하는 것이 제일 확실하고 편합니다.

(4) **약제(藥劑)**

쿠퍼 수화제 : 382쪽 22번

상품명:

수화제 : ① **코사이드** (동부한농.동부정밀)

② **경농쿠퍼** (경농)

③ **영일쿠퍼** (영일케미컬)

④ **쿠퍼사이드** (에스엠비티)

⑤ **쿠퍼** (동방아그로.바이엘)

입상 : ⑥ **고운손** (동부정밀)

23. 역병(*Phytophthora cactorum*)

(1) **병증(病症)**

① 발병부위는 주로 줄기와 뿌리입니다. 아래의 사진 1618과 같이, 5~9월에 줄기의 지체부(枝體部)에서 암갈색으로 묽으면서 병반이 위로 확산됩니다.

② 잎은 하엽(下葉)에서부터 시들기 시작하여, 점차적으로 위로 확산되며, 암갈색으로 변색되면서 고사(枯死)합니다.

③ 뿌리는 갈색으로 변하면서 부패합니다. 발병은 토양중에서 난포자의 형태로 월동하고, 다음해에 발아하여 1차 전염원이 됩니다. 습한 상태에서 활발하게 전파되기 때문에, 과습을 피하고 연작을 피합니다.

(2) **방제(防除)**

※ 발병 모주(母株)에서는 삽수(挿穗)를 채취하지 않아야 합니다. 발병주(發病株)는 즉시 소각처리하고, 연작을 피합니다.

(3) **약제(藥劑)**

① **메타실 수화제 :** 380쪽 12번

② **쿠퍼 수화제 :** 382쪽 22번

24. 탄저병(炭疽病)

(1) 병증(病症)

초기에는 황갈색의 작은 흐릿한 반점이 잎에 나타나서, 점차적으로 흑반점으로 변색되면서, 전체적으로 확산되어 결국은 말라 죽거나 낙엽이 됩니다.

(2) 방제(防除)

① 병발부위를 제거하거나 전염원이 되지 않도록 소각처리하고, 다른 잎으로 전파되지 않도록, 아래의 방제약으로 잎이 굳어질 때까지 분무합니다.

② 일단 탄저병에 걸린 국화는 약제처리하여 병을 고친다 해도 작품으로서의 가치는 이미 소실되었고, 또 그 그루에서 삽수나 근분이나 동지싹을 받아서는 안되기 때문에, 소각 쓰레기 처리하는 편이 더 마음 편하고 완전한 방제가 됩니다.

(3) 약제(藥劑)

① 다코닐 수화제 : 378쪽 6번
② 캡탄 수화제 : 382쪽 21번
③ 홀펫 수화제 : 384쪽 31번
④ 만코치 수화제 : 379쪽 11번

25. 균핵병
(*Sclerotinia scerotiorum*)

(1) 병증(病症)

① 호발부위는 국화의 줄기와 지체부입니다.

② 노지재배에서는 지표(地表) 주위의 줄기가 주로 발생하며, 일반적으로 줄기의 중간쯤 주로 가지의 분지점(分枝點) 기부(基部)에서 발병하여, 암갈색의 병반으로 시작하여, 시들고 건조한 상태로 부패하여 갈라집니다.

③ 감염된 포기는 하엽(下葉)부터 누렇게 건조 변색되며, 결국은 포기전체가 갈색으로 변하며 말라 죽습니다.

④ 발병 부위의 줄기 내부에 흰색의 곰팡이가 있고, 검은색 균핵이 형성되어 있습니다.

⑤ 감염된 잎은 처음에는 변색되고, 후에는 흰색곰팡이가 핍니다.

⑥ 균핵은 지표에 떨어지면 발아하여 작은 버섯이 나오고, 이 버섯의 자낭(子囊)속에 포자(胞子)가 형성됩니다. 이 포자가 바람에 날려 공기 전염원이 됩니다. 발아 적온은 20℃이고, 호발시기는 고온다습한 장마철 한여름입니다.

⑦ 기주 식물은 오이 선인장 금어초 스토크 등이 있습니다.

(2) 방제(防除)

① 발병 연작지(連作地)에는 토양(土壤)소독을 합니다.

② 피해주(被害柱)는 빨리 제거(除去)하고 소각(燒却)합니다.

③ 줄기 표면에 묻은 균핵은 땅에 묻지 않도록 주의합니다.

④ 병든 포기나 잔해(殘骸)는 모아서 소각(燒却)한 후에 땅속에 깊이 파묻어야 합니다.

⑤ 발생기에는 미리 약제를 살포하여 예방합니다.

(3) 약제(藥劑)

① 지오판 수화제 : 381쪽 20번
② 프로피 수화제 : 384쪽 30번
③ 이프로 수화제 : 381쪽 19번
④ 토로스 수화제 : 382쪽 24번
⑤ 프로시미돈수화제 : 383쪽 29번
⑥ 펜시쿠론 수화제 : 383쪽 25번
⑦ 베노밀 수화제 : 380쪽 14번

제14장 부록

1. 국화농약

가나다 순

<살균제 농약>

1. 스트립토마이신 수화제

(1) 유효성분 : 항생제 계
Streptomycin--------------20%
증량제---------------------80%

(2) 상품명 :
① 아그립토마이신(경농)
② 부라마이신(동부하이텍)
③ 다아라(동방아그로)
④ 정밀노용신(동부정밀)
⑤ 에프임티농용신(인바이오믹스)
⑥ 삼공농용신(한국삼공)
⑦ 아리농용신(영일케미컬)
⑧ 선문논용신(선문그린사이언스)
⑨ 티로트리신(유일)

(3) 적은증 :
무름병(연부병)

(4) 용량 :
물 20ℓ당/농약20g

2. 뉴아리몰 (유제)

(1) 유효성분 : 피리미딘 계통.
nuarimol-----------------9%
유화제, 증량제, 보조제--91%

(2) 상품명 : 비엑스케이(경농)

(3) 적응증 : 흰녹병, 흰가루병, 검은무늬병

(4) 용량 : 물 20ℓ당/농약 5ml

3. 다조메(입제:토양처리제)

(1) 상품명 : 밧사미드

(2) 유효성분 : dazomet---------------98%

(3) 적응증 : 근부패병(잘록병) 입고병

(4) 용량 : 1000㎡(10 a)당/농약 30kg

(5) 용법 :

① 정식 4주전 밭갈이를 한 후, 약제를 균일하게 살포하고, 토심 15~25cm 깊이정도로 충분히 혼화(混化) 정지(整地)합니다.

② 토양 혼화 후, 비닐로 피복하여 7~14일간 방치합니다.

③ 비닐 피복을 제거하고, 2~3일 간격으로 2회 이상 경운(耕耘)하여 가스를 휘산(揮散)시킵니다.

④ 가스가 완전히 발산된 것을 확인하기 위하여, 무나 상추를 이용하여 발아시험을 한 후에 정식합니다.

(6) 발아시험

① 약제를 처리한 토양과 처리하지 않았는 토양을 채취하여, 각각 밀봉이 가는한 용기에 담습니다.

② 물을 묻힌 솜에, 무나 상추 씨앗을 묻혀, 각각의 용기에 넣고 밀봉한 후, 상온(常溫)에서 관찰합니다.

③ 관찰결과 약제처리 하지 않았는 토양에서는 발아하고, 약제처리를 한 토양에서는 발아하지 않으면, 가스가 잔류하고 있다는 증거이므로, 다시 가스빼기 작업을 해야 합니다.

4. 다찌가렌 (토양 처리제)

(1) 유효성분 : 이속사졸계
분제 : hymexazol---------------------4%
안정제, 증량제,---------------96%
액제 : hymexazol--------------------30%
보조제, 용제------------------70%

(2) 상품명 :
분제
① **동부다찌가렌** (동부한농)
② **정밀다찌가렌** (동부정밀)
③ **경농다찌가렌** (경농)
④ **다찌가렌골드** (바이엘)
액제 :
⑤ **동부다찌가렌** (동부한농)
⑥ **정밀다찌가렌** (동부정밀)

⑦ **다찌원** (성보화학)
⑧ **경농다찌가렌** (경농)
⑨ **다찌가렌골드** (바이엘)

(3) 적응증 :
근부패병(잘록병), 입고병

(4) 용량 및 용법 :

① 분제 : 잘록병이 잦은 지역이나, 잘록병이 있든 국화 종자포기는, 정식하기 전에 배양토에 1000 : 1로 혼화합니다.

② 액제 : 역시 잘록병이 우려되는 지역이나 포기는, 물20ℓ당/ 농약 20ml를 정식 5일전에 배양토에 관수합니다.

③ 이 농약은 토양처리제로서 생육중에 처리하면 약해가 발생할 수 있으며, 사용량이 과다하면 초기생육이 억제됩니다.

④ 발아시험 후에 정식, 파종합니다.

5. 다찌밀 (토양처리제)

(1) 유효성분 : 이속사졸계+아실알라닌계
분제 : hymexazol--------------4%
mertalaxyl-------------0.5%
안정제, 증량제-------95.5%

(2) 상품명 : ① **다찌란**(신젠타)
② **정밀다찌밀**(동부정밀)
③ **성보다찌밀**(성보화학)
④ **다찌에이스**(바이엘)

(3) 적응증 :
잘록병(근부패병) 입고병

(4) 용량 및 용법 ;

① 이 농약은 이속사졸계의 다찌가렌과 아실아라닌계의 메타실과의 혼합제입니다.

② 다찌밀 분재는, 잘록병이 잦은 지역이나, 잘록병이 우려되는 포기를 정식하기 전에 1000 : 1로 배양토에 혼합합니다.

③ 다찌밀 액제는, 우려되는 국화포기를 정식하기 전에, 물20ℓ당/농약 20ml를 제조제하여, 배양토에 푹 관수합니다

④ 이 농약은 생육중인 국화에 사용하면 약해가 있습니다.

⑤ 사용량이 과다하거나, 희석 농도가 높으면, 조기 생육이 억제될 수 있습니다.

⑥ 본 약제의 봉지를 뜯을 때, 눈, 코, 입, 피부에 내용물이 물이 묻지 않도록 주의 하십시오.

6. 다코닐(타로닐) 수화제

(1) 유효성분 : 유기염소계
Chlorothalonil------------------75%
계면활성제, 보조제, 증량제---25%

(2) 상품명 : ① **다코닐** (경농)
② **금비라** (바이엘)
③ **골고루** (동부한농)
④ **새나리** (신젠타)
⑤ **초우크** (한국삼공)
⑥ **영일타로닐** (영일케미컬)
⑦ **에스엠타로닐** (에스엠비티)
⑧ **타로닐** (성보화학)

(3) 적응증 : 잎마름병. 흰가루병. 점무늬병. 탄저병.

(4) 용량 :
① 수화제 :
물20ℓ당/농약 30g
② 액상 수화제 :
물20ℓ당/농약 20ml

(5) 용법 및 부작용 :

① 이 농약은 유기염소제 수화제이므로, 예방효과가 있습니다.

② 이 농약은 안자극이 있음으로, 보안경, 방제복, 고무장갑 등을 착용하고, 눈에 들어가지 않도록, 바람을 등지고 살포합니다. 눈에 들어갔을 시는 즉시 흐르는 물로 씻어내고 안과 의사의 진료를 받으십시오.

7. 디크론 (과립훈연제. 수화제)

(1) 유효성분 : 트리할로메칠치오계

수화제 :

Dichlofluanid------------------50%

계면활성제,보조제,증량제-----50%

과립훈연제 :

Dichlofluanid------------------40%

발연제,방염제,증점제,

접착제,증량제-----------------60%

(2) 상품명 :

수화제 : ① **유파렌** (동부한농, 바이엘)

과립훈연제 : ② **유파렌** (동부한농.바이엘)

(3) 적응증 : 잿빛곰팡이병, 입마름병

(4) 용량 : ① 과립훈연제

잎마름병

1000㎡(10a:300평)당/농약 120g

8. 디페노코나졸 (유제 10%20% 액상 수화제)

(1) 유효성분 : 트리아졸계

유제 10% :

difenoconazol-----------------10%

유화제. 증량제----------------90%

유제 20% :

difenoconazol-----------------20%

계면활성제.용재.증량제-------80%

액상수화제 :

difenoconazol-----------------10%

계명활성제.소포제.부동제.

증점제.방부제.증량제----------90%

(2) 상품명 :

유제 10% :

① **푸르겐** (경농)

② **디페노코나졸** (신젠타)

유제20% :

③ **황금알**(동부정밀. 동부하이텍)

액상수화제 :

④ **푸름이**(동부정밀.동부하이텍)

(3) 적응증 :

흰녹병. 잎마름병. 흰가루병. 검은무늬병

(4) 용량 :

① 유제 10% : 물20ℓ당/농약 10ml

② 유제 20% : 물20ℓ당/농약 5g

③ 액상수화제 : 물20ℓ당/농약 10ml

9. 리프졸 (수화제 훈연제)

(1) 유효성분 : 트리아졸계

수화제 :

Triflumizole--------------------30%

계면활성제, 안정제, 협력제,

보조제, 증량제-----------------70%

훈연제 :

Triflumizole--------------------10%

(2) 상품명 :

수화제 : ① **트리후민** (바이엘)

② **리프줄** (한국삼공)

훈연제 : ③ **트리후민** (해솜)

(3) 적응증 : 흰녹병. 흰가루병

(4) 용량 : 물20ℓ당/농약 20g

10. 마이탄 (수화제)

(1) 유효성분 : 트리아졸계.

Myclobutanil-------------------6%

계면활성제. 보조제. 증량제--94%

(2) 상품명 : **시스텐** (경농)

(3) 적응증 : 흰녹병. 흰가루병

(4) 용량 : 물20ℓ당/농약 13g

11. 만코치 (수화제)

(1) 유효성분 : 유기유황계

Mancozenb-------------------75%

계면활성제. 증량제-----------25%

(2) 상품명 :

① **다이젠엠 45** (경농. 동부한농)

② **더센엠** (동부정밀)

③ **성보만코지** (성보화학)

④ **영일만코지** (영일케미컬)

⑤ **에스엠만코지** (에스엠비티)

⑥ **만코지** (동방아그로. 바이엘)

(3) 적응증 : 잎마름병. 점무늬병. 탄저병

(4) 용량 : 물20ℓ당/농약 40g

12. 메타실 수화제 (토양처리제)

(1) 유효성분 : 아실아라닌계

수화제 :

metalaxyl----------------------25%

계면활서제. 보조제. 증량제.--75%

입제 : metalaxyl---------------------2%

용제, 증량제-----------------98%

(2) 상품명 :

수화제 : ① **리도밀** (성보화학.경농.)

② **삼공메타실** (한국삼공)

③ **이비엠메타실** (인바이오믹스)

④ **새메타실** (에스엠비티)

입제 :

⑤ **리도밀** (성보화학. 경농. 신젠타)

⑥ **삼공메타실** (한국삼공)

⑦ **새메타실** (에스엠비티)

⑧ **도미노** (인마이오믹스)

(3) 적응증 : 역병

(4) 용량 :

① 수화제 : 물20ℓ당/약제10g 토양혼화

②입제 : 1000㎡(10a:300평)당/약제4kg/주당2g토양혼화

(5) 용법 및 부작용 :

① 수화제 : 역병이 창궐하는 지역이나 발생 우려가 되는 포기에는, 정식하기 전에 500배 이상으로 희석하여 토양에 관수합니다.

② 입제 : 토양 300평에 2500주를 재배할 경우, 5kg의 약제를 토양과 혼화하여, 평균 1주당 입제 2g을 포기 주위의 토양에 환화합니다.

13. 메파니피림 (수화제)

(1) 유효성분 : 아닐리노피리미딘계.

mepanipyrim-----------------55%

계면활성제. 안정제----------45%

(2) 상품명 : ① **팡파르** (경농)

(3) 적응증 : **잿빛곰팡이병**

(4) 용량 : 물20ℓ당/약제 10g

14. 베노밀 (수화제)

(1) 유효성분 : 벤지미다졸게.

Benomyl----------------------50%

계면활성제. 보조제. 경계제.

증량제------------------------50%

(2) 상품명 :

① **벤레이트** (신젠타)

② **베노밀** (동방아그로)

③ **다코스** (경농)

④ **정밀베노밀** (동부정밀)

⑤ **베노밀골드** (바이엘)

⑥ **이비엠큰수확** (인바이오믹스)

⑦ **삼공베노밀** (한국삼공)

⑧ **영일베노밀** (영일케미컬)

⑨ **에스엠베노밀** (에스엠비티)

⑩ **동부베노밀** (동부한농)

(3) 적응증 :

잿빛곰팡이병. 잎마름병. 흰가루병 검은무늬병. 갈색무늬병.

(4) 용량 : 물20ℓ당/약제 10g

15. 비터타놀 (수화제)

(1) 유효성분 : 트리아졸계

bitertanol---------------------25%

계면활성제. 보조제. 증량제--75%

(2) 상품명 :

① **바이코**(동부하이텍. 바이엘)

② **방파제**(경농)

③ **리버티**(인바이오믹스)

④ **아리비타놀**(영일케미컬)

(3) 적응증 :

흰녹병. 흰가루병. 검은무늬병. 잎마름병

(4) 용량 :

물20ℓ당/약제 40g

16. 스트렙토마이신 황산염 +옥시테트라싸이클린 (수화제)

(1) 유효성분 : 항생제+항생제

streptomycin sulfate(streptomycin 으로15%)-----------------------18.8%

tetracycline----------------------1.5%

보조제, 계면활성제, 증량제---79.7%

(2) 상품명 :

① **아그리마이신** (성보화학)

(3) 적응증 :

연부병(무름병)

(4) 용량 : 물 20L당/약제 13g

(5) 용법 및 부작용 :

① 이 약제는 침투이행성 살균제로 예방과 치료 효과가 있습니다.

② 봉지를 뜯을 때, 신체부위에 묻지 않도록 주의하십시오.

③ 이 약제는 농약이므로, 다른 용기에 옮겨서 보관하지 마십시요. 위험합니다.

17. 스트렙토마이신 +크로로타로닐 수화제

(1) 유효성분 : 항생제+유기염소계

streptomycin--------------------5%

chlorothalonil------------------50%

계면활성제, 보조제, 증량제---45%

(2) 상품명 : ① **알뜨리** (경농)

(3) 적응증 : 연부병(무름병)

(4) 용량 : 물20ℓ당/약제 40g

18. 옥시카복신 수화제

(1) 유효성분 : oxycarboxin------------75%

계면활성제. 증량제-----25%

(2) 상품명 : ① 트란트박스 (동방아그로)

(3) 적응증 : 흰녹병

(4) 용법 :

① 흰녹병이 발생하기 직전에, 비닐하우스에서 3월 상순, 노지는 5월 상순 및 8월 하순부터 9월 상순까지 7~10일 간격으로 약액이 충분히 묻도록 골고루 뿌려줍니다.

② 이 농약은 침투성 약제로서 예방 및 치료 효과가 있습니다.

19. 이프로 (수화제)

(1) 유효성분 : 디카복시미드계.

Iprodione---------------------50%

계면활성제. 보조제. 증량제--50%

(2) 상품명 :

① **로브랄** (바이엘)

② **균사리** (동부정밀)

③ **새시로** (동부한농)

④ **로데오** (인바이오믹스)

⑤ **새노브란** (에스엠비티)

(3) 적응증 : 잿빛곰팡이. 잎마름병

(4) 용량 : 물20ℓ당/약제 20g

20. 지오판 (수화제)

(1) 유효성분 : 카바메이트계

Thiophanate-methyl------------70%

계면활성제, 보조제. 증량제----30%

(2) 상품명 :

① **톱신엠** (경농)

② **톱네이트-엠** (동부한농)

③ **삼공지오판** (한국삼공)

④ **정밀지오판** (동부정밀)

⑤ **성보지오판** (성보화학)

⑥ **탑건** (신젠타)

⑦ **녹색왕** (인바이오믹스)
⑧ **아리지오판** (영일케미컬)
⑨ **지오판엠** (에스엠비티)
⑩ **지오판** (동방아그로. 바이엘)

(3) 적응증 :
곰팡이병. 위조병. 균핵병.
점무늬병. 흰가루병. 잘록병.

(4) 용량 : 물20ℓ당/약제 13g

(5) 용법 및 부작용 :
① 이 약은 카바메이트계 살균제입니다.
② 약액이 굳어진 후에는 보호막이 되어 병원균의 친입을 오래동안 막아줍니다.
③ 이 농약은 물기가 있으면 부착이 어렵고, 빗물에 씻겨 나갑니다.
④ 만약, 병반부를 잘라낼 때는, 70%알콜로 칼을 소독하고, 도려낸 부분에 약액을 발라주십시오.

21. 캡탄 (수화제)

(1) 유효성분 : 트리할로메칠치오계.
captan-----------------------50%
계면활성제, 증량제, 보조제---50%

(2) 상품명 :
① **경농캡탄**(경농)
② **정밀캡탄**(동부정밀)
③ **동부캡탄**(동부한농)
④ **삼공캡탄**(한국삼공)
⑤ **영일캡탄**(영일케미컬)
⑥ **캡탄**(바이엘)

(3) 적응증 :
탄저병. 점무늬병. 곰팡이병. 위조병.

(4) 용량 : 물20ℓ당/농약 40g

22. 쿠퍼 (수화제.토양처리제)

(1) 유효성분 : 무기동계
수화제 : copper hydroxide--------77%
계면활성제, 증량제-------23%
입상수화제 :
copper hydroxide-------------52%
계면활성제, 소포제, 증량제------48%

(2) 상품명 :
수화제 :
① **코사이드**(동부한농.동부정밀)
② **경농쿠퍼**(경농)
③ **영일쿠퍼**(영일케미컬)
④ **쿠퍼사이드**(에스엠비티)
⑤ **쿠퍼**(동방아그로. 바이엘. 제일)
입상수화제 :
⑥ **고운손** (동부정밀)

(3) 적응증 :
잎마름병. 청고병. 역병.

(4) 용량 : 입상수화제 ,수화제:
물20ℓ당/약제 40g

23. 테부코나졸 (수화제)

(1) 유효성분 : 트리아졸계.
tebuconazole------------------25%
계면활성제. 보조제. 증량제---75%

(2) 상품명 :
① **실바코** (바이엘. 동부하이텍)

(3) 적응증 : 흰녹병. 흰가루병. 갈색무늬병
탄저병. 잿빛곰팡이병

(4) 용량 : 물20ℓ당/농약 10g

24. 토로스 (수화제)

(1) 유효성분 : 유기인계.
Tolclofros-methyl--------------50%
계면활성제, 보조제, 증량제---50%

(2) 상품명 : ① **리조렉스** (동방아그로)

(3) 적응증 : 균핵병. 눈마름병. 모잘록병

(4) 용량 : 물20ℓ당/ 약제 20g

25. 펜시쿠론 수화제

(1) 유효성분 : 트리아졸계.

Pencycuron--------------------25%

계면활성제. 보조제. 증량제--75%

(2) 상품명 :

① **몬세렌** (동부한농, 바이엘)

② **갈무리** (경농)

③ **나이샷** (영일케미컬)

④ **크리문** (동부정밀)

⑤ **성보펜시쿠론** (성보화학)

⑥ **이비엠문사리** (인바이오믹스)

⑦ **펜시쿠론** (동방아구로)

(3) 적응증 :

흰가루병, 잿빛무늬병, 잎곰팡이병, 균핵병. 눈마름병.

(4) 용량 : 물20ℓ당/약제 10g

26. 펜핵사·터브코 액상수화제.

(1) 유효성분:하이드록시아닐라이드계+트리아졸계

Fenhexamid------------------35.5%

Tebuconazole------------------5.8%

계면활성제, 부동제, 소포제, 증점제, 방부제, 증량제------63.7%

(2) 상품명 : ① **타이브렉** (경농)

(3) 적응증 : 잿빛곰팡이병, 잎마름병, 갈색무늬병.

(4) 용량 : 물20ℓ당/약제 13ml

27. 포리옥신 수화제.

(1) 유효성분 : 항생제

수화제 :

Polydxin-B---------------------10%

계면활성제, 보조제, 증량제---90%

수용제 :

Polydxin-B---------------------50%

계면활성제, 결합제, 증량제---50%

(2) 상품명 :

수화제 : ① **동부포리옥신** (동부한농)

수용제 : ② **더마니** (동부한농)

(3) 적응증 :

흰가루병. 잿빛곰팡이. 점무늬병.

(4) 용량 : 물20ℓ당/약제 20g

28. 포리옥신디 수화제 연무제.

(1) 유효성분 : 항생제

수화제 :

polyoxin D zinc salt---------2.25%

계면활성제. 증량제---------97.75%

연무제 :

polyoxin D zinc salt--------0.55%

안정제, 동결방지제, 보조제, 분사보조제, 증량제,--------99.45%

(2) 상품명 :

수화제 : ① **영일바이오** (영일케미컬)

연무제 : ② **부란카트** (영일케미컬)

(3) 적응증 :

흰가루병. 잿빛곰팡이병. 점무늬병

(4) 용량 :

수화제 : 물20ℓ당/약제 20g

연무제 : 300ml 캔/사용전에 5~6회 흔들어서 골고루 연무하세요.

29. 프로시미돈 수화제.

(1) 유효성분 : 디카복시미드계

Procymidone-------------------50%

계면활성제, 보조제, 증량제---50%

(2)상품명 :

① **스미렉스** (동방아그로)

② **팡이탄** (동방정밀)

③ **너도사** (경농)

④ **이비엠프로파** (인바이오믹스)

⑤ **영일프로파** (영일케미컬)

⑥ **팡자비** (에스엠비티)

⑦ **프로파** (바이엘)

(3) 적응증:잿빛곰팡이. 점무늬병. 잎마름병

(4) 용량 : 물20ℓ당/약제 20g

30. 프로피 수화제

(1) 유효성분 : 유기유황계

Propineb----------------------70%

계면활성제. 보조제. 증량제---30%

(2) 상품명 :

① **안트라콜** (동부한농)

② **영일프로피** (영일케미컬)

③ **프로피** (바이엘, 성보화학)

(3) 적응증 :

점무늬병. 희색곰팡이병. 잎마름병.

(4) 용량 : 물20ℓ당/약제 30g

31. 홀펫 수화제

(1) 유효성분 : 트리할로메칠치오계.

folpet-----------------------50%

계면활성제, 증량제,---------50%

(2) 상품명 :

① 경농홀펫(경농)

② 금망(동부한농)

③ 삼공홀펫(한국삼공)

④ 영일홀펫(영일케미컬)

⑤ 탄저와노균(에스엠비티)

⑥ 홀펫(바이엘)

적응증 :

탄저병. 점무늬병. 잿빛곰팡이병

(4) 용량 : 물20ℓ당/ 약제 40g

32. 훼나리 수화제 유제

(1) 유효성분 : 피리미딘계

유제 :

Fenarimol--------------------12.5%

계면활성제, 보조제, 용제----87.5%

수화제 :

Fenarimol--------------------12%

계면활성제, 보조제, 증량제--88%

(2) 상품명 :

유제 : ① **동부훼나리**(동부한농)

② **훼나리**(동방아그로)

수화제 :

③ **동부훼나리**(동부한농)

④ **경농훼나리**(경농)

(3) 적응증 :

흰녹병. 흰가루병. 점무늬병

(4) 용량 :

유제 :

물20ℓ당/약제 6.4ml

수화제 :

물20ℓ당/약제 6.7g

Memo :

<살충제 농약>

33. 그로메 (유제)

(1) 유효성분 : 유기인계

Chlirpyrifos-methyl-------------25%

유화제, 용제,-------------------75%

(2) 상품명 :

① **렐단** (동부한농)

② **경농그로메** (경농)

(3) 적응증 :

목화진딧물. 잎벌레.

(4) 용량 :

물20ℓ.당/약제 25ml

(5) 용법 및 부작용.

① 이 농약은 살충제로서, 접촉독 및 소화중독에 의한 살충효과를 나타냅니다.

34. 델타린 액상 수화제. 유제.

(1) 유효성분 : 합성피레스로이드계.

액상수화제 :

Deltamethrin.------------------0.75%

계면활성제, 보조제, 부동제,

증량제-----------------------99.25%

유제 :

Deltamethrin.---------------------1%

유화제, 안정제, 용제-----------99%

(2) 상품명 :

액상수화제 :

① **데시스** (경농)

② **델타린** (경농)

유제 : ③ **데시스** (경농. 바이엘)

④ **장원** (동부정밀)

⑤ **에스엠델타린** (에스엠비티)

⑥ **델타린** (성보화학)

(3) 적응증 :

잎말이나방. 노린재류. 온실가루이.

(4) 용량 : 물20ℓ.당/약제 20ml

(5) 용법 및 부작용 :

① 이 농약은 접촉독 및 소화중독에 의하여 살균효과가 나타납니다.

35. 디디브이피 유제

(1) 유효성분 : 유기인계

(2) 상품명 :

① **삼공디디브이피** (한국삼공)

② **경농디디브이피** (경농)

③ **정밀디디브이피** (동부정밀)

④ **동부디디브이피** (동부한농)

⑤ **미성디디브이피** (바이엘)

⑥ **서한디디브이피** (서한화학)

⑦ **성보디디브이피** (성보화학)

⑧ **옥구슬** (신젠타)

⑨ **영일디디브이피** (영일케미컬)

⑩ **새디디브이피** (에스엠비티)

⑪ **디디브이피** (동방아그로,제일)

Dichlorvos--------------------50%

유화제, 용제-----------------50%

(3) 적응증 :

잎말이나방. 목화진딧물

(4) 용량 : 물20ℓ.당/약제 20ml

(5) 용법 및 부작용 :

① 이 농약은 접촉독, 소화중독, 가스중독으로 작용합니다.

36. 디코폴수화제.

(1) 유효성분 : 유기염소계

(2) 상품명 :

수화제 :

① **켈센**(동부한농)

② **경농디코폴**(경농)

③ **세찬**(동방아그로)

④ **디코폴**(바이엘)

Dicofol------------------------35%

계면활성제, 증량제------------65%

유제 :

⑤ **켈센**(동부한농)

Dicofol------------------------42%

유화제, 용제, 등---------------58%

(3) 적응증 :

항응애제.

(4) 용량 :

수화제 : 물20ℓ.당/약제 20g

유제 : 물20ℓ.당/약제 20ml

37. 루페누론 유제.

(1) 유효성분 : 벤지마이드계

(2) 상품명 :

① **파밤탄**(영일케미컬)

② **매치**(신젠타)

lufenuron.----------------------5%

유황제, 용제------------------95%

(3) 적응증 :

파밤나방. 꽃노랑총채벌레

(4) 용량 :

파밤나방 : 물20ℓ당/약제 10ml

꽃노랑총채벌레 : 물20ℓ.당/약제 20ml

38. 메치오카브 입제.

유효성분 : 카바메이트계.

(1) 상품명 :

메수롤(동부한농, 바이엘)

Methiocarb-----------2%

(2) 적응증 : **달팽이**

(3) 용량 : 10a(300평)당/약제 3kg

(4) 용법 및 부작용 :

① 달팽이가 발생하는 땅 표면에 적당한 간격으로 골고루 뿌립니다.

39. 메치온 유제.

(1) 유효성분 : 유기인계

methidathion.------------------40%

유화제, 용제-------------------60%

(2) 상품명 :

① **수프라사이드** (신젠타)

② **명궁** (동부정밀)

③ **수프라치온** (바이엘)

④ **메치사이드** (한국삼공)

⑤ **영일메치온** (영일케미컬)

⑥ **에스엠메치온** (에스엠비티)

(3) 적응증 :

잎말이나방. 굴나방. 깍지벌레.

온실가루이(성충)

(4) 용량 :

물20ℓ당/약제 20ml

(5) 용법 및 부작용 :

① 이 농약은 즙액을 빨아먹는 해충 및 잎을 갉아먹는 해충에 유효합니다.

40. 메타알데하이드 입제

(1) 유효성분 : Metaldehyde----------6%

(2) 상품명 :

나메톡스 (영일케미컬)

(3) 적응증 :

달팽이

(4) 용량 : 10a(300평)당/약제 4.5kg

(5) 용법 및 부작용 :

① 달팽이가 발생하는 포장의 땅 표면에 골고루 뿌리면, 달팽이가 약을 목고 죽게됩니다.

41. 메타 유제.

(1) 유효성분 : 유기인계

Demeton S-methyl----------25%

유화제, 용제-----------------75%

(2) 상품명 :

① **메타시스톡스** (동부한농)

② **경농메타** (경농)

③ **영일메타** (영일케미컬)

④ **메타** (바이엘. 동방아그로)

(3) 적응증 :

잎말이나방. 굴나방. 진딧물.

(4) 용량 : 물20ℓ당/약제 20ml

(5) 용법 및 부작용 :

① 이 농약은 침트성 살충제입니다.

42. 메프 수화제.

(1) 유효성분 : 유기인계

수화제 :

Fenitrothion------------------------40%

계면활성제, 보조제, 증량제------60%

유제 : Fenitrothion------------------50%

유화제, 용제------------------50%

(2) 상품명 :

수화제

① **스미치온** (동방아그로)

② **메프치온** (동부정밀)

유제 :

③ **스미치온** (동방아그로)

④ **메프치온** (동부정밀)

⑤ **경농메프** (경농)

⑥ **새메프** (에스엠비티)

⑦ **메프** (제일화학)

(3) 적응증 :

잎말이나방, 깍지벌레. 풍뎅이.

노린재류. 무당벌레.

(4) 용량 : 물20ℓ당/약제 25g

(5) 용법 및 부작용 :

① 이 농약은 식물체 내에 흡수되어, 식물을 갉아먹는 유충에 대하여, 접촉독과 식독효과로 살충작용을 합니다.

43. 모노포 액제.

(1) 유효성분 : 유기인계

Monocrotophos---------------24%

용제-----------------------------76%

(2) 상품명 :

① **아조드린** (동방아그로)

② **삼공모노포** (한국삼공)

③ **독무대** (동부한농)

④ **경모노포** (경농)

⑤ **미성모노포** (바이엘)

⑥ **영일모노포** (영일케미칼)

⑦ **에스엠모노포** (에스엠비티)

(3) 적응증 :

국화목화진딧물. 나방. 응애.

(4) 용량 :

물20ℓ.당/약제 25ml

(5) 용법 및 부작용 :

① 이 농약은 침투성으로 접촉독 및 소화중독에 의한 속효성 살충제입니다.

44. 베스트 수화제.

(1) 유효성분 : 유기인계+합성피레스로이드계.

Fenitrothion.--------------------30%

Fenvalerate---------------------10%

계면활성제. 보조제. 증량제---60%

(2) 상품명 :

① **파마치온**(도방아그로)

(3) 적응증 :

잎말이나방. 굴나방. 나무진딧물.

(4) 용량 :

물20ℓ당/약제 10g

45. 벤즈 입제.

(1) 유효성분 : 카바메이트계.

Benfuracarb--------------------3%

보조제. 증량제. 색소---------97%

(2) 상품명 :

① **신드롬** (동방아그로)

(3) 적응증 :

국화수염진딧물. 벌레.

(4) 용량 : 4g/주.

(5) 용법 및 부작용 :

① 이 농약은 카바메이트계 침투이행성 살충제로, 소화중독 및 접촉독으로 살충효과가 나타납니다.

46. 비펜스린 수화제. 과립훈연제.

(1) 유효성분 : Befenthrin.

(2) 용도 : 파밤나방, 목화진딧물.

(3) 용량 : 20g/물 20ℓ

(4) 상품명 : ① **타스타**

수화제 바이엘.

유제 영일 케미컬

고립 훈영제 동부하이텍

② **캡쳐**(입상수화제 동부정밀)

47. 실라프루오펜. 메프 유제.

(1) 유효성분 : 합성피레스로이드계+유기인계

Silafluofen--------------------5%

Fdnitrothion-----------------20%

유화제, 보조제, 용제,-------75%

(2) 상품명 : ① **다가내** (동방아그로)

(3) 적응증 : **파밤나방.**

(4) 용량 : 물20ℓ당/약제 40ml

48. 아바멕틴 (유제)

(1) 유효성분 : 항생제

abamectin----------------------1.8%

분산제. 유화제. 안정제. 용제.-------98.2%

(2) 상품명 :

① **올스타** (경농)

② **버티맥** (신젠타)

③ **인덱스** (동부하이텍)

④ **올웨이즈** (아리스타)

⑤ **겔럭시** (태준. 한얼싸이언스)

⑥ **로멕틴** (로담코리아. 한국삼공)

⑦ **에스엠비티이응애충** (에스엠비티)

(3) 적응증 :

꽃노랑총채벌래. 점박이 응애.

(4) 용량 : 물20ℓ당/농약 6.7ml

49. 아시트 수화제.

(1) 유효성분 : 유기인계

Acephate-------------------------50%

계면활성제, 안정제, 증량제,

보조제----------------------------50%

(2) 상품명 :

① **바이엘오트란** (바이엘)

② **베로존** (동부한농)

③ **경농아시트** (경농)

④ **우리동네** (신젠타)

⑤ **포스길** (인바이오믹스)

⑥ **영일아시트** (영일케미컬)

⑦ **골게터** (동방아그로)

⑧ **앙상블** (동부정밀)

⑨ **새아시트** (에스엠비티)

⑩ **아시트** (성보화학)

(3) 적응증 : 국화(목화)진딧물. 잎말이나방.
총채벌레.

(4) 용량 :

물20ℓ당/약제 20g

(5) 용법 및 부작용 :

① 이 농약은 유기인계 살충제로서, 소화 중독 및 접촉독으로 효과를 나타냅니다.

50. 아진포 수화제.

(1) 유효성분 : 유기인계

Azinphos-methyl----------------25%

계면활성제, 증량제--------------75%

(2) 상품명 :

① **구사치온** (동부한농. 바이엘)

② **영일아진포** (영일케미컬)

(3) 적응증 :

잎말이나방.

(4) 용량 :

물20ml당/약제 40g

(5) 용법 및 부작용 :

① 이 농약은 꿀벌과 야생조류에 약해가 있습니다.

51. 아크리나스린 수화제.

(1) 유효성분 : 합성피레스로이드계.

Acrinathrin-----------------------3%

계면할성제 ,안정제, 증량제-----97%

(2) 상품명 :
① **총채탄**(동부정밀)
(3) 적응증 : **꽃노랑총채벌레.**
(4) 용량 :
물20ℓ당/약제 20g
(5) 용법 및 부작용 :
① 이 농약은 접촉독 및 소화중독에 의한 효과입니다.

52. 알파싸이퍼멘스린-플루페녹수론 유제

(1) 유효성분 :
합성피레스로이드계+아씰우레아계
Alpha-cypemethin--------------2%
flufenoxuron--------------------2%
계면활선제, 용제 등---------96%
(2) 상품명 :
① **명중** (성보화학)
(3) 적응증 :
파밤나방. 꽃노랑총채벌레.
(4) 용량 :
물20ℓ당/약제 20ml
(5) 용법 및 부작용 :
① 이 농약은 접촉독 및 소화중독에 의한 살충효과를 나타냅니다.

53. 알파스린 유제.

(1) 유효성분 : 합성피레스로이드계.
Alpha-cypemetrin----------------2%
유화제, 용제, 안정제-----------98%
(2) 상품명 :
① **화스탁** (성보화학.한국삼공)
② **핫라인** (인바이오믹스)
③ **바이엘알파스린** (바이엘)
④ **시원탄** (경동)
⑤ **영일알파스린** (영일케미컬)
(3) 적응증 :
국화목화진딧물. 잎말이나방.
(4) 용량 : 물20ℓ당/약제 20ml

54. 에마멕틴벤조에이트 (유제)

(1) 유효성분 :
emamectin benzoate--------------2.15%
유화제, 항산화제, 용제-----------97.85%
(2) 상품명 :
에이팜 (신젠타)
(3) 적응증 :
꽃노랑총채벌레. 파밤나방.
아메리카잎굴파리.
(4) 용량 :
물20ℓ당/농약 10ml
(5) 용법 및 부작용.
① 저항성 문제로 작용기전이 다른 약제와 번갈아 사용하세요.

55. 에스펜발러레이트 유제.

(1) 유효성분 : 합성피레스로이드계.
Esfenvalerate----------------1.5%
유화제, 용제----------------98.5%
(2) 상품명 :
① **적시타** (동방아그로)
(3) 적응증 :
국화목화진딧물. 잎말이나방.
(4) 용량 :
물20ℓ당/약제 20ml
(5) 용법 및 부작용 :
① 나방발생 최성기인 6월상순부터 10일 간격으로 약제가 충분히 묻도록 골고루 살포합니다.

56. 에토펜프록스 유제.

(1) 유효성분 : 합성피레스로이드계.
Etofenprox---------------------20%
계면활성제, 용제--------------80%
(2) 상품명 :
① **세배로** (경농)
② **에토펜프록스** (인바이오믹스)

(3) 적응증 :

파밤나방. 잎말이나방. 노린재류.

(4) 용량 : 물20ℓ당/약제 20ml

(5) 용법 및 부작용 : 파밤나방 방제는 유충이 식물체내로 들어가기 전, 약령충기에 사용하는 것이 효과적입니다.

57. 에토펜프록스· 다수진 수화제.

(1) 유효성분 : 합성피레스로이드계+유기인계

Ethofenfrox------------------------8%

diazinon--------------------------25%

계면활성제, 보조제, 증량제-----67%

(2) 상품명 : ① **뚝심** (성보화학)

(3) 적응증 :

국화꼬마수염진딧물. 잎말이나방.

파밤나방, 노린재류.

(4) 용량 : 물20ℓ당/약제 20g

(5) 용법 및 부작용 :

① 이 농약은 접촉독 소화중독에 의한 살충효과입니다.

58. 에토펜프록스 파프 수화제.

(1) 유효성분 : 합성피레스로이드계+유기인계

Ethofenprox----------------------7%

phenthoate----------------------30%

계면활성제, 산화방지제,

보조제, 증량제------------------63%

(2) 상품명 : ① **로드**(한국삼공)

(3) 적응증 :

파밤나방. 꽃노랑총채벌레. 진딧물.

(4) 용량 :

물20ℓ당/약제 20g

59. 에토프 입제.

(1) 유효성분 : 유기인계

Ethoprophos.----------------5%

보조제, 증량제-------------95%

(2) 상품명 :

① **모캡** (영일케미컬. 바이엘)

② **에스캅** (동방아그로)

(3) 적응증 : 뿌리썩이 선충

(4) 용량 : 10a(300평.1000㎡)/약제 9kg

(5) 용법 및 부작용.

① 선충구제 토양처리제입니다.

② 뿌리썩이 선충이 잦은 토양에, 소정량의 약제를 골고루 뿌리고, 쇠스랑으로 흙을 잘 혼화한 후, 파종하거나 정식합니다.

③ 국화 화분의 뿌리썩이 선충은, 치료하여 작품을 만들 수 없으므로 화분과 흙과 국화포기 모두 소각하던지 땅을 깊이파고 묻습니다.

60. 이미다클로프리드 (수화제 입제)

(1) 유효성분 : 클로로니코티닐계.

① 수화제 :

imidacloprid-------------------10%

계면활성제, 보조제, 증량제---90%

② 입제 :

imidacloprid---------------------2%

보조제, 접착제, 증량제, 착색제---98%

(2) 상품명 :

① 수화제 :

코니도 (동부하이텍, 바이엘)

아리이미다 (영일케미컬)

코사인 (동방아그로)

② 입제 :

코니도 (동부하이텍, 바이엘)

베테랑 (동방아그로)

아리이미다 (영일케미컬)

노다지 (경농)

(3) 적응증 :

대만총채벌레, 목화진딧물.

(4) 용량 :

① 수화제 : 물20ℓ당/농약 10g

② 입제 : 1000㎡(10a)당/3kg

61. 주론 수화제.

(1) 유효성분 : 벤조닐우렝아계.

Difubenzuron-------------------25%

계면활성제, 증량제-------------75%

(2) 상품명 :

① **디밀린** (신젠타)

② **초심** (동방아그로)

(3) 적응증 :

잎말이나방. 굴나방.

(4) 용량 :

물20ℓ당/약제 8g

(5) 용법 및 부작용 :

① 이 농약은 효과가 서서히 나타나므로, 해충발생 조기에 뿌리십시오.

62. 치아스 유제. 수화제.

(1) 유효성분 :

수화제 :

Hexythiazox---------------------10%

계면활성재, 보조제, 증량제---90%

유제 :

Hexythiazox---------------------10%

유화제, 용제--------------------90%

(2) 상품명:

수화제 : ① **봄** (해솜)

② **치아스** (바이엘. 경농)

유제 : ③ **치아스** (바이엘. 경농)

(3) 적응증 : 점박이응애.

(4) 용량 : 물20ℓ당/약제 10g

(5) 용법 및 부작용 :

① 이 농약은 저항성 관계로, 1년에 1회만 사용하세요.

63. 치아스 디디브이피 훈연제.

(1) 유효성분 : 치아졸리디논계+유기인계

Hexythiazox----------------------5%

dichlorvos-----------------------17%

(2) 상품명 :

① **파워킹** (바이엘)

(3) 적응증 :

점박이응애. 수염진딧물.

(4) 용량 :

높이 2m.실면적 250㎡.약75평당/50g 1정

64. 치아클로프리드 액상수화제.

(1) 유효성분 : 클로로니코티닐계

Thiacloprid-------------------------10%

계면활성제, 동결방지제, 소포제,

보조제, 증점제, 발부제, 증량제--90%

(2) 상품명 : ① **칼립소**(바이엘)

(3) 적응증 : 국화목화진딧물. 총채벌레.

온실가루.

(4) 용량 : 물20ℓ당/약제 10ml

65. 클로치아니딘 수화제.

(1) 유효성분 : 클로로니코티닐계.

Chlothianidin----------------------8%

계면활성제, 보조제, 증량제----92%

(2) 상품명 : ① **세시미** (성보화학)

(3) 적응증 : **목화진딧물**. 온실가루이.

노린재류

(4) 용량 : 물20ℓ당/약제 10g

(5) 용법 및 부작용 :

① 이 농약은 강한 침투이행성 약제이므로, 신속한 살충효과와 잔효성이 긴 약제입니다.

66. 크로르푸루아주론 유제.

(1) 유효성분 : 요소계.

Chlorfluazuron------------------5%

용제, 유화제-------------------95%

(2) 상품명 : ① **아타브론** (경농)

(3) 적응증 : 파밤나방. 잎말이나방.

(4) 용량 : 물20ℓ.당/약제 10ml

67. 크로르피리포스 수화제.

⑴ 유효성분 : 유기인계.

chlopyrifos---------------------25%

계면활성제, 보조제, 증량제---75%

⑵ 상품명 : ① **더스반** (동부한농)

② **명사수** (동부정밀)

③ **충모리** (한국삼공)

④ **경농그로포** (경농)

⑤ **이비엠그로포** (인바이오믹스)

⑥ **아리그로포** (영일케미컬)

⑦ **에스엠그로포** (에스엠비티)

⑧ **폭격기** (동방아그로)

⑨ **크로르피리포스** (성보화학)

⑶ 적응증 :

하늘소. 풍뎅이. 깍지벌레.

잎말이나방. 파밤나방.

⑷ 용량 : 물20ℓ당/약제 25ml

68.크로르피리포스-디프루벤주론

⑴ 유효성분 : 유기인계+벤조일페닐우레아계.

chlorpyrifos.--------------------20%

difubenzuron.--------------------7%

계면할성제, 보조제, 증량제---73%

⑵ 상품명 : ① **야무진** (바이엘)

⑶ 적응증 : 잎말이나방. 꽃노랑총채벌레.

⑷ 용량 : 물20ℓ당/약제 20g

69. 크로르피리포스-알파싸이퍼메스린 유제.

⑴ 유효성분:

Chlorpyrifos-------------------10%

Alpha-cyprtmrthrin-------------1%

계면활성제, 용제--------------89%

⑵ 상품명 : ① **강타자** (성보화학)

② **진굴탄** (바이엘)

⑶ 적응증 : 국화수염진딧물

⑷ 용량 : 물20ℓ당/약제 20ml

70. 테브페노자이드 (수화제)

⑴ 유효성분 : 벤조일하이드라진계.

Tebufenozide-------------------8%

계면활성제, 증량제------------92%

⑵ 상품명 : ① **미믹** (경농)

⑶ 적은증 : 파밤나방. 잎말이나방

⑷ 용량 : 물20ℓ당/약제 20g

71. 테트라디폰-피리포 유제.

⑴ 유효성분 : 유기염소계+유기인계.

Tetradifon----------------------8%

Pirimiphos-methyl------------25%

유화제, 용제------------------67%

⑵ 상품명 : ① **함성** (영일케미컬)

⑶ 적응증 : 꼬마수염진딧물. 점박이응애.

⑷ 용량 : 물20ℓ당/약제 40ml

72. 파프 유제.

⑴ 유효성분 : 유기인계.

Phenthoate-----------------47.5%

유화제, 용제----------------52.5%

⑵ 상품명 :

① **엘산** (한국삼공)

② **씨디알** (바이엘)

③ **동부파프** (동부한농)

④ **경농파프** (경농)

⑤ **서한파프** (서한화학)

⑥ **영일파프** (영일케미컬)

⑶ 적응증 : 노린재. 잎말이나방,

온실가루이.

⑷ 용량 : 물20ℓ당/약제 20ml

73. 펜치온 유제.

⑴ 유효성분 : 유기인계.

Fenthion-----------------------50%

유화제. 용제--------------------50%

(2) 상품명 :

① **리바이짓드** (동부한농.바이엘)

② **저녁놀** (신젠타)

(3) 적응증 : 노린재. 잎말이나방.

(4) 용량 : 물20ℓ당/약제 20ml

74. 펜프로 과립. 훈연제. 수화제.

(1) 유효성분 : 합성피레스로이드계.

수화제 :

Fenpropathin-------------------5%

용제. 계면활성제, 보조제,

증량제------------------------95%

유제 :

Fenpropathin-------------------5%

유화제, 용제------------------95%

과립훈연제 :

Fenpropathin-----------------10%

방염제, 증점제, 보조제,증량제---90%

(2) 상품명 :

훈연제 : ① **다니톨** (동방아그로)

수화제 : ② **다니톨** (동방아그로)

③ **다이토나** (인바이오믹스)

④ **충프로** (에스엠비티)

⑤ **펜프로** (한국삼공. 바이엘. 신젠타)

유제 : ⑥ **다니톨** (동방아그로)

⑦ **포충탄** (바이엘)

⑧ **다이토나** (인바이믹스)

⑨ **성보펜프로** (성보화학)

⑩ **다니캇트** (한국삼공)

(3) 적응증 :

잎말이나방. 점박이응애. 진딧물

(4) 용량 :

물20ℓ당/약제 20ml

(5) 용법 및 부작용 :

① 이 농약은 합성피레스로이드계의 살충 살비제입니다. 접촉독 및 소화중독에 의한 속효성 약제입니다.

75. 펜피록시메이트 액상수화제.

(1) 유효성분 : 페녹시피라졸계.

Fenpyroximat-------------------5%

계면활성제, 부동제, 소포제,

안정제, 증량제----------------95%

(2) 상품명 : ① **살비왕** (동부한농)

(3) 적응증 : 점박이응애.

(4) 용량 : 물20ℓ당/약제 10ml

(5) 용법 및 부작용 :

① 이 약제는 침투이행성이 없으므로 작물의 줄기와 잎의 앞면과 뒷면에까지 충분히 묻도록 뿌려야 합니다.

76 포스치아제이트 입제.

(1) 유효성분 : 유기인계

Fosthiazate-----------------------5%

계면성활성제, 보조제, 증량제--95%

(2) 상품명 : ① **선충탄** (동부한농)

(3) 적응증 : **뿌리썩이선충.**

(4) 용량 : 10a(300평)당./약재 6kg

(5) 용법 및 부작용 :

① 이 농약은 토양에 섞을 때는, 토양 표면에 골고루 뿌린 뒤, 경운(耕耘) 또는 로타리 작업을 한 후, 정식이나 파종을 합니다.

77. 푸라치오카브 유제.

(1) 유효성분 : 카바메이트계.

Furathiocarb-----------------10%

유화제. 용제-----------------90%

(2) 상품명 : ① **델타넷트** (신젠타)

(3) 적응증 : 잎말이나방, 온실가루이.

목화진딧물.

(4) 용량 : 물20ℓ당/약제 20ml

(5) 용법 및 부작용 :

① 이 농약은 접촉독 및 소화중독에 의한 살충효과입니다.

78. 프로지 수화제

(1) 유효성분 : 아유산에스텔계.

propargite----------------------30%

계면활성제, 보조제, 증량제---70%

(2) 상품명 : ① **오마이트** (동방아그로)

② **족집게** (신젠타)

(3) 적응증 : 점박이응애

(4) 용량 : 물20ℓ당/약제 20g

79. 피레스 유제.

(1) 유효성분 : 합성피레스로이드계.

Cypemethrin----------------5%

유화제, 용제---------------95%

(2) 상품명 :

① **아리보** (한국삼공)

② **피레탄** (동부한농)

③ **해솜피레스** (해솜)

④ **경농피레스** (경농)

⑤ **푸른꿈** (동방아그로)

⑥ **정밀피레스** (동부정밀)

⑦ **성보피레스** (성보화학)

⑧ **아리피레스** (영일케미컬)

⑨ **이비엠피레스** (인바이오믹스)

⑩ **특충탄** (에스엠비티)

(3) 적응증 : 잎말이나방. 풍뎅이. 굴나방.

(4) 용량 : 물20ml당/ 약제 20ml

(5) 용법 및 부작용 :

① 이 약제는 접촉독 및 소화중독에 의한 살충효과입니다.

80. 피리미포스메칠 (유제)

(1) 유효성분 : 유기인계

pirimiphos-methyl------------------25%

유화제, 용제-----------------------75%

(2) 상품명 : ① **아테릭** (영일케미컬)

(3) 적응증 : 목화진딧물

(4) 용량 : 물20ℓ당/농약 40ml

81. 할로스린 수화제. 유제.

(1) 유효성분 : 합성피레스로이드계.

수화제 :

Lambda-cyhalothrin.-----------1%

계면활성제, 안저제, 보조제,

증량제-------------------------99%

유제 : Lambda-cyhalothrin.----------1%

유화제, 용제------------------99%

(2) 상품명 :

수화제 : ① **주렁** (영일케미컬. 신젠타)

② **바로싹** (동부한농)

유제 : ③ **주렁** (영일케미컬. 신젠타)

④ 첨병 (동부한농)

⑤ **할로스린** (한국삼공)

(3) 적응증 : 잎말이나방. 목화진딧물.

(4) 용량 : 물20ℓ당/양재 20ml

82. 할로스린-피리모 수화제.

(1) 유효성분 : 합성피레스로이드계+카바메이트

Lambdacyhaloth-------------0.5%

Pirimicarb---------------------8%

계면활성제, 보조제, 증량제--91.5%

(2) 상품명 : ① **역시나**(동부한농)

(3) 적응증 : 목화진딧물.

(4) 용량 : 물20ℓ당/약제 20g

Ⅲ. 성장 조정제

83. 나드 (분제)

(1) 유효성분 : 옥신계

1-naphthylacetamide---------0.4%

(2) 상품명 : **동부루톤** (동부정밀)

(3) 용도 : 발근 촉진제

(4) 적용작물 : 카네이션, 국화.

(5) 용법 :

① 이 농약은 삽목묘의 발근을 촉진시키는 식물호르몬제로서, 발근작용을 촉진시켜 활착에 우수한 효과를 나타냅니다.

84. 다미노자이드 (수화제)
(비나인)

(1) 유효성분 :
daminozide------------------------85%
계면활성제, 증량제---------------15%

(2) 상품명 : ① **유원비나인** (인바이오믹스)
② **미성비나인** (바이엘)

(3) 용량 : 물20ℓ당/약제 160g

(4) 용도 : 신장억제

(5) 적용작물 : 포인세치아. 아잘레아. 국화.

(6) 용법 :

① 이 농약은 식물의 절간신장을 억제하는 생장조정제입니다. 다른 농약과 섞어뿌리지 마십시오.

② 포인세치아에서는 사용량을 지켜서 물에 희석한 후, 작물에 충분히 묻도록 살포 하십시오.

③ 대국재배에는 소정의 희석률을 지켜서 국화의 꼭대기 순에만, 미니 손분무기로 뿌리던지, 필요에 따라 꽃목에 붓으로 발라주십시오.

④ 이 제품은 구리제(석회보르도액)와 섞어 뿌리거나, 30일 이내의 근접살포를 하지마십시오.

85. 클로르메쿼트 액제.

(1) 유효성분 :
Chlomequat chloride------42.4%
증량제----------------------57.6%

(2) 상품명 : ① **씨씨씨** (바이엘)

(3) 용량 : 물20ℓ당/약제 67ml

(4) 적용작물 : 포엔세치아. 아잘레아. 국화.

(5) 용도 : 절간신장 억제.

(6) 용법 :

① 이 약제는 식물의 신장 억제작용을 합니다. 끝.

Memo :

2. 취미국화 583 품종표

厚物系統						
번호	꽃이름	花名(한문)	花形	色彩	成長	開花期
1	겸육담국	兼六淡菊	厚物	淡粉	短幹	早滿
2	겸육백국	兼六白菊	厚走	白色	短幹	中滿
3	겸육향국	兼六香菊	厚物	粉紅	中幹	中滿
4	겸육황국	兼六黃菊	厚物	黃色	中幹	中滿
5	구미만산	久米滿山	厚物	白色	短幹	早滿
6	구미의월	久米의月	厚物	純白	短幹	早滿
7	국화가내	國華加柰	厚走	淡粉	短幹	中滿
8	국화가전	國華家伝	厚物	雪白色	中桿	中滿
9	국화갈채	國華喝采	厚物	赤色	短幹	早滿
10	국화강대	國華强大	厚走	赤色	短桿	中滿
11	국화강릉	國華康陵	厚物	白色	中幹	中滿
12	국화강림	國華降臨	厚走	白色	長桿	遲滿
13	국화개운	國華開運	厚走	濃赤	短幹	中滿
14	국화개운산	國華開運山	厚走	濃赤色	短桿	中滿
15	국화개조	國華開祖	厚物	濃黃色	中桿	遲滿
16	국화건국	國華建國	厚物	赤色	中桿	中滿
17	국화건배	國華乾杯	厚走	黃色	中幹	中滿
18	국화검무	國華劍舞	厚走	純白	長幹	早滿
19	국화경복	國華慶福	厚走	白色	中桿	中滿
20	국화경성	國華景星	厚物	濃黃色	長桿	中滿
21	국화계승	國華繼承	厚物	白色	中桿	中滿
22	국화고덕	國華高德	厚物	黃錦色	長桿	遲滿
23	국화고봉	國華高峰	細管	白色	中桿	早滿
24	국화공명	國華孔明	厚物	純白	長幹	早滿
25	국화관산	國華觀山	厚物	濃黃	中幹	中滿
26	국화광귀	國華光貴	厚物	濃黃	短幹	中滿
27	국화광림	國華光琳	厚走	濃黃	中幹	中滿
28	국화광명	國華光明	厚物	白色	長桿	早滿
29	국화구주	國華九州	厚物	濃黃	中幹	早滿
30	국화국국	國華國菊	厚走	濃黃	長幹	中滿
31	국화국배	國華菊杯	厚走	淡粉	長幹	中滿
32	국화국보	國華國寶	厚走	米白	長幹	早滿
33	국화국사	國華國士	厚走	濃黃色	中桿	中滿
34	국화군배	國華軍配	厚物	黃色	中幹	中滿
35	국화군임	國華君臨	厚物	純白	中幹	中滿
36	국화궁전	國華宮殿	厚物	淡粉	中幹	中滿
37	국화극성	國華極星	厚物	黃色	中桿	中滿
38	국화금강석	國華金剛石	厚物	濃黃	中幹	中滿
39	국화금강임	國華金降臨	厚物	黃色	長桿	中滿
40	국화금광명	國華金光明	厚物	黃色	長桿	中滿

번호	꽃이름	花名(한문)	花形	色彩	成長	開花期
41	국화금대두	國華金大杜	厚物	黃色	短桿	早滿
42	국화금사자	國華金獅子	厚物	濃黃	中幹	早滿
43	국화금산	國華金山	厚物	黃色	中桿	中滿
44	국화금창운	國華金創雲	厚物	純黃	中幹	中滿
45	국화의기	國華의技	厚物	黃錦色	短桿	早滿
46	국화기운	國華旗芸	厚物	濃黃	長幹	中滿
47	국화기원	國華起源	厚物	黃色	中桿	遲滿
48	국화길조	國華吉兆	厚物	濃黃色	長桿	早滿
49	국화극성	國華極星	厚物	黃色	長桿	遲滿
50	국화남작	國華男爵	厚走	黃色	中桿	中滿
51	국화낭만	國華狼漫	厚物	粉紅色	短桿	中滿
52	국화녹림	國華綠林	厚物	黃色	長幹	中滿
53	국화농희	國華濃姬	厚走	赤錦色	中桿	早滿
54	국화단무	國華丹舞	厚走	白色	短幹	中滿
55	국화당당	國華堂堂	厚走	白色	中幹	中滿
56	국화대관	國華大觀	厚物	赤色	短幹	中滿
57	국화대길	國華大吉	厚物	純白色	長桿	中滿
58	국화대납언	國華大納言	厚物	濃黃	中幹	早滿
59	국화대도	國華大道	厚物	粉紅色	中桿	遲滿
60	국화대두	國華大杜	厚物	赤錦	短幹	早滿
61	국화대만월	國華大滿月	厚走	濃黃	中幹	中滿
62	국화대보	國華大宝	厚物	濃黃色	中桿	早滿
63	국화대상	國華大賞	厚物	雪白	中幹	中滿
64	국화대성인	國華大聖人	厚走	黃色	中幹	中滿
65	국화대어소	國華大御所	厚物	淡粉	長幹	中滿
66	국화대영산	國華大榮山	厚物	黃錦	中幹	中滿
67	국화대오	國華大奧	厚物	粉紅色	長桿	早滿
68	국화대우주	國華大宇宙	厚物	濃黃	短幹	中滿
69	국화대요	國華大妖	厚走	淡桃	短幹	早滿
70	국화대유	國華大由	厚走	粉紅	短幹	早滿
71	국화대자연	國華大自然	厚走	濃黃	長幹	早滿
72	국화대제	國華大帝	厚物	濃黃	中幹	中滿
73	국화대전	國華大典	厚物	濃黃	長幹	早滿
74	국화대조	國華大鳥	厚物	純白色	長桿	早滿
75	국화대지	國華大地	厚走	純白	中幹	中滿
76	국화대치	國華大治	厚物	黃色	短桿	遲滿
77	국화대호	國華大湖	厚物	赤錦	中幹	中滿
78	국화도	國華島	厚物	雪白色	短桿	早滿
79	국화동광	國華東光	厚物	黃色	中幹	中滿
80	국화동양	國華東洋	厚物	雪白	長幹	早滿

번호	꽃이름	花名(한문)	花形	色彩	成長	開花期
81	국화동지	國華同志	厚物	純白	長桿	早滿
82	국화두령	國華頭領	厚走	粉紅色	長桿	早滿
83	국화래복	國華來福	厚走	濃赤	長幹	中滿
84	국화만세	國華万世	厚走	白色	長幹	中滿
85	국화만수	國華萬壽	厚物	純黃	中幹	中滿
86	국화만천	國華滿天	厚物	赤色	短幹	中滿
87	국화망해	國華望海	厚物	黃色	長桿	中滿
88	국화명월	國華名月	厚物	黃色	中幹	中滿
89	국화모정	國華慕情	太管	錦黃	中幹	中滿
90	국화모정	國華母情	厚物	赤色	中桿	中滿
91	국화목계	國華木鷄	厚物	白色	中桿	遲滿
92	국화목초	國華木草	厚物	濃黃	長桿	中滿
93	국화몽원	國華夢園	厚走	桃色	中桿	中滿
94	국화몽일기	國華夢日記	厚物	桃色	短桿	中幹
95	국화무용	國華武勇	厚物	濃黃色	長桿	早滿
96	국화무장	菊花武將	厚走	白色	長幹	中滿
97	국화미생	國華彌生	厚走	濃黃色	中桿	早滿
98	국화미국	國華美菊	厚走	白色	短幹	早滿
99	국화발전	國華發展	厚物	黃色	長桿	早滿
100	국화방국	國華芳菊	厚走	赤色	中幹	早滿
101	국화방실	國華方實	厚走	雪白	短幹	中滿
102	국화백경	國華白鯨	厚走	白色	長幹	早滿
103	국화백금	國華白金	厚物	純白色	中桿	早滿
104	국화백려	國華白麗	厚走	純白	中幹	遲滿
105	국화백마	國華白馬	厚走	白色	中幹	中滿
106	국화백방국	國華白方菊	厚走	白色	長幹	早滿
107	국화백삼관	國華白三冠	厚走	白色	長幹	遲滿
108	국화백선	國華百選	厚物	赤色	長幹	中滿
109	국화백수	國華白壽	厚物	白色	中幹	中滿
110	국화백억	國華百億	厚走	黃色	短桿	中滿
111	국화백원록	國華白元祿	厚物	純白	短幹	中滿
112	국화번영	國華繁榮	厚物	粉紅	長幹	中滿
113	국화번옹	國華繁翁	厚物	純白	短幹	中滿
114	국화법왕	國華法王	厚物	白色	短桿	早滿
115	국화변천	國華弁天	厚走	粉紅	長幹	遲滿
116	국화보월	國華寶月	厚物	淡黃	短幹	中滿
117	국화보탑	國華寶塔	厚走	純白	長幹	早滿
118	국화복덕	國華福德	厚物	赤色	中幹	中滿
119	국화복수	國華福壽	厚物	濃黃	長幹	中滿
120	국화본환	國華本丸	厚物	黃色	中桿	中滿

번호	꽃이름	花名(한문)	花形	色彩	成長	開花期
121	국화봉축	國華峰祝	厚物	赤色	中幹	中滿
122	국화부국	國華富國	厚物	濃黃	長幹	中滿
123	국화부홍	國華芙紅	厚物	短桿	中桿	中滿
124	국화북제	國華北齊	厚物	純白	中幹	早滿
125	국화비천	國華飛天	厚物	純白	長幹	早滿
126	국화사자	國華獅子	厚物	雪白	中幹	早滿
127	국화삼관	國華三冠	厚物	濃赤	長桿	中滿
128	국화상승	國華上昇	厚走	白色	短桿	早滿
129	국화상징	國華象徵	厚走	純白	長桿	中滿
130	국화쌍학	國華雙鶴	厚物	雪白	長幹	中滿
131	국화삼관	國華三冠	厚走	濃赤	長幹	中滿
132	국화서도	國華西都	厚物	挑色	短幹	早滿
133	국화서상	國華瑞祥	厚走	白色	中桿	中滿
134	국화서운	國華西雲	厚走	黃色	中桿	中滿
135	천향설명	泉鄕雪明	間管	白色	中桿	早滿
136	국화성상	國華星霜	厚走	白色	中幹	中滿
137	국화성연	國華惺然	厚物	赤錦	長幹	中滿
138	국화성운	國華星雲	厚物	雪白	中幹	中滿
139	국화세력	國華勢力	厚走	雪白	中幹	中滿
140	국화소문	國華笑門	厚走	赤色	短幹	早滿
141	국화소주	國華蘇州	厚物	赤錦	中幹	中滿
142	국화송학	國華松鶴	厚走	雪白	中幹	中滿
143	국화수락	國華壽樂	厚走	黃色	長幹	中滿
144	국화수령	國華首領	厚走	純白	中桿	遲滿
145	국화수방	國華壽芳	厚物	純白	長桿	中滿
146	국화수명	國樺水明	厚物	白色	長幹	中滿
147	국화수호	國華水虎	厚物	白色	長幹	早滿
148	국화승개	國華勝開	厚物	黃樺	長幹	中滿
149	국화승리	國華勝利	厚物	白色	短幹	早滿
150	국화시대	國華時代	厚物	濃黃	中幹	中滿
151	국화신설광	國華新雪光	厚物	純白	中幹	早滿
152	국화신세기	國華新世紀	厚走	濃赤	短桿	遲滿
153	국화신세계	國華新世界	厚物	濃黃	長桿	中滿
154	국화신화	國華神話	厚走	濃黃	長桿	遲滿
155	국화안태	國華安泰	厚物	赤色	中幹	中滿
156	국화약진	國華躍進	厚物	赤色	短幹	中滿
157	국화양영	國華良榮	厚物	純白色	長桿	中滿
158	국화애국	國華愛國	厚物	赤色	中幹	早滿
159	국화애낭	國華愛娘	厚走	美櫻色	中桿	遲滿
160	국화어광	國華御光	厚物	濃黃色	中桿	早滿

번호	꽃이름	花名(한문)	花形	色彩	成長	開花期
161	국화어대	國華御代	厚走	白色	長幹	早滿
162	국화어래광	國華御來光	厚物	黃色	中桿	中滿
163	국화어원	國華御院	厚物	赤色	中幹	中滿
164	국화예가	國華醴歌	厚走	赤色	中桿	中滿
165	국화연무	國華連茂	厚物	粉紅	長幹	遲滿
166	국화연세	國華連歲	厚物	赤色	長幹	遲滿
167	국화염가	國華艶歌	厚走	赤色	中桿	遲滿
168	국화영진	國華榮進	厚物	黃色	中幹	早滿
169	국화영춘	國華迎春	厚物	桃色	中幹	中滿
170	국화영화	國華榮華	厚物	濃赤	中幹	中滿
171	국화예술	國華藝術	厚物	赤色	短桿	早滿
172	국화왕성	國華王城	厚走	濃黃色	中桿	中滿
173	국화왕좌	國華王座	厚物	白色	中桿	中滿
174	국화옥전	國華玉殿	厚物	白色	長幹	中滿
175	국화용사	國華勇士	厚走	黃色	中幹	中滿
176	국화용왕	國華龍王	厚物	濃黃	短幹	中滿
177	국화우아	國華優雅	厚走	美櫻色	短桿	早滿
178	국화운무	國華運舞	厚物	赤色	長桿	中滿
179	국화웅산	國華雄山	厚走	白色	中幹	早滿
180	국화원록	國華元祿	厚物	淡桃	短幹	中滿
181	국화원류	國華源流	厚物	黃錦色	長桿	中滿
182	국화월광	國華越光	厚物	黃色	中幹	早滿
183	국화월산	國華越山	厚物	白色	長桿	中滿
184	국화월천자	國華月天子	厚物	濃黃	中幹	遲滿
185	국화위풍	國華威風	厚物	黃色	長桿	早滿
186	국화유계	國華由季	厚走	淡粉	短幹	中滿
187	국화은강대	國華銀强大	厚物	白色	中桿	中滿
188	국화은작산	國華銀雀山	厚物	白色	中桿	中滿
189	국화의기	國華의技	厚走	黃錦	中桿	中滿
190	국화의도	國華의都	厚走	濃赤	短幹	早滿
191	국화의도	國華의道	厚物	黃色	長桿	中滿
192	국화의모	國華의母	厚物	淡赤	短桿	中滿
193	국화의미	國華의美	厚物	赤錦	長幹	中滿
194	국화의성	國華의盛	厚物	黃色	長幹	中滿
195	국화의수	國華의壽	厚物	美錦	短幹	早滿
196	국화의신	國華의信	厚物	白色	短桿	早滿
197	국화의심	國華의心	厚物	白色	長幹	早滿
198	국화의역	國華의曆	厚物	白色	短幹	中滿
199	국화의왕	國華의王	厚物	純白色	中桿	中滿
200	국화의의	國華의義	厚走	白色	長桿	遲滿

번호	꽃이름	花名(한문)	花形	色彩	成長	開花期
201	국화의인	國華의仁	厚走	淡桃	中幹	早滿
202	국화의정	國華의靜	厚物	白色	中桿	中滿
203	국화의증	國華의証	厚走	黃色	中桿	中滿
204	국화의지	國華의志	厚物	雪白	長幹	中滿
205	국화의지	國華의智	厚走	白色	長幹	早滿
206	국화의초	國華의礎	厚物	濃黃	短幹	中滿
207	국화의해	國華의海	厚物	白色	短桿	早滿
208	국화의행	國華의幸	厚走	赤色	中幹	早滿
209	국화의홍	國華의紅	厚走	濃桃	中桿	中滿
210	국화2천년	國華二千年	厚物	濃赤色	中桿	中滿
211	국화일륜	國華日輪	厚走	赤錦	中幹	中滿
212	국화일번화	國華一番花	厚走	純白	長幹	早滿
213	국화일승	國華日勝	厚走	赤色	長幹	中滿
214	국화장춘	國華長春	厚物	桃色	長幹	中滿
215	국화재왕	國華帝王	厚物	濃黃	長幹	遲滿
216	국화적복	國華積福	厚走	濃黃	中幹	中滿
217	국화전당	國華殿堂	厚走	白色	長幹	中滿
218	국화정종	國華正宗	厚走	純白	中幹	中滿
219	국화제도	國華帝都	厚物	白色	短桿	中滿
220	국화제전	國華祭典	厚走	濃黃	長幹	中滿
221	국화제패	國華制覇	厚物	濃赤	中幹	中滿
222	국화제왕	國華帝王	厚物	黃色	長桿	中滿
223	국화조사	國華照射	厚物	粉紅	中桿	早滿
224	국화조산	國華照山	厚走	淡粉	長幹	早滿
225	국화조양	國華朝陽	厚物	淡粉	長幹	中滿
226	국화조운	國華朝蕓	厚物	白色	中幹	中滿
227	국화주하	國華朱夏	厚物	濃赤色	長桿	遲滿
228	국화주장	國華主將	厚物	濃黃	中幹	中滿
229	국화지미	國華志美	厚物	錦黃	中桿	中滿
230	국화창운	國華創雲	厚物	白色	中幹	早滿
231	국화천공	國華泉孔	厚物	粉紅	長幹	中滿
232	국화천금	國華千金	厚物	濃黃色	短桿	遲滿
233	국화천낭	國華天狼	厚物	濃黃色	短桿	中滿
234	국화천대	國華泉大	厚物	黃色	中幹	早滿
235	국화천도	國華天道	厚物	純白	短幹	中滿
236	국화천망	國華千望	厚物	赤色	短幹	中滿
237	국화천사	國華天賜	厚物	濃黃	中幹	中滿
238	국화천성	國華天星	厚物	濃黃	長幹	早滿
239	국화천수	國華天授	厚物	白色	短桿	中滿
240	국화천왕산	國華天王山	厚物	白色	中幹	中滿

번호	꽃이름	花名(한문)	花形	色彩	成長	開花期
241	국화천운	國華茜雲	厚物	黃錦色	中桿	早滿
242	국화천조	國華天照	厚走	美桃	短幹	早滿
243	국화천주	國華天主	厚走	純白	長幹	早滿
244	국화천초	國華天草	厚走	白桃	短桿	早滿
245	국화청광	國華靑光	厚物	濃黃	中幹	早滿
246	국화청남	國華靑嵐	厚走	純白	長幹	早滿
247	국화청무태	國華晴舞台	厚物	赤色	長桿	中滿
248	국화초몽	國華初夢	厚物	粉紅色	長桿	早滿
249	국화추초	國華秋草	厚物	濃黃色	長桿	中滿
250	국화축선	國華祝船	厚物	黃色	長幹	早滿
251	국화축승	國華祝勝	厚走	明赤	長幹	中滿
252	국화춘경	國華春景	厚物	淡桃	中桿	中滿
253	국화칠보	國華七寶	厚物	黃色	中幹	早滿
254	국화70년	國華七十年	厚物	濃黃色	短桿	中滿
255	국화탄정	國華彈正	厚走	赤錦	長幹	早滿
256	국화태양	國華太陽	厚走	濃黃	長幹	中滿
257	국화태종	國華太宗	厚物	赤錦色	長桿	遲滿
258	국화태평	國華泰平	厚物	美錦	長幹	中滿
259	국화팔방산	國華八方山	厚走	白色	中幹	中滿
260	국화팔상	國華八翔	厚物	白色	中幹	早滿
261	국화팔운	國華八蕓	厚物	白色	中幹	早滿
262	국화팔천대	國華八千代	厚走	黃色	中幹	早滿
263	국화패왕	國華覇王	厚物	白色	中幹	中滿
264	국화평성	國華平成	厚走	妓黃	中幹	中滿
265	국화풍가	國華楓歌	厚走	濃赤	中桿	中滿
266	국화풍년	國華豊年	厚物	黃色	長幹	中滿
267	국화풍림	國華風林	厚走	黃色	中幹	早滿
268	국화풍년	國華豊年	厚物	黃色	長幹	中滿
269	국화행운	國華行雲	厚物	白色	長桿	早滿
270	국화화	國華和	厚物	淡桃色	短桿	早滿
271	국화화방국	國華樺芳菊	厚走	赤錦	長幹	中滿
272	국화화자	國華花紫	厚走	赤色	中桿	遲滿
273	국화활력	國華活力	厚走	濃赤色	中桿	早滿
274	국화황군	國華皇軍	厚物	粉紅色	短桿	遲滿
275	국화황방국	國華黃芳菊	厚走	黃色	中幹	中滿
276	국화황상징	國華黃象徵	厚走	淡黃	長幹	中滿
277	국화황기	國華惶き	厚走	濃赤	長幹	中滿
278	국화황무	國華黃舞	厚走	黃色	長幹	中滿
279	국화황제	國華皇帝	厚走	黃錦	長幹	中滿
280	국화황호	國華皇虎	厚物	黃色	短幹	中滿

번호	꽃이름	花名(한문)	花形	色彩	成長	開花期
281	국화혁명	國華革命	厚物	黃色	長桿	中滿
282	국화현무	國華玄武	厚物	黃色	長桿	中桿
283	국화호걸	國華豪傑	厚走	濃黃	中幹	遲滿
284	국화호쾌	國花豪快	厚物	濃黃	中幹	遲滿
285	국화효옹	國華曉紅	厚物	濃赤色	長桿	遲滿
286	국화효천	國華曉天	厚物	白色	長幹	中滿
287	국화흥복	國華興福	厚物	濃赤	長幹	遲滿
288	국화횡강	國華橫剛	厚物	純白	長幹	遲滿
289	대방도월	大芳桃月	厚物	桃色	長幹	中滿
290	대방천세	大芳千歲	厚物	美粉	中幹	中滿
291	동해의욱	東海의旭	厚走	濃黃	中幹	中滿
292	동해의진	東海의珍	厚物	黃色	中桿	中滿
293	성광홍추	聖光紅秋	厚物	朱紅	中幹	中滿
294	성화의염	聖火의炎	厚物	濃赤	中幹	中滿
295	신구미만산	新久米万山	厚物	濃粉	中幹	早滿
296	안의삼운	岸의三雲	厚物	粉紅	中桿	中桿
297	안의삼자매	岸衣三姉妹	厚走	赤色	長幹	中滿
298	안의자주	岸의紫舟	厚物	濃赤	長幹	早滿
299	월광	越光	厚物	黃色	中桿	早滿
300	정흥관월	精興冠月	厚物	黃色	中桿	中滿
301	정흥대신	精興大臣	厚物	黃色	短幹	中滿
302	정흥만양	精興万兩	厚物	黃色	長幹	中滿
303	정흥우근	精興右近	厚物	黃色	長幹	中滿
304	준하의군자	駿河의君子	厚走	白色	長幹	早滿
305	준하의석월	駿河의夕月	厚物	黃色	中幹	中滿
306	준하의화백	駿河의畵伯	厚物	白色	長幹	中滿
307	천향대납언	泉鄕大納言	厚物	濃黃	中幹	早滿
308	천향대배	泉鄕大盃	厚物	黃色	長幹	中滿
309	천향만승	泉鄕万勝	厚物	白色	短幹	早滿
310	천향백산	泉鄕白山	厚物	白色	長幹	遲滿
311	천향여심	泉鄕旅心	細管	桃色	中桿	早滿
312	천향의계	泉鄕의葜	厚走	雪白	短幹	早滿
313	천향중천	泉鄕仲天	厚物	濃黃	短幹	遲滿
314	천향천초	泉鄕天草	厚走	白桃	短幹	早滿
315	천향축전	泉鄕筑前	厚走	濃黃	中幹	中滿
316	천향풍년	泉鄕豊年	厚物	黃樺	長幹	中滿
317	천향하춘	泉鄕賀春	細管	赤色	長桿	中滿
318	천향화국	泉鄕華菊	厚走	赤色	中幹	中滿
319	천향화의조	泉鄕火의鳥	厚物	赤色	短幹	中滿
320	초암자만	草庵自漫	厚物	米粉	中幹	中滿

번호	꽃이름	花名(한문)	花形	色彩	成長	開花期
321	하남의성	河南의誠	厚物	白色	短幹	中滿
322	황위무궁	黃緯無窮	厚物	黃色	長幹	早滿
323	홍란	紅蘭	厚物	赤色	短幹	中滿
管物系統						
324	개룡경의궁	開龍京衣의	間管	赤錦	中幹	中滿
325	개룡추봉	開龍秋峰	間管	黃色	中桿	中滿
326	국화금용	國華錦龍	大太	錦色	中幹	中滿
327	국화금적용	國華錦赤龍	太管	錦色	中幹	早滿
328	국화금풍	國華金風	間管	黃色	中幹	中滿
329	국화단무	國華丹舞	細管	黃樺	短桿	早滿
330	국화단유	國華丹游	細管	黃樺	短幹	早滿
331	국화대파	國華大波	太管	白色	中幹	早滿
332	국화대행진	國華大行進	間管	黃錦	中幹	早滿
333	국화대황하	國華大黃河	間管	黃色	中幹	中滿
334	국화랑월	國華浪越	細管	赤色	中桿	中滿
335	국화뢰음	國華瀨音	間管	赤錦	短幹	中滿
336	국화모정	國花慕情	太管	赤錦	中幹	早滿
337	국화묵급	國華墨給	細管	黃金色	短桿	早滿
338	국화방례	國華芳醴	太管	黃色	中幹	早滿
339	국화백백합	國華白百合	細管	白色	短幹	早滿
340	국화산천	國華山川	細管	雪白	中幹	中滿
341	국화설교	國華雪橋	細管	雪白	長幹	中滿
342	국화성검	國華聖劍	細管	白色	長幹	中滿
343	국화실정	國華室町	細管	黃色	中幹	中滿
344	국화오십지	國華五十枝	細管	白色	中幹	早滿
345	국화우정	國華雨情	間幹	美赤	中幹	早滿
346	국화유경	國華游景	細管	粉紅	中幹	早滿
347	국화유미	國華流美	間管	濃赤	中幹	早滿
348	국화의력	國華의力	大太	白色	長幹	中滿
349	국화의풍	國華의楓	太管	濃赤	長幹	早滿
350	국화적용	國華赤龍	太管	美赤	中幹	早滿
351	국화죽림	國華竹林	太管	純白	短幹	中滿
352	국화춘풍	國華春風	細管	美粉	短幹	早滿
353	국화학성	國華鶴聲	細管	美粉	中幹	中滿
354	국화화배합	國華花百合	細管	淡粉	短幹	早滿
355	국화협무	國華狹霧	細管	白色	中幹	早滿
356	성광곡수	聖光曲水	間管	黃錦	長幹	中滿
357	성광동낭	聖光東娘	間管	赤錦	長幹	中滿
358	성광옥적	聖光玉笛	細管	朱赤	中幹	中滿
359	성광호접	聖光胡蝶	細管	濃黃	中幹	中滿
360	성광홍령	聖光紅鈴	間管	紅赤	中幹	中滿

번호	꽃이름	花名(한문)	花形	色彩	成長	開花期
361	안의세주	岸의笹舟	太管	白色	短幹	早滿
362	안의백육가	岸의白六歌	細管	配色	中幹	中滿
363	안의백천	岸의白川	間管	雪白	短幹	中滿
364	안의16야	岸의十六夜	間管	黃色	中幹	中滿
365	안의양귀비	岸의楊貴妃	間管	濃赤	中幹	中滿
366	안의6가	岸의六歌	細管	赤色	中幹	中滿
367	안의천우학	岸의天羽鶴	細管	桃錦	中幹	早滿
368	안의추령	岸의秋鈴	間管	濃黃	長幹	早滿
369	안의양귀비	岸의楊貴妃	間管	濃赤	中幹	中滿
370	안의6가	岸의六歌	細管	赤色	中幹	中滿
371	안의천우학	岸의天羽鶴	細管	桃錦	中幹	早滿
372	안의추령	岸의秋鈴	間管	濃黃	長幹	早滿
373	천여의명소	天女의名所	細管	濃黃	中幹	中滿
374	천여의몽	天女의夢	太管	桃色	中幹	早滿
375	천여의무	天女의舞	太管	桃色	中幹	中滿
376	천여의송	天女의松	間管	金樺	中幹	早滿
377	천여의수	天女의袖	太管	美赤	中幹	早滿
378	천여의시	天女의詩	細管	純白	長幹	早滿
379	천향가인	泉鄕佳人	間管	白色	長桿	早滿
380	천향가주	泉鄕歌州	太管	桃色	中幹	早滿
381	천향경화	泉鄕鏡花	針管	黃色	長幹	中滿
382	천향고성	泉鄕鼓聲	細管	黃樺	中幹	早滿
383	천향고봉	泉鄕高峰	細管	白色	中桿	中滿
384	천향고천	泉鄕古泉	細管	黃色	中幹	中滿
385	천향공명	泉鄕共鳴	細管	白色	長幹	早滿
386	천향광영	泉鄕光榮	細管	濃黃	短桿	中滿
387	천향구지매	泉鄕駒止妹	間管	黃錦	短幹	中滿
388	천향국찰	泉鄕菊察	細管	濃黃	中幹	早滿
389	천향귀부인	泉鄕貴婦人	細管	濃赤	中幹	中滿
390	천향귀선	泉鄕貴船	間管	黃樺	中幹	中滿
391	천향기적	泉鄕汽笛	細管	黃色	中幹	中滿
392	천향나비부인	泉鄕懦飛婦人	細管	黃錦	中桿	早滿
393	천향능소정	泉鄕綾小町	細管	濃桃	長幹	早滿
394	천향대하	泉鄕大河	間管	白色	短桿	遲滿
395	천향대화로	泉鄕大和路	太管	赤色	短桿	早滿
396	천향대황하	泉鄕大黃河	太管	濃黃	中幹	中滿
397	천향령의음	泉鄕鈴의音	細管	黃色	短桿	早滿
398	천향망천	泉鄕望川	細管	淡粉	短幹	中滿
399	천향매리	泉鄕梅里	細管	赤色	中幹	早滿
400	천향명경	泉鄕明鏡	細管	白色	中幹	遲滿

번호	꽃이름	花名(한문)	花形	色彩	成長	開花期
401	천향명성	泉鄉名聲	間管	白色	短幹	中滿
402	천향명성	泉鄉明星	細管	濃黃色	短桿	早滿
403	천향몽성	泉鄉夢星	間管	黃色	中幹	中滿
404	천향몽침	泉鄉夢枕	太管	赤錦	短幹	早滿
405	천향문주	泉鄉文珠	細管	粉紅	長幹	中滿
406	천향미래	泉鄉未來	細管	黃色	中幹	中滿
407	천향미소	泉鄉微笑	間管	赤色	長桿	中滿
408	천향방례	泉鄉訪れ	太管	黃錦	中幹	早滿
409	천향백도	泉鄉白刀	細管	白色	中幹	中滿
410	천향백화	泉鄉白樺	間管	白色	短桿	中滿
411	천향부수	泉鄉富水	間管	濃黃	中幹	早滿
412	천향북기행	泉鄉北紀行	細管	白色	長桿	中滿
413	천향쌍엽	泉鄉雙葉	細管	濃黃	中幹	中滿
414	천향산진파	泉鄉山津波	太管	白色	長桿	遲滿
415	천향삼경	泉鄉三景	極太	赤錦色	中桿	早滿
416	천향상화	泉鄉尙花	細管	赤黃	中幹	遲滿
417	천향성검	泉鄉聖劍	細管	白色	長幹	中滿
418	천향세죽	泉鄉笹竹	太管	黃錦	中幹	早滿
419	천향송풍	泉鄉松風	間管	白色	中幹	中滿
420	천향수연	泉鄉水煙	細管	白色	短幹	早滿
421	천향수정	泉鄉水晶	間管	白色	中幹	早滿
422	천향수향	泉鄉水香	太管	赤色	短幹	早滿
423	천향숙여	泉鄉淑女	細管	白色	中幹	中滿
424	천향시집	泉鄉詩集	細管	純白	中幹	早滿
425	천향신력	泉鄉新曆	細管	黃色	長桿	遲滿
426	천향신통력	泉鄉神痛力	細管	純白	短幹	中滿
427	천향신희	泉鄉辛姬	細管	赤色	中幹	中滿
428	천향심초	泉鄉深草	細管	純白色	短桿	早滿
429	천향압천	泉鄉鴨川	太管	美粉	中幹	早滿
430	천향야국	泉鄉野菊	細管	粉紅	中幹	中滿
431	천향약수	泉鄉若水	太管	桃色	中幹	早滿
432	천향양상	泉鄉洋上	間管	赤色	短幹	中滿
433	천향애염	泉鄉愛染	間管	黃錦	中幹	早滿
434	천향여인	泉鄉旅人	細管	淡桃	短幹	中滿
435	천향여정	泉鄉旅程	細管	黃色	長幹	中滿
436	천향연가	泉鄉戀歌	細管	粉紅	中桿	早滿
437	천향열화	泉鄉烈火	細管	赤色	中幹	中滿
438	천향오색	泉鄉五色	間管	赤錦色	短桿	中滿
439	천향우작	泉鄉羽雀	細管	黃色	中幹	中滿
440	천향우정	泉鄉雨情	細管	赤色	中幹	中滿

번호	꽃이름	花名(한문)	花形	色彩	成長	花期
441	천향운수	泉鄉雲水	間管	白色	短幹	中滿
442	천향월견교	泉鄉月見橋	間管	濃粉	中幹	中滿
443	천향은적	泉鄉銀笛	細管	白色	短幹	中滿
444	천향의갑	泉鄉의岬	間管	粉紅	短幹	早滿
445	천향의묘	泉鄉의妙	細管	白色	短幹	中滿
446	천향의용	泉鄉의龍	大太	黃色	中幹	中滿
447	천향의제	泉鄉의祭	細管	黃錦色	中桿	遲滿
448	천향의천	泉鄉의川	細管	白色	中幹	中滿
449	천향의호	泉鄉의虓	細管	白色	中桿	中滿
450	천향인어희	泉鄉人魚姬	間管	濃赤色	長幹	早滿
451	천향자수	泉鄉紫水	太管	赤色	中幹	中滿
452	천향정열	泉鄉情熱	太管	濃赤色	中桿	中滿
453	천향정화	泉鄉灯花	太管	粉紅	長幹	早滿
454	천향주유	泉鄉舟游	間管	黃樺	短幹	早滿
455	천향주춘	泉鄉朱春	間管	美粉	短幹	中滿
456	천향죽야	泉鄉竹野	太管	白色	長幹	早滿
457	천향중진파	泉鄉仲津波	太管	純白	長幹	中滿
458	천향진수	泉鄉振袖	太管	粉紅	短幹	中滿
459	천향천락	泉鄉千樂	大太	黃錦	短幹	遲滿
460	천향천용	泉鄉天龍	細管	純白	中幹	早滿
461	천향천의천	泉鄉天의川	太管	美錦	中幹	中滿
462	천향청랑	泉鄉淸朗	大太	雪白	中幹	早滿
463	천향청풍	泉鄉淸風	太管	白色	中桿	遲滿
464	천향추일화	泉鄉秋日和	細管	黃錦色	中桿	中滿
465	천향춘구	泉鄉春駒	間管	美赤	中幹	中滿
466	천향춘파	泉鄉春波	細管	粉紅	短幹	中滿
467	천향팔석	泉鄉八汐	細管	濃赤	中幹	中滿
468	천향평화	泉鄉平和	細管	美櫻色	中桿	早滿
469	천향풍화	泉鄉風花	細管	白色	長幹	中滿
470	천향하춘	泉鄉賀春	細管	赤色	中桿	中滿
471	천향홍자	泉鄉紅姿	太管	濃赤	中桿	早滿
472	천향화군	泉鄉花軍	細管	赤色	長幹	中滿
473	천향화명리	泉鄉花明り	細管	赤色	長幹	早滿
474	천향화변	泉鄉花弁	間管	赤錦	長桿	早滿
475	천향화사	泉鄉華篩	太管	赤錦	中幹	早滿
476	천향화사	泉鄉花司	太管	紅色	短幹	中滿
477	천향화영	泉鄉花影	太管	赤色	中幹	中滿
478	천향화용	泉鄉火龍	太管	赤色	中幹	早滿
479	천향화을여	泉鄉花乙女	太管	濃赤	中幹	中滿
480	천향화의몽	泉鄉花의夢	太管	黃錦	中幹	中滿

번호	꽃이름	花名(한문)	花形	色彩	成長	開花期
481	천향화인	泉鄕華人	間管	赤色	中桿	遲滿
482	천향화자	泉鄕花紫	太管	赤色	中幹	中滿
483	천향화형	泉鄕花影	太管	赤色	中幹	遲滿
484	청견가미	淸牽加美	間管	白色	中幹	中滿
485	청견의로	淸見의露	세관	白色	中桿	中桿
486	청견의하	淸見의霞	間管	白色	中桿	中滿
487	청수해인	淸水海人	間管	純白	中幹	中滿
488	하남의용	河南의龍	太管	黃色	長幹	中滿
一文字菊						
489	국화제국	國華帝國	一文字	濃赤	長幹	中滿
490	신옥광원	新玉光院	一文字	錦色	中幹	早滿
491	금추전	金秋殿	一文字	濃黃	中幹	早滿
492	남십자성	南十字星	一文字	赤色	長幹	中滿
493	대문자	大文字	一文字	赤錦	中幹	中滿
494	모나리자		一文字	粉紅	長幹	中滿
495	백십자	白十字	一文字	純白	中幹	中滿
496	북극광	北極光	一文字	赤錦	短幹	早滿
497	신세계	新世界	一文字	赤錦	中幹	中滿
498	양명전	陽明殿	一文字	美粉	長幹	早滿
499	여왕	女王	一文字	濃赤	中幹	中滿
500	천수각	天守閣	一文字	濃黃	長幹	中滿
501	청량전	淸凉殿	一文字	淡桃	長幹	中滿
502	옥광원	玉光院	一文字	淡桃	中幹	早滿
503	토자일기	兎佐日記	一文字	桃色	中幹	早滿
504	청량전	淸惊殿	一文字	赤桃	中幹	早滿
505	파리	巴里	一文字	純白	中幹	中滿
506	옥광원	玉光院	一文字	淡桃色	中桿	早滿
507	홍어전	紅御殿	一文字	濃紅	中幹	中滿
美濃菊						
508	미농의금	美濃의錦	美濃	錦色	短幹	早滿
509	옥광의효	玉光의曉	美濃	錦色	中幹	早滿
510	황암희	黃庵姬	美濃	黃色	中幹	中滿
대괵국						
511	고하적운	古河積雲	대괵	粉紅	長幹	中滿
512	나지의용	那智의龍	대괵	淡黃	長幹	中滿
513	부산의운	富山의雲	대괵	白色	長幹	中滿
514	예천	醴泉	대괵	白色	中幹	中滿
515	청산운용	淸山雲龍	대괵	白色	中桿	中滿
516	항남의용	港南의龍	대괵	紅色	中幹	中滿
517	항남홍용	港南紅龍	대괵	紅色	中桿	中滿

번호	꽃이름	花名(한문)	花形	色彩	成長	開花期
518	화엄의용	華嚴의龍	대귂	黃色	長幹	中滿
			강호국(江戶菊)			
519	강호다인	江戶茶人	江戶菊	純白	中幹	早滿
520	강호신락	江戶神樂	江戶菊	錦黃	中幹	中滿
521	강호회권	江戶檜券	江戶菊	朱赤	長幹	早滿
522	뢰전의월	瀨田의月	江戶菊	濃黃	短幹	中滿
523	뢰전의추	瀨田의秋	江戶菊	朱黃	中幹	中滿
524	백구	白駒	江戶菊	雪白	中幹	早滿
525	숙일본	宿一本	江戶菊	濃赤	長幹	早滿
526	보귀	寶貴	江戶菊	淡赤	中幹	中滿
527	임원자옥	荏原紫玉	江戶菊	朱赤	中幹	中滿
528	황팔장	黃八丈	江戶菊	純黃	長幹	早滿
			懸厓菊			
번호	꽃이름	花名(한문)	色彩	成長		
529	금	琴	美錦.小輪	中作		
530	미광	美光	濃粉紅	中.大作		
531	백광	白光	白色	大作		
532	산단의운	山端의蕓	白色	中.大作		
533	석영	夕映	黃色	中.大作		
534	송의설	松의雪	白色	大作		
535	어기	御旗	赤錦芯黃	大作		
536	염	炎	濃赤	中.大作		
537	옥배	玉盃	黃色.大輪	中.大作		
538	조인	釣人	粉紅	中.大作		
539	좌보희	佐保姬	粉紅芯黃	中.大作		
540	주작	朱雀	朱赤芯黃	中.大作		
541	진사	進士	白色	大作		
542	천여의무	天女의舞	鮮桃色	大作		
543	축복	祝福	黃色	中.大作		
544	파어전	巴御前	朱赤芯黃	大作		
545	판신의예	阪神의譽	赤芯黃	中.大作		
546	판신의휘	阪神의輝	黃色	中.大作		
547	풍운	風雲	白色	中.大作		
548	황대신	黃大臣	黃色	中作		
549	화의무빙	華의霧氷	白芯黃	大作		
550	화의원뇌	華의袁雷	濃黃	大作		
551	화차루	花車樓	粉紅	中.大作		
			二色懸厓菊			
552	국의란열	國의蘭烈	黃.底紅	中作		
553	국의묘월	國의卯月	紅.先白	中作		

번호	꽃이름	花名(한문)	色彩	成長		
554	국의연심	國의戀心	白.底紅	中作		
555	국의엽월	國의葉月	黃.底赤	中作		
556	국의오월	國의五月	黃.底紅	中作		
557	국의을여	國의乙女	紅.先白	中作		
558	국의죽생	國의竹生	黃.底紅	中作		
559	국의홍소문	國의紅小紋	紅.白	中作		
560	보환	寶丸	赤.黃覆輪	中作		
561	산양환	山陽丸	黃.底赤	中作		
562	소매환	小梅丸	桃.底紅	中作		
563	소조의리	小鳥의里	紅.紅覆輪	中作		
564	효환	曉丸	紅赤.白覆輪	中作		
			盆栽菊			
565	고금란	古錦欄	朱赤芯黃			
566	노락	老樂	黃芯黃			
567	노송	老松	黃芯黃			
568	미소노	みその	粉芯黃			
569	백조	白朝	白色			
570	백호	白虎	白色			
571	벌의예	筏의譽	白芯黃			
572	북두의송	北斗의松	赤色			
573	소정	小町효	粉紅			
574	서	曙	粉紅芯黃			
575	신노송	新老松	藤色芯黃			
576	십의유	辻의柳	赤色			
577	조용	朝龍	赤錦			
578	천석의미	千石의美	黃色			
579	천석주	千石舟	白芯黃			
580	풍송	風松	淡黃			
581	황호	黃虎	黃色			
582	홍다마	紅茶瑪	赤色			
583	회일산	繪日傘	金色			

3. 국화용어

가나다順

(1) 가름대(Separator)

가을국화의 화분재배에서 국화뿌리가 화분에 꽉차면, 국화의 자람이 둔화됩니다. 이때에 미리 꽂아놓은 『가름대』를 빼내고 새 배양토를 넣어서 뿌리가 뻗어나갈 공간을 넓혀주면, 국화가 자라기 시작합니다. 이때 사용하는 도구를 『가름대』도는 『가름막이』라고 합니다. 이때 아래의 사진 1620과 같은 PVC 원관 또는 맥주병 음료수캔 등의 폐기물을 재활용합니다.

菊花叢書 1620

(2) 가식(假植)

화훼분야에서 어린 모종을 작은화분(小盆)에 임시로 옮겨심는 일을 가식(假植)이라고 합니다.

(3) 간관판(間管瓣)

흔히들 말하는 "실국화"입니다. 대롱모양의 꽃실 굵기가 2mm정도의 실국화입니다. 실같은 꽃잎이 힘차게 길게 아래로 늘어지며, 꽃실 끝이 숟가락 모양으로 시판(匙瓣)으로 피거나, 낚시 바늘처럼 말려 오르는 권형판(卷形瓣)으로 핍니다.

(4) 건조비료(乾燥肥料)

건조된 가루비료 입니다. 상품도 있지만, 국화 동호인(同好人)들은 손수 만들어 씁니다. 부엽토(腐葉土)10, 뜰깻묵5, 어분(魚粉)2, 뼈가루(骨粉)1, 초목탄(草木炭)1, 발효제를 적당량, 농업용 살충제 등을 반죽하여, 1~2개월 발효시켜서 완숙된 후, 직경 1.5~2cm 정도의 경단으로 뭉쳐서 건조시킨 후, 사용하기도 하고 건조분말(乾燥粉末)로 사용하기도 합니다.

菊花叢書 1621

(5) 경단꽂이(瓊團插木)

국화재배에서 아래의 사진 1622와 같이, 진흙을 굵은 콩알만한 크기로 빚어서, 국화 삽수 끝에 달아서 모래묻이 합니다. 이것을 『경단꽂이』라고 합니다. 진흙의 미세한 입자가 삽수끝과 배양토를 밀착시켜 물질교환의 매개체 역할을 합니다. 가뭄의 영향을 덜 받게하는 이점이 있습니다.

菊花叢書 1622

(6) 경수삽(頸穗插)

① 다음의 사진 1623과 같이, 국화줄기의 아랫부분의 목질부위를 잘라서 얻은 삽수입니다. 어떤 화훼분야에서는 목질부분이라고 숙지삽(熟枝插;Hardwoodcutting)이라고도 합니다.

② 목질화된 이 줄기나 마디에 수국에서는 발아가 잘되어 이용하지만, 일반국화에서는 발아도 발근도 늦으며, 어떤 때는 퇴화된 꽃이 개화될 수도 있습니다. 그러나 병충해에 대한 저항력은 더 강합니다.

(7) 관물(管物)

① 관판종(管瓣種), 『실국화』라고도 하며, 아래의 사진 1624와 같이, 꽃실(花瓣)이 관(管)모양 대롱으로 되어 있습니다. 꽃실의 굵기에 따라서 침관(針管)과 세관(細管) 간관(間管) 태관(太管)등으로 구분합니다.

② 그 특징은 다음의 圖解 1625와 같이, 대롱으로 된 꽃실이 큰 변화없이 전체가 통관으로 되어 있는 통판(筒瓣)이 있으며, 꽃실 끝이 벌어져서 숟갈모양으로 된 시판(匙瓣)과, 꽃실 끝이 낚시바늘 모양으로 굽어 오르는 권형판(卷形瓣)이있습니다.

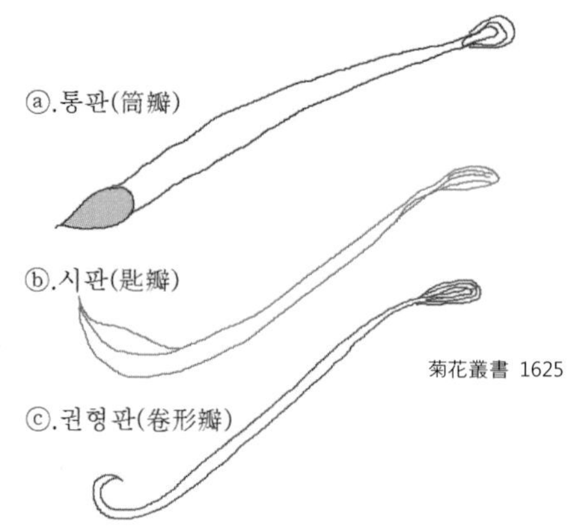

(8)관수시비(灌水施肥)

1000배로 희석한 질소우선 액비를, 물뿌리개로 줄기와 잎을 적시면서 뿌리에까지 푹 관수하는 것을 관수시비라고 합니다.

(9) 광판종(廣瓣種)

폭이 넓고 편편한 평판(平瓣)의 홑꽃입니다. 일문자국(一文字菊), 미농국(美濃菊),등이 있습니다.

홍어전(紅御殿) 一文字.濃紅.中桿.中滿 | 황암회(黃庵誨) 美濃.黃色.中桿.中滿

(10) 권형판(卷形瓣)

실국화(管瓣種)에서 볼 수 있으며, 꽃실의 끝부분이 낚시바늘처럼 위로 말려 오르는 모양을 권형판 이라고 합니다.

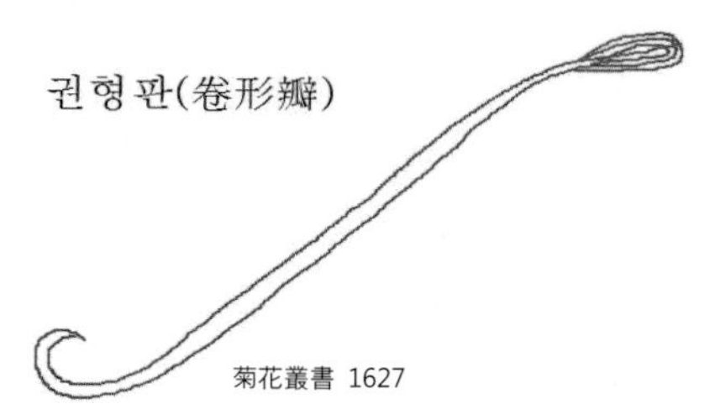

(11) 근분(根分)(分根苗)

뿌리를 갈라서 여러 화분으로 나누어심는 것을 근분(根分)이라고 하며, 뿌리를 갈라낸 모종을 근분묘라고 합니다. 또는 "포기나누기"라고 풀이합니다. 주로 소국(小菊)에서 3월 4월에 근분하며, 大作일때는 전년도 12월에 동지싹을 근분합니다. 大菊에서도 다륜작일 때는, 11월 12월에 동지싹을 근분(根分)하여 월동(越冬)하면서 기릅니다.

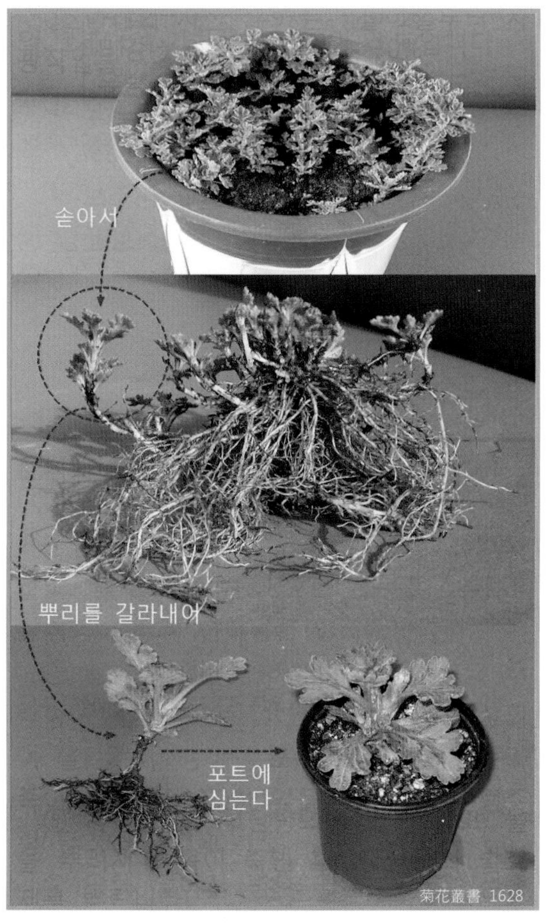
솎아서
뿌리를 갈라내어
포트에
심는다
菊花叢書 1628

(12) 내한성(耐寒性)

국화는 추위에 강합니다.- 10℃까지 추위에 견딜 수 있는 성품을 "내한성(耐寒性)"이라고 합니다.

(13) 녹비(綠肥)

"풋거름" 입니다. 거름으로 쓰기 위하여 그대로 논밭에 넣는 생풀이나 생나무잎, 즉 초비(草肥) 풋거름을 말합니다. 이 풋거름을 사용하는 농사를 유기농사(有機農事)라고 합니다.

(14) 녹소토(鹿沼土)

담황색의 多孔質의 흙입니다. 통기성과 배수성 보수성이 좋으며, 유기물이 함유되지 않아 삽목용토에 많이 쓰입니다.

(15) 녹지삽(綠枝插)(Softcutting)

줄기가 솟아 나와서 아직은 목질화(木質化)되지 않았는 초질(草質)부분을 잘라낸 삽수(插樹)입니다. 초질(草質)부분을 이용한다는 점에서 천수삽(天樹插)과 비슷하지만, 정아(頂芽)나 원순(原筍)을 포함(包含)한다는 뜻이 내포(內包)되지 않았다는 점이 천수삽(天樹插)과 다릅니다.

(16) 단간종(短幹種)

국화의 키가(草丈) 최고120cm 以下로만 자라는 작은 키의 국화를 단간종(短幹種)이라고 합니다.

(17) 단일상태(短日狀態)

9월23일 추분(秋分)은 밤과 낮의 길이가 12시간씩 같은 날입니다. 이날부터 하루에 약 2분30초씩 짧아져서, 12월22일 동지(冬至)가 되면 낮시간이 10시간정도로 짧아집니다. 이렇게 해가 짧은 날을 "단일상태"라고 말합니다.

(18) 단일식물(短日植物)

일장이 짧은 12시간 內外인 가을철에 꽃이 피는 식물을 단일식물(短日植物) 이라고 합니다. 例를들면 국화, 벼, 코스모스, 등입니다.

(19) 단일처리(短日處理)

국화재배에서 필요에 따라 국화꽃을 예정일보다 앞당겨 피우기 위하여, 단일처리를 합니다. 광반응이 예민한 품종은 10일간

처리하지만, 20일간 단일처리하면 거의 모든 품종이 다 반응합니다.

①1日차광(遮光)시간을 16시간,
②일장(日長)은 8시간,
③광도(光度)는 10Lux 以下로
④3주정도 햇빛을 가립니다.

(20) 답토(畓土)

논바닥 흙 또는 늪흙입니다. 겨울동안 냉동건조 시켰다가 부수어서 3mm정도의 망으로 칩니다. 흙, 부엽(腐葉), 모래등을 섞어서 사용합니다.

(21) 대궉판

다음의 작품 1629와 같이, 후판종(厚瓣種)과 관판(管瓣)종의 중간에 속하는 품종으로 주판(朱瓣)이 힘차게 물결치듯이 특이하게 피어내리는 대국 국화꽃입니다.

(22) 대립(大粒)

배양토나 삽목용토의 낱알의 굵기를 말합니다. 낱알의 직경이 3mm以上을 大粒, 2mm 굵기를 中粒, 1mm정도를 소립. 0.5mm 입자를 미립(微粒)이라고 잠정적으로 말하고 있습니다.

(23) 대목(臺木):접본(接本)

아래의 사진과 같이, 접붙일 때 그 바탕이 되는 뿌리가 달려있는 쪽의 나무를 접본(接本) 또는 대목(臺木)이라고 합니다.

(24) 대태관(大太管)

아래의 사진과 같은 실국화의 일종이며, 꽃실의 직경이 3mm정도를 태관(太管)이라고 하며, 그 이상을 대태관(大太管)이라고 합니다.

(25) 도장(徒長)

식물의 줄기나 가지가 보통 이상으로 길고 연약하게 자라는 것을 일명 "웃자람"이라고도 합니다. 어떤 동호인(同好人)들은 도장(盜長)이라고 재미있는 뜻을 쓰시는 분도 있습니다.

(26) 동시개화조절

한 그루에서 여러송이의 꽃을 피우려면, 꽃이피는 기간이 각각 조금씩 달라서 전시 효과가 없습니다. 따라서, 인위적으로 같은 시기에 꽃이 피도록 유도하는 과정을 동시 개화조절 이라고 합니다.

참조/입국 동시개화조절 303쪽
소국 동시개화조절 201쪽
분재 동시개화조절 241쪽

(27) 동절(稠切)

삼간작에서 국화의 키가 너무 도장했을 때, 밑둥에서 새순(筍)이 나올 가망이 있는 5~6 마디를 남기고 몸통을 싹둑 자른 후, 다시 새순(筍)을 받는 행위를 동절이라고 합니다. 키를 조절하면서 버들눈을 예방하기 위하여 시술합니다. 중간종은 7월 초순경, 장간종은 7월 중순경에 동절합니다.

(28) 동지싹(冬至芽)

가을에 국화꽃이 지고 나서, 동지(冬至)달에 새로나온 싹을 "동지싹" 이라고 합니다. 국화의 줄기와 뿌리는 동지싹을 냄으로서 그 수명을 다하고 生을 끝내며, 신생(新生)동지싹으로 월동하여 다음해 봄에 새로운 세대로 자라기 시작합니다.

(29) 로젯트현상

단일상태(短日狀態)에서 7℃ 以下의 氣溫이 1주 이상 지속되면, 국화의 마디가 짧아지고 잎이 텁수룩해지면서 줄기의 성장이 정지됩니다. 이러한 현상을 로젯트현상이라고 합니다.

(30) 만생종(晩生種)

같은 품종이면서 늦게 자라거나 늦게 꽃이피는 식물을 만생종이라고 합니다. 국화에서는 11월 10일 이후에 꽃이 만개(滿開)하는 大菊을 만생종 국화라고 합니다.

(31) 무기(無機)농사

화학비료를 사용하는 농사를 말하며, 처음은 결과가 좋지만, 계속하면 토양이 산성화되어 결실이 좋지 않습니다.

(32) 바크혼합토(barkmixes)

전나무와 소나무 종류의 껍질과, 모래, 피트를 3:2:1의비율로 섞은 혼합토입니다. 소나무 종류의 껍질은 산성이기 때문에 석회를 약간 첨가하였으며, 보수력과 보비력이우수하며 통기력이 양호합니다.

(33) 발근소(發根素)

① 작물(作物)을 꺾꽂이 할 때, 뿌리내림을 촉진시키기 위하여, 절단면에 묻히는 가루를 "발근소" 라고합니다

② 다음의 2종류가 국화삽목에 흔히들 사용하는 발근소입니다.

ⓐ 루톤에프파우다(ROOTONE'F); Planthormonwhitfungicide

ⓑ 포콘루팅파우다(POKON); Hormonerootingpowder

③ 발근소는 국화줄기 절단면에 근권부(根圈部:뿌리뭉치:Callus) 형성을 앞당기며, 곰팡이종류의 세균에 강력한 살균효과를 가지고 있습니다. 이식(移植) 또는 삽목시에 뿌리의 부패를 방지하며, 빠른 발근력과 뿌리의 활착은 물론,식물의 조기회복에도 큰 도움이 됩니다.

④ 발근소의성분

활성홀몬성분

Napthaleneacetamide-------------------0.067%

2-Methyl-1-napthaleneaceticaacide----0.033%

2-Methyl-1-Napthaleneacetamide.-----0.013%

Indol-3-butylicacide--------------------0.057%

활성항균성분

Thiram(tetramethylthluramdisulfide.)---4.000%

불활성성분.-----------------------------95.830%

(34) 부뢰(副蕾)

아래의 사진 1633과 같이, 제일 꼭대기 중심에 있는 꽃망울을 정뢰(頂蕾)라하고, 그 아래에 있는 곁망울을 측뢰(側蕾) 또는 부뢰(副蕾)라고 합니다.

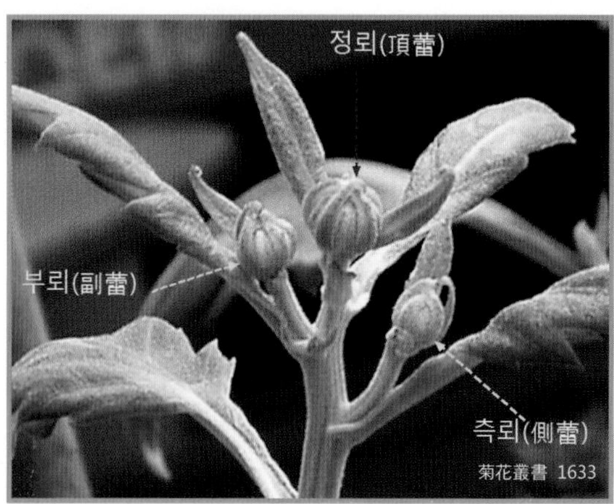

菊花叢書 1633

(35) 부엽(腐葉)

쉽게 말해서 나뭇잎이 발효된 것을 부엽이라고 합니다. 밤나무, 도토리나무, 참나무, 졸참나무, 상수리나무, 떡갈나무, 메밀잣나무 등의 섬유질이 많고 억센 가을활엽수의 낙엽이 좋습니다.

(36) 부엽토(腐葉土:Leafmold)

활엽수 낙엽을 완전부숙 시킨 것입니다. 부엽토는 보수력과 보비력과 통기성이 양호하고 이로운 토양미생물의 활동이 왕성하여, 여러가지 작물 혼합토의 기본재료로 쓰여 집니다. 순순한 부엽을 만드는 과정이 기 때문에 흙은 넣지 않습니다. 부엽토 배합의 한 가지 예를 소개합니다.

전분박부엽토(퇴비)
낙엽---------------------50%
미강(米糠:쌀겨:등겨)----30%
유박(油粕:깻묵:아주까리)---15%
어분(魚粉)--------------5%
효소제-----------------적당량

菊花叢書 0000

(37) 분양(盆養)

화분에 화초를 심어서 기르는 행위를 "분양(盆養)" 이라고 합니다.

(38) 뿌리막힘 현상

화분속에 뿌리가 꽉차면 국화의 자람이 중단됩니다. 이러한 상태를 뿌리막힘 현상이라고 합니다. 이런일이 생기면 조금 더 큰 화분으로 옮겨 심던지, 이미 설치된 가름막이를 빼내고, 새 배양토를 채워 주어서 국화의 뿌리가 뻗어나갈 공간을 늘려주면, 국화는 다시 자라기 시작합니다.

(39) 비나인(B-9) 다미노자이드 수화제

⑴ 유효성분 :

daminozide-----------------------85%

계면활성제, 증량제---------------15%

⑵ 상품명 : ① **유원비나인** (인바이오믹스)

② **미성비나인** (바이엘)

⑶ 용량 : 물20ℓ.당/약제 160g

⑷ 용도 : 신장억제

⑸ 적용작물 : 포인세치아. 아잘레아. 국화.

⑹ 용법 :

① 이 농약은 식물의 절간신장을 억제하는 생장조정제입니다.

② 포인세치아에서는 사용량을 지켜서 물에 희석한 후, 작물에 충분히 묻도록 살포 하십시오.

③ 국화재배에는 소정의 희석률을 지켜

서 국화의 꼭대기 순에만, 분무하거나 필요에 따라 꽃목에 붓으로 발라 주십시오.

④ 이 제품은 구리제(석회보르도액)와 섞어 뿌리거나, 30일 이내의 근접살포를 하지 마십시오.

(40) 비배관리(肥培管理)

작물의 씨를 뿌려서, 거두어 들일때까지의 모든 일들을 총칭하여 비배관리 라고 합니다.

(41) 사토(沙土)

① 점토(粘土)가 12.5% 以下로 들어있는 흙, 즉 모래흙입니다.

② 0.05~3mm 굵기의 粒子로 구성되어있습니다.

③ 양분은 거의 함유되어 있지 않으며, 배수와 통기성이 좋기 때문에 꺾꽂이용토로 이용되고, 부엽토를 섞어서 혼합토를 만드는데 이용합니다.

④ 입자 지름이3mm 內外를 대립(大粒)이라하고, 2mm를 중립(中粒), 1mm를 소립(小粒), 0.5mm 內外를 세립(細粒) 또는 미립(微粒)이라고 합니다.

(42) 상토(床土)

① 시중(市中)에 "상토" 라는 이름으로 여러 가지 형태로 나오고 있습니다. 상품마다 구성요소가 조금씩 다르지만, 기본 구성은 다 같은 모판용 인조 토양입니다.

② 용토의 구성비는 아래의 구성 비율표 1634와 같습니다.

1634 / 상토의 구성비율	
피트모스	30%
코코피트	50%
제오라이트	10%
버미큐라이트	10%
수용성 비료	적당량
ph조절제	적당량
습윤제	적당량

菊花叢書 1634

③ 산도가 6.5 內外의 약산성 모판용 인조토양으로, 함수성이 높고, 통기성이 좋으며 탄력성이 있어서 단단하게 다져지지 않아, 뿌리의 발생에 도움이 됩니다. 때문에 국화성장의 전반기에 어린모종의 발아와 발근과 활착에 우수한 결과를 보여줍니다. 국화 성장기에는 산도가 맞지 않아서 이용하지 않습니다.

(43) 설상화(舌狀花)

국화꽃잎(花瓣)은 아래의 圖解 1635와 같이, 원종에서 꽃잎의 모양이 혀같이 생겼다고해서 설상화(舌狀花)라고 부릅니다. 이 설상화는 1개의 암술(一雌芯)로만 구성된 불완전화(不完全花)입니다.

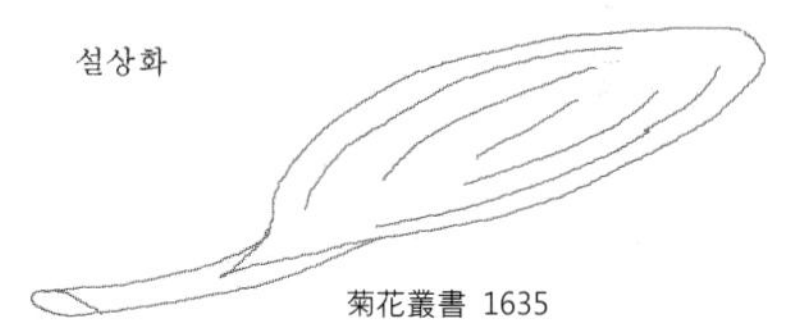

菊花叢書 1635

(44) 성장적온(成長適溫)

성장에 적당한 온도를 "성장적온" 이라고 합니다. 국화가 활발하게 자랄 수 있는 활성온도의 한계는 15~24℃입니다.

(45) 성장점(成長點)

국화줄기의 상단부 정순(頂筍)을 원순(原筍)이라고 하며, 여기서부터 새 잎이 나오고 자라기 때문에 "성장점" 이라고도 하며, 생명점(生命點)이라고도 합니다.

(46) 세관판(細管瓣)

① 아래의 사진 1636과 같은 실국화(管物類:管瓣種)입니다, 대롱모양의 꽃실 굵기가 1mm 정도의 실국화입니다.

② 실 같은 꽃잎이 힘차게 길게 아래로 늘어지며, 꽃실 끝이 숟가락 모양으로 시판(匙瓣)으로 피거나, 낚시 바늘처럼 말려오르는 권형판(卷形瓣)으로 피기도 합니다.

성광호접(星光胡蝶)細管. 赤錦. 中桿. 中滿
菊花叢書 1636

(47) 세립(細粒)

흙이나 모래의 입자(粒子)가 0.5mm 以下인 보드라운 것을 세립(細粒) 또는 미립(微粒)이라고 합니다.

(48) 소분(小盆)

아래의 사진 1637과 같이, 주로 3호분(내경:3인치:9cm)과 4호분(내경:4인치:12cm)을 소분(小盆)이라고 합니다.

菊花叢書 1637

(49) 손아(孫芽)

봄에 삽목한 국화모종을 길러서, 9월에 삽수를 채취하여 다시 삽목하고, 가을에 여기에서 동지싹을 받아 1세대를 앞당겨 씁니다. 이 싹을 손아(孫芽)라고 합니다. 아래의 그림 1638과 같이 모주를 3~4단계로 적심하면 밑둥에서 새싹이 올라 옵니다. 이것을 손아라고 합니다. 이 손아를 받아서 재배하면 꽃이 퇴화되지 않고 선도(鮮度)가 높고 활력이 넘치는 제3세대가 됩니다

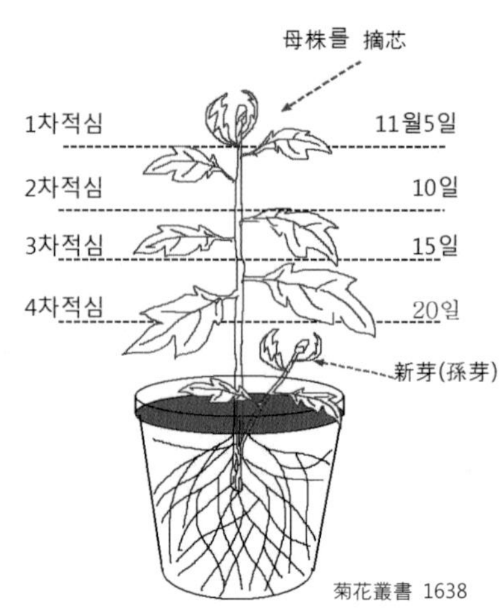

菊花叢書 1638

(50) 수태(水台)

S.phagnummoss. S.papillosum.

S.capillacdum. S.palustre. 등의 물 이끼류를 건조시킨 것입니다. 고산지대 한냉(寒冷)한 습지에서 생산되며, 물을 저장할 수 있는 물주머니(cell)가 있어서, 일반건물(乾物)보다 10~20배의 물을 함수(含水)할 수 있습니다. 수태는 강산성 수태산(受胎酸)이기에, 쉽게 썩지 않으며, pH3.5~4.0이고, 다음의 사진 1639와 같이, 건조시키면 가벼워서 사용이 용이합니다.

菊花叢書 1639

(51) 숙근초(宿根草)

국화는 동지싹으로 월동하다가 봄이오면 겨울잠에서 깨어나 다시 새싹이 나옵니다. 이렇게 뿌리로서 월동한다고 숙근초(宿根草)라고 합니다.

(52) 시판(匙瓣)

아래의 圖解 1640과 같이, 실국화의 끝 부분이 숟갈모양으로 피는 것을 시판(匙瓣)이라고 합니다.

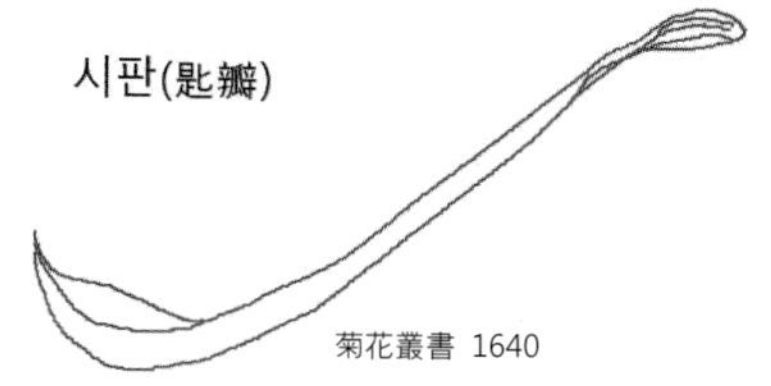

(53) 심뢰(芯蕾)

아래의 사진 1641과 같이, 줄기의 중심 꽃망울입니다. 정뢰(頂蕾) 또는 심뢰(芯蕾)라고도 합니다.

(54) 심아(芯芽)

줄기 상단부의 순(筍), 원순(原筍)과 같은 말입니다. 아래의 사진 1642와 같은 정아(頂芽)로서 줄기와 잎이 피어날 예정인 싹눈입니다.

(55) 암도(暗度)

암도(暗度)는 어두움 상태의 도수 입니다. 국화를 조기에 개화시키기 위해서, 차광처리를 합니다. 이때의 암도가 10룩스 이하로 처리하면 국화 꽃망울은 광반응을 하지 않지만, 10Lux 이상이면 불완전 광반응으로 버들눈이 발생한다고 합니다.

(56) 암면(岩綿)

암석(岩石)을 1600℃로 녹여서, 섬유처럼 가늘게 뽑아낸 것입니다. 보수력과 통기성이 좋으며, 비료분을 함유하지 않아서, 인위적으로 비료를 주어야 합니다. 국화와 양란재배에 우수합니다.

(57) 액아(腋芽)

아래의 사진 1643과 같이, 줄기와 잎자루가 만나는 기부(基部)에서, 새줄기가 나오려는 싹눈을 "액아(掖芽)" 또는 "측아(側芽)" 옆눈 또는 곁눈이라고 합니다.

(58) 엽면살포(葉面撒布)

① 농약을 분무기로 국화잎에 뿌려주는 것을『엽면살포』라고 합니다.

② 국화의 병은 잎의 앞면보다 뒷면에 더 많이 발생하므로, 농약을 잎의 앞뒷면에 골고루 엽면살포해야 좋습니다.

(59) 엽아(葉芽)

새 잎이나 가지가 나오려는 싹눈을 "엽

아(葉芽)" 라고 합니다. 상대적인 말로 꽃망울이 맺히려고 나오는 싹눈을 "화아(花芽)" 라고 합니다.

(60) 엽액(葉腋)

잎자루의 기부(基部), 즉 줄기에 잎이 붙은 자리입니다.

(61) 엽면시비(葉面施肥)

① 액비(液肥)를 국화의 잎에 분무하여 시비하는 것을 엽면시비라고 합니다.

② 비료의 흡수는 잎의 앞면보다 뒷면에서 흡수율이 더 높으므로, 잎의 앞뒷면을 골고루 분무해야 합니다.

③ 엽면시비는 흐린날 아침이나 햇볕이 넘어간 저녁때가 더 효과적입니다. 수비(水肥)는 물과 함께 흡수되므로, 바람이 약간 불거나, 직사광선에 노출되어 빠른시간 물기가 말라버린다면, 물없는 비료는 흡수되지 않습니다.

(62) 왜화제(矮花劑)

식물 절간의 자람을 억제하여, 키를 짧게 하는 약제입니다. 예를들면, B-9, A-rest,등의 농약제(農藥劑)가 있습니다.

(63) 유기농사(有機農事)

식물의 생체는 유기 화합물입니다. 녹비(綠肥), 퇴비(堆肥), 어비(魚肥), 등과 같은 유기(有機) 화합물(化合物)로 구성된 비료를 사용하고, 화학비료와 농약을 쓰지 않는 농사를 "유기농사(有機農事)" 라고 합니다.

(64) 윤대(輪臺)

철사로 만든 꽃받침대 입니다. 대국꽃은 꽃실이 너무 길어서 자체힘으로는 지탱하지 못하여 꽃실이 아래로 늘어집니다. 이때 아래의 圖解 1644와 같이, 16번철사로 둥근 꽃바침대를 만들어서, 아래로 늘어진 꽃실을 받쳐 올려줍니다. 이 둥글게 만든 철사를 "윤대" 또는 "꽃태" 라고 합니다.

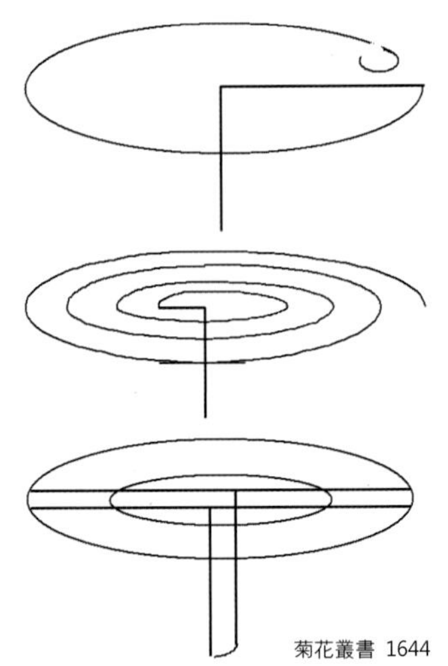

菊花叢書 1644

(65) 이탄(泥炭:Peat)

심산(深山)에서 윗부분의 낙엽은 걷어버리고, 아래부분의 1년이상 지난, 밤나무 참나무 도토리나무 등, 잎이 넓고 섬유질이 많은 억센 활엽수 낙엽을 모아서 사용합니다. 학술적으로 요약하면, 식물체가 매몰된지 얼마 안되어, 탄화작용이 제대로 이루어지지 않은 미완성 석탄, 이것을 이탄(泥炭)이라고 합니다. 이탄은 발열량이 적을 뿐 아니라, 보수력과 통기력이 좋아서 비료와 배양토의 배합에 쓰입니다.

(66) 일교차(日較差)

① 미국 미시칸대학의 RoyalD.Henis교수의 연구실적입니다. 일교차의 계산 및 응용을 소개합니다.

DIF : Difference의 앞의 3자를 일교차(日較差)의 약자로 사용합니다.

D.T : 주간온도 DayTemperature의 첫자를 주온(晝溫)의 약자로 씁니다.

N.T : 야간온도 NightTemperature의 첫자를 야온(夜溫)의 약자로 씁니다.

② 일교차계산,

DT(주온)-NT(야온)=±DIF(일교차)

DT:27℃-NT:22℃=+5DIF 입니다.

즉 +5DIF라는 것은 일교차가 +5℃라는 뜻

입니다.

③ +DIF라는 뜻은 낮의 기온이 더 높아서 식물의 자람이 왕성하다는 뜻입니다.

④ -DIF라는 뜻은 낮의 기온이 더 낮아서 식물의 자람이 둔화된다는 뜻이며,

⑤ 0DIF라는 뜻은, 밤과낮의 기온이 같아서 식물의 자람에 지장이 온다는 뜻입니다

(67) 일장(日長)

낮시간의 길이를 뜻합니다. 낮의 길이가 12시간이면 단일상태(短日狀態)라 하고, 낮시간이 14시간이면 장일상태(長日狀態)라고 합니다.

(68) 일조시간(日照時間)

햇볕이 쪼이는 시간, 즉 일장(日長)입니다.

(69) 일향성(日向性)

아래의 사진 1645와 같이, 식물의 새싹과 새 줄기처럼, 태양을 향하여 자라는 성질을 일향성(日向性)이라고 합니다.

(70) 자가수비(自家水肥)

가정에서 손수 만드는 물비료를 자가수비라고 합니다. 뜰깻묵 쌀겨 어분 골분 발효제등을 혼합하여 발효시켜서 만든 유기질 물비료입니다

(71) 장간종(長幹種)

같은 科 식물(植物) 중에서도 키가 유달리 크게 자라는 품종을 장간종(長幹種)이라고 합니다.

(72) 장일처리(長日處理)

낮의 시간을 정상보다 더 길게 인위적으로 연장시키는 일을 "장일처리"라하고, 그 물리적인 처리과정을 전조처리(電操處理)라고 합니다.

(73) 적아(摘芽)

필요없는 눈(싹)을 따내는 일입니다. 적심(摘芯)과는 비슷한 것 같지만, 약간 다른 용도의 뜻입니다. 적심은 원줄기의 순지르기를 뜻하며, 적아는 싹눈을 솎아내는 일입니다.

(74) 적옥토(赤玉土)

점토질(黏土質) 황토의 밀착 냉동건조된 모래입니다. 유기질과 기타 비료분을 함유하지 않았으며, 배수성(排水性)과 보수성(保水性) 통기성이 좋습니다. 산도는 Ph 5.5~6으로 약산성입니다. 근간에는 이것을 다시 200℃로 고열처리하여 가루가 적은 초경질성 알맹이로 출시되지만 고가(高價)인 것이 단점입니다.

(75) 전조처리(電照處理)

전등조명처리(電燈照明處理)의 약자입니다. 낮 시간을 14시간 以上으로 장일상태의 환경을 만들어서, 버들눈을 예방하거나, 개화를 늦추어 줍니다.

(76) 전토(田土)

밭흙입니다. 선성화되지 않았고 농사가 잘되는 밭흙은 국화 화분용 배양토의 배합에 좋은 재료입니다.

(77) 절화(切花)

꺾은 꽃입니다. 여러가지 꺾은꽃을 수반(水盤)에 균형있게 꽂아서 꺾꽂이의 예술을 즐기는 분야가 있습니다. 대국은 꽃송이가 너무커서 꺾꽂이에는 어울리지 않으며, 주로 중륜국과 소국을 꺾꽂이용(切花用)으로 많이 재배하고 있습니다.

(78) 점토(粘土:찰흙)

극히 미세한 암석의 풍화 분해물입니다. 직경이 0.01mm 以下의 입자로 구성되어 점성(粘性)을 띤 토양교질(土攘膠質)입니다. 식물성장에 필요한 칼슘(Ca), 마그네슘(Mg), 수소(H), 나토륨(Na), 칼리(K), 암모늄(NH_4) 아루미늄(Al)이 토양교질에 흡착되어 있습니다. 보수력과 보비력은 좋으나, 배수성과 통기력이 결여되어 미생물의 잠복처가 될 수도 있습니다.

(79) 접본(接本);대목(臺木)

접붙일 때 바탕이 되는나무

(80) 접수(接穗);접지(接枝)

나무를 접붙일 때 바탕나무(接木)에 꽂는 나뭇가지, 접가지(접지;接枝))라고도 합니다.

(81) 접지부(接地部)

흙(땅) 표면과 공기와 닿는 부위. 국화의 어린모종은 이 접지부(接地部)에서 패사(敗死)하는 일이 많습니다.

(82) 정뢰(頂蕾)

국화줄기 상단부의 꽃망울입니다. 대국 입국재배에서는 이 정뢰(頂蕾) 하나만을 선택하여 꽃피웁니다.

(83) 정식(定植)

임시로 심어놓은 화분에서, 본화분으로아주 옮겨심는 일을 정식(定植)이라고 합니다. 보통 대국 3간작에서, 후물류는 9호 화분에 정식(定植)하고, 관물류는 8호분에 아주 옮겨 심습니다.

(84) 정아우세(頂芽優勢)

줄기 상단부의 순(筍)이 아래의 순(筍)보다 세력이 더 강하다는 원리.

(85) 정자(整姿)

자세를 바로잡는 것. 대국재배에서는 기르고 피우기만해서는 안됩니다. 지주대와 묶음끈, 윤대(輪臺)등을 이용하여, 화분의 크기와 모양과, 국화의 줄기와 잎과 초장(草丈), 그리고 꽃의 굵기, 등이 잘 조화되고 균형잡힌 작품이 되도록, 수시로 손질하고 자세를 바로잡아 주어야합니다. 이런 행위를 "정자" 라고 합니다.

(86) 정지(整枝)

불필요한 나뭇가지를 잘라 다듬는 일, 가지 고르기, 가지정리 입니다.

(87) 제오라이트(Zeolite)

① 제오라이트는 스펀지 모양의 구조로 가스나 수분등을 강력하게 흡착하는 특징을 가진 다공성 광물질 모래입니다.

② 토양 개량제와 농약 증량제, 비료 첨가제 등으로 많이 활용되고 있습니다.

③ 일반적으로 양이온 교환용량(CEC)이 100이상인 제오라이트가 좋다고 합니다. 비료보존률이 토양의 10배라고 합니다.

(88) 조만(早滿)

다른 꽃보다 일찍 만개하는 것, 즉 조기(早期) 만개(滿開)의 약자입니다.

(89) 조생종(早生種)

다른 품종보다 꽃이 일찍 피는 품종 또는 다른 품종보다 일찍 성숙되는 품종입니다. 가을국화에서는 11월 하순경에 만개하는 품종을 조생종이라고 합니다.

(90) 주온(晝溫)

주간(晝間) 온도(溫度), 즉 낮의 기온(氣溫)을 뜻합니다.

(91) 지비(止肥)

비료주기를 중단한다는 뜻입니다. 꽃망울 생성시기에 질소성분을 강하게 주면, 꽃망울 생성에 좋지 않는 영향을 미칠 수가 있기 때문에, 꽃망울이 생기기 직전에 비료주기를 일시중단 합니다. 이것을 지비(止肥)라고 합니다.

(92) 질석(蛭石:Vermiculite)

① 화강암(花崗岩)속의 흑운모(黑雲母)가 분해되서 질석(姪石;Vermiculite)이 되었습니다. 이것을 다시 760℃의 고열처리하여 인공적으로 만든 금빛 또는 갈색의 가벼운 발포성 운모화합물의 인공모래 입니다.

② 다음의 사진 1647과 같이 질석은 입자층 사이와 표면의 무기물간에 양이온 치환능력이 있으며, 칼리6%, 마그네숨20%를 함유하고, 살균되어있습니다. 갈색운모의 형태로 청결하고 통기성과 배수성 및 함수성이 우수한 삽목용토 재료입니다.

(93) 차광(遮光)

"햇빛가림"입니다. 열 보다도, 빛 즉 광선이 문제일 때가 있습니다. 햇빛을 가려서 어둡게하여, 단일효과(單日效果)를 보려는 것 입니다.

(94) 차양(遮陽)

"햇볕가림"입니다. 즉 태양빛이 아니라, 태양열을 차단한다는 뜻입니다. 한여름에는 발이나 50% 한냉사(寒冷紗)로 햇볕을 가려서 시원하게 합니다. 이런일을 차양(遮陽)이라고 합니다.

(95) 참흙(양토;壤土:Loam)

모래와 점토(粘土)가 알맞게 섞인 검은색 갈의 흙입니다. 보수력과 보비력이 좋고, 배수와 통기성이 좋은, 농사에 가장 알맞은 흙입니다. 참흙에 모래가 좀 더 섞인흙을 모래참흙(사양토;砂攘土;Sandyloam)이라하고, 점토(찰흙)가 좀 더 많이 섞인흙을 참찰흙 또는 진흙(식양토;埴攘土;Clayloam)이라고 합니다.

(96) 천근성(淺根性)

당해에 자라는 국화뿌리는 30cm정도 지표 아래까지만 내려가는 표재성(表在性)입니다. 이것을 일명 천근성(淺根性)이라고 합니다.

(97) 천수삽(天穗揷)

① 원순을 포함하여 줄기의 연한 윗부분을 채취한 초질성 국화삽수입니다.

② 발근기간이 15~20일로 빠르며, 분지간격이 짧아서 좋습니다.

③ 삽목상에서 병충해에 약한 것이 단점이지만, 원순 속에 국화의 인자가 들어있기 때문에 이 부분을 이용합니다.

(98) 초비(草肥)

"풋거름"입니다. 거름으로 쓸려고 논밭에 생풀이나 생나무잎을 그대로 넣어 두어서, 자연 발효된 즉 녹비(綠肥) 풋거름을 말합니다.

(99) 초장(草丈)

『풀의 키』입니다. 사람의 키를 신장(身長)이라 하고, 나무의 키를 수고(樹高)라하며, 초목(草木)의 키를 초장(草丈)이라고 합니다.

(100) 추비(追肥)

재배도중에 비료분이 부족하면, 한 번 더 비료를 줍니다. 웃거름 덧거름이라고도 합니다.

(101) 측아(側芽)

옆에서 나오는 새 싹입니다. 곁눈 또는 액아(腋芽)라고도 합니다.

(102) 춘화현상(春化現狀)

7℃以下에서 모든국화의 성장은 중단됩니다. 그러나 장일상태가 지속되면, 7℃ 以下에서도 휴면에서 깨어나 자라기 시작합니다. 이러한 현상을 춘화현상(春化現狀)이라고 합니다.

(103) 침관판(針管瓣)

흔히들 말하는 실국화(管物類:管瓣種)입니다. 대롱모양의 꽃실 굵기가 0.5mm 정도의 실국화입니다. 실같은 꽃잎이 힘차게 길게 아래로 늘어지며, 꽃실끝이 낚시 바늘처럼 말려 오르는 권형판(卷形瓣)으로 피기도합니다.

(104) 코코피트(Cocopeat)

① 코코피트는 천연 코코넛 열매를 껍질 부분을 제거하고, 속만 추출한 입자성 유기질 성분으로 리그린과 셀룰로오스 성분입니다.

② 코코피트는 100% 천연야자 섬유질 용토로, 통기성 보수력 보비력이 우수하여, 식물 뿌리성장에 도움을 주어, 분갈이용으로 사용합니다.

③ 토양미생물 활동을 촉진시키며, 물에 섞으면 부피가 4~5배까지 팽창되서 넓은 공간 사용이 용이합니다.

④ 천연야자 축출물인 코코피트는 수분조절제, 팽화제, 악취흡착, 염분조절재, 발효촉진 등의 역할을 합니다.

(105) 태관판(太管瓣)

대롱(管)으로된 꽃잎(花瓣)이 2~3mm정도로 약간 넓적한 관판종(管瓣種)입니다. 꽃잎끝이 낙시 바늘처럼 말려 오르는 권형판(卷形瓣)으로 구김없이 피어내리는 것이 특징입니다.

(106) 통상화(筒狀花)

국화꽃 화심(花芯)의 구조입니다. 다음의 그리 1648과 같이, 여러개의 작은꽃들(小花冠)이 모여, 한 개의 큰 모둠꽃을 이룬 형태입니다. 이 꽃속(花芯)은 암술1개 수술5개(一雌芯.五雄芯)로 구성된 완전화(完全花)들의 집합군락입니다. 이를 통상화(筒狀花)라고 합니다.

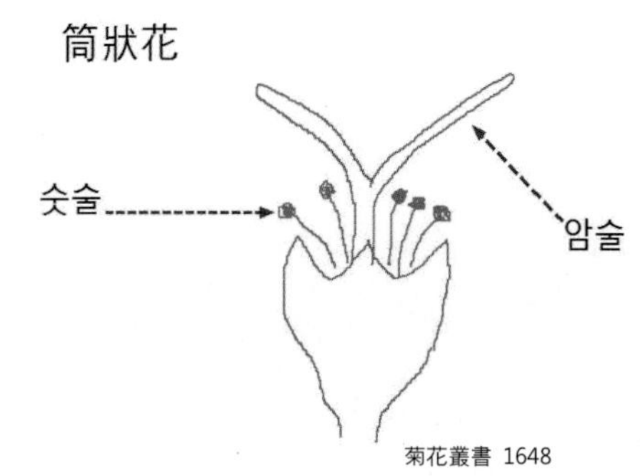

菊花叢書 1648

(107) 통판(筒瓣)

아래의 圖解 1649와 같이, 실국화(管瓣種)에서 꽃실끝이 숟갈같은 시판(匙瓣)이나, 낙시 바늘같이 권형판(卷形瓣)으로 피지 않고, 대롱통관 그대로 핀것을 통판(筒瓣)이라고 합니다.

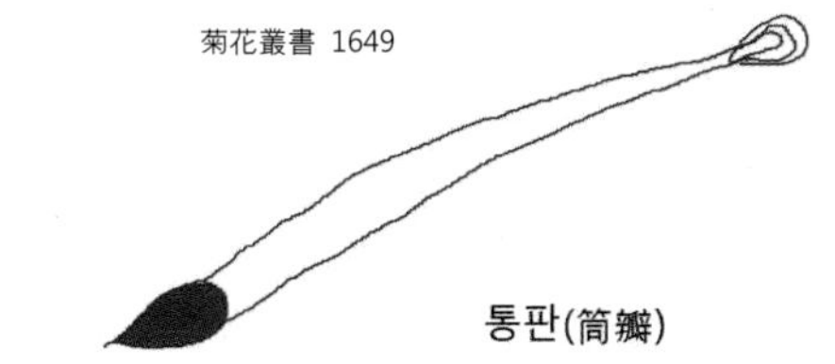

(108) 퍼라이트(Perlite)

진주암(眞珠岩)을 870℃ 고열처리로 팽창시켜서 만든 흰색의 가벼운 인공모래입니다. 모암(母岩)보다 20배의 보수력이 있고, pH는6.5~7.5정도이며, 중화력이나 양이온 치환능력은 없으며, 비료분도 전혀 없습니다. 단, 통기성과 보수성이 좋아서 애용합니다. 굵은것은 흙과 섞어쓰고, 작은 것은 모래와 섞어서 삽목용토로 이용합니다.

(109) 평판(平瓣)

주로 광판종(廣瓣種)과 후판종(厚瓣種)에서 볼 수 있으며, 다음의 그림 1650과 같이, 꽃잎이 편평하고 홑잎이며 길이가 긴 것도 있고 짧은것도 있으며 폭은 3mm~4.2mm정도됩니다.

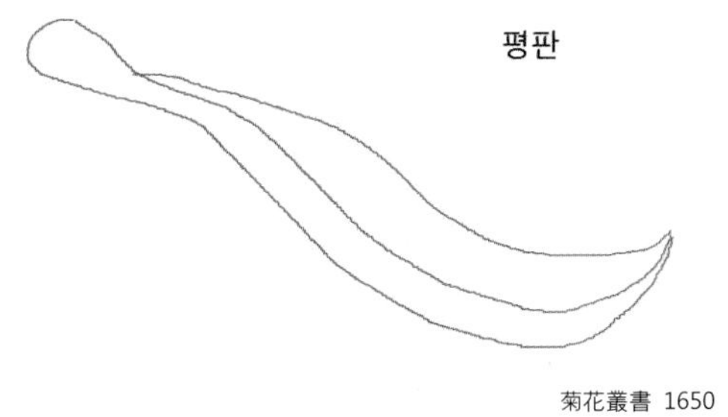

(110) 플러그(Plug)

화분 모양의 뿌리덩이

(111) 피트모스(Peatmoss)

수태(水台)등 늪지식물이 추운지방의 저온습지에서 오랜 세월동안 산소가 부족한 상태에서 불완전 산화된 암갈색의 흙입니다. 통기성이 좋고 보수력은 타에 15배 정도라고 합니다. pH는3.0~45정도의 강산성이기 때문에, 소량의 석회를 혼합하여 사용합니다. 약간의 질소분이 함유되어 있고 인산과 칼리분은 전혀 없으며, 캐나다, 아일랜드, 독일, 미국, 러시아, 등지의 추운지방의 습지에서 많이 생산됩니다.

(112) 피트라이트(Peat-litemixes)

피트모스와 질석(姪石) 또는 펄라이트를 혼합하여 만든 원예용토입니다. 가볍고 멸균되어 있으며, 화학적 물리적 특성이 식물의 생육에 알맞도록 조성되어 있습니다.

(113) 화비(花肥)

① 꽃비료라고 합니다. 대국에서 꽃망울이 맺힌 후, 5일 간격으로 저질소 비료를 2회쯤 시비하면, 거대한 꽃망울이 맺힙니다.

(114) 훈탄(燻炭)

왕겨를 불완전 연소시켜서 만든 일종의 숯가루 입니다. 흙의 배수성과 통기성을 좋게하며, 산성흙을 중화시키는 목적으로도 사용하는 국화배양토의 필수 구성 요소입니다.

參考 文獻

1. Royal D.Henis 'DIF를 이용한 作物栽培.
2. 농업기술자원 연구소 編 '椄木 揷木 整枝'.
3. 농약공업협회 편 '농약 사용 지침서'.
4. 岸國平 編著. '병충해 방제 도감'.
5. 최신 의료 대백과사전.

국 화 총 서

2021년 4월 1일 초판 2쇄 발행

저 자 : 강 창 학
발행인 : 김 중 영
발행처 : 오성출판사

서울시 영등포구 영등포 6가 147-7
TEL : (02) 2635-5667~8
FAX : (02) 835-5550

출판등록 : 1973년 3월 2일 제 13-27호
www.osungbook.com

ISBN 978-89-7336-342-1